普通高等院校电子信息与电气工程类专业教材

电路理论基础

主　编　张　霞　胡冬全　黄冠斌
参　编　方奕乐　万　利

华中科技大学出版社
中国·武汉

内 容 简 介

本书分 13 章，按电阻电路（直流稳态电路）分析—正弦稳态电路分析—动态电路分析的顺序分别介绍了电路基本定律、二端电阻性元件、简单电阻电路的等效变换、多端电阻性元件、电路分析的一般方法、电路定理、二端储能元件、正弦稳态电路分析、耦合电感和理想变压器、三相电路、非正弦周期电流电路、电流暂态过程的时域分析、电路暂态过程的复频域分析、二端口网络等方面的内容。

本书的特点是将严谨的电路理论与工程实际相结合，在论述重要概念、分析方法或得出某一结论以后，都有结构比较简单同时又能说明问题的例题，以帮助读者理解、巩固所学内容。本书可作为高等学校电气与信息学科各专业电路理论基础课程教材，也可作为相关专业工程技术人员的参考书。

图书在版编目(CIP)数据

电路理论基础/张霞，胡冬全，黄冠斌主编. —武汉：华中科技大学出版社，2017.7(2025.1 重印)
ISBN 978-7-5680-3059-5

Ⅰ.①电…　Ⅱ.①张…　②胡…　③黄…　Ⅲ.①电路理论-高等学校-教材　Ⅳ.①TM13

中国版本图书馆 CIP 数据核字(2017)第 156237 号

电路理论基础
Dianlu Lilun Jichu

张　霞　胡冬全　黄冠斌　主编

策划编辑：谢燕群
责任编辑：谢燕群
封面设计：原色设计
责任校对：张会军
责任监印：周治超
出版发行：华中科技大学出版社(中国·武汉)　　电话：(027)81321913
　　　　　武汉市东湖新技术开发区华工科技园　　邮编：430223
录　　排：武汉市洪山区佳年华文印部
印　　刷：武汉市洪林印务有限公司
开　　本：787mm×1092mm　1/16
印　　张：22.25
字　　数：553 千字
版　　次：2025 年 1 月第 1 版第 4 次印刷
定　　价：58.00 元

前　　言

电路理论是高等学校电气与信息学科各专业的一门重要的学科基础课程，是电气与信息学科各专业学生在大学期间接触到的第一门系统论述电路基本概念、电路基本规律、电路基本分析方法的课程，对相关各专业学生许多后续课程的学习极为重要，同时对学生以后从事与电相关专业的工作也有着深远的影响。本书定名为“电路基础理论”，编者的初衷是想让读者通过对本书的学习，掌握电路理论中最基本的知识，确保对后续课程学习“够用”，同时也要有一定的拓展空间。

本书的第一个特点体现在内容体系的安排上。本书按电阻电路(直流稳态电路)分析→正弦稳态电路分析→动态电路分析的顺序编写。与目前流行的一些教材中的体系——电阻电路(直流稳态电路)分析→动态电路分析→正弦稳态电路分析的顺序比较，编者根据在教学实践中的体会，认为本教材的内容顺序安排有以下好处：(1)有利于读者在电阻电路部分学习到的电路分析方法和电路定理尽早在正弦稳态电路分析中进一步得到训练，达到举一反三、温故知新的目的；(2)有利于在动态电路分析部分的学习中加强正弦波激励下暂态分析的内容，例如拓展求解一阶电路的三要素法；(3)有利于不同专业对教学内容的选择和安排。

本书的第二个特点是尽可能将严谨的电路理论与工程实际结合。电路理论的讨论对象是由理想电路元件互相连接组成的电路模型，与实际电路有一定的距离。当今的大学教育是大众化教育，因此教学活动中更加注重实际动手能力和创新能力的培养。为了使培养的学生在走入工作岗位后尽快上手，适应社会对人才的需求，因而在学科基础课的教材中缩小理论与实际的差距是很有必要的。本书在这方面的体现有：(1)建立各种理想电路元件的概念时，比较详细地介绍了与该种理想元件有着一定对应关系的实际电路器件，如实际电路器件的结构、性能、技术参数及在电路中的主要应用等，使理想电路元件建立在丰富、厚实的实物背景上，过渡自然平滑；(2)一些例题、练习思考题也是选自实际的电路问题。

本书的第三个特点是例题丰富。在论述重要概念、分析方法或得出某一结论以后，一般都紧接着列举一些结构比较简单同时又能说明问题的例题，以帮助读者理解、巩固所学内容。

本书由张霞、胡冬全、黄冠斌主编，负责全书编写提纲的制定，分工校订书稿的相关部分。参加编写的还有张霞、方奕乐。具体分工为：张霞(第3、7、8、9、13章)、胡冬全(第5、11、12章)、黄冠斌(第1、4、10章)、方奕乐(第2章)、万利(第6章)。限于编者的水平，考虑不周或错误不当之处在所难免，恳请读者批评指正。

编　者

2010年5月

目　录

第1章　电路基本定律与二端电阻性元件

本章讨论电路的两个基本物理量（也称电路变量）——电流和电压，侧重它们的参考方向。电路中的电压、电流之间具有两种约束关系，一种是由电路元件决定的元件约束；另一种是元件间连接而引入的几何约束（也称拓扑约束），后者由基尔霍夫定律来表达。关于电路元件个体的约束关系，本章仅限于二端电阻性元件的讨论。二端电阻性元件的电压和电流关系可在 u-i 平面上描述。电路这两个方面的约束关系是电路分析的基本依据。

1.1　电路的基本组成和电路模型

1.1.1　电路的基本组成部分

当今时代，电气科学技术迅猛发展，各种各样的电路比比皆是。电路的功能各异，结构的复杂程度也千差万别。图1-1所示的普通照明电路，其结构就十分简单，而像大型电网、彩色电视机内部、计算机内部的电路等结构就相当复杂。无论电路的功能是什么，也不管其结构是简单还是复杂，电路一般都由三个基本部分组成。

(1) 电源，如电池、发电机、电力部门提供给用户的交流电源等。要使一个电路能连续而稳定地运行，电源是不可缺少的。

(2) 负载，各种用电设备统称为负载。人们设计一个电路并付诸实施都是为了让电路完成一定的功能，功能是通过负载具体实现的，例如灯泡内的灯丝在通电后被加热至发光，电动机通电后可带动机械设备运转，电视显像管将电的信号转换成图像等。

(3) 中间环节，指从电源到负载的部分。图1-1所示中的导线和开关是一个极为简单的中间环节；在一些大型复杂电路中，中间环节本身可能也是由一个比较复杂的电路组成的。中间环节起着传输、分配、处理和控制电能或电信号等作用。因此，电路是由电源、负载和中间环节互相连接起来的总体，电流能在其中流通。电路也常称为电网络或网络。

1.1.2　理想电路元件和电路模型

凡能维持电流流动并能在其端钮间保持电压的物体称为（实际）电路器件。电路器件繁多，图1-1中的电池、灯泡等就是简单的电路器件。在电路中，即使一个很简单的电路器件，如图1-2所示的电感线圈，其中进行的电磁过程都相当复杂，一般都伴有电能的消耗、磁场能量的存储和电场能量的存储等三种过程（或现象）。这些过程或现象互相缠绕在一起，不可分离。这样，要直接对由实际电路器件组成的电路进行理论分析是极为困难的，甚至是不可能的。另一方面在一个电路器件上这些过程或现象所表现的强弱程度并不是均衡的，在一定条件下，某一过程或现象表现得比较强，处于主导地位，决定事物的本质；另外的过程或现象表现得比较弱，处于次要地位，即使将其忽略也无碍大局。例如上面所提到的电感线圈，当电源的频率比较低、通过的电流比较小时，线圈的磁场效应是主要的，将另外两种效应忽略也不会使理论分析结果与实际情况相差太远。这就说明，在一定条件下可对实际电路器件加以近似。

图 1-1 一个简单电路

图 1-2 电感线圈

为了对电路进行理论分析(建立电路的数学模型)，就有必要对实际电路器件加以理想化，建立理想电路元件的概念。所谓理想电路元件(简称电路元件)，是指只具备单一的电磁性质的元件，例如元件只具有电能的消耗性质，或只具有磁场能量的存储性质，或只具有电场能量的存储性质等。理想电路元件便于用数学严格定义。

按与外部电路连接的端子数目的多少，电路元件可分为二端元件和多端元件，如图 1-3 所示。二端元件通过两个端子与外部电路相连接，也称为一端口元件或单口元件。具有 3 个和 3 个以上端子的元件统称为多端元件。

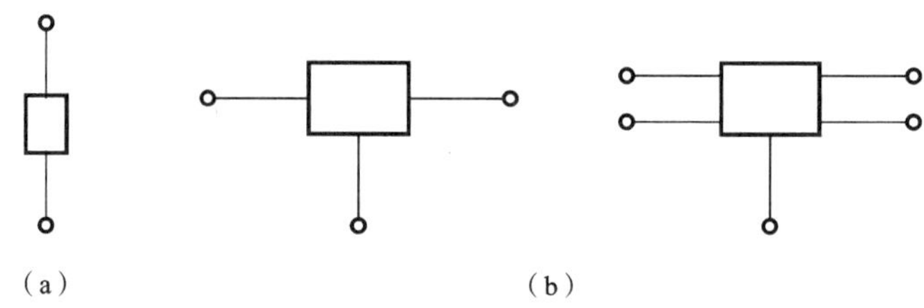

图 1-3 二端电路元件和多端电路元件示意图

建立各种理想电路元件的模型以后，对于实际的电路器件，可以根据其具体的运行条件、用恰当的理想电路元件的组合去逼近。例如，图 1-1 所示的普通照明电路，电池的主要特性是通过维持其正、负极间一定的电压来为电路提供电能，再考虑到电池两极间的电压在带上负载后比未带负载时有所下降，这样电池的特性可以用一称为电压源的理想电路元件和一理想电阻元件的串联近似表示，如图 1-4(a)所示。灯泡的主要特性是电流通过灯丝时使灯丝发热至白炽状态，可以用一理想电阻元件近似表示。连接导线和开关主要是构成电路的通路，可用理想导线和理想开关表示。这样图 1-1 所示的实际电路就可以用图 1-4(b)所示的由理想电路元件互相连接的电路近似表示。这种由理想电路元件互相连接组成的电路称为电路模型。由于理想电路元件都是通过数学加以定义的，所以就能对电路模型建立相应的数学模型，例如对图 1-4(b)所示电路，标注电流 I 的方向后可写出电路的方程为 $RI+R_{S}I=U_{S}$。

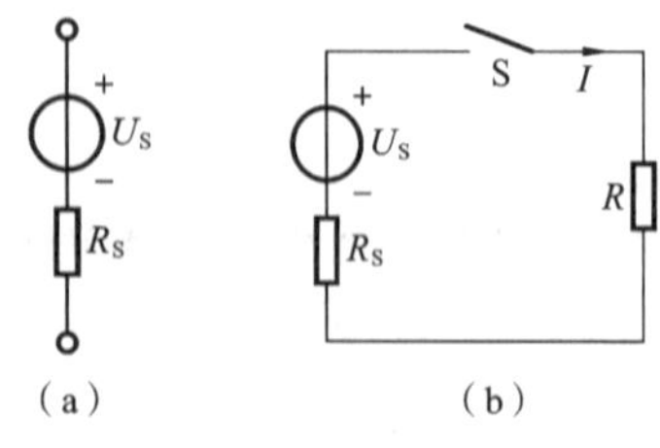

图 1-4 图 1-1 电路的电路模型

以上从图 1-1 所示的实际电路得出了它的电路模型，但反过来，对图 1-4(b)所示的电路模型的理论分析结果，就不仅仅只说明图 1-1 所示的实际电路的情况，也能用于讨论其他简单耗能实际电路的问题。

电路理论中讨论的电路都是电路模型。

1.2　电压及其参考方向

一个电路的特性是通过电荷、电流、电压、磁通链、功率和能量等物理量来描述的，这些物理量统称为电路变量。在这些电路变量中，电压和电流是两个基本变量。这是因为电路的基本定律所叙述的就是电路中的电流或电压的关系；电路中的电流和电压是比较容易观察到的两个变量(可分别用电流表和电压表测量)；一旦求得了电流和电压，再求功率或能量就简单了。

1.2.1　电压的概念

(库仑)电场力将单位正电荷由电场中的 a 点移动到 b 点所做的功，称为 a、b 两点间的电压。图 1-5 表示电场力将电量为 $\mathrm{d}q$ 的正电荷从 a 点沿某个路径移动到 b 点，设在这一过程中电场力做的功为 $\mathrm{d}w$，用 u 表示电压，则

$$u=\frac{\mathrm{d}w}{\mathrm{d}q} \tag{1-1}$$

通常，电压是时间的函数。如果电压不随时间变化则为直流电压，则可用相应的大写字母 U 表示。电压的基本单位为伏[特]，符号为 V。

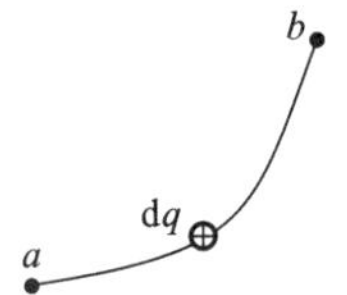

图 1-5　电压的定义

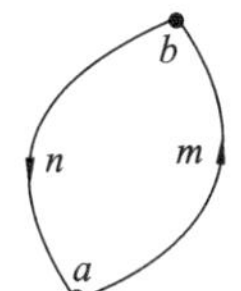

图 1-6　电压与路径无关

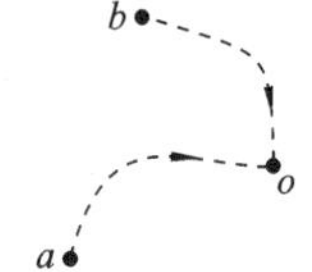

图 1-7　电位的概念

电场力移动单位正电荷沿任一路径从某点出发又返回到原出发点所做的功为零。如图 1-6 所示，单位正电荷沿路径 $a—m—b—n—a$ 所做的功为 0，即 $u_{amb}+u_{bna}=0$。由于 $u_{bna}=-u_{anb}$，所以 $u_{amb}-u_{anb}=0$，即 $u_{amb}=u_{anb}$，这表明两点间的电压与所经过的路径无关。

在两点间的电压与路径无关的前提下，在电场中任意选择一点作为参考点，如图 1-7 中的 o 点，则各点到参考点 o 都有确定的电压，设

$$u_{ao}=\varphi_a,\quad u_{bo}=\varphi_b$$

各点到指定参考点的电压称为各点的电位，显然参考点的电位

$$\varphi_o=u_{oo}=0$$

各点电位的大小因选择的参考点不同而不同。为了使各点电位有确定的大小，在同一问题中只能选择一个电位参考点。

建立了电位概念后，再来考虑两点间的电压。图 1-7 中 a 点到 b 点的电压 u_{ab}，当然可以

选取路径 $a—o—b$，即

$$u_{ab}=u_{ao}+u_{ob}=u_{ao}-u_{bo}=\varphi_a-\varphi_b$$

这表明，两点的电压等于这两点的电位差。

(库仑)电场力对正电荷施力总是使正电荷由高电位移向低电位，所以电压的(真实)方向规定为从高电位(正极)到低电位(负极)。图1-8中虚线箭头表示的是电阻两端电压的真实方向。

按照电场的来源，电场分库仑电场和非库仑电场两类。非库仑电场也能对正电荷施力做功，例如，在电池内部由化学力引起的非库仑电场将正电荷从电池的负极推向正极。在电源内部，由非库仑电场移动单位正电荷从负极到正极所做的功称为电源的电动势。本书在讨论电源时仅涉及电源的外部特性，即采用沿电源外部的任意路径所得的电源两端电压(端电压)表征电源，而不用电动势表征。

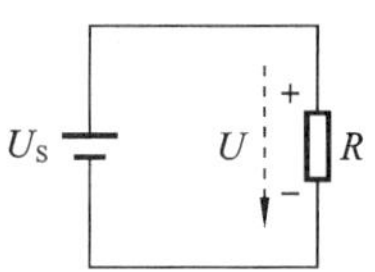

图1-8　电压的真实方向

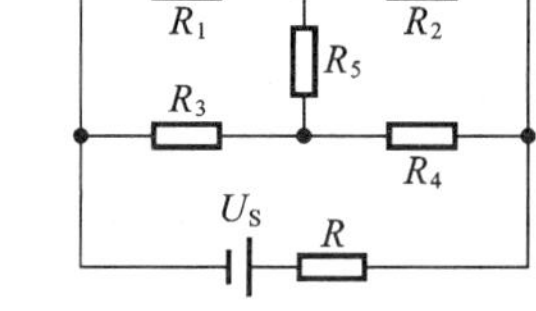

图1-9　电压的参考方向问题示例图

1.2.2　电压的参考方向

上面提到的电压真实方向的规定，对于除了图1-8那样极简单、无须分析计算一眼就能看出电压的真实方向的电路外，对于复杂一点的电路，如图1-9所示电路中电阻 R_5 两端电压的真实方向就不是一眼可以看出来的。对那些大小和方向随时间不断变化的电压，例如日常应用的交流电，在1 s内变化50次，要想在电路图上标注出它们的真实方向简直是不可能的，也是没有实际意义的。然而电路分析计算时又必须涉及电压的方向，如何解决这一问题呢?

鉴于两点间电压的真实方向只有两种可能，这样就可以给电压先假定一个方向，此假定的方向称为参考方向。通常采用下述方法表示电压的参考方向。

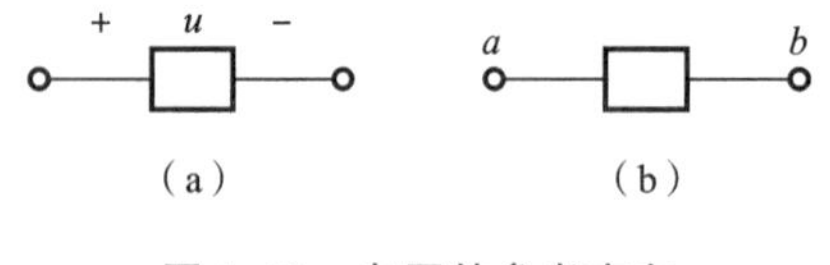

图1-10　电压的参考方向

(1) 如图1-10(a)所示，在二端元件(或电路)两端分别标以电压 u 的“+”号(表示高电位)和“−”号(表示低电位)，故参考方向也称为参考极性。参考方向是指从“+”到“−”的方向。

(2) 如二端元件(或电路)两端带有文字符号，如图1-10(b)所示，可不在电路图上加任何标记，而在分析计算中标以 u_{ab}(或 u_{ba})，下角标的第一个字符对应的端子假定为电压的正极，第二个字符对应的端子假定为电压的负极。

(3) 如果问题中应用了电位，则将参考点默认为公共的负极，其他各点相对于参考点都假定为正极。

根据参考方向对电路进行分析计算时，若分析计算结果 $u>0$，则表示该电压的真实方向与参考方向相同；若 $u<0$，表示该电压的真实方向与参考方向相反。可见这里电压数值的正、负与普通正数和负数的概念是不同的。这里的正或负，只表示电压的真实方向与参考

方向是否相同。

参考方向是为了对电路进行分析计算而人为假定的，它是任意的，但两点间电压的真实方向是一定的，绝不因为参考方向的改变而改变。在电路的分析计算中，要确定某个电压的真实方向，就应根据该电压的参考方向和计算结果的正负来加以确定。

例 1-1　图 1-11(a)所示二端电路元件，已知电压在图示参考方向下，$u=5$ V，说明此二端电路元件两端电压的真实方向。同样的条件，仅改变电压的参考方向，如图 1-11(b)所示中的 u'，求 u'。

解　对图 1-11(a)所示电路，因为给定的 $u>0$，所以电压的真实方向与参考方向相同。对图 1-11(b)所示电路，电压的真实方向未变，即与参考方向相反，所以 $u'=-5$ V，或 $u'=-u=-5$ V。

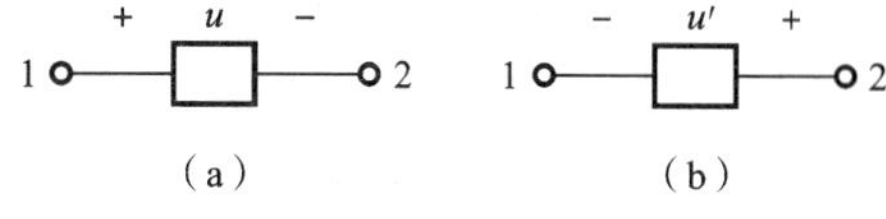

图 1-11　例 1-1 图

例 1-2　在图 1-11(a)所示电路中，若 $u(t)=220\sqrt{2}\sin(314t+30°)$ V，试说明 $t=0$ 和 $t=\frac{1}{60}$s 两个时刻电压的真实方向。

解　$u(0)=220\sqrt{2}\sin30°\ \text{V}=110\sqrt{2}\ \text{V}$，因为 $u(0)>0$，此时电压的真实方向与参考方向相同。

$$u(1/60)=220\sqrt{2}\sin\left(314\times\frac{1}{60}\times\frac{180°}{\pi}+30°\right)\ \text{V}=220\sqrt{2}\sin330°\ \text{V}=-110\sqrt{2}\ \text{V}$$

因为 $u(1/60)<0$，故此时电压的真实方向与参考方向相反。

例 1-3　在图 1-12 所示电路中，已知 $U_1=5$ V，$U_2=-3$ V，$U_3=2$ V，求图中的电压 U。

解　选取路径 A—C—D—B 计算。

$$U=U_{AC}+U_{CD}+U_{DB}$$

$$U=U_1-U_2+U_3$$

$$U=[5-(-3)+2]\ \text{V}=10\ \text{V}$$

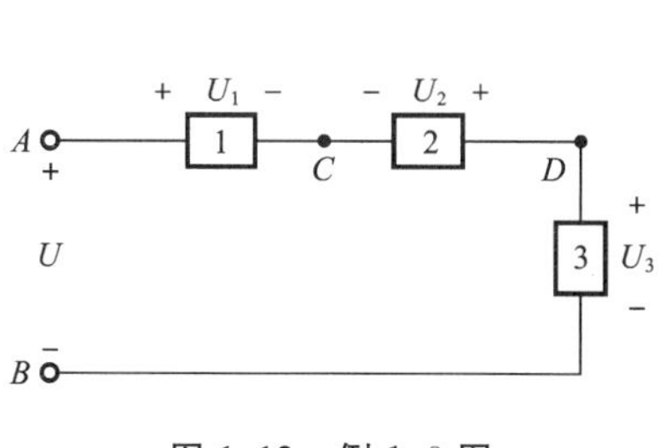

图 1-12　例 1-3 图

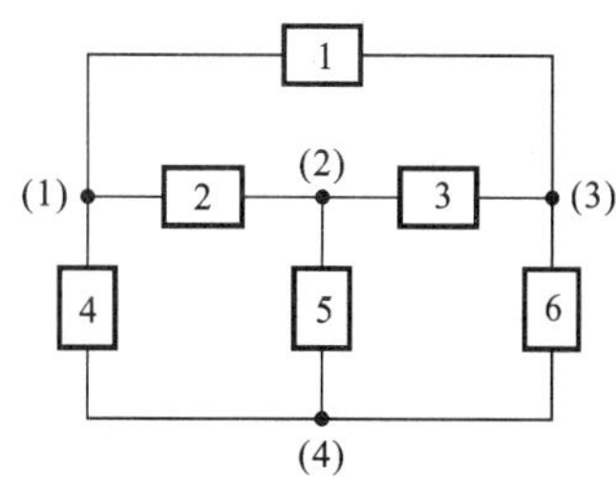

图 1-13　例 1-4 图

例 1-4　在图 1-13 所示电路中，当选择(4)为参考点时，(1)、(2)、(3)各点电位分别为 5 V、3 V、−6 V。求电压 U_{12}、U_{23}、U_{31}；若将参考点改为(2)，求其他各点的电位。

解

$$U_{12}=\varphi_1-\varphi_2=(5-3)\ \text{V}=2\ \text{V}$$

$$U_{23}=\varphi_2-\varphi_3=[3-(-6)]\ \text{V}=9\ \text{V}$$

$$U_{31}=\varphi_3-\varphi_1=(-6-5)\ \text{V}=-11\ \text{V}$$

令 $\varphi_2=0$，因为两点间的电压与参考点的选择无关，故

$$\varphi_1 = U_{12} + \varphi_2 = (2+0)\ \text{V} = 2\ \text{V}$$
$$\varphi_3 = \varphi_2 - U_{23} = (0-9)\ \text{V} = -9\ \text{V}$$
$$\varphi_4 = \varphi_2 - U_{24} = (0-3)\ \text{V} = -3\ \text{V}$$

1.3　电流及其参考方向

1.3.1　电流的概念

在电场作用下，大量电荷有规则地运动形成电流。人们印象中比较深刻的是金属导体中的电流，金属导体中自由电子运动和电解液中带电离子运动形成的电流称为传导电流。除了这一形式的电流外，还有两种形式的电流：带电粒子在真空或稀薄气体中运动形成的电流，如真空电子管内部的电流、高压输电线临近的"电晕"现象，这类电流称为对流电流。由于电场变化形成的电流称为位移电流，如电容器中的电流。通过电流的热效应、磁效应和机械效应等可以觉察到电流的存在。

基本的电学知识告诉我们，导体中的电流是带负电荷的自由电子运动形成的，但人们已习惯规定电流的真实方向为正电荷运动的方向。

单位时间内通过导体截面的电量称为电流强度，简称电流。如图 1-14 所示，设在 $\mathrm{d}t$ 时间内，净电荷量为 $\mathrm{d}q$ 的电荷从导体截面的 A 侧运动到 B 侧，则电流为

$$i = \frac{\mathrm{d}q}{\mathrm{d}t} \tag{1-2}$$

电流的基本单位为安[培]，符号为 A。电流一般是时间的函数，如果电流不随时间变化，则是直流(电流)，用对应的大写字母 I 表示。

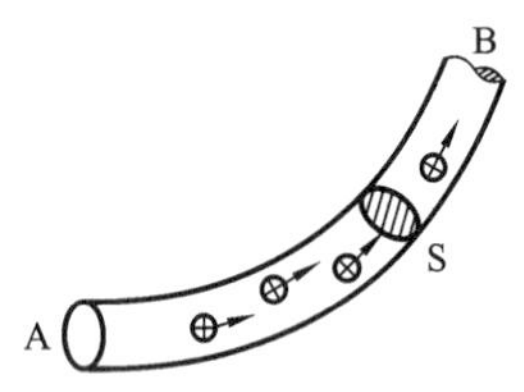

图 1-14　电流强度的定义

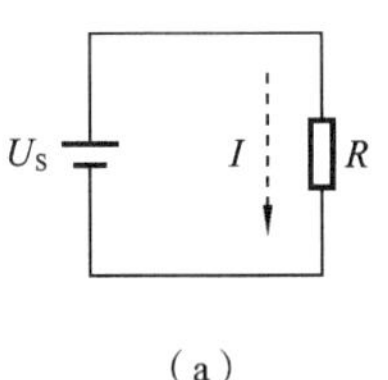

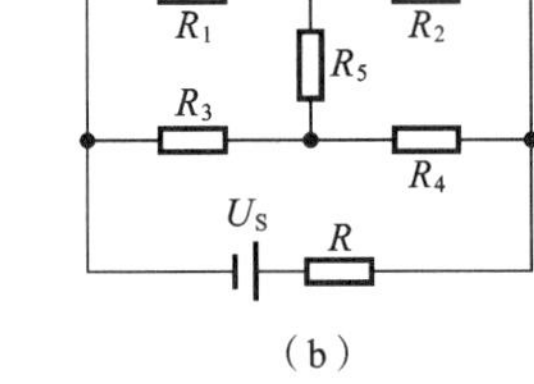

图 1-15　电流的参考方向

1.3.2　电流的参考方向

如上所述，电流的真实方向习惯规定为正电荷运动的方向。对于很简单的直流电路，无须通过分析计算便能确定电流的真实方向，如图 1-15(a)所示电路中虚线箭头表示的电流 I。对于如图 1-15(b)所示复杂一点的电路，电路中通过电阻 R_5 的电流真实方向是怎样的呢？对于那些大小和方向随时间变化的电流，要想在电路图上标注它们的真实方向是不现实的。因此，如同对待电压一样，也要给电流指定参考方向。

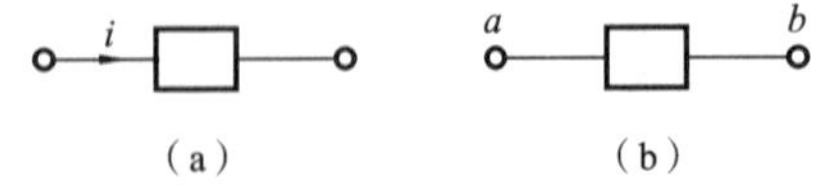

图 1-16　电流参考方向的表示

在电路图中，电流参考方向用一箭头表示在一

个二端元件或二端电路上，如图 1-16(a)所示；如果二端元件或二端电路两端带有文字符号，如图 1-16(b)所示，可不在图中标注参考方向，而在分析计算中将该段电路的电流标以 i_{ab}（或 i_{ba}），意指假定电流方向从下角标的第一个字符端流向第二个字符端。电流的真实方向也要根据计算结果的正或负并结合参考方向来判定。

1.3.3　电流和电压的关联参考方向

以上已分别讨论了一个二端元件或二端电路上电流和电压的参考方向，无论是电流还是电压，参考方向都是可以任意指定的。对于同一二端元件或二端电路，电流和电压参考方向的指定是互相独立的。倘若在指定两者的参考方向时遵循使电流参考方向的箭头由电压参考方向的"+"指向"−"，如图 1-17 所示，则一个二端元件或二端电路上电流和电压的参考方向符合这种关系的称为电流和电压的关联参考方向（或称一致参考方向或无源习惯参考方向）。人们比较习惯采用关联参考方向。本书中约定，当一个电路的各部分仅标注电流参考方向（或仅标注电压参考方向）时，就默认各部分的电流和电压取的是关联参考方向。

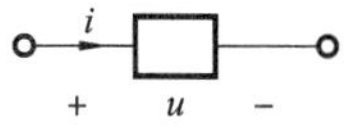

图 1-17　电流和电压的关联参考方向

思考与练习

1-3-1　电路分析计算时如何判定电压或电流的真实方向？

1.4　电功率和能量

电路的重要功能之一是实现电能的传输、分配和应用，因此功率和能量的计算是电路分析的内容之一。

1.4.1　电功率

如图 1-18(a)所示，设电量为 dq 的正电荷沿电流 i 参考方向通过二端电路，根据所设的电压 u 的参考方向，此电压对 dq 做功，即电场力对 dq 做功，按电压的定义式所做的功为

$$\mathrm{d}w=u\mathrm{d}q$$

又根据电流的定义式，有

$$\mathrm{d}w=ui\mathrm{d}t$$

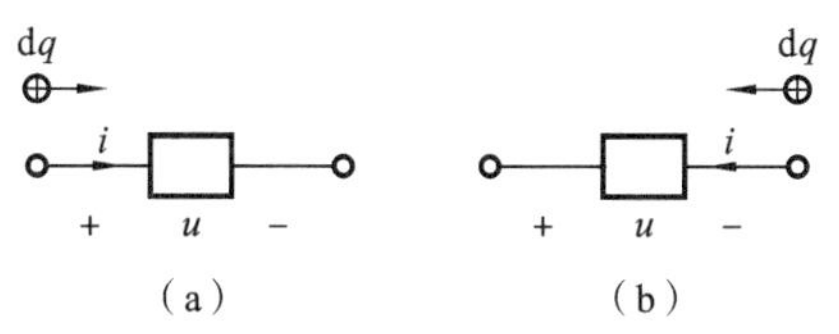

图 1-18　二端电路的功率

电场力做功是要付出电场能量的，根据能量守恒定理，所需的电场能量将由电路的其他部分提供，对此二端电路而言，要从外部吸收电能。

如图 1-18(b)所示，设电量为 dq 的正电荷沿电流 i 参考方向通过二端电路，根据所设的电压 u 的参考方向，欲使正电荷按电流方向运动，必须有外力（非库仑电场力）克服电场力对 dq 做功，所做的功也为

$$\mathrm{d}w=ui\mathrm{d}t$$

非库仑电场力做功使电场能量增加，表明该二端电路发出电能，即可对外部提供电能。

单位时间所做的功定义为功率，即

$$p=\frac{\mathrm{d}w}{\mathrm{d}t}=ui \tag{1-3}$$

上式表明，二端电路在任一时间吸收或发出的功率等于该时刻电压与电流的乘积。

应用式(1-3)计算二端电路的功率时必须注意电流和电压的参考方向是否关联。由上面的分析可见，当电流和电压的参考方向关联时，式(1-3)表示二端电路吸收的功率，而当电流和电压的参考方向非关联时，式(1-3)表示二端电路发出的功率。由于电压和电流都是代数量，可正可负，这样功率也可正可负，因此二端电路实际是吸收功率还是发出功率，还要看计算结果的正或负。具体地说，如果电压和电流取关联参考方向，按式(1-3)计算，若计算结果 $p>0$，则实际为吸收功率；若计算结果 $p<0$，则实际为发出功率。如果电压和电流取非关联参考方向，按式(1-3)计算，若计算结果 $p>0$，则实际为发出功率；若计算结果 $p<0$，则实际为吸收功率。

例 1-5 图 1-19 所示为某电路的一部分，已知图中 $U_1=5$ V，$U_2=-4$ V，$U_3=3$ V，$I_1=3$ A，$I_2=4$ A，$I_3=-1$ A。求各元件的功率，并说明元件是吸收功率还是发出功率。

解 元件 1 $P_1=U_1I_1=5\times3$ W$=15$ W

元件 1 吸收功率。

元件 2 $P_2=U_2I_2=-4\times4$ W$=-16$ W。

元件 2 发出功率-16 W，实际吸收 16 W 功率。

元件 3 $P_3=U_3I_3=3\times(-1)$ W$=-3$ W。

元件 3 吸收功率-3 W，实际发出 3 W 功率。

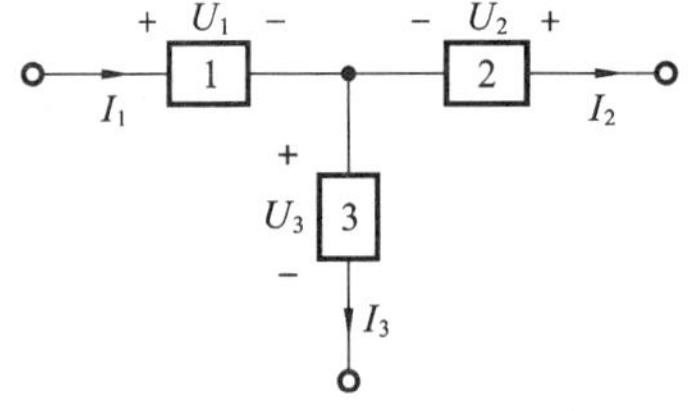

图 1-19 例 1-5 图

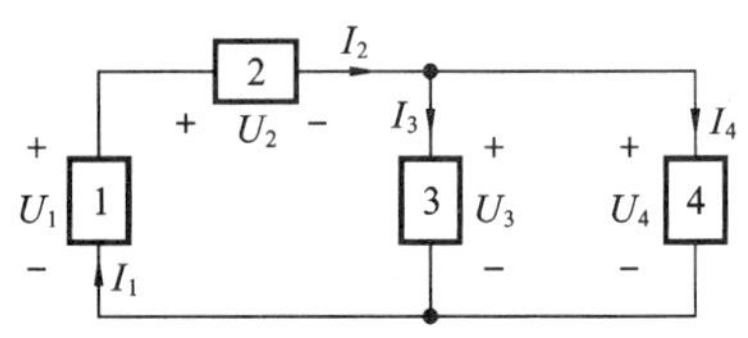

图 1-20 例 1-6 图

例 1-6 在图 1-20 所示电路中，已知 $U_1=7$ V，$U_2=2$ V，$U_3=U_4=5$ V，$I_1=I_2=8$ A，$I_3=5$ A，$I_4=3$ A。求各元件的功率并说明是吸收功率还是发出功率。

解 元件 1 $P_1=U_1I_1=7\times8$ W$=56$ W （发出功率）

元件 2 $P_2=U_2I_2=2\times8$ W$=16$ W （吸收功率）

元件 3 $P_3=U_3I_3=5\times5$ W$=25$ W （吸收功率）

元件 4 $P_4=U_4I_4=5\times3$ W$=15$ W （吸收功率）

计算结果表明，电路中元件 1 发出功率 56 W，而元件 2、3 和 4 吸收的功率之和也为 56 W。事实上，这一结果是具有普遍性的，即在一个电路中一些元件发出功率的总和等于其余元件吸收功率的总和，或在一个电路中所有元件吸收功率的代数和为零。这是能量守恒定理的体现。

1.4.2　电能量

当二端电路的电压与电流取关联参考方向时，t 时刻吸收的功率为

$$p(t)=u(t)i(t)$$

从 t_0 到 t 的时间间隔内二端电路吸收的能量为

$$w(t_0,t)=\int_{t_0}^{t}p(\xi)\mathrm{d}\xi=\int_{t_0}^{t}u(\xi)i(\xi)\mathrm{d}\xi$$

式中，ξ 是为区别积分上限 t 而引入的表示时间的符号。在时间 t 内二端电路吸收的总能量为

$$w(t)=w(t_0)+\int_{t_0}^{t}u(\xi)i(\xi)\mathrm{d}\xi=\int_{-\infty}^{t}u(\xi)i(\xi)\mathrm{d}\xi$$

式中，$-\infty$表示二端电路能量处于零的时刻。

能量的基本单位为焦[耳]，符号为 J。供电公司是以“度”为单位向用户核算电费的，1 度电(能)＝1 kW・h＝1 000×3 600 J＝3.6×10^6 J。

思考与练习

1-4-1　当一二端元件或二端电路的电压 u 与电流 i 取非关联参考方向时，也可用表达式 $p=-ui$ 计算功率，此表达式的含义是什么，若计算结果 $p>0$，实际是发出功率还是吸收功率，$p<0$ 呢？

1.5　基尔霍夫定律

一个在运行中的电路，各部分都有电流和电压，这些电流或电压是如何互相制约并统一在电路整体之中的呢？说明这一问题的是基尔霍夫电流定律和基尔霍夫电压定律。

1.5.1　有关的电路术语

图 1-21 所示为由 7 个二端元件互相连接组成的电路，至于这些元件具体是什么元件，在本节中是无关紧要的。

支路，支路电流和支路电压　电路中的每一个二端元件称为一个支路，于是图 1-21 所示电路就有 7 个支路。要说明的是，电路分析计算中关于支路的界定，没有一个严格的规定，要视怎样界定才更便于问题的分析而定，因此在稍后的讨论中也许不会只将一个二端元件视为一个支路。通过各支路的电流称为支路电流，如图 1-21 中所标注的 $i_1\sim i_7$(都是参考方向)。各支路两端的电压称为支路电压，如图 1-21 中所标注的 u_1 和 u_4。

节点　电路中两个及两个以上支路的连接点称为节点，如图 1-21 中加了“・”的(1)～(5)。与支路的规定相似，电路分析计算中对于节点的规定也有一定的灵活性，比如以后可能对(4)这样的节点就不作为一个节点。在电路图中对于电气上有连接的两个或两个以上的支路，在连接处标以“・”，在电气上没有连接的两个或两个以上的支路(只是相互交叉)，在交叉处无“・”标记，分别如图 1-22(a)和(b)所示。

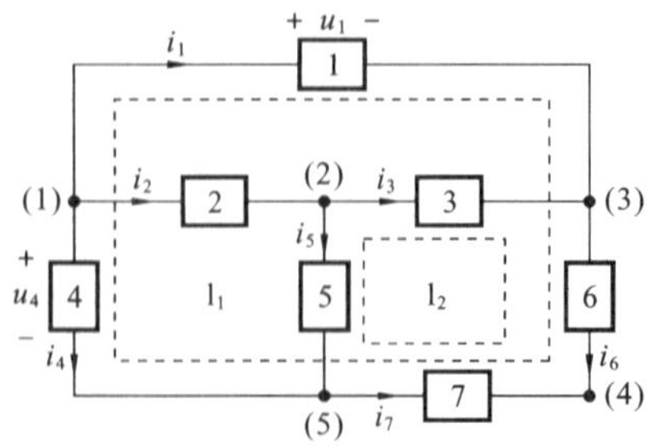

图 1-21 说明电路术语的一个电路图

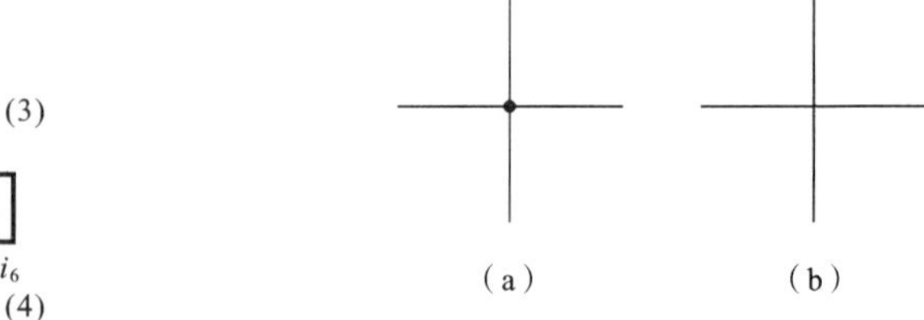

图 1-22 支路之间有无电气连接的表示

回路 由电路图中的某一节点出发，经过一些支路和节点且只经过一次又回到原出发的节点，这样形成的闭合路径称为回路，如图 1-21 中用虚线框勾画出的回路 l_1 和 l_2。

网孔 网孔是平面电路中一种特殊的回路。所谓平面电路，就是当将一个电路画在平面上或球面上时，如果各支路之间除了相交形成节点外而无互相交叉，则该电路就是平面电路。比较图 1-21 所示中的回路 l_1 和 l_2，在回路 l_1 的界定面内含有支路 2、3、5，而在回路 l_2 的界定面内不含另外的支路。如回路 l_2 那样，在回路的界定面内不含另外支路的回路叫做网孔。通俗一点地比喻，网孔就如网兜上的那些网眼。

1.5.2 基尔霍夫电流定律

基尔霍夫电流定律(KCL)说明一个电路中各支路电流之间的相互制约关系。KCL 指出：对任一集中参数电路中的任一节点，在任一时间，离开节点的各支路电流代数和等于零。其数学表达式为

$$\sum_{k=1}^{m} i_k(t) = 0 \tag{1-4}$$

式中，m 为连接在所讨论节点上的总支路数。

在按 KCL 对电路列写方程时，必须先指定各支路电流的参考方向，支路电流离开节点或进入节点是对电流的参考方向而言的。如果将离开节点的支路电流计为正，则进入节点的支路电流计为负。对图 1-21 所示电路中的节点(1)、(2)和(3)，KCL 方程依次为

$$i_1+i_2+i_4=0,\quad -i_2+i_3+i_5=0,\quad -i_1-i_3+i_6=0$$

当然列写 KCL 方程时，将进入节点的支路电流计为正，离开节点的支路电流计为负是完全可以的，但在同一问题中最好统一。另外，以上节点(2)和(3)的 KCL 方程移项后成为

$$i_2=i_3+i_5,\quad i_1+i_3=i_6$$

方程左边是流入节点的电流，右边是流出节点的电流。所以 KCL 也可陈述为：对任一集中参数电路中的任一节点，在任一时间，流入节点的支路电流之和等于流出节点的支路电流之和。

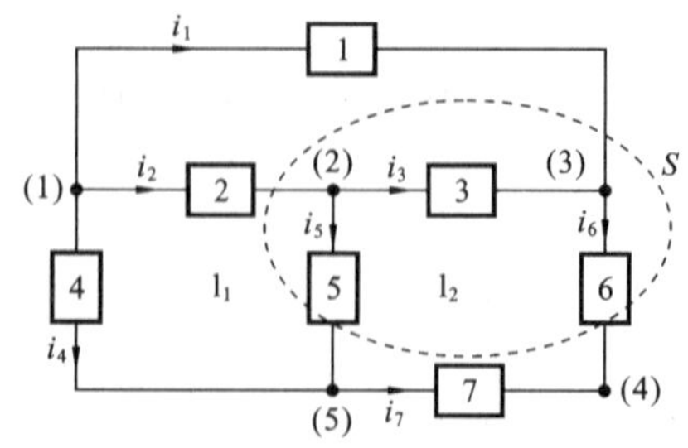

图 1-23 KCL 应用于包围部分电路的闭合曲面

KCL 是电荷守恒定理在集中参数电路中的体现。因此 KCL 不仅适用于电路中的节点，也适用于任意作出的包围部分电路的闭合曲面。如图 1-23 所示，作包围部分电路的闭合曲面 S，与该闭合曲面

相交的支路 1、2、5、6 的电流代数和等于零，若将离开闭合曲面的支路电流计为正，则对此闭合曲面有

$$-i_1-i_2+i_5+i_6=0$$

以上在讨论 KCL 过程中始终未涉及支路上的元件是什么元件，这就表明，KCL 与元件性质无关。KCL 方程只与电路的几何结构（一个节点上连接了哪些支路，一条支路连接在哪两个节点之间）和电流参考方向有关。

根据 KCL 容易说明，只有在闭合的电路中才会有电流通过。如图 1-24(a)所示电路的两部分之间若只有一条导线连接，或图 1-24(b)所示电路若只有一处与大地连接，则连接导线中电流均为零。

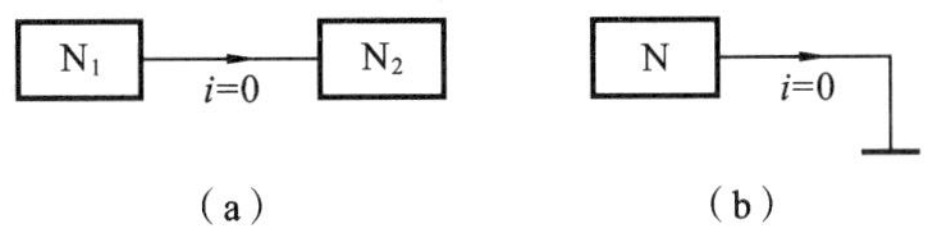

图 1-24　电流只能在闭合电路中通过

1.5.3　基尔霍夫电压定律

基尔霍夫电压定律（KVL）说明一个电路中各支路电压之间的相互制约关系。该定律指出：对任一集中参数电路中的任一回路，在任一时间，沿回路的各支路电压代数和等于零。其数学表达式为

$$\sum_{k=1}^{m} u_k(t)=0 \tag{1-5}$$

式中，m 为所讨论回路上的总支路数。

按 KVL 对电路列写方程时，必须先指定各支路电压的参考方向，同时，还必须为回路指定参考方向（顺时针绕行方向或逆时针绕行方向），如图 1-25 所示。然后按支路电压参考方向（从"+"到"−"）与回路参考方向相同的支路电压在 KVL 方程中取正号，与回路参考方向相反的支路电压取负号列写方程，如图 1-25 所示中回路 l_1 和 l_2 的 KVL 方程分别为

$$u_1+u_6-u_7-u_4=0,\quad u_5+u_7-u_6-u_3=0$$

KVL 是能量守恒定理在电路中的体现（沿任一闭合路径电场力移动单位正电荷所做的功等于零）。因此，KVL 不仅对由支路构成的实在回路适用，而且对不完全由支路形成的虚拟回路也适用。如图 1-26 所示，回路 l 不是全部由支路形成的，其 KVL 方程为

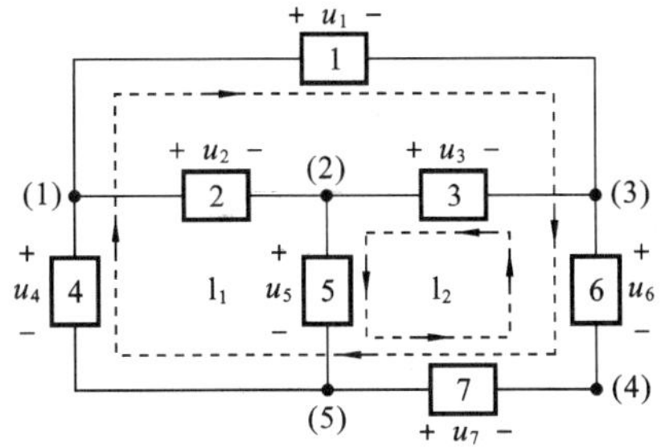

图 1-25　支路电压和回路的参考方向

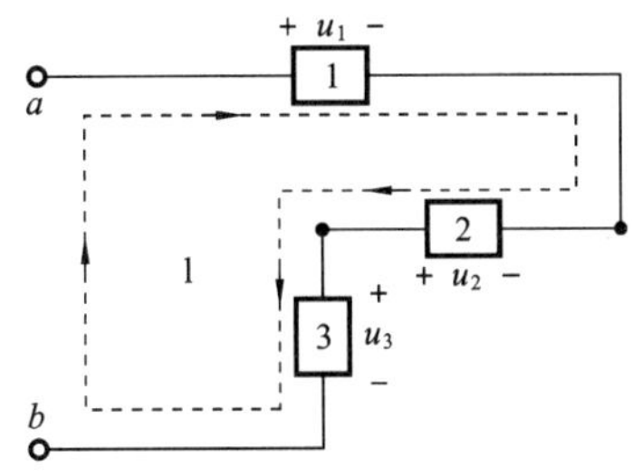

图 1-26　KVL 应用于虚拟回路

$$u_1 - u_2 + u_3 - u_{ab} = 0$$

在图 1-25 所示电路中，任意选择一个节点作为电位参考点，比如节点(5)，即令 $\varphi_5 = 0$，其他各节点到参考节点的电位依次为 φ_1、φ_2、φ_3、φ_4，图中回路 l_1 所含的 4 个支路电压代数和为

$$u_1 + u_6 - u_7 - u_4 = (\varphi_1 - \varphi_3) + (\varphi_3 - \varphi_4) - (0 - \varphi_4) - (\varphi_1 - 0) \equiv 0$$

这一结果表明，用节点电压表示支路电压后，无论节点电压为何值，支路电压总是能满足 KVL 的。因此在电路的分析计算中，如果引用了电位(节点电压)，那么再按 KVL 列写方程就是多余的。

KVL 也与电路元件的性质无关。

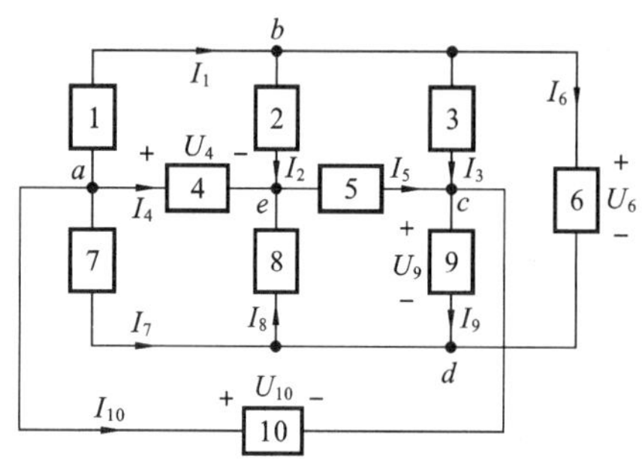

图 1-27　例 1-7 图

例 1-7　图 1-27 所示为由 10 个二端元件互相连接组成的电路。已知元件 1、2、3、5、7 和 8 的电流都为 2 A，元件 4、6、9 和 10 的电压都为 4 V。求元件 4、6、9、10 的电流和电压 U_{bc} 和 U_{be}。

解　通过元件 4、6、9、10 的电流参考方向如图中所示。

对节点 e：$-I_2 - I_4 + I_5 - I_8 = 0$

$$I_4 = -I_2 + I_5 - I_8 = (-2+2-2)\ \text{A} = -2\ \text{A}$$

对节点 b：$-I_1 + I_2 + I_3 + I_6 = 0$

$$I_6 = I_1 - I_2 - I_3 = (2-2-2)\ \text{A} = -2\ \text{A}$$

对节点 d：$-I_6 - I_7 + I_8 - I_9 = 0$

$$I_9 = -I_6 - I_7 + I_8 = (-(-2)-2+2)\ \text{A} = 2\ \text{A}$$

对节点 a：$I_1 + I_4 + I_7 + I_{10} = 0$

$$I_{10} = -I_1 - I_4 - I_7 = (-2-(-2)-2)\ \text{A} = -2\ \text{A}$$

$$U_{bc} = U_{bd} + U_{dc} = U_6 - U_9 = (4-4)\ \text{V} = 0$$

$$U_{be} = U_{bd} + U_{dc} + U_{ca} + U_{ae} = U_6 - U_9 - U_{10} + U_4 = (4-4-4+4)\ \text{V} = 0$$

思考与练习

1-5-1　有人说对电路中某一节点连接的所有支路，各支路的参考方向不能都指定为离开该节点，也不能都指定为进入该节点，否则就只有流出节点的电流而无流进节点的电流了，或只有流进节点的电流而无流出节点的电流了。这一说法正确吗，为什么？

1-5-2　应用 KVL 求某一支路电压时，若改变含该支路的回路上其他各支路电压的参考方向，则对所求支路电压的正、负有无改变？为什么？

1-5-3　供电公司向用户提供的家庭生活用电为 220 V 交流电，电源的有一端与大地连接(大地可视为导体)，连接此端的导线俗称地线；连接电源另一端的那条导线俗称火线，练习图 1-1 为示意图。为了便于用户对开关负载一侧的电路进行维修，试比较练习图 1-1(a)、(b)，哪一个电路的接法在开关断开后对用户维修操作是安全的并说明原理。如果让我们自己接线，则应该注意些什么？

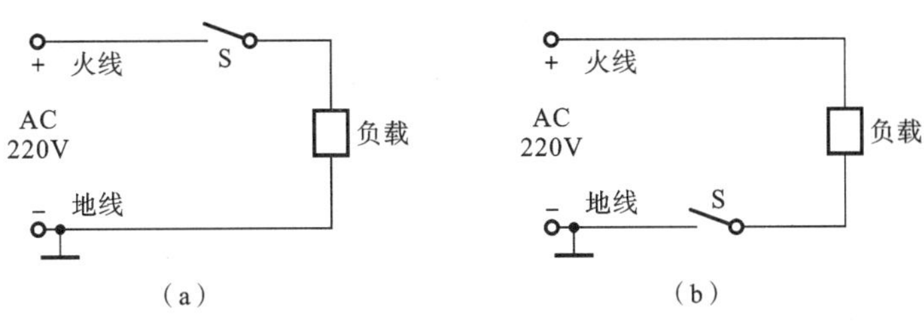

练习图 1-1

1.6 电 阻 元 件

1.6.1 实物背景和电阻器的主要电磁性质

上节讨论的 KCL 和 KVL 都与电路元件的性质无关。一个电路总是由具体的电路元件互相连接而成的,电路的特性与电路元件有关是不言而喻的。本章先介绍 3 种电路元件:电阻元件、电压源和电流源。

在电路的分析计算中要考虑电阻,一是因为许多实际电路为了利用电阻的电磁性质以实现特定的电路功能而人为地接入了电阻器;二是因为一般的材料都具有反抗电流通过的性质,有时电路中虽然未人为接入电阻器,但也必须考虑存在于电路中的电阻现象或电阻效应。为了利用电阻的电磁性质,人们制造了各种电阻器,如根据所用电阻材料不同而分为的线绕电阻器、碳膜电阻器、金属膜电阻器等,一些电阻器的外形如图 1-28 所示。由图可见,一个电阻器是通过两条引线(或两个端子)与外部电路相连接的。

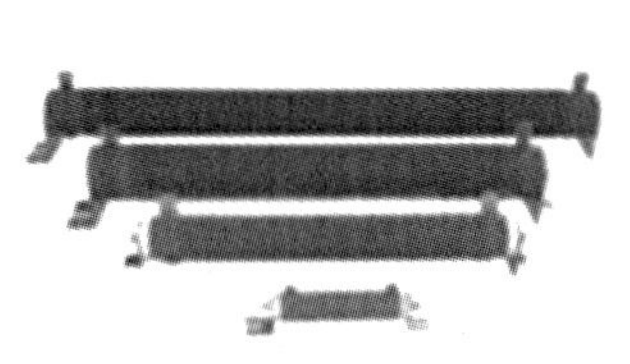

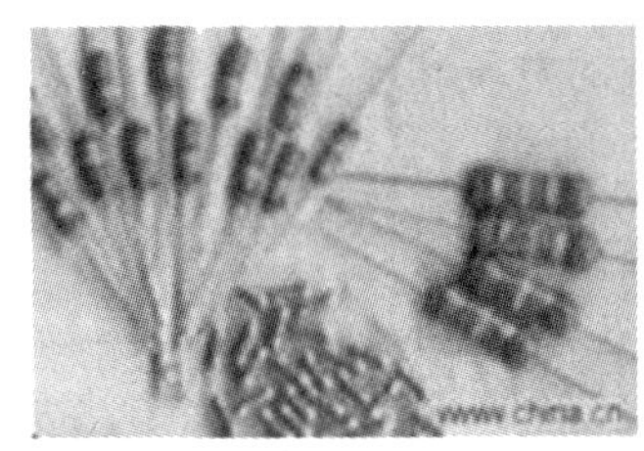

图 1-28 一些电阻器的外形图

电阻器的主要电磁性质是沿电流的方向产生电压,消耗电能,如图 1-29 所示。

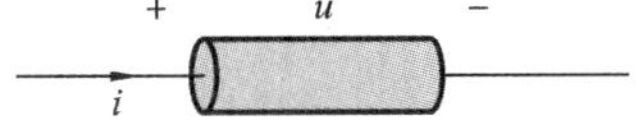

图 1-29 电阻器上沿电流方向产生电压

上述性质表明,电阻器在任意时间的电压仅取决于同一时间的电流,反之亦然。

1.6.2 线性电阻元件

1. 电阻元件的定义及其 u-i 关系

电阻元件是电阻器或存在于电路中的电阻现象的抽象和近似。一个二端元件,在任一时间如果其两端的电压 $u(t)$ 和通过的电流 $i(t)$ 构成确切的代数关系，则此二端元件称为电阻元件。电路符号如图 1-30(a)所示。$u(t)$ 和 $i(t)$ 的代数关系一般可用 u-i 平面上的曲线表示，如图 1-30(b)所示。

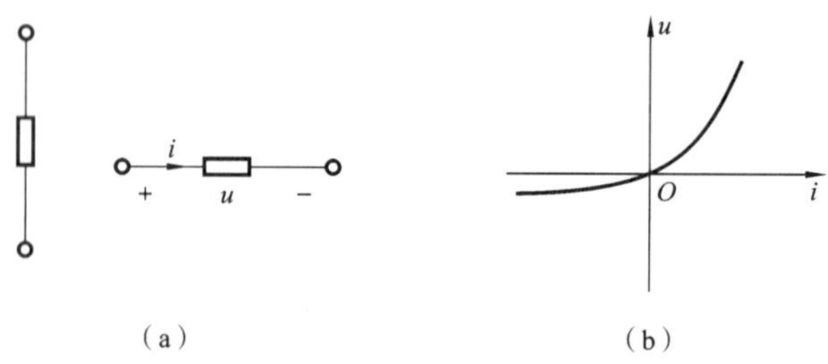

图 1-30　电阻元件的电路符号和特性曲线

根据 u-i 平面上曲线的不同情况可将电阻元件分成若干类。如果一个电阻元件的特性曲线总是通过 u-i 平面原点的一条直线，则称这样的电阻元件为线性电阻元件，表示线性电阻元件的参数是电阻 R 或电导 G，如图 1-31 所示。电导的单位为西[门子]，符号为 S。

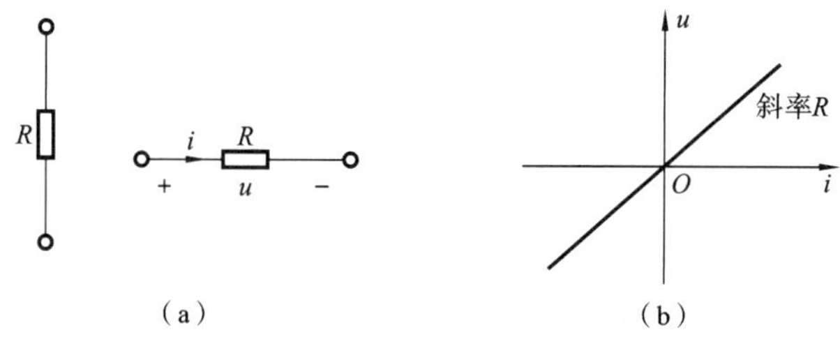

图 1-31　线性电阻元件及其特性曲线

线性电阻元件的电压和电流关系可用数学表达式表示，即

$$u=Ri \tag{1-6a}$$

或

$$i=Gu \tag{1-6b}$$

显然，$G=\frac{1}{R}$。式(1-6a)和式(1-6b)是大家熟知的欧姆定律的数学表达式，因此也可以说，服从欧姆定律的电阻元件是线性电阻元件。必须指出的是，式(1-6a)和式(1-6b)仅在电压和电流取关联参考方向的前提下才是正确的，这是缘于电阻器沿电流方向产生电压这一事实。如果线性电阻元件的电压和电流参考方向取非关联的，则电压和电流关系必须改为 $u=-Ri$ 和 $i=-Gu$。

2. 开路和短路的概念

线性电阻元件的特性曲线为通过 u-i 平面原点的直线，这里存在两个特殊情况。

(1) 直线与坐标轴 u 重合，如图 1-32(a)所示，即 $R=\infty$，$G=0$，对任意有限的电压值，电流恒等于零。在电气上二端元件是断开的，此情况称为开路或断路。可用图 1-32(b)表示开路。

(2) 直线与坐标轴 i 重合，如图 1-33(a)所示，即 $R=0$，$G=\infty$，对任意有限的电流值，电压恒等于零。此情况称为短路，可用图 1-33(b)表示短路。

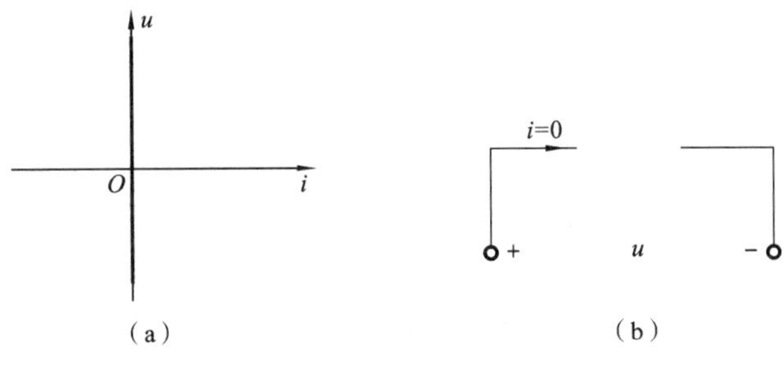

图 1-32 开路

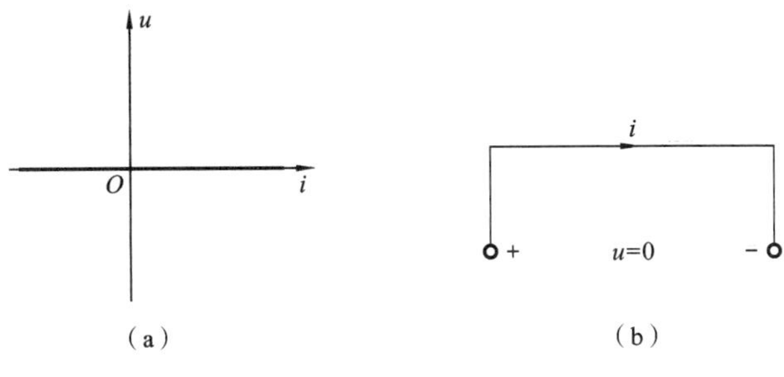

图 1-33 短路

开路和短路这两个概念(或两种现象)对电路的理论分析及实际电路都是重要的。在理论分析中,如果已知电路的某一部分开路或短路,就可能简化分析。实际电路出现开路或短路情况时,往往是一种电路故障,需要排除方能使电路恢复正常运行;但在有些场合又要利用开路或短路现象,例如电焊机、强磁场发生器等就是利用短路引起的大电流工作的。

3. 线性电阻元件的功率

根据式(1-3),若线性电阻元件的电压和电流取关联参考方向,则其吸收的功率为

$$p=ui=Ri^2=Gu^2 \tag{1-7a}$$

若电压和电流取非关联参考方向,则其发出的功率为

$$p=ui=-Ri^2=-Gu^2 \tag{1-7b}$$

可见,不论线性电阻元件的电压和电流的参考方向如何选取,只要 $R>0$,线性电阻元件实际总是吸收(消耗)功率的。

这里讨论的是理想电阻元件,对通过电流的大小或加在其两端电压的大小没有限制。实际的电阻器绝非如此,实际电阻器的功耗都是有限定的,接入电路前应核算其电压或电流。

例 1-8 图 1-34 所示电路,已知 $I=1$ A,$R_1=2$ Ω,$R_2=3$ Ω,$R_3=5$ Ω,所以外施电压 $U=U_1+U_2+U_3=(2\times1+3\times1+5\times1)V=10$ V。(1) 若电流参考方向改为 I',则 $I'=-1$ A,试问是否有 $U=-10$ V,为什么?(2) 电流参考方向不改变,而改变 U_3 的参考方向,如图中的 U'_3,则外施电压是否为 $U=U_1+U_2-U'_3=0$,为什么?

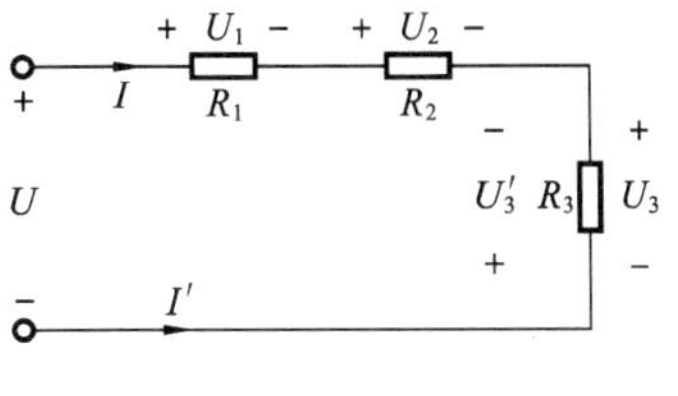

图 1-34 例 1-8 图

解 （1）电流参考方向改为 I' 后，虽有 $I'=-1$ A，但同时由于各电阻元件的电压和电流为非关联参考方向，$U_1=-R_1I'=-2\times(-1)\text{V}=2$ V，$U_2=-R_2I'=-3\times(-1)\text{V}=3$ V，$U_3=-R_3I'=-5\times(-1)$ V$=5$ V，所以 $U=U_1+U_2+U_3=(2+3+5)$ V$=10$ V。

（2）U_3 的参考方向改为 U'_3 后，虽有 $U=U_1+U_2-U'_3$，但同时 $U'_3=-R_3I=-5\times1$ V$=-5$ V，所以 $U=10$ V。

思考与练习

1-6-1 写出练习图 1-2 所示电路中各电阻元件在指定电压和电流参考方向下的电压和电流关系的方程。

练习图 1-2

1.7 独 立 电 源

1.7.1 独立电源的实物背景

任何实际电路要维持连续不断地运行就必须有电源的作用。电源是一种能将其他形式的能量（如机械能、热能、光能、化学能等）转变为电能的设备或器件。通常情况下，电源是电路中能量的来源，电源对电路的作用常称为“输入”或“激励”。发电机、电池等是很普通的电源。

实际电源在工作时，有的能维持其端电压基本不随外部连接电路的变化而变化，例如新的干电池、大型电力网等；有的能维持向外部连接电路提供的电流不随外部电路的变化而变化，例如光电池、晶体管稳流电源等。因此作为电路元件的理想电源相应的也有两种：电压源和电流源。

1.7.2 电压源

电压源是从一些实际电源在运行时其端电压基本不随外部连接电路的变化而变化出发建立的一种理想电源模型。

1. 电压源的定义

一个二端元件，当它与任意外部电路连接时，如果总能维持其两端电压为一规定的时间函数 $u_S(t)$ 而不随外部电路的变化而变化，则此二端元件称为电压源。这里 $u_S(t)$ 表示电压随时间变化的规律，例如正弦波、常数等。电压源一般用图 1-35(a)所示的符号表示，圆外的“+”和“−”表示电压源电压的参考方向。如果电压为常数（直流电压），还可用 1-35(b)所示的符号表示，较长的一端为正极，较短的一端为负极。

由于电压源的电压不随外接电路的变化而变化，于是当外接电路变化时电压源电流就会

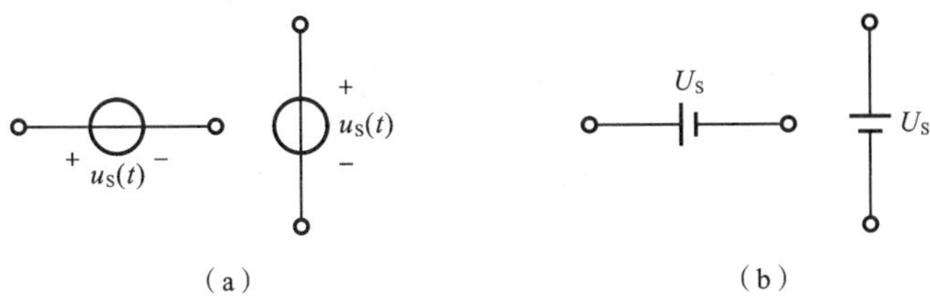

图 1-35　电压源的电路符号

变化，因此电压源的电压不随外接电路的变化而变化，也就是电压源的电压不随通过它的电流的变化而变化，所以电压源的特性曲线为在 u-i 平面上与 i 轴平行的一簇直线，如图1-36 所示。

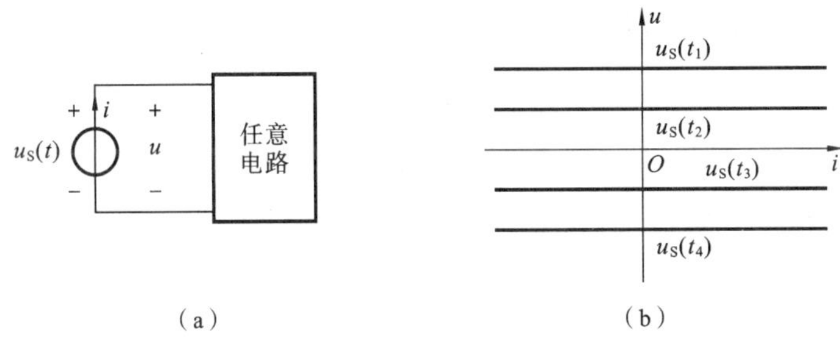

图 1-36　电压源的特性曲线

若对所有时间 t，$u_S(t)=0$，此时电压源的特性曲线与 i 轴重合。所以，如果一个电压源的电压为零，或一个电压源不参与电路作用，可将该电压源处用短路代替，如图 1-37 所示。

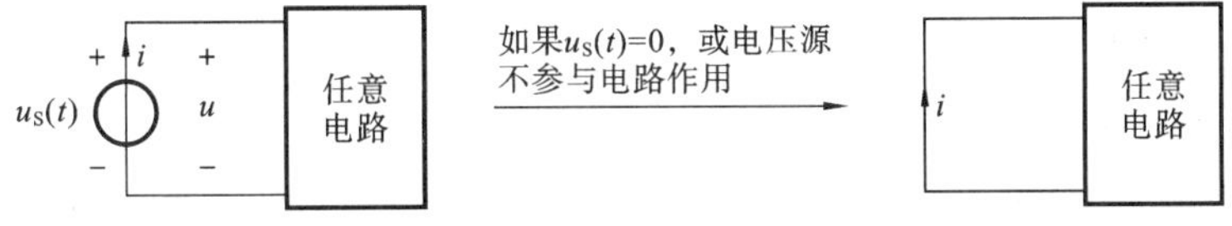

图 1-37　电压源电压为零或电压源不参与电路作用时可用短路代替

2. 通过电压源的电流

由电压源的特性曲线可知，对某一特定时间，比如 t_1，电压源电压为 $u_S(t_1)$，这时有许多电流值与之对应，这就表明仅由电压源本身不能确定其电流。不像电阻元件，知道了电压就能由电阻元件本身确定其电流。通过电压源的电流如何确定呢？应先求出连接到电压源端点上所有其他支路的电流，然后将 KCL 应用于电压源的两个端点之一，求通过电压源的电流。

例 1-9　求图 1-38 所示电路中电压源支路的电流。

解　由电压源的特性，两电阻元件的电压 $U=12$ V。

$$I_1=\frac{12}{3}\text{A}=4\ \text{A},\quad I_2=\frac{12}{4}\text{A}=3\ \text{A}$$

由 KCL，有

$$I=-I_1-I_2=(-4-3)\ \text{A}=-7\ \text{A}$$

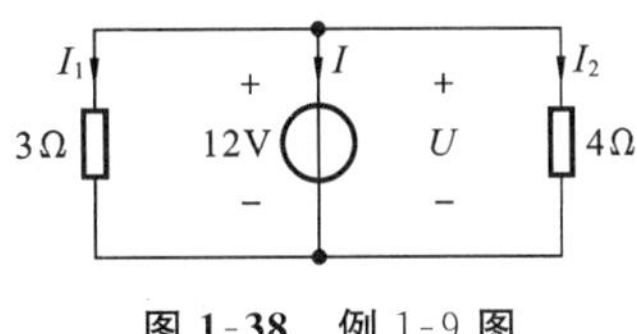

图 1-38　例 1-9 图

3. 实际直流电源的一种模型

实际中不存在如上定义的电压源，实际电源的电压总是随着通过电流的增大而多少有所下降。日常生活中，我们可以观察到在用电高峰时段的白炽灯、日光灯比在用电低峰时段要暗一些，这表明电源提供的电流大了，其电压会降低。在建立了电压源这一模型后，对于实际电源的上述性质可以用电压源和其他电路元件的适当连接组合去逼近。例如实际的直流电源可以用电压源和电阻元件的串联模拟，如图 1-39(a)所示，电压 U 和电流 I 的关系为

$$U=U_S-R_SI$$

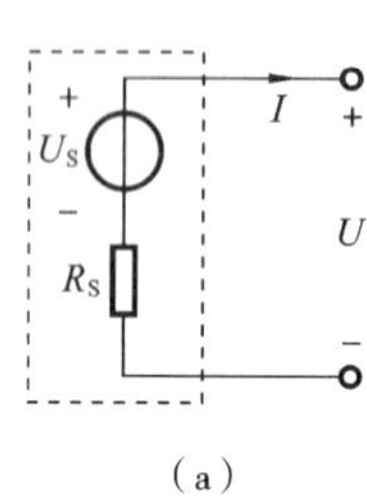

(a)

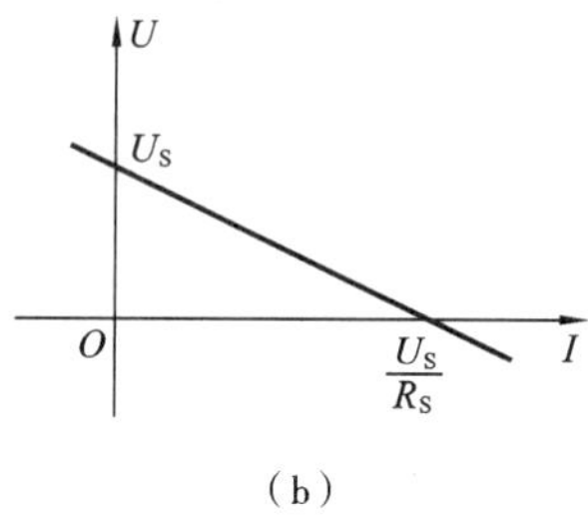

(b)

图 1-39　实际直流电源的一种模型及其特性曲线

图 1-39(b)所示为描述实际直流电源 U-I 关系的特性曲线。由图可见，当 $I=0$ 时，$U=U_S$，如果维持 U_S 一定，R_S 变小，则直线与 I 轴的交点右移。当 R_S 趋于零时，交点在无穷远处，即直线与 I 轴平行，成为电压源的特性。

图 1-39(a)所示的电压源与电阻元件的串联组合常称为戴维南电路。

1.7.3　电流源

电流源是从某些实际电源在运行时提供的电流基本不随外部连接电路的变化而变化出发建立的一种理想电源模型。

1. 电流源的定义

一个二端元件，当它与任意外部电路连接时，如果提供的电流总能维持为一规定的时间函数 $i_S(t)$，而不随外部电路变化而变化，则此二端元件称为电流源。电流源用图 1-40(a)虚线框内所示的符号表示，圆外的箭头表示电流源电流的参考方向。

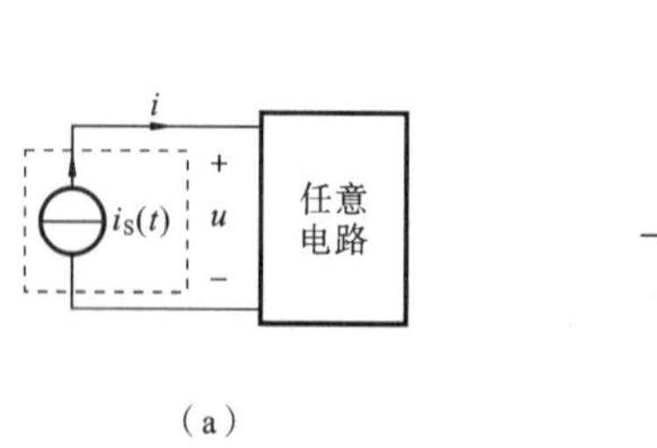

(a)

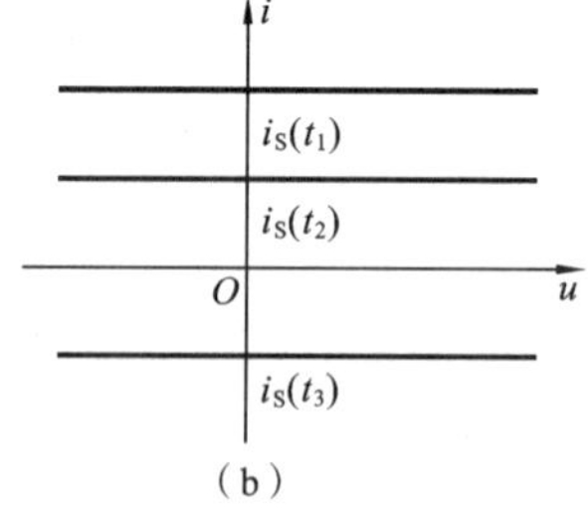

(b)

图 1-40　电流源的电路符号和特性曲线

电流源的电流不随外接的电路变化而变化，也就意味着电流源的电流不随它两端的电压变化而变化，所以电流源的特性曲线为在 u-i 平面上与 u 轴平行的一簇直线，如图 1-40(b)所示。

若对所有时间 t，$i_S(t)=0$，则电流源的特性曲线与 u 轴重合，正如图 1-32(a)所示的那

样。所以，如果一个电流源的电流为零，或一个电流源不参与电路作用，则可将该电流源处用开路代替，如图 1-41 所示。

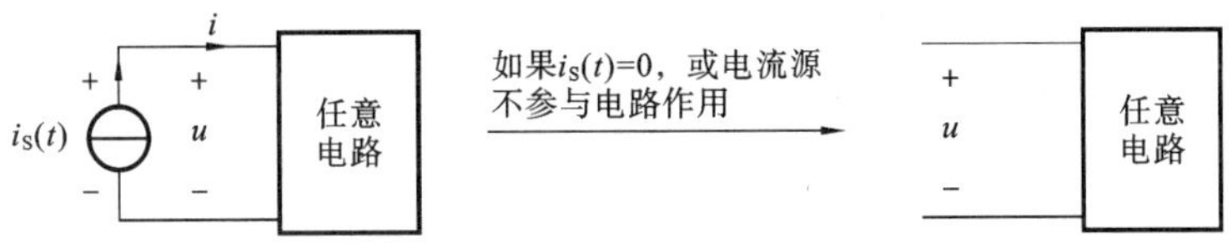

图 1-41 电流源电流为零或电流源不参与电路作用时可用开路代替

2. 电流源两端的电压

由电流源的特性曲线可见，对某一特定时间，比如 t_1，电流源电流为 $i_S(t_1)$，这时有许多电压值与之对应，这就表明仅由电流源本身不能确定其电压。电流源也不像电阻元件那样，知道了电流就能确定其电压。电流源两端的电压如何确定呢？应先求出包含电流源的任一回路上所有其他支路的电压，然后将 KVL 应用于该回路，求电流源两端的电压。

例 1-10 求图 1-42 所示电路中各电源发出的功率。

解 电压源电流 I_1 及电流源电压 U_3 的参考方向分别如图中所示。

$$I_2=\frac{4}{2}\ \text{A}=2\ \text{A},\quad I_4=1\ \text{A}$$

$$I_1=I_2-I_4=(2-1)\ \text{A}=1\ \text{A}$$

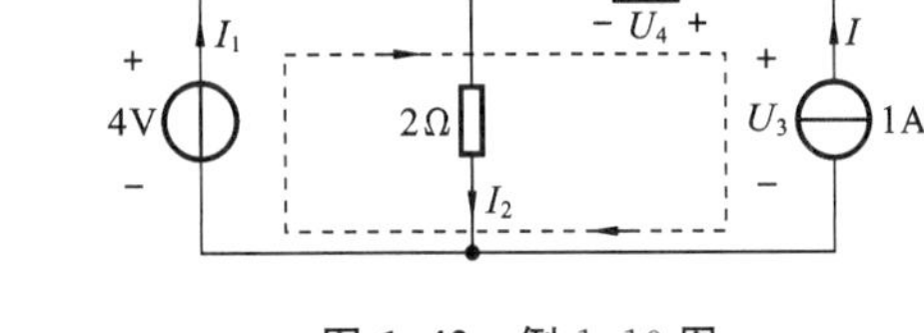

图 1-42 例 1-10 图

电压源发出的功率为

$$P_1=4I_1=4\times1\ \text{W}=4\ \text{W}$$

取图中所示回路，则

$$U_3-4-U_4=0,\quad U_3=4+U_4=4+3I_4=(4+3\times1)\ \text{V}=7\ \text{V}$$

电流源发出的功率为

$$P_3=IU_3=1\times7\ \text{W}=7\ \text{W}$$

3. 实际直流电源的另一种模型

实际中同样不存在如上定义的电流源。实际电源提供的电流总是随着电源两端电压的增大多少会有所下降。在建立了电流源这一模型后，对于实际电源的特性可以用电流源和其他电路元件的适当连接组合去逼近。例如，实际的直流电源可以用电流源和电阻元件的并联模拟，如图 1-43(a)所示，电压 U 和电流 I 的关系为

$$I=I_S-G_PU$$

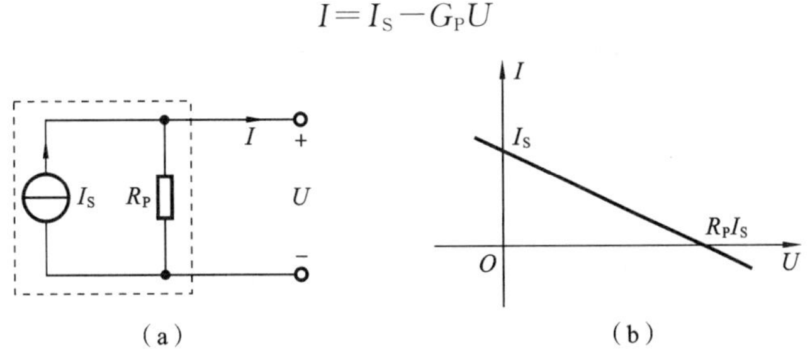

图 1-43 实际直流电源的另一种模型及其特性曲线

图 1-43(b)所示为描述实际直流电源 U-I 关系的特性曲线。由图可见，当 $U=0$ 时，$I=I_S$，如果维持 I_S 一定，R_P 增大，则直线与 U 轴的交点右移。当 R_P 趋于无穷大时，交点在无穷远处，即直线与 U 轴平行，成为电流源的特性。

图 1-43(a)所示的电流源与电阻元件的并联组合常称为诺顿电路。

思考与练习

1-7-1 写出练习图 1-3 所示各段电路的 u 或 i 的表达式。

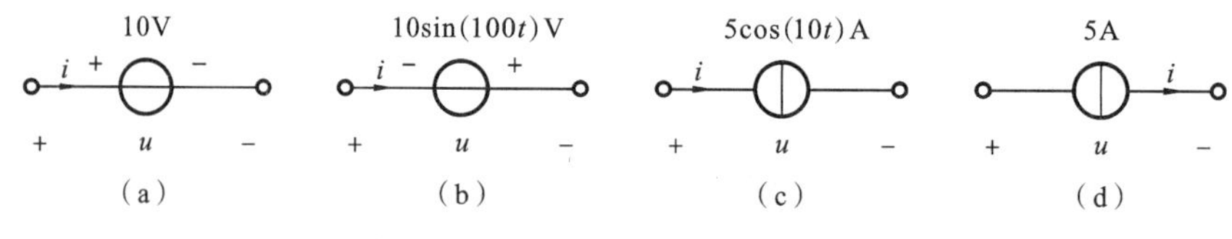

练习图 1-3

1-7-2 求练习图 1-4 所示电路中各元件的功率，并说明功率是元件发出的还是吸收的。

1-7-3 能否用练习图 1-5 所示的两个二端电路模拟实际直流电源的特性，说明理由。

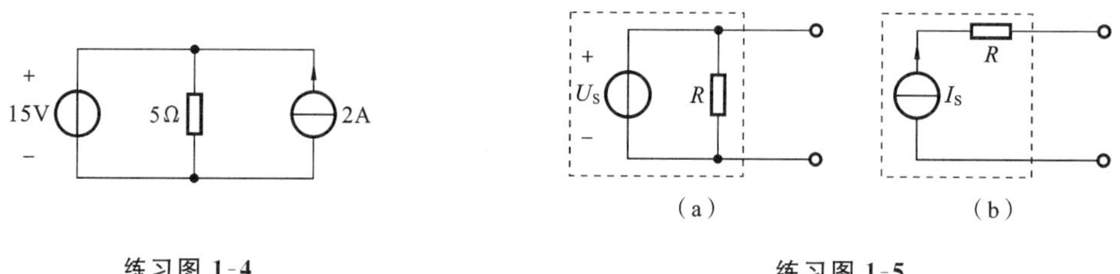

练习图 1-4　　练习图 1-5

本章小结

(1) 在电路的分析计算中，电流和电压的参考方向是十分重要的。电路元件的电压-电流关系式、电路方程的列写等无不与电流和电压的参考方向有关。读者必须从学习电路理论一开始就充分重视这一问题。电流和电压的参考方向是可以任意假定的，它不影响电流和电压的真实方向。

(2) 二端元件或二端电路在任一时间的功率可表示为 $p=ui$。注意：表达式的含义因 u 与 i 参考方向是否关联有所不同。

(3) 基尔霍夫电流定律(KCL)和基尔霍夫电压定律(KVL)是电路分析的基本依据之一，贯穿电路理论课程的始终。列写 KCL 方程时，要先指定各支路电流的参考方向。列写 KVL 方程时，除要先指定各支路电压的参考方向外，还必须指定回路的参考方向。

(4) 线性电阻元件的电压和电流取关联参考方向时，$u=Ri$ 或 $i=Gu$，如电压与电流为非关联参考方向，则等号右边应加负号。

(5) 电压源两端的电压为规定的时间函数，与它连接的电路无关，通过电压源的电流，包括大小和实际方向，取决于它所连接的外部电路。电流源的电流为规定的时间函数，与它连接的电路无关，电流源两端的电压，包括大小和实际方向，取决与它所连接的外部电路。

习　题

1-1　指出题图 1-1(a)、(b)所示二端元件电流的实际方向，对图(c)所示元件指出 $t=0.25\pi s$ 和 $t=0.75\pi s$ 两个时刻电流的实际方向。

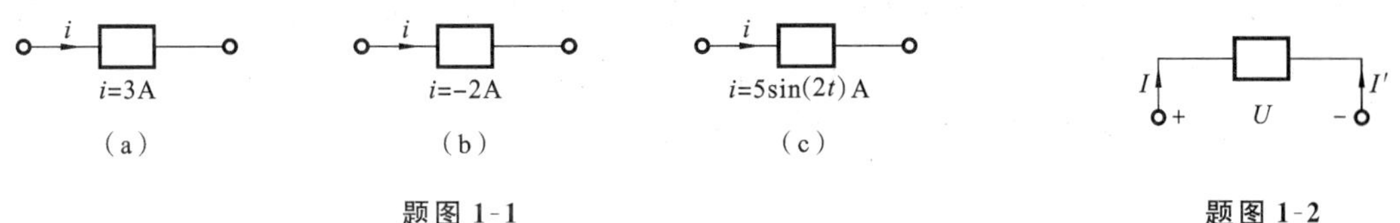

题图 1-1　　题图 1-2

1-2　题图 1-2 所示二端电路，已知它吸收的功率为 40 W，在图示电压参考方向下，$U=-20$ V，求电流 I。若电流取相反的参考方向 I'，求 I'。

1-3　求题图 1-3 所示各二端电路的功率，并说明各二端电路实际是吸收功率还是发出功率。

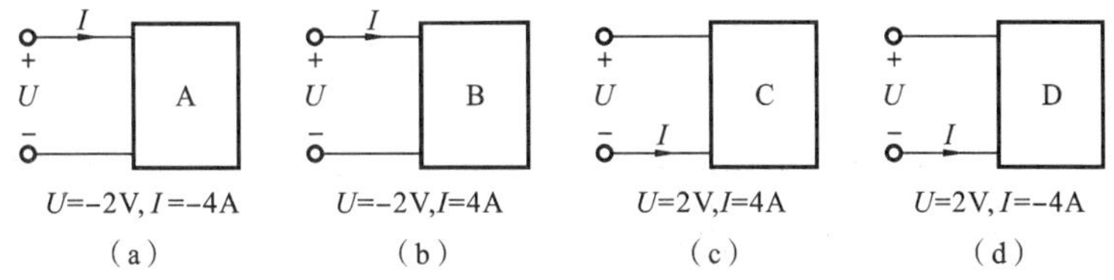

题图 1-3

1-4　题图 1-4 表示由 10 个二端元件互相连接组成的电路，各支路电流参考方向如图中所示，各支路电压与电流取关联参考方向。已知支路 1、3、4、7、10 的电流均为 1 A，支路 2、5、6、8、9 的电压均为 2 V，求未知的支路电流和支路电压。

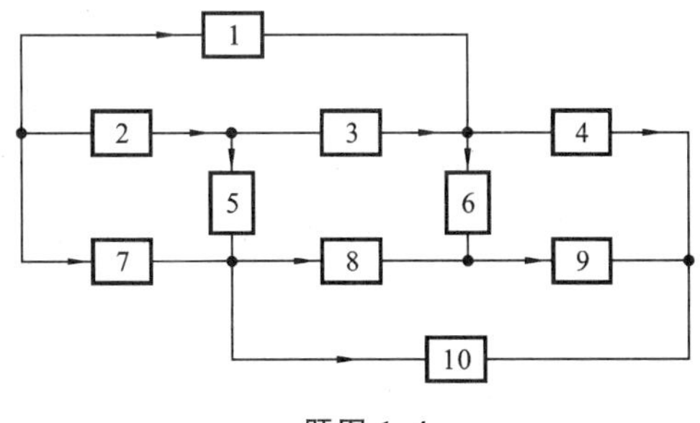

题图 1-4

1-5　题图 1-5 所示电路，某人对其中的两个回路写出的 KVL 方程为

$$u_1+u_2-u_3=0,\quad -u_1-u_2-u_5+u_6=0$$

但他未标注支路电压的参考方向与回路的参考方向。试根据所写出的 KVL 方程为其标注支路电压的参考方向与回路的参考方向。

1-6　题图 1-6 所示电路，已知 $I_1=1$ A，$I_2=2$ A，$R=10\ \Omega$，求电压 U。

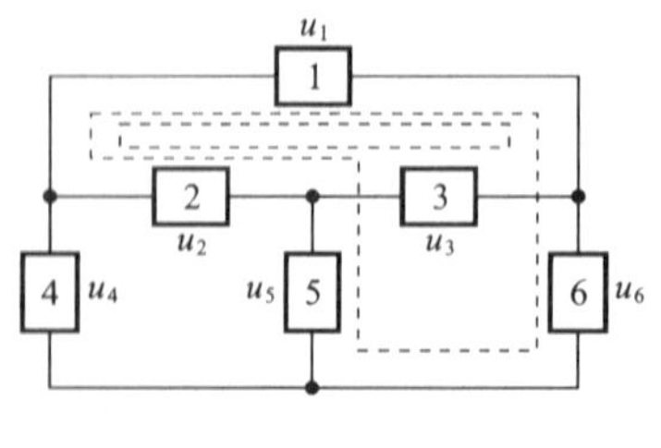

题图 1-5

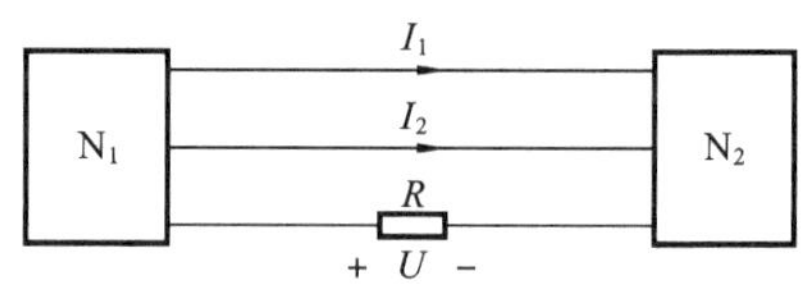

题图 1-6

1-7 KCL 可应用于电路中的任一节点，试对题图 1-7(a)所示电路的 3 个节点写出 KCL 方程，3 个方程相互都独立吗？KVL 可应用于电路中的任一回路，试对题图 1-7(b)所示电路的 3 个回路写出 KVL 方程，3 个方程相互都独立吗？

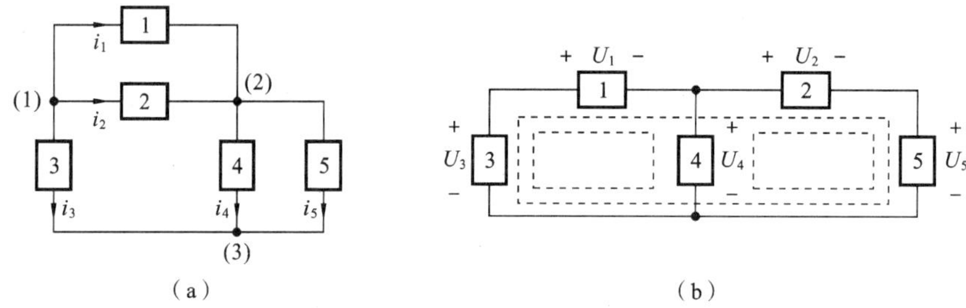

题图 1-7

1-8 一个 100 Ω、额定功率 4 W 的电阻，能允许承受多大的电压和通过多大的电流？

1-9 题图 1-8 所示部分电路，已知 $I_1=3\ \text{A}$，$I_2=-2\ \text{A}$，$I_3=5\ \text{A}$，求电压 U_{ab}、U_{bc}、U_{ac}。

1-10 求题图 1-9 所示电路中各元件的功率，并说明是吸收功率还是发出功率。

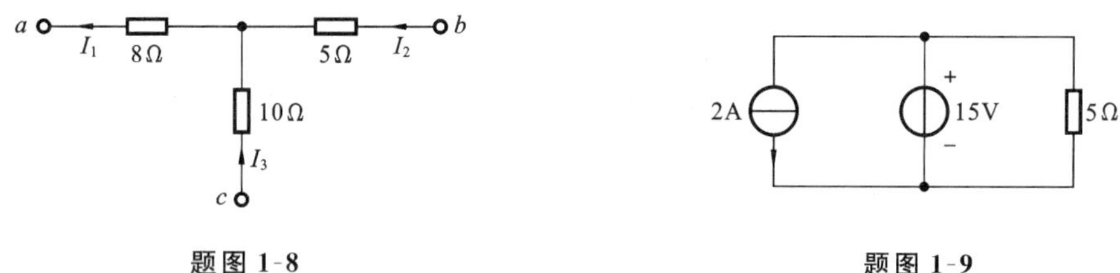

题图 1-8　　　　题图 1-9

1-11 题图 1-10 所示 4 个二端电路，试分别写出用 U_S、U 和 R 表示 I 的表达式，并根据一般情况下电源在电路中所起的作用和电压的概念对表达式中 U_S 和 U 前的正号或负号作出解释。

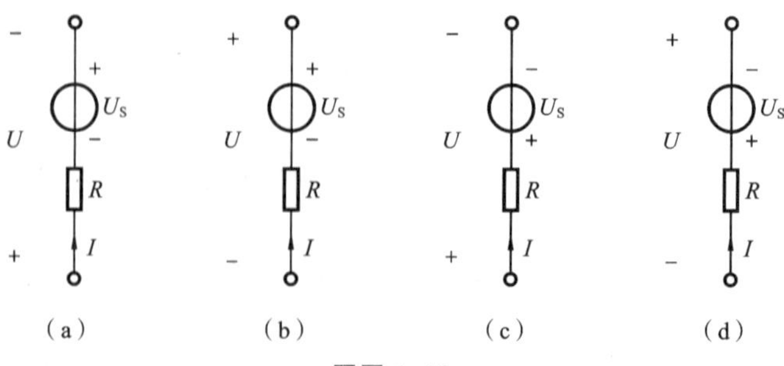

题图 1-10

1-12 求题图 1-11 所示电路中各电源提供的功率。

1-13 求题图 1-12 所示电路中通过 15 Ω 电阻的电流 I。

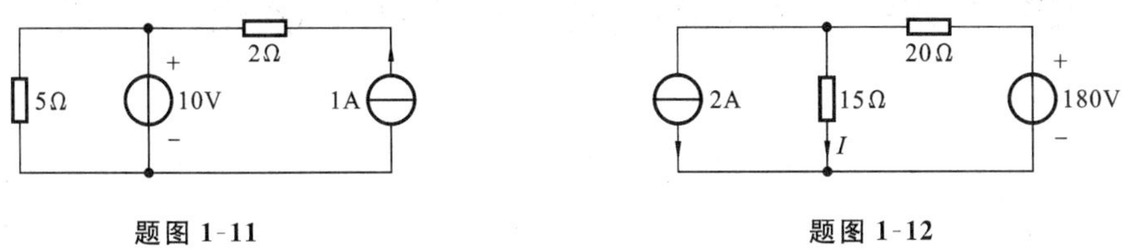

题图 1-11　　题图 1-12

1-14 求题图 1-13 所示电路中的电压 U_{ab} 和所有电源提供的总功率。

1-15 求题图 1-14 所示电路中各电压源支路的电流。

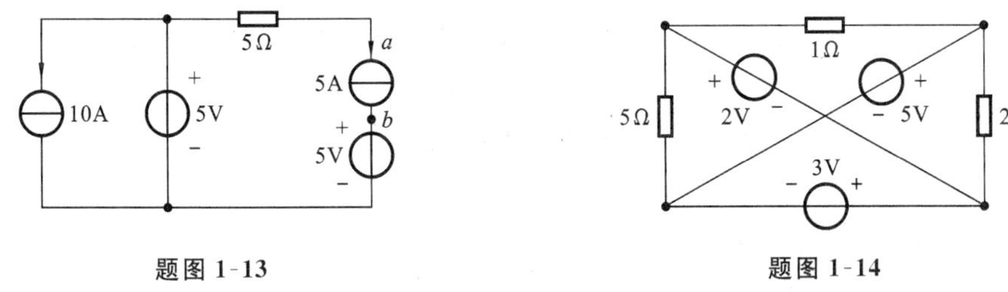

题图 1-13　　题图 1-14

第 2 章　简单电阻电路的等效变换

本章的讨论对象为简单电阻性电路，这类电路由独立电源、线性非时变电阻元件组成。电路元件的连接方式主要是串联、并联和混联。无论是简单电路还是复杂电路，分析的基本依据都是 KCL、KVL 和电路元件特性。本章一些关于简单电路的分析结果可以直接应用于以后较为复杂电路分析之中。

等效变换是本章的主要内容。在等效的前提下力图用较简单的电路结构代替原来比较复杂的电路结构，以取得更佳的分析效果，是电路分析一种重要的思维方法。

2.1　等效电路的概念

所谓等效，是指将电路中某一部分比较复杂的结构用一比较简单的结构替代，替代之后的电路与原电路对未变换的部分(或称外部电路)保持相同的作用效果。

现以二端电路为例说明等效的概念。如图 2-1(a)所示，方框中是由几个电阻构成的电路通过两个端子与外部电路相连，方框内的二端电路可以用一个电阻 R_{eq}(下标 eq 是 equivalent 的缩写)替代，电路结构得以简化，化简后的电路如图 2-1(b)所示。虽然结构不同了(用 1 个电阻代替了 3 个电阻)，但如果图 2-1(a)、(b)中端子 1-2 处的 u-i 关系完全相同，则这样的变换是等效的。对端口 1-2 左边电路的所有电压和电流都无影响，这就是二端电路等效的概念。

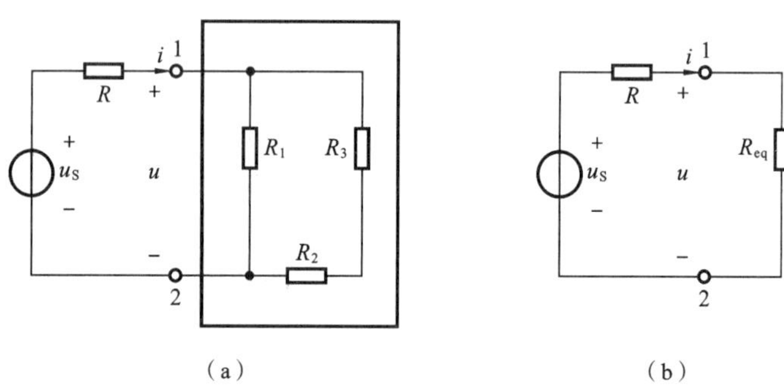

图 2-1　二端电路的等效

需要强调的是，这里的等效是对外部电路而言的。也就是说，用等效电路代替原电路求解时，电压、电流保持不变的部分仅限于变换部分以外的电路，也就是“对外等效”。对变换了的部分的电路一般是不等效的。

还应注意的是，作变换的部分在变换前后对应的端子间应有完全相同的电压-电流关系，即这一相同的电压-电流关系不应受外部电路的限制，这样变换前后的电路才是等效的。不能在某一特定情况下有相同的电压-电流关系，在另外一种情况下电压-电流关系就不相同了，那样变换前后的电路不能认为是等效电路。例如，图 2-2 所示二端电路，虽然当它们端口都处于开路状态时有相同的端口电压和电流，即 $U=6\ \text{V}, I=0\ \text{V}$，但是当端口短路或者连接同一电阻时，它们端口处的电压和电流并不分别相同，所以不能说这两个二端电路是等效的。

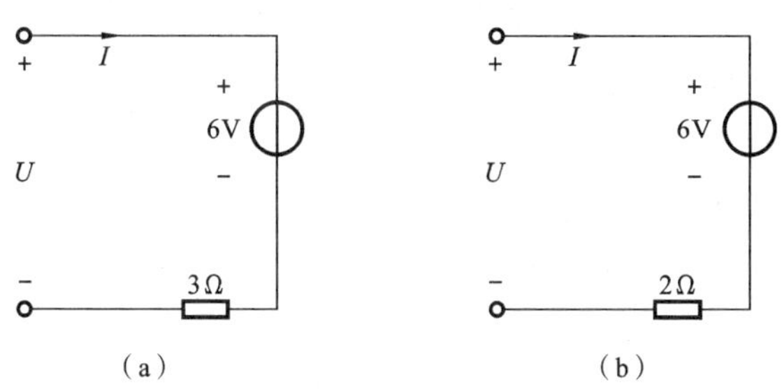

图 2-2　两个不等效的二端电路

思考与练习

2-1-1　判断练习图 2-1 中各组二端电路哪些是等效的，并说明理由。

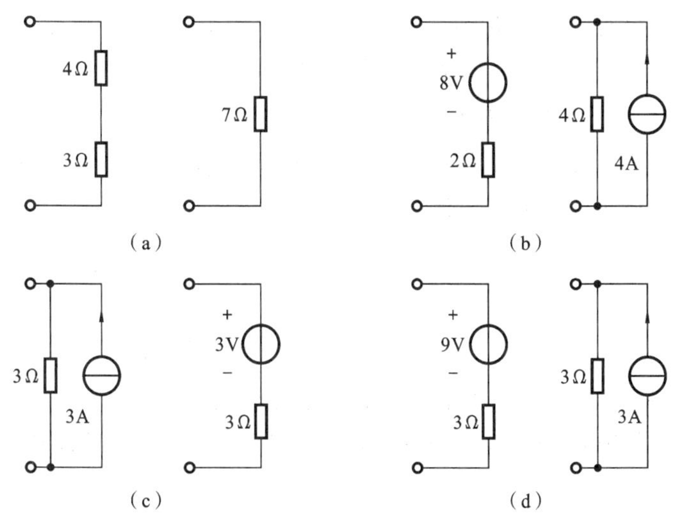

练习图 2-1

2.2　线性电阻元件的串联、并联与混联

2.2.1　线性电阻元件的串联

1. 串联的概念

将两个或两个以上的电阻元件首尾依次相连接组成二端电路，这种连接方式称为电阻的串联，如图 2-3(a)所示。

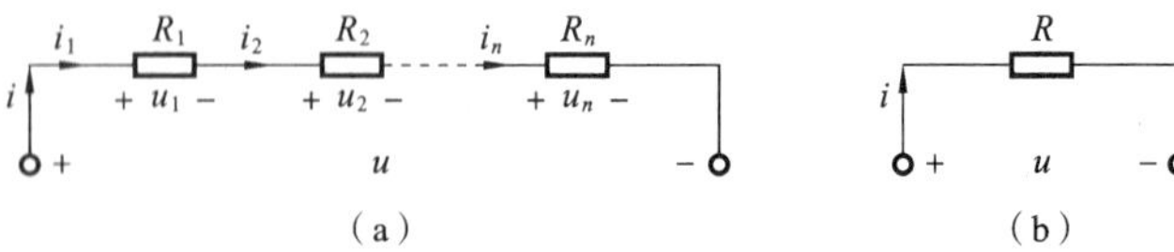

图 2-3 电阻元件的串联

显然，根据 KCL，通过各电阻的电流是相同的，即

$$i_1=i_2=\cdots=i_n=i$$

根据 KVL 和电阻元件特性，有

$$u=u_1+u_2+\cdots+u_n=R_1i_1+R_2i_2+\cdots+R_ni_n$$

得

$$u=(R_1+R_2+\cdots+R_n)i$$

2. 等效电阻

令

$$R=R_1+R_2+\cdots+R_n=\sum_{k=1}^{n}R_k \tag{2-1}$$

则

$$u=Ri$$

由上式可以作出对应的电路，如图 2-3(b)所示。由于图 2-3(a)和图 2-3(b)两个电路有完全相同的端口电压-电流关系，$u=Ri$，所以这两个电路是等效的。R 称为串联等效电阻。

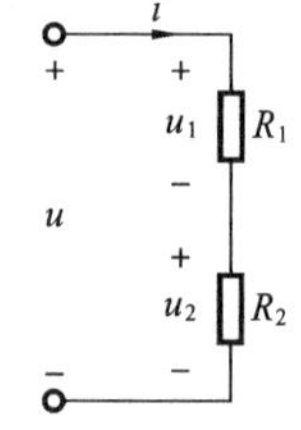

图 2-4 分压电路

3. 分压关系

在图 2-4 所示电路中，两个串联电阻的总电压为 u，流过同一电流 i，各个电阻的电压分别为

$$\begin{cases} u_1=R_1i=\dfrac{R_1}{R_1+R_2}u \\ u_2=R_2i=\dfrac{R_2}{R_1+R_2}u \end{cases} \tag{2-2}$$

上式表明：电阻串联时，各电阻上电压的大小与电阻大小成正比，常把这一关系称为正比分压。对 n 个电阻串联(见图 2-3(a))的情况，不难得出第 k 个电阻的电压为

$$u_k=\frac{R_k}{\sum\limits_{k=1}^{n}R_k}u \tag{2-3}$$

4. 电阻串联应用

在实际电路中，电阻串联是很常见的。例如，在负载的额定电压低于电源电压的情况下，可以在负载上串联一个电阻，以分担一部分电压。为了限制电路中电流过大，也可以通过串联电阻来实现，这个串联电阻称为限流电阻。

例 2-1 实用的直流电压表是由一种叫做磁电式的表头(测量机构)和线性电阻元件串联组成的。表头内的核心部分是一永久磁铁和位于磁场中的可动线圈，现有一直流电压表(图 2-5 虚线框部分)，其量程为 250 V，表头内阻和附加的串联电阻一起为 $r=250\ \text{k}\Omega$。如果要用该电压表测量最高为 500 V 的电压，应当如何对电压表进行改造？

解 根据线性电阻元件串联连接时的分压关系，可以在原电压表的基础上串联一个线性电阻元件 R，如图 2-5 所示。R 上承受的最高电压为

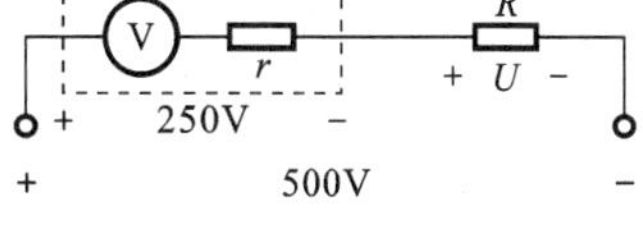

图 2-5 例 2-1 图

$$U=(500-250)\ \text{V}=250\ \text{V}$$

所以，R 的阻值为

$$R=r=250\ \text{k}\Omega$$

除了串联电阻的电阻值外，还需考虑串联电阻器的允许功率

$$P_{\text{R}}\geqslant\frac{U^2}{R}=\frac{(250)^2}{250\times10^3}\ \text{W}=0.25\ \text{W}$$

2.2.2 线性电阻元件的并联

1. 并联的概念

将两个或者多个电阻连接在两个公共节点之间，组成二端电路的连接方式称为电阻元件的并联，如图 2-6(a)所示。

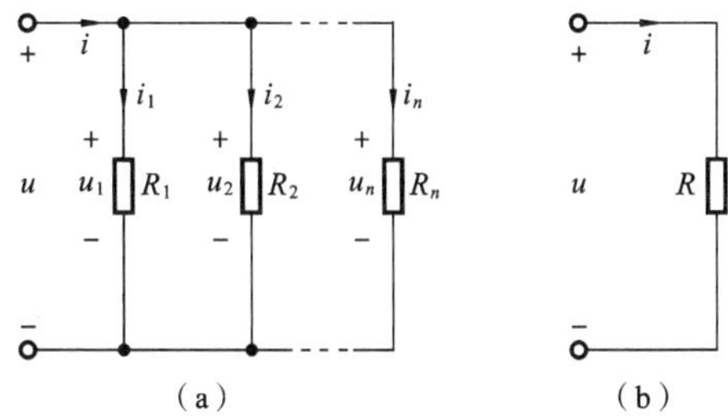

图 2-6 电阻元件的并联

根据 KVL，各电阻元件承受同一电压，即

$$u_1=u_2=\cdots=u_n=u$$

由 KCL 和电阻元件特性可知

$$i=i_1+i_2+\cdots+i_n=\frac{u_1}{R_1}+\frac{u_2}{R_2}+\cdots+\frac{u_n}{R_n}$$

即

$$i=\left(\frac{1}{R_1}+\frac{1}{R_2}+\cdots+\frac{1}{R_n}\right)u$$

2. 等效电阻或等效电导

令

$$\frac{1}{R}=\frac{1}{R_1}+\frac{1}{R_2}+\cdots+\frac{1}{R_n}=\sum_{k=1}^{n}\frac{1}{R_k} \tag{2-4}$$

则

$$i=\frac{u}{R}$$

由上式可以作出对应的电路图 2-6(b)，它与图 2-6(a)互为等效电路。R 称为并联电路的等效电阻。式(2-4)表明，若干个电阻并联时，其等效电阻的倒数等于各并联电阻倒数之和。并联时，电阻元件的参数用电导 G 来表示更方便，等效电导为

$$G=G_1+G_2+\cdots+G_m=\sum_{k=1}^{m}G_k \tag{2-5}$$

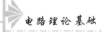

3. 分流关系

在图 2-7 所示电路中，两个并联电阻的总电流为 i，两端的电压同为 u，显然，每个电阻的电流只是总电流的一部分，并联电阻电路具备对总电流的分流作用，分流关系为

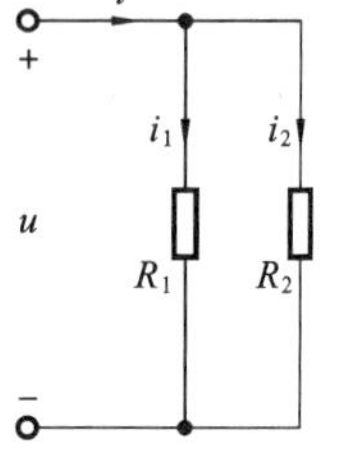

图 2-7 两个电阻并联

$$\begin{cases} i_1 = \dfrac{u}{R_1} = \dfrac{R_1 R_2}{R_1 + R_2} i \dfrac{1}{R_1} = \dfrac{R_2}{R_1 + R_2} i \\ i_2 = \dfrac{u}{R_2} = \dfrac{R_1 R_2}{R_1 + R_2} i \dfrac{1}{R_2} = \dfrac{R_1}{R_1 + R_2} i \end{cases} \tag{2-6}$$

上式表明，两个电阻并联时各电阻上电流的大小与电阻大小成反比，这一关系称为反比分流。对 n 个电阻并联(见图 2-6(a)，通过第 k 个电阻的电流为

$$i_k = G_k u = \frac{G_k}{G} i = \frac{G_k}{\sum\limits_{k=1}^{m} G_k} i \tag{2-7}$$

即电阻并联时各电阻电流的大小与其电导成正比。

4. 电阻并联的应用

实际电路中负载的并联十分常见，例如，各种照明灯具、家用电器等都是并联接到电源上的。负载并联时，它们处于同一电压下，各负载基本上互不影响，便于单独进行检修。

例 2-2 求图 2-8(a)所示电路的等效电阻 R。

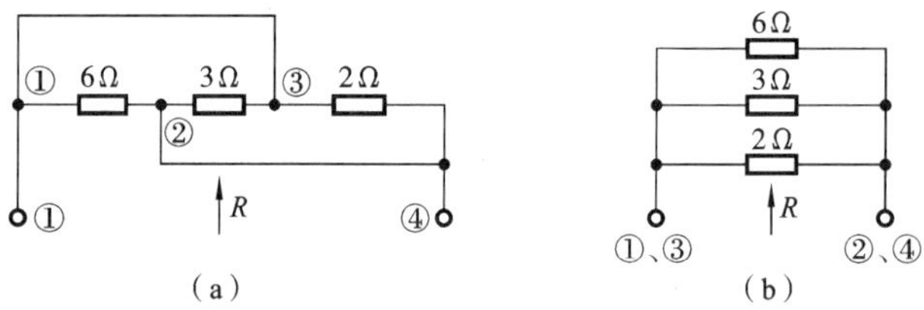

图 2-8 例 2-2 图

解 图中各电阻元件之间的连接关系不太直观。为了明确连接关系，可对电路中的节点和支路进行编号，然后在不改变各支路连接关系的前提下，对原电路进行整理和重画。如节点①和③用导线连接一起可以合成一个节点；节点②和④用导线连接一起也可以合成一个节点；整理后的电路如图 2-8(b)所示，在该图上 3 个电阻的连接关系就非常清楚了。所以

$$\frac{1}{R} = \left(\frac{1}{6} + \frac{1}{3} + \frac{1}{2}\right) \mathrm{S}$$

即

$$R = 1\ \Omega$$

例 2-3 有一测量微小电流的微安表，其量程 $I_g = 100\ \mu\mathrm{A}$，内阻 $r_g = 100\ \Omega$，现通过在该表两端并联线性电阻元件以扩大量程，使它能测量最大为 $I = 10\ \mathrm{mA}$ 的电流，如图 2-9 所示。求并联电阻元件 R 的大小。若需将量程扩大到原来的 n 倍，再求 R。

解
$$I_1 = I - I_g = (10 - 0.1)\ \mathrm{mA} = 9.9\ \mathrm{mA}$$

由 $r_g I_g = RI_1$ 得

$$R=\frac{r_g I_g}{I_1}=\frac{100\times 0.1}{9.9}\ \Omega=1.01\ \Omega$$

实际选用电阻时，还要考虑电阻消耗的功率不应超过其允许值。

若需将量程扩大到原来的 n 倍，即 $I=nI_g$，则

$$I_1=I-I_g=(n-1)I_g$$

$$R=\frac{r_g I_g}{I_1}=\frac{r_g}{n-1}$$

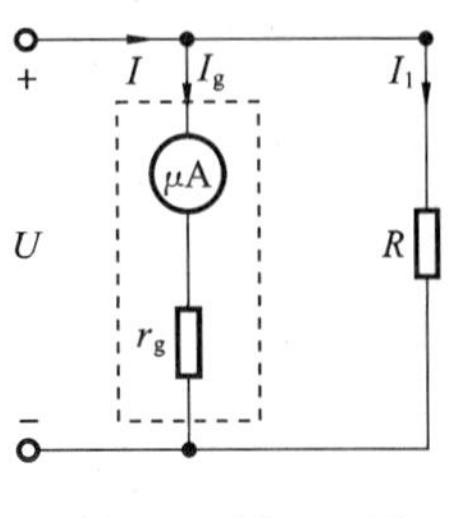

图 2-9 例 2-3 图

2.2.3 线性电阻元件的混联

电阻元件相互连接时如果既有串联又有并联，则称为混联，也称串并联。图 2-10 所示电路就是线性电阻元件混联的例子。

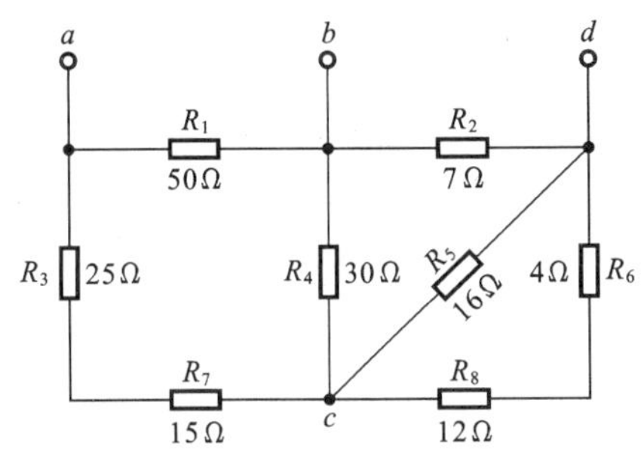

图 2-10 电阻元件混联的例子

这里需要解决的问题仍是求二端电路的等效电阻，以及电路中各部分的电压、电流等问题。解决这个问题的方法之一是，运用线性电阻的串并联规律，围绕指定的端口逐步化简原电路。为此，正确判断电阻元件之间的连接关系是关键的，而电阻之间的连接关系是与所讨论的端口有关的。例如，在图 2-10 所示电路中，对 a-b 端口而言，R_3 与 R_7 是串联，而与 R_1 不是串联；但对 b-c 端口而言，R_1、R_3 和 R_7 三个电阻元件则是串联的。因此，对于要求的是哪个端口的等效电阻必须十分明确。

为了判断各电阻元件之间的连接关系，可以设想在所讨论的端口上施加一电源（电压源和电流源均可），然后分析电路各部分的电压和电流情况，凡承受同一电压者为并联，通过同一电流者为串联。

例 2-4 在图 2-11 所示电路中，求 a-b 端口的等效电阻 R_{ab}。若在 a-b 端口施加一电压为 100 V 的电压源，如图 2-11(a)所示，求通过各电阻元件的电流。

解 在图 2-11(a)所示的电路中标注各电流的参考方向。很容易看出，R_3 和 R_7、R_6 和 R_8 分别通过同一电流，故均为串联，串联的等效电阻分别为

$$R_3+R_7=(25+15)\ \Omega=40\ \Omega$$

$$R_6+R_8=(4+12)\ \Omega=16\ \Omega$$

R_6 和 R_8 串联后与 R_5 连接在节点 c 和 d 之间，承受同一电压 U_{cd}，故为并联，等效电阻为 8 Ω，于是可将原电路简化为图 2-11(b)所示的电路。在该图中可以看出，7 Ω 与 8 Ω 电阻元件为串联，它们一起与 30 Ω 电阻元件并联，设等效电阻为 R_{bc}，则

$$R_{bc}=\frac{(7+8)\times 30}{7+8+30}\ \Omega=10\ \Omega$$

电路可化简为图 2-11(c)所示的电路。最后得

$$R_{ab}=\frac{(40+10)\times 50}{40+10+50}\ \Omega=25\ \Omega$$

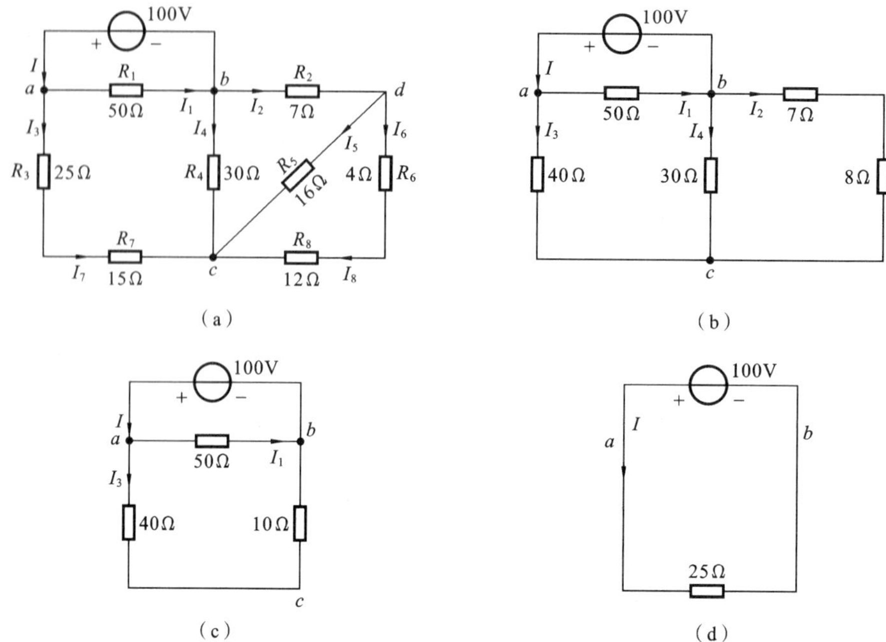

图 2-11　例 2-4 图

等效电路如图 2-11(d)所示。

$$I=\frac{100}{25}\ \mathrm{A}=4\ \mathrm{A}$$

由图 2-11(c)得

$$I_1=\frac{100}{50}\ \mathrm{A}=2\ \mathrm{A},\quad I_3=\frac{100}{50}\ \mathrm{A}=2\ \mathrm{A}$$

$$U_{bc}=-10\times 2\ \mathrm{V}=-20\ \mathrm{V}$$

由图 2-11(b)得

$$I_2=\frac{U_{bc}}{R_{bdc}}=-\frac{20}{15}\ \mathrm{A}=-1.333\ \mathrm{A},\quad I_4=\frac{U_{bc}}{R_{bc}}=-\frac{20}{30}\ \mathrm{A}=-0.667\ \mathrm{A}$$

由图 2-11(a)得

$$I_5=I_6=\frac{I_2}{2}=-0.667\ \mathrm{A}$$

以上介绍了线性电阻元件的串联、并联和混联电路的等效电阻。由此可以看到，所谓若干线性电阻元件互相连接组成的二端电路的等效电阻就是用一个线性电阻元件表示原二端电路，该电阻元件的电阻应当保证两电路有相同的端口电压-电流关系，如图 2-12 所示。

$$\text{等效电阻 } R=\frac{\text{端口电压 } u}{\text{端口电流 } i} \tag{2-8}$$

根据式(2-8)，如果有可能在设定端口电流(或端口电压)的情况下求得端口电压(或端口电流)，就可以确定二端电路的等效电阻。

例 2-5　求图 2-13 所示梯形电路的等效电阻 R。

解　求此电路的等效电阻时可以用串联和并联等效电阻的计算公式，但计算可能比较繁杂。比较简单的方法是：对离端口最远的那条支路假设一电压或者电流，然后据此推算产生这一电流或电压所需的端口电压和端口电流，再按照式(2-8)求出等效电阻。

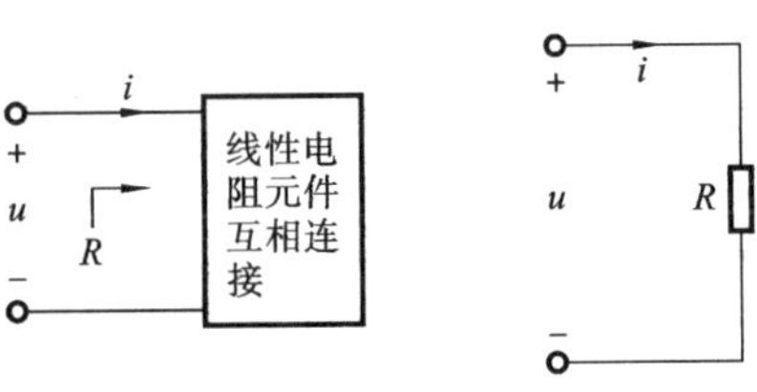

图 2-12 等效电阻的定义

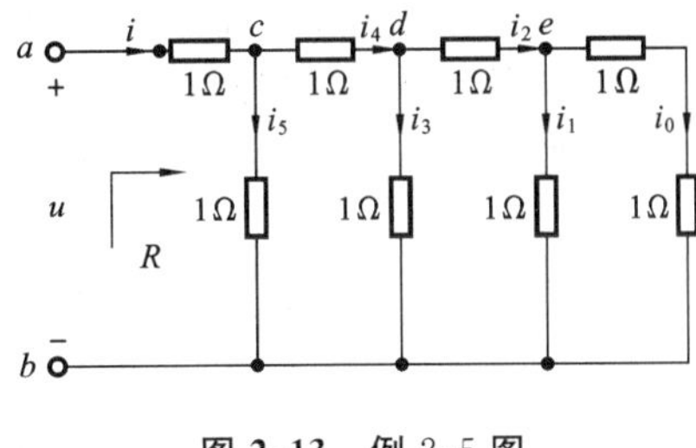

图 2-13 例 2-5 图

设 $i_0=1$ A,则

$$u_{eb}=2\times1\ \text{V}=2\ \text{V},\quad i_1=\frac{2}{1}\ \text{A}=2\ \text{A},\quad i_2=(1+2)\ \text{A}=3\ \text{A}$$

$$u_{db}=(1\times3+2)\ \text{V}=5\ \text{V},\quad i_3=\frac{5}{1}\ \text{A}=5\ \text{A},\quad i_4=(3+5)\ \text{A}=8\ \text{A}$$

$$u_{cb}=(1\times8+5)\ \text{V}=13\ \text{V},\quad i_5=\frac{13}{1}\ \text{A}=13\ \text{A},\quad i=(13+8)\ \text{A}=21\ \text{A}$$

$$u_{ab}=(1\times21+13)\ \text{V}=34\ \text{V}$$

所以

$$R=\frac{u_{ab}}{i}=\frac{34}{21}\ \Omega=1.619\ \Omega$$

思考与练习

2-2-1 根据上题判断结果,对那些等效的二端电路组说明对二端电路内部是否等效。

2-2-2 为了应急照明,有人把额定电压为 110 V,功率分别为 25 W 和 100 W 的两只灯泡串联接到 220 V 电源上,这样做行吗? 试说明理由。

2-2-3 求练习图 2-2 所示电路的等效电阻 R。

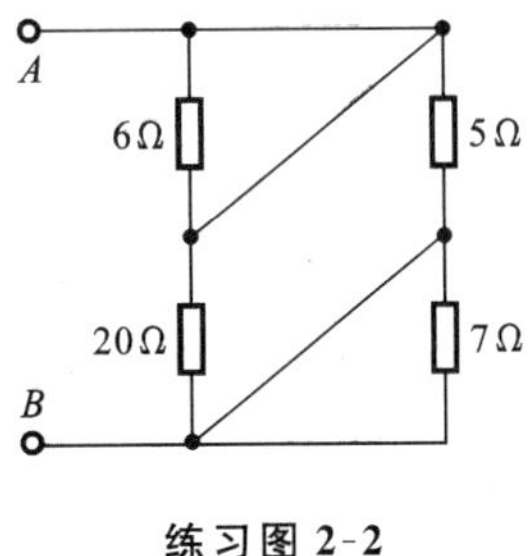

练习图 2-2

2.3 含独立电源的串联和并联电路

2.3.1 戴维南电路与诺顿电路及其等效变换

第 1 章曾提及,电压源与线性电阻串联组成的二端电路称为戴维南电路,电流源与线性电阻并联组成的二端电路称为诺顿电路,分别如图 2-14(a)和(b)所示。这两个电路都可以用来模拟实际直流电源。显然，如果用这两个电路模拟同一实际直流电源，那么它们对任一外电路的作用效果应当相同，换言之，就对外部电路的作用而言，两者应当等效。

对于图 2-14(a)所示的电路，根据 KVL，有

$$u=u_S+u_R$$

将 $u_R=-R_Si$ 代入，得到端口的电压-电流关系为

$$u=u_S-R_Si$$

对于图 2-14(b)所示电路，根据 KCL 和线性电阻元件的特性，可得端口的电压-电流关系为

$$u=R_pi_S-R_pi$$

比较以上两个表达式，欲使两电路有完全相同的端口电压-电流关系，就应该满足

$$\begin{cases}u_S=R_pi_S\\R_S=R_p\end{cases}\tag{2-9a}$$

或

$$\begin{cases}i_S=\dfrac{u_S}{R_S}\\R_p=R_S\end{cases}\tag{2-9b}$$

式(2-9a)是由诺顿电路变换为戴维南电路的等效条件，式(2-9b)是由戴维南电路变换为诺顿电路的等效条件，如图 2-15 所示。

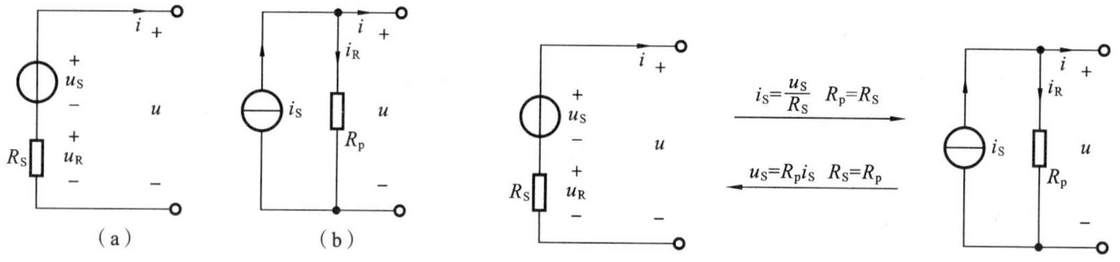

图 2-14　戴维南电路和诺顿电路

图 2-15　戴维南电路和诺顿电路的等效变换

等效变换时，还必须注意电路中电压源电压的参考方向与电流源电流的参考方向之间的关系。根据等效的要求可知，电流源电流的参考方向必须顺着电压源电压的负极到正极的方向。总之，等效电路中电压源电压的参考方向与电流源电流的参考方向之间的关系也必须保证对外部电路等效。

例 2-6　如图 2-16(a)所示，用电压源与电阻串联组合表示一直流发电机，$U_S=230$ V，$R_S=1$ Ω，负载电阻 $R_L=22$ Ω。图 2-16(b)为图 2-16(a)的等效电路。

(1) 用电源的两种电路模型分别求端口电压 U 和电流 I；

(2) 求两电路中电源内部的功率损耗和电阻压降，分析它们是否相同。

解　(1) 计算电压 U 和电流 I。

图 2-16(a)所示电路中有

$$I=\frac{U_S}{R_L+R_S}=\frac{230}{22+1}\ \text{A}=10\ \text{A}$$

图 2-16(b)所示电路中有

$$I=\frac{R_S}{R_L+R_S}I_S=\frac{230}{22+1}\text{A}=10\ \text{A}$$

$$U=R_L I=22\ \Omega\times10\ \text{A}=220\ \text{V}$$

(2) 计算电源内部的电阻压降和损耗的功率。

图 2-16(a)所示电路中有

$$\Delta U=R_S I=1\ \Omega\times10\ \text{A}=10\ \text{V}$$

$$\Delta P=R_S I^2=1\ \Omega\times10^2\ \text{A}=100\ \text{W}$$

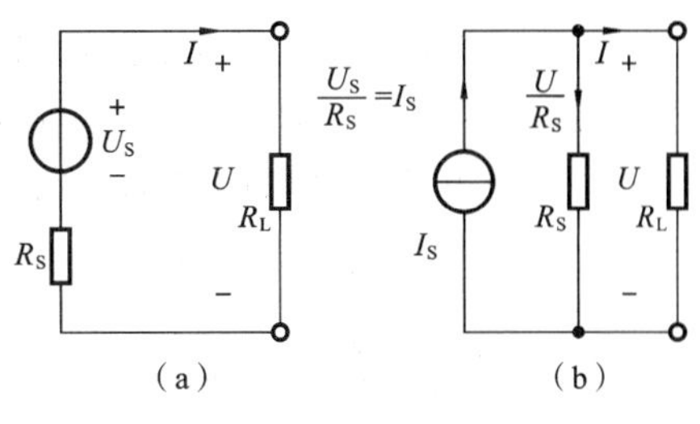

图 2-16 例 2-6 图

图 2-16(b)所示电路中有

$$\Delta U'=U=220\ \text{V}$$

$$\Delta P'=\frac{U^2}{R_S}=\frac{220^2}{1}\ \text{kW}=48.4\ \text{kW}$$

可见,直流发电机的两个等效电路对外电路相互间是等效的,但对于电路内部是不等效的。

2.3.2 其他连接的一些电路

1. 电压源串联的等效电路

图 2-17(a)所示为 n 个电压源的串联,可以用一个电压源等效替代,如图 2-17(b)所示。这个等效电压源的电压为

$$u_S=u_{S1}+u_{S2}+\cdots+u_{Sn}=\sum_{k=1}^{n}u_{Sk}$$

如果 u_{Sk} 的参考方向与图 2-17(b)中 u_S 的参考方向一致,则式中 u_{Sk} 的前面取"+"号,相反时取"−"号。

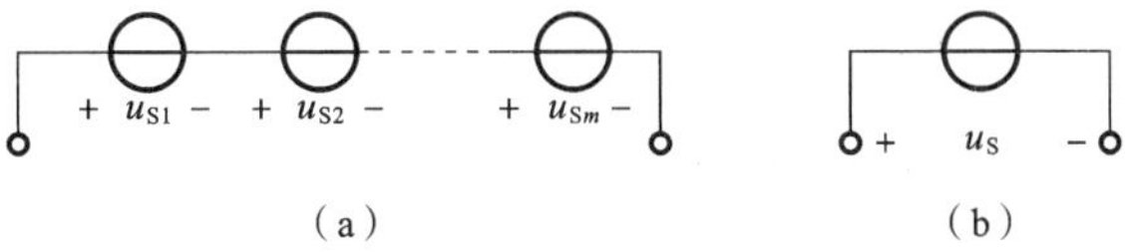

图 2-17 电压源的串联

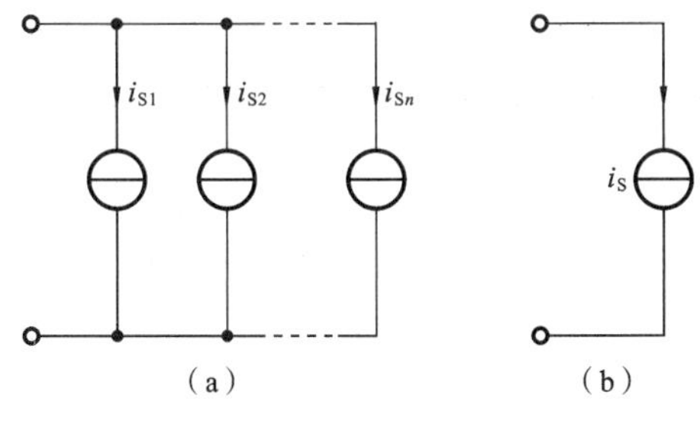

图 2-18 电流源的并联

2. 电流源并联的等效电路

图 2-18(a)所示为 n 个电流源的并联,可以用一个电流源等效替代。

如图 2-18(b)所示,这个等效电流源的电流为

$$i_S=i_{S1}+i_{S2}+\cdots+i_{Sn}=\sum_{k=1}^{n}i_{Sk}$$

如果 i_{Sk} 的参考方向与图 2-18(b)中 i_S 的参考方向一致,则式中 i_{Sk} 的前面取"+"号,相反时取"−"号。

3. 电阻元件或电流源与电压源并联的等效电路

图 2-19(a)所示的分别是电压源与线性电阻元件并联、电压源与电流源并联的二端电

路。由于电压源的特性，二端电路两端的电压总是为 u_S，不随端口电流 i 改变。所以端口电压-电流关系如图 2-19(b)所示，即与电压为 u_S 的电压源的特性一样。这表明，电压源与电阻元件或电流源并联的二端电路，就其对外部电路的作用而言，等效于一个电压源。

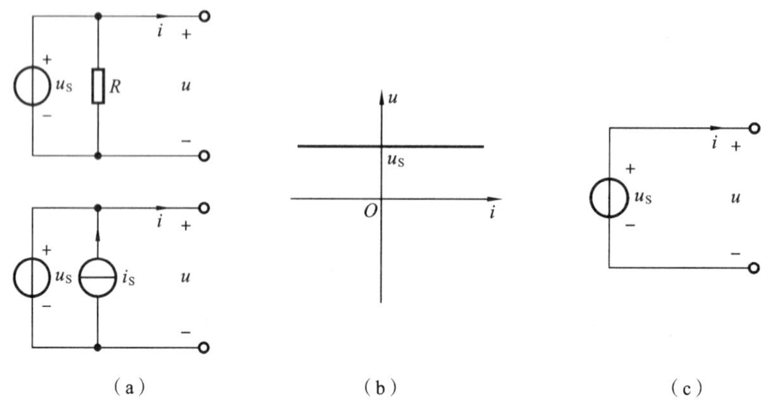

图 2-19　电压源与电阻元件和电压源与电流源并联的等效电路

由上可得，在包含电压源与二端元件并联的电路中，如果所关心只是它们的外部电路，则可将与电压源并联的元件除去（以开路代替）。

例 2-7　求图 2-20(a)所示电路，试求 20 Ω、5 Ω 和 6 Ω 三个电阻元件消耗的功率。

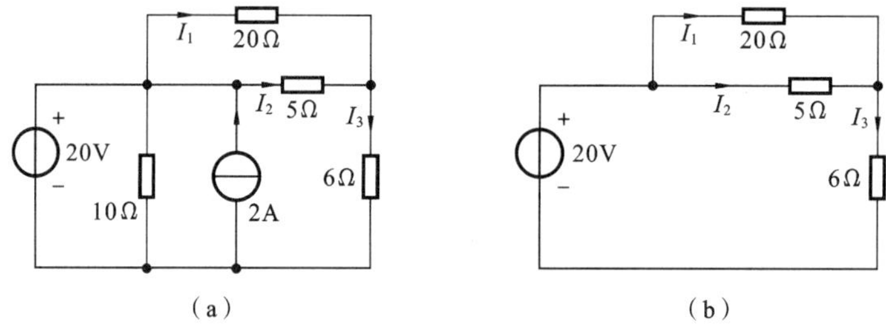

图 2-20　例 2-7 图

解　图 2-20(a)所示中，10 Ω 电阻元件、2 A 电流源都与电压源并联，而要求的变量在这三个元件所在支路以外的其他支路上，所以除去与电压源并联的两条支路，对待求的变量并无影响，如图 2-20(b)所示。

$$I_3=\frac{20}{6+\dfrac{20\times 5}{20+5}}\ \text{A}=2\ \text{A},\quad I_2=\frac{20\times 2}{20+5}\ \text{A}=1.6\ \text{A},\quad I_1=\frac{5\times 2}{20+5}\ \text{A}=0.4\ \text{A}$$

各电阻元件消耗的功率为

$$P_1=20\times 0.4^2\ \text{W}=3.2\ \text{W},\quad P_2=5\times 1.6^2\ \text{W}=12.8\ \text{W},\quad P_3=6\times 2^2\ \text{W}=24\ \text{W}$$

4. 电阻元件或电压源与电流源串联的等效电路

图 2-21(a)所示分别为电流源与线性电阻元件串联和电流源与电压源串联的二端电路。根据 KCL，端口电流 $i=i_S$，而 i_S 是电流源的电流，不随端口电压的变化而改变，所以，就对外部电路的作用而言，这两个二端电路都与电流为 i_S 的电流源等效，如图 2-21(c)所示。

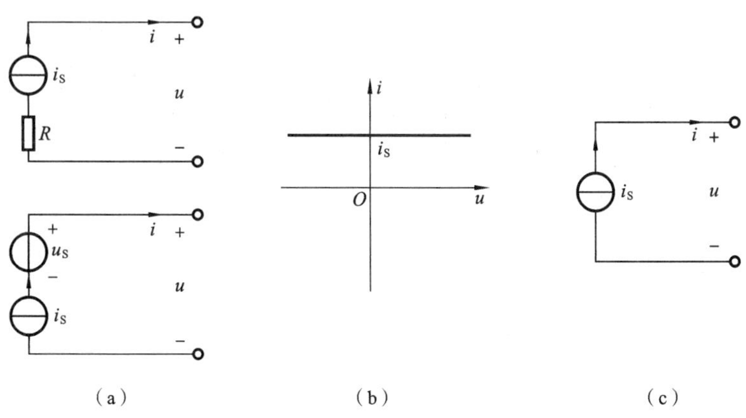

图 2-21　电流源与电阻元件和电流源与电压源串联的等效电路

由上可得，在包含电流源与二端元件串联的电路中，如果所关心的只是它们的外部电路，则可以将与电流源串联的元件除去（以短路代替），这样并不影响电路的其他部分。

例 2-8　求图 2-22(a)所示二端电路的戴维南等效电路。

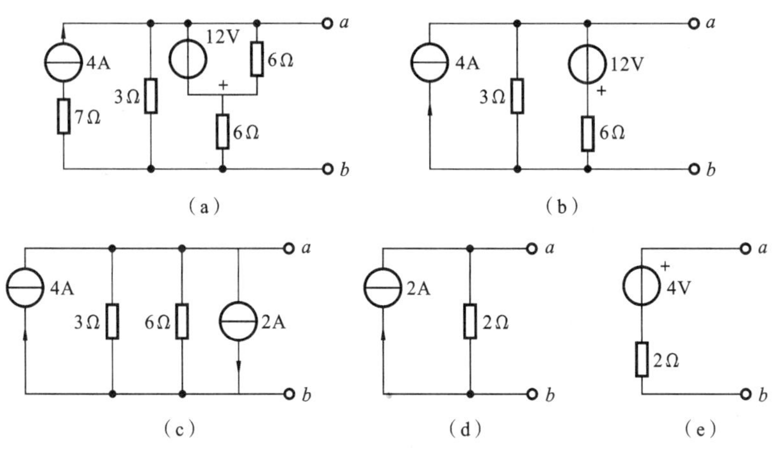

图 2-22　例 2-8 图

解　这里要求的是二端电路的等效电路，只关心端口处的电压和电流，所以可将与电流源串联的 7 Ω 电阻元件及与电压源并联的 6 Ω 电阻元件去掉（分别用短路和开路代替），如图 2-22(b)所示。进一步将图 2-22(b)中的戴维南支路变换为诺顿支路，最后再化简为戴维南等效电路，如图 2-22(e)所示。

例 2-9　应用电源的等效变换计算图 2-23(a)所示电路中 2 了 Ω 电阻上的电流 I。

解　根据图 2-23 所示的变换顺序，最后化简为图 2-23(d)所示的电路。由此可求得

$$I=\frac{9-4}{1+2+2}\ \text{A}=\frac{5}{5}=1\ \text{A}$$

以上逐步进行等效变换的过程中，对于要求电压或者电流的支路（2Ω 电阻元件支路），一般总是保留在电路中。

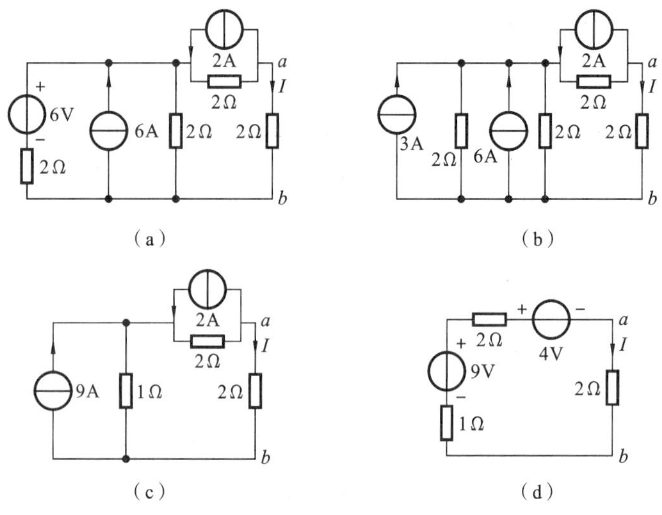

图 2-23　例 2-9 图

思考与练习

2-3-1　戴维南电路中，若 $R_S=0$，即只有一电压源，则是否有等效的诺顿电路？类似地，诺顿电路中，若 $R_p=\infty$，即一电流源，则是否有等效的戴维南电路？一个电压源与一个电流源之间能进行等效变换吗？

2-3-2　求练习图 2-3 所示电路中的电压 U_X 和电流 I_X。

2-3-3　求练习图 2-4 中图(a)所示电路被等效化简为图(b)所示电路后，通过电压源的电流将如何变化(在外部电路相同的情况下)？

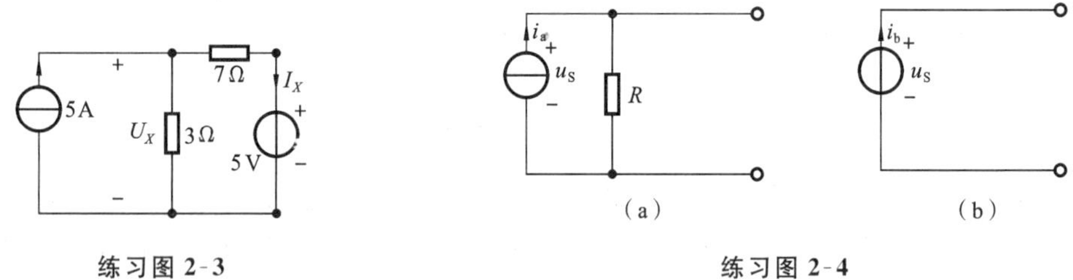

练习图 2-3　　练习图 2-4

2.4　平衡电桥电路，线性电阻元件的 Y-△连接等效变换

2.4.1　平衡电桥电路

图 2-24 所示的电路称为电桥电路，其中 R_1-R_4 构成电桥的桥臂，图中的 5 个电阻元件既不是串联也不是并联，如何求 a-b 间的等效电阻呢？

在图 2-24 所示电路中，如果相对桥臂上的电阻元件电阻的乘积相等，即

$$R_1R_3=R_2R_4 \tag{2-10}$$

则称该电路为平衡电桥电路。

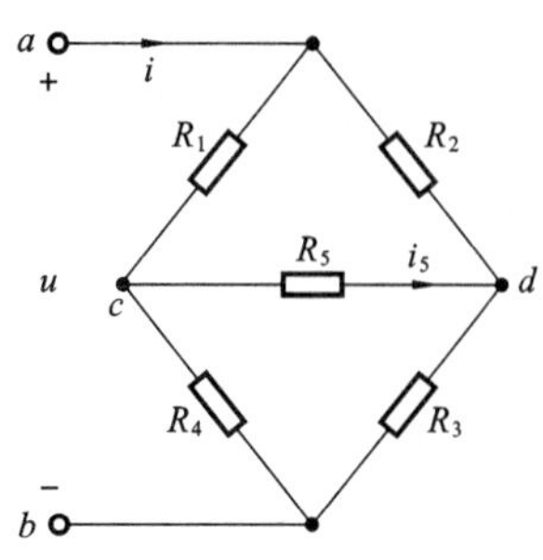

图 2-24 电桥电路

可以证明，电桥在满足式(2-10)的条件时，$u_{cd}=0$，显然通过 cd 支路的电流

$$i_5=\frac{u_{cd}}{R_5}=0$$

这样，对于平衡电桥电路，可以按照下面两种方法求端口的等效电阻。

(1) 由于 $i_5=0$，可以将 cd 支路断开，对二端电路并无影响，如图 2-25(a)所示。a-b 端口的等效电阻就是 R_1 与 R_4、R_2 与 R_3 分别串联后再并联的等效电阻，即

$$R_{ab}=\frac{(R_1+R_4)(R_2+R_3)}{R_1+R_4+R_2+R_3}$$

(2) 由于 $u_{cd}=0$，可以将 c 和 d 短接，并去掉 R_5，对二端电路也无影响，如图 2-25(b)所示。a-b 端口的等效电阻就是 R_1 与 R_2、R_3 与 R_4 分别并联再串联的等效电阻，即

$$R_{ab}=\frac{R_1R_2}{R_1+R_2}+\frac{R_3R_4}{R_3+R_4}$$

当然，两种处理方法所得的结果是相同的。

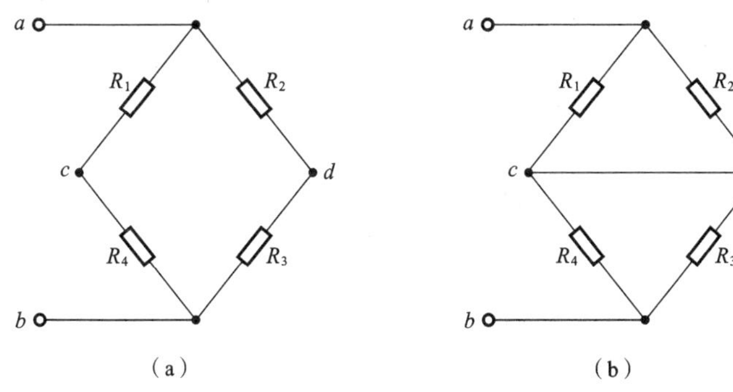

图 2-25 求平衡电桥电路等效电阻的两种处理方法

例 2-10 求图 2-26(a)所示二端电路的等效电阻 R。

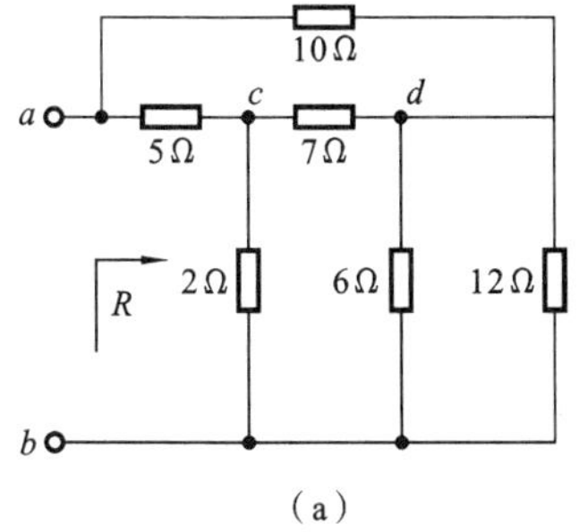

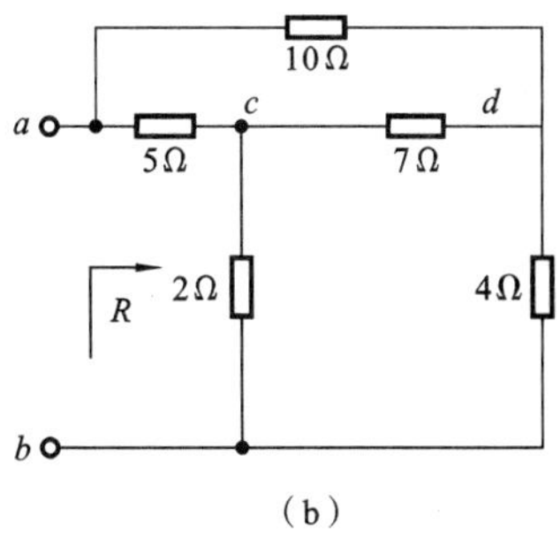

图 2-26 例 2-10 图

解 由图 2-26(a)可以看出,6 Ω 和 12 Ω 的两个电阻元件并联,等效电阻 $R_{db}=4\ \Omega$,将原电路简化为图 2-26(b)所示电路,可以看出,这是一平衡电桥电路,按照上述(1)的方法处理,将 7 Ω 电阻元件支路断开,有

$$R=\frac{(5+2)\times(10+4)}{5+2+10+4}\ \Omega=4.667\ \Omega$$

2.4.2 线性电阻元件的 Y-△连接等效变换

对于图 2-24 所示电路,在一般情况下,即不满足电桥平衡条件时,如何求其等效电阻 R_{ab}?

图 2-24 所示电路的 R_1、R_4 和 R_5 三个电阻元件的一端连接在节点 c,另外三个端钮和电路的其他部分相连,R_2、R_3 和 R_5 三个电阻元件的连接方式也是如此。这样的连接方式称为星形(或 Y)连接。而 R_1、R_2 和 R_5 三个电阻元件连成一个三角形,三角形的三个顶点(每两个电阻元件的公共节点)和电路的其他部分相连,R_3、R_4 和 R_5 的连接方式也是如此,称这样的连接方式为三角形(或△)连接。

假设对原电路作如下变换,将其中的任一个 Y 连接变换为△连接,如图 2-27(a)所示,或将其中的任一个△连接变换为 Y 连接,如图 2-27(b)所示。如果经这样变换后对未变换部分的电路是等效的,那么进一步求 R_{ab} 就可以应用串联和并联的关系解决了。

下面讨论 Y-△等效变换的条件。为了清晰起见,将实施变换的部分电路单独画出,如图 2-28 所示。

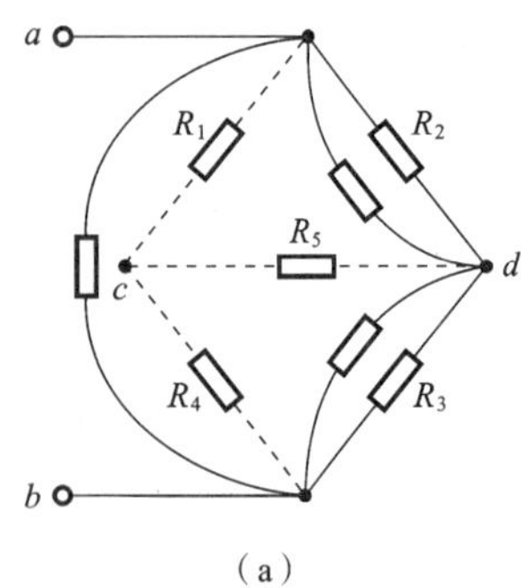

(a)

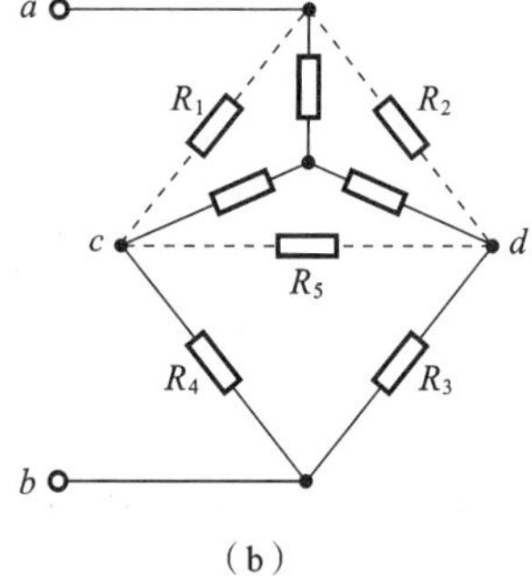

(b)

图 2-27 Y-△变换

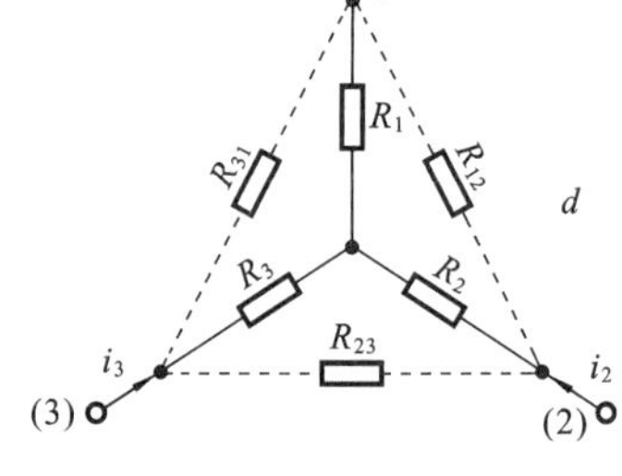

图 2-28 Y-△变换等效条件的推导

对于 Y 连接,有

$$\begin{cases}u_{12}=R_1 i_1-R_2 i_2\\ u_{23}=R_2 i_2-R_3 i_3\end{cases} \tag{a}$$

对于△连接,有

$$\begin{cases}\dfrac{u_{12}}{R_{12}}-\dfrac{u_{31}}{R_{31}}=i_1\\ \dfrac{u_{23}}{R_{23}}-\dfrac{u_{12}}{R_{12}}=i_2\end{cases} \tag{b}$$

而无论哪种连接方式,均有

$$\begin{cases} i_1+i_2+i_3=0 \\ u_{12}+u_{23}+u_{31}=0 \end{cases} \tag{c}$$

由方程式(b)和(c)解出 u_{12} 和 u_{23}，有

$$u_{12}=\frac{R_{12}R_{31}}{R_{12}+R_{23}+R_{31}}i_1-\frac{R_{12}R_{23}}{R_{12}+R_{23}+R_{31}}i_2$$

$$u_{23}=\frac{R_{12}R_{23}}{R_{12}+R_{23}+R_{31}}i_2-\frac{R_{31}R_{23}}{R_{12}+R_{23}+R_{31}}i_3$$

将以上两式与方程式(a)比较，根据等效的概念，应有

$$\begin{cases} R_1=\dfrac{R_{12}R_{31}}{R_{12}+R_{23}+R_{31}} \\ R_2=\dfrac{R_{12}R_{23}}{R_{12}+R_{23}+R_{31}} \\ R_3=\dfrac{R_{31}R_{23}}{R_{12}+R_{23}+R_{31}} \end{cases} \tag{2-11}$$

式(2-11)是由△连接变换为 Y 连接的等效条件。可以看出，这里的规律是

$$\begin{matrix}\text{Y 连接中连接于}\\ \text{端钮 } k \text{ 的电阻 } R_k\end{matrix}=\frac{\text{△连接中连接于端钮 } k \text{ 的两电阻之积}}{\text{△连接中三个电阻之和}}$$

特别地，如果△连接中三个电阻相等，即 $R_{12}=R_{23}=R_{31}=R_{\triangle}$，则变换为在 Y 连接时三个电阻也相等，且 $R_1=R_2=R_3=R_Y=R_{\triangle}/3$。

由方程式(a)和(c)解出 i_1 和 i_2，并与方程式(b)比较，可得

$$\begin{cases} R_{12}=\dfrac{R_1R_2+R_2R_3+R_3R_1}{R_3} \\ R_{23}=\dfrac{R_1R_2+R_2R_3+R_3R_1}{R_1} \\ R_{31}=\dfrac{R_1R_2+R_2R_3+R_3R_1}{R_2} \end{cases} \tag{2-12}$$

式(2-12)是由 Y 连接变换为△连接时的等效条件。可以看出，这里的规律是

$$\begin{matrix}\text{△连接中连接于}\\ \text{端钮 } j \text{ 和 } k \text{ 的电阻 } R_{jk}\end{matrix}=\frac{\text{Y 连接中每两个电阻的乘积之和}}{\text{Y 连接中连接于端钮 } j \text{ 和 } k \text{ 以外的另一端钮的电阻}}$$

特别地，如果 Y 连接中三个电阻相等，即 $R_1=R_2=R_3=R_Y$，则变换为△连接时三个电阻也相等，且 $R_{12}=R_{23}=R_{31}=R_{\triangle}=3R_Y$。

例 2-11 求图 2-29(a)所示电路中电压源提供的功率。

解 为求电压源的功率，可先求出通过电压源的电流 I。在电压源右侧部分的电路中，没有要求的变量，因此可将这部分电路作等效化简，图中 6.667 Ω、1.333 Ω 和 2.222 Ω 的三个电阻元件为 Y 连接，将它们变换为等效的△连接，如图 2-29(b)所示，其中

$$R_{ac}=\frac{6.667\times1.333+1.333\times2.222+2.222\times6.667}{2.222}\ \Omega=\frac{26.663}{2.222}\ \Omega=12\ \Omega$$

$$R_{cb}=\frac{26.663}{6.667}\ \Omega=4\ \Omega,\quad R_{ba}=\frac{26.663}{1.333}\ \Omega=20\ \Omega$$

由图 2-29(b)易见，R_{ac} 与 6 Ω 电阻元件、R_{cb} 与 12 Ω 电阻元件以及 R_{ba} 与 5 Ω 电阻元件分别都

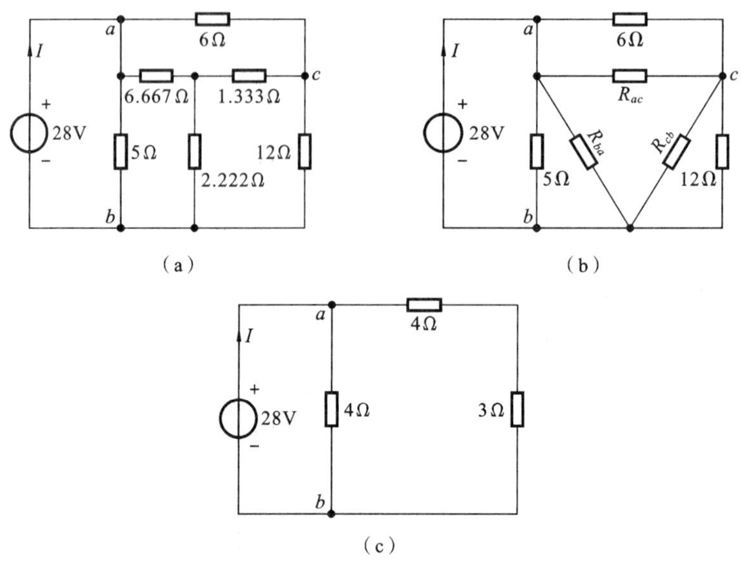

图 2-29　例 2-11 图

是并联的，所以，可将电路进一步等效化简为图 2-29(c)所示的电路。至此，求 I 已十分容易了，有

$$I=\frac{28\ \text{V}}{4\ \Omega}+\frac{28\ \text{V}}{7\ \Omega}=11\ \text{A}$$

电压源提供的功率为

$$P=28\times 11\ \text{W}=308\ \text{W}$$

例 2-12　图 2-30(a)所示电路中 $R_1=R_2=4\ \Omega$，$R_3=7\ \Omega$，$R_4=R_5=6\ \Omega$，$R_6=5\ \Omega$，求 a-b 端口的等效电阻 R。

解　解法一　将作△连接的电阻 R_1、R_2 和 R_3 变换为 Y 连接，如图 2-30(b)所示，有

$$R'_1=\frac{R_1R_3}{R_1+R_2+R_3}=\frac{4\times 7}{4+4+7}\ \Omega=1.867\ \Omega$$

$$R'_2=\frac{R_1R_2}{R_1+R_2+R_3}=\frac{4\times 4}{4+4+7}\ \Omega=1.067\ \Omega$$

$$R'_3=\frac{R_2R_3}{R_1+R_2+R_3}=\frac{4\times 7}{4+4+7}\ \Omega=1.867\ \Omega$$

$$R=R'_2+R_6+\frac{R'_1+R_4}{2}=\left(1.067+5+\frac{1.867+6}{2}\right)\ \Omega=10\ \Omega$$

解法二　原电路中电阻 $R_1 \sim R_5$ 组成电桥电路，R_1、R_2、R_4 和 R_5 为电桥的桥臂，且 $R_1R_5=R_2R_4$，所以

$$R=R_6+\frac{R_1+R_4}{2}=\left(5+\frac{4+6}{2}\right)\ \Omega=10\ \Omega$$

解法三　本例电路有如下特点：电路结构、元件参数对经过端钮 a、b 且与纸面垂直的平面(称此平面为中分面)对称。为了充分显示这种对称性，可将原电路画成图 2-30(c)所示的

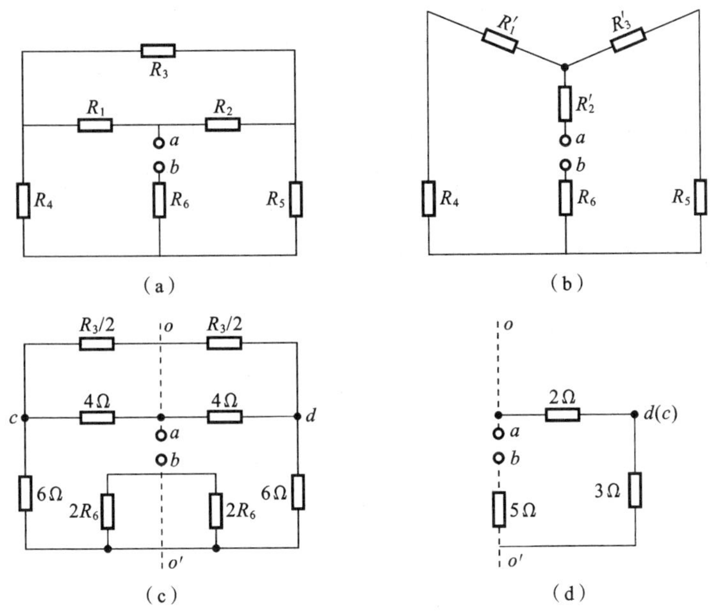

图 2-30 例 2-12 图

形式，虚线 oo' 为中分面与纸面的交线。由于对称性，当端口施加电源时，与中分面对称的点的电位相等，如图中的点 c 和点 d，所以 $I_{cd}=\frac{u_{cd}}{R_3}=0$，这样可将电路简化为图 2-30(d)所示的电路，求 R 就很简单了。

$$R=(5+3+2)\ \Omega=10\ \Omega$$

本章小结

将电路中某一结构较复杂部分用一结构较简单的电路替代，变换前后的电路对未变换的部分的作用效果要相同。对于二端电路，要求变换前后端口处电压-电流关系完全相同。等效是对外部电路而言的，对变换了的部分（内部）无等效可言。

电阻串联可用一个电阻代替，等效电阻与串联电阻的关系为

$$R = R_1 + R_2 + \cdots + R_n = \sum_{k=1}^{n} R_k$$

电阻并联也可用一个电阻代替，等效电阻与并联电阻的关系为

$$\frac{1}{R} = \frac{1}{R_1} + \frac{1}{R_2} + \cdots + \frac{1}{R_n} = \sum_{k=1}^{n} \frac{1}{R_k}$$

只有两个电阻元件并联时，等效电阻、分流关系分别为

$$R=\frac{R_1R_2}{R_1+R_2},\quad i_1=\frac{R_2}{R_1+R_2}i,\quad i_2=\frac{R_1}{R_1+R_2}i$$

戴维南电路和诺顿电路等效变换的等效条件为

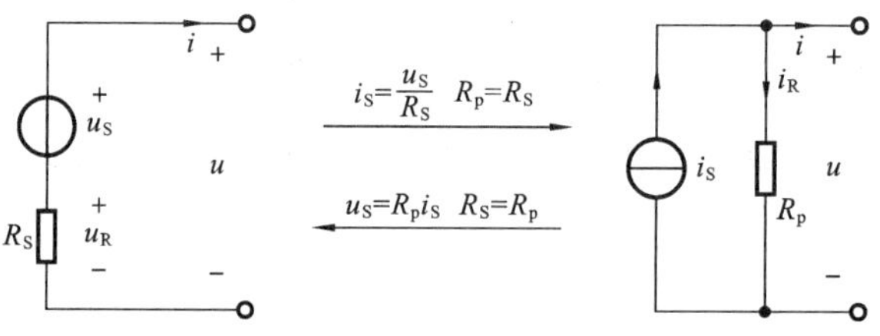

n 个电压源串联，等效于一个电压源，等效电压源的电压为

$$u_S = u_{S1} + u_{S2} + \cdots + u_{Sn} = \sum_{k=1}^{n} u_{Sk}$$

n 个电流源并联，等效于一个电流源，等效电流源的电流为

$$i_S = i_{S1} + i_{S2} + \cdots + i_{Sn} = \sum_{k=1}^{n} i_{Sk}$$

习　　题

2-1　求题图 2-1 所示二端电路的等效电阻 R。

2-2　求题图 2-2 所示电路的各支路电流及电流源的电压。

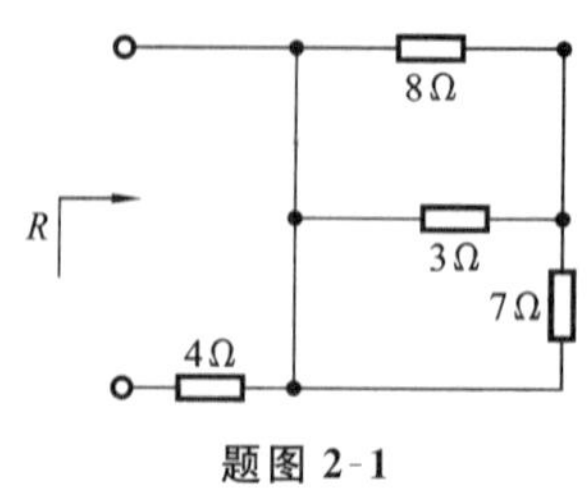

题图 2-1

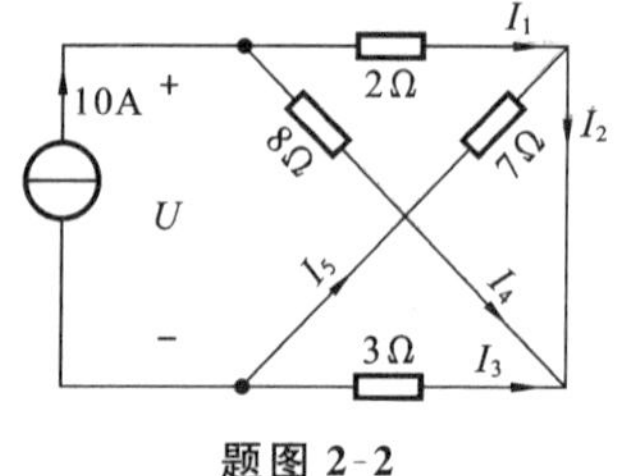

题图 2-2

2-3　求题图 2-3 所示二端电路的等效电阻 R。

2-4　求题图 2-4 所示电路中电流源提供的功率。

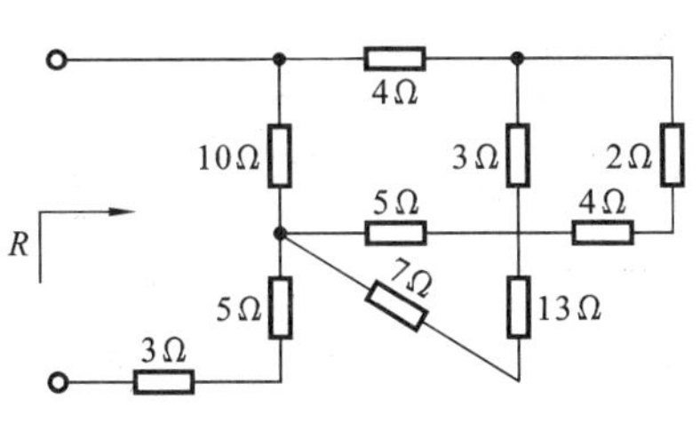

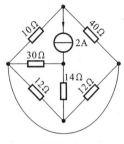

题图 2-3

题图 2-4

2-5　题图 2-5 所示电路中，$R_1=25\ \Omega$，$R_2=50\ \Omega$，求连接到电源端的等效电阻和节点①～⑥的电压(设电源的“－”为参考节点)。

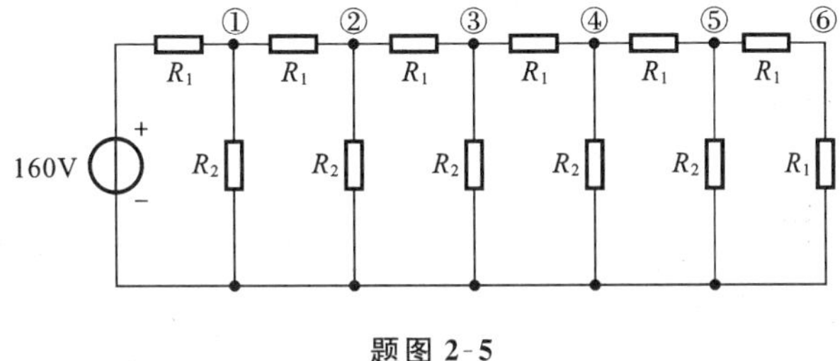

题图 2-5

2-6　求题图 2-6 所示各电流表的读数(设电流表内阻为零)。

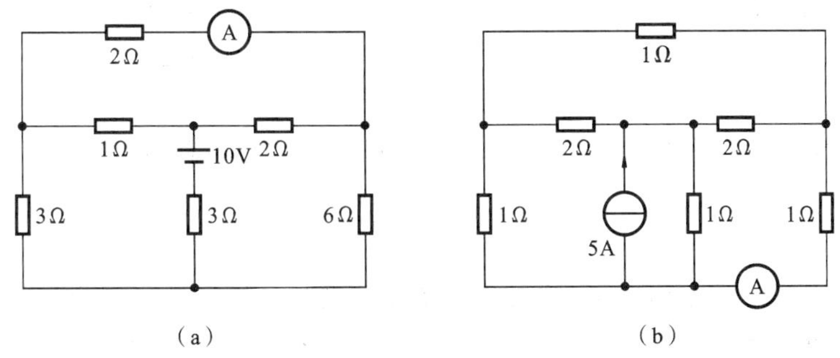

题图 2-6

2-7　求题图 2-7 所示电路中电压源提供的功率。

2-8　求题图 2-8 所示电路的各支路电流。

2-9　求题图 2-9 所示电路中的电压 U 和电流 I。

2-10　试确定题图 2-10(a)所示电路中 R 和 I_S 的值，使其所具有的端口特性与题2-10(b)所示电路的端口特性相同。

2-11　将题图 2-11 所示的两个二端电路等效变换为最简单的形式。

2-12　求题图 2-12 所示电路中的电压 U_{ab}，并作出可以求 U_{ab} 的最简单的等效电路。

2-13　在题图 2-13 所示的电路中，已知 $R=5\ \Omega$，求 R 上通过的电流及其方向。

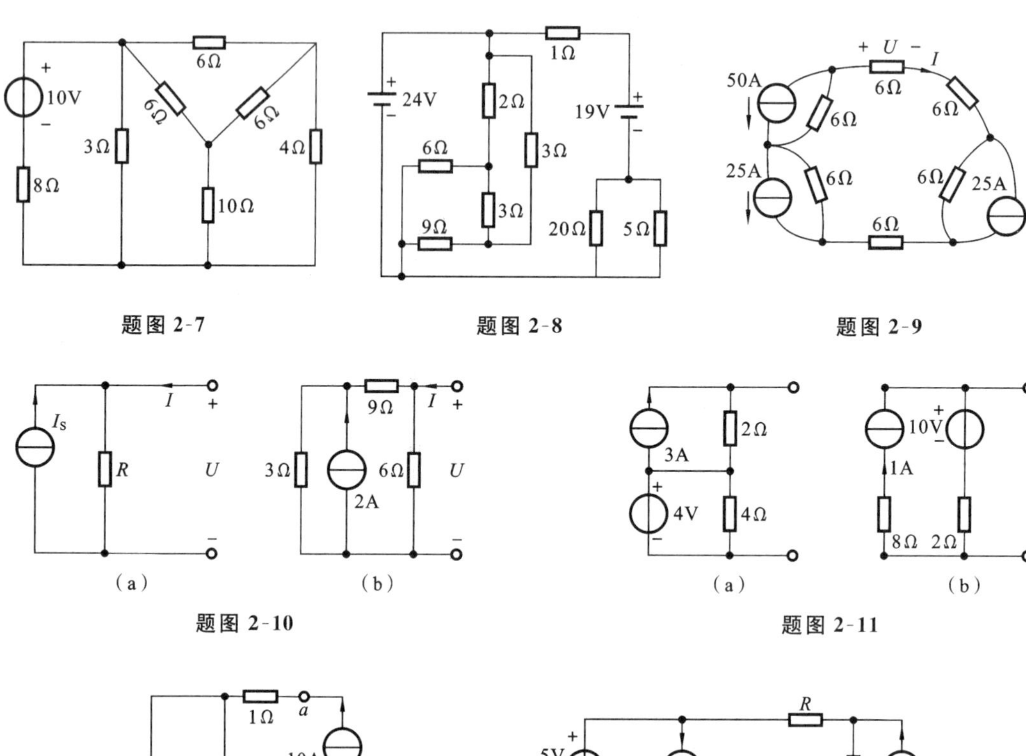

题图 2-7　　题图 2-8　　题图 2-9

题图 2-10

题图 2-11

题图 2-12　　题图 2-13

2-14　题图 2-14 所示电路中，若 A、B、C 各点电位相等，试证明 $R_1 \sim R_6$ 应有关系：$\frac{R_1}{R_4} = \frac{R_2}{R_5} = \frac{R_3}{R_6}$。

2-15　题图 2-15 所示电路中，若 $R_1R_4 = R_2R_3$，试问是否有 $u_{cd}=0$ 和 $i_S=0$？

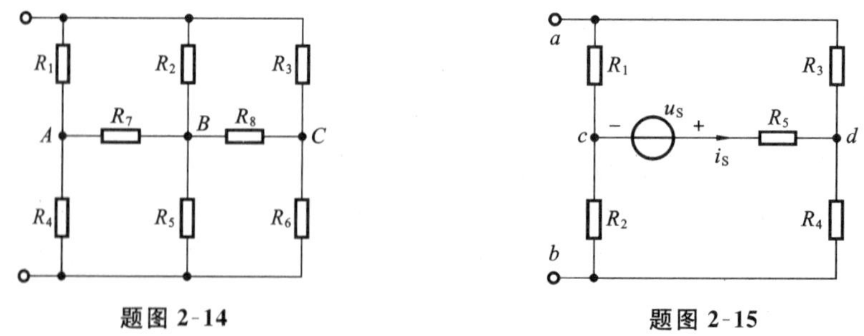

题图 2-14　　题图 2-15

第 3 章　多端电阻性元件

第 1 章介绍了电阻元件和独立电源，这些元件都是二端元件。在电路中，二端元件仅仅通过其端钮处的电压和电流与电路的其他部分相联系，除此以外别无另外的直接联系。本章要介绍的运算放大器和受控电源，具有三个或三个以上的端钮（相应地，含有两条或两条以上的支路），统称多端电阻性元件。这些元件的两个支路的电压与电流之间，或电压与电压之间，或电流与电流之间存在着直接的联系，这一现象称为耦合，因此这些元件也称为耦合电路元件。

3.1　运算放大器

3.1.1　实际器件简介

运算放大器（operational amplifier，常写作 op-amp，简称运放）是一种具有很高电压放大倍数的集成电路单元，是目前获得广泛应用的一种多端器件，内部由许多晶体管和电阻连接而成。在实际应用时，通常结合其外部所连接的反馈网络构成某种功能模块。运放早期主要应用于模拟计算机中，用于实现诸如加、减、乘、除、微分与积分这样的数学运算，故得名“运算放大器”。随着半导体技术的迅猛发展，现在的运放采用晶体管集成电路技术，体积更小，可靠性更高，功耗更少，通常以单片的形式存在，其应用也大大超过上述范围，已经渗透到汽车电子、通信、消费等各个领域。图 3-1 所示是某种型号运放的封装图与引脚图。

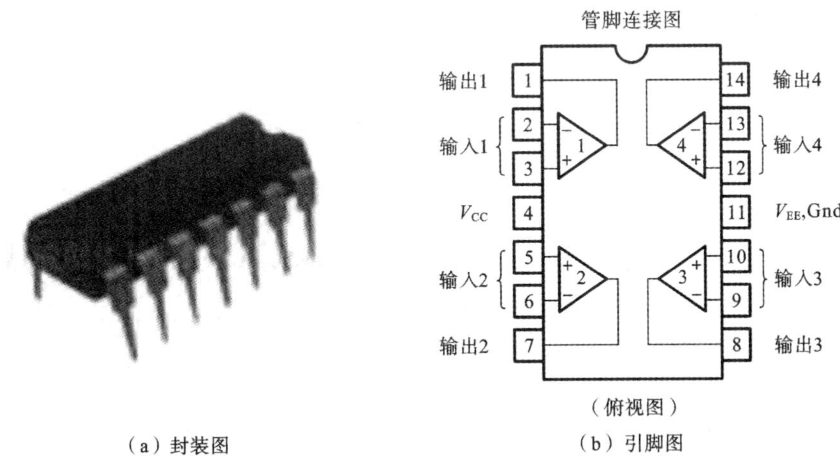

（a）封装图　　（b）引脚图

图 3-1　一种运放的封装图和引脚图

运放有多种型号，其内部结构也各不相同，但从电路分析的角度出发，仅仅分析运放的外部特性。图 3-2(a)为运放的电路符号，其中的“▷”符号表示“放大器”。可见运放对外具有多个端钮，其中 a、b 为运放的两个输入端、o 为输出端，电源端子 E^+ 和 E^- 连接外部直流偏置电源，以维持运放内部晶体管正常工作。E^+ 端接正电压、E^- 端接负电压，这里电压的正、负是对公共端（也称接地端）而言的。从应用的角度而言，一般都不关心运放的内部电路，只关心其外部输出端与输入端之间的电压、电流关系，因此感兴趣的仅是其中的四个端钮，即 a、b、o 和公共端可以不考虑直流偏置电源，这时可采用图 3-2(b)所示的电路符号，但应记得偏置电源是存在的。标有“－”号的输入端 a 称为反相输入端，当输入电压 u_1 加在 a 端与公共端之间，且其实际方向从 a 端指向公共端时，输出电压 u_o 的实际方向自公共端指向 o 端，即两者的方向正好相反。标有“＋”号的输入端 b 称为同相输入端，当输入电压 u_2 加在 b 端与公共端之间，且其实际方向从 b 端指向公共端时，输出电压 u_o 的实际方向也是从 o 端指向公共端，即两者的方向恰好相同。a 端和 b 端的“－”号和“＋”号仅用于区别不同的输入端，不要将它们误认为是电压参考方向的正、负极性，电压的正、负极性应另外标出。

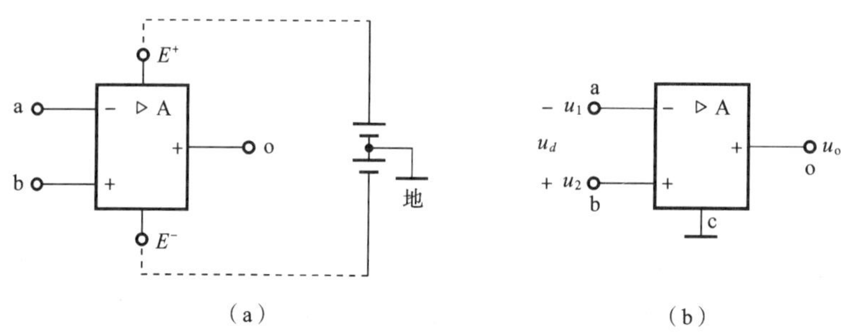

图 3-2　运放的电路符号

运放的一个特点是，在线性放大区，其输出电压 u_o 与两个输入电压 u_2 和 u_1 的差值成比例，即

$$u_o = A(u_2 - u_1) \tag{3-1}$$

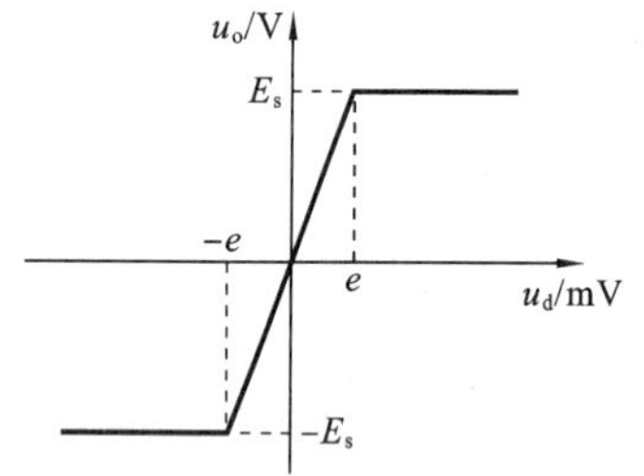

图 3-3　运放的输入-输出特性

式中，A 称为运放的开环电压放大倍数；$u_2 - u_1 = u_d$ 称为差动输入电压。图 3-3 所示为运放的输入-输出特性曲线。由此输入-输出特性曲线可知以下结论。

(1) 当 $u_d < -e$ 或 $u_d > e$ 时，输出电压保持定值 $-E_s$ 或 E_s，这一现象称为饱和，是由于运放内部晶体管的非线性特性造成的。饱和电压的值略低于外加直流偏置电压值，一般为正、负十几伏或几伏。

(2) 当 $-e < u_d < e$ 时，特性曲线为经过原点的直线段，表明输出电压随输入电压的增长而线性增长，这一范围称为运放的线性放大区。直线段的斜率 A 为运放的开环电压放大倍数。运放的 A 值很大，实际器件的典型值在 2×10^5 以上。运放作为放大器应用时应工作在这一区域，本章的讨论也限制在线性放大区。

若 $u_1 = 0$，即将端钮 a 与公共端短接，则 $u_o = Au_2$。可见，输出电压与输入电压之间只有大小的不同而无正、负号的改变，所以把端钮 b 称为同相输入端。

若 $u_2 = 0$，即将端钮 b 与公共端短接，则 $u_o = -Au_1$。可见，输出电压与输入电压之间除大小不同外，还相差一负号，所以把端钮 a 称为反相输入端。

运放的另外两个特点是，由两个输入端观察或由各输入端与公共端观察的电阻（称为输入电阻)很大,典型值在 $2\times10^6\ \Omega$ 以上;由输出端与公共端观察的电阻(称为输出电阻)很小,典型值在 50～100 Ω 之间。

3.1.2 理想运算放大器

作为电路元件的运放,是实际运放的理想化模型,称为理想运算放大器(ideal op-amp)。理想条件如下。

(1) 开环电压放大倍数 $A=\infty$;

(2) 由端钮 a 与 c,b 与 c 或 a 与 b 观察的输入电阻 $R_i=\infty$;

(3) 从端钮 o 与 c 观察的电阻(称为输出电阻)$R_o=0$。

理想运放的电路符号如图 3-4 所示。

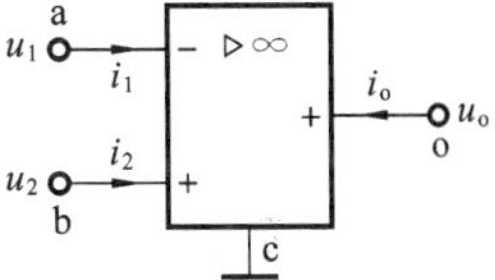

图 3-4 理想运放的电路符号

根据上述理想条件,可得出理想运放有如下特性。

(1) 因为运放的输出电压 $|u_o|<E_s$,总为有限值,又因为 $A=\infty$,所以根据式(3-1)可得

$$u_2-u_1\approx0 \tag{3-2}$$

即两个输入端钮之间近乎短路。理想运放的这一特性称为“虚短(路)”。

(2) 由于输入电阻 $R_i=\infty$,所以两输入端的电流分别为

$$\begin{cases}i_1\approx0\\ i_2\approx0\end{cases} \tag{3-3}$$

即两输入端的引线相当于是断开的。理想运放的这一特性称为“虚断(路)”。

(3) 由于输出电阻 $R_o=0$,所以输出端的特性与电压源的相似。因此求输出端电流 i_o 就与求电压源的电流一样,应先计算连接于输出端的其他各支路的支路电流,然后将 KCL 应用于输出端节点计算 i_o。此外,由于 $A=\infty$,$u_2-u_1\approx0$,显然利用式(3-1)计算运放的输出端电压是不可能的,而应通过理想运放外部连接的电路来进行计算。

电子技术的发展已能确保用于实际电路中的运放器件在特性上与理想运放十分相近,进行电路分析时将运放器件当作理想运放来处理所带来的误差微乎其微,但是分析起来却简单得多。以上三个特性,尤其是“虚短”和“虚断”,对含有运放电路的分析是极为重要的。

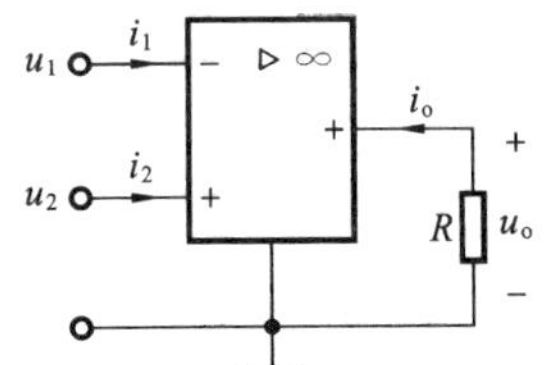

图 3-5 运放属于有源元件的说明

理想运放属于有源电路元件。考虑图 3-5 所示电路,根据图中电压和电流的参考方向,运放吸收功率为

$$p=u_1i_1+u_2i_2+u_oi_o$$

因为 $i_1\approx0$,$i_2\approx0$,所以

$$p=u_oi_o=-Ri_o^2$$

只要 $R>0$,就有 $p<0$。

由此可见,运放是有源电路元件。但必须说明的是,运放本身并不能单独地向电路提供能量,为了使运放正常工作,必须由直流电源供电,所以运放提供的能量是取自于其直流偏置电源的。

3.1.3 含理想运算放大器电路的分析

含有理想运放的电路的分析应紧扣理想运放的“虚短(路)”和“虚断(路)”这两个特性。

下面举例说明。

例 3-1 图 3-6 所示电路称为反相放大器，试求其输出电压 u_o。

解 根据理想运放的“虚断”特性得知 $i_1=0$，对节点 a 应用 KCL，得到

$$i=i_f$$

再由“虚短”特性得知，节点 a 的电位 $u_a=0$，所以

$$i=\frac{u_i-u_a}{R_1}=\frac{u_i}{R_1},\quad i_f=\frac{u_a-u_o}{R_f}=-\frac{u_o}{R_f}$$

因此，节点 a 的 KCL 方程可写为

$$\frac{u_i}{R_1}=-\frac{u_o}{R_f}$$

求得

$$u_o=-\frac{R_f}{R_1}u_i$$

该式说明，适当调节运放外围电阻元件 R_1 和 R_f 的值，可以在运放的输出端得到放大一定倍数的电压，且输出电压和输入电压的极性恰好相反，即两者在相位上相差 180°，所以将此电路称为反相放大器(inverting amplifier)。

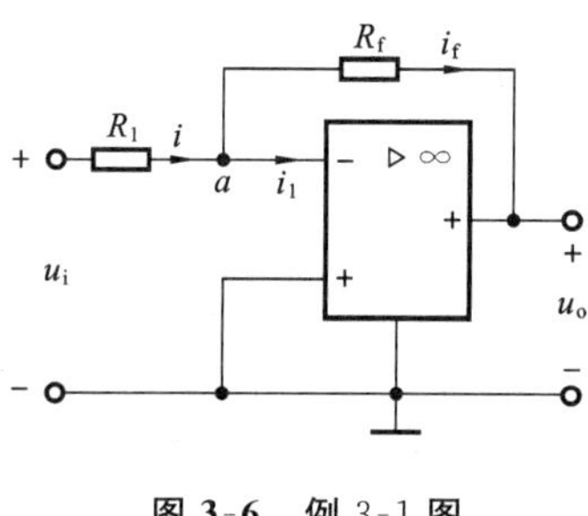

图 3-6 例 3-1 图

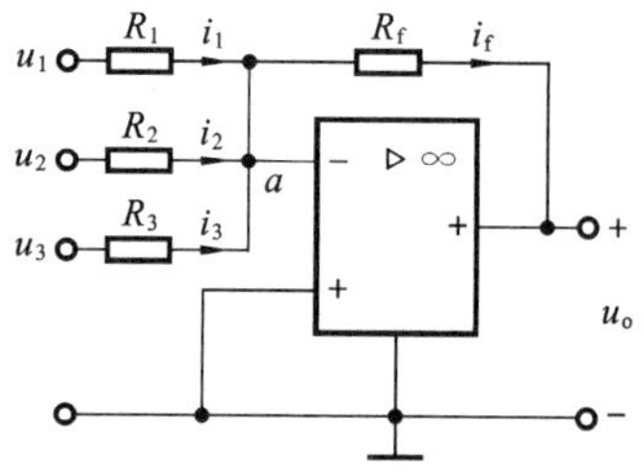

图 3-7 例 3-2 图

例 3-2 求图 3-7 所示电路中运放的输出电压 u_o。

解 由理想运放的“虚断”特性可得

$$i_1+i_2+i_3=i_f$$

又由“虚短”特性得知节点 a 的电位 $u_a=0$，所以

$$i_1=\frac{u_1-u_a}{R_1}=\frac{u_1}{R_1}$$

同理

$$i_2=\frac{u_2-u_a}{R_2}=\frac{u_2}{R_2},\quad i_3=\frac{u_3-u_a}{R_3}=\frac{u_3}{R_3},\quad i_f=\frac{u_a-u_o}{R_f}=-\frac{u_o}{R_f}$$

因此节点 a 的 KCL 方程可写为

$$\frac{u_1}{R_1}+\frac{u_2}{R_2}+\frac{u_3}{R_3}=-\frac{u_o}{R_f}$$

求得

$$u_o=-R_f\left(\frac{u_1}{R_1}+\frac{u_2}{R_2}+\frac{u_3}{R_3}\right)$$

如果满足条件 $R_1=R_2=R_3=R_f$，则

$$u_o=-(u_1+u_2+u_3)$$

由此可见，此电路的功能是把各输入电压相加并反相输出，因此一般把此电路称为加法

放大器(summing amplifier)。

例 3-3 图 3-8 所示电路称为同相放大器,试求输出电压 u_o。

解 由理想运放的"虚短"特性得知,$u_1=u_i$,又根据"虚断"特性得 $i_1=0$,所以电阻 R_1 和 R_f 之间为串联,根据串联电阻的分压规律可得

$$u_o=\frac{R_1+R_f}{R_1}u_1=\left(1+\frac{R_f}{R_1}\right)u_i$$

选择不同的 R_1 和 R_f,可以获得不同的 $\frac{u_o}{u_i}$ 值,且比值一定大于 1,同时又是正的,即输出电压与输入电压同相,故此电路称为同相放大器(noninverting amplifier)。

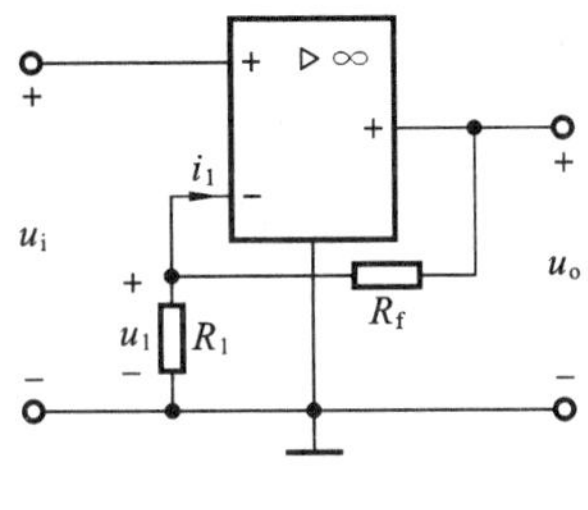

图 3-8 例 3-3 图

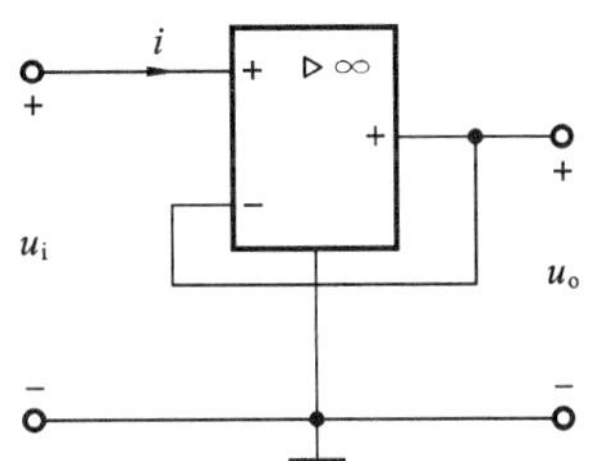

图 3-9 电压跟随器

若将图 3-8 中的电阻 R_1 改为开路(令 $R_1=\infty$),把 R_f 用短路替代(令 $R_f=0$),则得到图 3-9 所示电路。不难看出,此电路的输出电压完全"重复"输入电压,故称为电压跟随器(voltage-follower)。由于 $i=0$,所以其输入电阻 $R_i=\frac{u_i}{i}=\infty$,一般在电路中用于连接前后级电路,起到"隔离作用"。例如图 3-10(a)所示的由电阻 R_1 和 R_2 构成的分压电路,其中电压 $u_2=\frac{R_2}{R_1+R_2}u_1$。如果把负载 R_L 直接接到此分压器,则电阻 R_L 的接入将会影响电压 u_2 的大小。如果通过电压跟随器连接前级输出和后级负载,如图 3-10(b)所示,则 u_2 值仍将等于 $\frac{R_2}{R_1+R_2}u_1$。所以电压跟随器将负载电阻的影响"隔离"了。

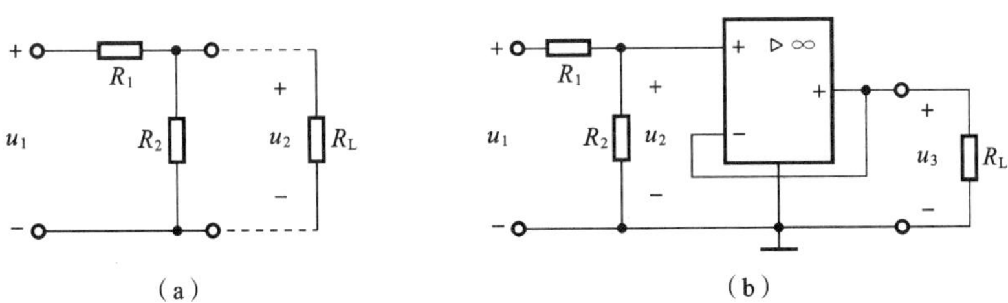

图 3-10 电压跟随器的隔离作用

例 3-4 电路如图 3-11 所示,求输出电压 u_o 与输入电压 u_1、u_2 之间的关系式。

解 由理想运放的"虚断"特性得

$$i_1=i_f,\quad i_2=\frac{u_2}{R_2+R_3}$$

节点 b 的电位

$$u_b=\frac{R_3}{R_2+R_3}u_2$$

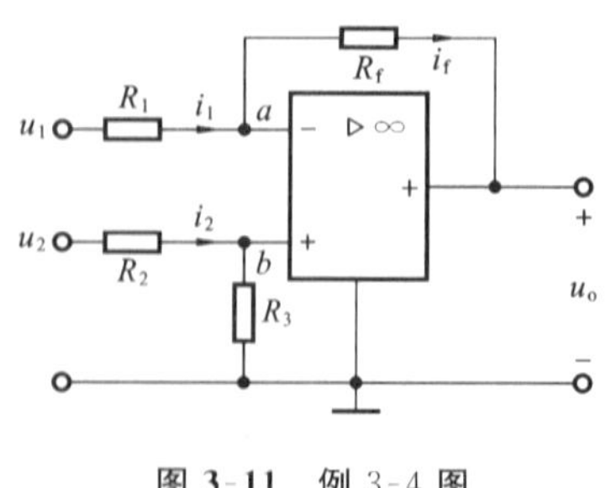

图 3-11　例 3-4 图

又由"虚短"特性可确定节点 a 的电位

$$u_a = u_b = \frac{R_3}{R_2 + R_3} u_2$$

而

$$i_1 = \frac{u_1 - u_a}{R_1}, \quad i_f = \frac{u_a - u_o}{R_f}$$

因此得到 $\frac{u_1 - u_a}{R_1} = \frac{u_a - u_o}{R_f}$，将 u_a 代入此式，经整理得到

$$u_o = \left(1 + \frac{R_f}{R_1}\right) \frac{R_3}{R_2 + R_3} u_2 - \frac{R_f}{R_1} u_1$$

此结果表明，将输入电压分别按比例放大，然后求差即为输出电压。

如果令 $R_1 = R_2 = R_3 = R_f$，则 $u_o = u_2 - u_1$。一般把此电路称为减法放大器(difference amplifier)。

例 3-5　实际应用中，经常把几个运放进行级联组成一个放大电路。图 3-12 所示即为由 2 个运放级联而成的放大电路，试求输出电压 u_o。

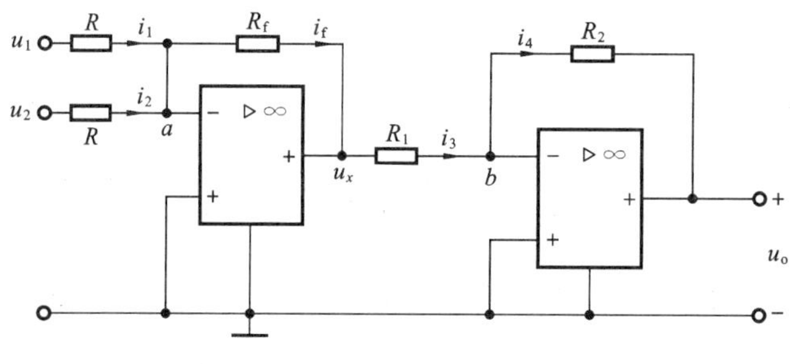

图 3-12　例 3-5 图

解　根据理想运放的"虚短"特性可确定节点 a、b 的电位都为零，即 $u_a = u_b = 0$。根据"虚断"可得节点 a、b 的 KCL 方程分别为

$$i_1 + i_2 = i_f$$

$$i_3 = i_4$$

而

$$i_1 = \frac{u_1 - u_a}{R} = \frac{u_1}{R}, \quad i_2 = \frac{u_2 - u_a}{R} = \frac{u_2}{R}, \quad i_f = \frac{u_a - u_x}{R_f} = -\frac{u_x}{R_f}$$

$$i_3 = \frac{u_x - u_b}{R_1} = \frac{u_x}{R_1}, \quad i_4 = \frac{u_b - u_o}{R_2} = -\frac{u_o}{R_2}$$

将各电流表达式代入 KCL 方程后，加以整理，得

$$\frac{1}{R} u_1 + \frac{1}{R} u_2 + \frac{1}{R_f} u_x = 0$$

$$\frac{1}{R_1} u_x + \frac{1}{R_2} u_o = 0$$

从以上两个方程中消去 u_x，得

$$u_o = \frac{R_f R_2}{R R_1}(u_1 + u_2)$$

事实上，本例所示电路可看做两个分别具有一定功能的含运放电路的级联，前一级正是

例 3-2 介绍的加法放大器,后一级是例 3-1 介绍的反相放大器。前一级的输出电压 u_x 作为后一级电路的输入电压,而根据例 3-1 和例 3-2 所得输出电压的表达式,不难得知

$$u_x=-\frac{R_f}{R}(u_1+u_2)$$

$$u_o=-\frac{R_2}{R_1}u_x$$

联立以上二式,消去 u_x 可得

$$u_o=\frac{R_fR_2}{RR_1}(u_1+u_2)$$

记住一些由运放所构成的基本功能电路对含多个运放的复杂电路的分析有时是很有益的。

例 3-6 电路如图 3-13 所示,求电压放大倍数$\frac{u_o}{u_i}$。

解 根据理想运放的“虚断”特性,可得节点 a、b 的 KCL 方程分别为

$$i_1=i_S,\quad i_2=i_3$$

而与节点 c 相连的电阻 R_4 和 R_5 之间为串联,所以节点 c 的电位 $u_c=\frac{R_5}{R_4+R_5}u_o$。各电流分别为

$$i_1=\frac{u_b-u_{o1}}{R_1},\quad i_S=\frac{u_i-u_b}{R_S}$$

$$i_2=\frac{u_a-u_{o1}}{R_2},\quad i_3=\frac{u_o-u_a}{R_3}$$

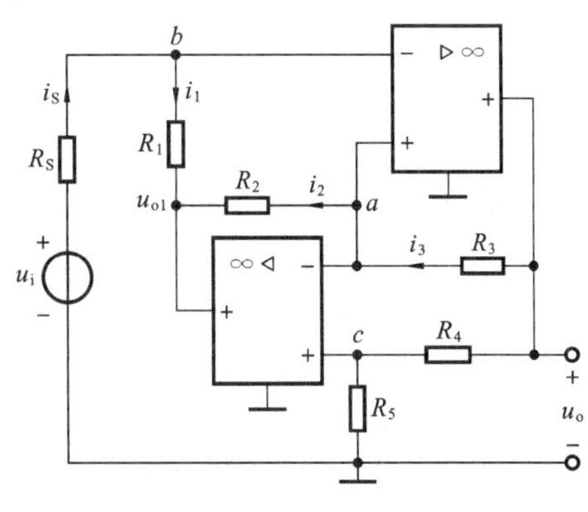

图 3-13 例 3-6 图

所以节点 a、b 的 KCL 方程可分别写成

$$\frac{u_b-u_{o1}}{R_1}=\frac{u_i-u_b}{R_S},\quad \frac{u_a-u_{o1}}{R_2}=\frac{u_o-u_a}{R_3}$$

利用“虚短”特性,得

$$u_a=u_b=u_c$$

从以上方程中消去 u_{o1},得

$$\frac{u_o}{u_i}=\frac{R_1R_3(R_4+R_5)}{R_1R_3R_5+R_2R_4R_S}$$

在分析含运放的电路时,必须牢记:含运放电路的输出永远依赖于输入,分析含运放电路的目的在于获得用输入量表示输出量的表达式,因此,分析含运放电路的过程一般要从运放的输入端开始。分析步骤一般为:首先利用“虚断”特性列写 KCL 方程,然后利用“虚短”减少未知量的数目。“虚短”和“虚断”是运放同时具备的两个重要特性,在分析电路时必须同时应用,不可以顾此失彼。在选择节点列 KCL 时需要注意,不要选择运放输出端节点。

思考与练习

3-1-1 判断以下命题是否正确

(1) 运放在工作时必须外接直流电源。 ( )

(2) 理想运放因存在“虚断”特性，所以输入端可看作开路。 (　　)

(3) 理想运放虽存在“虚短”特性，但不可认为两输入端之间是短路。 (　　)

3-1-2 对于含运放的电路，在选择节点列 KCL 时，不要选择运放输出端节点。为什么？

3.2 受控电源

3.1 节中给出了几个包含运算放大器的电路分析的例子，这几个例子的分析结果表明，运算放大器的输出端具有对外部电路提供电压的能力，就这一特性而言，这是与(独立)电压源相同的。但是，(独立)电压源的电压是确定的时间函数，其值是与电路中任一支路的电压或电流都没有任何关系的独立量，而 3.1 节例题中电路的输出电压大小显然受到电路中输入电压的控制，这又是与(独立)电压源不同的。这种某一支路的电压或电流直接受电路中另一支路电压或电流控制的现象，不仅存在于含运算放大器的电路中，还广泛存在于各种含有三极管的电子电路中。受控电源(controlled source)就是根据这种现象抽象出来的理想电路元件。受控电源也称为非独立电源或从属电源(dependent source)，用来作为一些电子器件(例如晶体管与运算放大器)电路模型的组成部分，其特点是受控电压源的电压受电路中某支路的电压或电流的控制；受控电流源的电流受电路中某支路电压或电流的控制。因为受控电源所描述的现象涉及控制和被控制的两条支路，且控制量和被控量都既可以是电压，也可以是电流，所以受控电源是含有两条支路的电路元件，且有以下四种形式：

① 电压控制电压源(VCVS，voltage controlled voltage source)；

② 电流控制电压源(CCVS，current controlled voltage source)；

③ 电压控制电流源(VCCS，voltage controlled current source)；

④ 电流控制电流源(CCCS，current controlled current source)。

3.2.1 四种形式的受控电源

1. 电压控制电压源

电压控制电压源(简称压控压源)的电路符号如图 3-14 所示。其中

$$u_2 = \mu u_1$$

式中，控制系数 $\mu = \frac{u_2}{u_1}$，称为转移电压比，是个无单位的纯数。

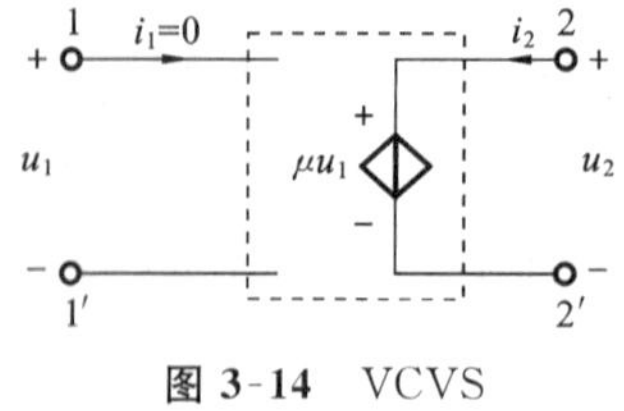

图 3-14 VCVS

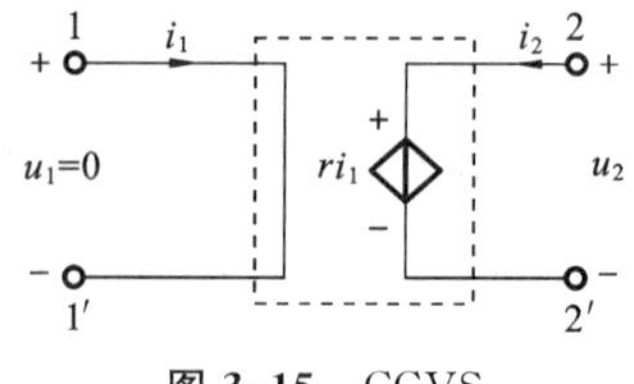

图 3-15 CCVS

2. 电流控制电压源

电流控制电压源(简称流控压源)的电路符号如图 3-15 所示。其中

$$u_2 = ri_1$$

式中，控制系数 $r=\dfrac{u_2}{i_1}$，称为转移电阻，具有电阻的单位。

3. 电压控制电流源

电压控制电流源（简称压控流源）的电路符号如图 3-16 所示。其中

$$i_2=gu_1$$

式中，控制系数 $g=\dfrac{i_2}{u_1}$，称为转移电导，具有电导的单位。

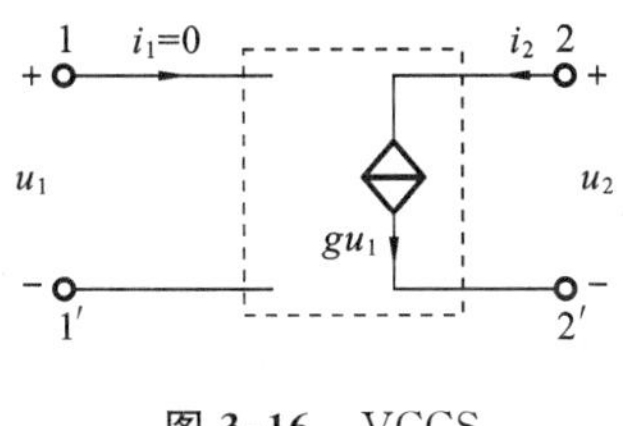

图 3-16 VCCS

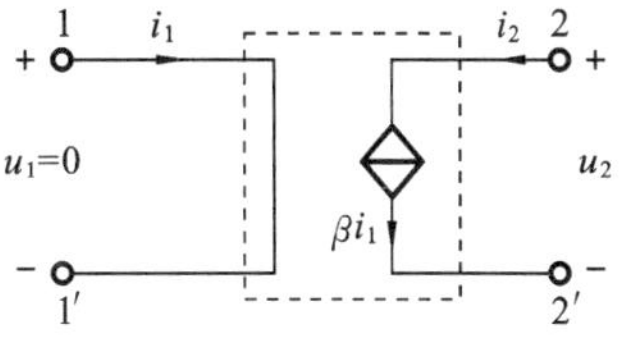

图 3-17 CCCS

4. 电流控制电流源

电流控制电流源（简称流控流源）的电路符号如图 3-17 所示。其中

$$i_2=\beta i_1$$

式中，控制系数 $\beta=\dfrac{i_2}{i_1}$，称为转移电流比，是个无单位的纯数。

图 3-14～图 3-17 所示的四种受控电源的符号均为菱形，以示与独立电源相区别。一般把受控电源看做四端元件，1—1′端子支路称为控制量支路，2—2′端子支路称为受控电源支路。在进行电路分析时，重要的是根据受控电源支路的元件符号以及受控电压源的电压表达式或受控电流源的电流表达式辨别受控电源的类型及其控制量所在支路。一般情况下，并不需要特别在电路图中专门标出控制量所在处的端子。图 3-14～图 3-17 所示的四种受控电源的控制支路不是开路便是短路，这是因为我们只关心控制量取自于哪条支路以及控制量是电流还是电压，而并不关心控制支路的组成，因此只用短路或开路表示控制支路，以简化电路元件的模型。当控制系数 μ、r、g、β 是常数时，被控制量和控制量成正比，这种受控电源称为线性受控电源。本书只讨论线性受控电源，因此一般将“线性”二字略去。

对含受控电源的电路进行分析与计算时的依据是元件的 VCR（电压-电流关系）、KCL 与 KVL。在列写有关方程时，可先把受控电源视为独立电源，同时要保留其控制关系，这是分析含受控电源电路的基本原则。下面举例说明。

例 3-7 求图 3-18 所示电路中通过电阻元件的电流 I_1 和受控电压源的电流 I_2。

解 由 KVL 及线性电阻元件和受控电压源的特性可知

$$2I_1-3I_1=0$$

求得
$$I_1=0$$

由 KCL，有
$$I_1+I_2=6$$

求得
$$I_2=6\ \text{A}$$

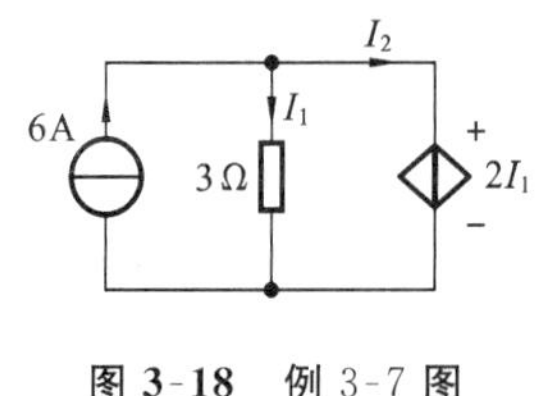

图 3-18　例 3-7 图

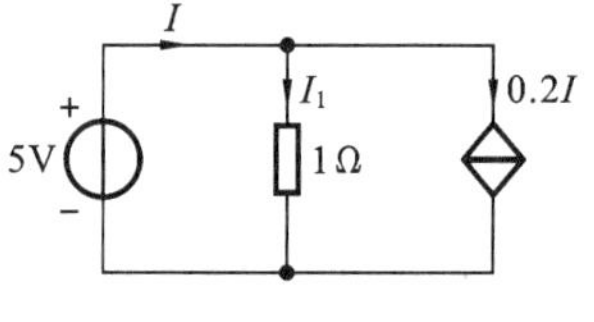

图 3-19　例 3-8 图

例 3-8　求图 3-19 所示电路中各元件的吸收功率。

解

$$I_1=\frac{5}{1}\ \text{A}=5\ \text{A}$$

由 KCL，有

$$I=I_1+0.2I$$

求得

$$I=6.25\ \text{A}$$

电压源吸收功率为

$$P_1=-5I=-5\times6.25\ \text{W}=-31.25\ \text{W}$$　（负号表示实际提供功率）

电阻元件吸收功率为

$$P_2=5I_1=5\times5\ \text{W}=25\ \text{W}$$

受控电流源(CCCS)吸收功率为

$$P_3=5\times0.2I=6.25\ \text{W}$$

例 3-9　求图 3-20 所示电路中各元件的吸收功率。

解　由 KVL，得 $U-\frac{1}{2}U-8=0$，求得 $U=16$ V，则

$$I=\frac{U}{4}=4\ \text{A}$$

电压源吸收功率为

$$P_1=-8I=-8\times4\ \text{W}=-32\ \text{W}$$

电阻元件吸收功率为

$$P_2=UI=16\times4\ \text{W}=64\ \text{W}$$

受控电压源(VCVS)吸收功率为

$$P_3=-\frac{1}{2}UI=-\frac{1}{2}\times16\times4\ \text{W}=-32\ \text{W}$$

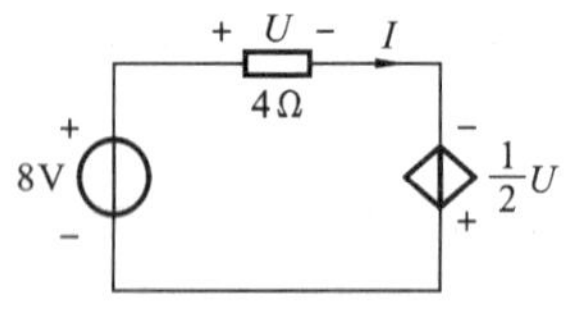

图 3-20　例 3-9 图

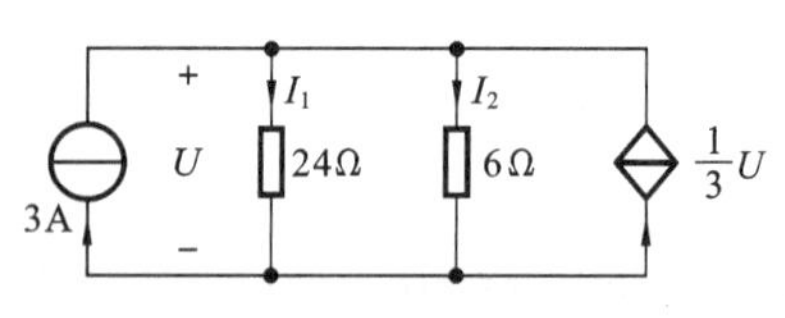

图 3-21　例 3-10 图

例 3-10　求图 3-21 所示电路中各元件的吸收功率。

解　由 KCL，有

$$I_1+I_2=3+\frac{1}{3}U$$

将 $I_1=\frac{U}{24}$ 和 $I_2=\frac{U}{6}$ 代入上式，得

$$\frac{U}{24}+\frac{U}{6}=3+\frac{1}{3}U$$

求得

$$U=-24\ \text{V}$$

电流源吸收功率

$$P_1=-3U=-3\times(-24)\ \text{W}=72\ \text{W}$$

24 Ω 电阻元件吸收功率为

$$P_2=\frac{U^2}{24}=\frac{(-24)^2}{24}\ \text{W}=24\ \text{W}$$

6 Ω 电阻元件吸收功率为

$$P_3=\frac{U^2}{6}=\frac{(-24)^2}{6}\ \text{W}=96\ \text{W}$$

受控电流源(VCCS)吸收功率为

$$P_4=-U\times\frac{1}{3}U=-\frac{1}{3}\times(-24)^2\ \text{W}=-192\ \text{W}$$

从以上几个简单例子可见，对于含有受控电源的电路，在列写电路方程时，电路中的受控电源可以像独立电源一样处理，只是受控电流源的电流或受控电压源的电压是未知量。

例 3-8～例 3-10 表明，受控电源在电路中既可能吸收功率，也可能提供功率。下面就一般情况进行讨论。电路如图 3-22 所示，对受控电源的两支路而言，电压和电流的方向都是关联参考方向，所以受控电源吸收的功率可表示为

$$p=u_1i_1+u_2i_2$$

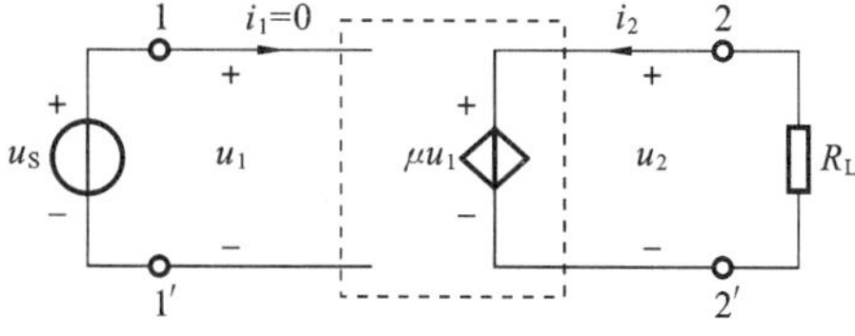

图 3-22 受控电源有源性的说明

由于受控电源的控制支路不是短路就是开路，所以上式右边第一项恒为零，即对于所有四种形式的受控电源，都可由受控支路来计算功率，于是

$$p=u_2i_2=-R_Li_2^2$$

只要 $R_L>0$，就有 $p<0$。这表明受控电源是有源电路元件。需要说明的是，受控电源往往是某一器件在一定外加(独立)电源工作条件下的模型。一般在模型中并不标明该(独立)电源，受控电源提供的功率是从这些电源中获取的，受控电源本身并不能提供功率。

3.2.2 受控电源与独立电源的比较

受控电压源与独立电压源相比，均有输出电压的性能，且与本支路的电流无关(除非受控电压源受本支路电流控制)；受控电流源与独立电流源相比，均有输出电流的性能，且与本支路的电压无关(除非受控电流源受本支路电压控制)。基于这一点，电路分析中对受控电源的处理就有与独立电源相同的一面，例如，除上面已经提到过的列写电路方程时可先将受控电源视同独立电源外，还可以像独立电源那样进行等效变换。图 3-23(a)所示为受控电压源与线性电阻元件串联构成形

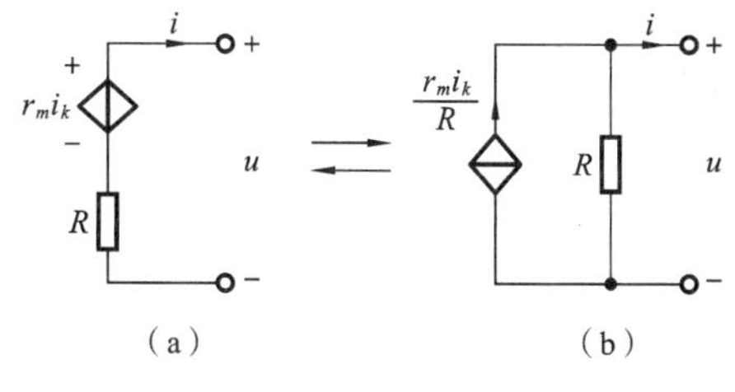

图 3-23 类似戴维南电路和诺顿电路的等效变换

似戴维南电路的二端电路，控制量 i_k 所在支路并未在图中画出。在该电路中

$$u=r_m i_k-Ri$$

即

$$i=\frac{r_m i_k}{R}-\frac{u}{R}$$

由后一种形式的方程可作出对应的等效电路，如图 3-23(b)所示。由此可见，将戴维南电路中的独立电压源代之以受控电压源，将诺顿电路中的独立电流源代之以受控电流源后，得到的形似戴维南电路和诺顿电路的两个二端电路之间进行等效变换的条件并无不同。但有一点需要格外注意，受控电压源的电压及受控电流源的电流是受某一支路的电压或电流控制的，在进行等效变换的过程中应将受控电源的控制量所在支路保留在电路中，以免控制量消失而影响对电路的进一步分析。

例 3-11 求图 3-24(a)所示二端电路的最简形式等效电路。

解 可先将给定的二端电路作等效变换，得到图 3-24(b)所示的等效电路，于是

$$u=\alpha Ri+Ri=(\alpha+1)Ri$$

所以电路可简化成图 3-24(c)所示的电路。

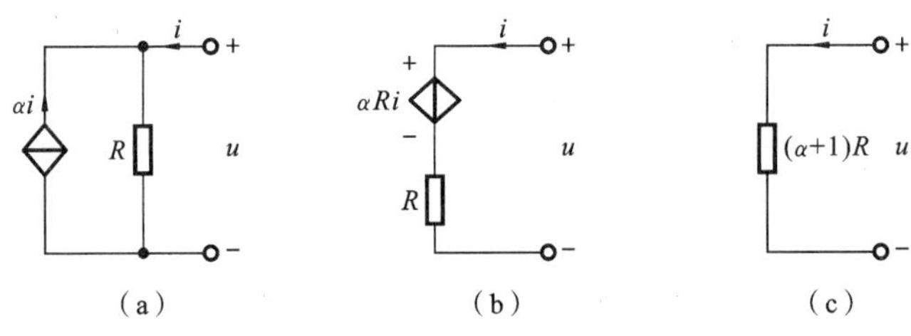

图 3-24 例 3-11 图

与图 3-23 所示电路相比，本例的等效电路之所以在形式上更加简单(即与一个电阻值为$(\alpha+1)R$ 的线性电阻元件等效)，是因为受控电源的控制量就在二端电路之中。

另外，本例中如果选取 $\alpha<-1$，则当 $R>0$ 时，该二端电路将等效为一电阻值为负的线性电阻元件。

例 3-12 化简图 3-25(a)所示的二端电路，使其有最简单的形式。

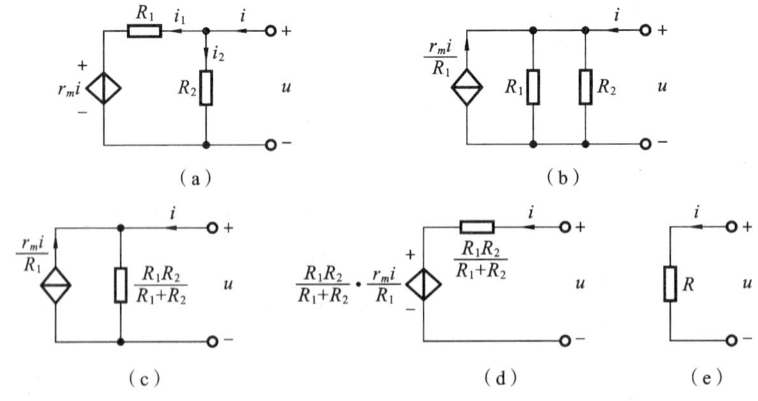

图 3-25 例 3-12 图

解 解法一 对原电路逐步进行等效变换，依次如图 3-25(b)～(e)所示，对于图 3-25(d)有

$$u=\frac{R_1R_2}{R_1+R_2}i+\frac{R_1R_2}{R_1+R_2}\cdot\frac{r_mi}{R_1}=\frac{(R_1+r_m)R_2}{R_1+R_2}i$$

所以图 3-24(e)中，
$$R=\frac{u}{i}=\frac{(R_1+r_m)R_2}{R_1+R_2}$$

解法二　先确定端口的电压-电流关系，对于图 3-25(a)所示电路，有

$$i=i_1+i_2=\frac{u-r_mi}{R_1}+\frac{u}{R_2}$$

对上式进行整理有
$$u=\frac{(R_1+r_m)R_2}{R_1+R_2}i$$

根据上式即可确定二端电路的最简形式等效电路，如图 3-25(e)所示。其中电阻 R 称为二端电路的等效电阻。

由以上两个例题可以看出，如果二端电路内部仅含受控电源和线性电阻元件，并且受控电源的控制量就在二端电路内部的支路上，则二端电路的端口电压与端口电流之比是与外部电路无关的常数，这样的二端电路总可以与一个线性电阻元件等效。该线性电阻元件的电阻值，根据电路情况可通过逐步等效化简求得，或可通过直接寻求端口的电压-电流关系加以确定，当然还可以通过将两种方法结合起来进行求解。

例 3-13　化简图 3-26(a)所示二端电路，使其有最简单的形式。

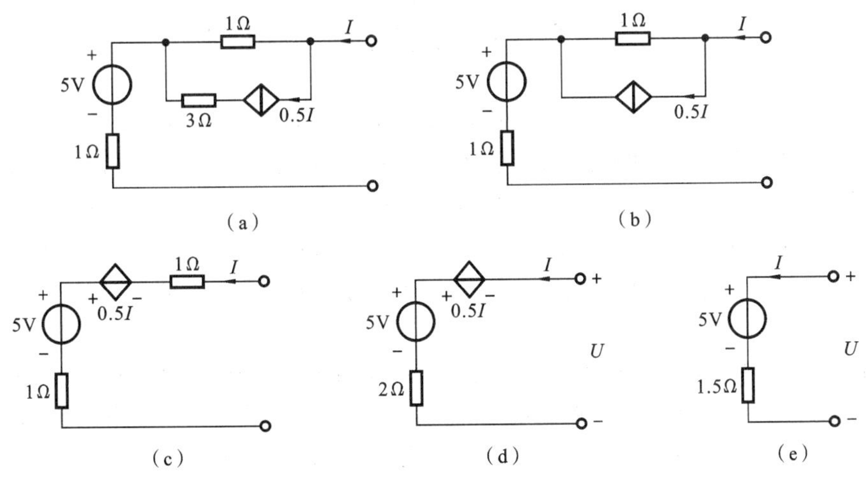

图 3-26　例 3-13 图

解　图 3-26(a)中与受控电流源串联的 3 Ω 电阻对外可等效为短路，于是得到初步化简后的电路如图 3-26(b)所示。再继续进行等效变换，依次如图 3-26(c)、(d)所示。对于图 3-26(d)有

$$U=-0.5I+5+2I=5+1.5I$$

根据上式可得原图的最简形式等效电路，如图 3-26(e)所示。

由上例可见，当二端电路内部还含有独立电源时，一般情况下电路将具有戴维南电路或诺顿电路的最简等效形式。

受控电源和独立电源在本质上是有区别的。独立电源是构成实际电源模型的必要电路元件，因此是电路的输入，代表外界对电路的作用，在电路中起着“激励”的作用，能单独地引

起电路的输出。受控电源则不同,它不是电路的"激励",只是反映某些电路元件中两条支路之间的直接联系。受控电源的控制量一旦为零,受控电压源的电压和受控电流源的电流也将随之为零,受控电源本身不能直接发挥"激励"作用,在一个电路中若没有独立电源或其他形式的储能,仅靠受控电源是不可能产生任何电压或电流的。

思考与练习

3-2-1 说明受控电源与独立电源的区别。

3-2-2 练习图 3-1 中,已知 $i_1=2$ A,求 i_S。

3-2-3 求练习图 3-2 中各元件的功率。

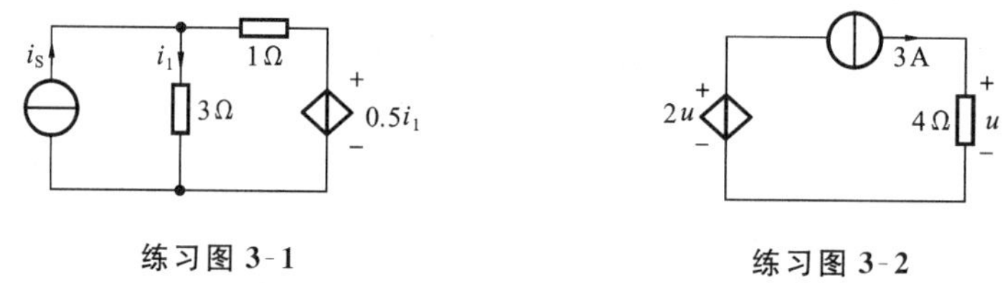

练习图 3-1　　练习图 3-2

3.3 二端电路的输入电阻

如第 2 章中所述,当一个二端电路内部仅含电阻元件时,应用电阻元件的串、并联和 Y-△等效变换等方法,最终可将该二端电路等效成一个电阻元件。此电阻称为二端电路的等效电阻。3.2 节指出,如果二端电路内部除电阻以外还含有受控电源,但不含独立电源,则二端电路也可以等效成一个电阻元件。这一等效电阻也称为二端电路的输入电阻,即从二端电路的两个端钮之间观察的电阻。本节介绍二端电路输入电阻的概念及确定输入电阻的一些方法。

如图 3-27(a)所示,N_0 表示不含独立电源的二端电路,其内部可以包含线性电阻元件、受控电源、运算放大器,且包含受控电源时,受控电源的控制量就在二端电路内部。可以证明,不论 N_0 内部如何复杂,端口电压与端口电流的比值总是一个常量,将此常量定义为二端电路 N_0 的输入电阻 R_i

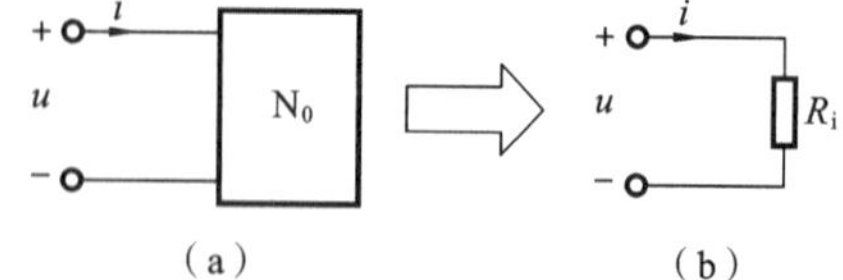

图 3-27　二端电路的输入电阻

$$R_i=\frac{u}{i}$$

注意,以上定义式中的 u、i 对二端电路 N_0 而言为关联参考方向。

求二端电路的输入电阻的基本的方法是从输入电阻的定义出发,在端口上施加一电压 u,然后求出在 u 作用下的 i;或者施加一电流 i,求出在 i 作用下的 u,u 和 i 的比值即为输入电阻,这种方法常称为外加电压法和外加电流法。也可以对二端电路逐步进行等效变换,最终将二端电路简化为一个电阻元件。下面通过一些例子说明这两种方法。

例 3-14 图 3-28(a)所示电路形式称为梯形电路,求其输入电阻 R_i。

解 解法一 从电路的最末端开始应用电阻元件的串、并联规则逐步化简,具体如图

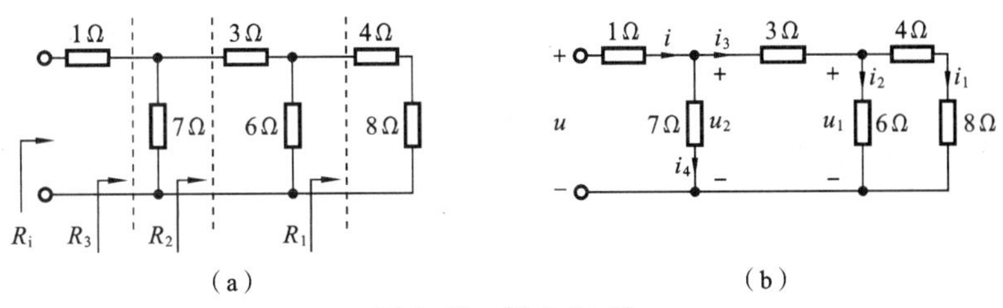

图 3-28 例 3-14 图

3-28(a)所示。

$$R_1=(8+4)\ \Omega=12\ \Omega$$

$$R_2=3+6/\!/R_1=\left(3+\frac{6\times 12}{6+12}\right)\ \Omega=7\ \Omega$$

$$R_3=7/\!/R_2=(7/\!/7)\ \Omega=3.5\ \Omega$$

$$R_i=1+R_3=(1+3.5)\ \Omega=4.5\ \Omega$$

解法二 假设在端口上施加一电流 i 或电压 u，使得最末端支路的电流 $i_1=1$ A，如图 3-28 (b)所示，从末端逐级向端口推算出端口电压 u 和端口电流 i 的值，然后求 u 和 i 之比值。具体过程如下。

$$u_1=(4+8)i_1=(12\times 1)\ \text{V}=12\ \text{V},\quad i_2=\frac{u_1}{6}=\frac{12}{6}\ \text{A}=2\ \text{A}$$

$$i_3=i_1+i_2=(2+1)\ \text{A}=3\ \text{A},\quad u_2=3i_3+u_1=(3\times 3+12)\ \text{V}=21\ \text{V}$$

$$i_4=\frac{u_2}{7}=\frac{21}{7}\ \text{A}=3\ \text{A},\quad i=i_3+i_4=6\ \text{A}$$

$$u=1i+u_2=(1\times 6+21)\ \text{V}=27\ \text{V},\quad R_i=\frac{u}{i}=\frac{27}{6}\ \Omega=4.5\ \Omega$$

例 3-15 求图 3-29(a)所示二端电路的输入电阻 R_i。

解 求含有受控电源的二端电路的输入电阻，通常是从输入电阻的定义出发，通过寻求端口电压、电流之间的关系式进而确定二者比值。为了求得端口电压与电流之间的关系式，一般是利用 KCL、KVL 及元件的 VCR，同时也要利用等效变换，尽可能化简电路，以便更加方便地确定关系式。本例中采取等效变换对电路进行化简，等效变换图依次如图 3-29(b)～(f)所示。

由图 3-29(f)可得

$$i=2i_1-\frac{i_1}{2}=\frac{3}{2}i_1\quad\left(\text{即 } i_1=\frac{2}{3}i\right)$$

$$u=2\times 2i_1=4\times\frac{2}{3}i=\frac{8}{3}i$$

所以二端电路的输入电阻为

$$R_i=\frac{u}{i}=\frac{8}{3}\ \Omega$$

注意，图 3-29(e)所示中两个并联的 4 Ω 电阻等效为一个 2 Ω 电阻后，如图 3-29(f)所示。由于受控电源的原控制支路在变换时已消失，故应该将控制量转移到 2 Ω 等效电阻所在支路。

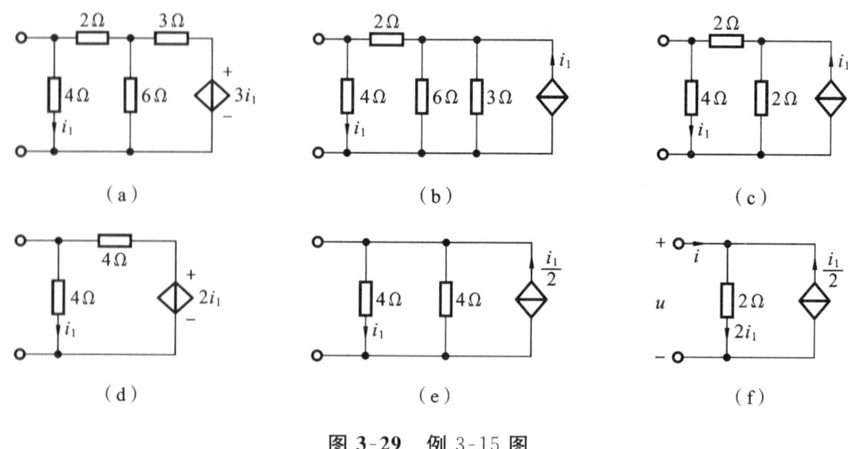

图 3-29　例 3-15 图

例 3-16　求图 3-30(a)所示二端电路的输入电阻 R_i。

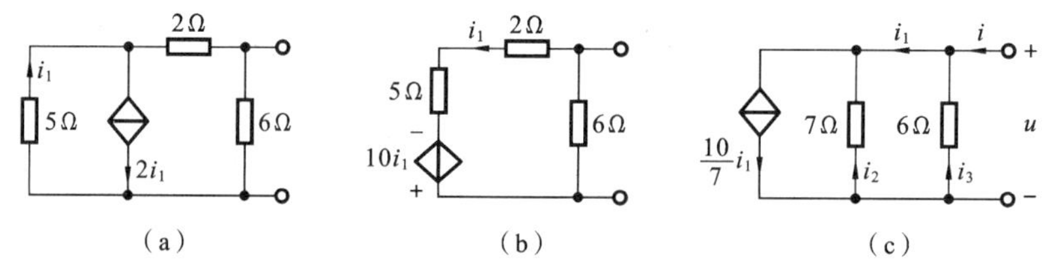

图 3-30　例 3-16 图

解　将原图逐步作等效变换依次如图 3-30(b)、(c)所示。在图(b)中要将控制量转移到 2 Ω 电阻所在支路。在图(c)中，有

$$i_2=\frac{10}{7}i_1-i_1=\frac{3}{7}i_1$$

由电阻并联分流关系，得

$$i_3=\frac{7}{6}i_2=\frac{7}{6}\times\frac{3}{7}i_1=\frac{1}{2}i_1$$

端口电流 $$i=i_1-i_3=i_1-\frac{1}{2}i_1=\frac{1}{2}i_1$$

端口电压 $$u=-6i_3=-6\times\frac{1}{2}i_1=-3\times2i=-6i$$

所以二端电路的输入电阻

$$R_i=\frac{u}{i}=-6\ \Omega$$

由于受控电源是有源元件，所以当二端电路内部含有受控电源时，输入电阻将有可能为负值。

思考与练习

3-3-1　练习图 3-3 所示端口的伏安关系为 $u=-i+3i=2i$，所以端口的输入电阻 $R_i=$

$\frac{u}{i}=2\ \Omega$。对吗?

3-3-2 求练习图 3-4 所示端口的输入电阻 R_i。并讨论受控源的控制系数 μ 对输入电阻的影响。

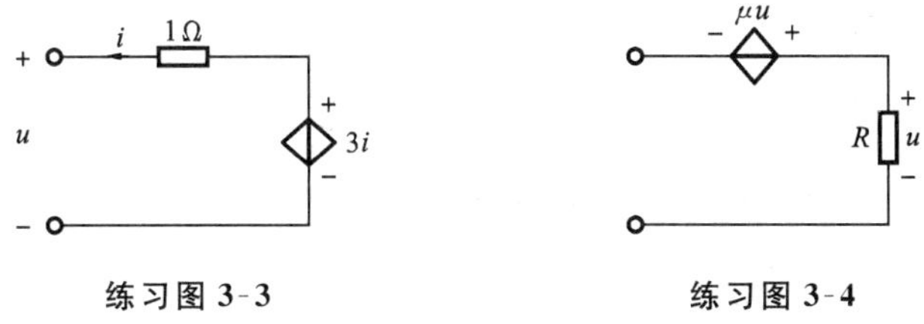

练习图 3-3　　　　练习图 3-4

本章小结

(1) 运算放大器是一种模拟集成器件。分析理想运算放大器必须应用两个基本特性:"虚短",指运算放大器的两个输入端之间电压为零;"虚断",指运算放大器的两个输入端引线电流为零。这两个基本特性必须同时应用。

(2) 受控电源只是反映电路中两条支路之间的直接联系,不是电路的"激励",因此受控电源不能单独引起"响应"。但受控电源与独立电源也有相似之处,受控电压源的电压与本支路电流无关,受控电流源的电流与本支路电压无关。建立电路方程时可将受控电源视为独立电源,但要注意其电压或电流是受控制支路的电压或是电流控制的,一般是未知的。

(3) 输入电阻反映一个内部不含独立电源的二端电路的端口电压和电流的关系。要注意的是,端口电压和电流参考方向关联时,二者的比值才对应为端口的输入电阻。当端口内部只有正值电阻元件时,输入电阻为非负值;若端口内部由电阻和受控电源构成,则输入电阻有可能为负值。

习　　题

3-1 求题图 3-1 所示电路中的输出电压 U_o。

3-2 求题图 3-2 所示电路中的输出电压 u_o。

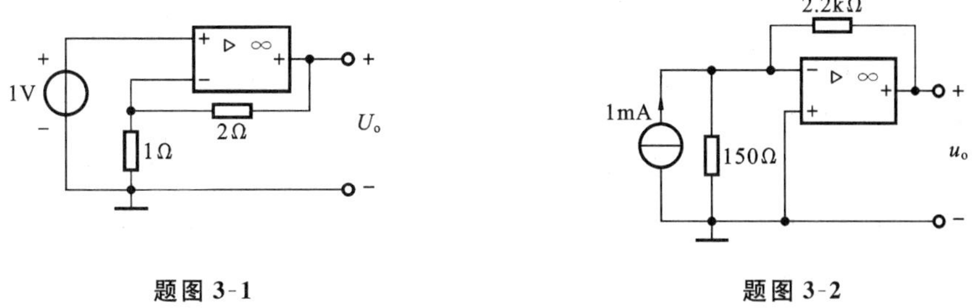

题图 3-1　　　　题图 3-2

3-3 求题图 3-3 所示电路中输出电流 I_2 与输入电压 U_1 的关系。

3-4 求题图 3-4 所示电路的电压放大倍数 u_o/u_S。

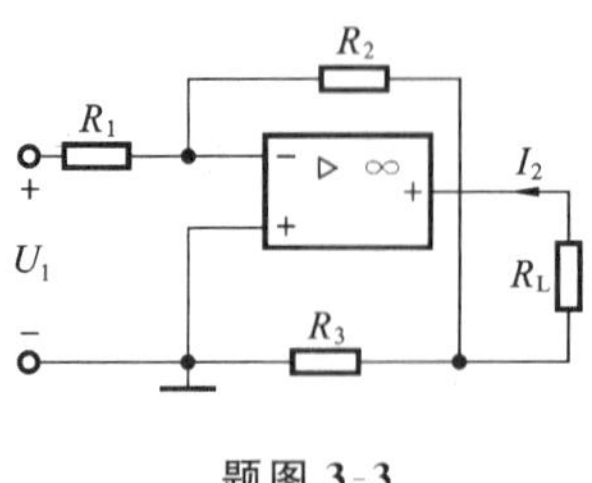

题图 3-3

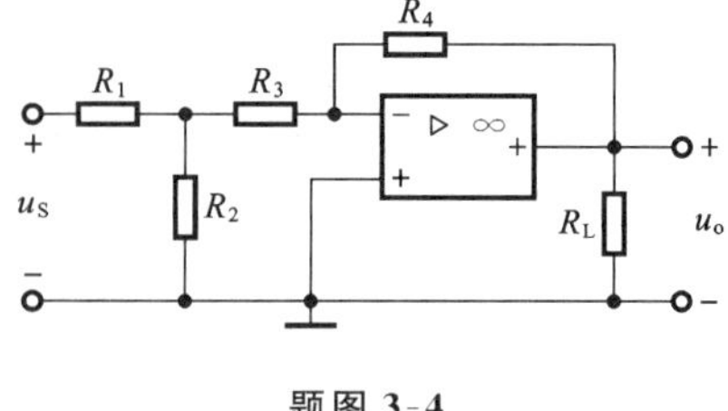

题图 3-4

3-5 求题图 3-5 所示电路的输入电阻 R_i。

3-6 题图 3-6 所示电路中，已知 $R_1=R_2=2\ \mathrm{k\Omega}$，$R_3=R_4=R_F=1\ \mathrm{k\Omega}$，$u_1=1\ \mathrm{V}$，$u_2=2\ \mathrm{V}$，$u_3=3\ \mathrm{V}$，$u_4=4\ \mathrm{V}$，试计算输出电压 u_o。

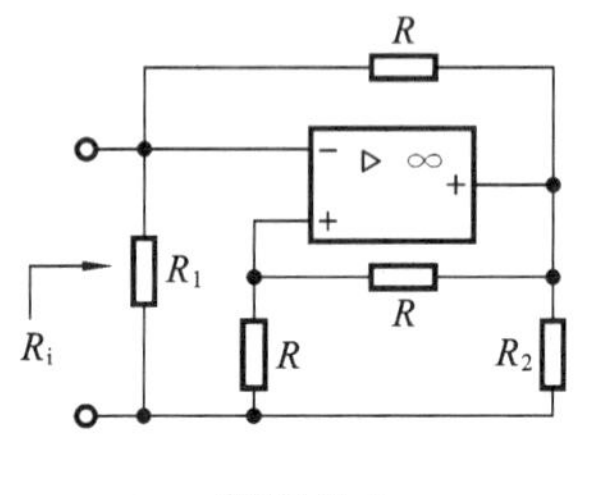

题图 3-5

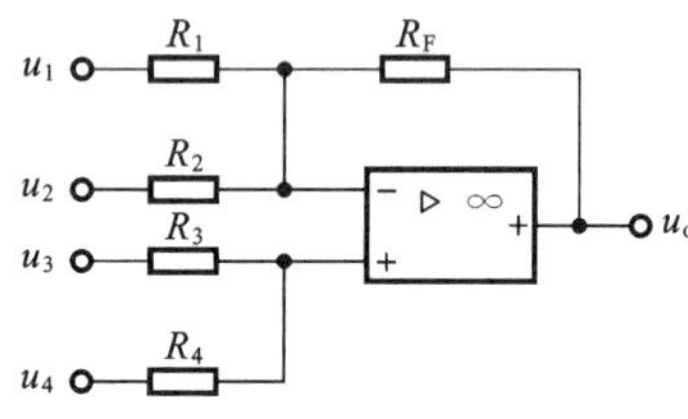

题图 3-6

3-7 求题图 3-7 所示电路的 u_o 与 u_i 的关系式。

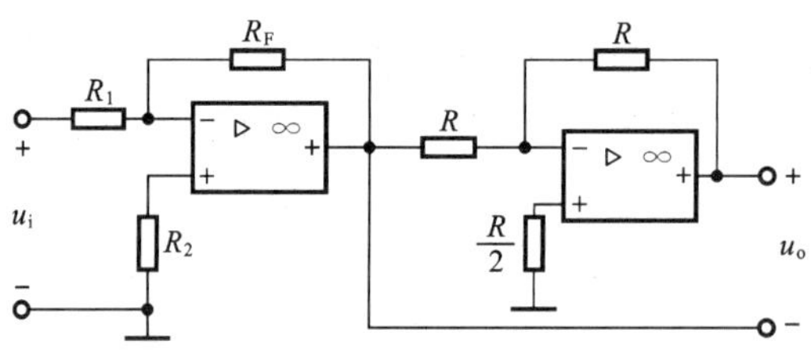

题图 3-7

3-8 求题图 3-8 所示电路的电压放大倍数 u_o/u_i。

3-9 题图 3-9 所示电路中，已知 $u_i=0.5\ \mathrm{V}$，$R_1=R_2=10\ \mathrm{k\Omega}$，$R_3=2\ \mathrm{k\Omega}$，试求 u_o。

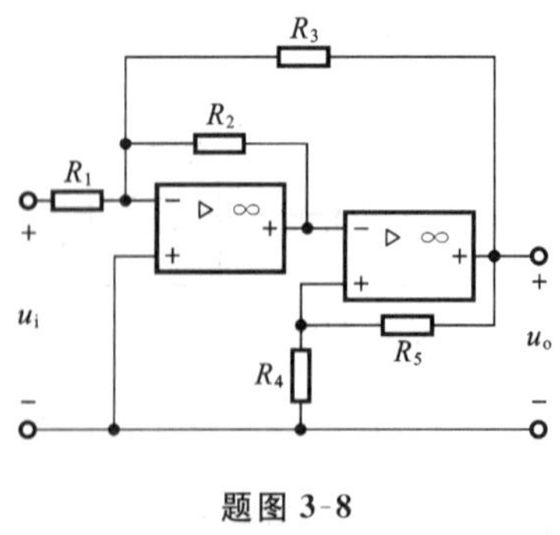

题图 3-8

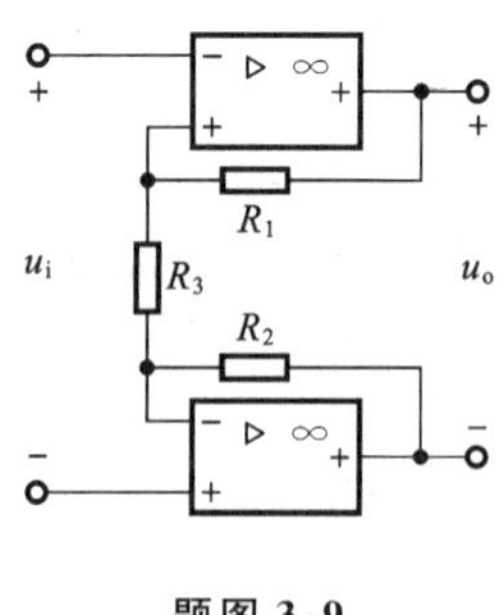

题图 3-9

3-10 求题图 3-10 所示电路中的电压 u_S、u_1 和电流 i_1。

3-11 确定题图 3-11 所示电路中的受控电源是电源还是负载，并计算 R 值。

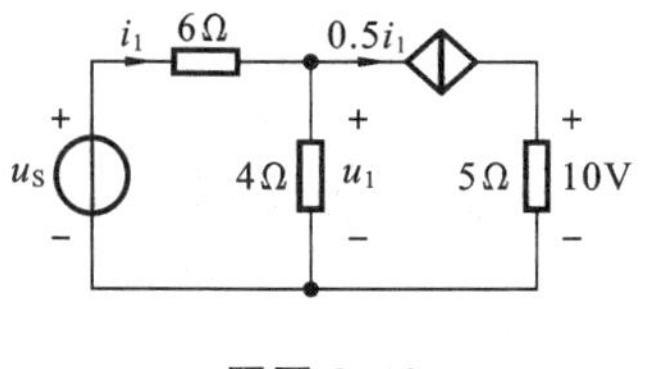

题图 3-10

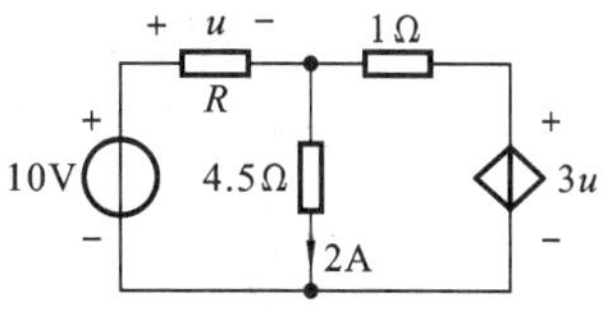

题图 3-11

3-12 求题图 3-12 所示电路中每个元件的功率,并指明是吸收功率还是发出功率。

3-13 求题图 3-13 所示电路中的 U 和受控电源的控制量 I_1。图中 $8I_1$ 为 $8(\mathrm{k}\Omega)I_1(\mathrm{mA})$。

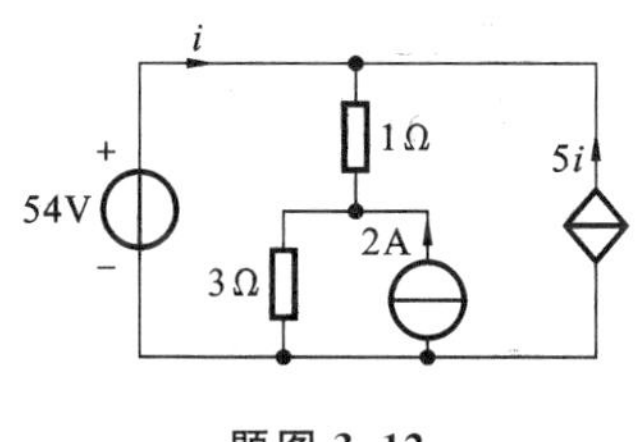

题图 3-12

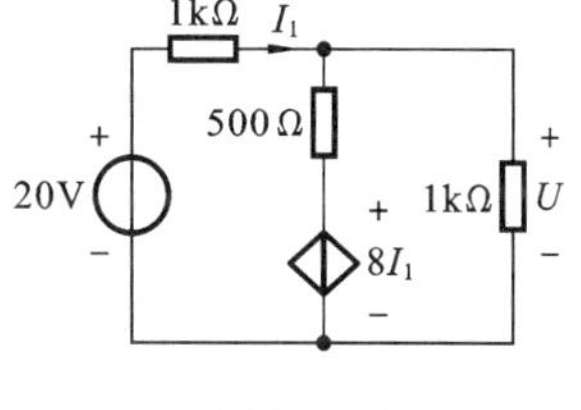

题图 3-13

3-14 已知题图 3-14 中的受控电源吸收功率为 18 W,求电流源电流 I_S。

3-15 利用电源的等效变换,求题图 3-15 所示电路中的电压比 u_o/u_S。已知 $R_1=R_2=2\ \Omega$,$R_3=R_4=1\ \Omega$。

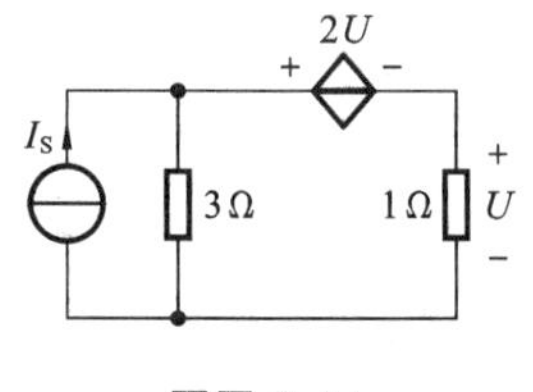

题图 3-14

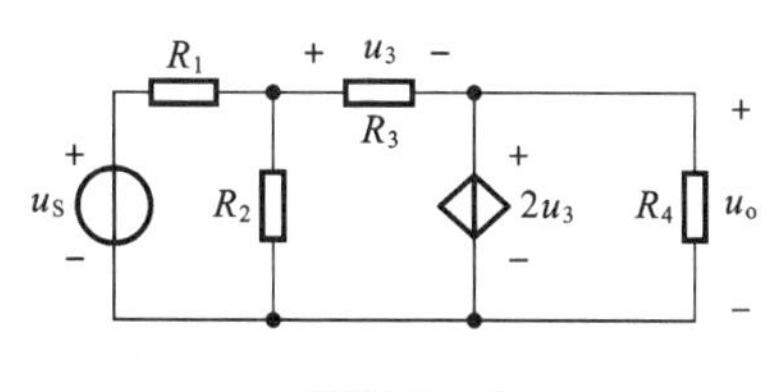

题图 3-15

3-16 化简题图 3-16(a)、(b)所示二端电路。

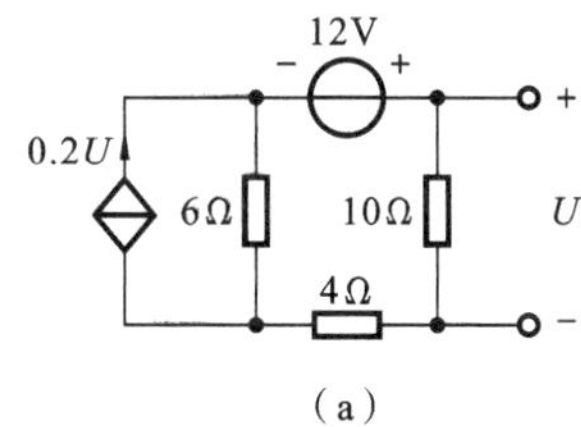

(a)

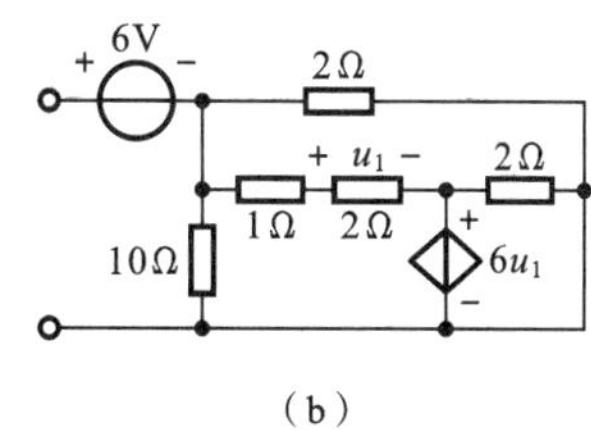

(b)

题图 3-16

3-17 计算题图 3-17 所示二端电路在 $\beta=1$,$\beta=3$,$\beta=5$ 三种情况下的输入电阻 R_i。

3-18 试证明题图 3-18 所示电路中 $\frac{u_1}{i_1}=\frac{1}{\alpha^2 R}$。

3-19 计算题图 3-19 所示含受控电源的二端电路的输入电阻。

3-20 求题图 3-20 所示二端电路的输入电阻 R_i。

3-21 求题图 3-21 所示二端电路的输入电阻 R_i,其中所有的电阻均为 1 Ω。

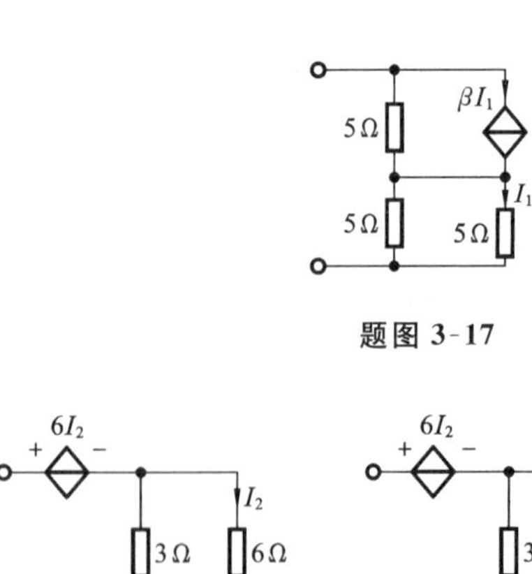

题图 3-17

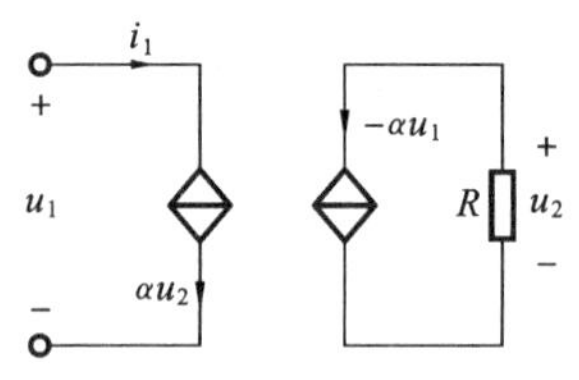

题图 3-18

(a)

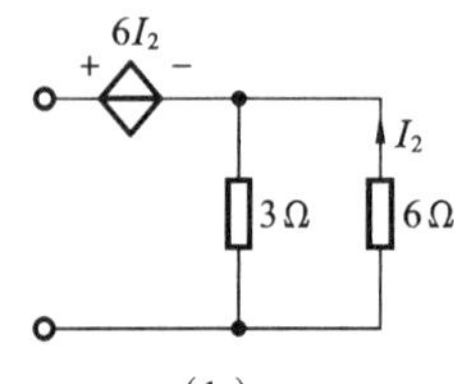

(b)

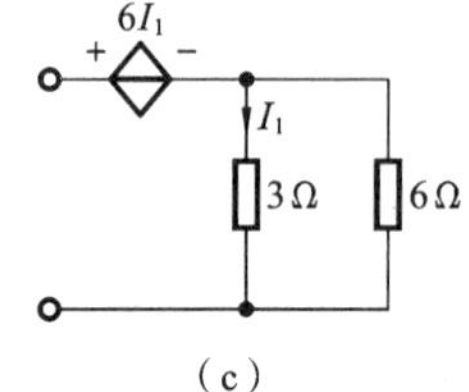

(c)

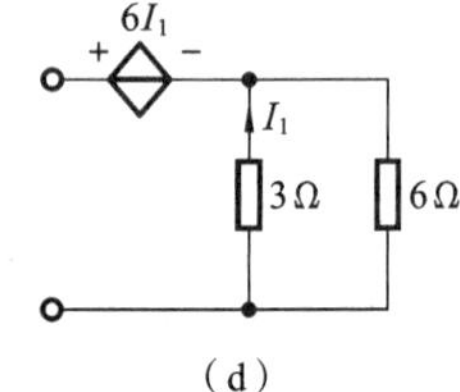

(d)

题图 3-19

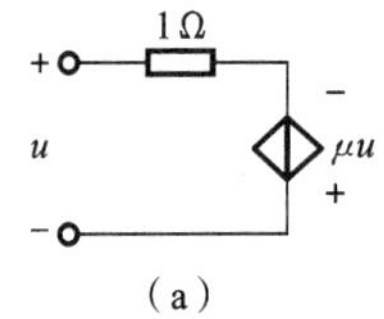

(a)

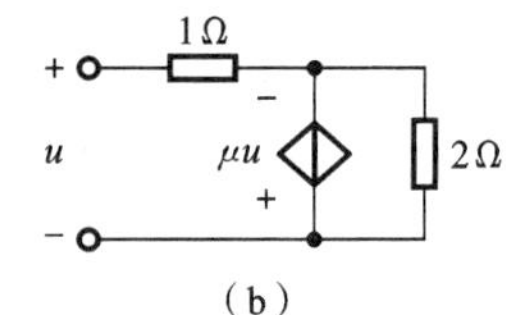

(b)

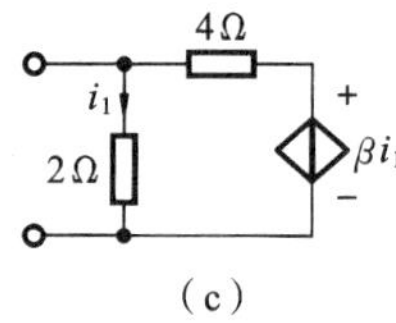

(c)

题图 3-20

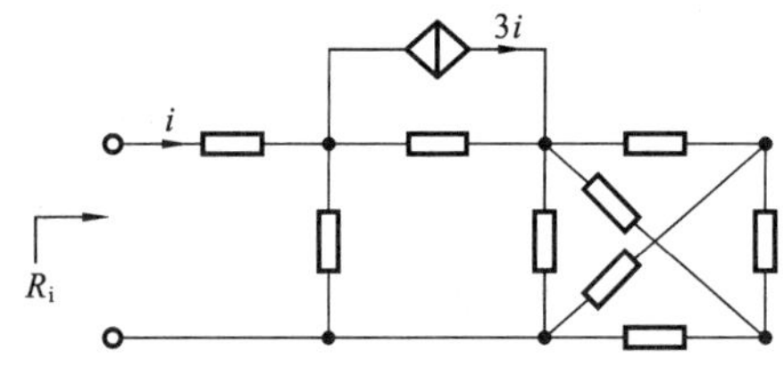

题图 3-21

第4章 电路分析的一般方法

本章讨论用直接建立电路方程的方法分析线性电阻性电路。在建立电路方程时，一般不改变原电路图的结构(有时只是为了便于列写电路方程或减少方程的数目，也局部少量地改变原电路图的结构)。本章所讨论的电路虽然限定在线性电阻性电路范围内，但是对于整个电路分析是具有普遍意义的。各种分析方法的思路、列写电路方程的规则等只要稍作修正就能推广应用于后述的正弦稳态电路分析、动态电路的复频域分析等场合。

根据KCL和KVL以及电路元件特性直接列写电路方程的支路电流分析法，是最基本的分析方法，但这一分析方法涉及的未知变量和联立方程数较多，手工求解比较困难。节点电压分析法和网孔电流分析法或回路电流分析法从电路的最少独立变量出发，减少了未知变量和联立方程数，比较便于手工求解。其中节点电压分析法因其建立方程比较容易而更受青睐。

读者在接触一种分析方法时，务必把握其实质，要理清该分析方法究竟是怎么一回事，这样方能透彻理解按这一方法列写电路方程的规则，并且在遇到电路中存在一些特殊情况时能正确恰当地处理，乃至巧妙地利用特殊情况简化分析。

4.1 电路的2b方程

电路分析的任务是，给定电路的结构和元件参数(或元件特性)，求电路各部分的电流、电压以及功率和能量，而求出各部分的电流和电压是最基本的。电路分析的依据是KCL、KVL和电路元件的特性。

设一电路具有 n 个节点，b 条支路，于是在一般情况下就有 b 个未知支路电流和 b 个未知支路电压，即共有 $2b$ 个未知变量。那么一个电路能提供的独立方程数又是多少呢？

4.1.1 独立的KCL方程数

KCL适用于电路中的任一节点。对图4-1所示电路，如将电流源与电阻的并联组合和电压源与电阻的串联组合分别视为一条支路，则该电路共有4个节点，6条支路。对所指定的各支路电流参考方向，4个节点的KCL方程依次为

$$i_1+i_4-i_6=0$$
$$-i_1+i_2+i_3=0$$
$$-i_2-i_5+i_6=0$$
$$-i_3-i_4+i_5=0$$

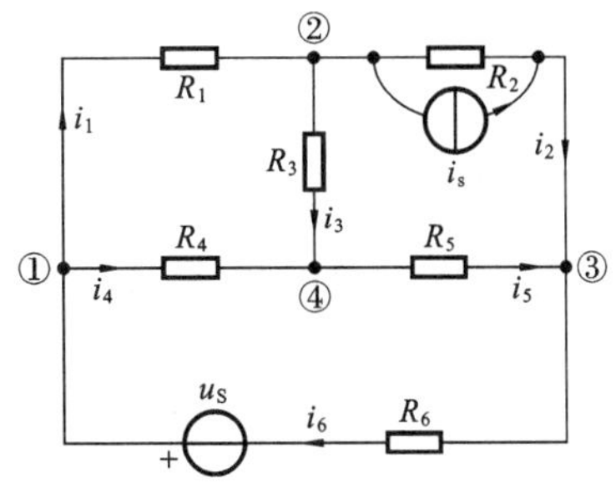

图4-1 讨论KCL方程独立性的示例电路

不难发现，若将以上4个方程的两边分别相加，则等式两边都为零。这表明这4个方程并非都独立。如

果删去其中任意1个方程，再将剩下的3个方程两边分别相加，就不会出现0=0的情况了。这一事实说明，对具有4个节点的电路，只能写出3个独立的KCL方程。

以上结论可推广到一般情况，即对具有n个节点的电路，只能写出$n-1$个独立的KCL方程。所对应的这$n-1$个节点称为独立节点。若对所有的n个节点都写出KCL方程，由于任一支路都连接在两个节点之间，并且支路电流的参考方向必然是离开其中的一个节点而进入另一节点，这样任一支路电流在全部KCL方程中都会出现两次，并且一次为正，一次为负，将所有方程两边分别相加自然就会是0=0了，这表明对所有节点写出的n个KCL方程并非都独立。删去其中任一节点对应的方程后，与此节点相连接的那些支路的支路电流在剩下的$n-1$个方程中就只出现一次，将这些方程两边分别相加就不会再出现0=0的情况了。因此，剩下的$n-1$个KCL方程是互相独立的。

从上面的讨论还可得到一个重要的推论：对具有n个节点和b条支路的电路，由于KCL对b个支路电流只给出了$n-1$个线性约束，设独立的支路电流数目为l，则

$$l=b-(n-1) \tag{4-1}$$

换言之，如果这l个支路电流（不是任意的l个支路，有一定的要求）是已知的或是能首先求出的，则剩下的$n-1$个支路电流仅依赖KCL方程就都能确定下来。这一推论对电路理论分析的意义将在4.4节中介绍。在实际问题中，如果要求同时测量一个电路的全部支路电流，那么根据上述推论，在每一支路都接入一个电流表是不必要的，而只需$l=b-(n-1)$个电流表，将它们串接到适当的支路中就可以了。

4.1.2 独立的KVL方程数

KVL适用于电路中的任一回路。图4-1所示的电路共有7个回路，为清晰起见，将各个回路从原电路分离出来后画在图4-2中。按图中各支路电压的参考方向和各回路的参考方向，7个回路的KVL方程为

回路(a) $u_1+u_3-u_4=0$

回路(b) $u_2-u_3-u_5=0$

回路(c) $u_4+u_5+u_6=0$

回路(d) $-u_1-u_2-u_6=0$

回路(e) $-u_1-u_2+u_4+u_5=0$

回路(f) $-u_1-u_3-u_5-u_6=0$

回路(g) $-u_2+u_3-u_4-u_6=0$

以上这些方程互相都独立吗？由图4-2可见，如果将回路(a)、(b)、(c)组合，除去回路之间的公共支路（电阻R_3、R_4和R_5所在的支路）就得到回路(d)，相应地，将回路(a)、(b)、(c)的KVL方程两边分别相加后再乘以-1便是回路(d)的KVL方程。此外，回路(e)的KVL方程可由回路(a)、(b)的KVL方程进行线性组合得到，回路(f)的KVL方程可由回路(a)、(c)的KVL方程进行线性组合得到，回路(g)的KVL方程可由回路(b)、(c)的KVL方程进行线性组合得到。也就是说，回路(d)、(e)、(f)、(g)的KVL方程均可由(a)、(b)、(c)的KVL方程进行线性组合得到，故这些方程都不独立，可以除去。回路(a)、(b)、(c)各自含有一条另外两个回路没有的支路（分别是支路1、2和6），在对应的KVL方程中，各个方程

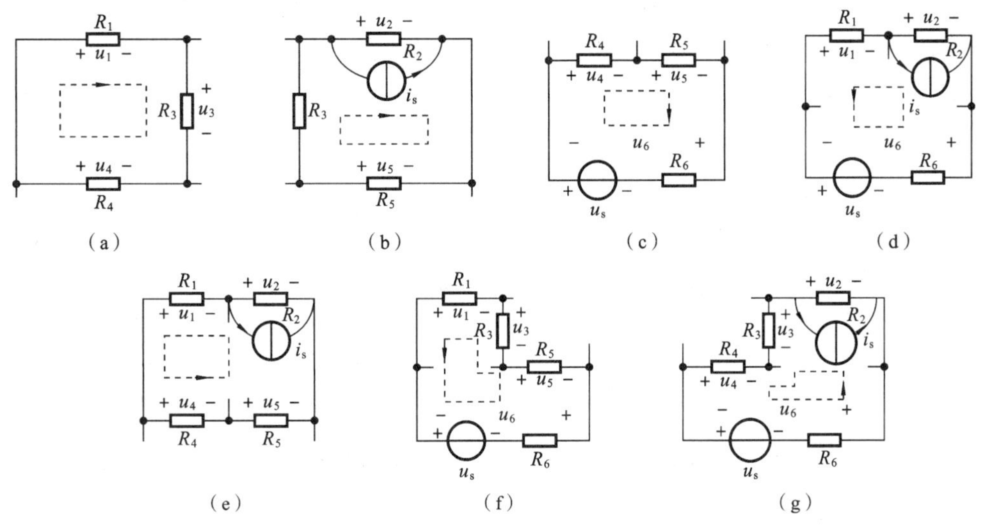

图 4-2　图 4-1 所示的全部回路

都含有一个另外两个方程没有的支路电压(分别是 u_1、u_2 和 u_6),所以这 3 个 KVL 方程一定是互相独立的。独立的 KVL 方程对应一组回路称为独立回路组。于是图 4-1 所示的电路独立回路数目为 3,这个数目正好等于该电路的支路数(6)与独立节点数(3)之差。

对于一般情况,一个电路有多少个独立回路,尤其是如何找出一组独立回路,问题不像确定一个电路的独立节点那样直观和简单。

由图 4-1 和图 4-2 可见,(a)、(b)和(c)3 个回路是电路的 3 个(内)网孔,它们是一组独立回路。可以证明,任一平面电路的所有(内)网孔是一组独立回路,而且(内)网孔的数目 m 与支路数 b 和节点数 n 之间的关系为

$$m=b-n+1 \tag{4-2}$$

这个关系与式(4-1)是一样的。因此,对于平面电路,可取其所有的(内)网孔作为一组独立回路。

由于网孔的概念只适用于平面电路,而且在电路图给定后,它的各个网孔的构成就随之确定,别无其他选择,这对于电路的分析未必总是方便的,因此,需要探讨较为普遍的、有效的寻找独立回路组的方法,这将涉及电路中图的一些基本知识。

基于 KCL 和 KVL 与电路元件的性质无关,可以略去电路中支路的具体内容,而将支路抽象为有向线段(直线段或弧线段),即只反映电路的几何结构和支路的连接关系。例如,图 4-1 所示的电路经抽象后就如图 4-3 所示。这样所画出的几何图形称为电路的图(注意和电路图的区别),图中支路上的箭头表示支路电流和支路电压的(关联)参考方向,数字为支路编号。

如果一个图的任意两个节点之间至少存在一条由支路构成的路径,则称这样的图为连通图。

连通图的一个连通子图如果满足:(1) 连通原图的所有节点;(2) 不含任何回路,这样的连通子图称为连通图的树,如图 4-4 所示。选定一个树后,可将图的支路分为两类:一类是组成这一树的那些支路,如图 4-4(a)中的支路 1、2 和 3,称为树支;另一类是不属于这一树的那些支路,如与图 4-4(a)对应的支路 4、5 和 6,称为连支。尽管一个连通图可能有许多不

同的树，例如图 4-3 所示的图就有 16 个树，但任一个树的树支数目都是相同的，例如图 4-3 所示的图，它的各个树的树支数都是 3。可以证明，对具有 n 个节点和 b 条支路的连通图，其任一树的树支数为

$$b_t=n-1 \tag{4-3}$$

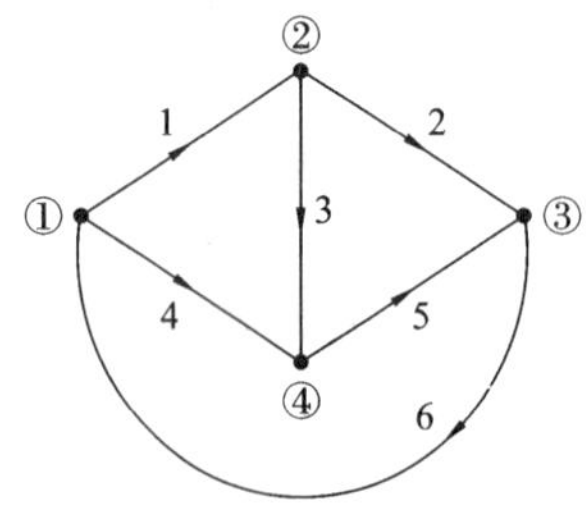

图 4-3　图 4-1 所示电路的图

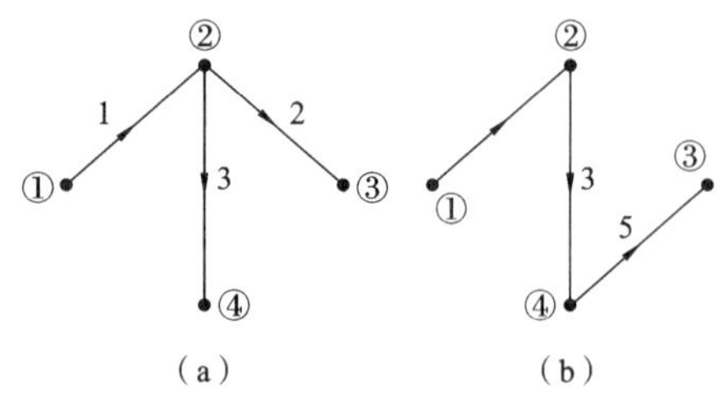

图 4-4　图 4-3 所示图的两个树

对应的连支数为

$$b_l=b-n+1 \tag{4-4}$$

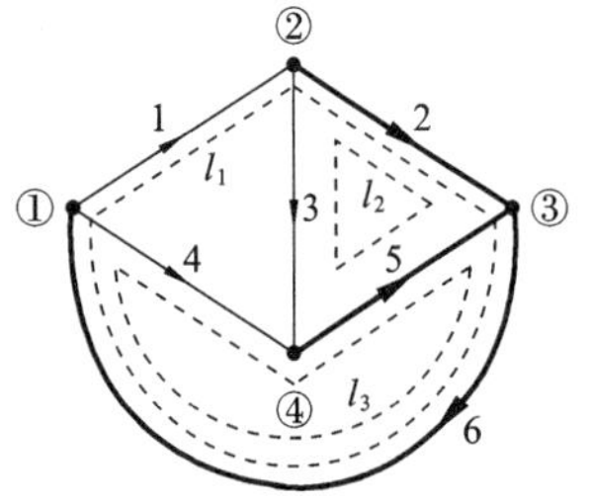

图 4-5　基本回路的概念

在图 4-5 中粗实线(支路 2,5,6)表示图 4-3 所示连通图的一个树。根据树的概念，它不含任何回路，但在任意两个节点之间都存在一个唯一的树支路径。若补上连支 1，则它便与节点①和②之间已存在的唯一树支路径确定一个回路，设为 l_1，并记为 $l_1\{1,2,6\}$。类似地，若分别补上连支 3 和 4 时，又与节点②和④、①和④之间已存在的唯一树支路径确定两个回路 $l_2\{3,2,5\}$ 和 $l_3\{4,5,6\}$。这些回路都只含一条连支，故称为单连支回路或基本回路。显然对应某一树的所有基本回路是一组独立回路，基本回路的数目等于连支数 b_l。选取基本回路以后，任一另外的回路都可以由基本回路的组合得到，如图 4-5 所示中，由支路 1、2、4 和 5 组成的回路就可以由基本回路 $l_1\{1,2,6\}$ 和 $l_3\{4,5,6\}$ 组合得到，因此是不独立的。这样可以确认，一个电路的独立回路数目为

$$l=b_l=b-n+1 \tag{4-5}$$

如何有效、快捷地选取一个电路的独立回路呢？对平面电路，可将其(内)网孔作为一组独立回路。更为普遍和可行的办法是，任选一树，取与这一树对应的所有基本回路作为一组独立回路。

例 4-1　图 4-6(a)为一非平面电路的图，选取树 $T\{5,6,7,8,9\}$，指出与该树对应的基本回路组。

解　图的节点数和支路数分别为

$$n=6,\quad b=9$$

连支数为

$$b_l=b-n+1=9-6+1=4$$

所以与任一树对应的基本回路组都包含 4 个基本回路。与树 $T\{5,6,7,8,9\}$ 对应的基本回路组中的 4 个基本回路分别如图 4-6(b)～(e)所示。

对独立回路组的各回路建立的 KVL 方程是互相独立的，所以一个节点数为 n、支路数

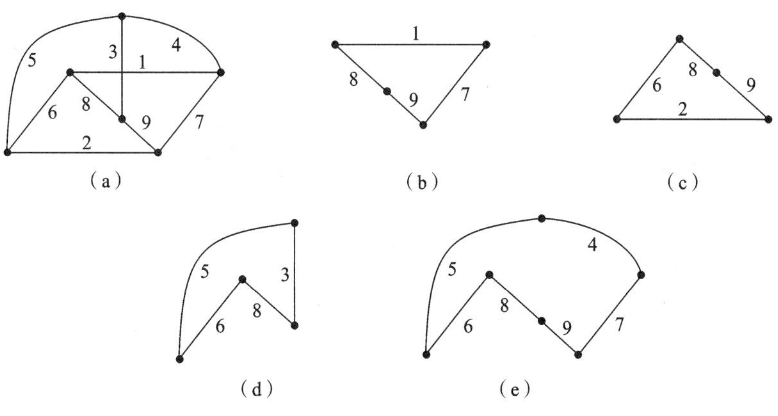

图 4-6 例 4-1 图

为 b 的电路，其独立的 KVL 方程数为 $b-n+1$ 个。

由电路的独立 KVL 方程数也可以得出一个重要推论：具有 n 个节点和 b 条支路的电路，独立的支路电压变量数为 $n-1$，一旦这 $n-1$ 个支路电压（不是随意的支路）已知或能首先求得，则其余的所有支路电压仅依赖 KVL 方程就都可求出。

4.1.3 支路方程

说明支路电压与支路电流关系（VCR）的方程称为支路方程。当然这与一个支路的组成有关，为了便于简单地写出方程，把电压源与电阻的串联组合视为一个支路，把电流源与电阻的并联组合视为一个支路，其他的一般把一个元件作为一个支路。把图 4-1 所示电路重画于图 4-7 中，则该电路含有 6 个支路，支路电流和支路电压设为关联参考方向，如图 4-7 中所示。各支路方程为

$$\begin{cases} u_1=R_1 i_1 \\ u_2=R_2 i_2-R_2 i_S \\ u_3=R_3 i_3 \\ u_4=R_4 i_4 \\ u_5=R_5 i_5 \\ u_6=R_6 i_6-u_S \end{cases} \quad \text{或} \quad \begin{cases} i_1=G_1 u_1 \\ i_2=G_2 u_2+i_S \\ i_3=G_3 u_3 \\ i_4=G_4 u_4 \\ i_5=G_5 u_5 \\ i_6=G_6 u_6+G_6 u_S \end{cases}$$

以上左半部分是以支路电流表示支路电压的支路方程，右半部分是以支路电压表示支路电流的支路方程，分别适用于不同的电路分析方法，式中 $G_1 \sim G_6$ 为电阻 $R_1 \sim R_6$ 的电导。显然，任何一种形式的支路方程之间是互相独立的。这样，在一般情况下，若电路有 b 个支路，就有 b 个独立的支路方程。

例 4-2 对图 4-8 所示含有受控电源的电路，写出以支路电流表示支路电压的支路方程。

解 将受控电压源与电阻的串联组合作为一个支路，该电路有 5 个支路。支路方程为

$$U_1=R_1 I_1$$
$$U_2=R_2 I_2+U_S$$
$$U_3=R_3 I_3-R_3 I_S$$

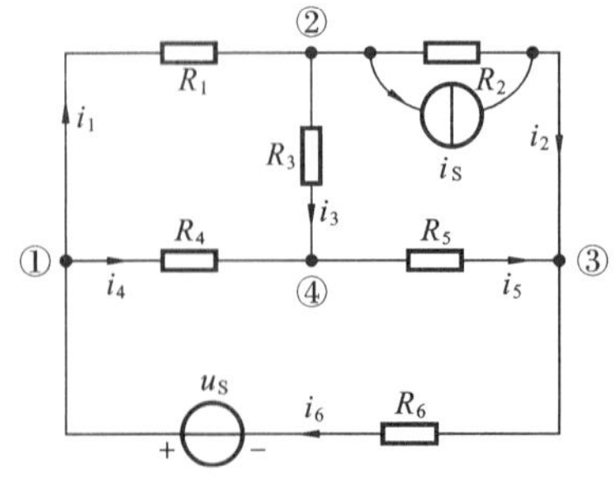

图 4-7 说明支路方程的电路图

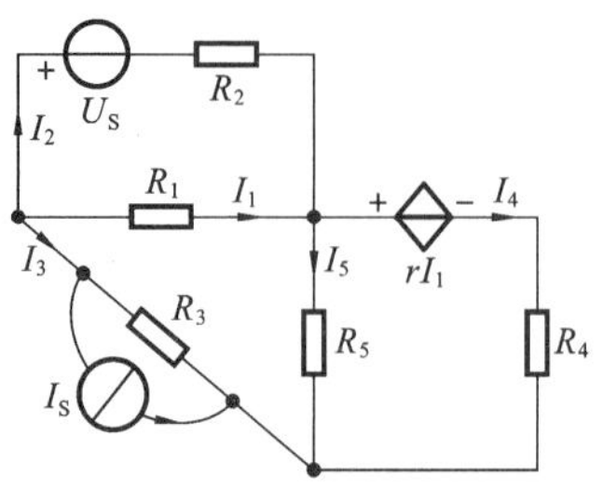

图 4-8 例 4-2 图

$$U_4=R_4I_4+rI_1$$

$$U_5=R_5I_5$$

综上所述，对一个具有 n 个节点和 b 条支路的电路，可建立 $n-1$ 个独立的 KCL 方程、$b-n+1$ 个独立的 KVL 方程和 b 个独立的支路方程。独立方程的总数为 $2b$，恰与未知支路电流和支路电压的总数相同，所以电路一般是可解的。

4.2 支路电流分析法

如上节所述，对一个具有 b 个支路的电路，一般情况下就有 $2b$ 个未知的电流和电压，但很少直接把 b 个支路电流和 b 个支路电压同时作为未知量求解电路，特别是在电路的人工分析计算中。任一支路的电流和电压是通过支路方程相联系的，一旦求得了支路电流再求支路电压是简单的，反之亦然。支路电流分析法以支路电流为求解的对象，直接根据 KCL 和 KVL 建立电路方程。在 KVL 方程中，支路电压要用支路电流表示。

4.2.1 支路电流方程

如图 4-9 所示电路，节点数和支路数分别为 4 和 6。设各支路电流参考方向如图中所示，支路电压与支路电流取关联参考方向。取电路中的任意 3 个节点(例如节点①、②、③)写出 KCL 方程

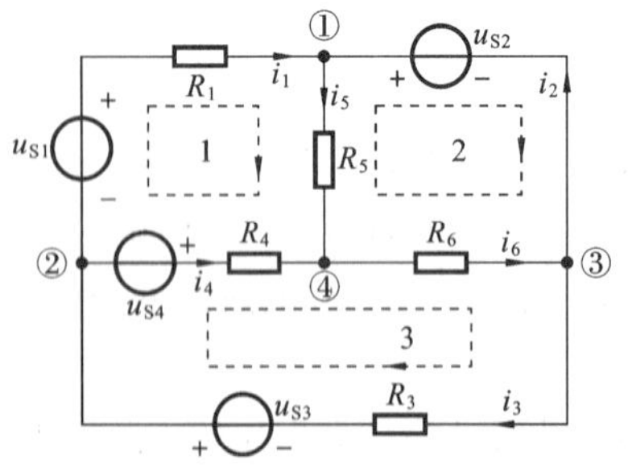

图 4-9 说明支路电流分析法的电路

$$-i_1-i_2+i_5=0$$

$$i_1-i_3+i_4=0$$

$$i_2+i_3-i_6=0$$

取 3 个网孔为独立回路组，并指定回路的参考方向(亦称绕行方向)，这些回路的 KVL 方程为

回路 1 $\qquad u_1-u_4+u_5=0$

回路 2 $\qquad -u_2-u_5-u_6=0$

回路 3 $\qquad u_3+u_4+u_6=0$

将以上 KVL 方程中的支路电压用支路电流表示(通过支路方程)为

回路 1 $\qquad -u_{S1}+R_1i_1-(-u_{S4}+R_4i_4)+R_5i_5=0$

回路 2 $\qquad -(-u_{S2})-R_5i_5-R_6i_6=0$

回路 3　　　　$-u_{S3}+R_3i_3+(-u_{S4}+R_4i_4)+R_6i_6=0$

电压源电压一般是给定的，故将它们移至方程的右边，有

$$R_1i_1-R_4i_4+R_5i_5=u_{S1}-u_{S4}$$

$$R_5i_5-R_6i_6=-u_{S2}$$

$$R_3i_3+R_4i_4+R_6i_6=u_{S3}+u_{S4}$$

以上各独立节点的 KCL 方程和各回路的 KVL 方程可概括为

$$\begin{gathered}\sum i_k=0\\ \sum R_ki_k=\sum u_{Sk}\end{gathered}\tag{4-6}$$

对照电路图不难看出，方程 $\sum R_ki_k=\sum u_{Sk}$ 的左边是所论回路上电阻元件电压的代数和，并且当支路电流 i_k 的参考方向与回路参考方向相同时，R_ki_k 前取正号，相反时取负号。方程的右边是所论回路上电压源电压的代数和，电压源电压参考方向（从正极到负极的方向）与回路参考方向相同时 u_{Sk} 前取负号，相反时取正号。

例 4-3　用支路电流分析法求图 4-10 所示电路的各支路电流，并检验计算结果。

解　指定各支路电流参考方向和回路参考方向，如图中所示。列写支路电流方程如下。

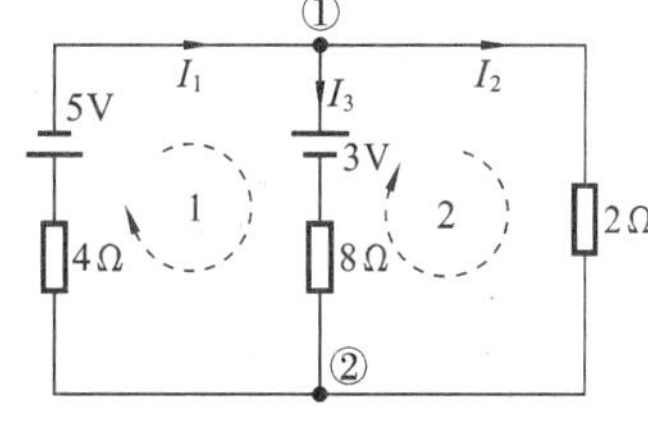

图 4-10　例 4-10 图

节点 1　　　　$-I_1+I_2+I_3=0$

回路 1　　　　$4I_1+8I_3=-5-3$

回路 2　　　　$2I_2-8I_3=3$

解方程组得

$$I_1=-1\text{A},\quad I_2=-0.5\text{ A},\quad I_3=-0.5\text{ A}$$

检验分析计算结果可根据 KCL（未用过的节点）、KVL（未用过的回路）或功率平衡来进行。本例中两电源吸收的功率为

$$5I_1+3I_3=[5\times(-1)+3\times(-0.5)]\text{ W}=-6.5\text{ W}\quad(\text{实际为发出功率})$$

3 个电阻吸收的功率为

$$4I_1^2+2I_2^2+8I_3^2=[4\times(-1)^2+2\times(-0.5)^2+8\times(-0.5)^2]\text{ W}=6.5\text{ W}$$

表明电路中电源发出的总功率等于所有电阻元件吸收的总功率，结果正确。

例 4-4　试写出图 4-11(a)所示电路的支路电流方程。

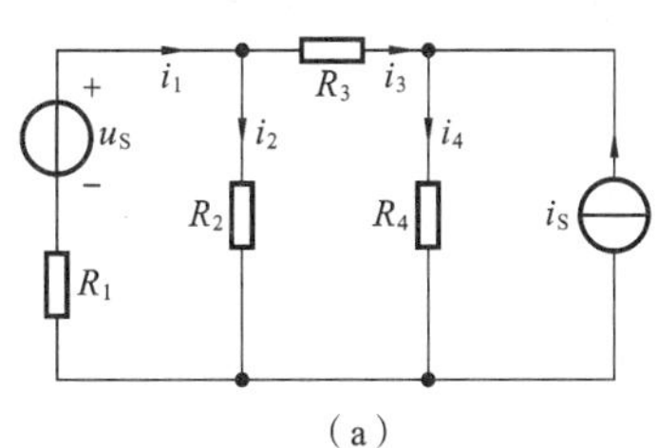

(a)

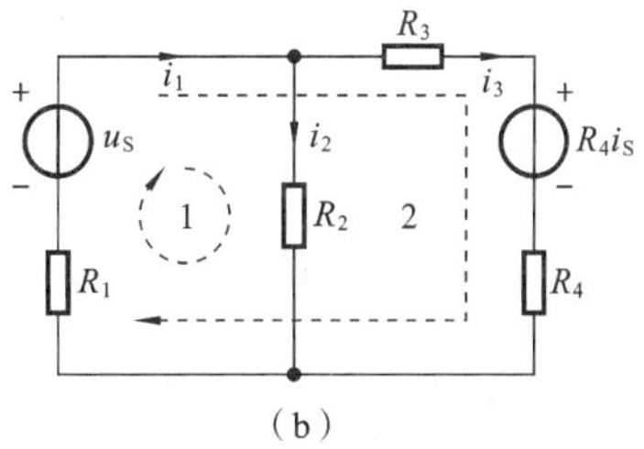

(b)

图 4-11　例 4-4 图

解　为便于建立支路电流方程和减少方程的数目，先把电路中电流源与电阻的并联支路等效变换为电压源与电阻的串联支路。如图 4-11(b)所示，支路电流参考方向与回路参

考方向如图中所示。对图 4-11(b)所示电路列写支路电流方程,有

$$-i_1+i_2+i_3=0$$

$$R_1i_1+R_2i_2=u_S$$

$$R_1i_1+(R_3+R_4)i_3=u_S-R_4i_S$$

如果要求 i_4,则需回到图(a)电路中去。

从本例可见,方程 $\sum R_ki_k=\sum u_{Sk}$ 右边的电压源项,不仅指电路中原有的电压源,而且包括由电流源经等效变换来的电压源,即应计及电流源的贡献。

4.2.2 含受控电源电路的支路电流方程

就受控电压源而言,其电压与通过的电流无关,这一特性与独立电压源相同,只是受控电压源的电压不是已知的,而是受电路中另一处的电流或电压控制,一般是未知的。鉴于此,在列写支路电流方程时,可先将受控电压源视为独立电压源,写出初步的方程,然后将受控电源的控制量用支路电流表示并对方程加以整理,使未知支路电流都归到方程等号的左边。下面以图 4-12 所示电路为例说明该电路中含一受控电压源。设各支路电流参考方向及回路的参考方向如图中所示。

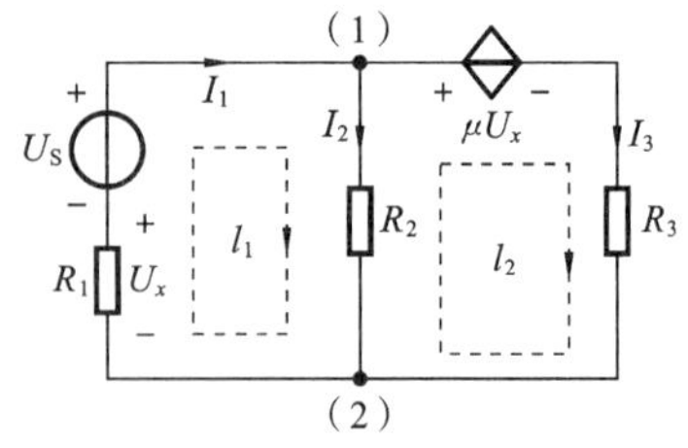

图 4-12 含受控电源电路分析示例图

节点(1)的 KCL 方程为

$$-I_1+I_2+I_3=0 \tag{4-7a}$$

把受控电压源视为独立电压源,写出初步的 KVL 方程,有

回路 l_1 $\quad R_1I_1+R_2I_2=U_S \quad$ (4-7b)

回路 l_2 $\quad -R_2I_2+R_3I_3=-\mu U_x$

将受控电源的控制量用支路电流表示为

$$U_x=-R_1I_1$$

代入回路 l_2 的方程并整理,得

$$-\mu R_1I_1-R_2I_2+R_3I_3=0 \tag{4-7c}$$

方程(4-7a)、(4-7b)和(4-7c)为图 4-12 所示电路最终的支路电流方程。

在稍后讨论其他的电路分析方法时,对受控电源采取了类似的处理办法。

根据以上的讨论,采用支路电流分析法求解电路的主要步骤可归纳如下:

(1) 指定各支路电流的参考方向,对 $n-1$ 个节点写出 KCL 方程;

(2) 选取一组独立回路,并指定回路的参考方向;

(3) 写出各回路的 KVL 方程,形式为 $\sum R_ki_k=\sum u_{Sk}$;

(4) 解方程,求出各支路电流;

(5) 根据问题中的要求再求支路电压、功率等。

支路电流分析法是基本的,解支路电流方程的结果就得到了各支路电流,无须经其他转换,但这一分析方法所涉及的未知量和联立方程数一般和电路的支路数相同。因此,当电路比较复杂,比如支路数超过 3 时,人工求解就不那么容易了。

4.3 节点电压分析法

在 4.1 节论述 KVL 方程的独立性时已经指出，由于受 KVL 的约束，一个电路的各支路电压并非都独立，独立的电压变量只有 $n-1$ 个，因此如能先求得这 $n-1$ 个电压变量，则其余的电压也就随之确定了。这 $n-1$ 个电压变量可能是电路中的哪些电压呢？考虑图 4-13 所示的电路，其节点数和支路数分别为 4 和 6。现任意取一节点，比如节点(4)，作为电位参考点，设其他 3 个节点的电位分别为 u_{n1}、u_{n2} 和 u_{n3}，把各个节点到参考节点的电压称为节点电压。任一支路电压(与支路电流取关联参考方向)等于该支路连接的两个节点的节点电压之差，即

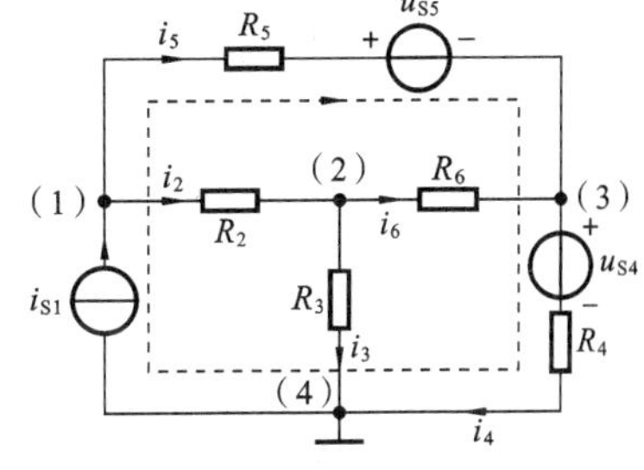

图 4-13 说明节点电压分析法的例图

$$u_1=-u_{n1},\quad u_2=u_{n1}-u_{n2},\quad u_3=u_{n2}$$

$$u_4=u_{n3},\quad u_5=u_{n1}-u_{n3},\quad u_6=u_{n2}-u_{n3}$$

考察任一回路的各支路电压代数和，例如图中虚线表示的回路，有

$$\sum u_k=u_1+u_5+u_4=-u_{n1}+(u_{n1}-u_{n3})+u_{n3}$$

可见，无论节点电压为何值，总有 $\sum u_k=0$。这表明，用节点电压表示的支路电压必满足 KVL，换言之，在电路分析中引入节点电压后无须再列 KVL 方程。由上可知，使用节点电压分析法的步骤如下：

(1) $n-1$ 个节点到参考节点的电压(节点电压)是一组独立的电压变量；

(2) 节点电压是一组完备的电压变量。

节点电压分析法是以 $n-1$ 个节点电压为求解的变量，按 KCL 建立电路方程。KCL 方程中支路电流要用节点电压表示。

4.3.1 不含受控电源电路的节点电压方程

按照上述节点电压分析法的思路，对图 4-13 所示电路除参考节点外的 3 个节点写出 KCL 方程，依次为

$$i_2+i_5-i_{S1}=0$$

$$-i_2+i_3+i_6=0$$

$$i_4-i_5-i_6=0$$

支路 2～6 以支路电压表示支路电流的支路方程为

$$i_2=G_2u_2,\quad i_3=G_3u_3,\quad i_4=G_4u_4-G_4u_{S4}$$

$$i_5=G_5u_5-G_5u_{S5},\quad i_5=G_6u_6$$

注意支路 4 和支路 5 的支路方程中的 G_4u_{S4} 和 G_5u_{S5}，这里隐含着将电压源与电阻的串联支路等效变换为电流源与电阻的并联支路，如图 4-14 所示。将支路方程代入 KCL 方程，得

$$G_2u_2+G_5u_5-G_5u_{S5}-i_{S1}=0$$

$$-G_2u_2+G_3u_3+G_6u_6=0$$

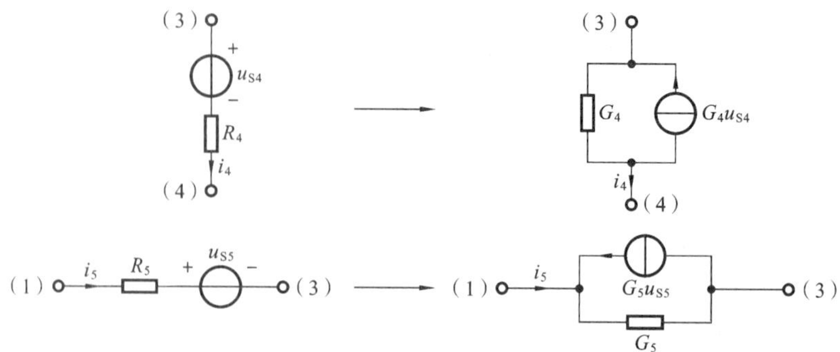

图 4-14　图 4-13 所示电路中支路 4 和 5 的等效变换

$$G_4u_4-G_4u_{S4}-G_5u_5+G_5u_{S5}-G_6u_6=0$$

以节点电压表示支路电压，并整理方程，将已知的电源电压或电流项移至方程的右边，有

$$\begin{cases}(G_2+G_5)u_{n1}-G_2u_{n2}-G_5u_{n3}=i_{S1}+G_5u_{S5}\\-G_2u_{n1}+(G_2+G_3+G_6)u_{n2}-G_6u_{n3}=0\\-G_5u_{n1}-G_6u_{n2}+(G_4+G_5+G_6)u_{n3}=G_4u_{S4}-G_5u_{S5}\end{cases}\tag{4-8a}$$

以上最后得出的 3 个方程称为节点电压方程。为便于讨论，将这 3 个方程改写为下面的形式

$$\begin{cases}g_{11}u_{n1}+g_{12}u_{n2}+g_{13}u_{n3}=i_{Sn1}\\g_{21}u_{n1}+g_{22}u_{n2}+g_{23}u_{n3}=i_{Sn2}\\g_{31}u_{n1}+g_{32}u_{n2}+g_{33}u_{n3}=i_{Sn3}\end{cases}\tag{4-8b}$$

其中，
$$g_{11}=G_2+G_5,\quad g_{22}=G_2+G_3+G_6,\quad g_{33}=G_4+G_5+G_6$$
$$g_{12}=g_{21}=-G_2,\quad g_{13}=g_{31}=-G_5,\quad g_{23}=g_{32}=-G_6$$
$$i_{Sn1}=i_{S1}+G_5u_{S5},\quad i_{Sn2}=0,\quad i_{Sn3}=G_4u_{S4}-G_5u_{S5}$$

对具有 n 个节点的电路，节点电压方程的一般形式为

$$\begin{cases}g_{11}u_{n1}+g_{12}u_{n2}+\cdots+g_{1(n-1)3}u_{n-1}=i_{Sn1}\\g_{21}u_{n1}+g_{22}u_{n2}+\cdots+g_{2(n-1)}u_{n-1}=i_{Sn2}\\\qquad\vdots\\g_{(n-1)1}u_{n1}+g_{(n-1)2}u_{n2}+\cdots+g_{(n-1)(n-1)}u_{n-1}=i_{Sn(n-1)}\end{cases}\tag{4-9}$$

对照图 4-13 和图 4-14 所示的电路，分析一下节点电压方程(4-8a)和(4-8b)中的每一项，对于通过对电路的观察直接写出节点电压方程是颇为有益的。

(1) 方程左边下角标两个字符相同的系数，g_{11}、g_{22}、g_{33} 等分别等于连接到节点(1)、(2)和(3)的各支路上电阻的电导之和，称为各个节点的自电导。推而广之，对于具有 n 个节点的不含受控电源的电路，第 i 个节点的自电导 g_{ii} 等于连接到节点 i 的各支路上电阻元件的电导之和。

(2) 方程左边下角标两个字符不同的系数，g_{12}、g_{13}、g_{21}、g_{23}、g_{31} 等分别等于连接在节点(1)和(2)、(1)和(3)、(2)和(3)之间公共支路上电阻元件电导的负值，且 $g_{12}=g_{21}$，$g_{13}=g_{31}$，$g_{23}=g_{32}$，把它们称为两个节点的互电导。对一般的不含受控电源的电路，互电导 g_{ij} 等于连接在节点 i 和 j 之间那些公共支路上电阻元件电导之和的负值，且具有对称性，即 $g_{ij}=g_{ji}$。

(3) 各方程的右边，如 i_{Sn1}、i_{Sn2}、i_{Sn3} 等，如将电路中原有的电压源与电阻的串联支路都等效变换为电流源与电阻的并联支路(见图 4-14)，则方程的右边为流入相应节点的电流源电流的代数和。对一般的不含受控电源的电路，第 i 个方程的右边 i_{Sni} 等于流入节点 i 的电流源电流的代数和，且流入节点的电流源电流前取正号，离开节点的电流源电流前取负号。

例 4-5　应用节点电压分析法求图 4-15 所示电路中各电源提供的功率。

解　图中的电路总节点数为 3(注意，电路中两个电流源及 5 Ω 和 10 Ω 电阻元件的下边端点是同一个节点，初学者往往误以为是两个节点)，选取节点③为参考节点，节点①和②的方程为

$$\begin{cases}(0.2+0.5)U_1-0.5U_2=7\\-0.5U_1+(0.5+0.1)U_2=-5\end{cases}$$

解方程组，得

$$U_1=10\ \text{V},\quad U_2=0$$

7 A 电流源提供的功率为

$$P_1=10\times 7\ \text{W}=70\ \text{W}$$

5 A 电流源提供的功率为

$$P_2=-(0\times 5)\ \text{W}=0$$

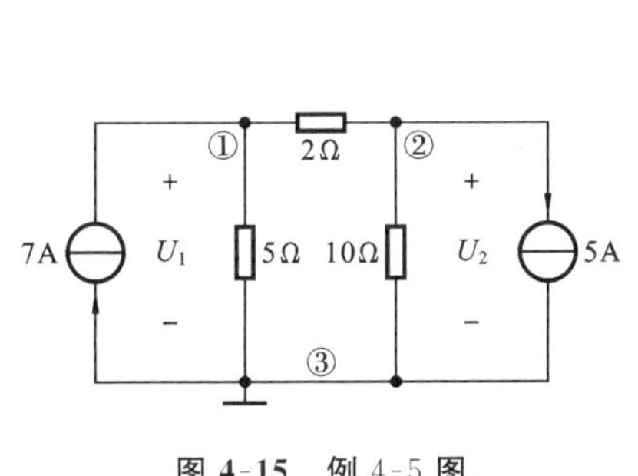

图 4-15　例 4-5 图

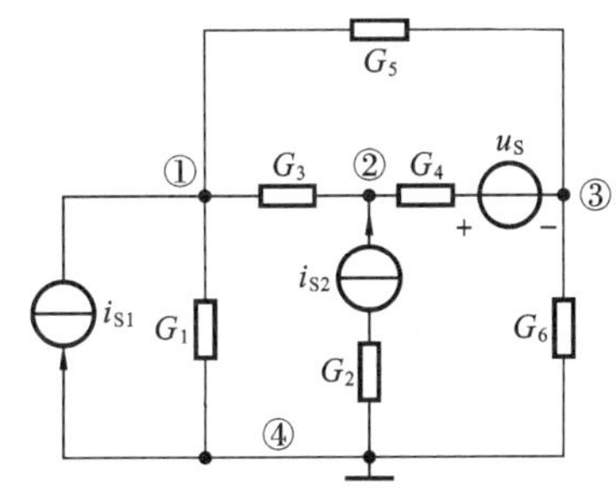

图 4-16　例 4-6 图

例 4-6　对图 4-16 所示电路，参考节点和其余节点的编号已标在图中，写出节点电压方程。

解

$$(G_1+G_3+G_5)u_{n1}-G_3u_{n2}-G_5u_{n3}=i_{S1}$$
$$-G_3u_{n1}+(G_3+G_4)u_{n2}-G_4u_{n3}=i_{S2}+G_4u_S$$
$$-G_5u_{n1}-G_4u_{n2}+(G_4+G_5+G_6)u_{n3}=-G_4u_S$$

值得注意的是，本例中节点②的自电导是 $g_{22}=G_3+G_4$，而不是 $g_{22}=G_2+G_3+G_4$，G_2 是与电流源串联的电阻元件的电导，不应写进方程中。因为每个节点电压方程只不过是该节点 KCL 方程的变形，对电流源与电阻串联的支路，支路电流就是电流源的电流，与串联的电阻无关，而此电流源的电流已写在方程右边。

4.3.2　含受控电源电路的节点电压方程

对于含受控电源的电路，可先把受控电源视为独立电源，按上一小节列写方程的规则写出初步的节点电压方程，然后将方程中受控电源的控制量用节点电压表示，并对方程进行整

理，使未知节点电压都归并到方程的左边。

例 4-7 对图 4-17(a)、(b)所示两电路，试以节点③为参考节点分别写出节点电压方程。

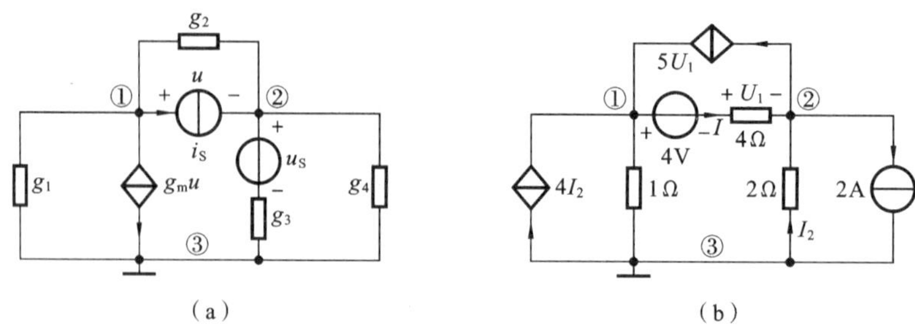

图 4-17 例 4-7 图

解 对于图 4-17(a)所示电路，先把受控电源视为独立电源，写出初步的方程为

$$(g_1+g_2)u_{n1}-g_2u_{n2}=-i_S-g_m u$$

$$-g_2u_{n1}+(g_2+g_3+g_4)u_{n2}=i_S+g_3u_S$$

将受控电源的控制量用节点电压表示，$u=u_{n1}-u_{n2}$，代入上面的方程并整理，得

$$(g_1+g_2+g_m)u_{n1}-(g_2+g_m)u_{n2}=-i_S$$

$$-g_2u_{n1}+(g_2+g_3+g_4)u_{n2}=i_S+g_3u_S$$

对于图 4-17(b)所示电路，方程为

$$(1+0.25)U_{n1}-0.25U_{n2}=1+4I_2+5U_1$$

$$-0.25U_{n1}+(0.25+0.5)U_{n2}=-1-2-5U_1$$

将 $I_2=-0.5U_{n2}$ 和 $U_1=U_{n1}-U_{n2}-4$ 代入上面的方程并整理，得

$$-3.75U_{n1}+6.75U_{n2}=-19$$

$$4.75U_{n1}-4.25U_{n2}=17$$

由上例可见，对于含受控电源的电路，其最终的节点电压中互电导不再对称(有 3 个或 3 个以上独立节点的电路，有些互电导不再对称)，并且可能出现自电导为负和互电导为正的情况。

与支路电流分析法相比，节点电压分析法省去了按 KVL 建立的 $b-n+1$ 个方程，又由于一个电路的独立节点极易确定，所以在电路分析中，节点电压分析法的应用尤其广泛。

应用节点电压分析法求解电路的主要步骤如下。

(1) 选取参考节点，并给其余的 $n-1$ 个节点编号。参考节点的选择原则上是任意的，但为了让写出的方程比较简单，一般选择电路中连接支路数最多的节点作为参考节点。有时还需考虑一些特殊情况(见 4.3.3 节)。

(2) 将电路中的戴维南支路等效变换为诺顿支路(此步在列写方程比较熟练后并非必要)。

(3) 按 4.3.1 节中归纳的一些规则写出形如式(4-7)的节点电压方程。对含有受控电源电路的处理方法见 4.3.2 节。

(4) 解节点电压方程。根据问题中的要求进一步求其他变量。

对应用节点电压分析法求解电路所得的结果，不能根据 KVL 进行检验，而应根据 KCL 或功率平衡检验。

4.3.3　节点电压分析法中对无伴电压源支路的一些处理方法

在电路图中，如果一支路上只有电压源（独立的或受控的）而无电阻与之串联，那么这样的支路称为无伴电压源支路或纯电压源支路。从 4.3.1 节所获得节点电压方程的过程中，需要把 KCL 方程中的支路电流用支路电压表示，这对无伴电压源支路是不可能的。如果按列写节点电压方程的一般规则列写方程，则也会遇到无伴电压源支路的电导为∞的棘手问题。因此，列写含有无伴电压源支路电路的节点电压方程时，应当从节点电压分析法的实质出发，寻求合理的解决方法。下面介绍两种处理方法。

(1) 电路中只存在一个无伴电压源支路，或虽有两个无伴电压源支路，但两个无伴电压源支路之间有公共节点，且问题中未限定参考节点。对于这种情况，宜选择无伴电压源支路相连接的节点之一作为参考节点，这样该无伴电压源支路相连接的另一节点的电压便是已知的（等于无伴电压源的电压或相差一负号），或可以用其他变量表示（为受控无伴电压源时）。节点电压若是已知的，则该节点的节点电压方程就可不用列写，这样既减少了一个方程，又避开了无伴电压源支路的电导为∞的问题。

例 4-8　如图 4-18 所示电路，试用节点电压分析法求受控电压源的功率。

解　选取节点④为参考节点，则 $U_{n1}=6\ \text{V}$。

$$U_{n3}=-2I+6=-2(-U_{n3}+4)+6 \Rightarrow U_{n3}=2\ \text{V}$$

对节点②

$$(0.5+0.5)U_{n2}-0.5U_{n3}=-3U$$

将 $U=U_{n2}$，$U_{n3}=2\ \text{V}$ 代入节点②的方程，得

$$4U_{n2}=1 \Rightarrow U_{n2}=0.25\ \text{V}$$

$$I=\frac{4-U_{n3}}{1}=(4-2)\ \text{A}=2\ \text{A}$$

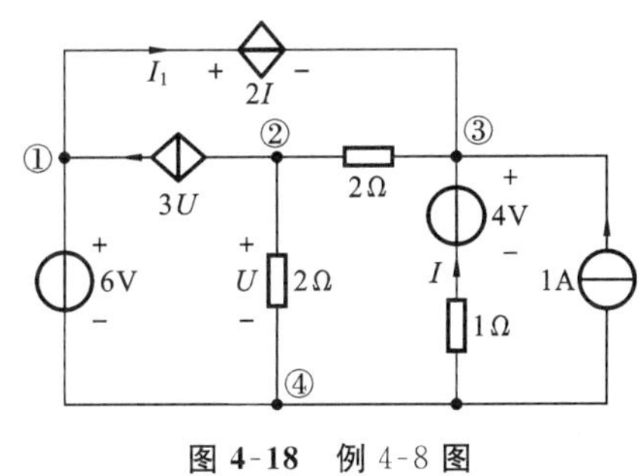

图 4-18　例 4-8 图

$$I_1=-1-I+\frac{U_{n3}-U_{n2}}{2}=\left(-1-2+\frac{2-0.25}{2}\right)\ \text{A}=-2.125\ \text{A}$$

受控电压源吸收的功率

$$P=2II_1=2\times2\times(-2.125)\ \text{W}=-8.5\ \text{W}$$

(2) 电路中含有两个或两个以上的无伴电压源支路，或虽只含一个无伴电压源支路，但参考节点已被限制不是该无伴电压源支路相关的两个节点之一。

例 4-9　如图 4-19(a)所示电路，已选定节点④为参考节点。试用节点电压分析法求电压源发出的功率。

解　解法一　增设无伴电压源支路电流 I 为未知量，节点①～③的方程为

$$\left(\frac{1}{5}+\frac{1}{12}\right)U_{n1}-\frac{1}{5}U_{n3}-I=0$$

$$\left(\frac{1}{2}+\frac{1}{6}\right)U_{n2}-\frac{1}{6}U_{n3}+I=0$$

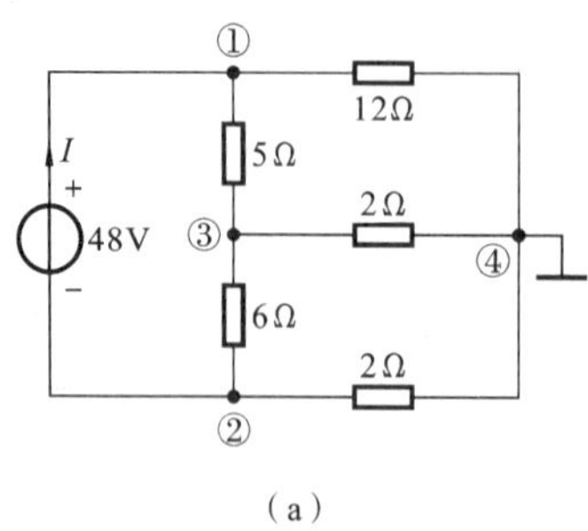

(a)

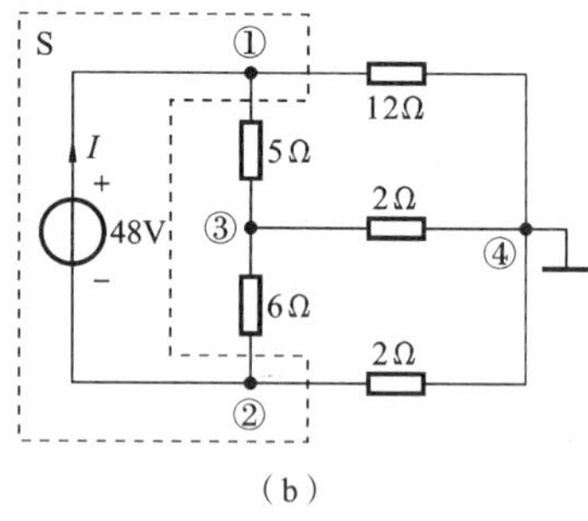

(b)

图 4-19　例 4-9 图

$$-\frac{1}{5}U_{n1}-\frac{1}{6}U_{n2}+\left(\frac{1}{5}+\frac{1}{2}+\frac{1}{6}\right)U_{n3}=0$$

这些方程中含有 4 个未知量。由无伴电压源的约束关系，可补充一个方程，即

$$U_{n1}-U_{n2}=48$$

方程数与未知量数相同，解方程组，得

$$I=9\ \text{A}$$

电压源发出的功率为

$$P=48\times 9\ \text{W}=432\ \text{W}$$

解法二　将 KCL 应用于包围无伴电压源相关两个节点的闭合面，如图 4-19(b)中的虚线框 S。

$$\left(\frac{1}{5}+\frac{1}{12}\right)U_{n1}-\frac{1}{5}U_{n3}+\left(\frac{1}{2}+\frac{1}{6}\right)U_{n2}-\frac{1}{6}U_{n3}=0$$

易见这一方程是解法一中节点①和节点②两个方程相加的结果。

节点③的方程不变，即

$$-\frac{1}{5}U_{n1}-\frac{1}{6}U_{n2}+\left(\frac{1}{5}+\frac{1}{2}+\frac{1}{6}\right)U_{n3}=0$$

再考虑 $U_{n1}-U_{n2}=48$，可解得 $U_{n1}=36\ \text{V}$，$U_{n2}=-12\ \text{V}$，$U_{n3}=6\ \text{V}$。

解法二的优点是，电路每含一无伴电压源支路，便可减少一个节点电压方程。

例 4-10　如图 4-20 所示含理想运算放大器的电路，试求电压 u_o 的表达式。

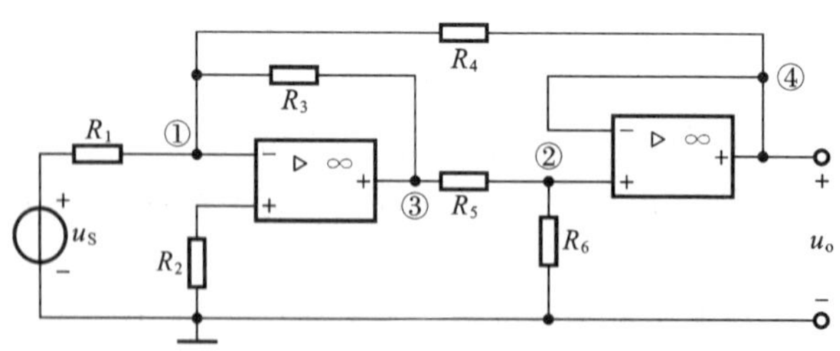

图 4-20　例 4-10 图

解　对比较复杂的含运算放大器的电路，用节点电压分析法分析是比较好的。与一般列写节点电压方程不同的是：(1) 由于理想运算放大器的输出端电流不能用输出端的电压表示，因此对运放输出端的节点避而不写其节点电压方程；(2) 对运放输入端的节点，有时

尽管节点电压是事先能确定的(如运放的一个输入端直接与公共端相连接),但为了建立输出端电压与输入端电压的关系,还需写出该节点的节点电压方程。如图 4-20 所示选择参考点,设节点①、②、③、④的节点电压分别为 u_1、u_2、u_3、u_4,对节点①、②列节点电压方程为

$$\left(\frac{1}{R_1}+\frac{1}{R_3}+\frac{1}{R_4}\right)u_1-\frac{1}{R_3}u_3-\frac{1}{R_4}u_4=\frac{u_S}{R_1}$$

$$\left(\frac{1}{R_5}+\frac{1}{R_6}\right)u_2-\frac{1}{R_5}u_3=0$$

且由理想运放的“虚短”、“虚断”易知

$$u_1=0,\quad u_2=u_4=u_o$$

解方程,得

$$u_o=-\frac{R_3R_4R_6}{R_1(R_4R_5+R_4R_6+R_3R_6)}u_S$$

4.4　网孔电流分析法与回路电流分析法

4.1 节中讨论 KCL 方程的独立性时曾指出,具有 n 个节点和 b 个支路的电路,独立的支路电流变量仅为 $b-n+1$ 个,如能首先求出这 $b-n+1$ 个电流,则剩下的 $n-1$ 个支路电流仅依赖 KCL 就都能确定。本节讨论以独立电流变量为求解对象的电路分析方法。

4.4.1　网孔电流分析法

1. 网孔电流

图 4-21 所示电路有 3 个网孔 m_1、m_2 和 m_3。若能首先求出支路电流 i_1、i_2 和 i_3,则 $i_4=i_2-i_3$,$i_5=i_1-i_2$。考虑支路电流 i_1 和 i_5 它们都含 i_1,这就好像 i_1 是沿网孔 m_1 的边沿流过了它的各个支路,于是设想在网孔 m_1 内有一沿网孔 m_1 的边沿流动的闭合电流 i_{m1},如图中的虚线圈所示,并称此电流为网孔电流。

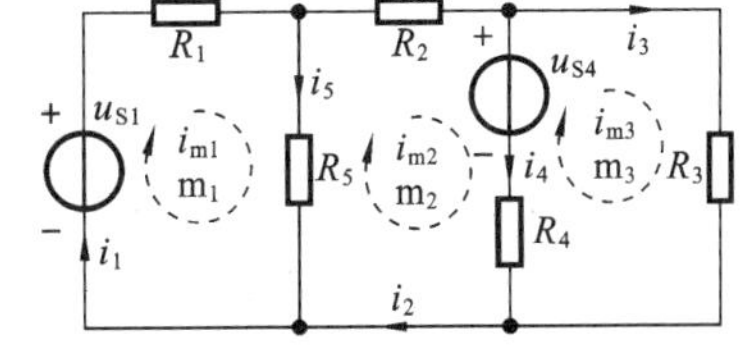

图 4-21　说明网孔电流分析法的一个电路

类似地,支路电流 i_2、i_4 和 i_5 都含 i_2,支路电流 i_3 和 i_4 都含 i_3,也设想在网孔 m_2 和 m_3 内分别有一沿网孔 m_2 和 m_3 的边沿流动的网孔电流 i_{m2} 和 i_{m3}。假定网孔电流后,把支路电流视为流经该支路的网孔电流的代数和,且当网孔电流经过支路时如果网孔电流的参考方向与支路电流的参考方向相同,则该网孔电流前取正号;网孔电流的参考方向与支路电流参考方向相反时,网孔电流前取负号。对图 4-21 所示电路,有

$$i_1=i_{m1},\quad i_2=i_{m2},\quad i_3=i_{m3},\quad i_4=i_{m2}-i_{m3},\quad i_5=i_{m1}-i_{m2}$$

由于网孔电流都是一些闭合的环流,它们在流入一个节点的同时又流出这一节点,因此以网孔电流表示的支路电流必满足 KCL。可见,网孔电流是一组独立的电流变量,同时也是一组完备的电流变量。

网孔电流分析法是以 $b-n+1$ 个网孔电流为求解的变量,根据 KVL 建立电路方程的一种方法。在 KVL 方程中,支路电压要用网孔电流表示。

2. 网孔电流方程

对于图 4-21 所示电路，以 3 个网孔为独立回路，回路的参考方向同网孔电流参考方向，各支路电压与电流取关联参考方向。各网孔的 KVL 方程为

网孔 1　　$u_1+u_5=0$

网孔 2　　$u_2+u_4-u_5=0$

网孔 3　　$u_3-u_4=0$

将支路方程 $u_1=-u_{S1}+R_1i_1=-u_{S1}+R_1i_{m1}$ 和 $u_5=R_5i_5=R_5i_{m1}-R_5i_{m2}$ 代入网孔 1 的 KVL 方程并整理，得

$$(R_1+R_5)i_{m1}-R_5i_{m2}=u_{S1}$$

类似地，对网孔 2 和 3 有

$$-R_5i_{m1}+(R_2+R_4+R_5)i_{m2}-R_4i_{m3}=-u_{S4}$$
$$-R_4i_{m2}+(R_3+R_4)i_{m3}=u_{S4}$$

以上 3 个方程称为网孔电流方程。为便于对方程的各项进行讨论，将这 3 个方程写成如下形式

$$R_{11}i_{m1}+R_{12}i_{m2}+R_{13}i_{m3}=u_{Sm1}$$
$$R_{21}i_{m1}+R_{22}i_{m2}+R_{23}i_{m3}=u_{Sm2}$$
$$R_{31}i_{m1}+R_{32}i_{m2}+R_{33}i_{m3}=u_{Sm3}$$

其中，$R_{11}=R_1+R_5$，$R_{22}=R_2+R_4+R_5$，$R_{33}=R_3+R_4$，$R_{12}=R_{21}=-R_5$，$R_{13}=R_{31}=0$，$R_{23}=R_{32}=-R_4$；$u_{Sm1}=u_{S1}$，$u_{Sm2}=-u_{S4}$，$u_{Sm3}=u_{S4}$。

对具有 n 个节点和 b 个支路的平面电路，网孔数为 $m=b-n+1$，网孔电流方程的一般形式为

$$\begin{cases}R_{11}i_{m1}+R_{12}i_{m2}+\cdots+R_{1l}i_{ml}=u_{Sm1}\\R_{21}i_{m1}+R_{22}i_{m2}+\cdots+R_{2l}i_{ml}=u_{Sm2}\\\quad\vdots\\R_{l1}i_{m1}+R_{l2}i_{m2}+\cdots+R_{ll}i_{ml}=u_{Sml}\end{cases}\tag{4-10}$$

对照图 4-21 所示电路，可以得出以下结论。

(1) 网孔电流方程左边下角标两字符相同的系数如 R_{11}、R_{22}、R_{33} 等，在电路不含受控电源的情况下，分别等于相应网孔所含各支路上电阻元件的电阻之和，称为网孔 1、2、3 等的自电阻。

(2) 网孔电流方程左边下角标两字符不同的系数如 R_{12}、R_{13}、R_{21}、…、R_{ij}、…、R_{ji} 等，在电路不含受控电源的情况下，R_{ij} 等于网孔 i 和网孔 j 之间公共支路上电阻之和的负值或正值。当网孔电流 i_{mi} 与 i_{mj} 以同一方向经过公共支路时取正，以相反的方向经过公共支路时取负，且 $R_{ij}=R_{ji}$，称为网孔 i 和网孔 j 的互电阻。如果所有网孔电流取相同的参考方向(都为顺时针绕行方向或都为逆时针绕行方向)，则互电阻均为负值，上面的示例就是如此。

(3) 网孔电流方程右边 u_{Sm1}、u_{Sm2}、u_{Sm3} 等，在电路不含受控电源的情况下，分别等于网孔 1、2、3 等所含支路上电压源电压的代数和(包括由电流源与电阻并联等效变换而来的电压源)，当电压源电压参考方向(从正极指向负极)与网孔电流参考方向相同时，该电压源电压

前取负号，相反时则取正号。

例 4-11 写出图 4-22(a)所示电路的网孔电流方程。

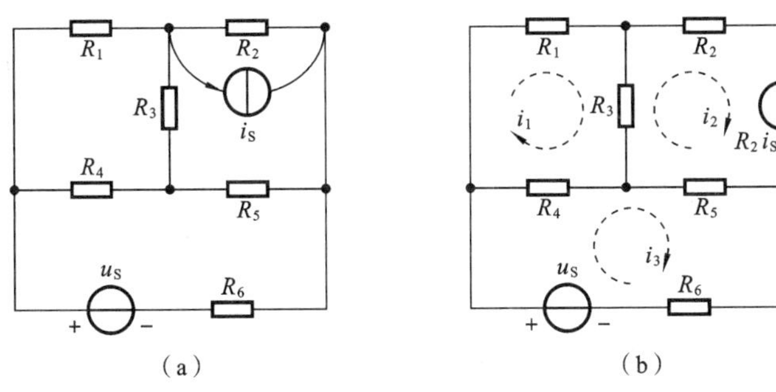

图 4-22 例 4-11 **图**

解 所给电路中含一电流源与电阻的并联支路，可先将其等效变换为电压源与电阻的串联支路，图 4-22(b)所示（列写网孔电流方程比较熟练后并非一定要进行这样的变换）。设网孔电流 i_1、i_2 和 i_3 的参考方向如图中所示。根据上面对网孔电流方程各项的分析，写出方程如下：

$$(R_1+R_3+R_4)i_1-R_3i_2-R_4i_3=0$$
$$-R_3i_1+(R_2+R_3+R_5)i_2-R_5i_3=R_2i_S$$
$$-R_4i_1-R_5i_2+(R_4+R_5+R_6)i_3=u_S$$

网孔电流分析法求解电路的主要步骤如下。

(1) 标注各网孔电流及其参考方向（若电路中含有电流源与电阻的并联支路，可先将其等效变换为电压源与电阻的串联支路）。

(2) 按前面所述规则写出网孔电流方程。

(3) 解网孔电流方程，求出网孔电流。根据问题中的要求进一步求其他变量。

检验分析计算的结果时，不能根据 KCL 检验，可根据 KVL 或功率平衡检验。

4.4.2 回路电流分析法

网孔是平面电路中一类特殊的回路，这样，网孔电流分析法也可以说是回路电流分析法。但毕竟网孔只是平面电路中一类特殊的回路，对非平面电路就更无网孔一说，所以还必须讨论具有普遍性的回路电流分析法。回路电流分析法的基本思路与网孔电流分析法的是一样的，但在独立回路组的选取上更有一般性，也相当灵活。

1. 回路电流

对于图 4-23(a)所示电路，图(b)是其有向图。选树 $T\{4,5,6\}$，如图中的粗实线所示，闭合的虚线表示各连支确定的基本回路。

设想在各基本回路内分别有一沿回路边沿流动的回路电流 i_{l1}、i_{l2}和 i_{l3}，把支路电流看成是流经该支路回路电流的代数和。在图 4-23(b)所选取的支路电流参考方向和回路电流参考方向下，连支电流为

$$i_1=i_{l1},\quad i_2=i_{l2},\quad i_3=i_{l3}$$

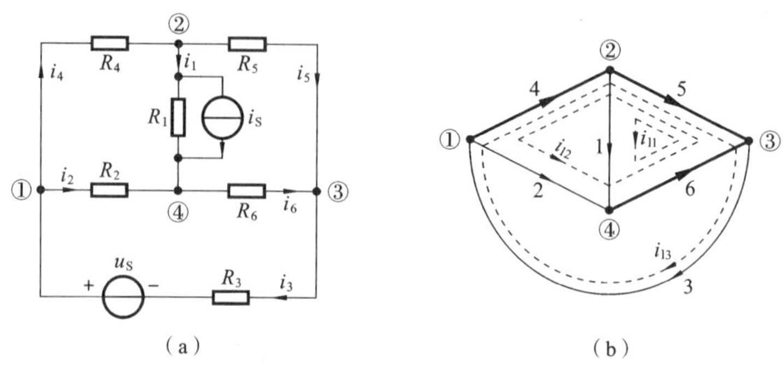

图 4-23 说明回路电流分析法的示例电路

树支电流为

$$i_4=-i_{l2}+i_{l3},\quad i_5=-i_{l1}-i_{l2}+i_{l3},\quad i_6=i_{l1}+i_{l2}$$

由于回路电流都是闭合的环流，所以用回路电流表示的支路电流必满足 KCL。因此，回路电流是一组独立的电流变量，同时也是一组完备的电流变量。

回路电流分析法以一组独立回路的回路电流为求解变量，根据 KVL 建立电路方程。KVL 方程中的支路电压要用回路电流表示。

2. 回路电流方程

对于图 4-23 所示电路，指定各回路的参考方向与该回路的回路电流参考方向相同，各支路电压与电流取关联参考方向。各回路的 KVL 方程为

回路 1 $$u_1-u_5+u_6=0$$

回路 2 $$u_2-u_4-u_5+u_6=0$$

回路 3 $$u_3+u_4+u_5=0$$

将支路 1、5 和 6 的支路方程 $u_1=R_1i_1-R_1i_S$、$u_5=R_5i_5$ 和 $u_6=R_6i_6$ 代入回路 1 的 KVL 方程，得

$$R_1i_1-R_1i_S-R_5i_5+R_6i_6=0$$

用回路电流表示支路电流，有

$$R_1i_{l1}-R_1i_S-R_5(-i_{l1}-i_{l2}+i_{l3})+R_6(i_{l1}+i_{l2})=0$$

整理方程并将电源项移至方程的右边，得

$$(R_1+R_5+R_6)i_{l1}+(R_5+R_6)i_{l2}-R_5i_{l3}=R_1i_S$$

类似地，对回路 2 和 3，有

$$(R_5+R_6)i_{l1}+(R_2+R_4+R_5+R_6)i_{l2}-(R_4+R_5)i_{l3}=0$$

$$-R_5i_{l1}-(R_4+R_5)i_{l2}+(R_3+R_4+R_5)i_{l3}=u_S$$

以上最后的 3 个方程称为回路电流方程。对具有 n 个节点和 b 条支路的电路，独立回路数目为 $l=b-n+1$，回路电流方程的一般形式为

$$\begin{cases}R_{11}i_{l1}+R_{12}i_{l2}+\cdots+R_{1l}i_{ll}=u_{Sl1}\\R_{21}i_{l1}+R_{22}i_{l2}+\cdots+R_{2l}i_{ll}=u_{Sl2}\\\quad\vdots\\R_{l1}i_{l1}+R_{l2}i_{l2}+\cdots+R_{ll}i_{ll}=u_{Sll}\end{cases}\tag{4-11}$$

结合图 4-23 所示电路和其回路电流方程，对式(4-11)方程中的各项分析如下。

(1) 回路电流方程左边下角标两字符相同的系数 R_{11}、R_{22}、R_{33} 等，由图 4-23 所示电路和其回路电流方程可见，$R_{11}=R_1+R_5+R_6$、$R_{22}=R_2+R_4+R_5+R_6$、$R_{33}=R_3+R_4+R_5$，它们分别等于各回路所含支路上电阻元件的电阻之和。对于一般情况，如果电路不含受控电源，则 R_{ii} 等于第 i 个回路所含支路上电阻元件的电阻之和，称为回路 i 的自电阻。

(2) 回路电流方程左边下角标两字符不同的系数 R_{12}、R_{13}、R_{21} 等，由图 4-23 所示电路和其回路电流方程可见，$R_{12}=R_{21}=R_5+R_6$、$R_{13}=R_{31}=-R_5$、$R_{23}=R_{32}=-(R_4+R_5)$，它们分别等于回路 1 与 2、回路 1 与 3、回路 2 与 3 公共支路上电阻元件电阻之和的正值或负值。对于一般情况，如果电路不含受控电源，则 R_{ij} 等于回路 i 和回路 j 公共支路上电阻元件电阻之和的正值或负值，且 $R_{ij}=R_{ji}$。当回路电流 i_{li} 与 i_{lj} 以相同方向经过公共支路时取正，以相反的方向经过公共支路时取负，称 R_{ij} 或 R_{ji} 为回路 i 和回路 j 的互电阻。

(3) 回路电流方程右边 u_{Sl1}、u_{Sl2}、u_{Sl3} 等，由图 4-23 所示电路和其回路电流方程可见，$u_{Sl1}=R_1 i_S$，$u_{Sl2}=0$，$u_{Sl3}=u_S$，它们分别等于各回路上所含电压源的电压($R_1 i_S$ 是由电流源等效变换而来的)。对于一般情况，如果电路不含受控电源，则第 i 个回路方程的右边 u_{Sli} 等于回路 i 中各支路上电压源电压的代数和(包括由电流源与电阻并联等效变换而来的电压源)。当电压源电压参考方向(从正极指向负极)与回路电流 i_{li} 的参考方向相同时，该电压源电压前取负号；相反时取正号。

例 4-12 写出图 4-24(a)所示电路的回路电流方程。

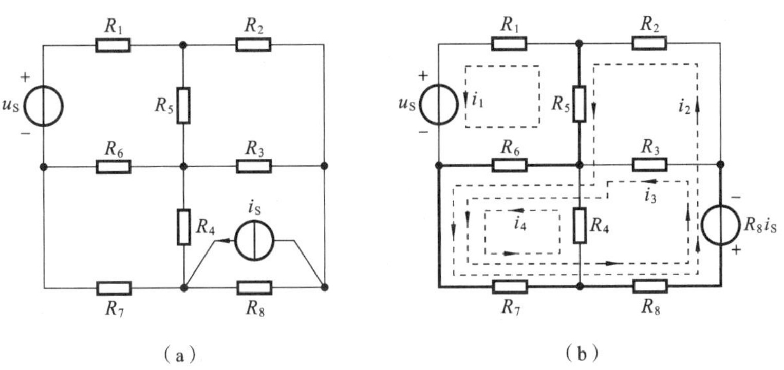

图 4-24 例 4-12 图

解 可先将电路中的电流源与电阻的并联支路变换为电压源与电阻的串联支路，如图 4-24(b)所示。在图中选取一树(以粗实线表示)和对应的基本回路，回路电流 $i_1 \sim i_4$ 的参考方向如图中所示。各回路的回路电流方程依次为

$$(R_1+R_5+R_6)i_1-(R_5+R_6)i_2-R_6 i_3-R_6 i_4=-u_S$$

$$-(R_5+R_6)i_1+(R_2+R_5+R_6+R_7+R_8)i_2+(R_6+R_7+R_8)i_3+(R_6+R_7)i_4=-R_8 i_S$$

$$-R_6 i_1+(R_6+R_7+R_8)i_2+(R_3+R_6+R_7+R_8)i_3+(R_6+R_7)i_4=-R_8 i_S$$

$$-R_6 i_1+(R_6+R_7)i_2+(R_6+R_7)i_3+(R_4+R_6+R_7)i_4=0$$

4.4.3 含受控电源电路的回路电流方程

电路含有受控电源时，回路电流分析法(包括网孔电流分析法)的基本做法与不含受控

电源电路的一样，即对选取的一组独立回路写出 KVL 方程，将用支路电流表示支路电压的支路方程（受控电源的控制量也要用支路电流表示）代入 KVL 方程，再将支路电流用回路电流表示，最后得出以 l 个回路电流为未知量的 l 个方程。便捷的途径是按 4.4.2 节对回路电流方程各项的分析直接列写回路电流方程，具体做法是，先把受控电源看成独立电源写出初步的回路电流方程，然后将受控电源的控制量用回路电流表示并对方程进行整理，使方程的右边只剩下独立电源项。经过整理后的方程中，有些自电阻、互电阻和电源项不再具备 4.4.2节中归纳的特征。

例 4-13 写出图 4-25 所示电路的回路电流方程。

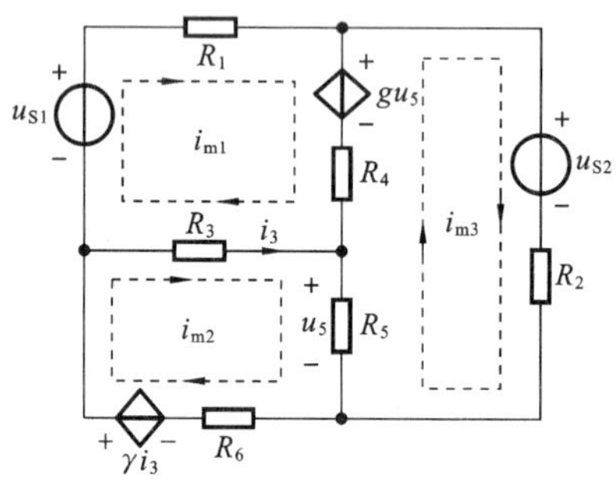

图 4-25 例 4-13 图

解 本例主要是要说明如何列写含受控电源电路的回路电流方程。为简单起见，就将 3 个网孔选作一组独立回路。回路电流参考方向如图中所示。

先把受控电源看成独立电源写出初步的回路电流方程，有

$$(R_1+R_3+R_4)i_{m1}-R_3i_{m2}-R_4i_{m3}=u_{S1}-gu_5$$

$$-R_3i_{m1}+(R_3+R_5+R_6)i_{m2}-R_5i_{m3}=\gamma i_3$$

$$-R_4i_{m1}-R_5i_{m2}+(R_2+R_4+R_5)i_{m3}=-u_{S2}+gu_5$$

用回路电流表示受控电源的控制量，有

$$i_3=i_{m2}-i_{m1},\quad u_5=R_5(i_{m2}-i_{m3})$$

代入“初步的”回路电流方程，并整理

$$(R_1+R_3+R_4)i_{m1}-(R_3-gR_5)i_{m2}-(R_4+gR_5)i_{m3}=u_{S1}$$

$$(\gamma-R_3)i_{m1}+(R_3+R_5+R_6-\gamma)i_{m2}-R_5i_{m3}=0$$

$$-R_4i_{m1}-(R_5+gR_5)i_{m2}+(R_2+R_4+R_5+gR_5)i_{m3}=-u_{S2}$$

4.4.4 回路电流分析法中对无伴电流源支路的一些处理方法

在电路图中，如果一支路上只有电流源（独立的或受控的），而无电阻与之并联，这样的支路称为无伴电流源支路或纯电流源支路。由 4.4.1 节和 4.4.2 节可知，获取回路方程的过程中，需要把 KVL 方程中的支路电压用支路电流表示，进而用回路电流表示支路电压，这对无伴电流源支路是不可能的。因此，对含有无伴电流源支路的电路如何列写回路电流方程，应当从回路电流分析法的实质出发，寻求合理的解决方法。下面通过例题介绍两种处理方法。

例 4-14 写出图 4-26 所示电路的回路电流方程。

解 解法一 选择独立回路组时，使每个无伴电流源支路都只为一个回路所有（这总是可以做到的），例如，若选取基本回路作为独立回路，则只要不把无伴电流源支路选作树支就行。由于无伴电流源支路只有一个回路电流经过，该回路电流便是已知的或是可用其他回路电流表示的，因此该回路的回路电流方程可省略列写。本例中树和对应的基本回路选取如图 4-26(b)所示（用粗实线表示树支），于是

$$i_{l1}=i_S,\quad i_{l2}=gu_5=gR_5(i_{l1}+i_{l3})=gR_5i_S+gR_5i_{l3}$$

对于回路 3 和 4，有

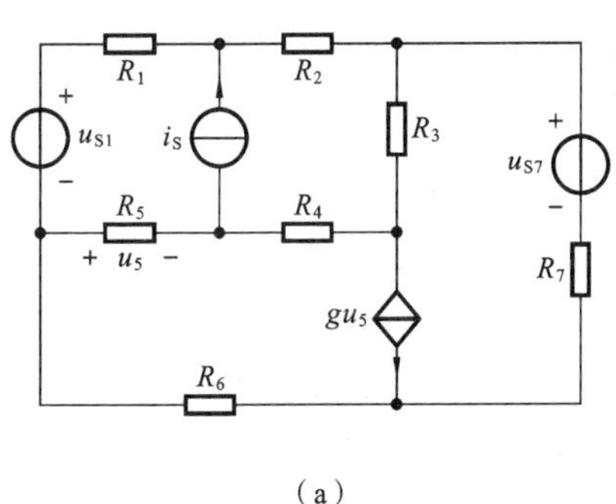

(a)

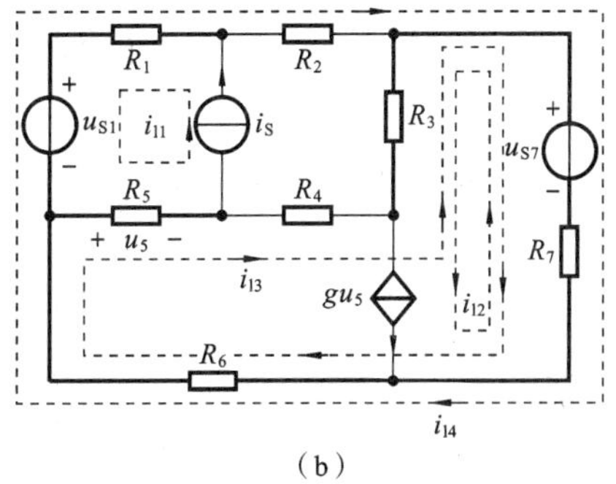

(b)

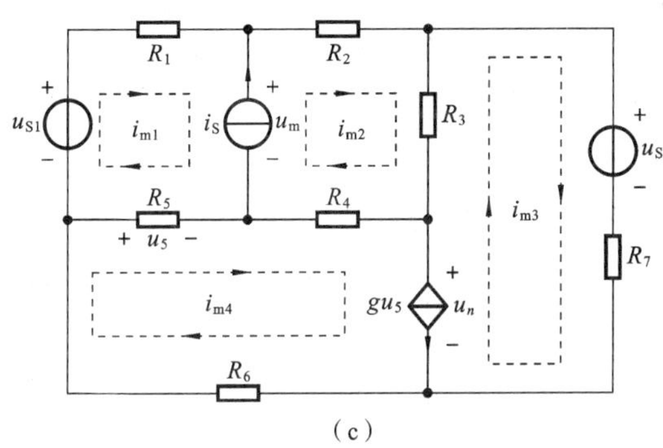

(c)

图 4-26　例 4-14 图

$$R_5 i_{l1}-(R_3+R_7)i_{l2}+(R_3+R_4+R_5+R_6+R_7)i_{l3}+(R_6+R_7)i_{l4}=-u_{S7}$$

$$-R_1 i_{l1}-R_7 i_{l2}+(R_6+R_7)i_{l3}+(R_1+R_2+R_6+R_7)i_{l4}=u_{S1}-u_{S7}$$

将 $i_{l1}=i_S$ 和 $i_{l2}=gR_5 i_S+gR_5 i_{l3}$ 代入上面的方程并整理，得

$$(R_3+R_4+R_5+R_6+R_7-gR_3R_5-gR_5R_7)i_{l3}+(R_6+R_7)i_{l4}$$
$$=-u_{S7}+(gR_3R_5+gR_5R_7-R_5)i_S$$

$$(R_6+R_7-gR_5R_7)i_{l3}+(R_1+R_2+R_6+R_7)i_{l4}=u_{S1}-u_{S7}+(R_1+gR_5R_7)i_S$$

实际的未知回路电流数目和方程数目都为 2。

解法二　将无伴电流源支路的电压增设为未知量写入回路电流方程。这样虽然每含一无伴电流源支路就增加一个未知量，但同时由流经无伴电流源支路的那些回路电流与此无伴电流源的电流可得出一个约束方程，因此未知量的总数和总的方程数目仍然相同。本例中，分别设无伴电流源支路的电压为 u_m 和 u_n，如图 4-26(c)所示，以网孔为独立回路组，则网孔电流方程为

$$(R_1+R_5)i_{m1}-R_5 i_{m4}+u_m=u_{S1}$$

$$(R_2+R_3+R_4)i_{m2}-R_3 i_{m3}-R_4 i_{m4}-u_m=0$$

$$-R_3 i_{m2}+(R_3+R_7)i_{m3}-u_n=-u_{S7}$$

$$-R_5 i_{m1}-R_4 i_{m2}+(R_4+R_5+R_6)i_{m4}+u_n=0$$

增补无伴电流源电流与回路电流的约束方程，有

$$i_{m2}-i_{m1}=i_S$$

$$i_{m4}-i_{m3}=gu_5=gR_5(i_{m4}-i_{m1})$$

思考与练习

4-1 平面电路的(内)网孔是一组独立回路,那么它是否就一定是某一树的一组基本回路?试举一例说明。

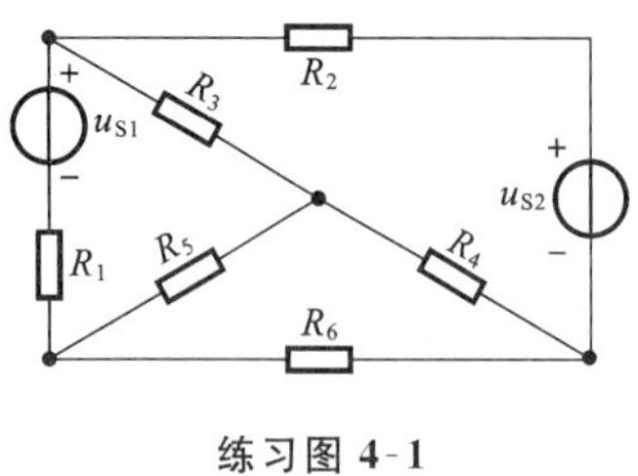

练习图 4-1

4-2 写出练习图 4-1 所示电路的支路电流方程。

4-3 支路电流分析法中,需要将用支路电流表示支路电压的支路方程代入 KVL 方程,以消去支路电压变量。如果一支路只是一个电流源(独立的或受控的)而无电阻与之并联,则这样的支路称为无伴电流源支路(或纯电流源支路),如练习图 4-2 所示电路中的两个电流源支路。对这样的支路,支路电压不可能用支路电流表示,那么怎样用支路电流分析法分析含无伴电流源支路的电路呢?能想出一些办法吗?

4-4 对于练习图 4-3 所示那样的单节点对电路,用节点电压分析法分析是方便的。试写出电压 u 的表示式,并归纳电压源电压取正负号的规则。

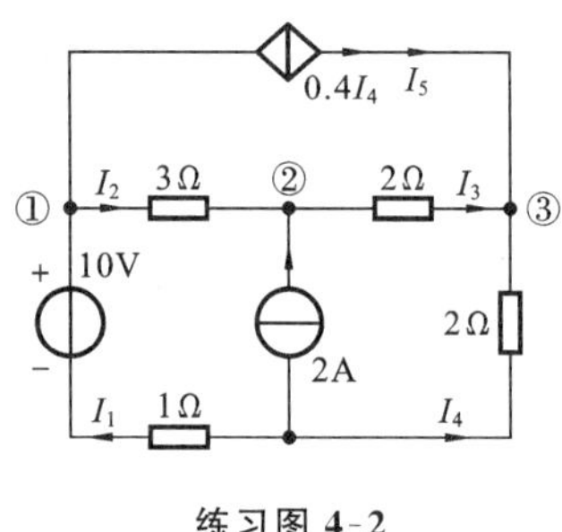

练习图 4-2

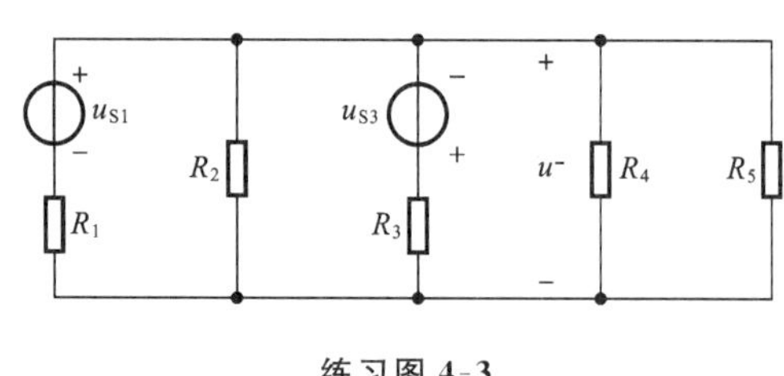

练习图 4-3

本章小结

(1) 对于一具有 b 条支路和 n 个节点的电路,可列出 $n-1$ 个独立的 KCL 方程和 $b-n+1$ 个独立的 KVL 方程。与独立的 KVL 方程对应的回路称为独立回路。平面电路所有(内)网孔是一组独立回路。选取独立回路更一般的办法是取与某一树对应的基本回路组。

(2) 支路电流分析法是基本的,也是一种直接的分析方法,但该分析方法涉及的未知量和方程数目多(等于电路的支路数目),所以宜应用于结构很简单的电路。

(3) 节点电压分析法以节点电压为求解对象,按 KCL 建立电路方程,省去了按 KVL 建立的 $b-n+1$ 个方程,对节点数较少的电路是很可取的。

(4) 网孔电流分析法和回路电流分析法实际上都是以回路电流为求解对象,按 KVL 建立电路方程,省去了按 KCL 建立的 $n-1$ 个方程,对独立回路数较少的电路是可取的。两种分析方法并无本质的区别,只是独立回路的选取不同而已,但回路电流分析法比网孔电流分析法要灵活,适用面也较宽。

习 题

4-1 对题图 4-1 所示的两个电路，各图的独立节点数和独立回路数分别是多少？在各图中任选一树，指出对应的基本回路组中各回路所包含的支路。

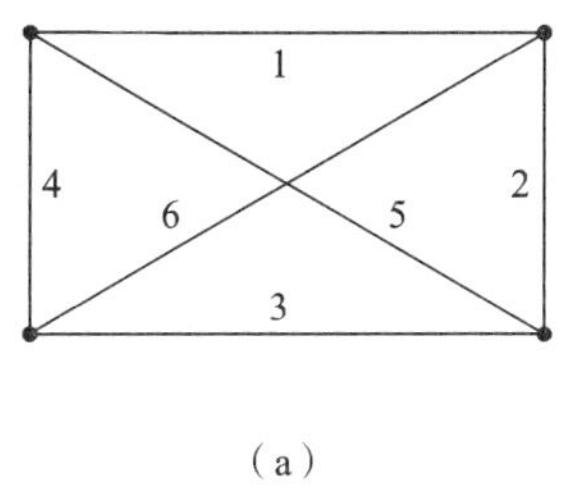

(a)

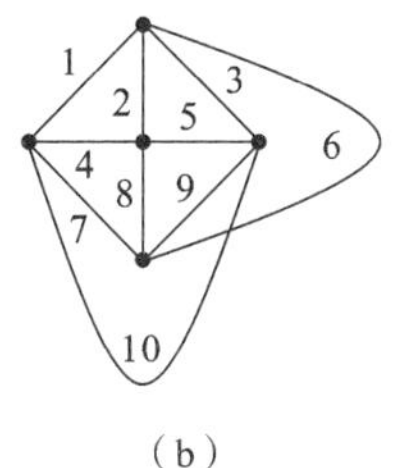

(b)

题图 4-1

4-2 试用支路电流分析法求题图 4-2 所示电路中各电源提供的功率。

4-3 试用支路电流分析法求题图 4-3 所示电路中各支路的电流。

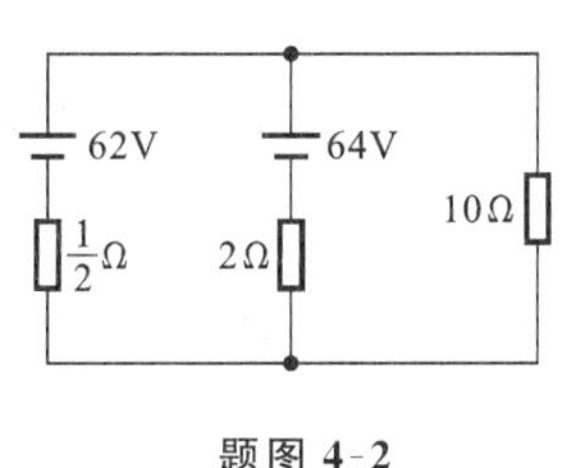

题图 4-2

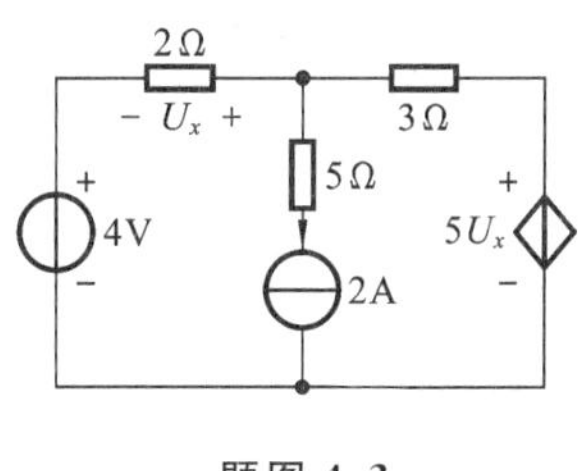

题图 4-3

4-4 对题图 4-4 所示电路，用支路电流分析法写出电路方程。

4-5 求题图 4-5 所示电路中各电源提供的功率。

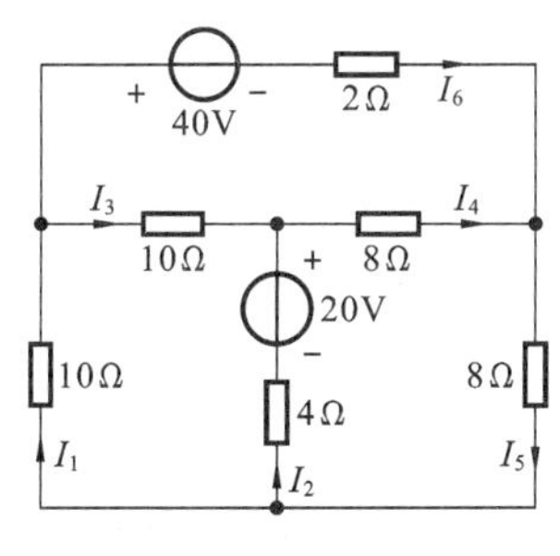

题图 4-4

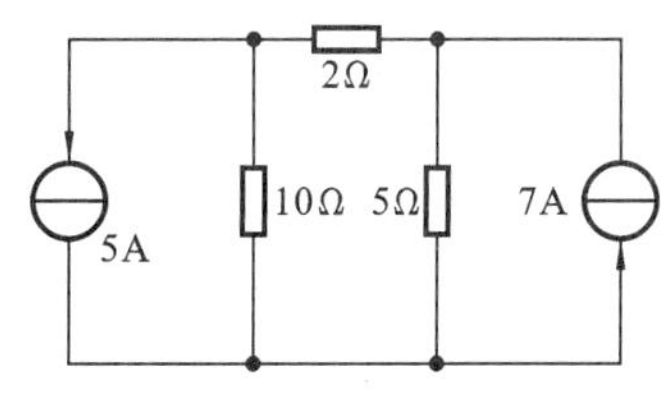

题图 4-5

4-6 试用节点电压分析法求题图 4-6 所示电路的各支路电流。

4-7 用节点电压分析法求题图 4-7 所示电路中 2 Ω 电阻元件的电压。

4-8 用节点电压分析法求题图 4-8 所示电路中各支路电流，并根据电路的功率平衡校验结果。

4-9 如题图 4-9 所示电路，按指定的参考节点和节点编号写出节点电压方程。

4-10 求题图 4-10 所示电路的电压 U_1、U_2 和 4 V 电压源提供的功率。

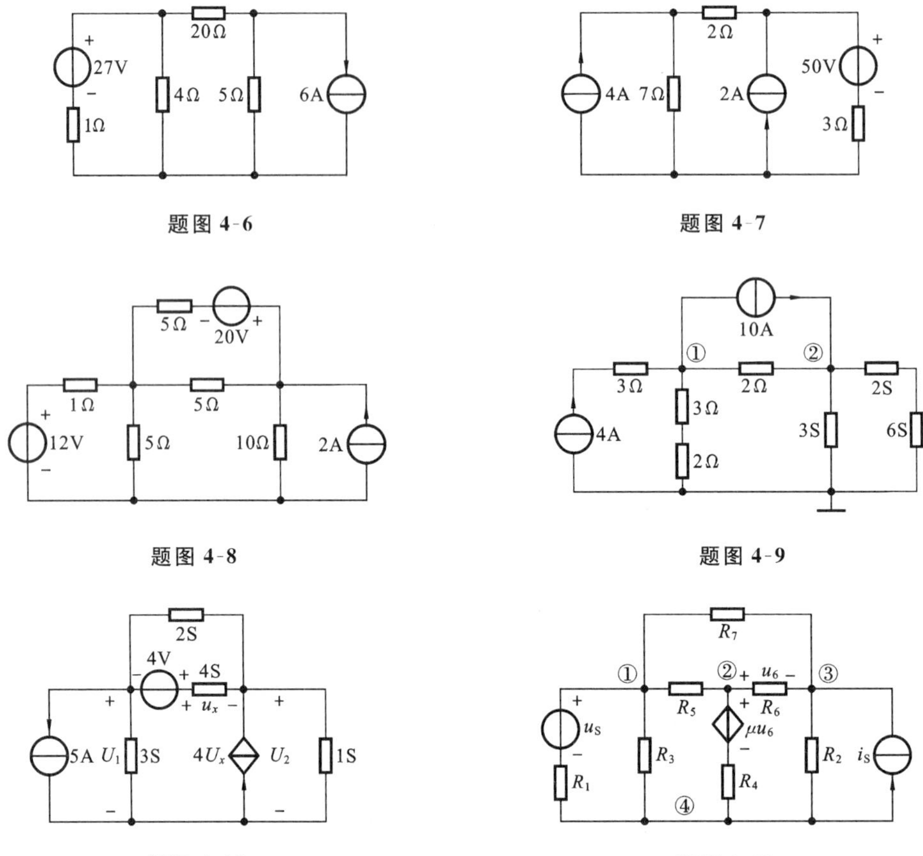

题图 4-6　　题图 4-7

题图 4-8　　题图 4-9

题图 4-10　　题图 4-11

4-11　对题图 4-11 所示电路,试以节点④为参考节点写出节点电压方程。

4-12　求题图 4-12 所示电路中各电源支路的电流。

4-13　已知题图 4-13 所示电路的节点电压方程为

$$(G_1+G_2)u_{n1}-G_2u_{n2}=i_S$$

$$-G_2u_{n1}+(G_2+G_3+G_4)u_{n2}-G_3u_{n3}=0$$

$$-gu_{n1}+(g-G_3)u_{n2}+(G_3+G_5)u_{n3}=0$$

试画出虚线框部分的具体电路。

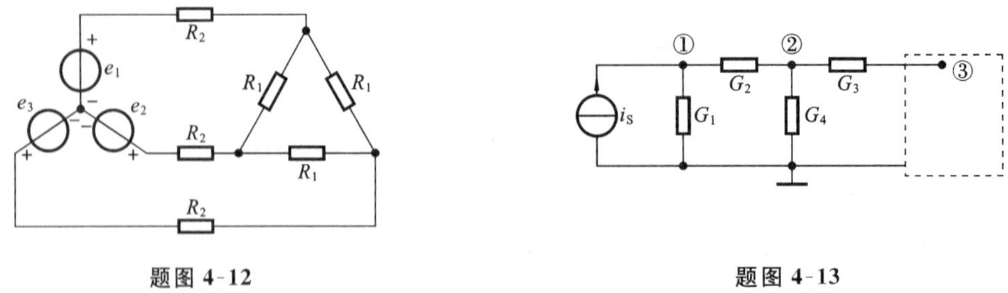

题图 4-12　　题图 4-13

4-14　求题图 4-14 所示电路的各支路电流及各电源提供的功率。

4-15　求题图 4-15 所示电路中的电流 I。

4-16　如题图 4-16 所示，方框内为一线性电阻电路，图中显示了它的两个节点，已知该电路的节点电压方程为

$$4u_{n1}-2u_{n2}-u_{n3}=0$$
$$-2u_{n1}+5u_{n2}-2u_{n3}=1$$
$$-u_{n1}-2u_{n2}+3u_{n3}=0$$

现在节点③和④之间加一电压为 2 V 的电压源，试不画出方框内的具体电路求 2 V 电压源提供的功率。

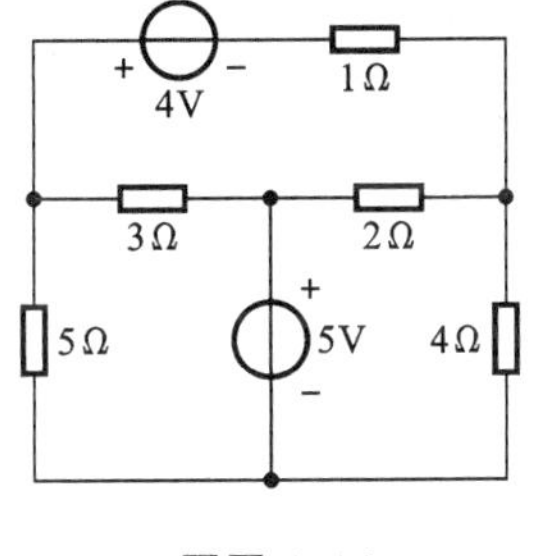

题图 4-14

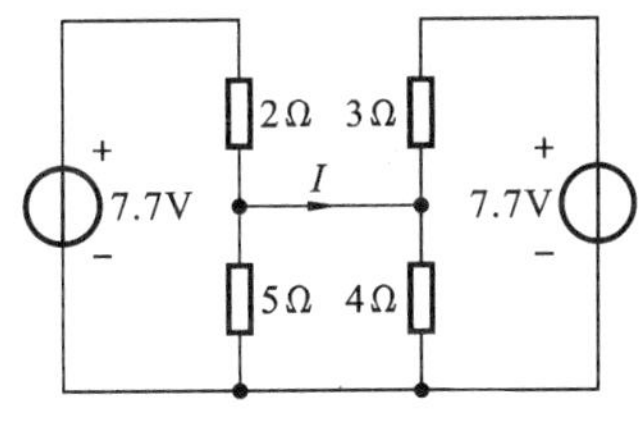

题图 4-15

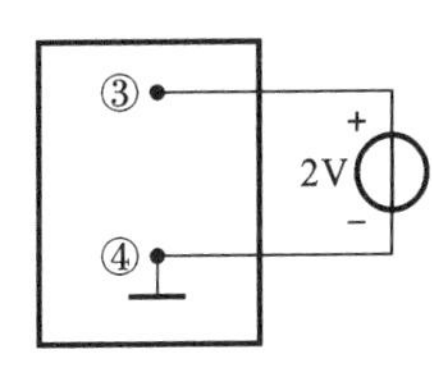

题图 4-16

4-17　求题图 4-17 所示电路中的电压 U_A、U_B 和各电源提供的功率。

4-18　用网孔电流分析法求题图 4-18 所示电路的各支路电流。

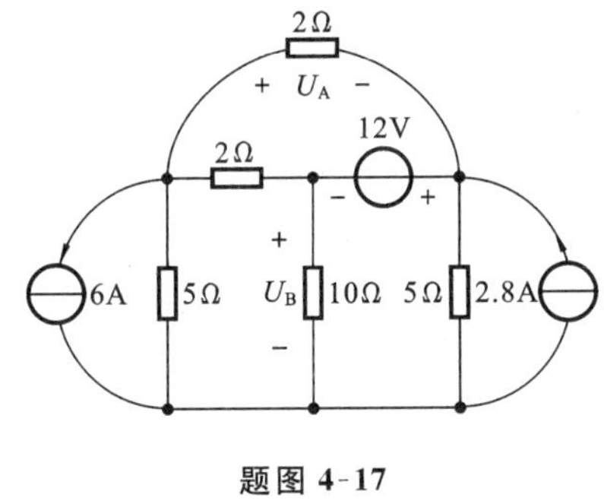

题图 4-17

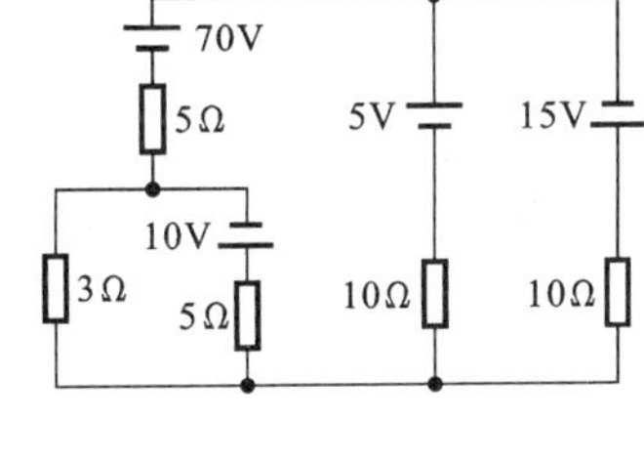

题图 4-18

4-19　用网孔电流分析法求题图 4-19 所示电路中的电流 I_X。

4-20　求题图 4-20 所示电路中各独立电源提供的功率。

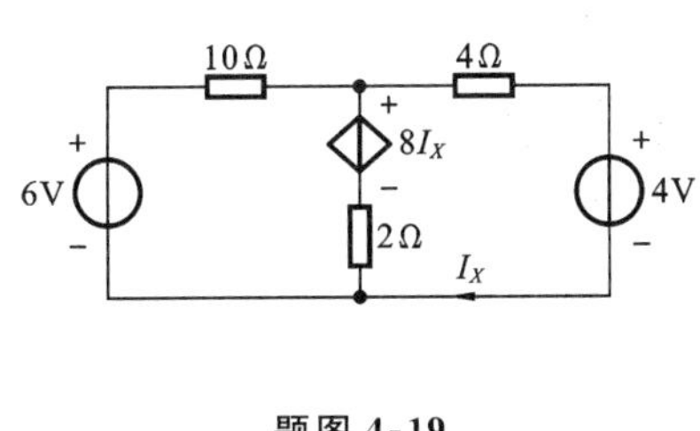

题图 4-19

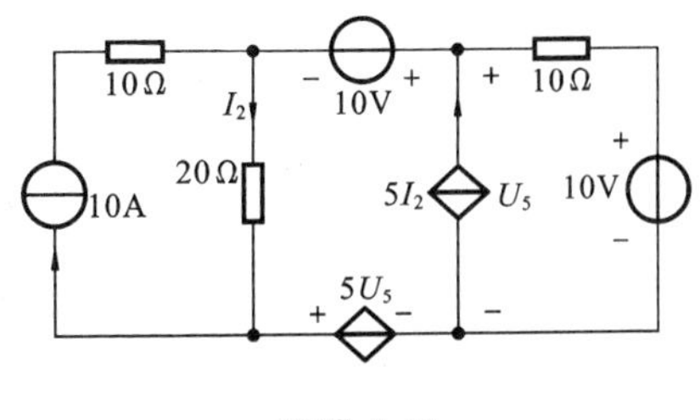

题图 4-20

4-21　题图 4-21 所示电路中，已知 $U_2=18$ V，求电阻 R 的值。

4-22　对题图 4-22 所示电路，适当选取独立回路并写出回路电流方程。

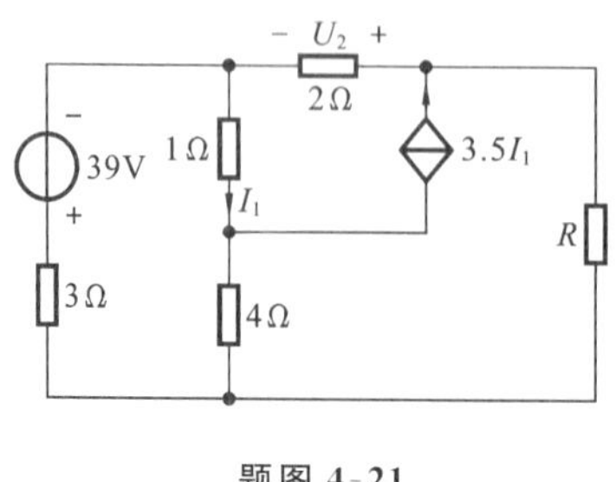

题图 4-21

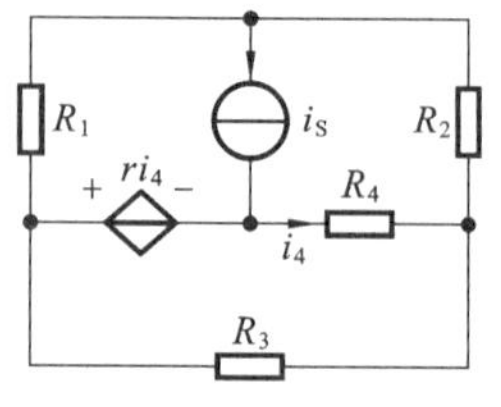

题图 4-22

4-23 对题图 4-23 所示电路，选择一树，使两个电流源支路都为连支，写出对应基本回路的电流方程，并求 10 Ω 电阻元件消耗的功率。

4-24 对题图 4-24 所示电路，能否分别只用一个方程求 U_A 和 I_B？如能，则求之。

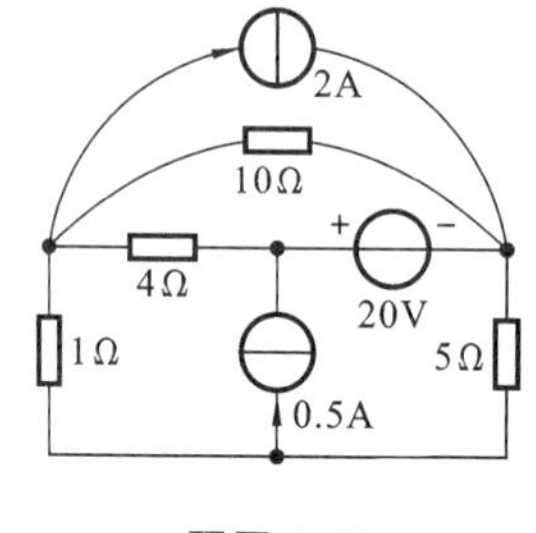

题图 4-23

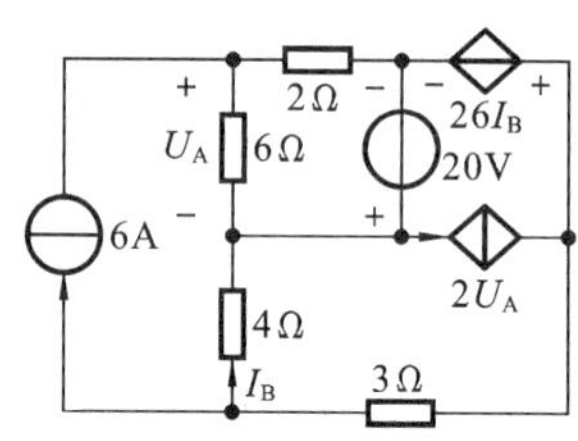

题图 4-24

4-25 对题图 4-25 所示电路，试用一个回路电流方程求电流 I。

4-26 求题图 4-26 所示电路中各独立电源提供的功率。

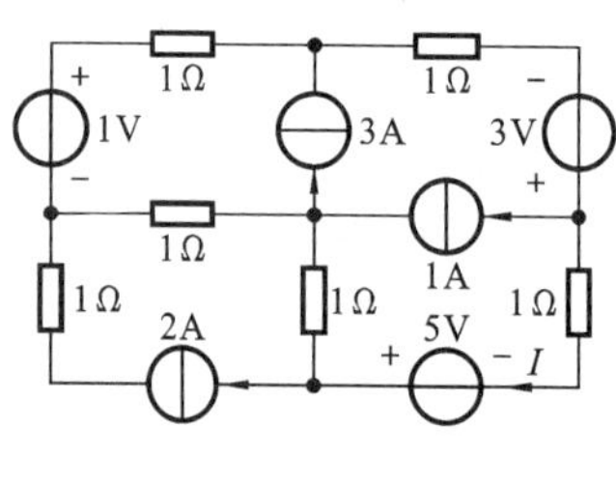

题图 4-25

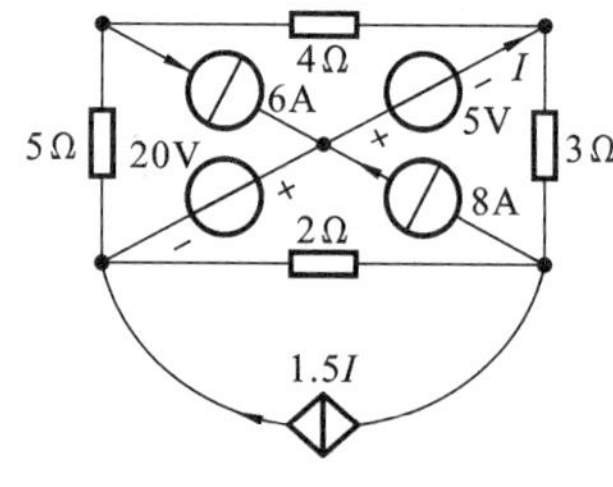

题图 4-26

4-27 试用节点电压分析法求题图 4-27 所示电路的输入电阻 R_i。

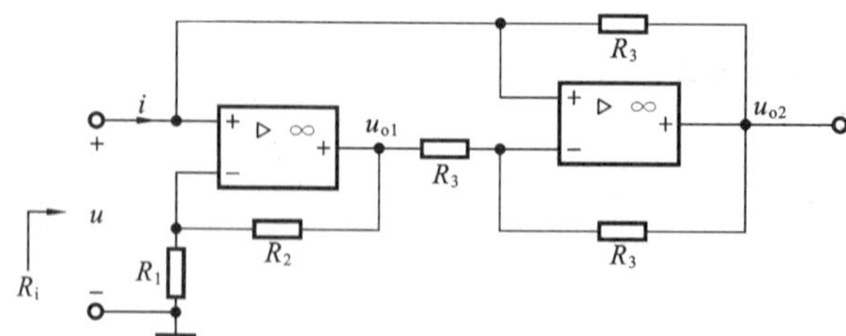

题图 4-27

第 5 章　电路定理

5.1　叠加定理

由线性元件(包含受控源)及独立电源组成的电路称为线性电路。独立源是电路的输入,起着激励(excitation)作用。由激励所产生的各元件的电压、电流称为响应。在线性电路中,响应与激励之间存在着线性关系。叠加定理是电路线性性质的具体体现。线性电路中有些定理可以从叠加定理导出。

5.1.1　引例和定理

以图 5-1(a)所示电路为例来进行探讨。应用网孔法或节点法可求得响应 u_2、i_2 与激励 u_S、i_S 之间的关系,其节点电压方程为

$$\left(\frac{1}{R_1}+\frac{1}{R_2}\right)u_2=i_S+\frac{1}{R_1}u_S$$

解得

$$u_2=\frac{R_2}{R_1+R_2}u_S+\frac{R_1R_2}{R_1+R_2}i_S=u'_2+u''_2$$

其中,

$$u'_2=\frac{R_2}{R_1+R_2}u_S=A_1u_S,\quad u''_2=\frac{R_1R_2}{R_1+R_2}i_S=A_2i_S$$

$A_1=\frac{R_2}{R_1+R_2}$为分压比,$A_2=\frac{R_1R_2}{R_1+R_2}$为等效电阻。

故有

$$u_2=u'_2+u''_2=A_1u_S+A_2i_S \tag{5-1}$$

由于 $i_2=\frac{u_2}{R_2}$,故

$$i_2=\frac{1}{R_1+R_2}u_S+\frac{R_1}{R_1+R_2}i_S=i'_2+i''_2$$

其中,$i'_2=\frac{1}{R_1+R_2}u_S=B_1u_S$,$B_1=\frac{1}{R_1+R_2}$为等效电导。

$i''_2=\frac{R_1}{R_1+R_2}i_S=B_2i_S$,$B_2=\frac{R_1}{R_1+R_2}$为分流比。

故有

$$i_2=i'_2+i''_2=B_1u_S+B_2i_S \tag{5-2}$$

从式(5-1)和式(5-2)可以看到,响应 u_2 和 i_2 均由两个分量线性组成,第一个分量 u'_2 和 i'_2 只与独立电压源 u_S 有关,且成正比关系,而与独立电流源 i_S 无关;电流源 $i_S=0$ 时,由电压源 u_S 单独产生的分量,电路如图 5-1(b)所示,电路中电流源相当于开路。第二个分量 u''_2 和 i''_2 只与独立电流源 i_S 有关,且成正比关系,而与独立电压源 u_S 无关:电压源 $u_S=0$ 时,由

电流源 i_S 单独产生的分量，电路如图 5-1(c)所示，电路中电压源相当于短路。

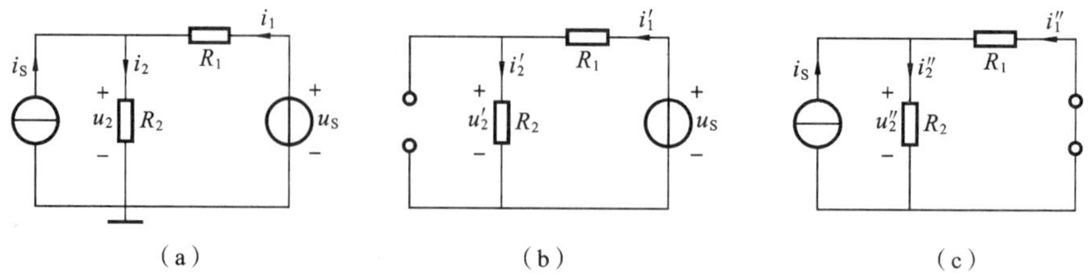

图 5-1　叠加定理引例

以上分析表明：由两个独立源共同作用于电路时，所产生的响应为每一个独立源单独作用时产生的响应之和。这个性质称为叠加性(superposition)。

叠加定理：一个具有唯一解的线性电路中，任一电压或电流都是电路中各个独立电源单独作用时，在该处产生的电压或电流分量的代数和。

叠加定理表明了三层意思：第一，该定理只适于线性电路；第二，该定理只有独立源才能单独作用；第三，该定理响应由各独立源产生的分量进行叠加，是求代数和。

5.1.2　叠加定理的证明

下面根据一个具体电路来证明叠加定理。电路如图 5-2 所示，应用节点分析法列写出节点①和②的方程，有

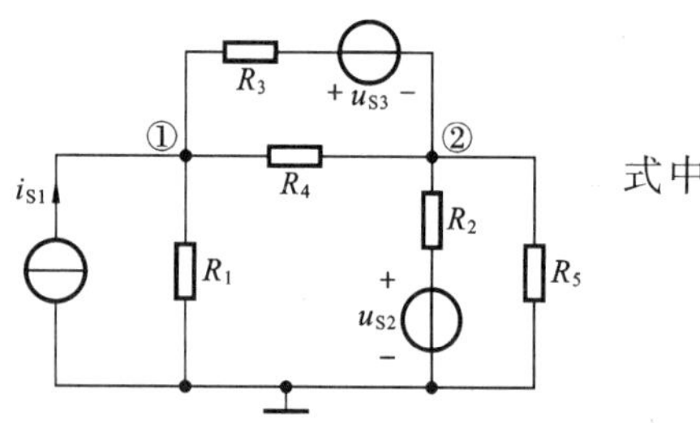

图 5-2　叠加定理的证明图

$$G_{11}u_{n1}+G_{12}u_{n2}=i_{S11}$$
$$G_{21}u_{n1}+G_{22}u_{n2}=i_{S22}$$

式中

$$G_{11}=\frac{1}{R_1}+\frac{1}{R_3}+\frac{1}{R_4}$$
$$G_{12}=G_{12}=-\left(\frac{1}{R_3}+\frac{1}{R_4}\right)$$
$$G_{22}=\frac{1}{R_2}+\frac{1}{R_3}+\frac{1}{R_4}+\frac{1}{R_5}$$
$$i_{S11}=i_{S1}+\frac{u_{S3}}{R_3}$$
$$i_{S22}=\frac{u_{S2}}{R_2}-\frac{u_{S3}}{R_3}$$

根据克莱姆法则，求得

$$u_{n1}=\frac{\Delta_{11}}{\Delta}i_{S11}+\frac{\Delta_{21}}{\Delta}i_{S22}=\frac{\Delta_{11}}{\Delta}i_{S1}+\frac{\Delta_{21}}{\Delta R_2}u_{S2}+\left(\frac{\Delta_{11}-\Delta_{21}}{\Delta R_3}\right)u_{S3}$$
$$u_{n2}=\frac{\Delta_{12}}{\Delta}i_{S1}+\frac{\Delta_{22}}{\Delta R_2}u_{S2}+\left(\frac{\Delta_{12}-\Delta_{22}}{\Delta R_3}\right)u_{S3}$$

式中，$\Delta=G_{11}G_{22}-G_{12}G_{21}$，$\Delta_{11}=G_{22}$，$\Delta_{22}=G_{11}$，$\Delta_{12}=\Delta_{21}=-G_{12}$。

由于电路中的电阻都是线性的，节点电压 u_{n1} 和 u_{n2} 都是独立源 i_{S1}、u_{S2}、u_{S3} 的线性组合，分别由三个独立源单独作用时产生的分量的叠加。

对于一个具有 n 个节点、b 条支路，并含有 m 个电压源和 p 个电流源的线性电路，只要有唯一的解，可用类似的方法求出电路中任一支路的电压和电流响应，如第 k 条支路的电压和电流响应具有以下形式

$$\begin{cases} u_k = A_1 u_{S1} + A_2 u_{S2} + \cdots + A_m u_{Sm} + a_1 i_{S1} + a_2 i_{S2} + \cdots + a_p i_{Sp} \\ i_k = B_1 u_{S1} + B_2 u_{S2} + \cdots + B_m u_{Sm} + b_1 i_{S1} + b_2 i_{S2} + \cdots + b_p i_{Sp} \end{cases} \tag{5-3}$$

式中，系数 A_m、a_p、B_m、b_p 等是与电路元件参数和结构有关的常数。上式证明了线性电路中任意一个电压或电流响应都是所有独立源单独作用时，在该处产生的电压或电流分量的叠加。

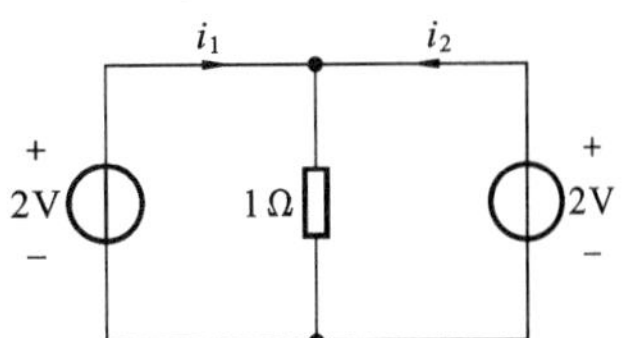

图 5-3　不适用叠加定理的电路

必须指出，在上述论证过程中，要求线性电路方程的系数行列式 $\Delta \neq 0$，即方程的解是唯一的。对于图 5-3 所示电路，求解电流 i_1 和 i_2 时，叠加定理便不适用。实际的线性电路均有唯一解。

5.1.3　叠加定理应用举例

例 5-1　电路如图 5-4 所示，已知 $u_S = 12$ V，$i_S = 10$ A，$R_1 = 6$ Ω，$R_2 = 12$ Ω，试用叠加定理求流过电阻 R_2 的电流 i_2。

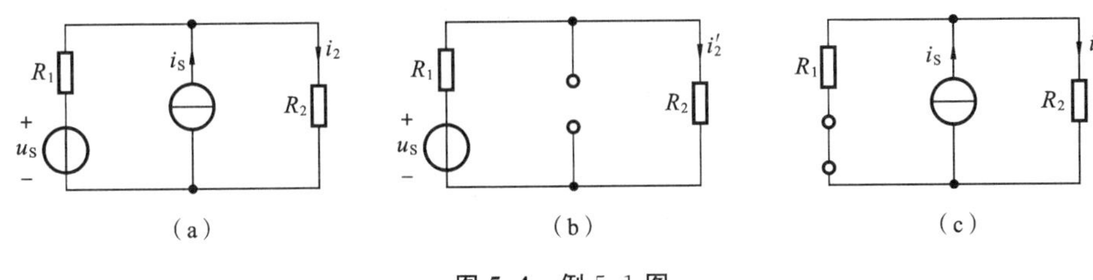

图 5-4　例 5-1 图

解　(1) 分别画出两电源单独作用时的分电路图，如图 5-4(b)、(c)所示。

当 u_S 单独作用时，将不起作用的电流源 i_S 置零（作开路处理），电路如图 5-4(b)所示，求得

$$i'_2 = \frac{u_S}{R_1 + R_2} = \frac{12}{6+12}\ \text{A} = \frac{2}{3}\ \text{A}$$

当电流源 i_S 单独作用时，将不起作用的电压源 u_S 置零（作短路处理），如图(c)所示，求得

$$i''_2 = \frac{R_1}{R_1 + R_2} i_S = \frac{6}{6+12} \times 10\ \text{A} = \frac{10}{3}\ \text{A}$$

(2) 由于各分量的参考方向与原电路 i_2 的参考方向相同，叠加求代数和，得

$$i_2 = i'_2 + i''_2 = \left(\frac{2}{3} + \frac{10}{3}\right)\ \text{A} = 4\ \text{A}$$

若要计算 R_2 的功率 P_2，则

$$P_2 = R_2 i_2^2 = R_2 (i'_2 + i''_2)^2 \neq R_2 (i'_2)^2 + R_2 (i''_2)^2 = P' + P''$$

可见，不能用叠加定理计算功率。

本例题说明，不起作用的电压源必须要短路处理，不起作用的电流源必须要开路处理，

不能用叠加定理求功率。

例 5-2 电路如图 5-5(a)所示，试用叠加定理求 i。

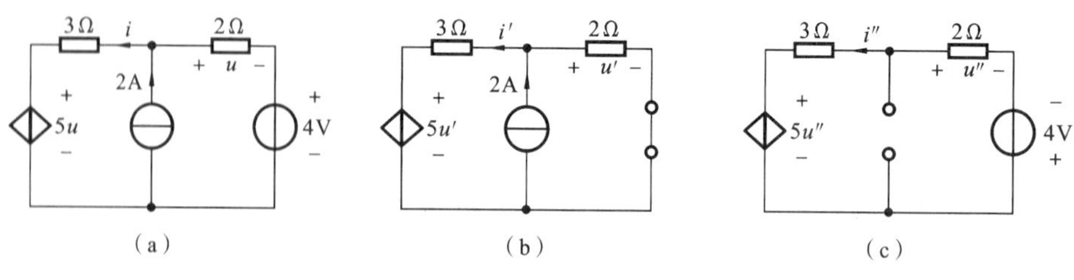

图 5-5 例 5-2 图

解 (1) 由于受控源不能单独作用，因此当独立源分别单独作用时，受控源均要保留，各独立源单独作用时的分电路如图(b)和图(c)所示。

当电流源单独作用时，如图(b)所示，用节点法求解，得

$$\begin{cases}\left(\dfrac{1}{2}+\dfrac{1}{3}\right)u'=2+\dfrac{5}{3}u' \\ u'=2\times(2-i')\end{cases}$$

求得
$$i'=\frac{16}{5}\ \text{A}$$

当电压源单独作用时，如图(c)所示，由 KVL 可求得

$$i''=\frac{-4-5u'}{2+3},\quad u''=-2i''$$

解得
$$i''=\frac{4}{5}\ \text{A}$$

(2) 叠加求代数和，得

$$i_2=i'_2+i''_2=\left(\frac{16}{5}+\frac{4}{5}\right)\ \text{A}=4\ \text{A}$$

本例题说明：只有独立源才能单独作用，受控源不能单独作用，当独立源单独作用时，受控源均必须保留。

例 5-3 封装好的无源线性电阻网络 N_0 如图 5-6 所示，通过实验得如下两组数据：

(1) 当 $u_S=1$ V，$i_S=1$ A 时，用电流表测得电流 $i=2$ A，

(2) 当 $u_S=-1$ V，$i_S=2$ A 时，用电流表测得电流 $i=1$ A，

试求 $u_S=-3$ V，$i=5$ A 时的响应 i。

解 根据叠加定理，电流 i 为独立源分别产生的分量叠加，且与各独立源成正比关系，故

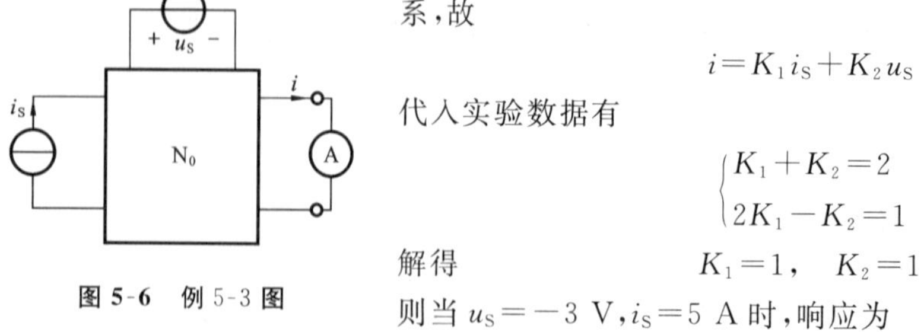

图 5-6 例 5-3 图

$$i=K_1i_S+K_2u_S$$

代入实验数据有

$$\begin{cases}K_1+K_2=2 \\ 2K_1-K_2=1\end{cases}$$

解得
$$K_1=1,\quad K_2=1$$

则当 $u_S=-3$ V，$i_S=5$ A 时，响应为

$$i=i_S+u_S=(-3+5)\ \text{A}=2\ \text{A}$$

此例题说明：一个线性网络 N，虽然不知内部结构及元件的参数，仍然可以用叠加定理确定响应与激励间的关系。本例的分析计算体现了线性电路的齐次性和可加性，应引起读者注意。

通过以上讨论，归纳如下几点。

(1) 应用叠加定理分析电路的步骤：第一步，画各独立源单独作用的分电路；第二步，在分电路中计算各独立源产生的响应分量；第三步，按原电路与分电路的参考方向叠加求代数和。

(2) 在各分电路中不起作用的独立源应置零。电压源置零是短路处理，电流源置零是开路处理。

(3) 叠加时是求代数和，各分量的参考方向与原电路的参考方向一致时取“+”号，不一致时取“−”号。

(4) 含受控源的电路，可以应用叠加定理分析计算，但是受控源不能单独作用，在各分电路中受控源始终保留。

(5) 不能用叠加定理计算功率，因为功率不是电压或电流的一次函数。只能先用叠加定理计算出支路的电压或电流值，再进行功率计算。

(6) 叠加定理只适用于线性且有唯一解的电路，不适用于非线性电路。

思考与练习

5-1-1　已知练习图 5-1 中 $U_S=10$ V，试求电压 U。

5-1-2　试用叠加定理求练习图 5-2 中的电流 I。

5-1-3　求练习图 5-3 中的 U 和 I。若将 1 A 电流源换成 10 A 电流源，重新求解。

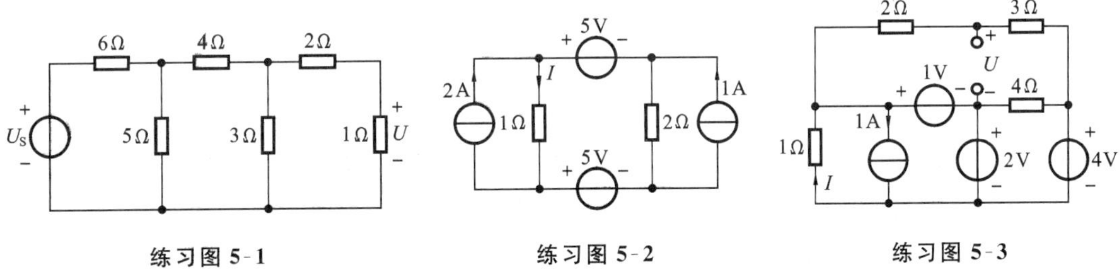

练习图 5-1　　练习图 5-2　　练习图 5-3

5.2 替代定理

替代定理(substitution theorem)具有广泛的应用，不仅适用于线性电路，也适用于非线性电路。

5.2.1 引例

对图 5-7(a)所示的电路进行分析。

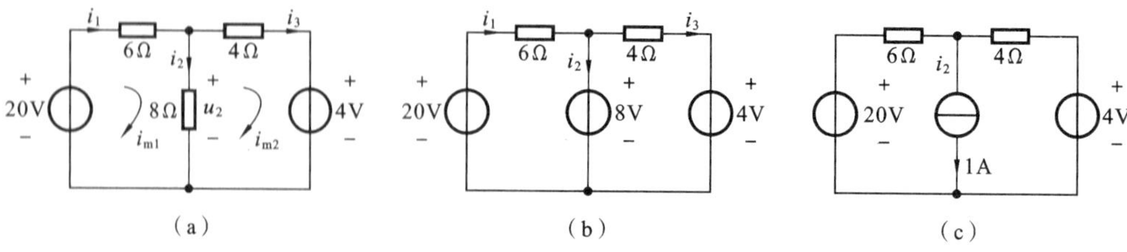

图 5-7 替代定理引例

(1) 应用网孔法求各支路电流，网孔方程为

$$\begin{cases}14i_{m1}-8i_{m2}=20\\-8i_{m1}+12i_{m2}=-4\end{cases}$$

解得

$$i_{m1}=2\ \text{A},\quad i_{m2}=1\ \text{A}$$

根据网孔电流 i_{m1}，i_{m2} 与各支路电流的关系可得

$$i_1=i_{m1}=2\ \text{A}$$

$$i_2=i_{m1}-i_{m2}=1\ \text{A}$$

$$i_3=i_{m2}=1\ \text{A}$$

$$u_2=8i_2=8\ \text{V}$$

(2) 如果将支路 2 用电压等于该支路电压(此处为 8 V)的电压源替代，如图 5-7(b)所示，则由 KVL、KCL 很容易求得各支路电流。其中

$$i_3=\frac{8-4}{4}\ \text{A}=1\ \text{A},\quad i_1=\frac{20-8}{6}\ \text{A}=2\ \text{A},\quad i_2=i_1-i_3=1\ \text{A}$$

(3) 如果将支路 2 用电流等于该支路电流(此处为 1 A)的电流源替代，如图 5-7(c)所示，则由节点法可求出 u_2 及各支路电流。其中

$$\left(\frac{1}{6}+\frac{1}{4}\right)u_2=\frac{20}{6}+\frac{4}{4}-1$$

得

$$u_2=8\ \text{V},\quad i_1=\frac{20-8}{6}\ \text{A}=2\ \text{A},\quad i_3=\frac{8-4}{4}\ \text{A}=1\ \text{A}$$

由此可见，将 8 Ω 电阻两端电压 $u_2=8$ V 用电压源替代或将 8 Ω 电阻的电流 $i_2=1$ A 用电流源替代后，原电路中各支路电流、电压并未发生改变。

5.2.2 替代定理的内容和证明

替代定理内容如下：对于任一集中参数电路中的第 k 条支路，设该支路电压为 u_k、电流为 i_k，则这条支路可以用一个电压等于 u_k 的独立电压源来替代或用一个电流等于 i_k 的电流源来替代。如果替代前后的电路具有唯一解，则替代后电路中全部电压和电流均保持原值不变。

替代定理可以用图 5-8 直观地表示。图 5-8(a)所示中支路 k 仅通过其电流 i_k，两端电压 u_k 与电路其他部分 N 相联系，整个电路具有唯一解。先将支路 k 用电压为 u_k 的电压源替代，如图 5-8(b)所示；或用电流为 i_k 的电流源替代，如图 5-8(c)所示。若替代后电路仍具有唯一解。则图 5-8(b)、(c)中各支路电流、电压的值均保持与图 5-8(a)中相应支路电流、电压的值相同。

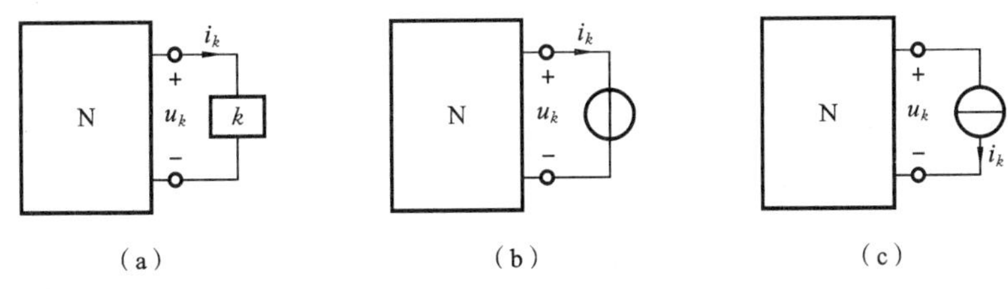

图 5-8 替代定理图示

替代定理的证明如下。

设网络 N 中，各支路电压和支路电流为 u_1、u_2、…和 i_1、i_2、…。它们必须满足 KCL 和 KVL 及元件的 VCR。当第 k 条支路的电压被一个电压源所替代时，由于替代后的网络 N′与原网络 N 的结构是完全相同的，所以两个网络的 KCL、KVL 也相同。两个网络全部支路的约束关系除了第 k 条支路外也是完全相同的。在替代后的网络 N′中，第 k 条支路的电压被规定为 $u_S=u_k$，即等于原网络的第 k 条支路电压 u_k，而它的电流则由和其连接的电路 N 确定。由于假定替代前后各支路电压、电流均应有唯一解，而原电路的全部电压和电流也将满足替代后网络的全部约束关系，因此替代后电路中全部电压和电流与原电路的值保持不变。如果第 k 条支路被 $i_S=i_k$ 的电流源替代，也可类似证明。

如果第 k 条支路中的部分电压或部分电流为网络 N 中受控源的控制量，替代将使这些控制量消失，因此这样的支路不能被替代。

不论是线性电路还是非线性电路，替代定理都成立，这是因为在做这种替代的前后，被替代处的工作条件并没有变动，当然不会影响电路中其他部分的工作。

在应用叠加定理分析电路时，电流源置零相当于开路处理，而电压源置零相当于短路处理，这实际上是应用了替代定理的一种特殊情况。

5.2.3 应用举例

例 5-4 电路如图 5-9 所示，其中 N_S 可能是一个比较复杂的含源电路，试求电压 u。

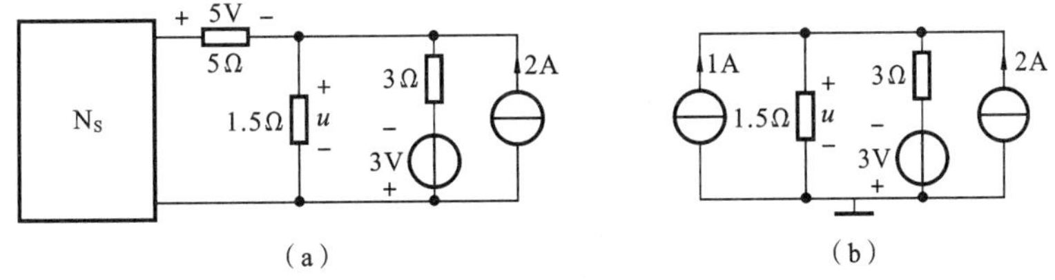

图 5-9 例 5-4 图

解 根据替代定理，可将 5 Ω 电阻用 1 A 的电流源替代，再考虑电流源与 N_S 串联对外部就等效于电流源，电路可简化为如图 5-9(b)所示。(注意，不要用 5 V 电压源替代，否则将不便于求解)由节点法可求得

$$\left(\frac{2}{3}+\frac{1}{3}\right)u=1-1+2$$

$$u=2\ \text{V}$$

例 5-5 电路如图 5-10 所示，含源线性网络 N_S，当外接 R_2 改变时，电路中各处电流都将改变。已知当 $i_2=8$ A 时，测得 $i_1=10$ A；当 $i_2=4$ A 时，测得 $i_1=6$ A。试求当 $i_2=2$ A 时，i_1 值为多少？

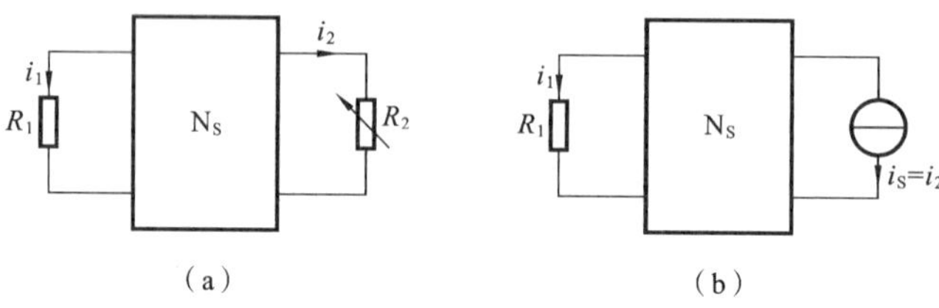

图 5-10 例 5-5 图

解 首先应用替代定理，将 R_2 支路用 $i_S=i_2$ 的电流源替代，如图 5-10(b)所示。然后根据齐次性和可加性，由电流源 i_S 单独作用时所产生的电流分量 i'_1 与 N_S 内部独立源单独作用时所产生的电流分量 i''_1 叠加。而

$$i'=ki_S,\quad i_1=ki_S+i''_1$$

由已知条件可得

$$10=8k+i''_1,\quad 6=4k+i''_1$$

解得

$$k=1,\quad i''_1=2\ \text{A}$$

于是

$$i_1=i_S+2$$

故当 R_2 的电流为 2 A 时，电阻 R_1 的电流为 $i_1=(2+2)$ A$=4$ A。

思考与练习

5-2-1 已知练习图 5-4 中 $U=1.5$ V，试用替代定理求解电压 U_1。

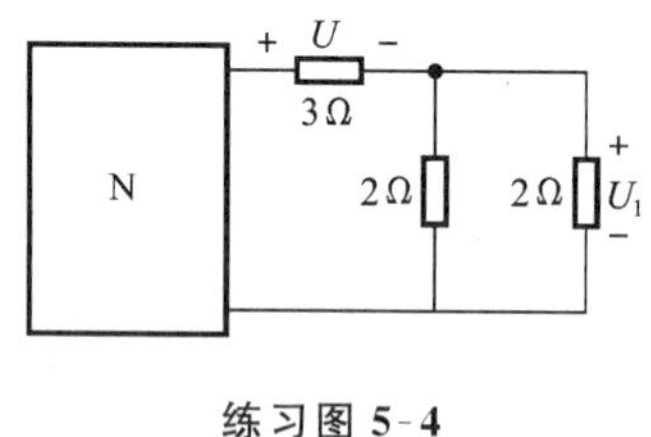

练习图 5-4

5.3 戴维南定理和诺顿定理

5.3.1 引例

在介绍戴维南定理之前，先对图 5-11(a)所示电路进行分析。当电路的参数已知，求解流过电阻 R 的电流 i，可以应用实际电源两种模型等效互换的方法逐步简化电路。其过程如图 5-11(b)、(c)、(d)、(e)所示。

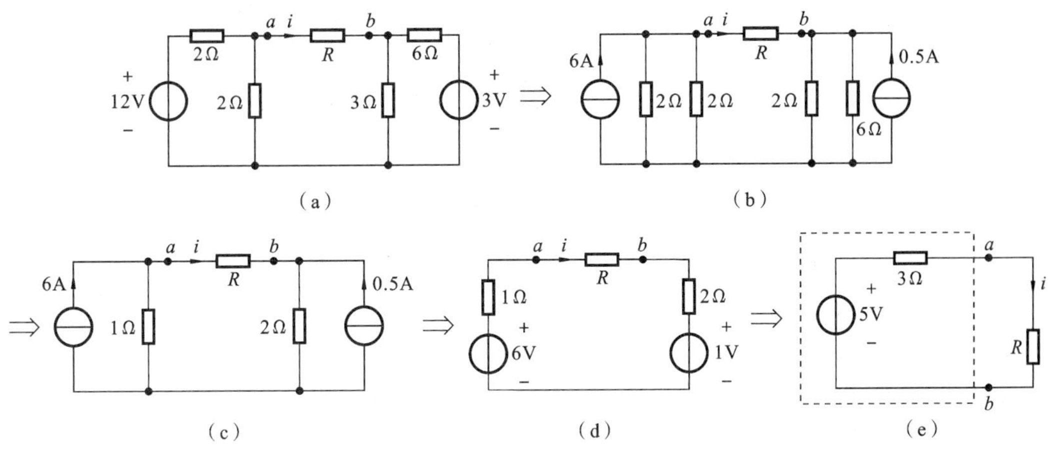

图 5-11　戴维南定理的引例图

若电阻 $R=2\ \Omega$，则由图 5-11(e)所示等效电路可求得

$$i=\frac{5}{3+R}=\frac{5}{3+2}\ \text{A}=1\ \text{A}$$

当 $R=7\ \Omega$ 时，有

$$i=\frac{5}{3+7}\ \text{A}=0.5\ \text{A}$$

如果对图 5-11(a)所示电路用网孔电流法和节点电压法求解电流 i，则电阻 R 的数值改变后，需重新求解方程，这将非常不方便。

工程实践中，常常碰到只需分析计算电路中某一支路的电流或电压，而不必计算出全部支路电流或电压的情况。这时可以断开被求支路，将其余含有独立源的电路(通常称为含源线性电阻二端网络)等效为一个含有独立源与电阻元件组合的等效电路。这个等效电路可以用电压源与电阻串联组合，也可以用电流源与电阻 R 的并联组合。结构复杂的电路，如果采用实际电源两种模型等效互换的方法，逐步化简电路的过程会很繁琐。本节介绍的戴维南定理和诺顿定理给出了如何将一个含源线性电阻二端网络等效为这两种组合电路的最有效方法。

5.3.2　戴维南定理与诺顿定理的内容和证明

戴维南定理是法国电报工程师 L. C. Thevenin(1857—1926)于 1883 年提出的，在电路理论中具有极重要的地位。

1. 戴维南定理的内容

任何一个含源线性电阻二端网络 N_S(其内部含有独立源、线性电阻和线性受控源)，就其端口的 VCR，可等效为一个电压源与一个电阻元件串联的电路模型。该电压源的电压等于含源线性电阻二端网络 N_S 的开路电压 u_{OC}，与其串联的电阻 R_0 等于含源线性电阻二端网络 N_S 内部所有独立源置零后所得无源网络 N_0 的端口等效电阻 R_{ab}。通常把这个电路模型称为含源二端网络 N_S 的戴维南等效电路。

戴维南定理的内容可用图 5-12 说明。

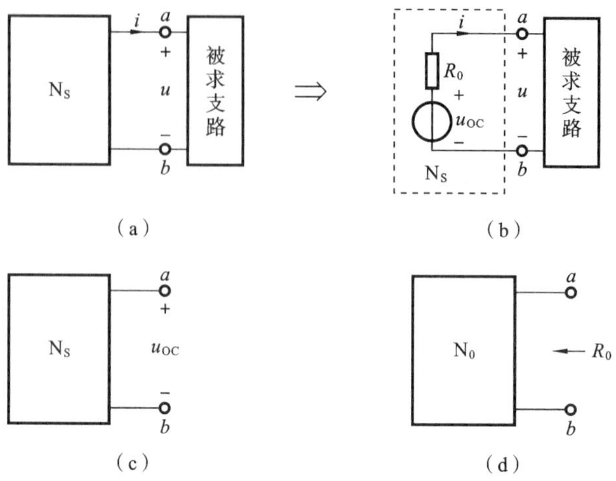

图 5-12 戴维南定理的图示说明

2. 戴维南定理的证明

对于图 5-13(a)所示的电路，其中 N_S 为含源二端网络，通过端子 a、b 与被求支路相连接，a、b 端电压为 u，电流为 i。根据替代定理，用 $i_S=i$ 的电流源替代被求支路，替代后的电路如图 5-13(b)所示。应用叠加定理分析，其分电路如图 5-13(c)和(d)所示。可以看出，当电流源 i_S 不作用而 N_S 内部独立电源作用时，产生的响应 $u'=u_{OC}$；当 i_S 单独作用而 N_S 内部独立电源置零时，N_S 变为不含独立电源的二端网络 N_0，若输入电阻为 R_o，则产生的响应 $u''=-R_oi$。由叠加定理，a、b 端的电压 u 为

$$u=u'+u''=u_{OC}-R_oi$$

上式为在端口 a、b 处的 VCR。由 VCR 可以画出 N_S 的等效电路如图 5-13(e)所示，这个等效电路与戴维南等效电路完全相同。这就证明了戴维南定理的正确性。

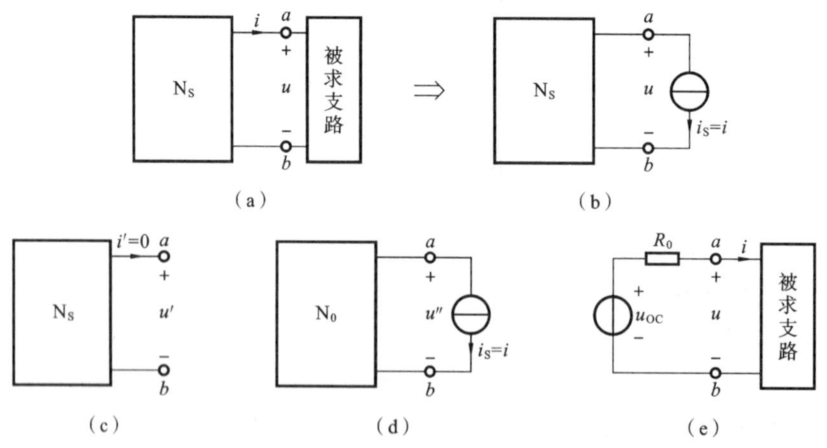

图 5-13 戴维南定理的证明

3. 诺顿定理的内容

诺顿定理(Norton’s theorem)是戴维南定理的对偶形式，由美国贝尔实验室工程师

E. L. Norton提出。

任何一个含源线性电阻二端网络 N_S，就其端口的 VCR 而言，可等效为一个电流源与一个电阻元件并联的电路模型。该电流源的电流等于含源线性二端网络 N_S 端口的短路电流 i_{SC}，其并联的电阻 R_0 等于含源线性二端网络 N_S 内部所有独立源置零后所得无源网络 N_0 的端口等效电阻 R_{ab}。

诺顿定理的内容可用图 5-14 说明。

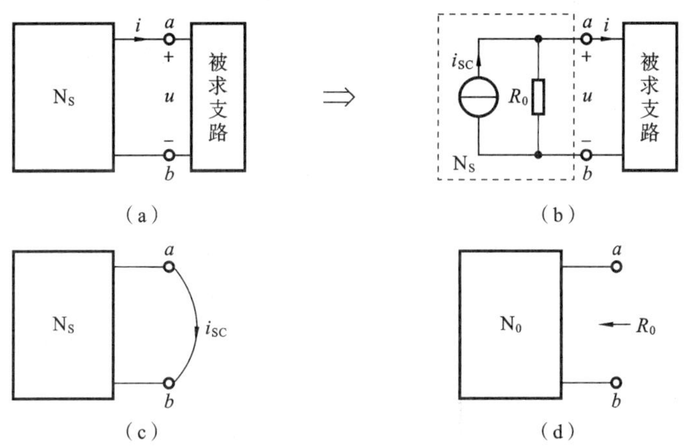

图 5-14 诺顿定理的图示说明

与戴维南定理的证明一样，可以用替代定理和叠加定理证明诺顿定理，这里不再赘述。

5.3.3 应用举例

戴维南定理和诺顿定理无论在理论分析和实际应用上都是极其重要的，应用十分广泛。应用这两个定理求解电路的步骤如下。

第一步，断开被求支路，求出含源线性二端网络 N_S 在端口处的开路电压 u_{OC} 或短路电流 i_{SC}。

第二步，将含源线性电阻二端网络 N_S 中的所有独立源置零（受控源必须保留），得无源二端网络 N_0，求出端口处的等效电阻 R_0。

第三步，画出戴维南等效电路或诺顿等效电路，接上被求支路，求出被求量（电压或电流）。

求等效电阻 R_0 的方法有以下几种。

解法一　如果无源线性电阻二端网络 N_0 不含受控源，各电阻元件存在简单关系，则可用串、并联关系求解。

解法二　如果无源线性电阻二端网络 N_0 含有线性受控源，可采用外加电压求电流法或外加电流求电压法求解，方法如图 5-15(a)、(b)所示。（参考 3.3 节）其等效电阻为

$$R_0=\frac{u}{i} \tag{5-4}$$

注意：采用式(5-4)求等效电阻 R_0 时，含源二端网络 N_S 中的独立源全部置零，但受控源必须保留。

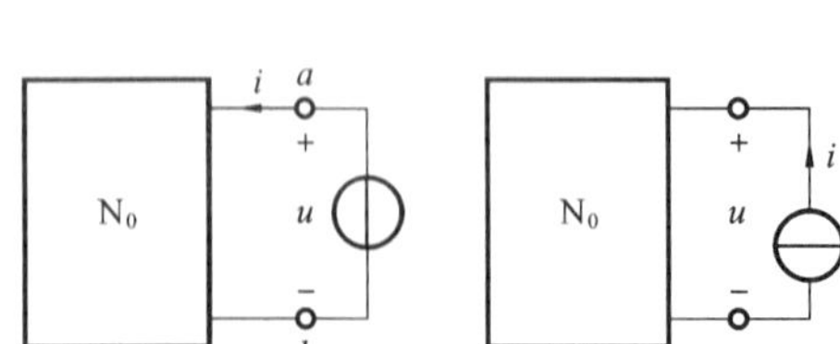

图 5-15　等效电阻 R_0 的求解方法

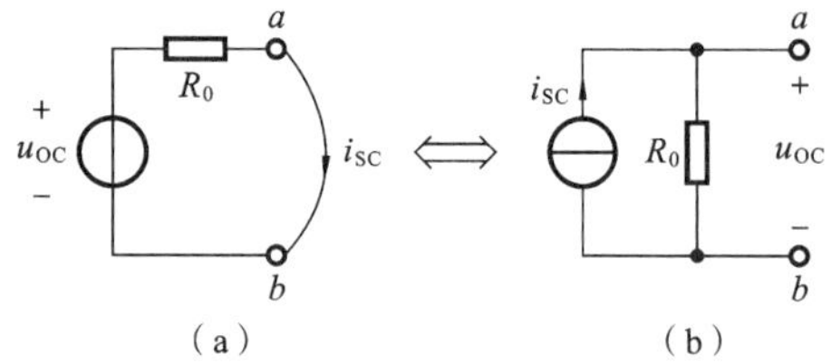

图 5-16　戴维南等效电路与诺顿等效电路的关系

解法三　由于戴维南等效电路与诺顿等效电路两种模型可以互相转换，如图 5-16(a)、(b)所示，且由于 $i_{SC}=\frac{u_{OC}}{R_0}$，故有

$$R_0=\frac{u_{OC}}{i_{SC}} \tag{5-5}$$

注意：由于开路电压 u_{OC} 和短路电流 i_{SC} 均由含源二端网络 N_S 中的电源产生，所以采用式(5-5)求解等效电阻 R_0 时，N_S 中的所有电源均保留不变。

例 5-6　应用戴维南定理求图 5-17(a)所示电路中流过电阻 R 的电流 i。

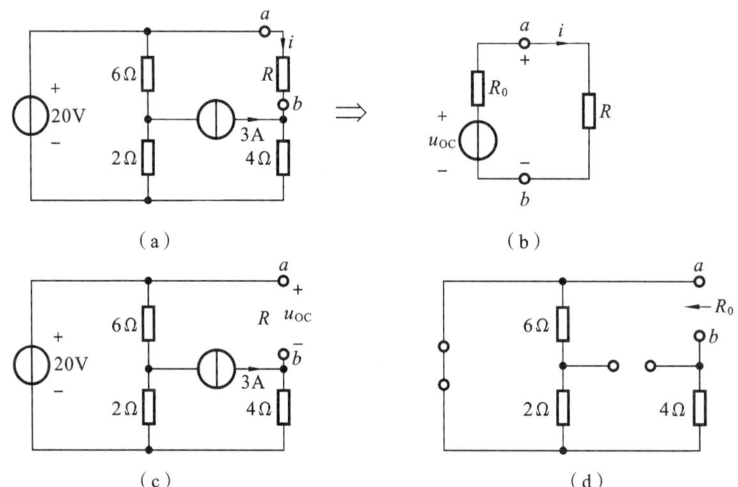

图 5-17　例 5-6 图

解　第一步，断开被求支路(电阻元件 R)，得含源二端网络 N_S 如图 5-17(c)所示，求断开处 a、b 端的开路电压 u_{OC}。

$$u_{OC}=(20-3\times4)\ \text{V}=8\ \text{V}$$

第二步，将 N_S 中的电压源短路，电流源开路，得无源电阻网络 N_0，如图 5-17(d)所示，其端口处的等效电阻 R_0 为

$$R_0=4\ \Omega$$

第三步，画出戴维南等效电路，接上被求支路(电阻元件 R)，如图 5-17(b)所示，当 $R=4\ \Omega$时，求得电流为

$$i=\frac{u_{OC}}{R_0+R}=\frac{8}{4+4}\ \text{A}=1\ \text{A}$$

改变电阻 R 的数值，电流 i 很容易从上式中求得。

例 5-7 应用戴维南定理求图 5-18(a)所示电路中流过负载电阻 R_L 的电流 I_L。

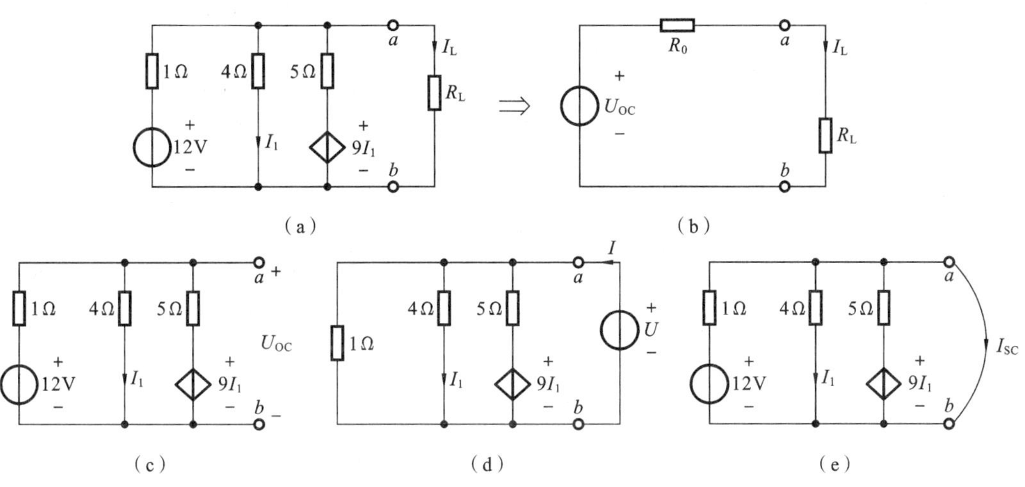

图 5-18 例 5-7 图

解 (1) 由图 5-18(c)，根据节点电压分析法，列出节点方程，有

$$\begin{cases}\left(1+\dfrac{1}{4}+\dfrac{1}{5}\right)U_{OC}=\dfrac{12}{1}+\dfrac{9I_1}{5}\\ I_1=\dfrac{U_{OC}}{4}\end{cases}$$

求得

$$U_{OC}=12\ \text{V}$$

(2) 用外加电压法求电流，即根据式(5-4)求等效电阻 R_0，电路如图 5-18(d)所示。

$$I=U+\frac{1}{4}U+(U-9I_1)\times\frac{1}{5}$$

将 $I_1=\dfrac{1}{4}U$ 代入上式得

$$I=U$$

故

$$R_0=\frac{U}{I}=1\ \Omega$$

(3) 画出戴维南等效电路如图 5-18(b)所示，当 $R_L=1\ \Omega$ 时，有

$$I_L=\frac{U_{OC}}{R_0+R_L}=\frac{12}{1+1}\ \text{A}=6\ \text{A}$$

本例也可以用式(5-5)求解等效电阻 R_0，将负载电阻短路，所有电源均保留，如图 5-18(e)所示。由于 $I_1=0$，电流控制电压源也为零，故求得短路电流为

$$I_{SC}=\frac{12}{1}\ \text{A}=12\ \text{A}$$

因此有

$$R_0=\frac{U_{OC}}{I_{SC}}=\frac{12}{12}\ \Omega=1\ \Omega$$

本例说明了含源线性二端电阻网络 N_S 中含有受控源时，如何用式(5-4)或式(5-5)求解等效电阻 R_0 的方法。请读者比较这两种方法的区别。

一般情况下采用外加电源法求解等效电阻 R_0，因为这种方法要求 N_S 中所有独立源置零，电路结构因此可能比较简单，从而便于求解。

例 5-8 电路如图 5-19(a)所示，N_S 为含源线性电阻网络，当开关 S 断开时，$u_S=4$ V；当开关 S 闭合时，$i=0.5$ A。求含源线性二端电阻网络 N_S 的戴维南等效电路。

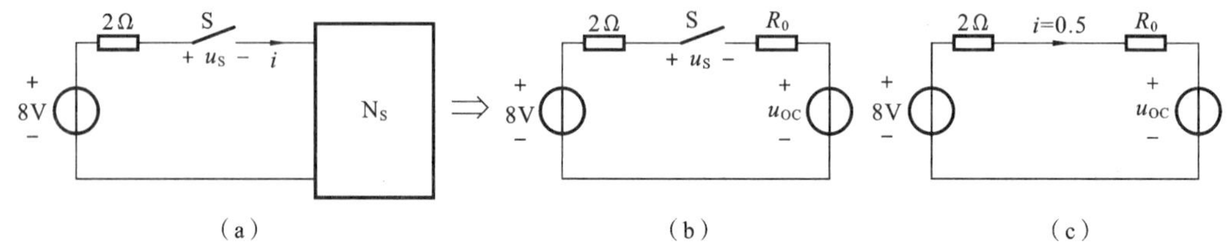

图 5-19 例 5-8 图

解 含源二端网络 N_S 的内部结构未知，但是可以用戴维南等效电路来表示，这样可画出图 5-19(b)所示电路。

(1) 当开关 S 断开时，有

$$u_S=8-u_{OC}=4\ \text{V}$$

故

$$u_{OC}=4\ \text{V}$$

(2) 当开关 S 闭合时，电路如图 5-19(c)所示，有

$$2\times0.5+0.5\times R_0+u_{OC}-8=0$$

故

$$R_0=\frac{8-4-1}{0.5}\ \Omega=6\ \Omega$$

例 5-9 电路如图 5-20(a)所示，N_S 为含源线性电阻网络，通过实验测得：(1) 当 $R=2\ \Omega$时，$I=2.5$ A；(2) 当 $R=3\ \Omega$ 时，$I=2$ A。试求当 $R=8\ \Omega$ 时，流过电阻的电流 I 为多少？

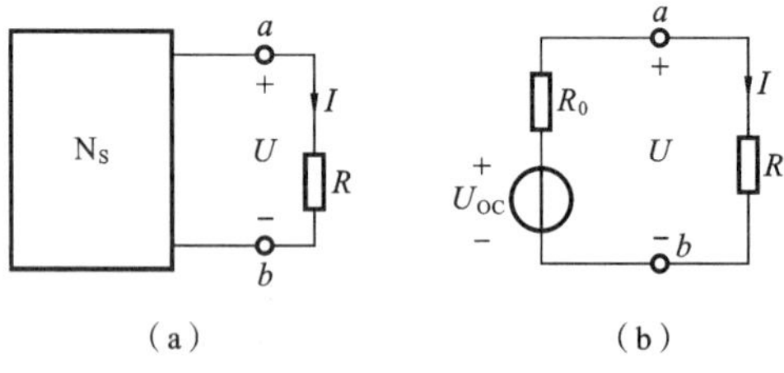

图 5-20 例 5-9 图

解 虽然网络 N_S 的内部结构和元件参数未给出，但是通过两组实验数据可以确定 N_S 的戴维南等效电路中的 u_{OC} 和 R_0。如图 5-20(b)所示，方程为

$$\begin{cases}I=\dfrac{u_{OC}}{R_0+2}=2.5\\[2ex]I=\dfrac{u_{OC}}{R_0+3}=2\end{cases}$$

求得

$$u_{OC}=10\ \text{V},\quad R_0=2\ \Omega$$

故当 $R=8\ \Omega$ 时，由图 5-20(b)可求得

$$I=\frac{10}{2+8}\ \mathrm{A}=1\ \mathrm{A}$$

以上两例说明：当含源线性二端电阻网络的内部结构及元件参数未知时，可以用戴维南等效电路表示，根据已知条件，可以求出 u_{OC}、R_0，然后进一步求解。

例 5-10 电路如图 5-21(a)所示，试求含源二端网络的诺顿等效电路。

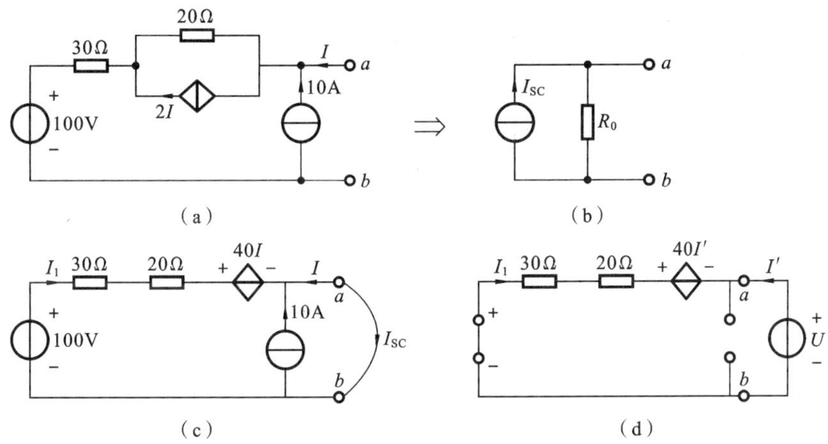

图 5-21 例 5-10 图

解 (1) 先将 a、b 端短路，受控电流源等效为受控电压源，如图 5-21(c)所示，其中 $I_{\mathrm{SC}}=-I$，由 KCL、KVL 求出 I_{SC}。因为

$$I_1=\frac{100-40I}{30+20}=2+\frac{4}{5}I_{\mathrm{SC}}$$

所以
$$I_{\mathrm{SC}}=10+I_1=10+2+\frac{4}{5}I_{\mathrm{SC}}$$

故
$$I_{\mathrm{SC}}=60\ \mathrm{A}$$

(2) 等效电阻 R_0 可用外加电压法式(5-4)和开路电压-短路电流法式(5-5)求解。

解法一　用外加电压法。如图 5-21(d)所示，由 KVL 可得

$$U=50I'-40I'=10I'$$

故
$$R_0=\frac{U}{I'}=10\ \Omega$$

解法二　用开路电压-短路电流法。$R_0=\dfrac{U_{\mathrm{OC}}}{I_{\mathrm{SC}}}$，由图 5-21(a)求出 a、b 端的开路电压 $U_{\mathrm{OC}}=U_{ab}$。由于 a,b 端开路使得 $I=0$，受控电流源 $2I=0$，因此有

$$U_{\mathrm{OC}}=[(30+20)\times10+100]\ \mathrm{V}=600\ \mathrm{V}$$

由式(5-2)可得

$$R_0=\frac{U_{\mathrm{OC}}}{I_{\mathrm{SC}}}=\frac{600}{60}\ \Omega=10\ \Omega$$

(3) 画出诺顿等效电路如图 5-21(b)所示。

此例说明：用诺顿等效电路求解时，其中的等效电阻 R_0 的求解方法与用戴维南定理的相同。亦可以先求出戴维南等效电路，然后根据电压源与电阻串联组合与电流源和电阻的

并联组合等效互换,求得诺顿等效电路。因此,重点讨论戴维南定理的应用方法问题。

在实际电子线路中,常要求负载电阻 R_L 从给定的含源线性二端网络 N_S 中获得最大功率,如图 5-22(a)所示。首先求出 N_S 的戴维南等效电路,如图 5-22(b)所示。由于 N_S 内部结构和参数一定,u_{OC} 和 R_0 为定值,那么负载电阻 R_L 满足什么条件时可以获得最大功率呢?

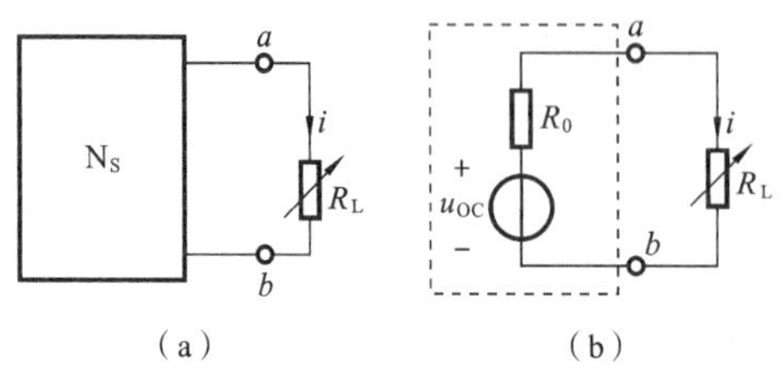

图 5-22 实际电路示例

在图 5-22(b)中,设 R_0 为正值,负载 R_L 吸收的功率为

$$P_L=R_Li^2=R_L\left(\frac{u_{OC}}{R_0+R_L}\right)^2$$

按照求极值的方法,令 $\frac{dP}{dR_L}=0$,可求得获得最大功率的条件。

$$\frac{dP_L}{dR_L}=u_{OC}^2\left[\frac{(R_0+R_L)^2-R_L\times2(R_0+R_L)}{(R_0+R_L)^4}\right]=u_{OC}^2\left[\frac{(R_0-R_L)}{(R_0+R_L)^3}\right]=0$$

解得获得最大功率的条件为

$$R_0=R_L \tag{5-6}$$

其最大功率为

$$P_{Lmax}=R_Li^2=R_L\cdot\left(\frac{u_{OC}}{R_0+R_L}\right)^2=\frac{u_{OC}^2}{4R_0} \tag{5-7}$$

当负载电阻 $R_0=R_L$ 时,可获得最大功率 $P_{Lmax}=\frac{u_{OC}^2}{4R_0}$,称为最大功率传输定理。满足 $R_0=R_L$ 时,称负载电阻与含源网络匹配。

例 5-11 电路如图 5-23(a)所示,(1) 求 R_L 等于多少时可获得最大功率;(2) 求最大功率 P_{Lmax};(3) 求 100 V 电压源产生的功率;(4) 求电压源产生的功率传递给负载的效率 η。

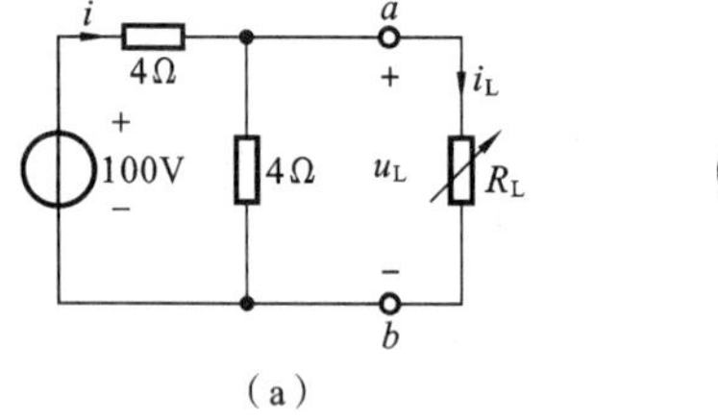

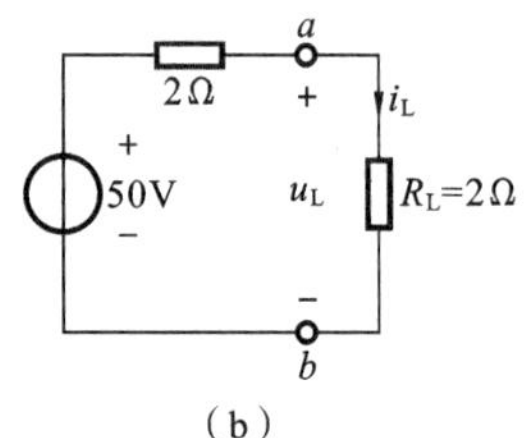

图 5-23 例 5-11 图

解 (1) 求出含源二端网络的等效电路,并接上负载,如图 5-23(b)所示。

$$u_{OC}=\frac{100}{4+4}\times4\ \text{V}=50\ \text{V},\quad R_0=\frac{4\times4}{4+4}\ \Omega=2\ \Omega$$

故当 $R_0=R_L=2\ \Omega$ 时,可获得最大功率。

(2)
$$P_{Lmax}=\frac{u_{OC}^2}{4R_0}=\frac{50^2}{4\times2}\ \text{W}=312.5\ \text{W}$$

(3) 当 $R_L=2\ \Omega$ 时,$u_L=25$ V。在图 5-23(a)所示电路中,流过 100 V 电压源的电流为

$$i=\frac{100-25}{4}\ \text{A}=18.75\ \text{A}$$

故 100 V 电压源提供的功率为

$$P_S=100\times18.75\ \text{W}=1\ 875\ \text{W}$$

(4) 100 V 电压源产生的功率传递给负载的效率为

$$\eta=\frac{P_{max}}{P_S}\times100\%=\frac{312.5}{1\ 875}\times100\%=16.67\%$$

此例说明了戴维南等效电路或诺顿电路在最大功率传递中的应用问题。从等效电路来看，由于 $R_0=R_L$，所以消耗的功率与等效电阻 R_0 上消耗的功率相等，其传输效率 $\eta=50\%$。由于等效是对负载而言的，对 N_S 内部都是不等效的。上例 100 V 电压源产生的功率传递给负载的效率 η 只有 16.67%，所以 R_0 上消耗的功率并不代表 N_S 内部所消耗的功率。

通过上述举例分析可知，应用戴维南定理和诺顿定理时应注意的问题如下。

(1) 所要等效的含源二端网络 N_S 必须是线性网络。至于外电路(被求支路)，则没有限制，甚至可以是非线性电路。

(2) 外电路(被求支路)与含源二端网络 N_S 之间只能通过连接端点 a 和 b 上的电流和电压来相互联系，而不应有其他耦合。例如，N_S 中的受控源受到外电路电压或电流的控制。外电路与 N_S 连接后，网络必须有唯一的解。N_S 必须满足在叠加定理中一样的条件，这是因为戴维南定理和诺顿定理是根据替代定理与叠加定理来证明的。

(3) 一般说来，含源二端网络 N_S 的戴维南等效电路与诺顿等效电路都存在，而且可以互相转换。但是，当 N_S 内含有受控源时，其等效电阻有可能为零，这时戴维南等效电路为理想电压源，从而诺顿等效电路不存在；如果 $R_0=\infty$(电导 $G_0=0$)，则诺顿等效电路为理想电流源，从而戴维南等效电路不存在。

(4) 无论 N_S 的内部结构和参数已知或未知，均可用戴维南等效电路或诺顿等效电路来表示。关键是求出开路电压 u_{OC}(或短路电流 i_{SC})和等效电阻 R_0。应特别注意各电源的参考方向与 u_{OC}(或短路电流 i_{SC})之间的关系，如图 5-24 所示。

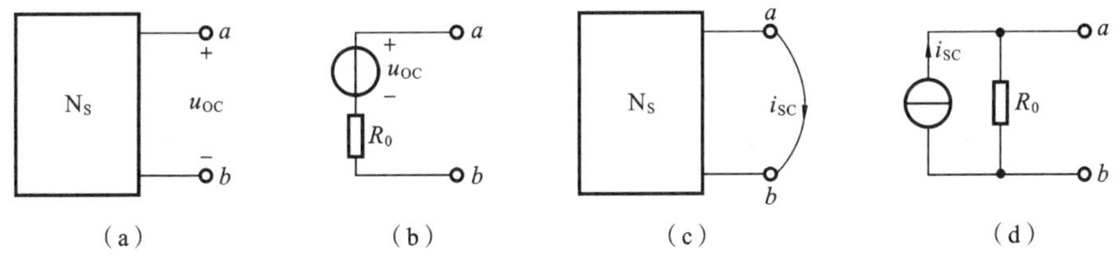

图 5-24 含源二端网络电路及其等效电路

(5) 一般采用外加电源法式(5-4)或开路电压-短路电流法式(5-5)求解等效电阻 R_0。这两种方法的不同之处在于对含源二端网络 N_S 内独立电源的处理。采用式(5-4)用外加电源法时，N_S 内部所有独立源均置零(电压源短路、电流源开路)，受控源保留，加电压 u 求电流 i，则 $R_0=\frac{u}{i}$。采用式(5-5)开路电压-短路电流法时，N_S 内部所有电源均保留，将端口短路，求出短路电流 i_{SC}，则

$$R_0=\frac{u_{OC}}{i_{SC}}$$

(6) 戴维南定理和诺顿定理广泛应用于如下情况：

① 只需求解网络中某一支路(或某一元件)的电压或电流;

② 讨论某一支路元件参数变化对本支路电压电流的影响;

③ 负载从网络 N_S 获得最大功率问题;

④ 将一个复杂网络进行局部化简等问题。

(7) 含源线性二端网络 N_S 等效为电压源与电阻串联组合或等效为电流源与电阻的并联组合,都是对外电路(被求支路)的 VCR 保持不变而言的,对 N_S 内部并不等效。

思考与练习

5-3-1 运用外施电源法和开路电压-短路电流法求戴维南等效电阻时,对原网络内部电源的处理是否相同?为什么?

5-3-2 对于线性含源二端网络,其戴维南等效电路和诺顿等效电路是否一定同时存在?为什么?

5-3-3 测得一个线性含源二端网络的开路电压 $U_{OC}=8$ V,短路电流 $I_{SC}=0.5$ A。试计算外接电阻 R_L 为 24 Ω 时 R_L 的电流及电压。

*5.4 特勒根定理和互易定理

特勒根定理(Tellgent's theorem)是 B. D. Tellegent 于 1952 年提出的。它是电路理论中最普遍适用的定理,在电路的灵敏度分析、电路的优化设计等方面有着广泛的应用,其重要性与基尔霍夫定律等价。

5.4.1 特勒根定理

1. 特勒根定理的形式

特勒根定理的形式一:对任意一个具有 b 条支路、n 个节点的集中参数电路,设 u_k 和 i_k 为支路 k 的电压和电流($k=1,2,\cdots,b$),且 u_k 和 i_k 为关联参考方向,则对任何时间 t,有

$$\sum_{k=1}^{b} u_k i_k = 0 \tag{5-8}$$

即,电路各支路吸收功率的代数和恒为零。特勒根定理的形式一是电路功率守恒的具体体现,故又称为功率定理。特勒根定理适用于任何具有线性、非线性、时不变及时变元件的集中参数电路。

特勒根定理的形式二:对任意两个具有 b 条支路、n 个节点,有向图相同(即拓扑结构完全相同)的集中参数电路 N 和 $\hat{\text{N}}$,它们的第 k 条支路电压、电流分别为 u_k、i_k 和 $\hat{u}_k$、$\hat{i}_k$($k=1,2,\cdots,b$),且各支路电压和电流均为关联参考方向,则在任何时间 t,有

$$\sum_{k=1}^{b} u_k \hat{i}_k = 0 \tag{5-9a}$$

$$\sum_{k=1}^{b} \hat{u}_k i_k = 0 \tag{5-9b}$$

以上两式求和中的每一项是一个电路 N 的支路电压(或电流)和另一个电路 $\hat{N}$ 相应支路的支路电流(或电压)相乘。它们虽具有功率的量纲,但不表示任何支路的功率,称为拟功率。以上两式将有向图相同(拓扑结构相同)的两个电路联系起来,是电路理论中唯一一个能把有向图完全相同的两个电路联系起来的形式。因此涉及有向图完全相同的两个电路的问题只有用特勒根定理才能解决。例如,N 和 $\hat{N}$ 中对应支路的元件性质不同;对应支路的元件性质相同,但元件参数不同;对应支路电源的波形不同等。

特勒根定理的应用主要是定理的形式二,特勒根定理的形式一可以看做是特勒根定理形式二中电路 N 和 $\hat{N}$ 为同一电路时的特例。

2. 特勒根定理的证明

特勒根定理表达的是电路的拓扑结构规律,而与各支路的元件性质无关,可以直接由 KCL、KVL 导出。下面通过图 5-25(a)、(b)所示两个不同的电路 N 和 $\hat{N}$ 来证明特勒根定理。N 和 $\hat{N}$ 具有相同的拓扑结构(或有向图),支路由任意元件构成,各支路电压、电流为关联参考方向,如图所示。

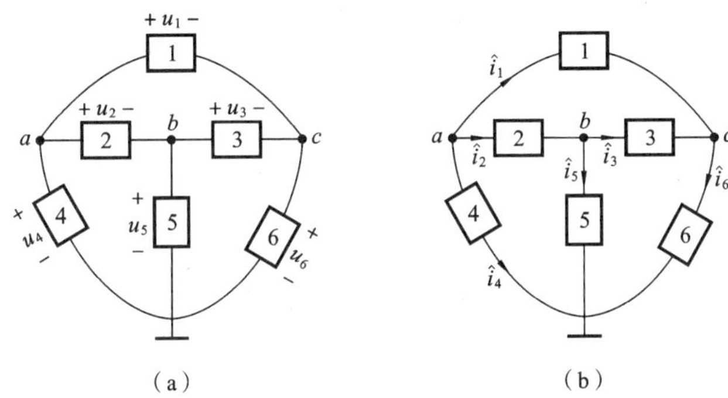

图 5-25　特勒根定理的证明

对于图 5-25(a)所示电路 N,将各支路电压用节点电位 u_a、u_b、u_c 表示为

$$
\begin{cases}
u_1 = u_a - u_c \\
u_2 = u_a - u_b \\
u_3 = u_b - u_c \\
u_4 = u_a \\
u_5 = u_b \\
u_6 = u_c
\end{cases}
$$

对于图 5-25(b)所示电路 $\hat{N}$,对独立节点 a、b、c 列写出 KCL 方程,为

$$
\begin{cases}
\hat{i}_1 + \hat{i}_4 + \hat{i}_2 = 0 \\
\hat{i}_5 + \hat{i}_3 - \hat{i}_2 = 0 \\
\hat{i}_6 - \hat{i}_3 - \hat{i}_1 = 0
\end{cases}
$$

将式(5-9a)中的支路电压用节点电压表示,可得

$$
\sum_{k=1}^{6} u_k \hat{i}_k = (u_a - u_c)\hat{i}_1 + (u_a - u_b)\hat{i}_2 + (u_b - u_c)\hat{i}_3 + u_a \hat{i}_4 + u_b \hat{i}_5 + u_c \hat{i}_6
$$

$$= (\hat{i}_1 + \hat{i}_4 + \hat{i}_2)u_a + (\hat{i}_5 + \hat{i}_3 - \hat{i}_2)u_b + (\hat{i}_6 - \hat{i}_3 - \hat{i}_1)u_c$$

考虑电路 $\hat{\mathrm{N}}$ 的 KCL 方程，可得

$$\sum_{k=1}^{6} u_k \hat{i}_k = 0$$

从而验证了这两个电路 N 和 $\hat{\mathrm{N}}$ 满足式(5-9a)，同理也可验证它们满足式(5-9b)。上述论证过程可推广到任意具有 b 条支路、n 个节点的电路。

由于论证过程中只用到 KCL、KVL，未涉及各支路的元件性质，因此特勒根定理表达的是集中参数电路的拓扑结构规律，适用任何线性与非线性以及时变与非时变元件构成的电路。

例 5-12 图 5-26(a)、(b)所示 N 和 $\hat{\mathrm{N}}$ 电路，它们具有相同的拓扑结构，各支路电流、电压为关联参考方向，试验证特勒根定理。

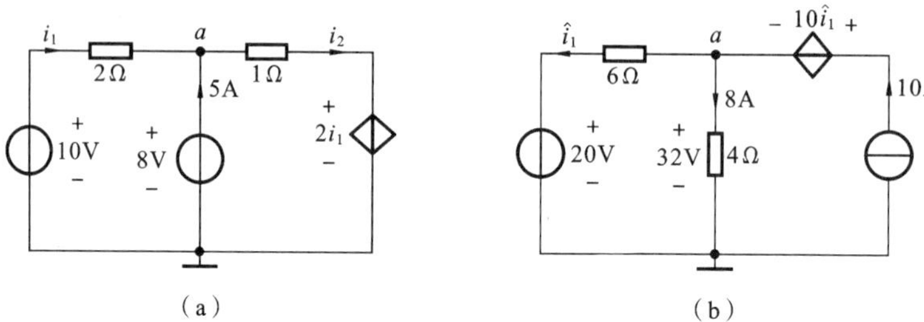

图 5-26 例 5-12 图

解 由图 5-26(a)所示电路 N，用节点电压法可求得

$$u_a = 8\ \mathrm{V},\quad i_1 = 1\ \mathrm{A},\quad 2i_1 = 2\ \mathrm{V},\quad i_2 = 6\ \mathrm{A}$$

故

$$\sum_{k=1}^{3} u_k i_k = (10 - 2\times 1)\times(-1) + 8\times(-5) + 8\times 6$$
$$= -8 - 40 + 48 = 0$$

由图 5-26(b)所示电路 $\hat{\mathrm{N}}$，用节点法可求得

$$\hat{u}_a = 32\ \mathrm{V},\quad \hat{i}_1 = 2\ \mathrm{A},\quad 10\hat{i}_1 = 20\ \mathrm{V}$$

故

$$\sum_{k=1}^{3} \hat{u}_k \hat{i}_k = (20 + 6\times 2)\times 2 + 32\times 8 + (-10)\times 32$$
$$= 64 + 256 - 320 = 0$$

对两个电路 N 和 $\hat{\mathrm{N}}$，有

$$\sum_{k=1}^{3} \hat{u}_k \hat{i}_k = 8\times 2 + 8\times 8 + 8\times(-10) = 0$$

$$\sum_{k=1}^{3} \hat{u}_k \hat{i}_k = 32\times(-1) + 32\times(-5) + 32\times(-6) = 0$$

通过以上对例题的分析，N、$\hat{\mathrm{N}}$ 均满足式(5-8)和式(5-9a)、式(5-9b)。

例 5-13 图 5-27(a)所示电路中，N_R 为线性电阻网络，当 2-2′开路时，开路电压 $u_{22'} = 12\ \mathrm{V}$，$I_{a1} = 1\ \mathrm{A}$；当 2-2′短路时，短路电流 $I_{22'} = 4\ \mathrm{A}$。试求当 2-2′接负载电阻 $R = 9\ \Omega$ 时，图 5-27(b)所示电路中的电流 I_{b1} 和 I_{b2} 各为多少？

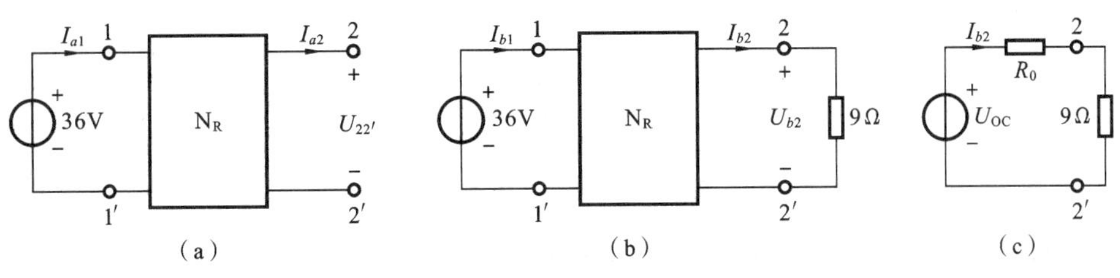

图 5-27　例 5-13 图

解　图 5-27(a)的戴维南等效电路如图 5-27(c)所示，其中

$$U_{OC}=U_{22'}=12\ \text{V},\quad R_0=\frac{U_{22'}}{I_{22'}}=\frac{12}{4}\ \Omega=3\ \Omega$$

由图 5-27(c)所示等效电路求得

$$I_{b2}=\frac{U_{OC}}{R_0+R}=\frac{12}{3+9}\ \text{A}=1\ \text{A}$$

对图 5-27(a)和图 5-27(b)，根据特勒根定理的形式二，求得

$$\begin{cases}-36I_{b1}+U_{22'}I_{b2}=-36I_{a1}+U_{b2}I_{a2}\\ -36I_{b1}+12\times1=-36\times1\end{cases}$$

解得

$$I_{a2}=0$$

$$I_{b1}=1.33\ \text{A}$$

5.4.2　互易定理

互易定理(reciprocity theorem)可以看做是特勒根定理的应用，它反映的是下述电路特性：对于一个仅含线性电阻(不含有受控源)的二端口电路 N_R，在只有一个激励源的情况下，当激励与响应互换位置时，将不改变同一激励所产生的响应。

互易定理有三种形式。

形式一：如图 5-28(a)所示电路，N_R 中只含线性电阻(不含受控源)。当电压源 u_S 接在 N_R 的 1-1′端口时，在端口 2-2′产生的响应为短路电流 i_2；若将电压 u_S 源移到端口 2-2′，而在端口 1-1′产生的响应为短路电流 $\hat{i}_1$，如图 5-28(b)所示，则有 $i_2=\hat{i}_1$。

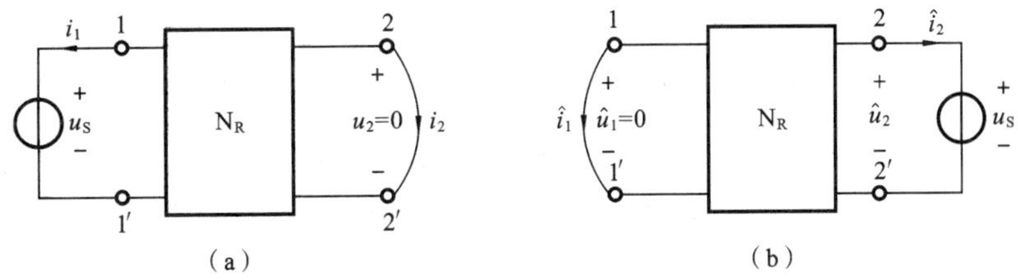

图 5-28　互易定理形式一

现用特勒根定理证明上述结论。

设图 5-28(a)、(b)所示电路为 N_R 与 $\hat{N}_R$，它们是结构完全相同的线性电阻网络，支路数均为 b 条，1-1′和 2-2′端分别为支路 1 和支路 2，其余 b-2 条支路在 N_R、$\hat{N}_R$ 内部，支路 1 和支路 2 的电压、电流分别为 i_1、u_1、i_2、u_2 及 $\hat{i}_1$、$\hat{u}_1$、$\hat{i}_2$、$\hat{u}_2$。

根据特勒根定理形式二，有

$$u_1\hat{i}_1+u_2\hat{i}_2+\sum_{k=3}^{b}u_k\hat{i}_k=0$$

$$\hat{u}_1 i_1+\hat{u}_2 i_2+\sum_{k=3}^{b}\hat{u}_k i_k=0$$

由于 N_R 和 $\hat{N}_R$ 内部的 b-2 条支路均为线性电阻，故有 $u_k=R_k i_k$，$\hat{u}_k=R_k\hat{i}_k$（$k=3,4,\cdots,b$）。将它们代入上式，得

$$u_1\hat{i}_1+u_2\hat{i}_2+\sum_{k=3}^{b}R_k i_k\hat{i}_k=0$$

$$\hat{u}_1 i_1+\hat{u}_2 i_2+\sum_{k=3}^{b}R_k\hat{i}_k i_k=0$$

由于以上两式中的第三项相同，所以

$$u_1\hat{i}_1+u_2\hat{i}_2=\hat{u}_1 i_1+\hat{u}_2 i_2 \tag{5-10}$$

对于图 5-28(a)，有 $u_1=u_S$，$u_2=0$；对于图 5-28(b)，有 $\hat{u}_1=0$，$\hat{u}_2=u_S$，代入式(5-10)，得

$$u_S\hat{i}_1=u_S i_2$$

即

$$\hat{i}_1=i_2$$

形式二：如图 5-29(a)所示的电路 N_R，在端口 1-1′接入电流源 i_S，端口 2-2′开路，其开路电压为 u_2；在图 5-29(b)所示电路中 2-2′端口接入电流源 i_S，端口 1-1′开路，其开路电压为 $\hat{u}_1$，则有 $\hat{u}_1=u_2$。

用与形式一类似的方法可证明形式二。在这种情况下，式(5-10)仍然成立，考虑到对于图 5-29(a)有 $i_1=i_S$，$i_2=0$；对于图 5-29(b)有 $\hat{i}_1=0$，$\hat{i}_2=i_S$，代入式(5-10)得

$$u_2\hat{i}_2=\hat{u}_1 i_1,\quad u_2 i_S=u_1 i_S$$

故

$$u_2=\hat{u}_1$$

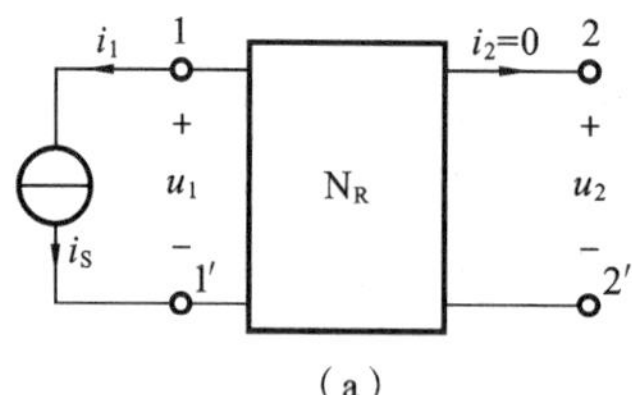

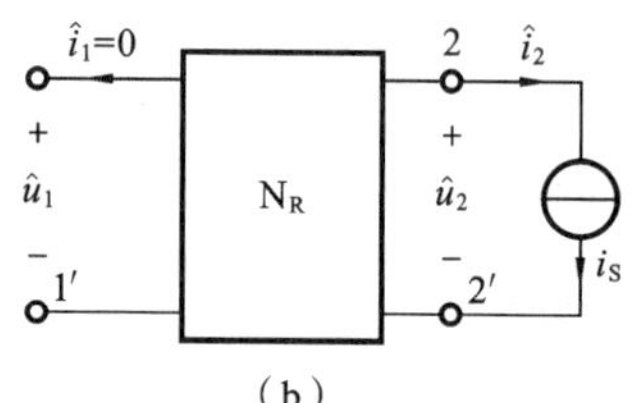

图 5-29　互易定理形式二

形式三：图 5-30(a)所示电路 N_R，端口 1-1′接入电流源 i_S（注意，i_S 与 1-1′端口电压 u_1 为非关联参考方向），端口 2-2′短路，其短路电流为 i_2；在图 5-30(b)中端口 2-2′接入电压源 u_S，端口 1-1′开路，其开路电压为 $\hat{u}_1$；若在数值上 u_S 与 i_S 相同，则数值上 $\hat{u}_1$ 与 i_2 相等。

形式三的证明过程与上述证明过程类似，只要将 $i_1=-i_S$，$u_2=0$，$\hat{i}_1=0$，$\hat{u}_2=u_S$ 代入式(5-10)，得

$$0=\hat{u}_1(-i_S)+u_S i_2$$

$$\hat{u}_1=\frac{u_S}{i_S}\cdot i_2=i_2$$

注意：若在数值上 u_S 与 i_S 相同，则 $\hat{u}_1$ 与 i_2 是数值上相等。

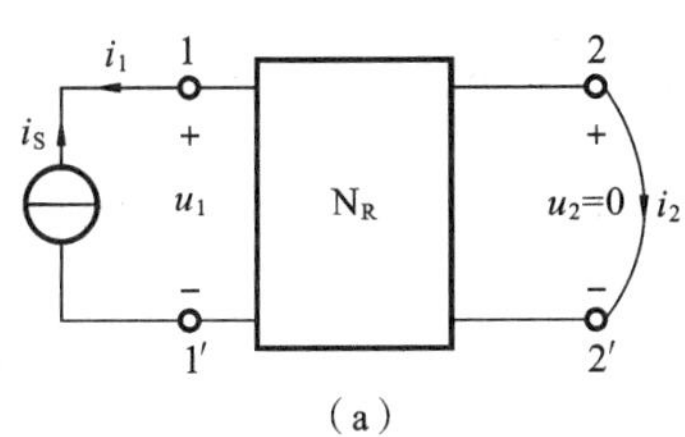

(a)

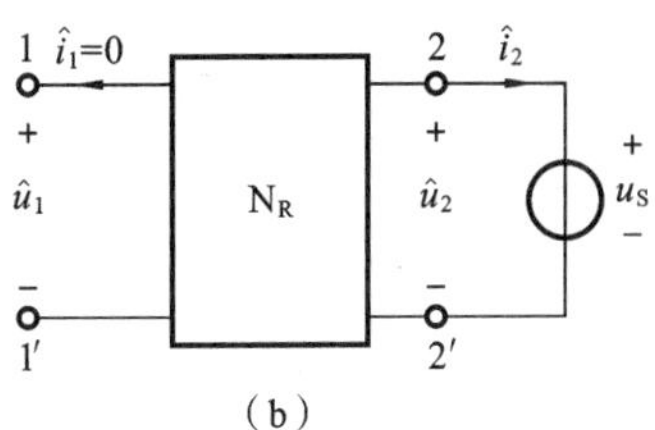

(b)

图 5-30 互易定理形式三

例 5-14 图 5-31 所示线性电阻网络，其中 $R_5=10\ \Omega$，其余未知，对该网络进行测量，两组数据为(1) $U_1=0.9\ U_S$，$U_2=0.5\ U_S$，如图 5-31(a)所示；(2) $U'_1=0.3U_S$，$U'_2=0.5U_S$，如图 5-31(b)所示。试用互易定理求出 R_1。

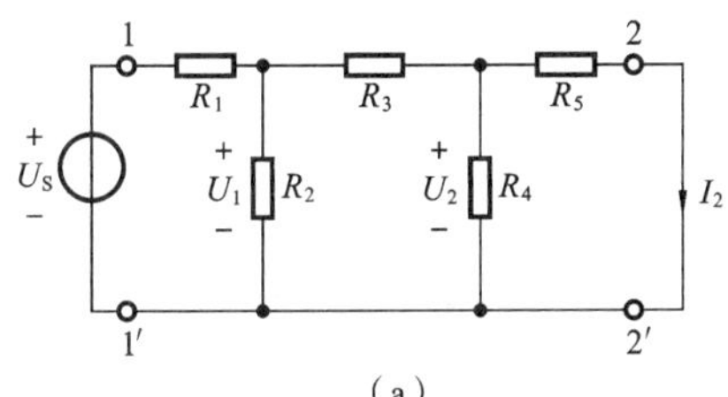

(a)

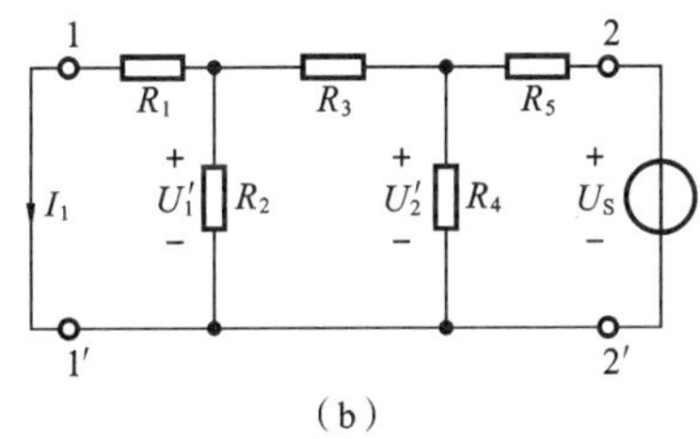

(b)

图 5-31 例 5-14 图

解 在图 5-31(a)中，有

$$I_2=\frac{U_2}{R_5}=\frac{0.5U_S}{10}=0.05U_S$$

在图 5-32(b)中，有

$$I_1=\frac{U'_1}{R_1}=\frac{0.3}{R_1}U_S$$

由互易定理形式一，可得

$$I_1=I_2$$

即

$$0.05U_S=\frac{0.3}{R_1}U_S$$

故

$$R_1=6\ \Omega$$

例 5-15 图 5-32 所示线性电阻网络，其中 $R_5=10\ \Omega$，其余未知，对该网络进行两组测试，有(1) $i_1=0.6i_S$，$i_2=0.3i_S$，如图 5-32(a)所示；(2) $i'_1=0.2i_S$，$i'_1=0.5i_S$，如图 5-32(b)所示。试用互易定理求出 R_1。

解 由图 5-32(a)可得

$$u_2=10i_2=3i_S$$

由图 5-32(b)可得

$$u_1=R_1i'_1=0.2R_1i_S$$

根据互易定理形式二，有

$$u_1=u_2$$

即

$$0.2R_1i_S=3i_S$$

故

$$R_1=15\ \Omega$$

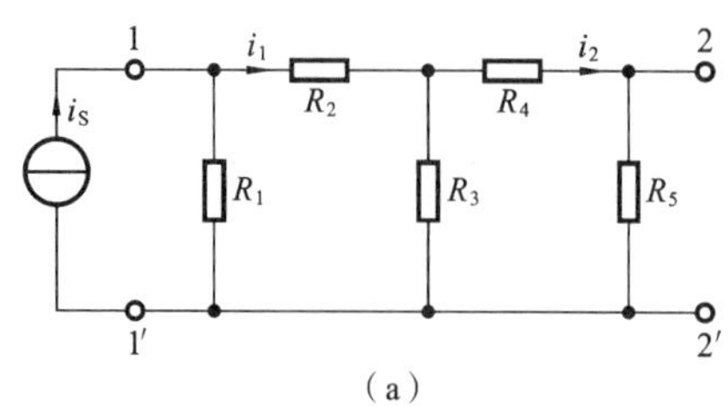

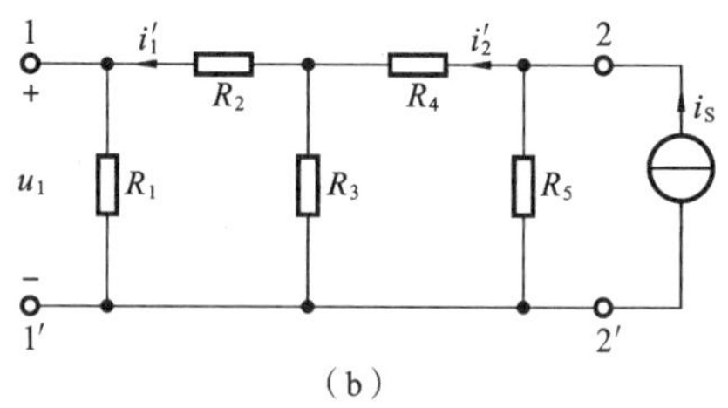

图 5-32　例 5-15 图

例 5-16　对图 5-33(a)所示线性电阻网络 N_R，进行了两组测试：(1) 当 $U_S=9$ V，$I_S=0$ 时，N_R 获得功率 27 W，$U_2=6$ V；(2) 当 $U_S=0$，$I_S=6$ A 时，N_R 获得功率 24 W。试求当 $U_S=2$ V，$I_S=4$ A 共同激励时，N_R 获得的功率。

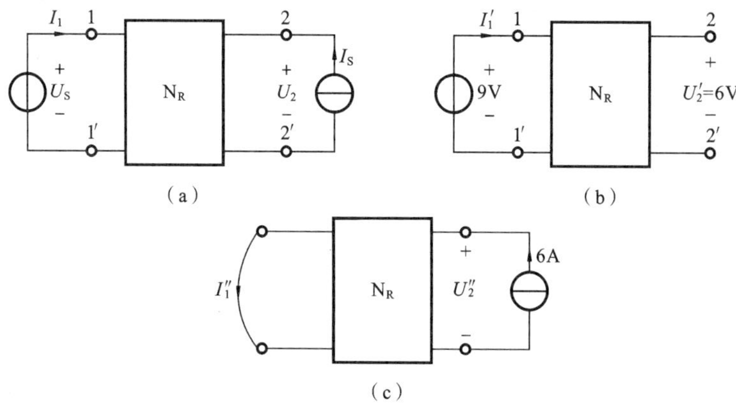

图 5-33　例 5-16 图

解　N_R 获得的功率包含电压源 U_S 和电流源提供的功率，求出 I_1 和 U_2 即可求得此功率。利用互易定理、叠加定理和线性性质可求解。

(1) 根据第一组测试数据，可画出图 5-33(b)所示电路。由功率关系，有

$$9I'_1=27\ \text{W}$$

得

$$I'_1=3\ \text{A}$$

由于当 $U_S=9$ V 时，$I'_1=3$ A，$U'_2=6$ V；由齐次性可得，当 $U_S=2$ V 时，有

$$I'_1=\frac{2}{9}\times 3\ \text{A}=\frac{2}{3}\ \text{A}$$

$$U'_2=\frac{2}{9}\times 6\ \text{V}=\frac{4}{3}\ \text{V}$$

(2) 根据第二组测试数据，可画出图 5-33(c)所示电路，由功率关系，有

$$6U''_2=24\ \text{W}$$

$$U''_2=4\ \text{W}$$

根据互易定理形式三，当 $I_S=9$ A 时(与 $U_S=9$ V 的数值相等)，有

$$I''_1=6\ \text{A}$$

由齐次性可得，当 $I_S=4$ A 时，有

$$I''_1=\frac{4}{9}\times 6\ \text{A}=\frac{8}{3}\ \text{A},\quad u''_2=\frac{4}{6}\times 4\ \text{V}=\frac{8}{3}\ \text{V}$$

(3) 根据叠加定理，当 $U_S=2$ V 电压源和 $I_S=4$ A 电流源共同作用时，有

$$I_1=I'_1-I''_1=\left(\frac{2}{3}-\frac{8}{3}\right)\ \text{A}=-2\ \text{A},\quad U_2=U'_2+U''_2=\left(\frac{4}{3}+\frac{8}{3}\right)\ \text{V}=4\ \text{V}$$

网络 N_R 获得的功率为

$$P=U_SI_1+U_2I_S=[2\times(-2)+4\times 4]\ \text{W}=12\ \text{W}$$

此例表明，互易定理常与其他定理结合应用于电路分析中。

综上所述，理解与应用互易定理时要注意如下几点。

(1) 互易定理只适用于一个独立源作用的线性电阻电路(注：含有线性电容元件、电感元件、耦合电感及理想变压器的电路也适用)。若含有受控源，将不满足互易定理。

(2) 应用互易定理时，要特别注意激励支路电压和电流的参考方向。对于形式一与形式二，两个电路的激励支路电压与电流参考方向要一致；对于形式三，两个激励支路电压、电流参考方向必须取不一致，即一个电路的激励支路取关联参考方向，另一电路的激励支路必须取非关联参考方向。

(3) 形式一可简述为：在只有一个激励的线性电阻电路中，电压源与电流表互换位置，电流表的读数不变。形式二可简述为：在只有一个激励的线性电阻电路中，电流源与电压表互换位置，电压表的读数不变。

本章小结

1. 关于叠加定理的应用

(1) 叠加定理是线性电路线性性质的具体体现，是非常重要的定理。其重要性在于我们对复杂电路(或系统)进行分析时，可以用它先对最简单的分电路进行分析与计算，然后根据叠加性和时不变性完成复杂电路(或系统)的分析与计算。这是分析线性电路重要的方法。

(2) 不起作用的独立源如何处理?

① 独立电压源不起作用是指进行短路处理；② 独立电流源不起作用是指进行开路处理。

叠加时表达式中，与原电路求解的电压(或电流)参考方向相同的各分量取“+”号，与参考方向不一致的取“−”号。

(3) 应用类型主要有以下两种情况。

第一，电路的结构、参数、独立源 $f(t)$ 已知，求响应 $y(t)$。此时可分别求出各独立源作用时产生的响应分量，然后叠加，即 $y(t)=K_1f_1(t)+K_2f_2(t)+\cdots$

第二，N_S 为含源线性网络，甚至含有受控源，外部接多个独立源 $f_n()$，求响应 $y(t)$。此时虽然 N_S 内部结构未知，但可设 N_S 内部独立源产生的响应分量为 y_N，根据线性性质和叠加定理，响应可写为

$$y(t)=K_1f_1(t)+K_2f_2(t)+\cdots+K_nf_n(t)+y_N$$

然后由给定的条件确定比例系数 K_n 及 y_N，进而求出响应 $y(t)$。

2. 关于替代定理的应用

替代定理适用于线性和非线性电路，条件是替代前后，电路都有唯一解。

3. 关于戴维南定理和诺顿定理的应用

在对电路中某一支路(或元件)的电流、电压进行分析与计算时，要应用戴维南定理和诺顿定理对除待求支路以外的二端电路进行等效变换，然后对等效电路进行分析与计算。

(1) 开路电压 u_{OC} 和短路电流 i_{SC} 可以用各种电路分析方法求得。

(2) 等效电阻 R_0 的求解方法主要有以下两种。

外加电源法：通过外加电源 u 求电流 i。

$$R_0=\frac{u}{i}$$

对网络 N_S 的处理是所有独立源置零，但受控源保留。

开路电压-短路电流法：分别求出开路电压 u_{OC} 和短路电流。

$$R_0=\frac{u_{OC}}{i_{SC}}$$

对网络 N_S 的处理是所有电源均保留。

(3) 戴维南等效电路与诺顿等效电路可以互相转换，条件是：

$$u_{OC}=R_0 i_{SC}, \quad i_{SC}=\frac{u_{OC}}{R_0}$$

(4) 当含源网络 N_S 内部的结构未知时，可以通过实验的方法获得 N_S 的等效电路。

(5) 当含源二端网络 N_S 外接负载电阻 R_L 时，如何获得最大功率呢？首先要求出 N_S 的戴维南等效电路或诺顿等效电路，R_0 一定，改变负载电阻 R_L。当 $R_L=R_0$ 时，可获得最大功率为

$$P_{Lmax}=\frac{u_{OC}^2}{4R_0}$$

或

$$P_{Lmax}=\frac{1}{4}R_0 i_{SC}^2$$

即最大功率传输定理条件是 $R_L=R_0$。

4. 关于特勒根定理和互易定理的应用

(1) 特勒根定理表达的是电路的拓扑规律，与元件的性质无关，在电路优化设计、灵敏度分析等方面有广泛应用。

(2) 特勒根定理的形式一 $\sum_{k=1}^{k}u_k i_k=0$ 是功率守恒的具体体现。

特勒根定理的形式二是应用的核心，它将有向图(结构)相同的两个电路联系起来。

$$\sum_{k=1}^{k}u_k\hat{i}_k=0, \quad \sum_{k=1}^{k}\hat{u}_k i_k=0$$

(3) 互易定理只适用于线性网络(只含有线性电阻、电容、电感、耦合电感及理想变压器的网络，若网络中含有受控源就不能用互易定理求解电路。应用时要注意参考方向的规定。

(4) 互易定理的形式有三种,其中形式一、二可简述如下。

形式一:电压源与电流表互换位置,电流表读数不变;

形式二:电流源与电压表互换位置,电压表读数不变。

习 题

5-1 电路如题图 5-1 所示,试用叠加定理求 I。

5-2 电路如题图 5-2 所示,试用叠加定理求 I。

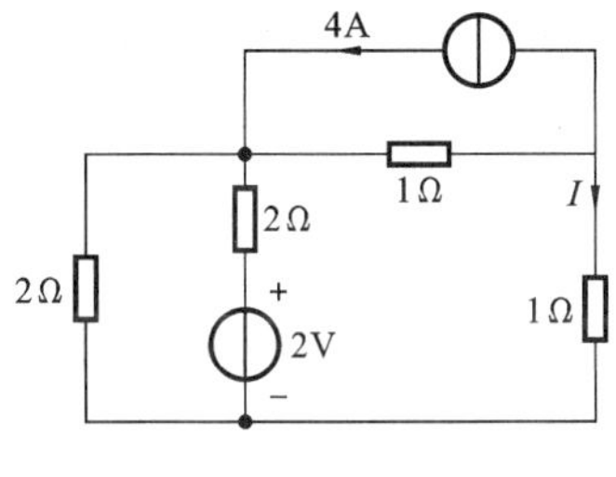

题图 5-1

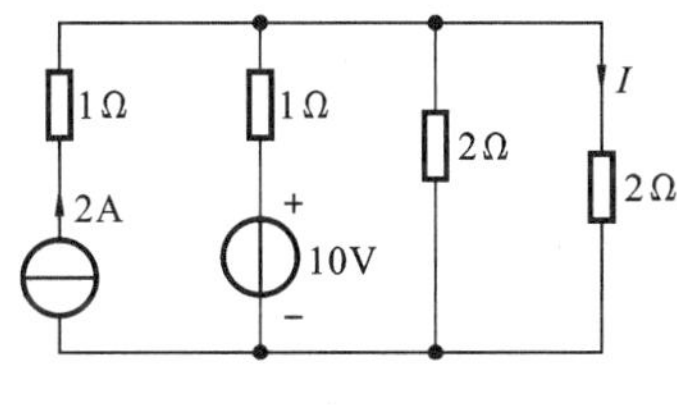

题图 5-2

5-3 电路如题图 5-3 所示,试用叠加定理求 I。

5-4 电路如题图 5-4 所示,试用叠加定理求 I。

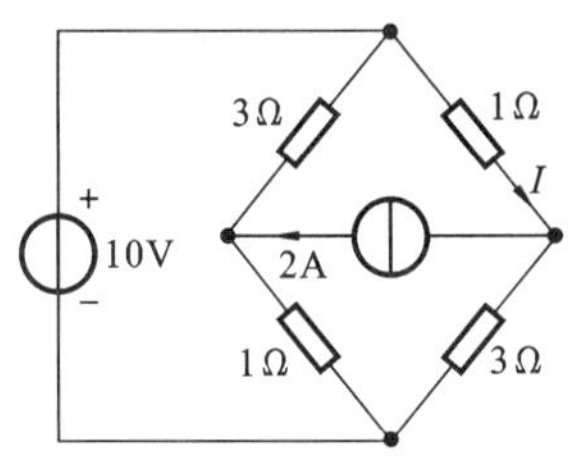

题图 5-3

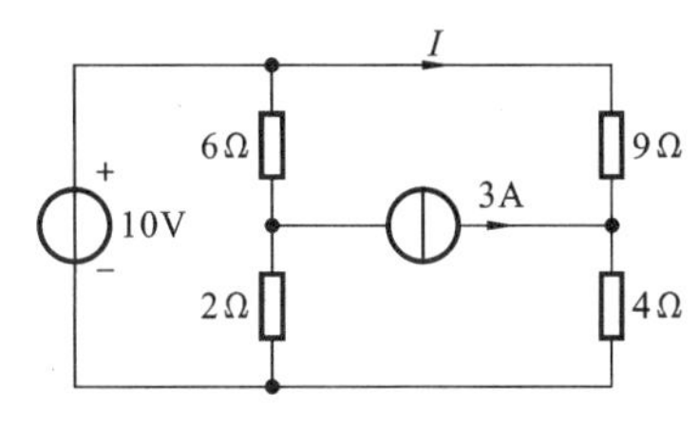

题图 5-4

5-5 电路如题图 5-5 所示,试用叠加定理求 u_3。

5-6 电路如题图 5-6 所示,试用叠加定理求 i。

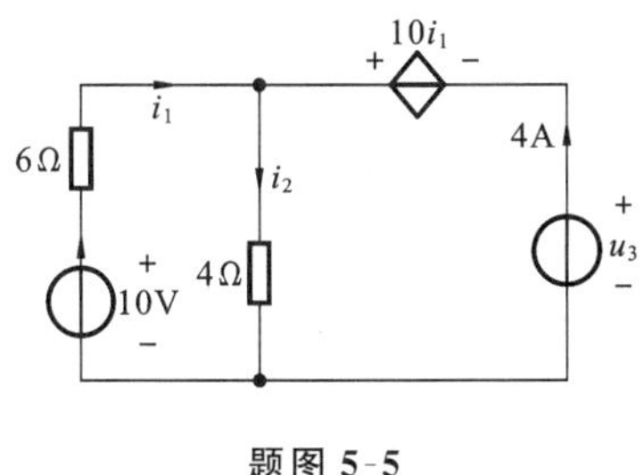

题图 5-5

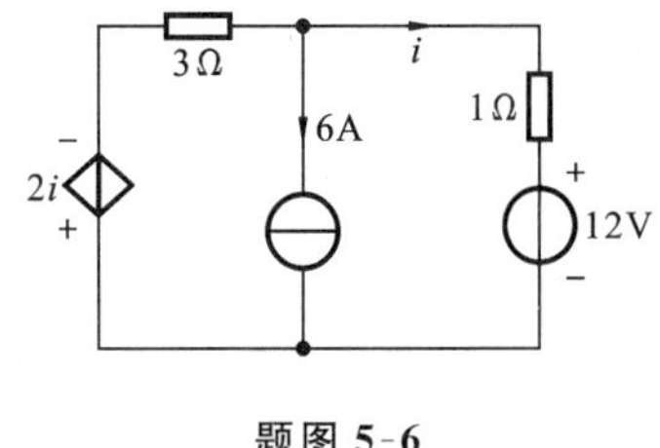

题图 5-6

5-7 电路如题图 5-7 所示,试用叠加定理求解欲使 3 A 电流源发出 30 W 功率时,与其串联的电阻 R 应取何值?

5-8 电路如题图 5-8 所示,其中 N_0 为无源线性电阻网络,通过测试得两组数据:(1) 当 $u_S=2$ V,$i_S=2$ A 时,响应 $i=4$ A;(2) 当 $u_S=-2$ V,$i_S=4$ A 时,响应 $i=2$ A。试用叠加定

理求解当 $u_S=-6$ V,$i_S=5$ A 时的响应 i。

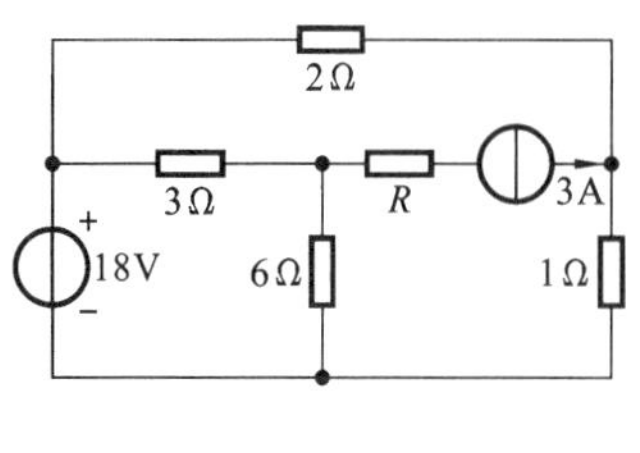

题图 5-7

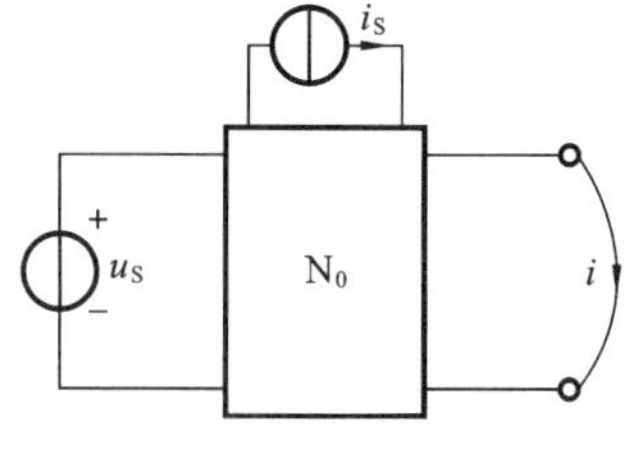

题图 5-8

5-9 电路如题图 5-9 所示，其中 N_S 为含源线性电阻网络，测试得两组数据：(1) 当 $i_S=2$ A 时，响应 $i=-1$ A；(2) 当 $i_S=4$ A 时，响应 $i=0$。试用叠加定理求解若要使响应等于 1 A，电流源 i_S 应为何值？

5-10 电路如题图 5-10 所示，N_R 为无源线性电阻网络，已知 $U_S=2$ V，$I_S=3$ A。当 U_S 单独作用时，N_R 获得 26 W 功率，2-2′端的开路电压 $U_2=8$ V；当 I_S 单独作用时，N_R 获得功率为 24 W，且 1-1′端短路电流 $I_1=12$ A。试求两个电源共同作用时，N_R 吸收的功率 P 为多少？

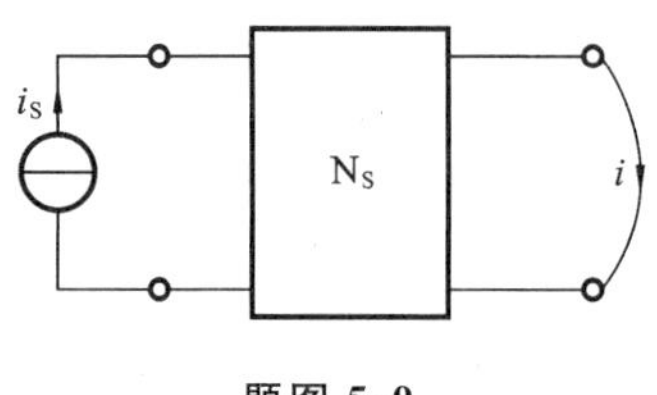

题图 5-9

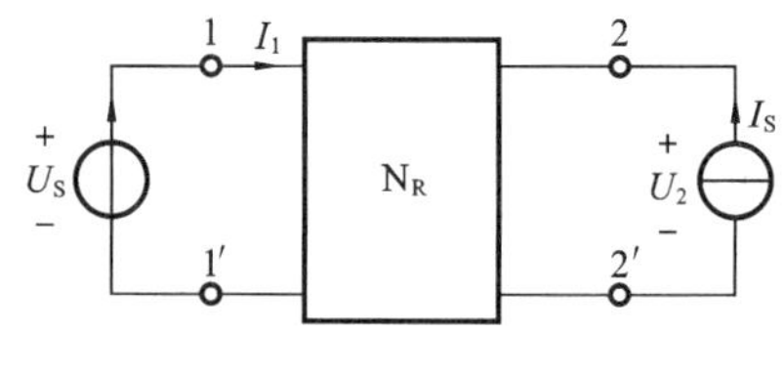

题图 5-10

5-11 电路如题图 5-11 所示，已知 $u=60$ V，试用替代定理求各支路电流。

5-12 电路如题图 5-12 所示，试用戴维南定理求 I。

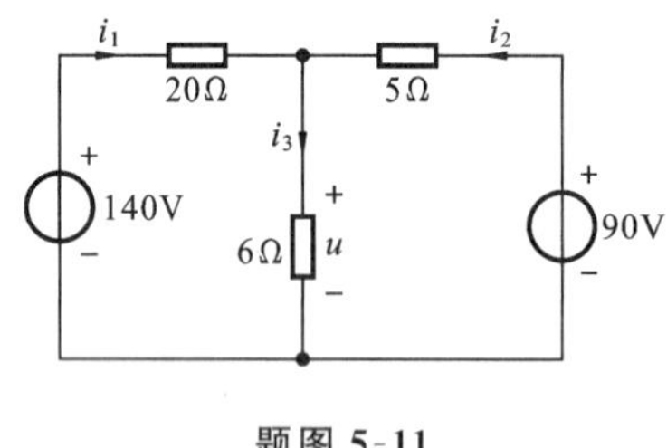

题图 5-11

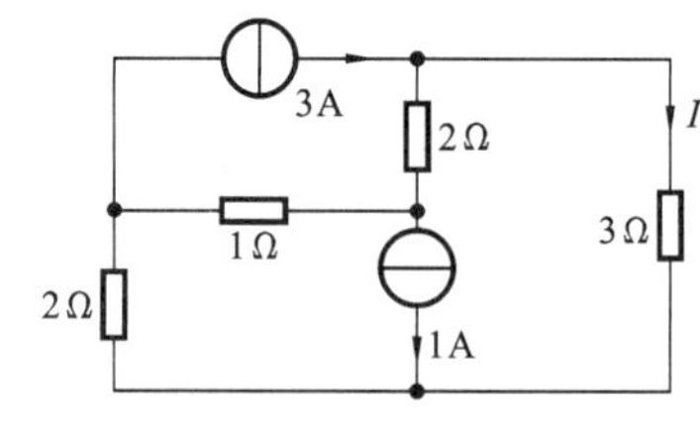

题图 5-12

5-13 电路如题图 5-13 所示，试用戴维南定理求 I。

5-14 电路如题图 5-14 所示，N_S 为含源线性电阻二端网络，若用内电阻为 100 kΩ 的电压表去测量 a、b 端电压，读数为 45 V；若用内阻为 50 kΩ 的电压表测量，a、b 端电压读数为 30 V，试求 N_S 的戴维南等效电路或诺顿等效电路。

5-15 电路如题图 5-15 所示，N_S 为含源线性电阻二端网络，测得 a、b 端开路电压 $u_{OC}=2$ V。当端口接 $R=10$ Ω 的电阻时，端口电压 u 降至 1 V。试求 N_S 的戴维南等效电路。

5-16 如题图 5-16 所示电路中接有理想二极管 D，已知继电器 J 的等效电阻 $R_J=5$ kΩ，当电流 $I>2$ mA 时，继电器的控制触点闭合，试问现在继电器触点是否闭合？

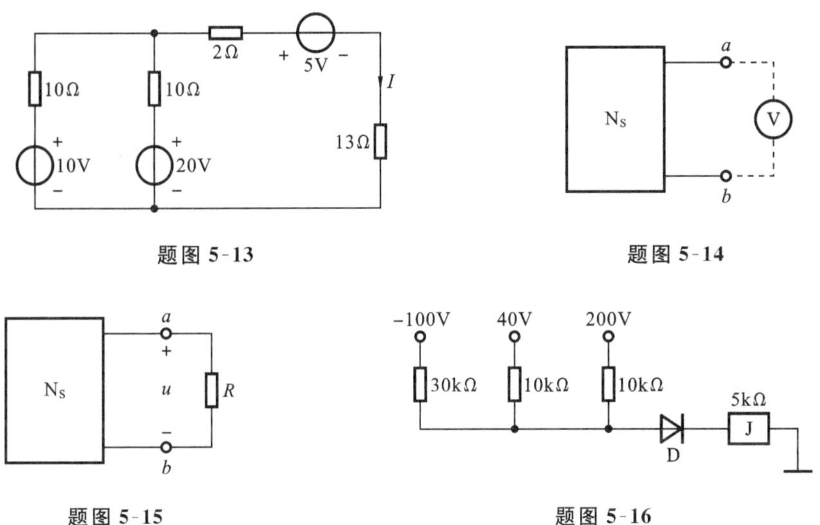

题图 5-13　　题图 5-14

题图 5-15　　题图 5-16

5-17　电路如题图 5-17 所示，试用戴维南定理求 I。

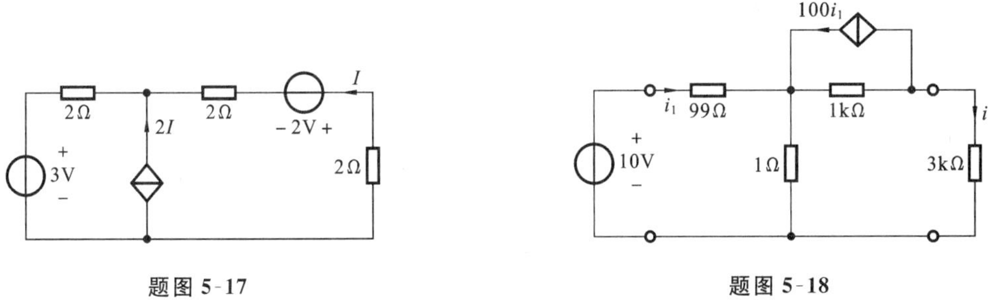

题图 5-17　　题图 5-18

5-18　电路如题图 5-18 所示，是一个由共射极晶体管放大器的等效电路，试用戴维南定理求 i。

5-19　如题图 5-19 所示电路为一个晶体管的简化等效电路，已知 $R_1=500\ \Omega$，$R_2=10\ \text{k}\Omega$，$\gamma=10^{-4}$，$\beta=20$，试求端口 2-2′的戴维南等效电路和诺顿等效电路。

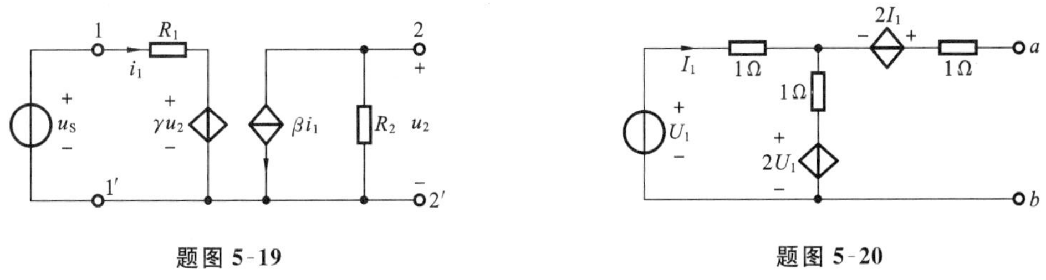

题图 5-19　　题图 5-20

5-20　电路如题图 5-20 所示，试求戴维南等效电路和诺顿等效电路。

5-21　电路如题图 5-21 所示，试用戴维南定理或诺顿定理求 I。

5-22　题图 5-22 所示电路中，负载电阻 R_L 可变，试问 R_L 等于何值时可以获得最大功率？此最大功率等于多少？

5-23　题图 5-23 所示电路中，负载电阻 R_L 可变，试问 R_L 等于何值时可以获得最大功率？此最大功率等于多少？

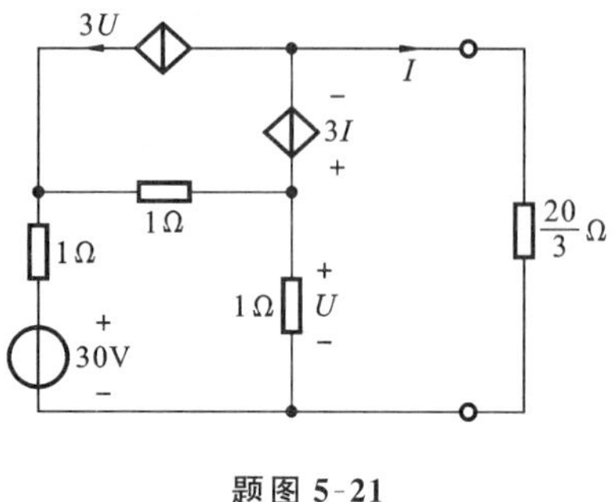

题图 5-21

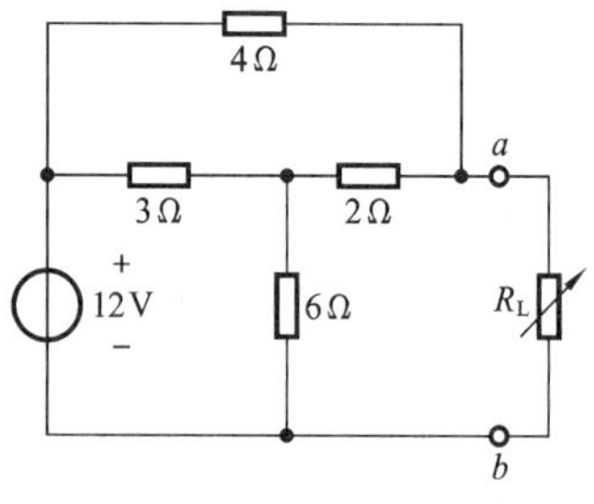

题图 5-22

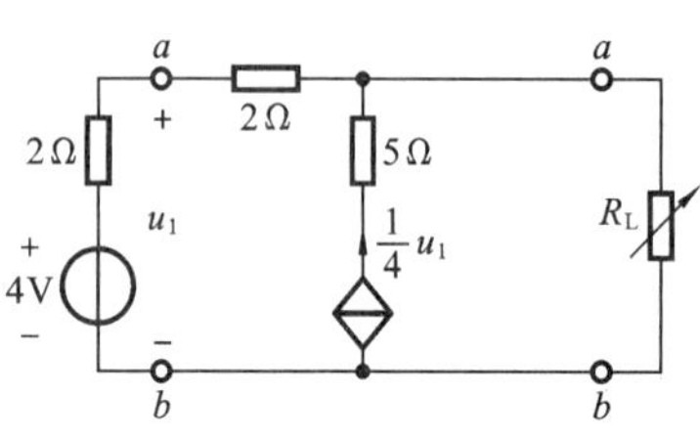

题图 5-23

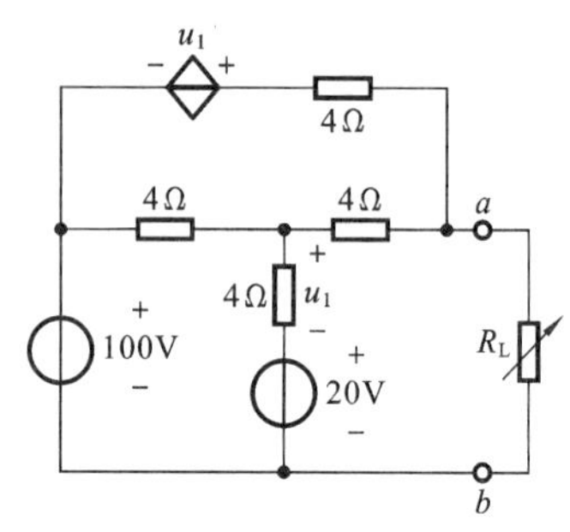

题图 5-24

5-24 题图 5-24 所示电路中，负载电阻 R_L 可变，试问 R_L 等于何值时可以获得最大功率？此最大功率等于多少？

5-25 题图 5-25 所示电路中，试求负载 R_L 获得的最大功率。

5-26 电路如题图 5-26 所示，当负载电阻 $R_L=9\ \Omega$ 时，流过负载的电流 $I_L=0.4\ \text{A}$，试求负载电阻 R_L 为何值时可获得最大功率？此最大功率是多少？

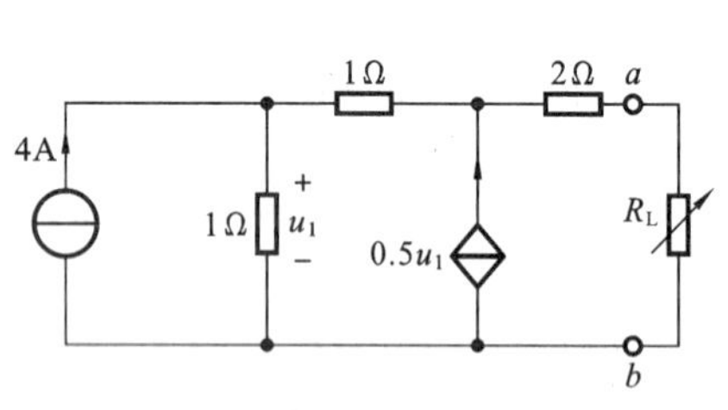

题图 5-25

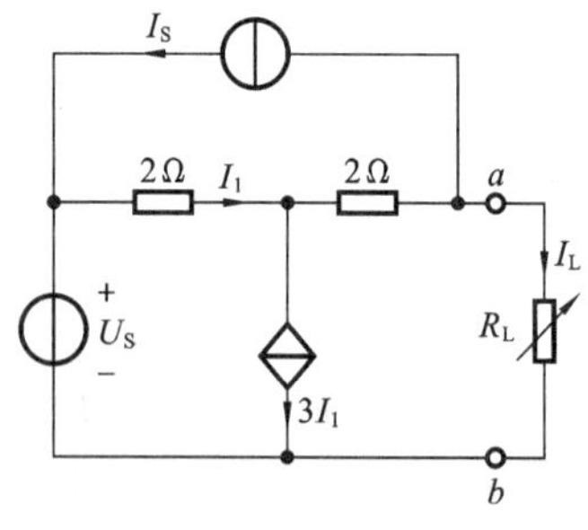

题图 5-26

5-27 电路如题图 5-27 所示，N_R 为无源线性电阻网络，经测试得两组数据：(1) 当 $R_2=2\ \Omega, U_1=6\ \text{V}$ 时，$I_1=2\ \text{A}, U_2=2\ \text{V}$；(2) 当 $R_2=4\ \Omega, \hat{U}_1=10\ \text{V}$ 时，$\hat{I}_1=3\ \text{A}$，试用特勒根定理求 $\hat{U}_2$。

5-28 电路如题图 5-28 所示，N_0 为无源线性电阻网络，$U_S=12\ \text{V}, I_S=2\ \text{A}$。当 1-1 端口开路时，$N_0$ 获得功率 16 W；当 2-2 端口短路时，网络 N_0 获得功率 16 W，且 $I_2=-0.5\ \text{A}$。

当 U_S 与 I_S 共同作用时，它们各自发出多少功率？

5-29 题图 5-29(a)、(b)所示电路中，N_R 为无源线性电阻网络，试用特勒根定理或互易定理求题图 5-29(b)中的 U'_1，且已知题图 5-29(a)中 $U_2=12$ V。

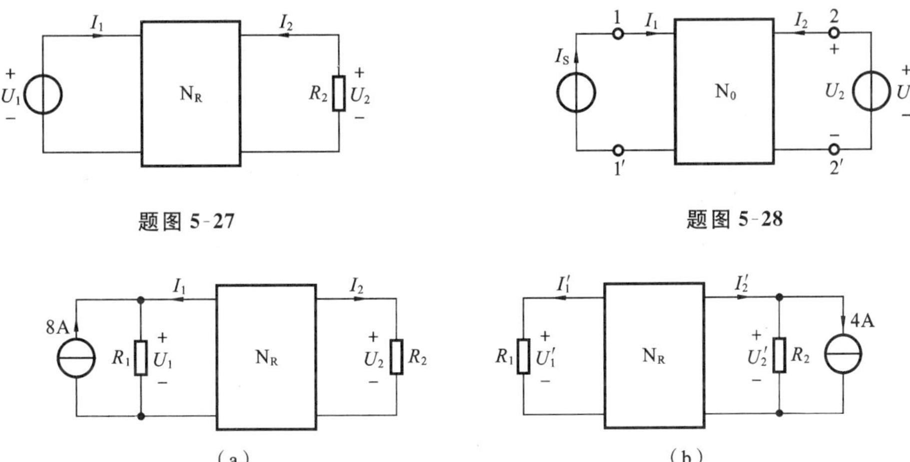

题图 5-27

题图 5-28

题图 5-29

5-30 电路如题图 5-30 所示，N_R 为无源线性电阻网络，当电压源 u_{S1} 单独作用时，$i_1=5$ A，$i_2=-2$ A，试用互易定理和叠加定理求当 $u_{S1}=60$ V，$u_{S2}=15$ V 共同作用时的电流 i_1。

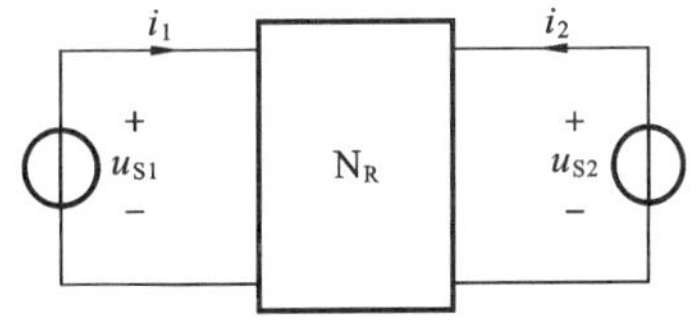

题图 5-30

5-31 电路如题图 5-31(a)所示，N_R 为无源线性电阻网络，已知 2-2′端口的开路电压为 $U_{OC}=12$ V，$I_1=1$ A，2-2′端口的短路电流 $I_{SC}=4$ A，试求题图 5-31(b)中的 I'_1 和 I'_2。

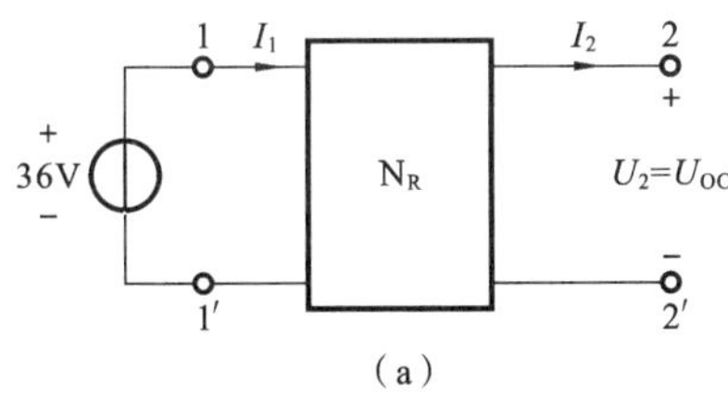

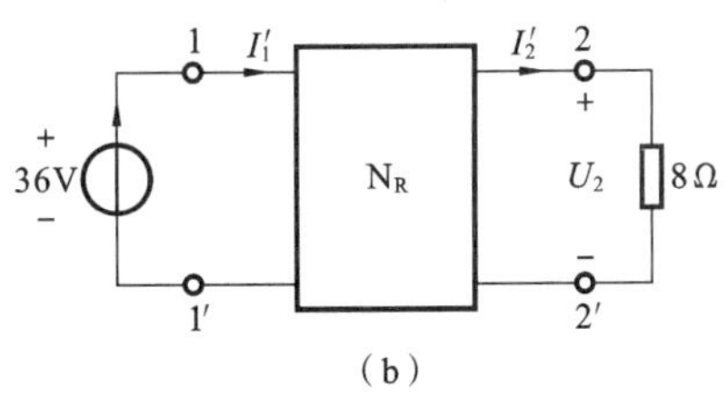

题图 5-31

5-32 电路如题图 5-32 所示，N_R 为无源线性电阻网络，(1) 当 $U_{S1}=40$ V 单独作用时，$I'_1=6$ A，$I'_2=2$ A；(2) 当 $U_{S1}=40$ V 单独作用时，2-2′端口短路电流为 4 A。试求当 $U_{S1}=$

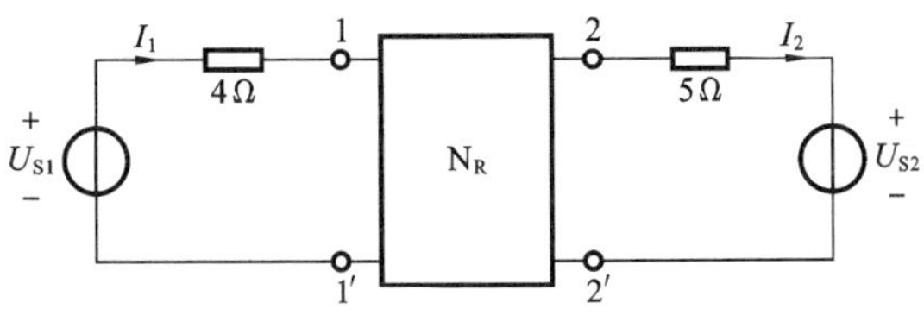

题图 5-32

$U_{S2}=40$ V 且共同作用时 I_1 和 I_2 的值。

5-33 电路如题图 5-33 所示，N_R 为无源线性电阻网络，试求在题图 5-33(b)中，(1) $R=210\ \Omega$ 时，其电流 I 的值；(2) R 为何值可获得最大功率？并求此最大功率。

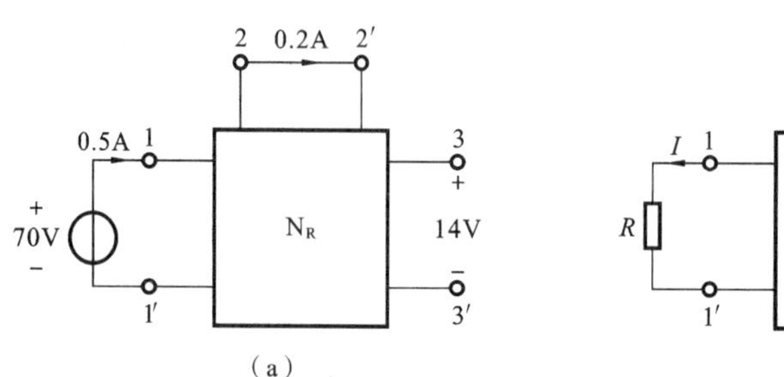

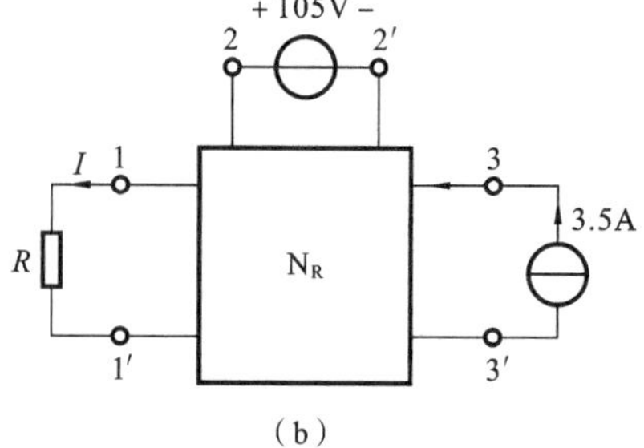

题图 5-33

第 6 章　二端储能元件

前 5 章讨论了独立电源、受控源和电阻元件构成的电路。无论这些电路如何复杂，描述这些电路的方程只是代数方程。在实际电路中，大量采用电容元件和电感元件构成复杂的电路，许多实际电路往往需要采用电容元件和电感元件去建立其电路模型。这两种元件的电压和电流的约束关系是对时间的微分或积分，称其为动态元件或者储能元件。含有储能元件的电路称为动态电路，描述这种电路的数学方程是以电流或电压为变量的微分方程。

6.1　电 容 元 件

将两块金属板用绝缘介质隔开就构成一个简单的电容器，其原理模型如图 6-1(a)所示。两块金属板称为电容器的极板，其上引出的金属导线称为接线端子。当电容器的一个极板上带有正电荷时，由于静电感应，另一极板上必然会带有等量的负电荷，这样，两极板之间就有电压，并在介质中形成电场。两极板之间电压的大小与极板上所带的电荷量有关，这是电容器的主要物理特性，即电场特性。

电容元件表征电容器的电场特性，用图 6-1(b)所示的符号表示。图中，q 表示电压参考极性“＋”极一侧电容极板所带的电荷。电容元件是一种二端元件，在任一时刻 t，极板上的电荷量 q 与其端电压 u 之间满足以下代数关系，即

$$q=f(u)$$

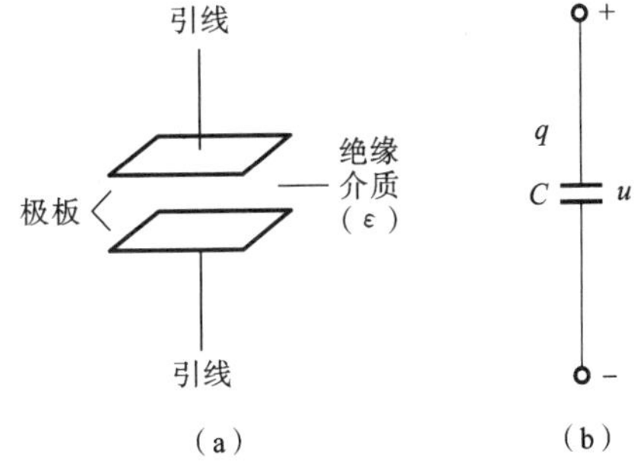

图 6-1　电容器的原理模型和电容元件的符号

电容元件的特性可以用 q-u 平面上的曲线来描述，该曲线称为电容元件的特性曲线。如果在所有时间 t 内电容元件的特性曲线均为过原点的直线，则称此电容元件为线性的，否则就是非线性的。如果电容元件的特性曲线不随时间而改变，就称电容元件为时不变的，否则就是时变的。按照上述定义，可将电容元件分为线性时不变、线性时变、非线性时不变和非线性时变四种类型。本书只讨论线性时不变电容元件。

6.1.1　线性时不变电容元件的伏安关系

线性电容元件的图形符号如图 6-2(a)所示。图示中电压的正(负)极性所在极板上储存的电荷为＋q(－q)，两者的极性一致。此时有

$$q=Cu \tag{6-1}$$

式中 C 是电容元件的参数，称为电容。C 是一个正实常数。当电荷和电压的单位分别用 C 和 V 表示时，电容的单位为 F(法拉，简称法)。图 6-2(b)所示中以 q 和 u 为坐标轴，画出了电容元件的库伏特性曲线。线性电容的特性曲线是一条通过原点的直线。

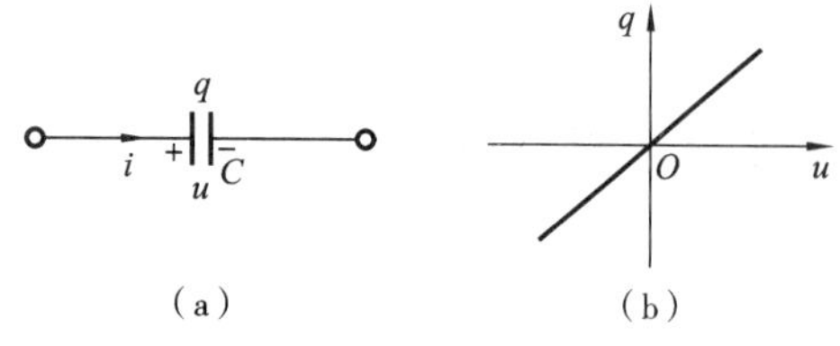

图 6-2　电容元件及其库伏特性曲线

如果电容元件的电流 i 和电压 u 取关联参考方向，如图 6-2(a)所示，则有

$$i=\frac{\mathrm{d}q}{\mathrm{d}t}=\frac{\mathrm{d}(Cu)}{\mathrm{d}t}=C\frac{\mathrm{d}u}{\mathrm{d}t} \tag{6-2}$$

这表明电流和电压的变化率成正比。当电容元件上的电压发生剧变$\left(\text{即}\frac{\mathrm{d}u}{\mathrm{d}t}\text{很大}\right)$时，电流很大。当电压不随时间变化时，电流为零。故电容元件在直流情况下其两端电压恒定，相当于开路，或者说电容有隔断直流(简称隔直)的作用。

式(6-2)的逆关系为

$$q=\int i\mathrm{d}t \tag{6-3}$$

这是一个不定积分，写成定积分的表达式为

$$q=\int_{-\infty}^{t} i\mathrm{d}\xi=\int_{-\infty}^{t_0} i\mathrm{d}\xi+\int_{t_0}^{t} i\mathrm{d}\xi=q(t_0)+\int_{t_0}^{t} i\mathrm{d}\xi \tag{6-4}$$

式中 $q(t_0)$为 t_0 时刻电容所带电荷量。上式的物理意义是：t 时刻具有的电荷量等于 t_0 时的电荷量加上 t_0 到 t 时间间隔内增加的电荷量。如果指定 t_0 为时间的起点并设为零，则式(6-4)可写为

$$q(t)=q(0)+\int_{0}^{t} i\mathrm{d}\xi \tag{6-5}$$

对于电压，由于 $u=\frac{q}{C}$，因此有

$$u(t)=u(t_0)+\frac{1}{C}\int_{t_0}^{t} i\mathrm{d}\xi \tag{6-6}$$

或

$$u(t)=u(0)+\frac{1}{C}\int_{0}^{t} i\mathrm{d}\xi \tag{6-7}$$

由式(6-2)可知，电容元件的电压 u 与电流 i 具有动态关系，因此，电容元件是一个动态元件。从式(6-7)可见，电容元件的电压除与 0 到 t 期间的电流值有关以外，还与 $u(0)$值有关，因此，电容元件是一种有记忆的元件。与之相比，电阻元件的电压仅与瞬间的电流值有关，是无记忆的元件。

式(6-2) 和式(6-7)均称为电容元件的伏安特性方程。

例 6-1　图 6-3(a)所示电容元件两端的电压波形 u 如图 6-3(b)所示，试写出电流 i 的表达式，作出波形图。

解　本例是已知电容元件两端的电压求电流的问题，应按式(6-2)计算。为此，先写出 u 在一个周期内的分段表达式

$$u=\begin{cases}10^4 t & (0\ \text{ms}\leqslant t\leqslant 1\ \text{ms})\\(-10^4 t+20) & (1\ \text{ms}< t\leqslant 3\ \text{ms})\\(10^4 t-40) & (3\ \text{ms}< t\leqslant 4\ \text{ms})\end{cases}$$

对于 0 ms$<t<$1 ms，有

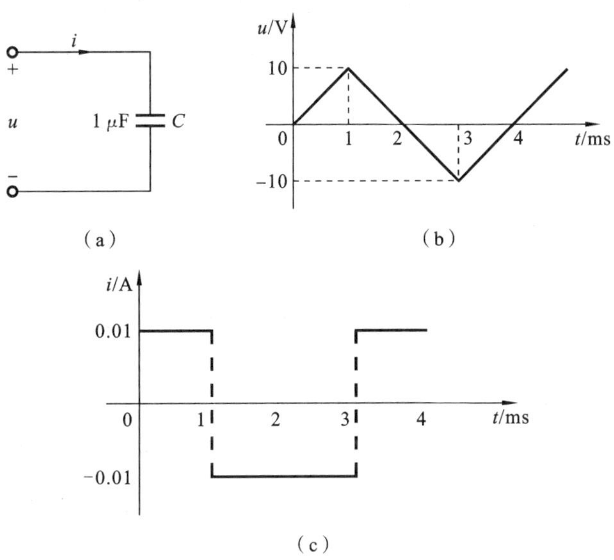

图 6-3 例 6-1 图

$$i=C\frac{\mathrm{d}u}{\mathrm{d}t}=10^{-6}\times\frac{\mathrm{d}}{\mathrm{d}t}(10^{4}t)=10^{-2}\ \mathrm{A}$$

在此期间,电容元件处于充电状态。

对于 1 ms$<t<$3 ms,有

$$i=10^{-6}\times\frac{\mathrm{d}}{\mathrm{d}t}(-10^{4}t+20)=-10^{-2}\ \mathrm{A}$$

在此期间,电容元件处于放电和反向充电状态。

对于 3 ms$<t\leqslant$4 ms,有

$$i=10^{-6}\times\frac{\mathrm{d}}{\mathrm{d}t}(10^{4}t-40)=10^{-2}\ \mathrm{A}$$

综上有

$$i=\begin{cases}10^{-2}\ \mathrm{A} & (0\ \mathrm{ms}\leqslant t<1\ \mathrm{ms})\\ -10^{-2}\ \mathrm{A} & (1\ \mathrm{ms}<t<3\ \mathrm{ms})\\ 10^{-2}\ \mathrm{A} & (3\ \mathrm{ms}<t\leqslant 4\ \mathrm{ms})\end{cases}$$

i 的波形如图 6-3(c)所示。对于 $t>4$ ms 的情况,由于电压 u 的波形作周期性变化,故通常只要绘出一个周期的波形即可。

值得指出的是,本例是采用分段的形式写出电压 u 的表达式,然后分段计算电流 i 的。对电压 u 分段的原则是,在该段时间内,波形具有同一函数表达式。

6.1.2 电容电压的连续性

由式(6-7)可知,只要电流 $i\neq0$,电容电压就将发生变化。那么,电容电压在任一时刻 t 是连续变化还是可从某一数值跳变到另一数值呢?在上述两种情况下,电流 i 又应满足什么条件呢?这就是所谓电容电压的连续性问题。

为简单起见，下面讨论在起始时刻 $t=0$ 时电容电压的连续性，然后推广到一般情况。设起始时刻前一瞬间电容电压用 $u_C(0_-)$表示，起始时刻后一瞬间电压用 $u_C(0_+)$表示，由式(6-7)可得

$$u_C(0_+) = u_C(0_-) + \frac{1}{C}\int_{0_-}^{0_+} i\mathrm{d}t$$

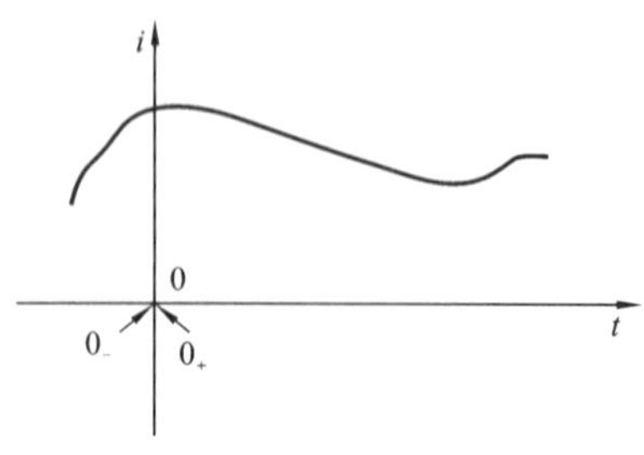

图 6-4　在$[0_-,0_+]$区间电流 i 所界定的面积

上式中积分 $\int_{0_-}^{0_+} i\mathrm{d}t$ 表示在$[0_-,0_+]$区间电流 i 所界定的面积，如图 6-4 所示。显然，若电流 i 在 $t=0$ 时有界，则该项积分为零，所以有

$$u_C(0_+)=u_C(0_-) \tag{6-8}$$

这表明，电容电压在 $t=0$ 时连续，即电容电压不可能从一个数值跳变到另一个数值。若电容电流 i 在 $t=0$ 时无界，则 $\int_{0_-}^{0_+} i\mathrm{d}t\neq 0$，从而 $u_C(0_+)\neq u_C(0_-)$。此时电容电压就是不连续的，即发生了跳变。

上述分析可推广到任一时刻 t_0。概括地说，如果通过电容的电流对于所有时间 t 是一个有界函数，则电容电压在所有时间内都是连续的。换言之，在这种情况下，电容电压不能即时地从一个值跳变到另一个值。这一结论在今后将经常用到。

例 6-2　图 6-5 所示电容的 $C=1\ \mu\mathrm{F}$，$u_C(0)=0$ V，电流 i 的波形示于图中。(1) 试说明 $t=0$ s、1 s、2 s 时电容电压的变化是否连续？(2) 绘出 u_C 的波形图。

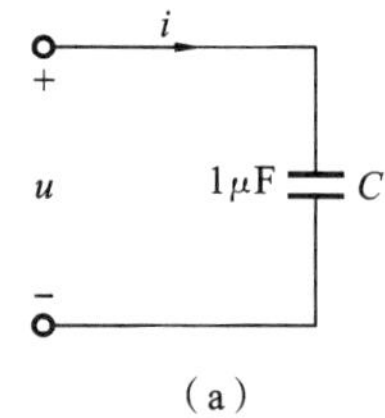

(a)

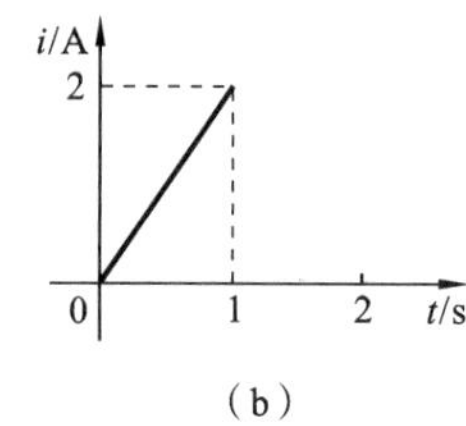

(b)

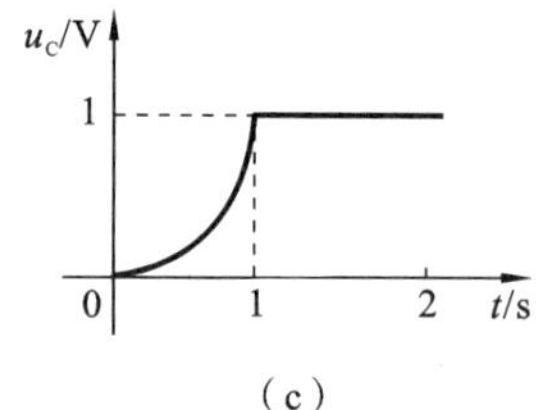

(c)

图 6-5　例 6-2 图

解　(1) 由电流波形图可知，在 $t=0$ s、1 s、2 s 时，i 均为有限值，因此根据电容电压的连续性可以判定，在上述时刻电容电压的变化是连续的，不会发生跳变。

(2) 电流 i 的分段表达式为

$$i=\begin{cases} 0 & (t<0) \\ 2t\ \mathrm{A} & (0\leqslant t\leqslant 1\ \mathrm{s}) \\ 0 & (t>1\ \mathrm{s}) \end{cases}$$

在 $0\leqslant t\leqslant 1$ s 期间

$$u_C = u_C(0) + \frac{1}{C}\int_0^t i\mathrm{d}\xi = \int_0^t 2\xi\mathrm{d}\xi = t^2\ \mathrm{V}$$

当 $t=1$ s 时，$u_C(1)=1$ V。

对于 $t>1$ s，$i=0$，故 $u_C=1$ V 保持不变。

综上有

$$u_C=\begin{cases}t^2\ \text{V} & (0\leqslant t\leqslant 1\ \text{s})\\ 1\ \text{V} & (t>1\ \text{s})\end{cases}$$

电压 u_C 的波形绘于图 6-5(c)中，它是一个连续变化的波形。

6.1.3 电容的储能

在电压和电流的关联参考方向下，线性电容元件吸收的功率为

$$p=ui=Cu\frac{du}{dt}$$

从 $t=-\infty$ 到 t 时刻，电容元件吸收的电场能量为

$$\begin{aligned}W_C&=\int_{-\infty}^{t}u(\xi)i(\xi)d\xi=\int_{-\infty}^{t}Cu(\xi)\frac{du(\xi)}{d\xi}d\xi=C\int_{u(-\infty)}^{u(t)}u(\xi)du(\xi)\\&=\frac{1}{2}Cu^2(t)-\frac{1}{2}Cu^2(-\infty)\end{aligned}$$

电容元件吸收的能量以电场能量的形式储存在元件的电场中。可以认为在 $t=-\infty$ 时，$u(-\infty)=0$，其电场能量也为零。这样，电容元件在任何时刻 t 的储存能量 $W_C(t)$ 将等于它吸收的能量，可写成

$$W_C(t)=\frac{1}{2}Cu^2(t)\tag{6-9}$$

从时间 t_1 到 t_2，电容元件吸收的能量

$$W_C(t)=C\int_{u(t_1)}^{u(t_2)}udu=\frac{1}{2}Cu^2(t_2)-\frac{1}{2}Cu^2(t_1)=W_C(t_2)-W_C(t_1)$$

电容元件充电时，$|u(t_2)|>|u(t_1)|$，$W_C(t_2)>W_C(t_1)$，故在此时间内元件吸收能量；电容元件放电时，$W_C(t_2)<W_C(t_1)$，元件释放能量。若元件原来没有充电，则在充电时吸收并储存起来的能量一定又在放电完毕时全部释放，它不消耗能量。所以，电容元件是一种储存元件。同时，电容元件也不会释放出多于它吸收或储存的能量，所以它又是一种无源元件。

如果电容元件的库伏特性曲线在 q-u 平面上不是通过原点的直线，则此元件称为非线性电容元件，晶体二极管中的变容二极管就是一种非线性电容，其电容随所加电压的变化而变化。

一般的电容器除有储能作用外，也会消耗一部分电能，这时，电容器的模型就必须是电容元件和电阻元件的组合。由于电容器消耗的电功率与所加电压直接相关，因此其模型应是两者的并联组合。

6.1.4 电容元件的串联和并联

实际使用电容器时，常会遇到单个电容器的容量或耐压不能满足电路要求的情况，这就要把电容器组合起来使用。电容器的基本组合方式有串联、并联和混联三种类型，其中串联和并联是最基本的。本节着重说明它们的特点和应用，并假定各电容元件的初始电压值均为零。

1. 电容元件的串联

电容元件串联主要用来减小电容值和提高耐压值，连接方式如图 6-6 所示。

按 KVL，n 个电容元件串联后的端口电压为

$$
\begin{aligned}
u &= u_{C1} + u_{C2} + \cdots + u_{Cn} \\
&= u_{C1}(0) + u_{C2}(0) + \cdots + u_{Cn}(0) + \left(\frac{1}{C_1} + \frac{1}{C_2} + \cdots + \frac{1}{C_n}\right)\int_0^t i\mathrm{d}\xi \\
&= u_C(0) + \frac{1}{C}\int_0^t i\mathrm{d}\xi
\end{aligned}
$$

式中，$u_C(0)=u_{C1}(0)+u_{C2}(0)+\cdots+u_{Cn}(0)$ 为等效初始电压。

n 个电容元件串联，其等效电容 C 与各电容元件之间的关系为

$$
\frac{1}{C} = \frac{1}{C_1} + \frac{1}{C_2} + \cdots + \frac{1}{C_n} = \sum_{k=1}^{n}\frac{1}{C_k} \tag{6-10}
$$

2. 电容元件的并联

电容元件的并联主要用来增大电容量，连接方式如图 6-7 所示。

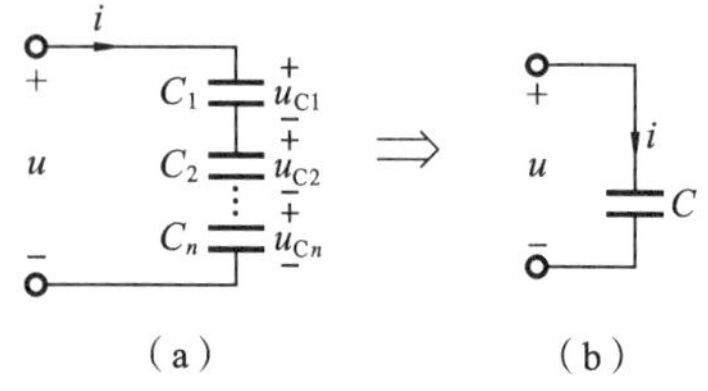

图 6-6　n 个电容元件串联及其等效电路

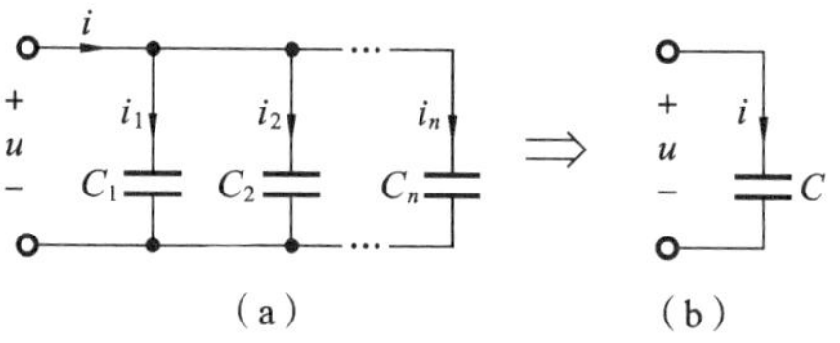

图 6-7　n 个电容元件并联及其等效电路

按 KCL，可得

$$
i=i_1+i_2+\cdots+i_n=(C_1+C_2+\cdots+C_n)\frac{\mathrm{d}u}{\mathrm{d}t}=C\frac{\mathrm{d}u}{\mathrm{d}t}
$$

上式说明，n 个电容并联，其等效电容 C 为

$$
C = C_1 + C_2 + \cdots + C_n = \sum_{k=1}^{n} C_k \tag{6-11}
$$

在电工技术中，常利用电容的串联、并联或混联来满足工程要求。

例 6-3　在图 6-8 所示电路中，$C_1=C_2=C_3=1\ \mu\text{F}$，求端口的等效电容。若每个电容的额定工作电压均为 50 V，问能否在端口施加 100 V 的直流电压？

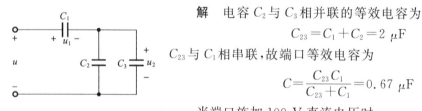

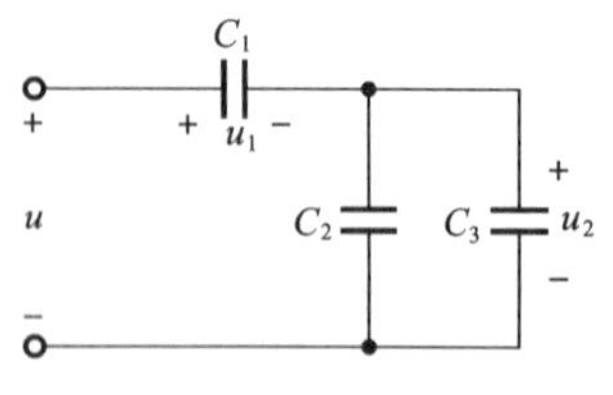

图 6-8　例 6-3 图

解　电容 C_2 与 C_3 相并联的等效电容为

$$C_{23}=C_1+C_2=2\ \mu\text{F}$$

C_{23} 与 C_1 相串联，故端口等效电容为

$$C=\frac{C_{23}C_1}{C_{23}+C_1}=0.67\ \mu\text{F}$$

当端口施加 100 V 直流电压时，

$$u_1=\frac{C_{23}}{C_{23}+C_1}u=66.7\ \text{V}$$

$$u_2=\frac{C_1}{C_{23}+C_1}u=33.3\ \text{V}$$

由于电容 C_1 的端电压超过了额定电压 50 V，因此不能在端口施加 100 V 的直流电压。

思考与练习

6-1-1　设有一个 $C=1\ \mathrm{F}$ 的电容元件，$u_C(0)=1\ \mathrm{V}$。当 $t>0$ 时，$i=1\ \mathrm{A}$，若 u 与 i 采用关联参考方向，试求电压 u，并作出波形图。若为非关联参考方向，再解之。

6-1-2　如果电容电压为有界函数，电容电流是否可以跳变？说明理由。

6-1-3　当通过电容元件的电流为零时，该时刻的电容储能是否也为零？为什么？

6.2　电感元件

在工程中广泛应用由导线绕制而成的线圈，例如，电子电路中常用空芯或带有铁粉芯的高频线圈，电磁铁或变压器中含有在铁芯上绕制的线圈等。当一个线圈通以电流后产生的磁场随时间变化而变化时，在线圈中就产生感应电压。

如图 6-9(a)所示，当电感器中有电流通过时，其周围就会建立起磁场，这时，每匝线圈都有磁通 Φ 穿过，且磁通 Φ 和电流 i 的方向符合右手螺旋定则关系。若电感器的匝数为 N，通过每匝线圈的磁通分别为 Φ_1，Φ_2，…，Φ_N，那么通过该电感器磁通的代数和为

$$\Psi=\Phi_1+\Phi_2+\cdots+\Phi_N$$

Ψ 称为磁通链，简称磁链。当 $\Phi_1=\Phi_2=\cdots=\Phi_N=\Phi$ 时，有

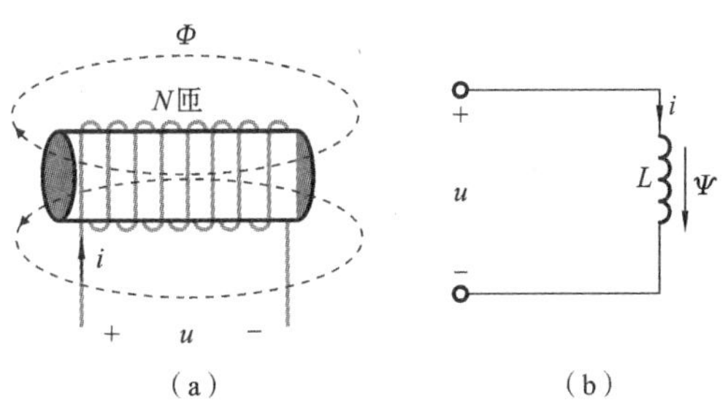

图 6-9　实际电感器及电感元件的符号

$$\Psi=N\Phi$$

磁链的数值与通过电感器的电流有关，这是电感器的主要物理特性，即磁场特性。

电感元件表征电感器的磁场特性，用图 6-9(b)所示的符号表示。图中 Ψ 与 i 采用关联参考方向，意指它们的参考方向符合右手螺旋定则关系。电感元件是一种二端元件，在任一时刻 t，通过它的电流 i 与其建立的磁链 Ψ 之间满足函数关系，即

$$\Psi=f(i)$$

电感元件的特性可用 Ψ-i 平面上的曲线来描述，该曲线称为它的特性曲线。按曲线的不同情况，电感元件也可分为线性时不变、线性时变、非线性时不变和非线性时变四种类型。本书只讨论线性时不变电感元件。

6.2.1　线性时不变电感元件的伏安关系

电感元件是实际线圈的一种理想化模型，它反映了电流产生磁通和储存磁场能量这一物理现象。线性电感元件的图形符号见图 6-10(a)。一般在图中不必也难以画出磁通 Φ_L 的参考方向，但规定 Φ_L 与 i 的参考方向满足右手螺旋定则关系。线性电感元件的自感磁通链 Ψ_L 与元件中电流 i 存在的关系为

$$\Psi_L=Li \tag{6-12}$$

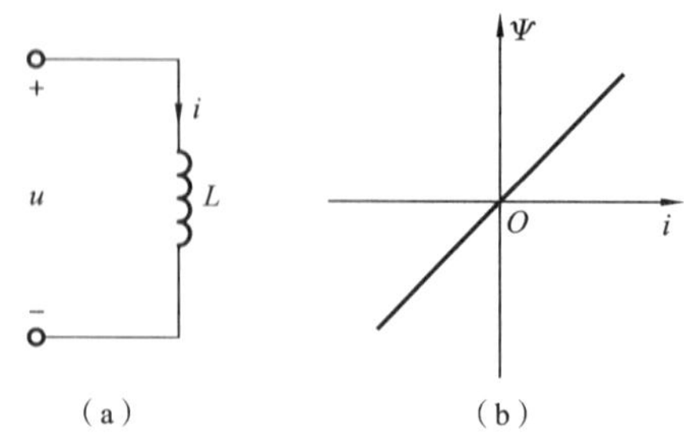

图 6-10　电感元件及其韦安特性

其中 L 称为该元件的自感(系数)或电感。L 是一个正实常数。

在国际单位制(SI)中,磁通和磁通链的单位是 Wb(韦伯,简称韦);当电流的单位采用 A 时,自感或电感的单位是 H(亨利,简称亨)。

线性电感元件的韦安特性曲线是 Ψ_L-i 平面上的一条通过原点的直线,见图 6-10(b)。

把 $\Psi_L = Li$ 代入电磁感应定律式 $u = L\dfrac{d\Psi_L}{dt}$,可以得到电感元件的电压和电流关系为

$$u = L\frac{di}{dt} \tag{6-13}$$

式中 u 和 i 为关联参考方向,且与 Ψ_L 成右手螺旋定则关系。

上式的逆关系为

$$i = \frac{1}{L}\int u dt \tag{6-14}$$

写成定积分形式为

$$i = \frac{1}{L}\int_{-\infty}^{t} u d\xi = \frac{1}{L}\int_{-\infty}^{t_0} u d\xi + \frac{1}{L}\int_{t_0}^{t} u d\xi = i(t_0) + \frac{1}{L}\int_{t_0}^{t} u d\xi \tag{6-15}$$

或

$$\Psi_L = \Psi_L(t_0) + \int_{t_0}^{t} u d\xi \tag{6-16}$$

可以看出,电感元件是动态元件,也是记忆元件。

式(6-13)与式(6-14)均称为电感元件的伏安特性方程。

例 6-4　电路如图 6-11(a)所示,已知 $L=0.1$ H,流过电感元件的电流 $i_L(t)$随时间变化的曲线如图 6-11(b)所示,求电感电压 $u_L(t)$,并画出波形图。

解　(1) 当 $t \leqslant 0$ 时,$i_L=0$,则

$$u_L(t) = L\frac{di}{dt} = 0.1\frac{d(0)}{dt} = 0$$

(2) 当 $0 \leqslant t \leqslant 0.05$ s 时,$i_L(t)=20t$,则

$$u_L(t) = L\frac{di}{dt} = 0.1 \times 20 \text{ V} = 2 \text{ V}$$

(3) 当 $0.05 \text{ s} \leqslant t \leqslant 0.15$ s 时,$i_L(t)=2-20t$,则

$$u_L(t) = L\frac{di}{dt} = 0.1 \times (-20) \text{ V} = -2 \text{ V}$$

(4) 当 $0.15 \text{ s} \leqslant t \leqslant 0.2$ s 时,$i_L(t)=-4+20t$,则

$$u_L(t) = L\frac{di}{dt} = 0.1 \times 20 \text{ V} = 2 \text{ V}$$

$u_L(t)$的波形如图 6-11(c)所示。从波形可看到,电感电流的波形为三角形时,其电感电压的波形为矩形;电感电流在任一时刻连续,而电感电压在某一时刻却突然发生了变化。

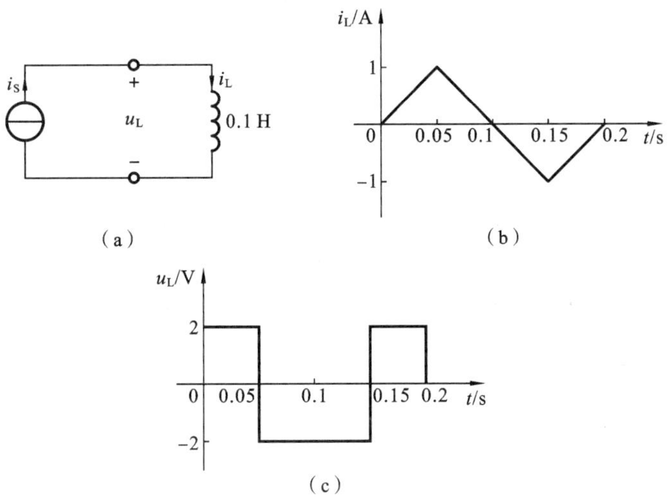

图 6-11　例 6-4 图

6.2.2　电感电流的连续性

与讨论电容电压连续性一样，这里仍以起始时刻 $t=0$ 来讨论电感电流的连续性。设 $t=0$前一瞬间的电感电流为 $i_L(0_-)$，$t=0$ 后一瞬间的电感电流为 $i_L(0_+)$，根据式(6-15)，有

$$i_L(0_+)=i_L(0_-)+\frac{1}{L}\int_{0_-}^{0_+}u\mathrm{d}t$$

显然，只要 u 在 $t=0$ 时为有限值，则等式右边的积分就为零，此时

$$i_L(0_+)=i_L(0_-)$$

这就是说，电感电流只能连续变化，不可能即时地从一个值跳变到另一个值。广而言之，若 u 在所有时间 t 内均为有界函数，则电感电流都将是连续变化的。

6.2.3　电感的储能

在电压和电流的关联参考方向下，线性电感元件吸收的功率为

$$p=ui=Li\frac{\mathrm{d}i}{\mathrm{d}t} \tag{6-17}$$

由于 $t=-\infty$时，$i(-\infty)=0$，电感元件无磁场能量。因此，从 $-\infty$到 t 时间段内电感吸收的磁场能量

$$W_L(t)=\int_{-\infty}^{t}p\mathrm{d}\xi=\int_{-\infty}^{t}Li\frac{\mathrm{d}i}{\mathrm{d}\xi}\mathrm{d}\xi=\int_{0}^{i(t)}Li\mathrm{d}i=\frac{1}{2}Li^2(t) \tag{6-18}$$

这就是线性电感元件在任何时刻的磁场能量表达式。

从 t_1 到 t_2 时间内，线性电感元件吸收的磁场能量为

$$W_L(t)=\frac{1}{2}Li^2(t_2)-\frac{1}{2}Li^2(t_1)=W_L(t_2)-W_L(t_1)$$

当电流 $|i|$ 增加时，$W_L>0$，元件吸收能量；当电流 $|i|$ 减小时，$W_L<0$，元件释放能量。可见电感元件不会把吸收的能量消耗掉，而是以磁场能量的形式储存起来。所以电感元

件是一种储能元件，同时，它也不会释放出多于它吸收或储存的能量，因此它也是一种无源元件。

6.2.4 电感元件的串联和并联

实际应用中为了改变电感元件的电感量，常通过电感元件的不同连接方式来实现。

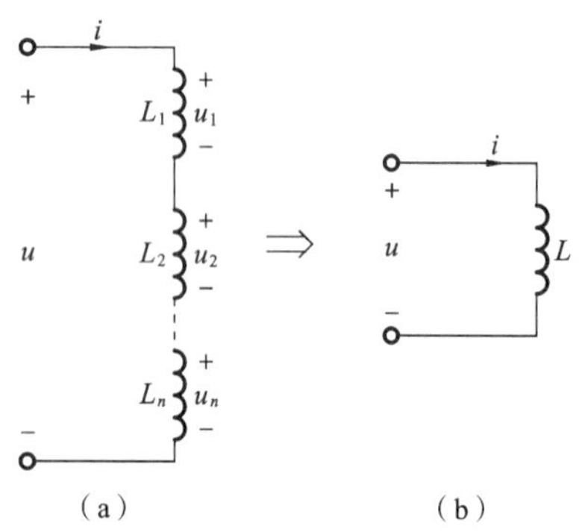

图 6-12 电感元件串联电路

1. 电感元件的串联

图 6-12 所示为 n 个电感元件的串联电路，流过各元件的为同一电流。

由 KVL 及电感元件的 VCR 关系得

$$u=u_1+u_2+\cdots+u_n=L_1\frac{\mathrm{d}i}{\mathrm{d}t}+L_2\frac{\mathrm{d}i}{\mathrm{d}t}+\cdots+L_n\frac{\mathrm{d}i}{\mathrm{d}t}$$

$$=(L_1+L_2+\cdots+L_n)\frac{\mathrm{d}i}{\mathrm{d}t}=L\frac{\mathrm{d}i}{\mathrm{d}t}$$

其中，等效电感与各电感元件之间的关系为

$$L=L_1+L_2+\cdots+L_n=\sum_{k=1}^{n}L_1 \qquad (6\text{-}19)$$

若两个电感元件串联，则等效电感 $L=L_1+L_2$。

由于 $u=L\frac{\mathrm{d}i}{\mathrm{d}t}$，$u_1=L_1\frac{\mathrm{d}i}{\mathrm{d}t}$，$u_2=L_2\frac{\mathrm{d}i}{\mathrm{d}t}$，因此

$$\begin{cases} u_1=\dfrac{L_1}{L}u=\dfrac{L_1}{L_1+L_2}u \\ u_2=\dfrac{L_2}{L}u=\dfrac{L_2}{L_1+L_2}u \end{cases}$$

式中，$\frac{L_1}{L_1+L_2}$及$\frac{L_2}{L_1+L_2}$称为分压比。

2. 电感元件的并联

图 6-13 所示为 n 个电感元件的并联电路，各元件为同一电压。

由 KCL 及电感元件的 VCR 关系得

$$i=i_1+i_2+\cdots+i_n=\frac{1}{L_1}\int_0^t u(\xi)\mathrm{d}\xi+\frac{1}{L_2}\int_0^t u(\xi)\mathrm{d}\xi+\cdots+\frac{1}{L_n}\int_0^t u(\xi)\mathrm{d}\xi$$

$$=\left(\frac{1}{L_1}+\frac{1}{L_2}+\cdots+\frac{1}{L_n}\right)\int_0^t u(\xi)\mathrm{d}\xi=\frac{1}{L}\int_0^t u(\xi)\mathrm{d}\xi$$

其中，等效电感与各电感元件之间的关系为

$$\frac{1}{L}=\frac{1}{L_1}+\frac{1}{L_2}+\cdots+\frac{1}{L_n}=\sum_{k=1}^{n}\frac{1}{L_k} \qquad (6\text{-}20)$$

若两个电感元件并联，则等效电感 $L=\frac{L_1L_2}{L_1+L_2}$。

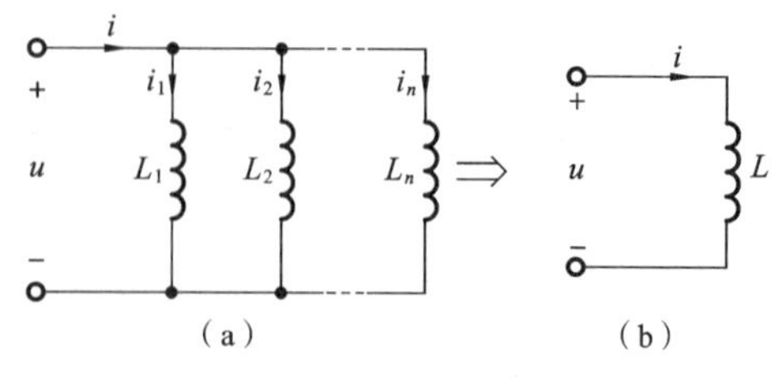

图 6-13 电感元件并联电路

由于 $i=\frac{1}{L}\int_0^t u(\xi)\mathrm{d}\xi$，而 $i_1=\frac{1}{L_1}\int_0^t u(\xi)\mathrm{d}\xi$，$i_2=\frac{1}{L_2}\int_0^t u(\xi)\mathrm{d}\xi$，故

$$\begin{cases} i_1=\dfrac{L_2}{L_1+L_2}i \\ i_2=\dfrac{L_1}{L_1+L_2}i \end{cases} \tag{6-21}$$

式中，$\frac{L_1}{L_1+L_2}$ 及 $\frac{L_2}{L_1+L_2}$ 称为分流比。

思考与练习

6-2-1 判断下列陈述是否正确，为什么？

(1)在任一时刻 t_0，若通过电感的电流 $i(t_0)=0$，则该时刻的电感电压 $u_L(t_0)=0$，功率 $p(t_0)=0$，储能 $w(t_0)=0$。

(2)在任一时刻 t_0，若电感的端口电压 $u_L(t_0)=0$，则该时刻的电感电流 $i_L(t_0)=0$，功率 $p(t_0)=0$，储能 $w(t_0)=0$。

6-2-2 若两电感的初始电流不为零，式(6-21)表示的反比分流公式是否成立，为什么？

本章小结

(1) 电容元件和电感元件都是储能元件，亦称动态元件。

电容元件的储能 $W_C(t)=\frac{1}{2}Cu_C^2(t)$，电感元件的储能 $W_L(t)=\frac{1}{2}Li_L^2(t)$。

(2) 动态元件的 VCR 关系如下：

电容元件

$$i_C=C\frac{\mathrm{d}u_C}{\mathrm{d}t},\quad u_C(t)=u_C(0)+\frac{1}{C}\int_0^t i(\xi)\mathrm{d}\xi$$

电感元件

$$u_L=L\frac{\mathrm{d}i_L}{\mathrm{d}t},\quad i_L(t)=i_L(0)+\frac{1}{L}\int_0^t u(\xi)\mathrm{d}\xi$$

$i_L(0)$称为电感的初始值，它决定了电感元件的初始储能或初始状态。

积分关系式反映了电容元件或电感元件的记忆作用。

(3) 动态元件的基本性质。

电容元件具有“隔直流、通交流”的性质，电感元件具有“通直流、阻交流”的性质。对于稳定的直流电路，电容元件相当于开路，电感元件相当于短路。

(4) 电容元件、电感元件串并联性质。

电容元件并联的目的是增大电容量，即 $C=C_1+C_2+C_3+\cdots$。电容元件串联的目的是增大电容元件组的耐压值。电感元件串联的目的是增大电感量，电感元件并联的目的是减少电感量、提高电感组允许通过电流的额定值。

三个基本元件的 VCR 关系表

	电阻元件	电容元件	电感元件
元件符号	i + u −	i + u −	i + u −
单位	Ω(欧姆)	F(法拉)	H(亨利)
VCR	$u=iR$	$i=C\dfrac{\mathrm{d}u}{\mathrm{d}t}$	$u=L\dfrac{\mathrm{d}i}{\mathrm{d}t}$
能量	耗能元件	储能元件 $W_C(t)=\dfrac{1}{2}Cu^2(t)$	储能元件 $W_L(t)=\dfrac{1}{2}Li^2(t)$
特性	无记忆元件	电压连续性和记忆性	电流连续性和记忆性

习　　题

6-1　如题图 6-1(a)所示电路，电压源 $u(t)$的波形如图(b)所示，试求电容电流 $i(t)$，并画出波形图。

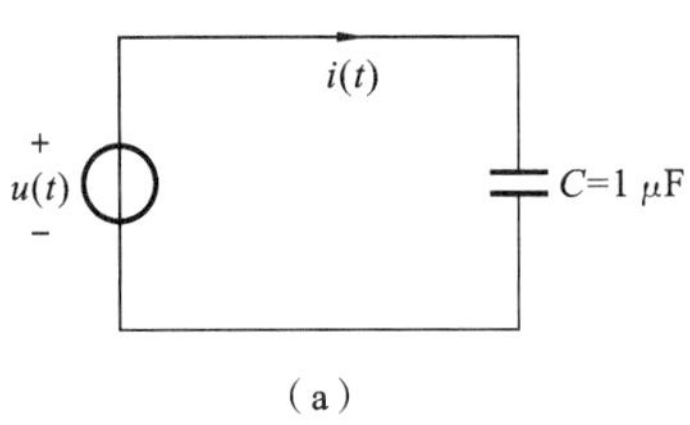

(a)

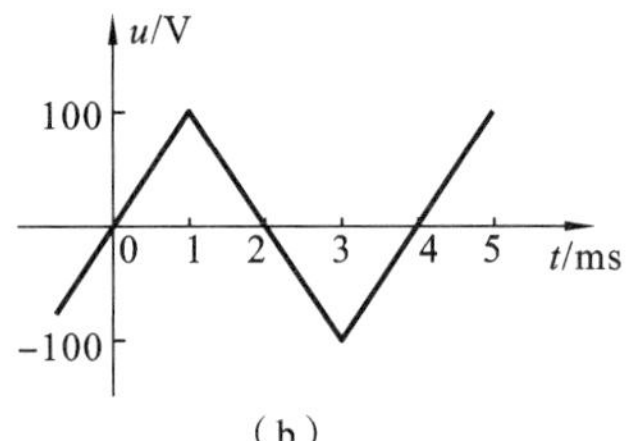

(b)

题图 6-1

6-2　如题图 6-2(a)所示电路，已知电流源的波形如图(b)所示，且电容电压的初始值 $u_C(0)=2$ V，试求电容电压 $u_C(t)$，并画出波形图。

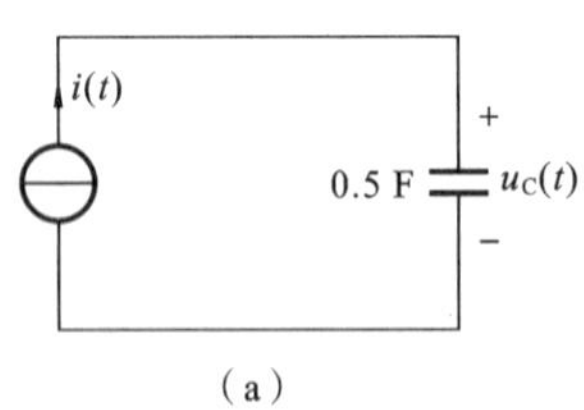

(a)

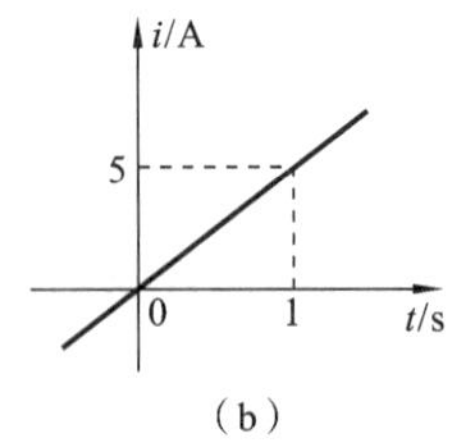

(b)

题图 6-2

6-3　题图 6-3 所示为一电容的电压和电流波形，试求：(1) 电容量 C；(2) $0<t<1$ ms 时电容储存的电量 q；(3) $t=2$ ms 时吸收的功率 P；(4)$t=2$ ms 时储存的能量 W。

6-4　电路如题图 6-4(a)所示，已知 $C=0.1\ \mu$F，电容电压初始值 $u_C(0)=0$ V，流过电容的电流 $i(t)$ 如图 6-4(b)所示。试求：(1) $t\geqslant 0$ 时的 $u_C(t)$并画出波形图；(2) 吸收功率 $p(t)$

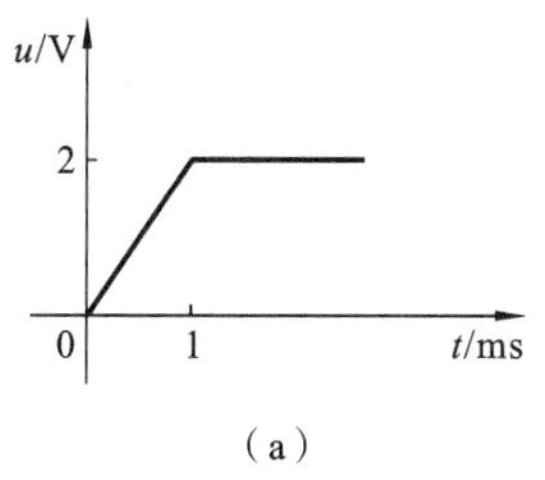

（a）

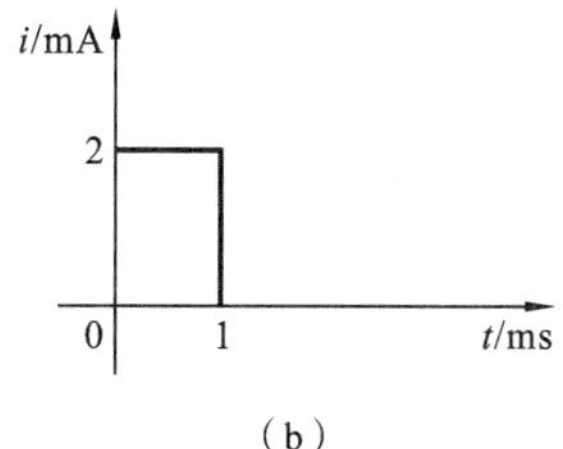

（b）

题图 6-3

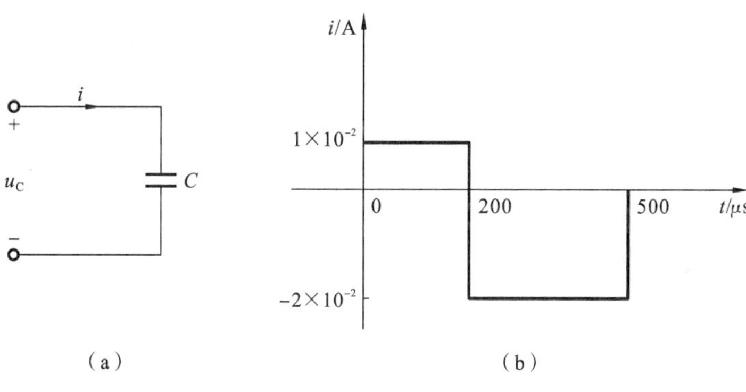

（a）　　　　（b）

题图 6-4

及其波形图；(3) 电容储存的能量 $W(t)$及其波形图。

6-5　如题图 6-5(a)所示电路，已知 $L=1$ H，电流源 $i(t)$的波形如图(b)所示，试求 $u_L(t)$并画出波形图。

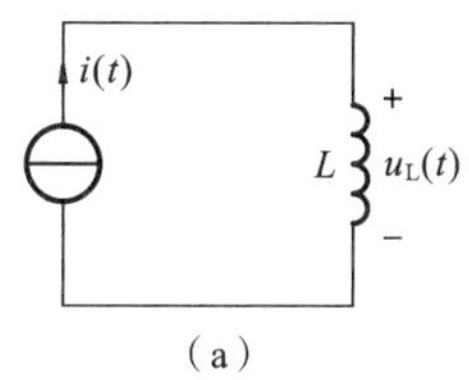

（a）

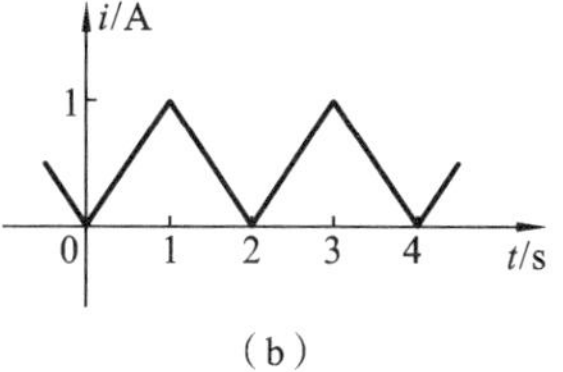

（b）

题图 6-5

6-6　如题图 6-6(a)所示电路，已知 $L=4$ H，且 $i(0)=0$，电压 $u_L(t)$的波形如图(b)所示，试求当 $t=1$ s、$t=2$ s、$t=3$ s 和 $t=4$ s 时的电感电流 $i_L(t)$。

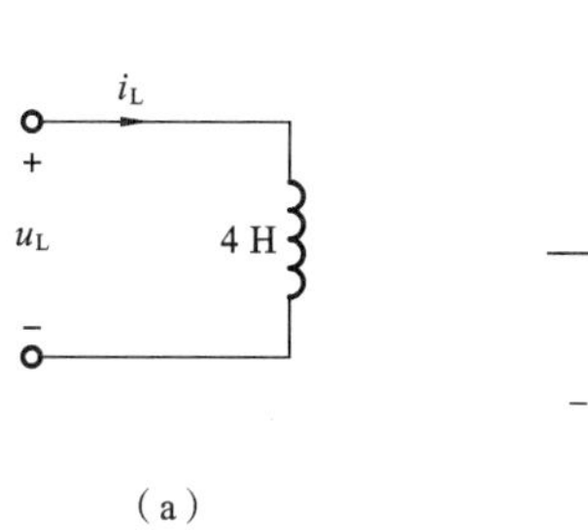

（a）

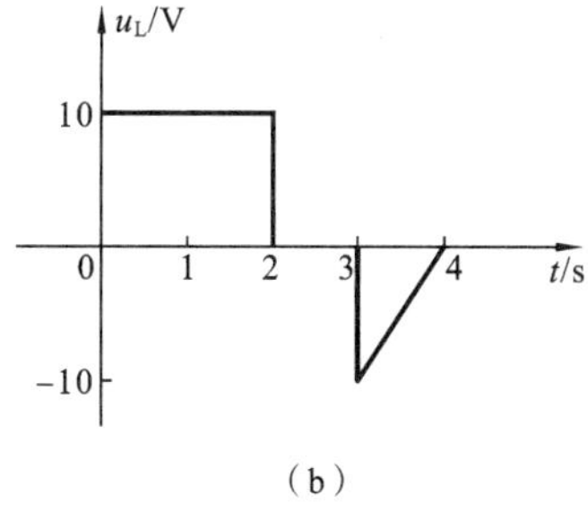

（b）

题图 6-6

6-7 如题图 6-7 所示电路，已知 $L=30\ \text{mH}$，电感初始储存的能量为零，通过电流源的电流 $i(t)=10\sin(50t)$ A，试求 $u_L(t)$、$p(t)$ 及 $W_L(t)$。

6-8 如题图 6-8(a)所示，若已知 $L=10\ \text{mH}$，电流 $i(t)$ 的波形如题图 6-8(b)所示，试求：(1) $t\geqslant 0$ 时的 $u_L(t)$，并画出波形图；(2) 瞬时功率 $P(t)$、储存能量 $w(t)$，并画出 $p(t)$ 和 $w(t)$ 的波形。

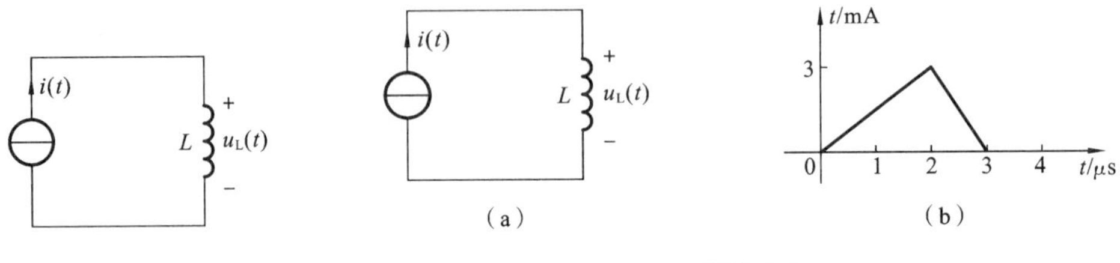

题图 6-7　　题图 6-8

6-9 如题图 6-9 所示电路，已知电流源电流 $i(t)=(1-e^{-10t})$ A，$t\geqslant 0$，$L=0.5$ H，$R=5\ \Omega$，试求 $t\geqslant 0$ 时的电压 $u(t)$。

6-10 如题图 6-10 所示电路，已知电容元件的 $u(0)=3$ V，$i(t)=(6e^{-3t}-4e^{-t})$ A，求 $t\geqslant 0$ 时的 $u(t)$。

6-11 如题图 6-11 所示电路，电容元件 $u_C(0)=0$，$i_C(t)=3e^{-\frac{t}{2}}$ A，求 $t\geqslant 0$ 时的 $i(t)$。

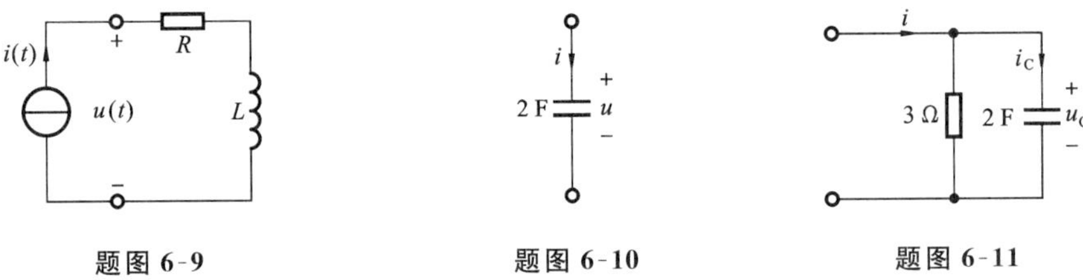

题图 6-9　　题图 6-10　　题图 6-11

6-12 如题图 6-12 所示电路，$u(t)=2e^{-2t}$ V，$i_L(0)=0$，求 $t\geqslant 0$ 时的 $i(t)$。

6-13 如题图 6-13 所示电路，$t=0$ 时开关闭合，已知 $u_C(0_-)=2$ V，求 $t=0_+$ 时电压 u 及其导数$\dfrac{du}{dt}$。

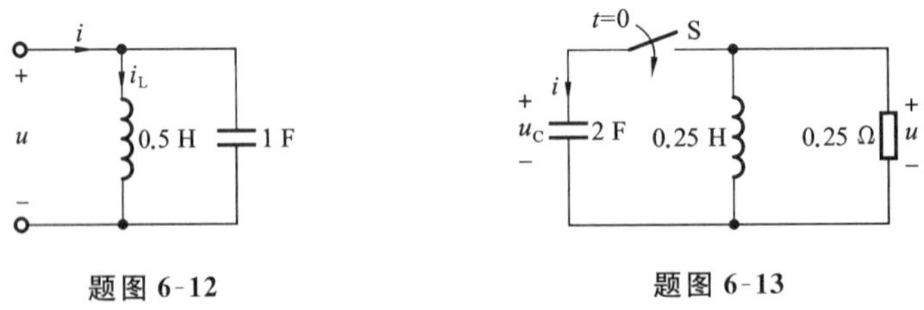

题图 6-12　　题图 6-13

第 7 章　正弦稳态电路分析

在正弦激励的电路中，如果电压、电流均为与激励同频率的正弦波，则该电路称为正弦稳态电路。不论在实际应用中还是在理论分析中，正弦稳态分析都是极其重要的。许多电气设备的设计、性能指标就是按照正弦稳态来考虑的，例如，电力系统中的大多数问题都可以用正弦稳态分析来解决。又如，在设计高保真音频放大器时，就要求它对输入的正弦信号能够"忠实地"再现并加以放大。各种复杂波形的电流、电压都可分解为众多不同频率的正弦函数，因此正弦稳态分析是研究复杂波形激励的电路问题的基础。

7.1　正弦量的基本概念

7.1.1　正弦量的三要素

按正弦或余弦规律随时间作周期变化的电压、电流称为正弦电压、电流，统称为正弦量（或正弦交流电）。正弦量可以用正弦函数表示，也可用余弦函数表示。本书用正弦函数表示正弦量。

图 7-1 所示正弦电流 i 的数学表达式为

$$i(t)=I_{\mathrm{m}}\sin(\omega t+\varphi_i)\,\mathrm{A} \tag{7-1}$$

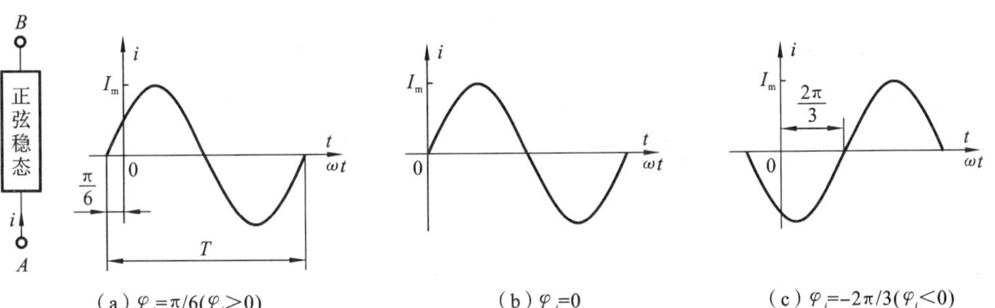

图 7-1　正弦电流波形图

式(7-1)称为正弦电流的瞬时值表达式。

式中：I_{m}——电流的振幅或最大值；

$\omega t+\varphi_i$——相位角（简称相位），反映正弦量变化的进程；

ω——角频率，单位为弧度/秒(rad/s)，反映正弦量变化的快慢；

φ_i——初相位（简称初相），即为 $t=0$ 时的相位，反映正弦量初值的大小与正负，规定其范围为$[-\pi,\pi]$。

振幅、角频率（或频率）、初相称为正弦量的三要素，因为这三者能唯一地将正弦量的瞬时值表达式或波形确定下来。

正弦量的周期 T 为正弦量重复出现的最小时间间隔，单位是秒(s)。

正弦量的频率 f 是每秒钟正弦量变化的周期数，单位是赫兹(Hz)。

正弦量的角频率 ω、周期 T、频率 f 三者之间存在的关系为

$$\omega=\frac{2\pi}{T}=2\pi f \tag{7-2}$$

用正弦函数表示正弦波图形时，把波形图上原点前后 $\pm T/2$(或 $\pm\pi$)内曲线由负变正经过零值的那一点称为正弦波的起点。初相就是波形起点至坐标原点的角度。于是初相的绝对值不大于 π，并且，当 $\varphi_i>0$ 时，波形起点在原点的左侧，$\varphi_i<0$ 时，波形起点在原点的右侧。图 7-1 所示的是 $\varphi_i=\pi/6$，$\varphi_i=0$ 和 $\varphi_i=-2\pi/3$ 三种情况下的正弦电流波形。φ_i 的值与时间起点(在时间轴上，$t=0$ 的点)的选择有关。图 7-1 所示的三个波形也可认为是同一正弦电流波形取不同时间起点的三种情况。

例 7-1 在图 7-1 所示的参考方向下，$i(t)=100\sin(\pi t+135°)$ A。试求：(1) $t=0.5$ s 时；(2) $t=1.5$ s 时电流的大小和实际方向。

解 将初相 φ_i 用弧度表示 $135°=\frac{3}{4}\pi\text{rad}$

(1) $t=0.5$ s 时

$$i(0.5)=100\sin\left(\pi\times0.5+\frac{3}{4}\pi\right)=100\sin\left(\frac{5}{4}\pi\right)=-70.7\ \text{A}$$

此时，电流的大小为 70.7 A，方向由 B 流向 A(因为 $-70.7<0$，故电流实际方向与参考方向相反)。

(2) $t=1.5$ s 时

$$i(1.5)=100\ \sin\left(\pi\times1.5+\frac{3}{4}\pi\right)=100\sin\left(2\pi+\frac{1}{4}\pi\right)=70.7\ \text{A}$$

此时刻电流的大小为 70.7 A，方向由 A 流向 B(与参考方向相同)。

由于 $i(t)$ 表达式的值随时间 t 的取值不同而不断改变符号，因此符号的正负只有在规定了参考方向时才有意义，这与直流电路是相同的。

例 7-2 测量得到工频正弦电流的最大值为 10 A，初相为 $-15°$，写出其瞬时值表达式。

解 已知 $I_m=10$ A，$\varphi_i=-15°$。在我国，工频供电是指频率 $f=50$ Hz 的正弦电压与电流，因此角频率 $\omega=2\pi f=100\pi$ rad/s $=314$ rad/s。

电流瞬时值表达式为 $i(t)=I_m\sin(\omega t+\varphi_i)=10\sin(314t-15°)$ A。

7.1.2 同频率正弦量的相位差

在正弦稳态电路分析中，两个同频率正弦量的相位差 φ 的概念非常重要。

设 $u(t)=U_m\sin(\omega t+\varphi_u)$，$i(t)=I_m\sin(\omega t+\varphi_i)$

正弦量 u 与 i 的相位差定义为

$$\varphi=(\omega t+\varphi_u)-(\omega t+\varphi_i)=\varphi_u-\varphi_i \tag{7-3}$$

显然，两个同频率正弦量的相位差在任何瞬时都是一个常数，等于它们的初相之差。

相位差 φ 的取值范围为$[-\pi,\pi]$。如果 $\varphi=\varphi_u-\varphi_i>0$，则称电压 u 的相位超前(lead)电流 i 的相位一个角度 φ，简称电压 u 超前电流 i 角度 φ，如图 7-2 所示。在波形图中，从时间轴正方向看去，电压 u 先到达其第一个正的最大值，经过 φ，电流 i 到达其第一个正的最大

值。反过来也可以说电流 i 滞后(lag)电压 u 角度 φ。如果 $\varphi=\varphi_u-\varphi_i<0$，则结论刚好与上述情况相反，即电压 u 滞后电流 i 角度 $|\varphi|$，或电流 i 超前电压 u 角度 $|\varphi|$。

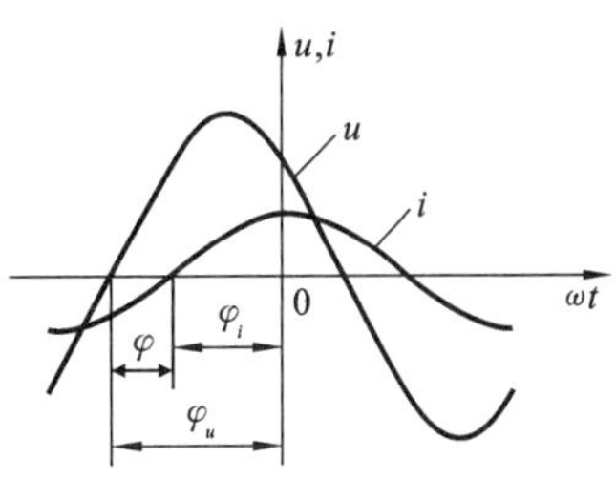

图 7-2 电压 u 超前电流 i

相位差有三种特殊情况：同相、正交与反相。

(1) 若 $\varphi=\varphi_u-\varphi_i=0$，则称 u、i 同相。

(2) 若 $\varphi=\varphi_u-\varphi_i=\pm\pi/2$，则称 u、i 正交。

(3) 若 $\varphi=\varphi_u-\varphi_i=\pm\pi$，则称 u、i 反相。

图 7-3 所示为同相、正交、反相三种相位关系。

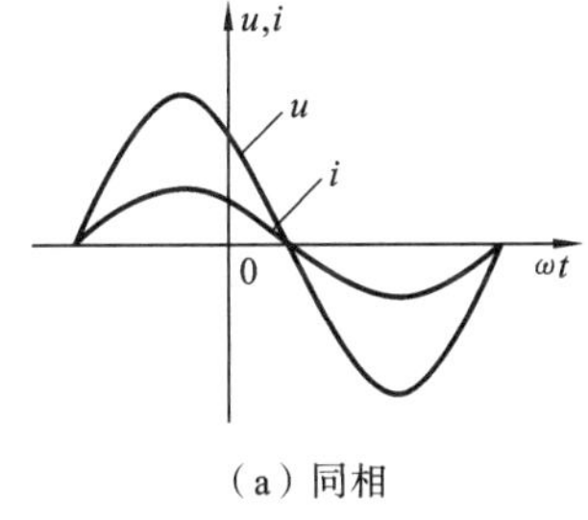

(a) 同相

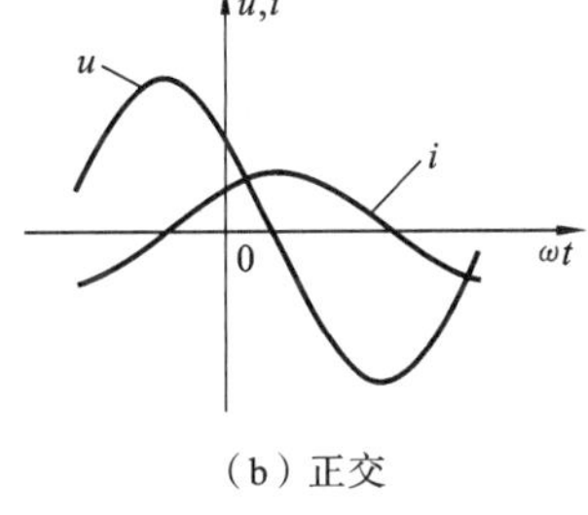

(b) 正交

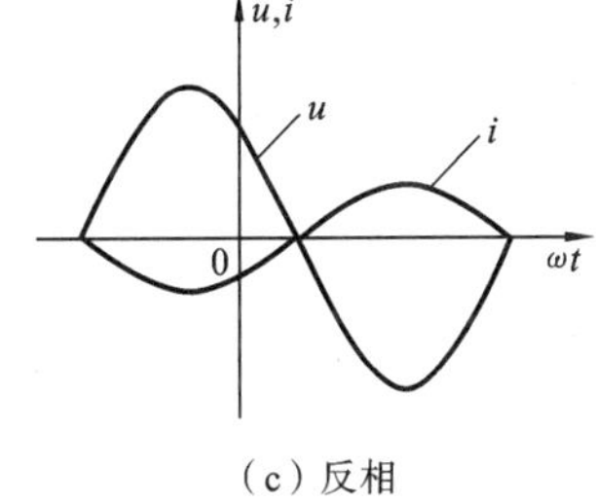

(c) 反相

图 7-3 同频率正弦量的几种特殊相位关系

比较相位差时应该注意：

(1) 正弦量的频率必须相同，不同频率的正弦量不能进行相位差比较(超前与滞后)。

(2) 函数表达式的形式应该相同，统一采用正弦形式或统一采用余弦形式。

例如，电压 $u(t)=100\sin(\omega t+60°)\,\text{V}$，电流 $i(t)=50\cos(\omega t+30°)\,\text{A}$，两个正弦量的形式不相同，不能错误地认为相位差 $\varphi=60°-30°=30°$。应该先统一 u、i 的函数形式，如将电流 i 作形式转换，使 u、i 都用正弦函数表示，$i(t)=50\cos(\omega t+30°)=50\sin(\omega t+120°)\,\text{A}$，相位差 $\varphi=60°-120°=-60°$，即电压 u 滞后电流 i $60°$。当然，也可以将电压 u 作形式转换，使 u、i 都用余弦函数表示，再求取相位差。

(3) 函数表达式前统一取正号或负号，负号改为正号时，在初相中加或减 180°。例如

$$u(t)=-U_m\sin(\omega t+\varphi_u)=U_m\sin(\omega t+\varphi_u\pm180°)$$

一般取 $|\varphi_u\pm180°|\leqslant180°$。

(4) 当两个同频率正弦量的计时起点改变时，它们的初相一般也随之改变，但它们之间的相位差却保持不变，所以两个同频率正弦量的相位差与计时起点的选择无关。

例 7-3 两个正弦电流波形如图 7-4 所示，表达式分别是 $i_1(t)=-10\sin(\omega t+90°)\,\text{A}$，$i_2(t)=5\cos(\omega t+30°)\,\text{A}$。哪个电流的相位滞后？滞后多少度？

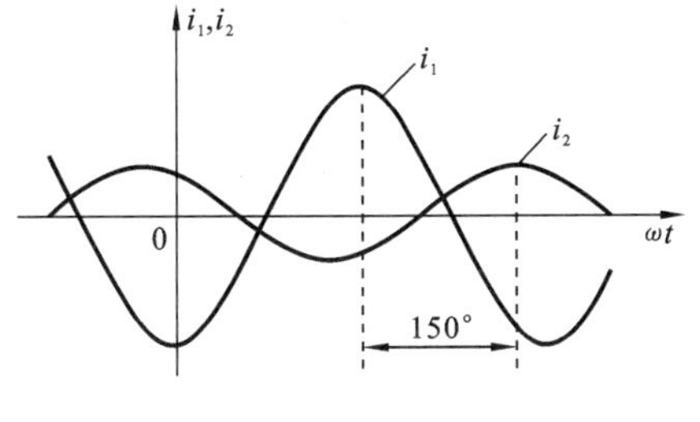

图 7-4 例 7-3 图

解 先将 i_1 和 i_2 作形式转换，分别为

$$i_1(t)=-10\sin(\omega t+90°)=10\sin(\omega t-90°)\,\text{A}$$

$$i_2(t)=5\cos(\omega t+30°)=5\sin(\omega t+120°)\,\text{A}$$

i_1 与 i_2 的相位差

$$\varphi=-90°-120°=-210°$$

$\varphi<0$，说明 i_1 滞后 i_2，但从波形图看，也可以说 i_2 滞后 i_1。为了使超前、滞后的概念更确切，规定相位差的取值范围为$[-\pi,\pi]$。所以本例中，计算 i_1 与 i_2 的相位差应用 $\varphi=-90°-120°+360°=-210°+360°=150°$，即 i_2 滞后 i_1 $150°$。

7.1.3 正弦量的有效值

周期电压、电流的瞬时值是随时间变化的，无法利用瞬时值反映周期电压、电流作用于电路的效果。从衡量周期量作用的效果出发，工程上规定，把与周期电压、电流具有等同效应（如热效应、光效应、机械效应）的直流电的值定义为周期量的有效值，用对应的大写字母表示。

设 $f(t)$是周期为 T 的周期函数，其有效值定义为

$$F=\sqrt{\frac{1}{T}\int_0^T f^2(t)\mathrm{d}t} \tag{7-4}$$

可见，周期函数的有效值等于其瞬时值的平方在一个周期内积分的平均值再取平方根，因此，有效值又称为方均根值（root-mean-square，也译作均方根值）。在英文原版教材中采用 U_{eff}、I_{eff}或 U_{rms}、I_{rms}分别表示电压与电流的有效值。国内电路教材一般采用大写字母 U、I 分别表示电压与电流的有效值。

正弦量是周期函数，将 $f(t)=F_{\text{m}}\sin(\omega t+\varphi)$代入式(7-4)，得

$$F=\sqrt{\frac{1}{T}\int_0^T[F_{\text{m}}\sin(\omega t+\varphi)]^2\mathrm{d}t}=\sqrt{\frac{F_{\text{m}}^2}{T}\int_0^T\sin^2(\omega t+\varphi)\mathrm{d}t}$$

其中，

$$\int_0^T\sin^2(\omega t+\varphi)\mathrm{d}t=\int_0^T\frac{1-\cos[2(\omega t+\varphi)]}{2}\mathrm{d}t=\frac{T}{2}$$

所以

$$F=\frac{F_{\text{m}}}{\sqrt{2}} \tag{7-5}$$

对于正弦电压 $u(t)=U_{\text{m}}\sin(\omega t+\varphi_u)$，其有效值为 $U=\dfrac{U_{\text{m}}}{\sqrt{2}}=0.707U_{\text{m}}$。

对于正弦电流 $i(t)=I_{\text{m}}\sin(\omega t+\varphi_i)$，其有效值为 $I=\dfrac{I_{\text{m}}}{\sqrt{2}}=0.707I_{\text{m}}$。

应注意，应用式(7-5)求有效值仅适用于正弦量。

在电气工程中，一般所说的正弦电压和正弦电流的大小都是指有效值。例如，我国供电频率为 50 Hz 的交流电气设备铭牌上电压、电流的额定值都是指有效值；交流测量仪表指示的读数是电压、电流的有效值；我国居民用电的单相正弦交流电压 220 V，就是正弦电压的有效值为 220 V，它的最大值为

$$U_{\text{m}}=\sqrt{2}U=1.414\times 220\ \text{V}=311\ \text{V}$$

在正弦稳态电路分析中，经常应用正弦量的有效值替代正弦量的最大值。

正弦电压表达式可以写为 $u(t)=U_{\text{m}}\sin(\omega t+\varphi_u)=\sqrt{2}U\sin(\omega t+\varphi_u)$，正弦电流表达式写法类似。

思考与练习

7-1-1 练习图 7-1 所示正弦电流波形的最大值为 5 A,写出时间起点分别在 A、B、C、D、E、F 各点时电流 $i(t)$ 的瞬时值表达式。

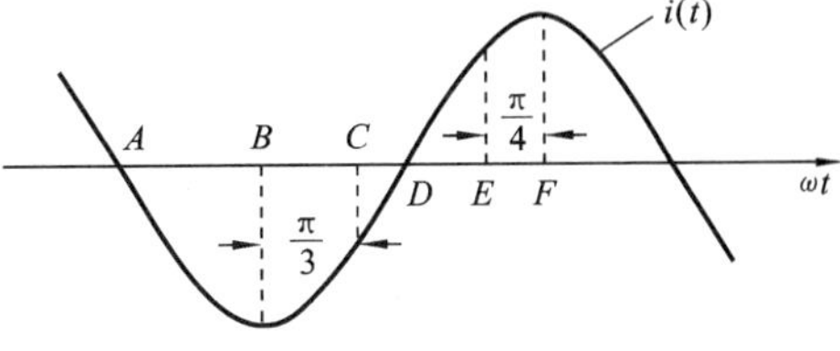

练习图 7-1

7-1-2 两个电动势的表达式分别为 $e_1=220\sqrt{2}\sin(314t-30°)$ V,$e_2=110\sqrt{2}\sin(314t+180°)$ V,试确定二者的相位关系,并作出波形图。

7-1-3 (1) $i_1=10\sin(314t+60°)$ A,$i_2=-10\sin(314t+30°)$ A。

(2) $i_1=10\sin(314t+60°)$ A,$i_2=10\cos(314t+30°)$ A。

在(1)、(2)中,$\varphi_1-\varphi_2=60°-30°=30°$,即 i_1 超前 i_2 30°,对吗?应如何得出 i_1 与 i_2 的相位差。

7-1-4 试求下列正弦量的有效值。

(1) $u=150\sin(\omega t+60°)$ kV; (2) $i=70.7\sin\left(314t-\dfrac{\pi}{2}\right)$ mA;

(3) $i=\left[5\sin\left(\omega t+\dfrac{\pi}{4}\right)+5\cos\left(\omega t-\dfrac{\pi}{4}\right)\right]$ A。

7.2 相量法的数学基础

求解正弦稳态电路时,从数学角度看,需要求非齐次微分方程的特解。直接用经典法求特解从理论上是可行的,但一旦电路结构复杂,建立微分方程及采用经典法求微分方程特解的难度就必然很大,不便于实际应用,因此,求解正弦稳态电路时,广泛采用的是相量法,为此需要用相量表示正弦量。

7.2.1 复数

为了导出正弦量与相量(复数)的对应关系,首先简单介绍复数的表示方法及其四则运算。

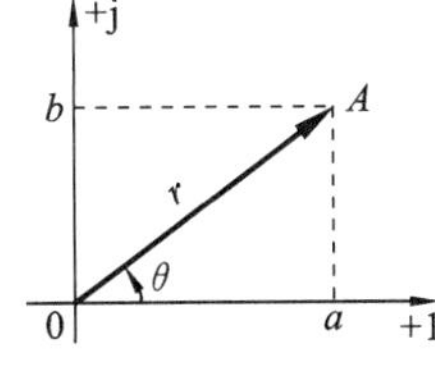

图 7-5 复数的表示

1. 复数的两种表示形式

如图 7-5 所示,复平面上的任一点 A 代表一个复数,复数有两种表示形式:代数形式和指数形式。

1) 代数形式

$$A=a+\mathrm{j}b$$

式中,j 为虚数单位;a、b 分别称为复数 A 的实部和虚部,即

$$\mathrm{Re}[A]=a,\quad \mathrm{Im}[A]=b$$

式中,Re 和 Im 分别是取实部和取虚部的运算符号(算子)。

2）指数形式

$$A=re^{j\theta}\quad (\theta\in[-\pi,\pi])$$

式中，r 为图 7-5 所示矢量$\overrightarrow{0A}$的长度，称为复数的模；θ 为矢量$\overrightarrow{0A}$与实轴正方向的夹角，称为复数的辐角。指数形式又称为极坐标形式，通常将这种形式写成 $A=r\angle\theta$。

从复平面上容易看出，复数两种形式间的关系为

$$\begin{cases}a=r\cos\theta\\ b=r\sin\theta\end{cases}\qquad \begin{cases}r=\sqrt{a^2+b^2}\\ \theta=\arctan\dfrac{b}{a}\end{cases}$$

2. 复数的四则运算

1）加、减运算

复数的加减运算用代数形式比较方便。

设
$$A_1=a_1+jb_1,\quad A_2=a_2+jb_2$$
则
$$C=A_1\pm A_2=(a_1\pm a_2)+j(b_1\pm b_2)$$

在复平面上，可按“平行四边形法则”或“三角形法则”求复数的和、差。

2）乘、除运算

设
$$A_1=r_1\angle\theta_1,\quad A_2=r_2\angle\theta_2$$
则
$$A_1\cdot A_2=r_1\angle\theta_1\cdot r_2\angle\theta_2=r_1r_2\angle(\theta_1+\theta_2)$$
$$\frac{A_1}{A_2}=\frac{r_1\angle\theta_1}{r_2\angle\theta_2}=\frac{r_1}{r_2}\angle(\theta_1-\theta_2)$$

用代数形式也可以进行复数的乘、除法运算，但在一般情况下用指数形式较为方便，因此，在复数四则运算中，常需要进行复数两种形式间的转换。

例 7-4 已知 $A=5\angle 53.1°$，$B=-4-j3$，求 AB 和 A/B。

解 先将 B 转换成极坐标形式

$$B=-4-j3=\sqrt{(-4)^2+(-3)^2}\angle\arctan\frac{-4}{-3}=5\angle-143.1°$$

在这里，应结合 B 所在的象限确定 $\arctan\dfrac{-4}{-3}$的结果。如图 7-6 所示，本例的 B 在第三象限，故 $\arctan\dfrac{-4}{-3}=-143.1°$（由正实轴逆时针方向旋转所得的辐角为正，反之为负）。

$$AB=5\angle 53.1°\times 5\angle-143.1°=25\angle-90°$$
$$\frac{A}{B}=\frac{5\angle 53.1°}{5\angle-143.1°}=1\angle 196.2°=1\angle-163.8°$$

例 7-5 设复数 $A=r\angle\theta$，试将复数 A，jA，$-jA$ 表示在同一复平面上。

解 因为
$$1\angle 90°=j,\quad 1\angle-90°=-j$$
所以
$$jA=1\angle 90°\times r\angle\theta=r\angle(\theta+90°),\quad -jA=1\angle-90°\times r\angle\theta=r\angle(\theta-90°)$$

图 7-7 所示为复平面上表示的三个复数 A、jA 和 $-jA$，又因为 $jA=\dfrac{A}{-j}$，$-jA=\dfrac{A}{j}$，所以，可得出下面结论：将一个复数乘以 j（或除以 $-$j），等于把该复数在复平面上逆时针旋转 90°；将一个复数乘以 $-$j（或除以 j），等于把该复数在复平面上顺时针旋转 90°。$\pm$j 可以看作

是 90°的旋转因子。此外，任何模为 1 的复数都可作为旋转因子。

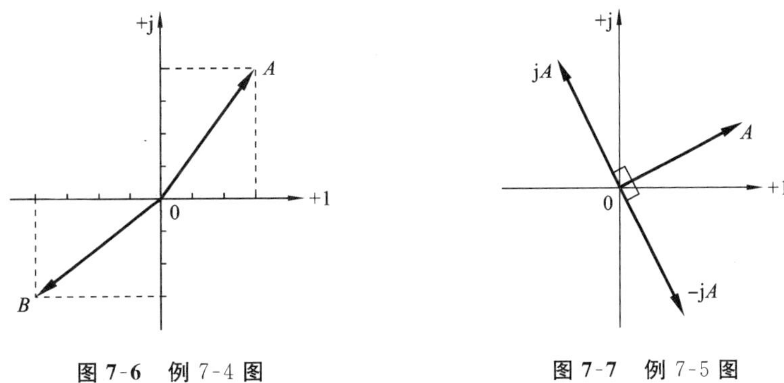

图 7-6 例 7-4 图　　**图 7-7** 例 7-5 图

7.2.2 正弦量的相量

有效值(或最大值)、角频率、初相是正弦量的三要素，由此能唯一地确定一个正弦量。在正弦稳态电路中，各支路电压、电流都是与电源同频率的正弦量，而电源的频率往往是已知的。因此，求解正弦稳态电路的各支路电压、电流，实质上是求各支路电压、电流的有效值和初相。

在很多领域，由两个因素所决定的事物往往可以用一个复数表示，如力、速度等。在给定频率时，决定一个正弦量的另两个因素——有效值和初相也可以用一个复数表示，将这个复数定义为正弦量的相量。

设正弦电流 $$i(t)=\sqrt{2}I\sin(\omega t+\varphi_i)$$

由欧拉公式，得

$$\sqrt{2}I\mathrm{e}^{\mathrm{j}(\omega t+\varphi_i)}=\sqrt{2}I\cos(\omega t+\varphi_i)+\mathrm{j}\sqrt{2}I\sin(\omega t+\varphi_i)$$

可见，这个复数的虚部对应正弦电流 i，即

$$\begin{aligned}i(t)&=\sqrt{2}I\sin(\omega t+\varphi_i)=\mathrm{Im}[\sqrt{2}I\mathrm{e}^{\mathrm{j}(\omega t+\varphi_i)}]\\&=\mathrm{Im}[\sqrt{2}I\mathrm{e}^{\mathrm{j}\varphi_i}\mathrm{e}^{\mathrm{j}\omega t}]=\mathrm{Im}[\sqrt{2}\dot{I}\,\mathrm{e}^{\mathrm{j}\omega t}]\end{aligned}\tag{7-6}$$

式中

$$\dot{I}=I\mathrm{e}^{\mathrm{j}\varphi_i}=I\angle\varphi_i\tag{7-7}$$

式(7-6)中，$\mathrm{e}^{\mathrm{j}\omega t}$ 是一个复变函数，其模为常数 1，随着时间的推移，它在复平面上是以原点为中心、以角速度 ω 逆时针旋转的单位矢量，故称 $\mathrm{e}^{\mathrm{j}\omega t}$ 为旋转因子。

$\dot{I}$ 是一个把正弦电流的有效值和初相结合在一起的复数，它有一个专门名字——电流相量(或电流有效值相量)，用英文字母 I 上加一点表示。同样也可以定义电压相量，电压相量用 $\dot{U}$ 表示。当然也可以用最大值相量表示正弦量的最大值和初相。显然它与有效值相量的关系是

$$\dot{I}_{\mathrm{m}}=\sqrt{2}\dot{I},\quad \dot{U}_{\mathrm{m}}=\sqrt{2}\dot{U}$$

式(7-6)和式(7-7)建立了在给定角频率下一个相量与一个正弦量的一一对应关系，这种关系可表示为

$$\sqrt{2}I\sin(\omega t+\varphi_i)\Longleftrightarrow I\angle\varphi_i$$

必须强调的是，正弦量与相量的这种关系是对应关系、变换关系或代表关系，而不是相等关系，切不可认为相量等于正弦量。

相量是复数，因此相量可以用复平面上的有向线段来表示，相量在复平面上的图示称为相量图。

例 7-6 试写出下列正弦电压所对应的相量，画出相量图，并比较各正弦电压的超前、滞后关系。

(1) $u_1=4\sqrt{2}\sin(2\pi t)$ V；　　(2) $u_2=6\sqrt{2}\sin(2\pi t+60^\circ)$ V；

(3) $u_3=-4\sqrt{2}\sin(2\pi t+45^\circ)$ V；　　(4) $u_4=8\sqrt{2}\cos(2\pi t-120^\circ)$ V。

解 首先将所有正弦电压统一为以下形式：

$$u_3=-4\sqrt{2}\sin(2\pi t+45^\circ)=4\sqrt{2}\sin(2\pi t+45^\circ-180^\circ)=4\sqrt{2}\sin(2\pi t-135^\circ)\text{ V}$$

$$u_4=8\sqrt{2}\cos(2\pi t-120^\circ)=8\sqrt{2}\sin(2\pi t-120^\circ+90^\circ)=8\sqrt{2}\sin(2\pi t-30^\circ)\text{ V}$$

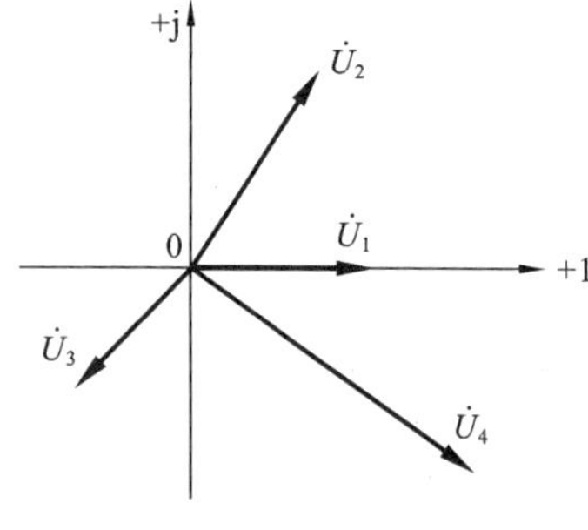

图 7-8　例 7-6 图

由正弦量与相量的对应关系，得到各电压相量为

$$\dot{U}_1=4\angle 0^\circ\text{ V},\quad \dot{U}_2=6\angle 60^\circ\text{ V},$$

$$\dot{U}_3=4\angle -135^\circ\text{ V},\quad \dot{U}_4=8\angle -30^\circ\text{ V}$$

在复平面上画出各电压相量，如图 7-8 所示。

由于相量的辐角代表其正弦量的初相，因此正弦量的超前、滞后关系可以通过在相量图中比较各相应相量的辐角或观察各相应相量按逆时针方向的领先、落后而确定。

根据本例中四个电压相量在相量图中的位置关系，可以得出各正弦电压的相位关系是：u_2 超前 u_1 60°；u_1 超前 u_4 30°；u_4 超前 u_3 105°。上述关系常表示为：$\dot{U}_2$ 超前$\dot{U}_1$ 60°；$\dot{U}_1$ 超前$\dot{U}_4$ 30°；$\dot{U}_4$ 超前 105°。

例 7-7 求下列电压、电流相量所对应的正弦电压、电流瞬时值表达式，已知 $\omega=314$ rad/s。

(1) $\dot{U}=25\angle -60^\circ$ V；　　(2) $\dot{I}=70\angle \frac{3\pi}{4}$ mA。

解 根据相量能确定对应正弦量的有效值和初相，再结合角频率，就能明确各正弦量的三要素，将三要素代入正弦量的瞬时值表达式，有

(1) $\dot{U}=25\angle -60^\circ$ V；　　(2) $\dot{I}=70\angle \frac{3}{4}\pi$ mA。

例 7-8 同频率正弦电流 i_1、i_2、i_3，其有效值分别为 2 A、3 A 和 1 A，i_2 超前 i_1 60°，i_3 滞后 i_1 90°，试作出这三个电流所对应的相量图。

解 由于只给定各电流的有效值及相位关系，并未给定初相，因此，应先设定某一电流的初相，例如，设电流 i_1 的初相为 φ_1，由给定的相位关系，有

$$i_1(t)=2\sqrt{2}\sin(\omega t+\varphi_1)\text{ A},\quad i_2(t)=3\sqrt{2}\sin(\omega t+\varphi_1+60^\circ)\text{ A},\quad i_3(t)=\sqrt{2}\sin(\omega t+\varphi_1-90^\circ)\text{ A}$$

其相应的相量为

$$\dot{I}_1=2\angle\varphi_1\text{ A},\quad \dot{I}_2=3\angle(\varphi_1+60^\circ)\text{ A},\quad \dot{I}_3=1\angle(\varphi_1-90^\circ)\text{ A}$$

各电流相量如图 7-9(a)所示。由于 φ_1 是任意设定的，故改变 φ_1 的大小后各相量在相

量图中的相对位置不变。为简便起见，一般可令 $\varphi_1=0$，并将这个初相为零的相量 $\dot{I}_1$ 称为参考相量。以 $\dot{I}_1$ 为参考相量的相量图如图 7-9(b)所示。

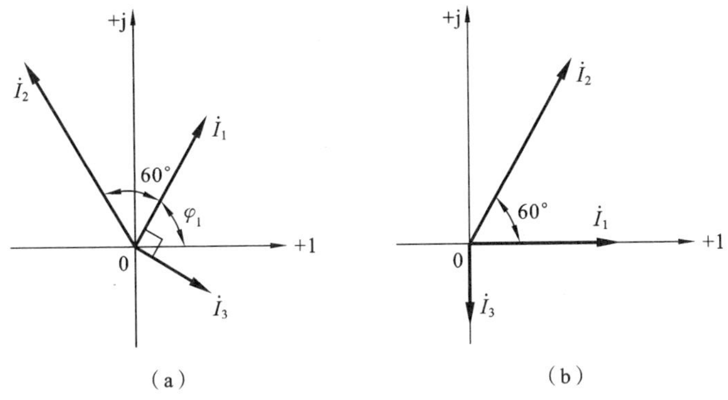

图 7-9　例 7-8 图

应指出的是，一个电路或一个问题中，参考相量原则上可任意规定，但只能有一个参考相量。

在画相量图时，有时为简便起见，也可不画出实轴和虚轴。

思考与练习

7-2-1　将下列复数化为代数形式。

(1) $100\angle 60°$；　(2) $2\angle 270°$；　(3) $\sqrt{2}\angle \frac{3\pi}{4}$；　(4) $87.6\angle 215°$。

7-2-2　将下列复数化为指数形式。

(1) $-7.6+\mathrm{j}14.9$；　(2) $-53-\mathrm{j}76$；　(3) $0.07+\mathrm{j}1.5$；　(4) $423+\mathrm{j}52$。

7-2-3　已知 $A=3+\mathrm{j}4$，$B=2.5\angle 36.87°$，求 $A+B$、$A-B$、AB、$\frac{A}{B}$。

7-2-4　求下列正弦量的相量，并画出相量图。

(1) $i_1=4\sqrt{2}\sin(\omega t-30°)\mathrm{A}$；　(2) $i_2=-70.7\sin(\omega t+60°)\mathrm{A}$；

(3) $u_1=100\sqrt{2}\cos(\omega t+120°)\mathrm{V}$；　(4) $u_2=-141.4\sin(\omega t+150°)\mathrm{V}$。

7-2-5　作出下列各相量的相量图，并写出各相量所代表的正弦量，说明它们的相位关系($\omega=2\pi$)。

(1) $\dot{U}_1=(30+\mathrm{j}40)\ \mathrm{V}$；　(2) $\dot{U}_2=50\mathrm{e}^{-\mathrm{j}30°}\ \mathrm{V}$；

(3) $\dot{U}_3=(-15-\mathrm{j}8)\ \mathrm{V}$；$\dot{U}_4=100\angle 45°\ \mathrm{V}$

7.3　电阻、电感、电容元件伏安关系的相量形式

正弦稳态下，元件的电压、电流是同频率的正弦量，它们之间既有大小关系，又有相位关系。本节讨论三种基本元件(R、L、C)在正弦稳态下电压、电流关系的相量形式。

在本节的讨论中，对这三种基本元件上的电压、电流在关联的参考方向下均设定为

$$u=\sqrt{2}U\sin(\omega t+\varphi_u)$$

$$i=\sqrt{2}I\sin(\omega t+\varphi_i)$$

对应的相量分别为 $\dot{U}=U\angle\varphi_u,\quad \dot{I}=I\angle\varphi_i$

7.3.1 电阻元件伏安关系的相量形式

图 7-10(a)所示的是正弦稳态下的电阻元件，其 u、i 关系为

$$u=Ri$$

即 $$\sqrt{2}U\sin(\omega t+\varphi_u)=\sqrt{2}RI\sin(\omega t+\varphi_i)$$

比较等号左右，可得

(1) $U=RI$，即电压的有效值等于电流的有效值乘以电阻值。

(2) $\varphi_u=\varphi_i$，即电压与电流同相。

所以 $U\angle\varphi_u=RI\angle\varphi_i$，也就是

$$\dot{U}=R\dot{I} \tag{7-8}$$

式(7-8)是电阻元件伏安关系的相量形式。

图(7-10)(b)、(c)、(d)所示分别是电阻元件的相量模型，电压、电流波形图和相量图。

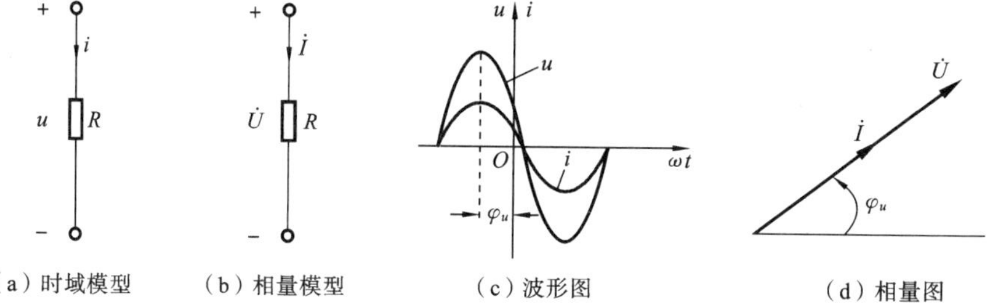

(a) 时域模型　(b) 相量模型　(c) 波形图　(d) 相量图

图 7-10　正弦稳态下的电阻元件

7.3.2 电感元件伏安关系的相量形式

图 7-11(a)所示的是正弦稳态下的电感元件，其 u、i 关系为

$$u=L\frac{\mathrm{d}i}{\mathrm{d}t}$$

即 $\sqrt{2}U\sin(\omega t+\varphi_u)=L\dfrac{\mathrm{d}[\sqrt{2}I\sin(\omega t+\varphi_i)]}{\mathrm{d}t}=\sqrt{2}\omega LI\cos(\omega t+\varphi_i)=\sqrt{2}\omega LI\sin(\omega t+\varphi_i+90°)$

比较等号左右，可得

(1) $U=\omega LI$，即电压的有效值等于电流的有效值乘以 ωL；

(2) $\varphi_u=\varphi_i+90°$，即电压超前电流 90°。

所以 $U\angle\varphi_u=\omega LI\angle(\varphi_i+90°)=\mathrm{j}\omega LI\angle\varphi_i$，也就是

$$\dot{U}=\mathrm{j}\omega L\dot{I} \tag{7-9}$$

式(7-9)是电感元件伏安关系的相量形式。

图(7-11)(b)、(c)、(d)所示分别是电感元件的相量模型,电压、电流波形图和相量图。

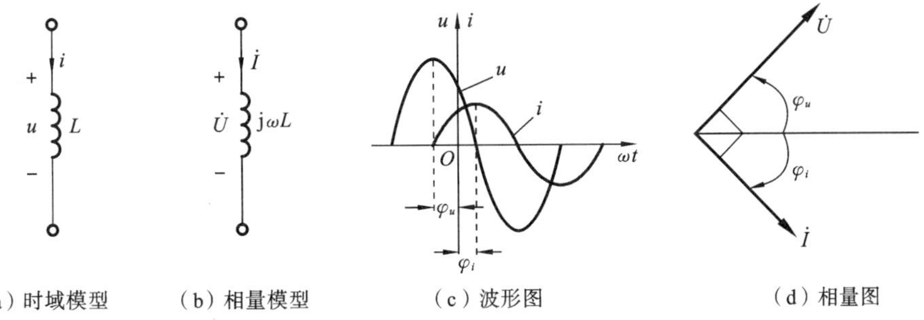

(a) 时域模型 (b) 相量模型 (c) 波形图 (d) 相量图

图 7-11 正弦稳态下的电感元件

式(7-9)中的 $\omega L=\dfrac{U}{I}$,称为电感元件的电抗,简称感抗,单位取欧姆(Ω),用 $X_{\rm L}$ 表示,即

$$X_{\rm L}=\omega L$$

另外定义 $B_{\rm L}=\dfrac{1}{\omega L}$,它称为电感元件的电纳,简称感纳,单位取西门子(S)。

值得注意,感抗 $X_{\rm L}$ 和感纳 $B_{\rm L}$ 不仅与自感系数 L 有关,而且两者都随电源的频率变化而变化,感抗与频率成正比,感纳与频率成反比。在通过一定大小的电流时,频率越高,感抗越大,电压越大。这是因为频率越高,电流和相应的磁通变化越快,自感电动势和自感电压也就越大。因此,在正弦稳态电路中,感抗体现了电感元件反抗正弦电流通过的作用。

7.3.3 电容元件伏安关系的相量形式

图 7-12(a)所示的是正弦稳态下的电容元件,其 u、i 关系为

$$i=C\frac{\mathrm{d}u}{\mathrm{d}t}$$

即

$$\sqrt{2}I\sin(\omega t+\varphi_i)=C\frac{\mathrm{d}[\sqrt{2}U\sin(\omega t+\varphi_u)]}{\mathrm{d}t}=\sqrt{2}\omega CU\cos(\omega t+\varphi_u)$$

$$=\sqrt{2}\omega CU\sin(\omega t+\varphi_u+90^\circ)$$

比较等号左右,可得

(1) $I=\omega CU$,即电流的有效值等于电压的有效值乘以 ωC;

(2) $\varphi_i=\varphi_u+90^\circ$,即电流超前电压 90°。

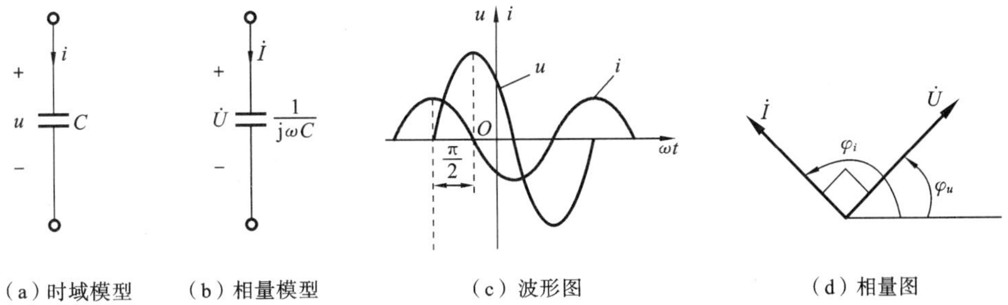

(a) 时域模型 (b) 相量模型 (c) 波形图 (d) 相量图

图 7-12 正弦稳态下的电容元件

所以 $I\angle\varphi_i=\omega CU\angle(\varphi_u+90°)=\mathrm{j}\omega CU\angle\varphi_u$，也就是

$$\dot{I}=\mathrm{j}\omega C\dot{U} \tag{7-10}$$

式(7-10)是电容元件伏安关系的相量形式。

图(7-12)(b)、(c)、(d)所示分别是电容元件的相量模型，电压、电流波形图和相量图。

式(7-10)中的 $\omega C=\dfrac{I}{U}$，称为电容元件的电纳，简称容纳，单位取西门子(S)，用 B_C 表示，即

$$B_C=\omega C$$

另外定义 $X_C=\dfrac{1}{\omega C}$，它称为电容元件的电抗，简称容抗，单位取欧姆(Ω)。

与感抗、感纳类似，容抗和容纳也都随频率变化而变化，容抗与频率成反比，容纳与频率成正比。在一定大小的电压作用下，频率越高，电流越大。这是由于频率越高，电压变化越快，在同样微小的时间内移动的电荷越多的缘故。

R、L、C 是电路中的三个基本元件，它们的伏安关系的相量形式是正弦稳态电路分析的重要依据，现将它们在正弦稳态下的特性归纳于表 7-1 所示。

表 7-1　R、L、C 元件的正弦稳态特性

元件	R	L	C
相量模型	$\dot{I}$ R $\dot{U}$ + −	$\dot{I}$ $\mathrm{j}\omega L$ $\dot{U}$ + −	$-\mathrm{j}\frac{1}{\omega C}$ $\dot{I}$ $\dot{U}$ + −
伏安关系的相量形式	$\dot{U}=R\dot{I}$	$\dot{U}=\mathrm{j}\omega L\dot{I}$	$\dot{I}=\mathrm{j}\omega C\dot{U}$
电压、电流的有效值关系	$U=RI$	$U=\omega LI=X_L I$	$I=\omega CU=B_C U$
电压、电流的相位关系	$\varphi_u=\varphi_i$	$\varphi_u=\varphi_i+90°$	$\varphi_i=\varphi_u+90°$
相量图	$\dot{U}$ $\dot{I}$	$\dot{U}$ $\dot{I}$	$\dot{I}$ $\dot{U}$

思考与练习

7-3-1　在关联参考方向下，元件的下列伏安关系是否正确？

(1) $u=Ri$；　(2) $\dot{U}_m=R\dot{I}$；　(3) $u=\omega Li$；　(4) $\dot{U}=\mathrm{j}\omega L\dot{I}$；

(5) $\dot{I}=\mathrm{j}\dfrac{1}{\omega L}\dot{U}$；　(6) $u=L\dfrac{\mathrm{d}i}{\mathrm{d}t}$；　(7) $U=\omega CI$；　(8) $\dot{I}=\dfrac{\dot{U}}{\mathrm{j}\omega C}$。

7-3-2　已知电容元件的电流 $i=10\sqrt{2}\sin(\omega t+60°)$ A，在关联参考方向下，其电压 u 的下列表达式是否正确？

(1) $u=10\sqrt{2}\sin(\omega t+60°)\dfrac{1}{\mathrm{j}\omega C}$ V；　(2) $u=10\sqrt{2}\times\omega C\sin(\omega t-30°)$ V；

(3) $u=\dfrac{10\sqrt{2}}{\omega C}\sin(\omega t-30°)$ V。

7-3-3 将表 7-1 各元件相量模型中的电压、电流参考方向改为非关联,重新填写该表。

7-3-4 在电阻电路和正弦稳态电路中,电阻上的电压表达式都是 $U=RI$,其含义有什么不同?

7-3-5 根据容抗和感抗的概念,说明为什么在直流电路中常把电感当作短路,把电容当作开路。

7.4 基尔霍夫定律的相量形式

电路元件的伏安关系和基尔霍夫定律是分析各种电路的基本依据,在正弦稳态分析中也是如此。为了利用相量法进行正弦稳态分析,在上节建立了元件伏安关系的相量形式后,本节将讨论 KCL、KVL 的相量形式。

KCL 的时域形式是

$$\sum i_k = 0$$

当式中的电流都是同频率的正弦量时,即 $i_k=\sqrt{2}I_k\sin(\omega t+\varphi_k)=\mathrm{Im}[\sqrt{2}\dot{I}_k e^{j\omega t}]$,此时

$$\sum i_k = \sum \mathrm{Im}[\sqrt{2}\ \dot{I}_k e^{j\omega t}] = \mathrm{Im}\left[\sum(\sqrt{2}\ \dot{I}_k e^{j\omega t})\right] = \mathrm{Im}\left[\sqrt{2}\left(\sum \dot{I}_k\right)e^{j\omega t}\right] = 0$$

要使上式成立,必有

$$\sum \dot{I}_k = 0 \tag{7-11}$$

式(7-11)称为 KCL 的相量形式。它表明:在集中参数的正弦稳态电路中,流出(或流入)任一节点的各支路电流相量的代数和为零。

同理可得,KVL 的相量形式是

$$\sum \dot{U}_k = 0 \tag{7-12}$$

式(7-12)表明,在集中参数的正弦稳态电路中,沿任一回路各支路电压相量的代数和为零。

必须指出,在正弦稳态下,电流相量和电压相量分别满足 KCL 和 KVL,而电流、电压的有效值一般不满足 KCL 和 KVL。初学者在用相量法求解正弦稳态电路时,要特别注意这一点。

例 7-9 图 7-13(a)所示为正弦稳态电路中关联三条支路的一个节点,已知 $i_1=3\sqrt{2}\sin(\omega t-45°)$ A,$i_2=6\sqrt{2}\cos(\omega t)$ A。求电流 i_3,并画出各电流相量图。

解 作出用相量表示正弦量的电路如图 7-13(b)所示,将 i_2 用正弦函数表示。

$$i_2=6\sqrt{2}\cos(\omega t)=6\sqrt{2}\sin(\omega t+90°)\text{ A}$$

根据相量形式的 KCL,有

$$\begin{aligned}\dot{I}_3=\dot{I}_2-\dot{I}_1&=(6\angle 90°-3\angle -45°)\text{ A}=[j6-3\times(0.707-j0.707)]\text{ A}\\&=(-2.12+j8.12)\text{ A}=8.39\angle 104.6°\text{ A}\end{aligned}$$

所以

$$i_3=8.39\sqrt{2}\sin(\omega t+104.6°)\text{ A}$$

电流相量图如图 7-13(c)所示。作 $\dot{I}_3$ 时可使用复数做差的几何方法,将 $\dot{I}_1$ 和 $\dot{I}_2$ 的末端相连,指向 $\dot{I}_2$,即可得到 $\dot{I}_3$ 的相量图。由相量图可知,三个电流相量组成三角形的三条边。一般情况下,每一个 KCL 方程都对应相量图上的一个封闭多边形。

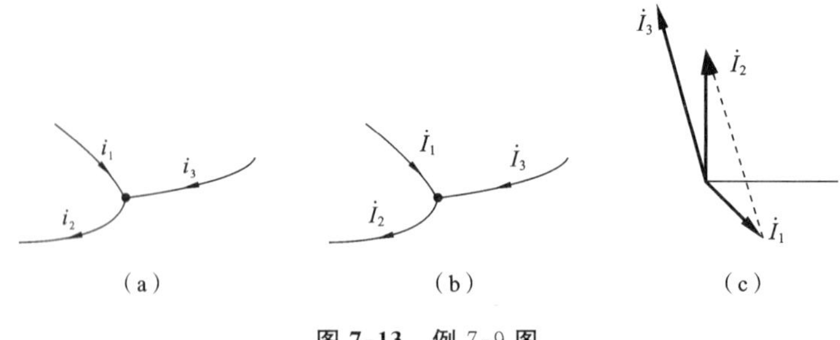

图 7-13　例 7-9 图

思考与练习

7-4-1　若汇集于某节点的三个同频正弦电流的有效值分别为 I_1、I_2 和 I_3，则这三个有效值满足 KCL，这种说法对么？为什么？

7.5　阻抗和导纳

由 7.3 节可知，元件电压相量与电流相量之比是一个复数(对于电阻是实数，对于电感和电容是虚数)，这种关系可以推广到正弦稳态电路任意不含独立电源的支路或二端网络。

7.5.1　二端网络的阻抗和导纳

图 7-14(a)所示为一个不含独立电源的二端网络 N_0，在正弦稳态下，其端口电压和电流是同频率的正弦量，分别为

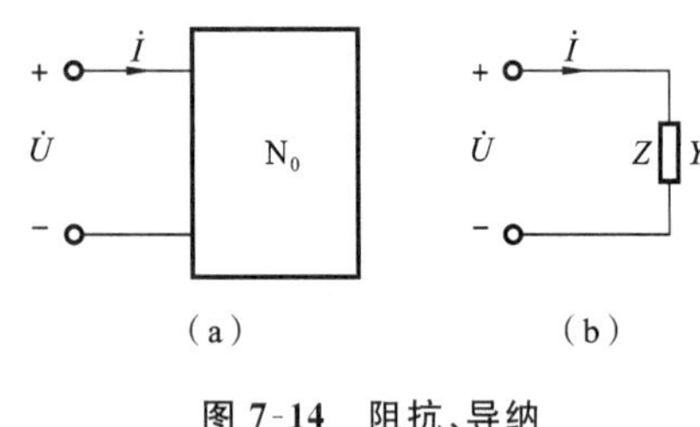

图 7-14　阻抗、导纳

$$u(t)=\sqrt{2}U\sin(\omega t+\varphi_u)$$

$$i(t)=\sqrt{2}I\sin(\omega t+\varphi_i)$$

对应的相量分别为$\dot{U}=U\angle\varphi_u$，$\dot{I}=I\angle\varphi_i$。

将 N_0 的端电压相量与电流相量的比值定义为二端网络 N_0 的(复)阻抗 Z，即有

$$Z=\frac{\dot{U}}{\dot{I}}=\frac{U}{I}\angle(\varphi_u-\varphi_i)=|Z|\angle\varphi_Z \qquad (7\text{-}13)$$

Z 是一个复数，称为复阻抗，其模$|Z|=\frac{U}{I}$称为阻抗模(经常将 Z、$|Z|$ 简称为阻抗)，辐角 $\varphi_Z=\varphi_u-\varphi_i$ 称为阻抗角。Z 的单位取 Ω，其电路符号与电阻的相同，如图 7-14(b)所示。Z 的代数形式为

$$Z=R+\mathrm{j}X$$

式中 R 为等效电阻分量，X 为等效电抗分量。显然

$$\begin{cases}R=\mathrm{Re}[Z]=|Z|\cos\varphi_z\\X=\mathrm{Im}[Z]=|Z|\sin\varphi_z\end{cases},\qquad\begin{cases}|Z|=\sqrt{R^2+X^2}\\\varphi_z=\arctan\dfrac{X}{R}\end{cases}$$

上式表明了阻抗模、阻抗角、电阻、电抗之间的关系，还可以将它们统一在一个直角三角形中，该三角形称为阻抗三角形，如图 7-15 所示(图中设 $X>0$)。

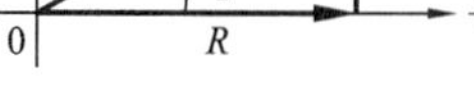

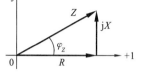

图 7-15 阻抗三角形

由式(7-13)，可得

$$\dot{U}=Z\dot{I} \tag{7-14}$$

上式是用阻抗 Z 表示的欧姆定律的相量形式。

将 N_0 的电流相量与端电压相量的比值定义为二端网络 N_0 的(复)导纳 Y，即有

$$Y=\frac{\dot{I}}{\dot{U}}=\frac{I}{U}\angle(\varphi_i-\varphi_u)=|Y|\angle\varphi_Y \tag{7-15}$$

Y 是一个复数，称为复导纳，其模 $|Y|=\frac{I}{U}$ 称为导纳模(经常将 Y、$|Y|$ 简称为导纳)，辐角 $\varphi_Y=\varphi_i-\varphi_u$ 称为导纳角。Y 的单位取 S(西门子)，其电路符号与电阻的相同，如图 7-14(b)所示。Y 的代数形式为

$$Y=G+\mathrm{j}B$$

式中 G 为等效电导分量，B 为等效电纳分量。显然

$$\begin{cases}G=\mathrm{Re}[Y]=|Y|\cos\varphi_Y\\B=\mathrm{Im}[Y]=|Y|\sin\varphi_Y\end{cases},\quad\begin{cases}|Y|=\sqrt{G^2+B^2}\\\varphi_Y=\arctan\dfrac{B}{G}\end{cases}$$

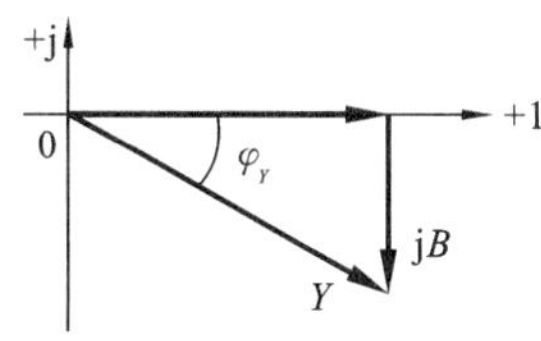

图 7-16 导纳三角形

上式表明了导纳模、导纳角、电导、电纳之间的关系，还可以将它们统一在一个直角三角形中，该三角形称为导纳三角形，如图 7-16 所示(图中设 $B<0$)。

Y 是表述二端网络 N_0 对外特性的另一种参数，显然，对于同一个二端网络 N_0，阻抗 Z 和导纳 Y 互为倒数，即

$$Y=\frac{1}{Z} \tag{7-16}$$

欧姆定律的相量形式还可以用导纳 Y 表示为

$$\dot{I}=Y\dot{U} \tag{7-17}$$

用 Z 或 Y 表示的欧姆定律相量形式是一种普遍形式，7.3 节中介绍的三种基本元件的伏安关系的相量形式可看作是欧姆定律相量形式的特例，是单一元件的欧姆定律。

7.5.2 电阻、电感、电容元件的阻抗和导纳

根据阻抗、导纳的定义以及三种基本元件伏安关系的相量形式，可得三种元件的阻抗、导纳，列于表 7-2。

表 7-2 R、L、C 元件的阻抗、导纳

元件	R	L	C
相量模型	$\dot{I}$ R + $\dot{U}$ −	$\dot{I}$ $\mathrm{j}\omega L$ + $\dot{U}$ −	$\dot{I}$ $-\mathrm{j}\frac{1}{\omega C}$ + $\dot{U}$ −

续表

元件	R	L	C
伏安关系的相量形式	$\dot{U}=R\dot{I}$	$\dot{U}=\mathrm{j}\omega L\dot{I}$	$\dot{I}=\mathrm{j}\omega C\dot{U}$
阻抗	R	$\mathrm{j}\omega L$	$\frac{1}{\mathrm{j}\omega C}$
导纳	$\frac{1}{R}$(或 G)	$\frac{1}{\mathrm{j}\omega L}$	$\mathrm{j}\omega C$

为了便于根据 KCL、KVL 的相量形式和元件伏安关系的相量形式分析计算正弦稳态电路，一般总在作出电路相量模型的基础上求出各电压、电流相量，然后转换成相应的正弦量。

所谓电路的相量模型，是指将时域电路中各电压、电流都用对应的相量表示，且 R、L、C 元件等用其阻抗或导纳表示所得到的电路，如图 7-17 所示。电路的相量模型也称作相量电路。

例 7-10 图 7-17(a)所示正弦稳态电路(时域电路)中，$R=30\ \Omega$，$L=0.08\ \mathrm{H}$，$u_S=200\sqrt{2}\sin(500t)\mathrm{V}$，求 i、u_R、u_L，并画出各电压、电流相量图。

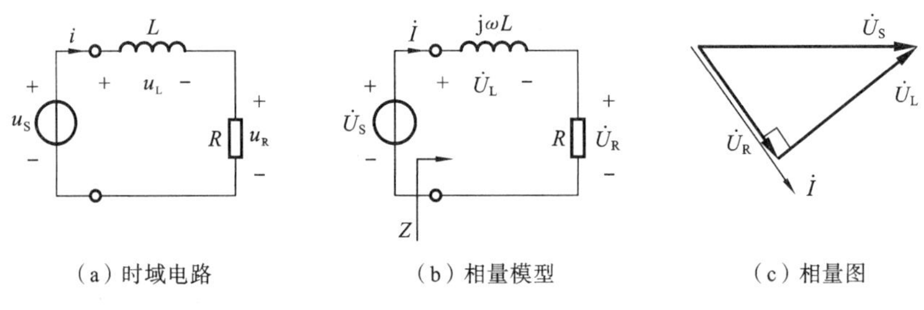

(a) 时域电路　　(b) 相量模型　　(c) 相量图

图 7-17　例 7-10 图

解　作出电路的相量模型，如图 7-17(b)所示。其中$\dot{U}_S=200\angle 0°\ \mathrm{V}$，由图可得

$$\dot{U}_S=\dot{U}_L+\dot{U}_R=R\dot{I}+\mathrm{j}\omega L\dot{I}=(R+\mathrm{j}\omega L)\dot{I}=Z\dot{I}$$

其中
$$Z=R+\mathrm{j}\omega L=(30+\mathrm{j}500\times 0.08)\ \Omega=(30+\mathrm{j}40)\Omega$$

显然 Z 是 R、L 串联部分的阻抗。

$$\dot{I}=\frac{\dot{U}_S}{Z}=\frac{200\angle 0°}{30+\mathrm{j}40}\ \mathrm{A}=\frac{200\angle 0°}{50\angle 53.1°}\ \mathrm{A}=4\angle -53.1°\ \mathrm{A}$$

$$\dot{U}_R=R\dot{I}=30\times 4\angle -53.1°\ \mathrm{V}=120\angle -53.1°\ \mathrm{V}$$

$$\dot{U}_L=\mathrm{j}\omega L\dot{I}=\mathrm{j}40\times 4\angle -53.1°\ \mathrm{V}=160\angle 36.9°\ \mathrm{V}$$

所以
$$i=4\sqrt{2}\sin(500t-53.1°)\mathrm{A},\quad u_R=120\sqrt{2}\sin(500t-53.1°)\ \mathrm{V}$$

$$u_L=160\sqrt{2}\sin(500t+36.9°)\mathrm{V}$$

在作相量图时，先作电流相量$\dot{I}$，然后根据各元件的电压、电流相位关系依次作出电阻端电压相量$\dot{U}_R$ 和电感端电压相量$\dot{U}_L$，并且使$\dot{U}_R$ 和$\dot{U}_L$ 依次首尾相接，这样就可以直接依据复数相加的几何方法取得电压源相量$\dot{U}_S$。电流、电压相量图如图 7-17(c)所示。

例 7-11　图 7-18(a)所示正弦稳态电路中，$R=10\ \Omega$，$C=10^{-3}\ \mathrm{F}$，$i_S=10\sqrt{2}\sin(100t)\ \mathrm{A}$，求 u、i_R、i_C，并画出各电压、电流相量图。

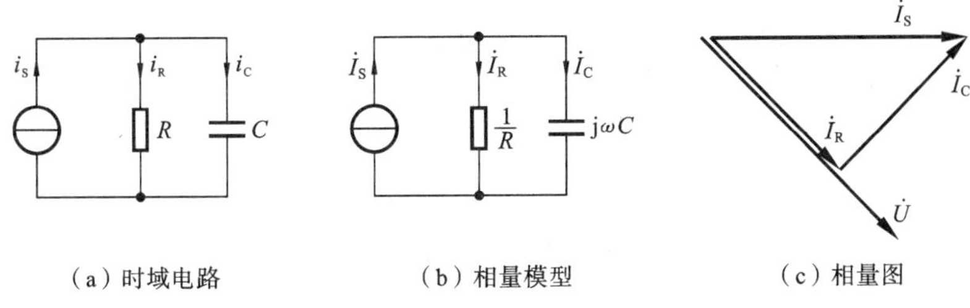

(a) 时域电路　　(b) 相量模型　　(c) 相量图

图 7-18　例 7-11 图

解　作出电路的相量模型如图 7-18(b)所示(图中电阻、电容参数用导纳表示),其中 $\dot{I}_S=10\angle 0^\circ$ A,由图可得

$$\dot{I}_S=\dot{I}_R+\dot{I}_C=\frac{1}{R}\dot{U}+j\omega C\dot{U}=\left(\frac{1}{R}+j\omega C\right)\dot{U}=Y\dot{U}$$

其中

$$Y=\frac{1}{R}+j\omega C=\left(\frac{1}{10}+j100\times 10^{-3}\right)\text{ S}=(0.1+j0.1)\text{ S}$$

显然 Y 是 R、C 并联部分的导纳。

$$\dot{U}=\frac{\dot{I}_S}{Y}=\frac{10\angle 0^\circ}{0.1+j0.1}\text{ V}=\frac{10\angle 0^\circ}{0.1\times\sqrt{2}\angle 45^\circ}\text{ V}=50\sqrt{2}\angle -45^\circ\text{ V}$$

$$\dot{I}_R=\frac{1}{R}\dot{U}=0.1\times 50\sqrt{2}\angle -45^\circ\text{ A}=5\sqrt{2}\angle -45^\circ\text{ A}$$

$$\dot{I}_C=j\omega C\dot{U}=j0.1\times 50\sqrt{2}\angle -45^\circ\text{ A}=5\sqrt{2}\angle 45^\circ\text{ A}$$

所以　$u=100\sin(100t-45^\circ)$V,　$i_R=10\sin(100t-45^\circ)$A,　$i_C=10\sin(100t+45^\circ)$A

在作相量图时,先作电压相量 $\dot{U}$,然后根据各元件的电压、电流相位关系依次作出电阻电流相量 $\dot{I}_R$ 和电容电流相量 $\dot{I}_C$,并且使 $\dot{I}_R$ 和 $\dot{I}_C$ 依次首尾相接,这样就可以直接依据复数相加的几何方法取得电流源相量 $\dot{I}_S$。电流、电压相量图如图 7-18(c)所示。

由上面两个例子可以看出:

(1) 几个元件串联的等效阻抗等于每一个元件阻抗之和;几个元件并联的等效导纳等于每一个元件导纳之和。

(2) 对于串联电路,用阻抗分析较为方便;对于并联电路,用导纳分析较为方便。

7.5.3　阻抗或导纳的串联与并联

类似电阻电路中电阻串、并联,将上面两个例子中串联元件的等效阻抗和并联元件的等效导纳推广到一般情况。

图 7-19(a)所示为 n 个阻抗串联的电路,其等效电路如图 7-19(b)所示,其中 Z_{eq} 称为等效阻抗,为 n 个串联阻抗之和,即

$$Z_{eq}=\sum_{k=1}^{n}Z_k \tag{7-18}$$

若

$$Z_k=R_k+jX_k$$

则

$$Z_{eq}=\sum_{k=1}^{n}R_k+j\sum_{k=1}^{n}X_k=R+jX$$

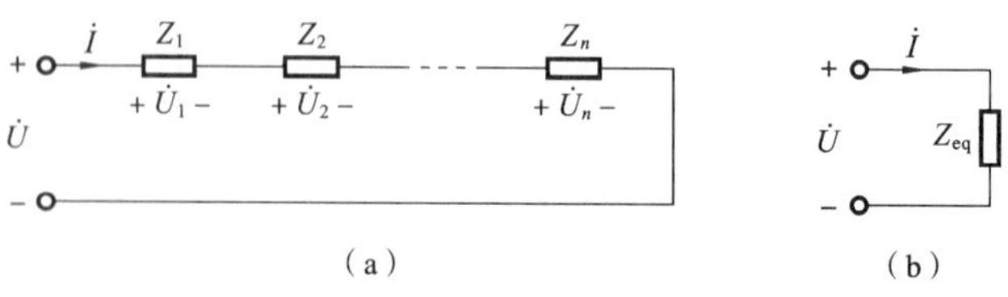

图 7-19 阻抗的串联

其中，$R=\sum_{k=1}^{n}R_k$，为等效阻抗的电阻分量；$X=\sum_{k=1}^{n}X_k$，为等效阻抗的电抗分量。

图 7-20(a)所示为 n 个导纳并联的电路，其等效电路如图 7-20(b)所示。其中 Y_{eq} 称为等效导纳，为 n 个并联导纳之和，即

$$Y_{eq}=\sum_{k=1}^{n}Y_k \tag{7-19}$$

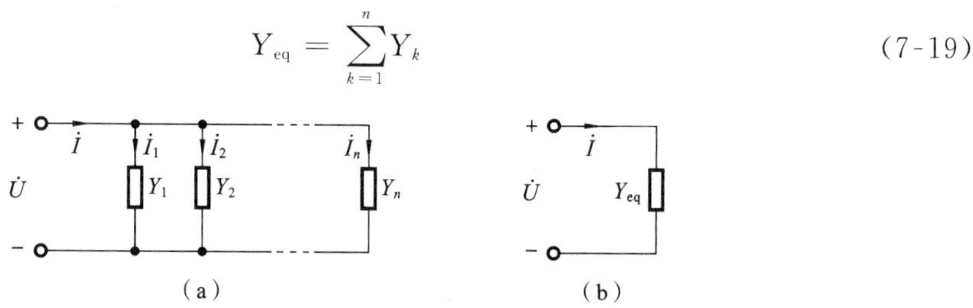

图 7-20 导纳的并联

若

$$Y_k=G_k+\mathrm{j}B_k$$

则

$$Y_{eq}=\sum_{k=1}^{n}G_k+\mathrm{j}\sum_{k=1}^{n}B_k=G+\mathrm{j}B$$

其中，$G=\sum_{k=1}^{n}G_k$，为等效导纳的电导分量；$B=\sum_{k=1}^{n}B_k$，为等效导纳的电纳分量。

类似两并联等效电阻的计算公式，图 7-21 所示的两阻抗的并联电路中，其等效阻抗为

$$Z=\frac{Z_1Z_2}{Z_1+Z_2}$$

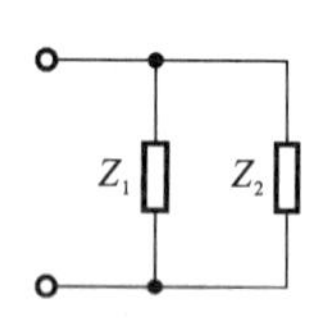

图 7-21 两个阻抗并联

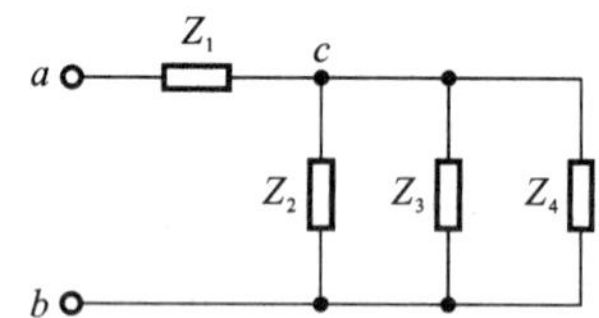

图 7-22 例 7-12 图

例 7-12 求图 7-22 所示二端网络的等效阻抗 Z_{ab}，已知 $Z_1=(1+\mathrm{j}1)\Omega$，$Z_2=(3+\mathrm{j}4)\Omega$，$Z_3=(4-\mathrm{j}3)\Omega$，$Z_4=(5+\mathrm{j}5)\Omega$。

解 为求得 Z_{ab}，先求 Z_2、Z_3、Z_4 并联的等效阻抗 Z_{cb}

$$Z_{cb}=\frac{1}{Y_{cb}}$$

$$Y_{cb}=Y_2+Y_3+Y_4=\frac{1}{Z_2}+\frac{1}{Z_3}+\frac{1}{Z_4}=\left(\frac{1}{3+\mathrm{j}4}+\frac{1}{4-\mathrm{j}3}+\frac{1}{5+\mathrm{j}5}\right)\mathrm{S}$$

$$=\left(\frac{3-j4}{25}+\frac{4+j3}{25}+\frac{5-j5}{50}\right)S=(0.38-j0.14)S$$

$$Z_{cb}=\frac{1}{Y_{cb}}=\frac{1}{0.38-j0.14}\ \Omega=\frac{0.38+j0.14}{0.38^2+0.14^2}\ \Omega=(2.32+j1.85)\Omega$$

$$Z_{ab}=Z_1+Z_{cb}=[(1+j1)+(2.32+j1.85)]\Omega=(3.32+j2.85)\Omega$$

例 7-13　对于图 7-23(a)所示电路，求在 $\omega=1$ rad/s、$\omega=2$ rad/s、$\omega=4$ rad/s 三种电源频率下的端口等效阻抗。

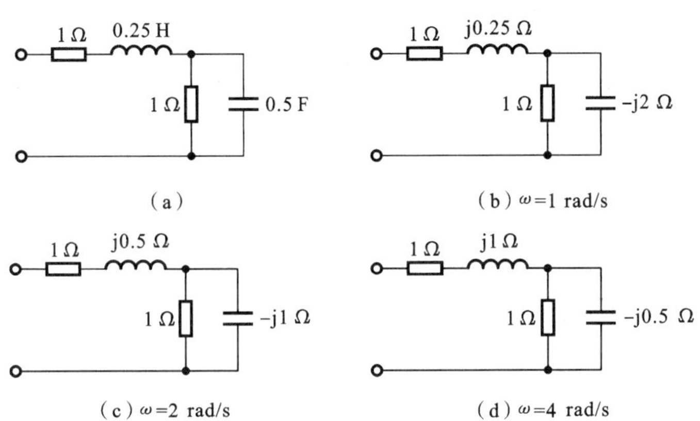

图 7-23　例 7-13 图

解　分别作出电路在角频率 $\omega=1$ rad/s、$\omega=2$ rad/s、$\omega=4$ rad/s 下的相量模型，分别如图 7-23(b)、(c)、(d)所示。对于图 7-23(b)，$\omega=1$ rad/s，有

$$Z=\left[1+j0.25+\frac{1\times(-j2)}{1-j2}\right]\Omega=(1.8-j0.15)\Omega$$

对于图 7-23(c)，$\omega=2$ rad/s，有

$$Z=\left[1+j0.5+\frac{1\times(-j1)}{1-j1}\right]\Omega=1.5\ \Omega$$

对于图 7-23(d)，$\omega=4$ rad/s，有

$$Z=\left[1+j1+\frac{1\times(-j0.5)}{1-j0.5}\right]\Omega=(1.2+j0.6)\Omega$$

由上例可见，当电源频率改变时，阻抗和导纳也随之改变。更具体地讲，阻抗的实部和虚部以及导纳的实部和虚部都随电源频率的变化而改变。一般情况下，没有一个适用于所有频率的阻抗值，若将上例的端口等效阻抗写成一般形式，则有

$$Z=R_1+j\omega L+\frac{R_2\left(-j\dfrac{1}{\omega C}\right)}{R_2-j\dfrac{1}{\omega C}}=\left(R_1+\frac{\dfrac{R_2}{\omega^2C^2}}{R_2^2+\dfrac{1}{\omega^2C^2}}\right)+j\left(\omega L-\frac{\dfrac{R_2^2}{\omega C}}{R_2^2+\dfrac{1}{\omega^2C^2}}\right)=R(\omega)+jX(\omega)$$

上述结论是显而易见的。

7.5.4　正弦交流电路的性质

正弦交流电路的性质主要有感性、容性和阻性三种。

图 7-24(a)所示二端电路可等效成 Z_{eq}，如图 7-24(b)所示，其值为

$$Z_{eq}=R+j\omega L-j\frac{1}{\omega C}=R+j\left(\omega L-\frac{1}{\omega C}\right)=R+jX$$

式中，电抗 $X=\omega L-\frac{1}{\omega C}$，通常可根据电抗 X 的符号来判定电路的性质：

(1) 若 $X>0$，则称此二端电路是感性的，或阻抗 Z_{eq} 是感性的；

(2) 若 $X<0$，则称此二端电路是容性的，或阻抗 Z_{eq} 是容性的；

(3) 若 $X=0$，则称此二端电路是阻性的，或阻抗 Z_{eq} 是阻性的。

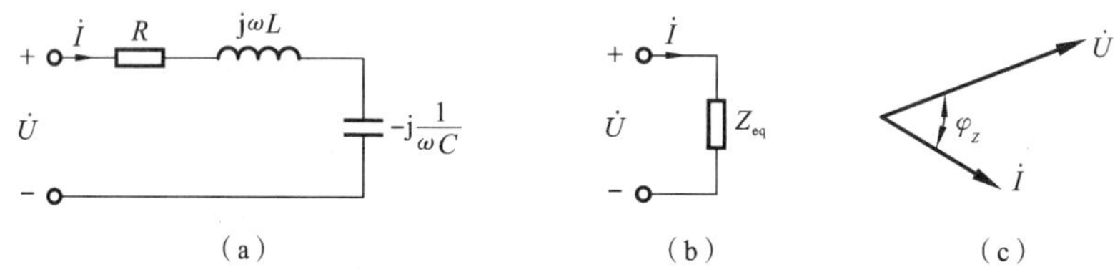

图 7-24　正弦交流电路的性质

图 7-24(a)所示二端网络的导纳参数

$$Y_{eq}=\frac{1}{Z_{eq}}=\frac{1}{R+jX}=\frac{R}{R^2+X^2}-j\frac{X}{R^2+X^2}=G+jB$$

式中，电纳 $B=-\frac{X}{R^2+X^2}$，这说明电抗分量 X 和电纳分量 B 反号，因此，根据电纳分量的符号也能判定电路的性质。

电抗(或电纳)的符号、阻抗角(或导纳角)的范围以及端口电压、电流的相位关系之间有内在联系，即

(1) $X>0$(或 $B<0$)，阻抗角 $\varphi_Z>0$(或 $\varphi_Y<0$)，电压超前电流；

(2) $X<0$(或 $B>0$)，阻抗角 $\varphi_Z<0$(或 $\varphi_Y>0$)，电压滞后电流；

(3) $X=0$(或 $B=0$)，阻抗角 $\varphi_Z=0$(或 $\varphi_Y=0$)，电压、电流同相。

所以，判断电路性质的线索并不唯一。图 7-24(c)所示为电路呈感性时端口电压、电流的相量图。一个二端电路呈何种性质，是由其结构、元件参数以及电源角频率共同决定的。

例 7-14　试求图 7-25 所示二端电路的阻抗 Z 或导纳 Y，并说明电路呈感性、容性、阻性的条件。

解　二端电路含受控电源，阻抗或导纳的计算不能只依靠阻抗的串、并联和 Y-△等效变换得到，此时一般是根据阻抗或导纳的定义求得端口电压相量和电流相量的比值，从而确定阻抗或导纳。本例电路是两条支路并联，计算 Y 较方便。

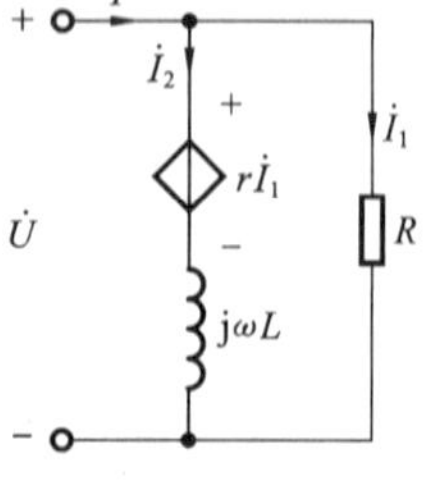

图 7-25　例 7-14 图

设端口电压、电流相量为 $\dot{U}$、$\dot{I}$，$G=\frac{1}{R}$，则有

$$\dot{I}_1=G\dot{U}$$

$$\dot{I}_2=\frac{\dot{U}-r\dot{I}_1}{j\omega L}=\frac{\dot{U}-rG\dot{U}}{j\omega L}=\frac{1-rG}{j\omega L}\dot{U}$$

$$\dot{I}=\dot{I}_1+\dot{I}_2=\left(G+\frac{1-rG}{j\omega L}\right)\dot{U}$$

$$Y=\frac{\dot{I}}{\dot{U}}=G+\frac{1-rG}{\mathrm{j}\omega L}=\frac{1}{R}-\mathrm{j}\frac{1-\frac{r}{R}}{\omega L}=\frac{1}{R}+\mathrm{j}\frac{r-R}{\omega LR}$$

当 $r>R$ 时，$B>0$，电路呈容性；当 $r<R$ 时，$B<0$，电路呈感性；当 $r=R$ 时，$B=0$，电路呈阻性。

思考与练习

7-5-1 判断以下命题（错误的画×，正确的画√）。

① 若练习图 7-2 所示二端电路阻抗为 Z，则 $Z=\frac{u}{i}$。（　　）

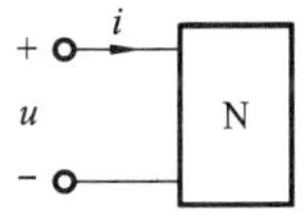

② 阻抗表示的是不含独立电源的二端电路的端口特性。（　　）

③ 对同一个不含独立电源的一端口而言，阻抗和导纳互为倒数。（　　）

④ 阻抗（或导纳）不仅可以体现 u、i 的有效值关系，还可以反映其相位关系。（　　）

练习图 7-2

⑤ 若一端口 N 是容性的，则 N 内部一定不含电容（感）元件。（　　）

⑥ 若一端口 N 是阻性的，则 N 内部可能既含电感也含电容。（　　）

⑦ 对于 RLC 串联电路，电源电压 u 可能超前电流 i，也可能滞后于电流 i。当 $L>C$ 时，u 就超前 i；当 $L<C$ 时，u 就滞后于 i。

7-5-2 若练习图 7-2 所示为不含独立源的一端口，求以下各种情况下一端口的阻抗及其最简等效电路。

① $\begin{cases}u=200\sin(314t)\,\mathrm{V}\\ i=10\sin(314t)\,\mathrm{A}\end{cases}$；　② $\begin{cases}u=100\sin(2t+60^\circ)\,\mathrm{V}\\ i=5\sin(2t-30^\circ)\,\mathrm{A}\end{cases}$；　③ $\begin{cases}u=40\sin(100t+17^\circ)\,\mathrm{V}\\ i=8\cos(100t+90^\circ)\,\mathrm{A}\end{cases}$。

7-5-3 题 7-5-2 中各种情况下的最简等效电路是唯一的吗？

7-5-4 （1）若某并联电路为感性的，与其等效的串联电路也一定是感性的吗？

（2）若某电路的阻抗为 $Z=(5+\mathrm{j}8)\Omega$，则导纳为 $Y=(1/5+\mathrm{j}1/8)\mathrm{S}$，对吗？为什么？

7-5-5 求练习图 7-3 所示各二端电路的等效阻抗 Z。

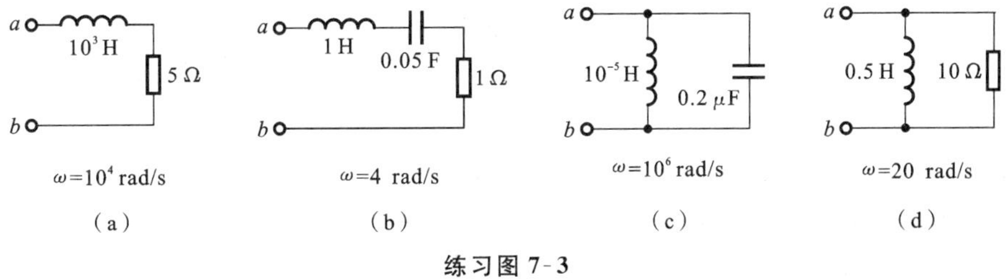

练习图 7-3

7-5-6 如何判断一个二端电路是感性的还是容性的？

7-5-7 在电阻电路中，电阻串联的结果是总电阻必然大于分电阻，总电压必然大于分电压。但在正弦稳态电路中，总阻抗有可能小于分阻抗，而总电压有可能小于分电压。怎样解释这种现象？

7-5-8 在电阻电路中，电阻并联的结果是总电阻必然小于分电阻，总电流必然大于分电流。但在正弦稳态电路中，总阻抗有可能大于分阻抗，而总电流有可能小于分电流，怎样解释这种现象？

7-5-9 练习图 7-4 所示 RLC 串联电路中，下列哪些表达式是正确的？

(1) $u=u_R+u_L+u_C$； (2) $u=Ri+X_Li+X_Ci$； (3) $\dot{U}=\dot{U}_R+\dot{U}_L+\dot{U}_C$；

(4) $U=U_R+j(U_L-U_C)$； (5) $Z=R+j(L+C)$； (6) $Z=\sqrt{R^2+X^2}$。

7-5-10 练习图 7-5 所示 RLC 并联电路中，下列哪些表达式是正确的？

(1) $i=i_R+i_L+i_C$； (2) $i=Gi+B_Li+B_Ci$； (3) $\dot{I}=\dot{I}_R+\dot{I}_L+\dot{I}_C$；

(4) $I=I_R+I_L+I_C$； (5) $Y=G+j(L+C)$； (6) $Y=\sqrt{G^2+B^2}$。

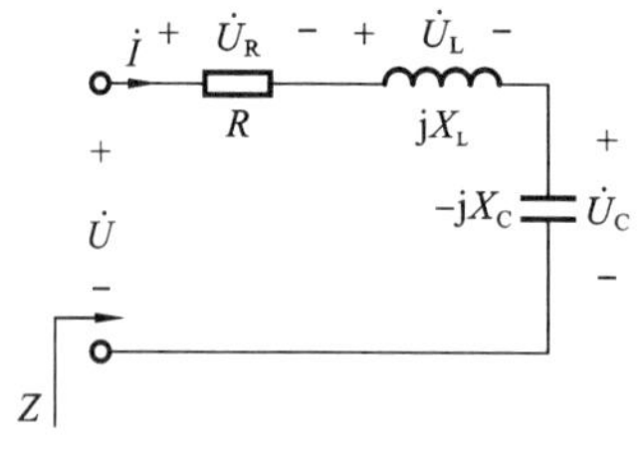

练习图 7-4

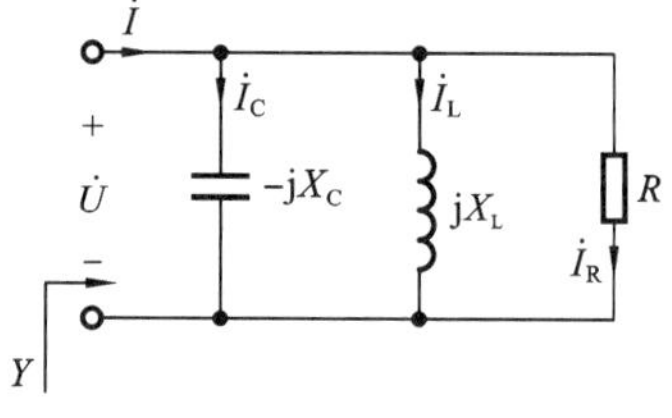

练习图 7-5

7.6 正弦稳态电路的分析

7.6.1 正弦稳态电路的分析方法

电路分析计算的基本依据是基尔霍夫定律和元件伏安关系。正弦量用相量表示以及引入阻抗、导纳概念后，正弦稳态电路与线性电阻电路具有形式上完全相同的 KCL、KVL 和欧姆定律，差别仅在于这些方程是相量形式，要按复数运算法则进行运算。因此，线性电阻电路的所有分析方法对正弦稳态电路分析都适用。具体地说，线性电阻元件的串、并联规则及各种等效变换方法，支路法、网孔法、节点法等一般分析计算方法，以及叠加定理、戴维南和诺顿定理等均可推广应用到正弦稳态电路中。正弦稳态电路在求解方法的选择上与线性电阻电路类似，也要视电路结构、支路特点及所求问题去决定。

以下通过几个例子来说明线性电阻电路中的分析计算方法在正弦稳态电路中的应用。

例 7-15 在图 7-26(a)所示电路中，已知 $u_S(t)=\sqrt{2}\sin(100t)$ V，$R_1=R_2=1\ \Omega$，$L=0.02$ H，$C_1=C_2=0.01$ F，求电流 i_1、i_2、i_3 和电压 u。

解 作出电路的相量模型如图 7-26(b)所示，图中$\dot{U}_S=1\angle 0°$ V。

对于 $\omega=100$ rad/s，各支路阻抗分别是

$$Z_1=R_1-jX_{C1}=R_1-j\frac{1}{\omega C_1}=\left(1-j\frac{1}{100\times 0.01}\right)\Omega=(1-j1)\Omega$$

$$Z_2=R_2-jX_{C2}=R_2-j\frac{1}{\omega C_2}=\left(1-j\frac{1}{100\times 0.01}\right)\Omega=(1-j1)\Omega$$

$$Z_3=jX_L=j\omega L=j100\times 0.02\Omega=j2\ \Omega$$

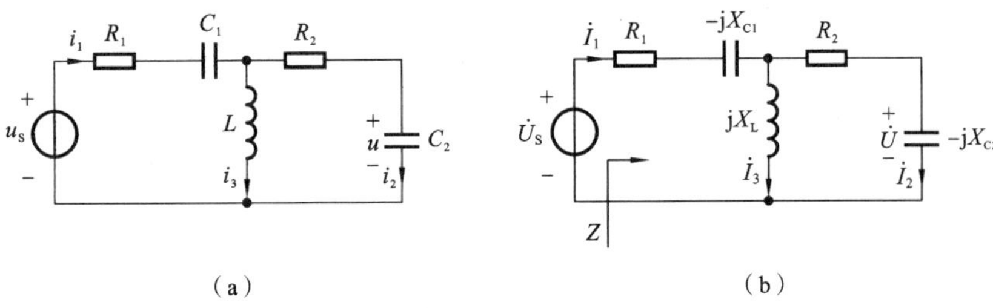

图 7-26 例 7-15 图

由阻抗串、并联公式，得

$$Z=Z_1+\frac{Z_2Z_3}{Z_2+Z_3}=\left[(1-j)+\frac{(1-j)\times j2}{(1-j)+j2}\right]\Omega=(3-j1)\ \Omega$$

因此

$$\dot{I}_1=\frac{\dot{U}_S}{Z}=\frac{1\angle 0^\circ\ \text{V}}{(3-j1)\Omega}=0.316\angle 18.43^\circ\ \text{A}$$

由分流公式，得

$$\dot{I}_2=\frac{Z_3}{Z_2+Z_3}\dot{I}_1=\frac{j2}{1-j1+j2}\times 0.316\angle 18.43^\circ\ \text{A}=0.447\angle 63.43^\circ\ \text{A}$$

$$\dot{I}_3=\frac{Z_2}{Z_2+Z_3}\dot{I}_1=\frac{1-j1}{1-j1+j2}\times 0.316\angle 18.43^\circ\ \text{A}=0.316\angle -71.57^\circ\ \text{A}$$

$$\dot{U}=-jX_{C2}\dot{I}_2=(-j1)\Omega\times 0.447\angle 63.43^\circ\ \text{A}=0.447\angle -26.57^\circ\ \text{V}$$

由各相量得到所求解的正弦电流、电压为

$$i_1=0.316\sqrt{2}\sin(100t+18.43^\circ)\text{A}$$

$$i_2=0.447\sqrt{2}\sin(100t+63.43^\circ)\text{A}$$

$$i_3=0.316\sqrt{2}\sin(100t-71.57^\circ)\text{A}$$

$$u=0.447\sqrt{2}\sin(100t-26.57^\circ)\text{V}$$

例 7-16 在图 7-27(a)所示电路中，已知$\dot{U}_S=50\angle 0^\circ$ V，$\dot{I}_S=10\angle 30^\circ$ A，$X_L=5\ \Omega$，$X_C=3\ \Omega$，求$\dot{U}$。

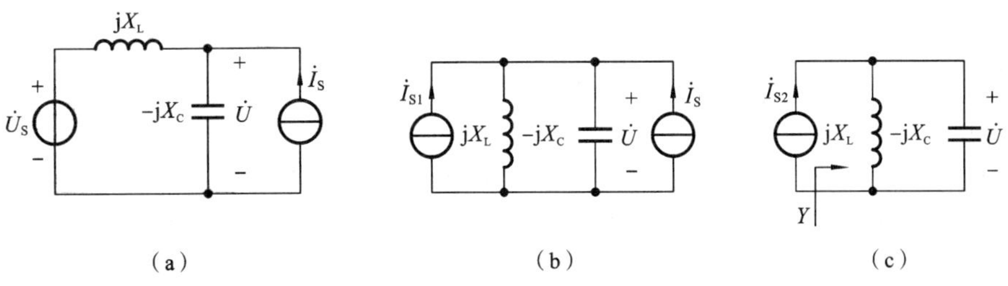

图 7-27 例 7-16 图

解法一 用电源等效变换求解。

先将$\dot{U}_S$串 jX_L 的戴维南电路变换成$\dot{I}_{S1}$并 jX_L 的诺顿等效电路，如图 7-27(b)所示。其中

$$\dot{I}_{S1}=\frac{\dot{U}_S}{jX_L}=\frac{50\angle 0^\circ\ \text{V}}{j5\Omega}=10\angle -90^\circ\ \text{A}$$

再将电流源$\dot{I}_S$和$\dot{I}_{S1}$并联，得到电流源$\dot{I}_{S2}$，如图 7-27(c)所示。

$$\dot{I}_{S2}=\dot{I}_{S1}+\dot{I}_S=(10\angle-90^\circ+10\angle30^\circ)\text{A}=(-\text{j}10+8.66+\text{j}5)\text{A}$$
$$=(8.66-\text{j}5)\text{A}=10\angle-30^\circ\ \text{A}$$

计算图 7-27(c)所示中电感与电容并联的等效导纳Y。

$$Y=Y_L+Y_C=-\text{j}\frac{1}{X_L}+\text{j}\frac{1}{X_C}=\left(-\text{j}\frac{1}{5}+\text{j}\frac{1}{3}\right)\text{S}=\text{j}\frac{2}{15}\text{S}$$

故
$$\dot{U}=\frac{\dot{I}_{S2}}{Y}=\frac{10\angle-30^\circ\ \text{A}}{\text{j}\frac{2}{15}\text{S}}=75\angle-120^\circ\ \text{V}$$

解法二 用叠加定理求解。电压$\dot{U}$是$\dot{U}_S$单独作用时的电压$\dot{U}_1$(如图 7-28(a)所示)和$\dot{I}_S$单独作用时的电压$\dot{U}_2$(如图 7-28(b)所示)之代数和。

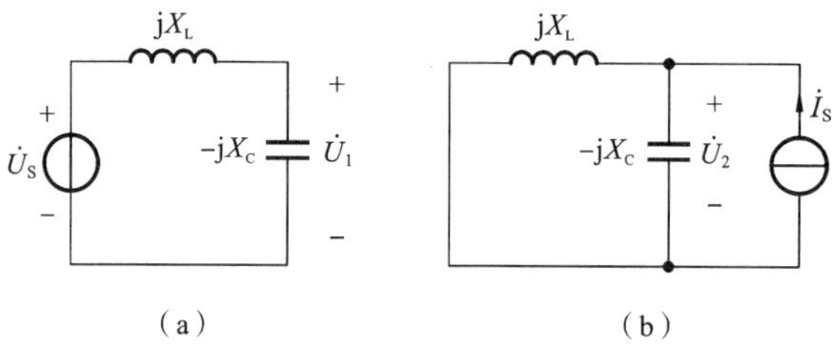

图 7-28 例 7-16 图

对于图 7-28(a)所示电路，有

$$\dot{U}_1=\frac{-\text{j}X_C}{\text{j}X_L-\text{j}X_C}\dot{U}_S=\frac{-\text{j}3}{\text{j}5-\text{j}3}\times50\angle0^\circ\ \text{V}=-75\ \text{V}$$

对于图 7-28(b)所示电路，有

$$\dot{U}_2=\frac{\dot{I}_S}{Y}=\frac{10\angle30^\circ\ \text{A}}{\left(-\text{j}\frac{1}{5}+\text{j}\frac{1}{3}\right)\text{S}}=\frac{10\angle30^\circ\ \text{A}}{\text{j}\frac{2}{15}\text{S}}=75\angle-60^\circ\ \text{V}$$

故得 $\dot{U}=\dot{U}_1+\dot{U}_2=-75\text{V}+75\angle-60^\circ\ \text{V}=(-75+37.5-\text{j}64.9)\ \text{V}=75\angle-120^\circ\ \text{V}$

求解本例的方法有多种，在此仅举两种解法。读者可尝试其他方法，如节点法、戴维南定理法等。

例 7-17 在图 7-29(a)所示电路中，已知$i_{S1}=\sqrt{2}\sin(1000t)\text{A}$，$i_{S2}=0.5\sqrt{2}\sin(1000t-90^\circ)\text{A}$，求电流$i_1$和$i_2$。

解 因电路网孔数较多，节点数较少，故用节点法求解较适宜。

作出电路的相量模型如图 7-29(b)所示。考虑到用节点法，所以各支路元件用导纳表示。选定参考节点，并标出两个独立节点的电压相量$\dot{U}_1$、$\dot{U}_2$。

对于图 7-29(b)所示电路，列节点电压方程为

$$\begin{cases}(0.2+\text{j}0.1+\text{j}0.3-\text{j}0.2)\dot{U}_1-(\text{j}0.3-\text{j}0.2)\dot{U}_2=\dot{I}_{S1}\\-(\text{j}0.3-\text{j}0.2)\dot{U}_1+(0.1-\text{j}0.2+\text{j}0.3-\text{j}0.2)\dot{U}_2=-\dot{I}_{S2}\end{cases}$$

将$\dot{I}_{S1}=1\angle0^\circ\ \text{A}$和$\dot{I}_{S2}=0.5\angle-90^\circ\ \text{A}$代入上式并整理，得

$$\begin{cases}(0.2+\text{j}0.2)\dot{U}_1-\text{j}0.1\dot{U}_2=1\\-\text{j}0.1\dot{U}_1+(0.1-\text{j}0.1)\dot{U}_2=\text{j}0.5\end{cases}$$

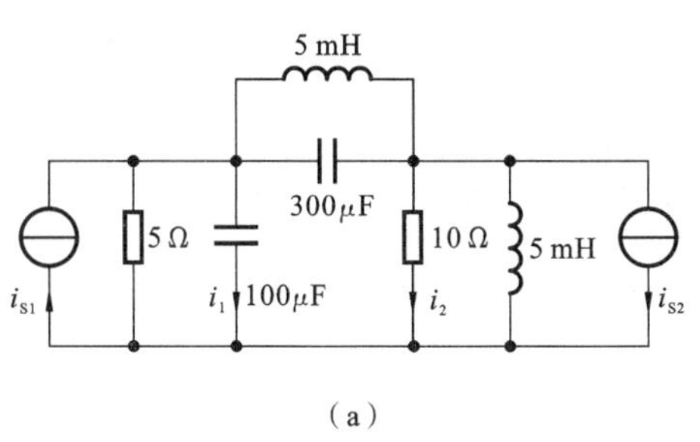

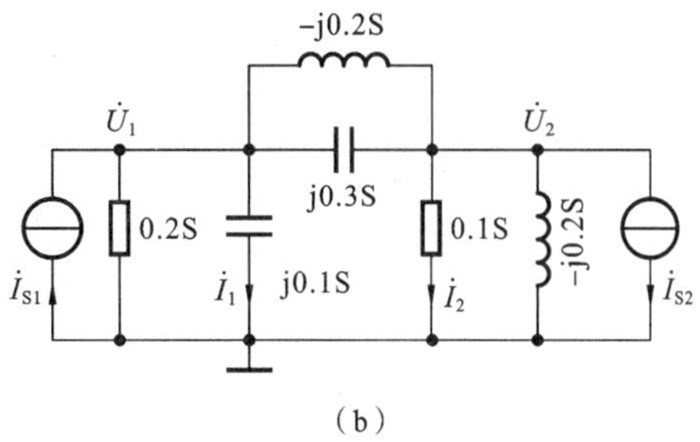

图 7-29　例 7-17 图

解方程，得

$$\dot{U}_1=(1-\mathrm{j}2)\ \mathrm{V},\quad \dot{U}_2=(-2+\mathrm{j}4)\ \mathrm{V}$$

$$\dot{I}_1=\mathrm{j}0.1\mathrm{S}\times(1-\mathrm{j}2)\ \mathrm{V}=(0.2+\mathrm{j}0.1)\mathrm{A}=0.224\angle 26.57^\circ\ \mathrm{A}$$

$$\dot{I}_2=0.1\mathrm{S}\times(-2+\mathrm{j}4)\ \mathrm{V}=0.447\angle 116.6^\circ\ \mathrm{A}$$

故　$i_1=0.224\sqrt{2}\sin(1000t+26.57^\circ)\ \mathrm{A},\quad i_2=0.447\sqrt{2}\sin(1000t+116.6^\circ)\ \mathrm{A}$

例 7-18　求图 7-30 所示电路中的电流 $\dot{I}_1$ 和 $\dot{I}_2$。

解　$\dot{I}_1$ 和 $\dot{I}_2$ 恰为两个网孔电流，用网孔法求解。列出网孔电流方程为

$$\begin{cases}(1-\mathrm{j}2)\dot{I}_1-(-\mathrm{j}2)\dot{I}_2=1\angle 0^\circ\\ -(-\mathrm{j}2)\dot{I}_1+(\mathrm{j}2+1-\mathrm{j}2)\dot{I}_2=-2\dot{I}\end{cases}$$

将受控源控制量 $\dot{I}=\dot{I}_1-\dot{I}_2$ 代入上式，整理后得

$$\begin{cases}(1-\mathrm{j}2)\dot{I}_1+\mathrm{j}2\dot{I}_2=1\\ (2+\mathrm{j}2)\dot{I}_1-\dot{I}_2=0\end{cases}$$

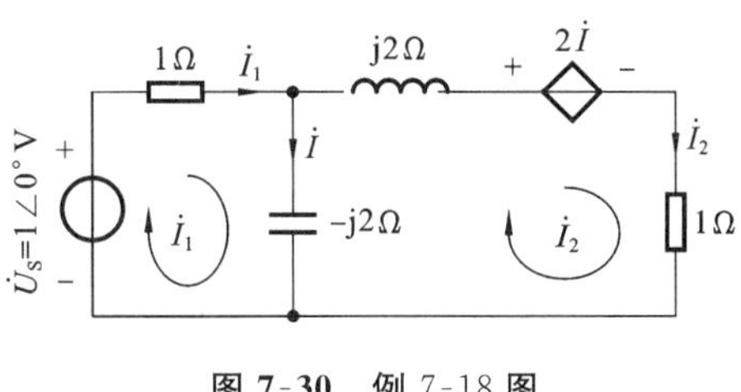

图 7-30　例 7-18 图

解方程，得

$$\dot{I}_1=0.277\angle-146.3^\circ\ \mathrm{A},\quad \dot{I}_2=0.784\angle-101^\circ\ \mathrm{A}$$

例 7-19　求图 7-31(a)所示电路中的电流 $\dot{I}$，已知 $Z_1=(1+\mathrm{j}2)\Omega$，$Z_2=(1-\mathrm{j}2)\Omega$，$Z_3=(2+\mathrm{j}1)\Omega$，$Z_4=(2-\mathrm{j}1)\Omega$，$Z_L=\left(\frac{1}{3}+\mathrm{j}2\right)\Omega$，$\dot{U}_S=10\angle 0^\circ\ \mathrm{V}$。

解　用戴维南定理求解。

(1) 将 Z_L 从原电路中移除，得图 7-31(b)所示电路，计算端口 a-b 的开路电压 $\dot{U}_{OC}$。

$$\dot{U}_{OC}=\frac{Z_3}{Z_1+Z_3}\dot{U}_S-\frac{Z_4}{Z_2+Z_4}\dot{U}_S=\frac{2+\mathrm{j}1}{(1+\mathrm{j}2)+(2+\mathrm{j}1)}\times 10-\frac{2-\mathrm{j}1}{(1-\mathrm{j}2)+(2-\mathrm{j}1)}\times 10$$

$$=-\mathrm{j}\frac{10}{3}\mathrm{V}$$

(2) 将图 7-31(b)所示电路中的电源移除，得图 7-31(c)所示电路，求端口 a-b 的等效阻抗 Z_{eq}。

$$Z_{eq}=\frac{Z_1Z_3}{Z_1+Z_3}+\frac{Z_2Z_4}{Z_2+Z_4}=\frac{(1+\mathrm{j}2)(2+\mathrm{j}1)}{(1+\mathrm{j}2)+(2+\mathrm{j}1)}\Omega+\frac{(1-\mathrm{j}2)(2-\mathrm{j}1)}{(1-\mathrm{j}2)+(2-\mathrm{j}1)}\Omega$$

$$=\frac{\mathrm{j}5}{3+\mathrm{j}3}\Omega+\frac{-\mathrm{j}5}{3-\mathrm{j}3}\Omega=\frac{5}{3}\Omega$$

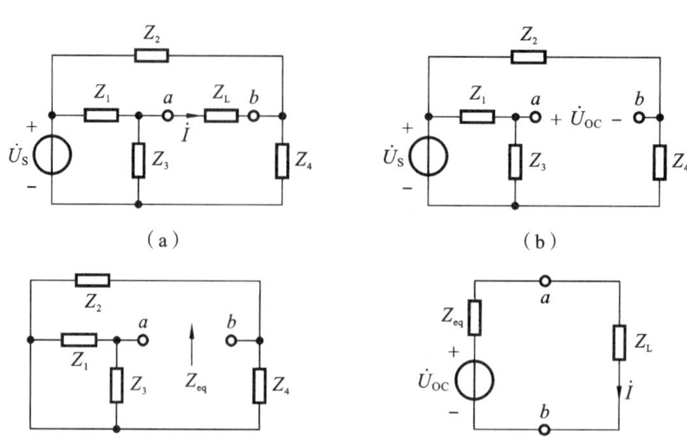

图 7-31　例 7-19 图

(3) 作出端口 a-b 的戴维南等效电路，将 Z_L 连接到端口，得图 7-31(d)，求电流 $\dot{I}$。

$$\dot{I}=\frac{\dot{U}_{OC}}{Z_{eq}+Z_L}=\frac{-j\,\dfrac{10}{3}\,\text{V}}{\left(\dfrac{5}{3}+\dfrac{1}{3}+j2\right)\Omega}=\frac{-j10}{6(1+j1)}\text{A}=-\frac{5}{6}(1+j1)\text{A}=1.18\angle 135^\circ\ \text{A}$$

7.6.2　相量图

在正弦稳态电路分析计算中，经常采用相量图进行分析与计算。采用相量图的优点是能够直观地显示各相量之间的关系，特别是各相量的相位关系。因此，相量图法是分析和计算比较简单的正弦稳态电路的重要方法。

在未求出电路中各相量的具体表达式之前，一般不可能准确地画出电路中各相量的相量图，但是，可以依据元件伏安关系的相量形式和电路的 KCL、KVL 方程定性地画出电路中各相量的相量图。在画相量图时，可以选择电路中某一相量作为参考相量，其他有关相量可以根据参考相量来确定。参考相量的初相可任意假定，可取为零，也可取其他值。因为初相的选择不同只会使各相量的初相改变同一数值，而不会影响各相量之间的相位关系。通常选择参考相量的初相为零。在画串联元件电路的相量图时，一般取电流相量为参考相量，各元件的电压相量可以根据元件电压与电流的大小关系和相位关系画出。在画并联元件电路的相量图时，一般取电压相量为参考相量，各元件的电流相量可以根据元件电压与电流的大小关系和相位关系画出。下面举例说明。

例 7-20　在图 7-32(a)所示电路中，$\omega=314$ rad/s，$R=10\ \Omega$，$U_{AC}=U_{AD}=U_{CD}=220$ V，求电容量 C 和电感量 L。

解　对于这个串联电路，考虑到提供了两个电压的大小关系，因此可试着用相量图法进行分析。设电流 $\dot{I}$ 为参考相量，即设 $\dot{I}=I\angle 0^\circ$ A，根据元件的电压、电流相位关系，可知 $\dot{U}_{AB}$ 与 $\dot{I}$ 同相、$\dot{U}_{BC}$ 超前 $\dot{I}$ 90°、$\dot{U}_{CD}$ 滞后 $\dot{I}$ 90°。因为 $U_{AC}=U_{AD}=U_{CD}$，对应的三个电压相量构成一个等边三角形，所以有

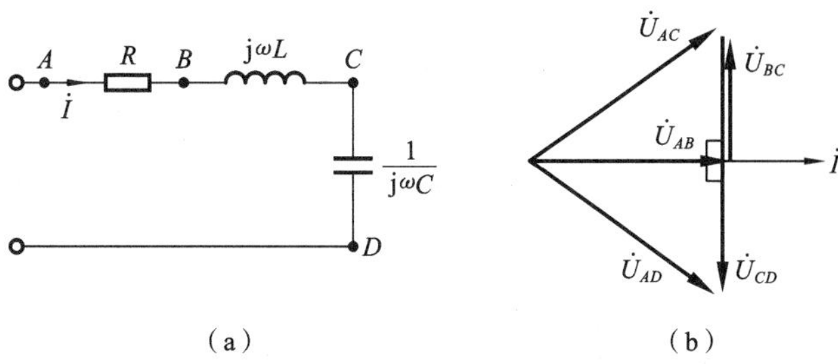

图 7-32 例 7-20 图

$$U_{AB}=\frac{\sqrt{3}}{2}U_{CD},\quad U_{BC}=\frac{U_{CD}}{2}$$

由于各元件串联，各元件端电压大小与阻抗模成正比，故

$$R=\frac{\sqrt{3}}{2}\times\frac{1}{\omega C},\quad \omega L=\frac{1}{2}\times\frac{1}{\omega C}$$

将 $\omega=314$ rad/s，$R=10\ \Omega$ 代入，得

$$L=18.4\ \mathrm{mH},\quad C=276\ \mu\mathrm{F}$$

例 7-21 在图 7-33(a)所示电路中，$I_C=2$ A，$I_R=\sqrt{2}$ A，$X_L=100\ \Omega$，且$\dot{U}$与$\dot{I}_C$同相，应用相量图分析计算相量$\dot{U}$。

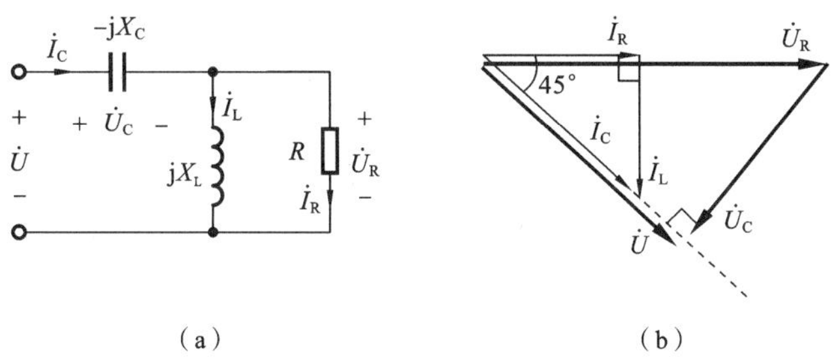

图 7-33 例 7-21 图

解 设电压$\dot{U}_R$为参考相量，即令$\dot{U}_R=U_R\angle 0°$。$\dot{I}_R$与$\dot{U}_R$同相，$\dot{I}_L$滞后$\dot{U}_R 90°$，因存在KCL关系$\dot{I}_C=\dot{I}_R+\dot{I}_L$，同时根据$I_C$与$I_R$的大小关系可以确定$I_C=\sqrt{2}I_R=\sqrt{2}I_L$，$\dot{I}_R$与$\dot{I}_C$间的夹角为45°。$\dot{U}_C$滞后$\dot{I}_C 90°$，因为$\dot{U}=\dot{U}_C+\dot{U}_R$，同时要满足$\dot{U}$与$\dot{I}_C$同相，故三个电压相量必定构成一个等腰直角三角形，即必有$U_R=\sqrt{2}U_C=\sqrt{2}U$。根据以上关系，画出相量图如图7-33(b)所示。

根据以上分析，不难得到

$$U_R=X_L I_L=X_L I_R=100\ \Omega\times\sqrt{2}\ \mathrm{A}=100\sqrt{2}\ \mathrm{V}$$

结合相量图，可知

$$U=\frac{U_R}{\sqrt{2}}=\frac{100\sqrt{2}}{\sqrt{2}}\ \mathrm{V}=100\ \mathrm{V},\quad \dot{U}\text{滞后}\dot{U}_R 45°。$$

所以

$$\dot{U}=100\angle-45°\ \mathrm{V}$$

思考与练习

7-6-1 在正弦稳态电路的分析中为什么要采用相量图分析法？相量图分析法的基本思想是什么？

7-6-2 试比较正弦稳态电路分析与电阻电路分析的异同。

7-6-3 在正弦稳态电路分析中有时采用相量图分析法，应用此方法的基本规律是什么？

7.7 正弦稳态电路的功率

正弦稳态电路中一般都含有电容元件或电感元件，这两种元件也称为储能元件。当元件上的电压或电流发生变化时，就意味着元件储存的能量有所改变，即元件与电路其余部分会存在能量的往返传递，这样就使正弦稳态电路的功率问题变得复杂起来。

7.7.1 瞬时功率

正弦稳态下二端网络如图 7-34 所示。设端口电流、电压分别为

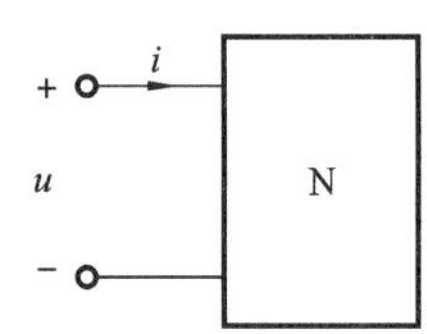

图 7-34 正弦稳态二端网络

$$i=\sqrt{2}I\sin(\omega t),\quad u=\sqrt{2}U\sin(\omega t+\varphi)$$

则二端网络吸收的瞬时功率为

$$p=ui=2UI\sin(\omega t)\sin(\omega t+\varphi)=UI[\cos\varphi-\cos(2\omega t+\varphi)] \tag{7-20}$$

由上式可以看出，瞬时功率是一个随时间作周期变化的非正弦周期量，频率是端口电流或电压的两倍。图 7-35 所示为 $\varphi\in(0,\pi/2)$ 时的瞬时功率波形图。

由波形图可以看出，瞬时功率有正有负，说明网络与外电路之间有能量的相互交换。若 p 在一个周期内界定的正面积大于负面积，则说明二端网络有能量消耗。

下面讨论三个基本电路元件的瞬时功率，只考虑图 7-34 所示二端网络 N 中分别只含有 R、L、C 元件。直接利用式(7-20)即可得到相应结论，式中 φ 可等同为元件的阻抗角 φ_Z。

1. 电阻元件的瞬时功率

$$\begin{aligned}p_R&=ui=UI[\cos\varphi-\cos(2\omega t+\varphi)]=UI[\cos0°-\cos(2\omega t+0°)]\\&=UI[1-\cos(2\omega t)]\end{aligned}$$

图 7-36 所示为电阻元件吸收瞬时功率的波形图。由波形图可看出，电阻吸收的瞬时功率是随时间作周期性变化的，但始终大于等于零，表明了电阻的耗能特性。电阻的瞬时功率中包含两项：常数项 UI 和一个两倍于电压(电流)频率的正弦项。电阻的电压(或电流)变化一个周期，瞬时功率变化两个周期。

2. 电感元件的瞬时功率

$$\begin{aligned}p_L&=ui=UI[\cos\varphi-\cos(2\omega t+\varphi)]=UI[\cos90°-\cos(2\omega t+90°)]\\&=UI\sin(2\omega t)\end{aligned}$$

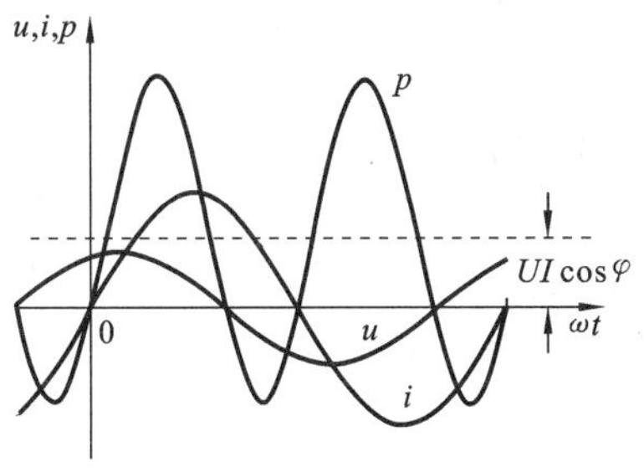

图 7-35 二端网络的 u、i、p 波形图

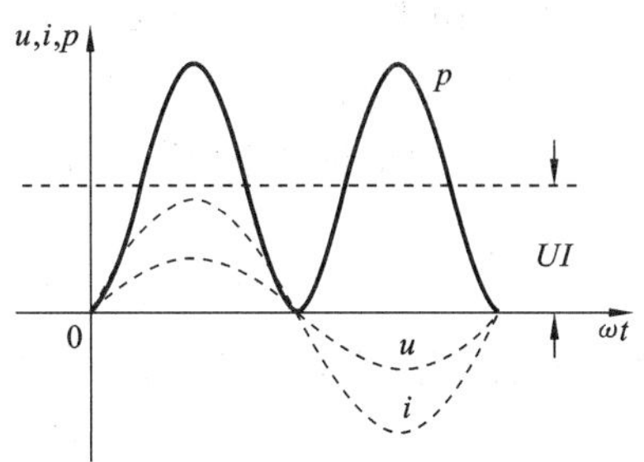

图 7-36 电阻元件吸收的瞬时功率波形图

图 7-37 所示为电感元件吸收瞬时功率的波形图。可以看出，在一个周期的时段内，电感元件用半个周期吸收能量，以磁场能的形式储存起来，用另外半个周期将磁场能释放出去，且吸收能量与释放能量的大小平衡。从一个周期的平均效果来看，电感元件不吸收能量也不消耗能量，这与第 6 章所说的储能特性是一致的。

3. 电容元件的瞬时功率

$$
\begin{aligned}
p_C &= ui = UI[\cos\varphi - \cos(2\omega t + \varphi)] = UI[\cos(-90°) - \cos(2\omega t - 90°)] \\
&= -UI\sin(2\omega t)
\end{aligned}
$$

图 7-38 所示为电容元件吸收瞬时功率的波形图。可以看出，在一个周期的时段内，电容元件用半个周期吸收能量，以电场能的形式储存起来，用另外半个周期将电场能释放出去，且吸收能量与释放能量的大小平衡。同电感一样，从一个周期的平均效果来看，电容元件不吸收能量也不消耗能量。

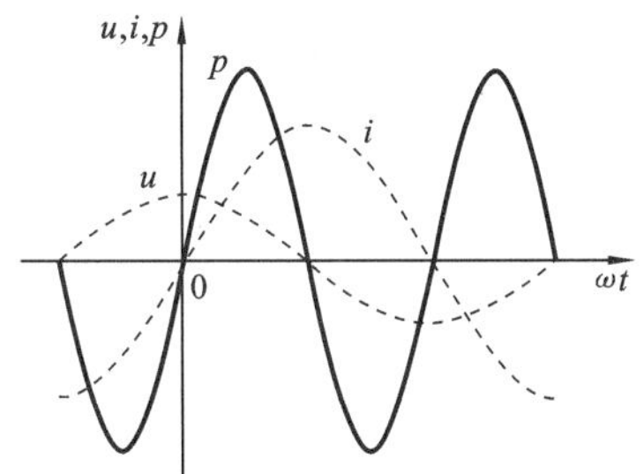

图 7-37 电感元件吸收的瞬时功率波形图

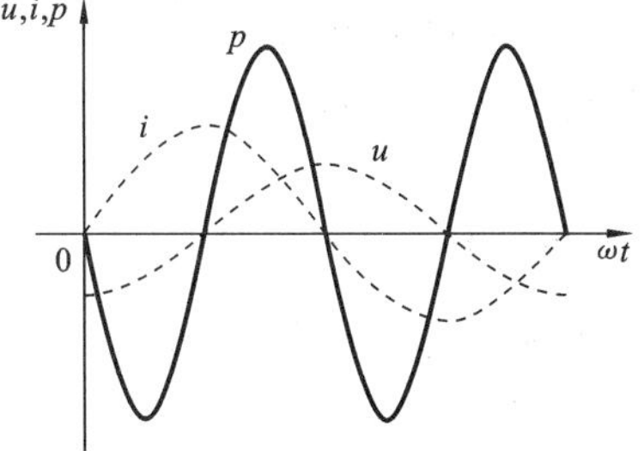

图 7-38 电容元件吸收的瞬时功率波形图

7.7.2 有功功率、无功功率、视在功率和功率因数

1. 有功功率

瞬时功率在一个周期内的平均值称为平均功率或有功功率，即

$$
P = \frac{1}{T}\int_0^T p(t)\,\mathrm{d}t \tag{7-21}
$$

将式(7-20)代入上式，得

$$
P = \frac{1}{T}\int_0^T UI[\cos\varphi - \cos(2\omega t + \varphi)]\,\mathrm{d}t = UI\cos\varphi \tag{7-22}
$$

可见，二端网络 N 的平均功率不仅与端口电压、电流有效值有关，还与电压和电流之间的相位差的余弦值有关。

将式(7-22)用于讨论正弦稳态下 R、L、C 元件的平均功率。

1）电阻元件的平均功率

$$P_R = UI\cos\varphi = UI\cos 0° = UI$$

对于电阻元件，有 $U=RI$ 或 $I=GU$，所以

$$P_R = UI = RI^2 = GU^2 \tag{7-23}$$

2）电感元件的平均功率

$$P_L = UI\cos\varphi = UI\cos 90° = 0 \tag{7-24}$$

3）电容元件的平均功率

$$P_C = UI\cos\varphi = UI\cos(-90°) = 0 \tag{7-25}$$

可见，正弦稳态电路的三个基本元件中只有电阻元件吸收平均功率，电感和电容的平均功率为零。

对于图 7-34 所示网络 N，若网络内部不含独立电源，则其等效阻抗 $Z=R+\mathrm{j}X=|Z|\angle\varphi_Z=|Z|\angle\varphi$，等效导纳 $Y=G+\mathrm{j}B=|Y|\angle\varphi_Y=|Y|\angle-\varphi_Z$。将端口电压$\dot{U}$分解为两个分量$\dot{U}_R$ 和$\dot{U}_X$，端口电流分解为两个分量 $\dot{I}_G$ 和 $\dot{I}_B$，如图 7-39 所示。其中 $U_R=U\cos\varphi$，$I_G=I\cos\varphi$，则有功功率还可表示为

$$P = UI\cos\varphi = U_R I = I^2 R = I^2\mathrm{Re}[Z] \tag{7-26}$$

或

$$P = UI\cos\varphi = UI_G = U^2 G = U^2\mathrm{Re}[Y] \tag{7-27}$$

由于 U_R 与 I 之积或 I_G 与 U 之积构成有功功率，因此称$\dot{U}_R$ 和 $\dot{I}_G$ 分别为端口电压的有功分量和端口电流的有功分量。

对于仅由正值电阻、电感、电容构成的二端网络，$|\theta_Z|\leqslant 90°$，有功功率 P 为非负数；若二端网络内还含有受控源，$|\theta_Z|$ 可能大于 90°，这种情况下 P 为负数，二端网络对外电路提供能量。

2. 无功功率

为了引入无功功率的概念，下面对瞬时功率 p 重新加以分析。

由图 7-39(a)，有

$$\dot{U} = \dot{U}_R + \dot{U}_X$$

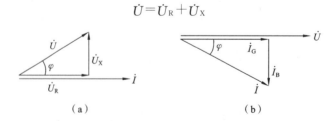

（a）　　（b）

图 7-39　正弦稳态二端网络端口电压、电流的分解

相应地

$$u = u_R + u_X = \sqrt{2}U_R\sin(\omega t) + \sqrt{2}U_X\sin(\omega t + 90°)$$

式中，$U_R=U\cos\varphi$，$U_X=U\sin\varphi$。

$$p(t)=ui=(u_R+u_X)i=p_R(t)+p_X(t)$$
$$=2UI\cos\varphi\sin^2(\omega t)+2UI\sin\varphi\sin(\omega t+90°)\sin(\omega t)$$
$$=UI\cos\varphi[1-\cos(2\omega t)]+UI\sin\varphi\sin(2\omega t) \tag{7-28}$$

式(7-28)表明，瞬时功率 $p(t)$ 可分为两项 $p_R(t)$ 和 $p_X(t)$，其中：$p_R(t)$ 是电流 i 与电压 u 的有功分量 u_R 之积，在一个周期内 $p_R(t)$ 的平均值为 $UI\cos\varphi$，等于二端网络的有功功率；$p_X(t)$ 是电流 i 与电压 u 的另一个分量 u_X 之积，$p_X(t)$ 以角频率 2ω 随时间作正弦变化。它在一个周期内的平均值为零，代表外电路与二端网络内储能元件能量往返交换的功率，其最大值定义为二端网络吸收的无功功率，用符号 Q 表示，即

$$Q=UI\sin\varphi \tag{7-29}$$

无功功率的单位是乏(Var)。虽然无功功率并非二端网络真正吸收的功率，只是与外电路能量交换的最大功率，但无功功率并非无用，工程实际中，无功功率是发电机、变压器等电气设备正常工作所必需的。

对于无源二端网络，有

$$Q=UI\sin\varphi=UI\sin\varphi_Z=-UI\sin\varphi_Y \tag{7-30}$$

将 $U_X=U\sin\varphi=U\sin\varphi_Z$ 或 $I_B=I\sin\varphi=I\sin\varphi_Z=-I\sin\varphi_Y$ 代入上式，得

$$Q=U_XI=I^2|Z|\sin\varphi_Z=I^2X=I^2\mathrm{Im}[Z] \tag{7-31}$$

或
$$Q=UI_B=U^2|Y|\sin\varphi_Z=-U^2|Y|\sin\varphi_Y=-U^2B=-U^2\mathrm{Im}[Y] \tag{7-32}$$

由于 U_X 与 I 或 I_B 与 U 之积构成无功功率，故 $\dot{U}_X$ 和 $\dot{I}_B$ 分别为端口电压的无功分量和端口电流的无功分量。

对于感性负载，$Q>0$；对于容性负载，$Q<0$。

单个元件是二端网络的特殊情况：当二端网络是电感元件时，$\varphi_Z=90°$，$Q=UI\sin\varphi_Z=UI$；当二端网络是电容元件时，$\varphi_Z=-90°$，$Q=UI\sin\varphi_Z=-UI$；当二端网络是电阻元件时，$\varphi_Z=0$，$Q=UI\sin\varphi_Z=0$。

若二端网络 N_0 是 R、L、C 串联电路，则 $Z=R+j(X_L-X_C)$，故

$$\sin\varphi=\sin\varphi_Z=\frac{X_L-X_C}{\sqrt{R^2+(X_L-X_C)^2}}=\frac{X_L-X_C}{|Z|}$$

将上式代入式(7-30)，得

$$Q=UI\,\frac{X_L-X_C}{|Z|}=I^2(X_L-X_C)=Q_L+Q_C$$

上式表明，N_0 内电感无功功率与电容无功功率相互补偿，当 $X_L=X_C$ 时，$Q=0$，此时能量的往返交换只在电感和电容之间进行(磁场能量与电场能量的往返交换)，N_0 与外电路不再有能量的往返交换。

由于电感和电容的无功功率可相互补偿，故工程上习惯将电感称为无功负载，将电容称为无功电源。

3. 视在功率和功率因数

电工技术中，将二端网络电压有效值和电流有效值的乘积称为视在功率，用 S 表示。

$$S=UI \tag{7-33}$$

使用电气设备时，电压、电流通常情况下都不能超过其额定值，因此，视在功率表征了电

气设备“容量”的大小。

视在功率的量纲和有功功率的相同，但为了和有功功率相区别，视在功率的单位用伏安(V·A)或千伏安(kV·A)表示。

比较 P、Q、S 的计算式，有功功率、无功功率、视在功率三者的关系为

$$\begin{cases} P=S\cos\varphi \\ Q=S\sin\varphi \\ S=\sqrt{P^2+Q^2} \\ \varphi=\arctan\dfrac{Q}{P} \end{cases} \tag{7-34}$$

可见，P、Q、S 也构成一个直角三角形，称之为功率三角形。由于 $P=U_R I=I^2 R$，$Q=U_X I=I^2 X$，$S=UI=I^2|Z|$，故功率三角形、电压三角形和阻抗三角形是相似三角形。

由于 $\cos\varphi\leqslant1$，$P=S\cos\varphi$，因此 $P\leqslant S$。也就是说，在一定大小的电压、电流下，负载获得的有功功率大小取决于 $\cos\varphi$，称 $\cos\varphi$ 的值为功率因数，φ 称为功率因数角。

无源二端网络中，$\varphi=\varphi_Z$，功率因数角等于阻抗角。阻抗角的正、负能确定二端网络的性质(感性、容性或电阻性)，但功率因数的却不能，例如，$\varphi_Z=60°$ 为感性电路，$\varphi_Z=-60°$ 为容性电路，但二者的功率因数都等于0.5。因此，为使功率因数也能反映网络的性质，习惯上将前者写成 $\cos\varphi=0.5$(滞后)，后者写成 $\cos\varphi=0.5$(超前)。“滞后”表示电流滞后于电压，为感性电路；“超前”表示电流超前于电压，为容性电路。

对于灯泡、电炉等电阻性用电设备，由于 $\cos\varphi=1$，有功功率与视在功率数值相等，这类电器的容量也可以用有功功率形式给出，例如灯泡上标出的60 W、100 W字样。对于变压器、发电机这类电气设备，由于功率因数与负载性质及运行方式有关，有功功率不是常数，因而往往只标出其容量(视在功率)。

例 7-22 图7-40(a)所示电路中，$i_S=10\sqrt{2}\sin(100t)$ A，$R_1=R_2=1\ \Omega$，$C_1=C_2=0.01$ F，$L=0.02$ H。求电流源提供的有功功率、无功功率，各电阻元件吸收的有功功率以及各储能元件吸收的无功功率。

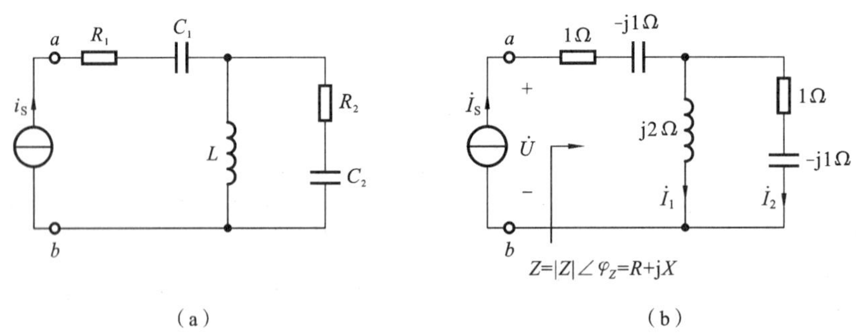

图 7-40 例 7-22 图

解 作出电路的相量模型，如图7-40(b)所示。电流源提供的有功功率和无功功率分别为

$$P=UI_S\cos(\varphi_u-\varphi_{i_S})=UI_S\cos\varphi_Z=I_S^2|Z|\cos\varphi_Z=I_S^2R$$

$$Q=UI_S\sin(\varphi_u-\varphi_{i_S})=UI_S\sin\varphi_Z=I_S^2|Z|\sin\varphi_Z=I_S^2X$$

由阻抗串、并联，有

$$Z=R+jX=\left[1-j1+\frac{j2(1-j1)}{j2+(1-j1)}\right]\Omega=(3-j1)\Omega$$

故 $P=I_S^2R=10^2\times3\ \text{W}=300\ \text{W},\quad Q=I_S^2X=10^2\times(-1)\text{var}=-100\ \text{var}$

为计算各电阻元件吸收的有功功率和各储能元件吸收的无功功率，先计算各支路电流。由分流公式，得

$$\dot{I}_1=\frac{1-j1}{j2+(1-j1)}\dot{I}_S=-j1\times10\ \text{A}=10\angle-90^\circ\ \text{A}$$

$$\dot{I}_2=\frac{j2}{j2+(1-j1)}\dot{I}_S=(1+j1)\times10\ \text{A}=10\sqrt{2}\angle45^\circ\ \text{A}$$

故 R_1、R_2 吸收的有功功率为

$$P_1=I_S^2R_1=10^2\times1\ \text{W}=100\ \text{W},\quad P_2=I_2^2R_2=(10\sqrt{2})^2\times1\ \text{W}=200\ \text{W}$$

L、C_1、C_2 吸收的无功功率分别为

$$Q_1=I_1^2X_L=10^2\times2=200\ \text{var}$$

$$Q_2=-I_S^2X_{C1}=-10^2\times1\ \text{var}=-100\ \text{var}$$

$$Q_3=-I_2^2X_{C2}=-(10\sqrt{2})^2\times1\ \text{var}=-200\ \text{var}$$

由上面的计算结果可见：

$P_1+P_2=(100+200)\ \text{W}=300\ \text{W}=P$，即电流源提供的有功功率等于二端网络内所有电阻吸收的有功功率之和，这显然是能量守恒定律的必然结果。

$Q_1+Q_2+Q_3=[200+(-100)+(-200)]\ \text{var}=-100\ \text{var}=Q$，即电流源提供的无功功率等于二端网络内所有储能元件吸收的无功功率之和。本例由于二端网络为容性网络，故其吸收的无功功率为负值。

将上例的结论推广到任意二端网络，可得出以下结论：二端网络吸收的有功功率 P 等于网络内各支路吸收的有功功率之和；二端网络吸收的无功功率 Q 等于网络内各支路吸收的无功功率之和，即

$$P=\sum_{k=1}^{b}P_k \tag{7-35}$$

$$Q=\sum_{k=1}^{b}Q_k \tag{7-36}$$

式(7-35)和式(7-36)分别为有功功率守恒和无功功率守恒表达式。

7.7.3 复功率

为了分析计算的方便，将有功功率 P 与无功功率 Q 组成一复数量，称为复功率，它既不同于相量($\dot{U}$, $\dot{I}$)，又不同于阻抗(导纳)类型的复数，故用 $\widetilde{S}$ 表示，即

$$\widetilde{S}=P+jQ \tag{7-37}$$

将式(7-22)和式(7-29) 代入上式，并考虑到 $\varphi=\varphi_u-\varphi_i$，可得

$$\widetilde{S}=P+jQ=UI\cos\varphi+jUI\sin\varphi=UI\mathrm{e}^{j\varphi}=UI\mathrm{e}^{j\varphi_u-\varphi_i}=U\mathrm{e}^{j\varphi_u}I\mathrm{e}^{-j\varphi_i}$$

图 7-34 所示中的电压 u 和电流 i，其相量分别为$\dot{U}=U\mathrm{e}^{j\varphi_u}$ 和 $\dot{I}=I\mathrm{e}^{j\varphi_i}$ 。因此电流相量$\dot{I}$的

共轭值为 $\dot{I}^* = Ie^{-j\varphi_i}$，于是，一端口 N 的复功率可写为

$$\tilde{S} = \dot{U}\dot{I}^* = Se^{j\varphi} = P + jQ \tag{7-38}$$

复功率定义为电压相量与电流相量的共轭的乘积。它包含了视在功率、平均功率和无功功率。可见，视在功率 S 是复功率的模，其辐角为 φ（如电路 N 内不含独立源，则 $\varphi = \varphi_Z$）；复功率的实部为有功功率 P，其虚部为无功功率 Q。

引入复功率的作用是能直接使用相量法计算所得的电压相量和电流相量，使平均功率、无功功率和视在功率的表达和计算更为简便。但需注意，复功率 $\tilde{S}$ 不代表正弦量，也不直接反映时域范围内的能量关系。

对于正弦稳态电路，利用特勒根定理可以证明电路中的复功率守恒，即有

$$\sum \tilde{S} = 0 \tag{7-39a}$$

这包含有

$$\sum P = \sum UI\cos\varphi = 0 \tag{7-39b}$$

$$\sum Q = \sum UI\sin\varphi = 0 \tag{7-39c}$$

即对于正弦稳态电路，电路的总有功功率之代数和等于零，或者说，电路中发出的各有功功率之和等于吸收的各有功功率之和；电路的总无功功率之代数和等于零。

对无源一端口： $\dot{U} = Z\dot{I}$ 或 $\dot{I} = Y\dot{U}$

$$\tilde{S} = \dot{U}\dot{I}^* = Z\dot{I}\dot{I}^* = ZI^2 = RI^2 + jXI^2$$

或

$$\tilde{S} = \dot{U}\dot{I}^* = \dot{U}(Y\dot{U})^* = U^2Y^* = GU^2 - jBU^2$$

例 7-23 施加于电路的电压 $u(t) = 100\sqrt{2}\cos(314t + 30°)$ V，输入电流 $i(t) = 50\sqrt{2}\cos(314t + 60°)$ A，电压、电流为关联参考方向，试求 $\tilde{S}$。

解 $\dot{U} = 100\angle 30°$ V， $\dot{I} = 50\angle 60°$ A

$$\tilde{S} = \dot{U}\dot{I}^* = (100\angle 30° \times 50\angle -60°)\ \text{V·A} = 5000\angle -30°\ \text{V·A} = (4330 - j2500)\ \text{V·A}$$

所以 $P = 4330$ W， $Q = -2500$ var

例 7-24 电路如图 7-41 所示，$\dot{I}_1 = (100 + j50)$ A，$\dot{I}_4 = (50 - j50)$ A，$\dot{U}_1 = 500$ V，$\dot{U}_4 = (200 + j200)$ V，试求每一元件吸收的无功功率，并计算整个电路的无功功率。

解 $Q_1 = \text{Im}[\dot{U}_1(-\dot{I}_1)^*] = \text{Im}[500(-100 + j50)] = 25$ kvar

$Q_2 = \text{Im}[\dot{U}_2(-\dot{I}_2)^*] = \text{Im}[(\dot{U}_1 - \dot{U}_4)\dot{I}_1^*]$

$= \text{Im}[(300 - j200)(100 - j50)] = -35$ kvar

$Q_3 = \text{Im}[\dot{U}_3\ \dot{I}_3^*] = \text{Im}[\dot{U}_4(\dot{I}_1 - \dot{I}_4)^*]$

$= \text{Im}[(200 + j200)(50 - j100)] = -10$ kvar

$Q_4 = \text{Im}[\dot{U}_4\ \dot{I}_4^*] = \text{Im}[(200 + j200)(50 + j50)] = 20$ kvar

$$Q = Q_1 + Q_2 + Q_3 + Q_4 = 0$$

例 7-25 电路如图 7-42 所示，试求两负载吸收的总复功率，并求输入电流（有效值）。

解 (1) $S_1 = 10 \times 10^3 / 0.8$ V·A $= 12.5$ kV·A， $P_1 = S_1\cos\varphi_{Z_1} = 10$ kW

$$Q_1 = S_1\sin\varphi_{Z_1} = S_1\sin(-\cos^{-1}0.8) = -7.5\ \text{kvar}$$

$$\tilde{S}_1 = P_1 + jQ_1 = (10 - j7.5)\ \text{kV·A}$$

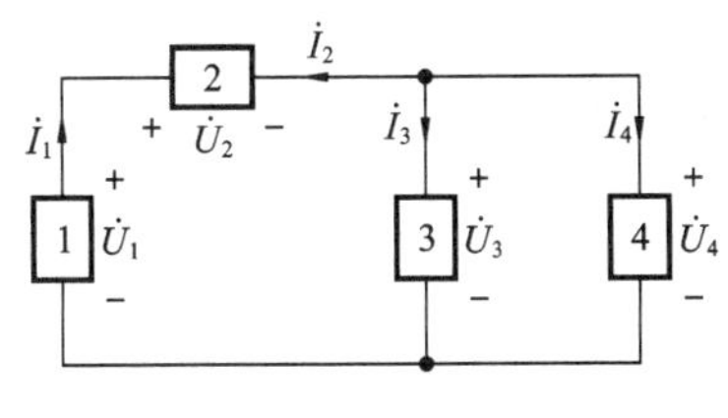

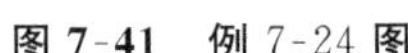

图 7-41 例 7-24 图

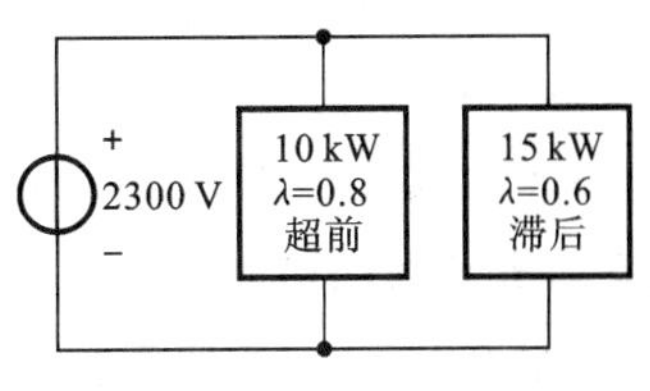

图 7-42 例 7-25 图

(2) $$S_2=15\times10^3/0.6\ \text{V}\cdot\text{A}=25\ \text{kV}\cdot\text{A},\quad P_2=15\ \text{kW}$$

$$Q_2=S_2\sin\varphi_{Z_2}=S_2\sin(\cos^{-1}0.6)=20\ \text{kvar}$$

$$\widetilde{S}_2=P_2+\text{j}Q_2=(15+\text{j}20)\ \text{kV}\cdot\text{A}$$

(3) $$\widetilde{S}=\widetilde{S}_1+\widetilde{S}_2=(25+\text{j}12.5)\ \text{V}\cdot\text{A}=27.951\angle 26.6^\circ\ \text{kV}\cdot\text{A}$$

$$S=27.951\ \text{kV}\cdot\text{A}$$

所以 $$I=\frac{S}{U}=\frac{27.951\times10^3}{2300}\ \text{A}=12.2\ \text{A}$$

7.7.4 功率因数的提高

1. 提高功率因数的意义

功率因数的概念广泛应用于电力传输和供电系统中，系统的功率因数取决于负载的性质。例如，白炽灯、电烙铁、电阻炉等用电设备，可以看做是纯电阻负载，它们的功率因数为1。但是，日常生活和生产中广泛应用的异步电动机、感应炉和日光灯等用电设备都属于感性负载，它们的电流滞后于电源电压，因此，在一般情况下功率因数总是小于1。提高功率因数可解决以下两个问题。

(1) 提高功率因数 $\cos\varphi$，可提高设备的利用率。发电设备、变压器等是根据额定电压和额定电流设计的，它们的乘积称为视在功率。如某发电设备的容量为 $S=1000\ \text{kV}\cdot\text{A}$，若负载的功率因数 $\lambda=1$，则输出功率 $P=1000$ kW，可带 100 台 10 kW 的电动机工作；若负载的功率因数 $\lambda=0.8$，则输出功率 $P=800$ kW，可带 80 台 10 kW 的电动机工作；若负载的功率因数 $\lambda=0.5$，则输出功率 $P=500$ kW，这时只可带 50 台 10 kW 的电动机工作。可见，功率因数 $\cos\varphi$ 越高，设备利用率越高。在感性负载两端并联电容可以提高功率因素，使总电流减小，而原来负载的端电压和功率不变，因此对负载工作并无影响。

(2) 提高功率因数 $\cos\varphi$，可减少传输线的功率损耗。在如图 7-43 所示供电系统的模型中，R_1 代表传输线路的电阻，由于负载功率为

$$P=UI\cos\varphi$$

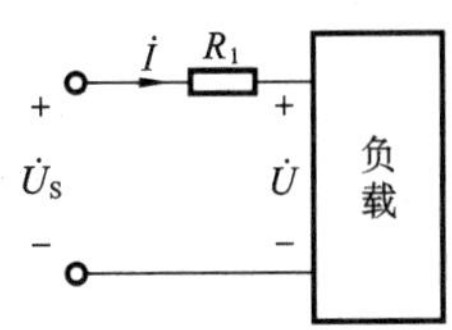

图 7-43 某供电系统模型

线路上的电流为

$$I=P/(U\cos\varphi)$$

因此，在电压 U 和负载功率 P 一定的情况下，提高功率因数 $\cos\varphi$，可减小电流 I，从而减少线路上的电能损耗 $P_1=I^2R_1$。

由此可见，提高线路的功率因数既能提高设备的利用率，又能减少电能在输送过程中的

损耗。所以，提高功率因数具有重大的经济价值。为此，电力部门规定：对于功率因数低于0.7的用户，要求用户自行进行功率补偿；新通或新建的电力用户的功率因数不应低于0.9；对于功率因数不合要求的用户将增收无功功率电费。

2. 提高功率因数的措施

功率因数低的根本原因在于生产和生活中的交流用电设备大多是感性负载，例如：三相异步电动机的功率因数在轻载时为0.2～0.3，满载时为0.8～0.9；日光灯的功率因数为0.45～0.55；电冰箱的功率因数为0.55左右。为了提高功率因数，必须保证负载原来的运行状态，即保证负载两端的电压、电流和负载的有功功率不变。根据这些原则，提高功率因数往往采用在负载两端并联电容的方法。

设图7-44(a)所示感性负载的端电压为$\dot{U}$，有功功率为P。图7-44(b)是并联电容后电路的相量图。

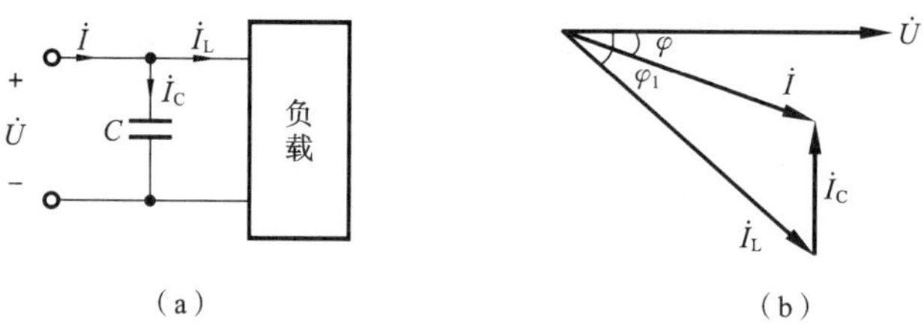

图7-44 提高功率因数的措施

从相量图可得出以下结论。

(1) 在未并联电容C前，线路上的电流与负载上的电流相同，即$\dot{I}=\dot{I}_L$。

(2) 并联电容C后，线路上的总电流等于负载电流和电容电流之和，即$\dot{I}=\dot{I}_C+\dot{I}_L$。从相量图看出，线路上的电流变小。电流滞后于电压$\dot{U}$的角度是$\varphi$，这时功率因数为$\cos\varphi$。显然，$\varphi<\varphi_1$，故$\cos\varphi>\cos\varphi_1$，即功率因数提高了。

应该指出的是：在感性负载两端并联电容可以提高功率因数，使总电流I减小，原来负载的端电压U和功率P不变，因此对负载工作并无影响。

怎样从物理意义上来理解并联电容后能提高功率因数呢？从功率角度看，并联电容前，负载所需的有功功率P和无功功率Q均由电源提供，表现为负载内的储能元件与外电源交换能量较多。所以，线路上的电流由两部分组成，一部分由有功功率提供，另一部分由无功功率交换能量提供。并联电容后，由于负载上的电压、电流和功率都不变，此时有功功率P仍由电源提供，无功功率Q由电源提供一部分，另一部分由电容提供。这样感性负载的部分储能在网络内部与电容交换，而另一部分与外电源交换，从而减小了线路上的电流。如果功率因数提高到1，感性负载的储能与电容储能完全交换，而不需要与外电源交换。这时，线路上的电流最小，从相量图上也能看出这一点。

3. 电容值的计算

可以用画功率三角形的方法来推导出求电容值的一般公式。

设感性负载的有功功率为P，功率因数为$\cos\varphi_1$，接电容器后要使功率因数提高到$\cos\varphi$。由于并联电容前后负载P是不变的，因此功率三角形水平边不变。并联电容前后的功率三角形如图 7-45 所示。

根据功率三角形，原感性负载的无功功率为

$$Q_L = P\tan\varphi_1$$

并联电容后的无功功率为

$$Q = P\tan\varphi$$

故应补偿的无功功率为

$$Q_C = Q_L - Q = P(\tan\varphi_1 - \tan\varphi)$$

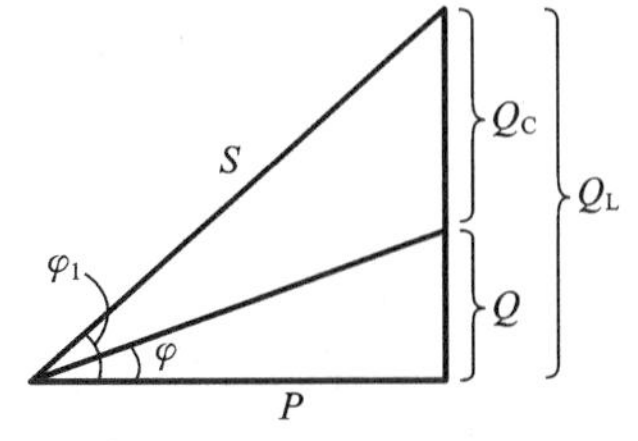

图 7-45　电容值的计算

因为 $Q_C = \omega CU^2$，所以

$$C = \frac{P}{\omega U^2}(\tan\varphi_1 - \tan\varphi) \tag{7-40}$$

上式为端口功率因数由 $\cos\varphi$ 提高到 $\cos\varphi_1$ 所需要并联的电容值。并联的电容也称为补偿电容。

应当指出，在电力系统中，提高功率因数具有重大的经济价值，$\cos\varphi$ 常为 0.9 左右。但是在电子系统、通信系统中，往往不考虑功率因数，而是考虑负载吸收的最大功率，因为通信系统中的信号都是弱信号。

例 7-26　电路如图 7-46 所示，已知 $U=120$ V，$I=10$ A，负载为感性，功率因数 $\cos\varphi=0.6$，若电源电压不变，频率 $f=50$ Hz，而在负载两端并联一个电容 C，使功率因数提高到 0.8，求此时的视在功率 S 和电容的值。

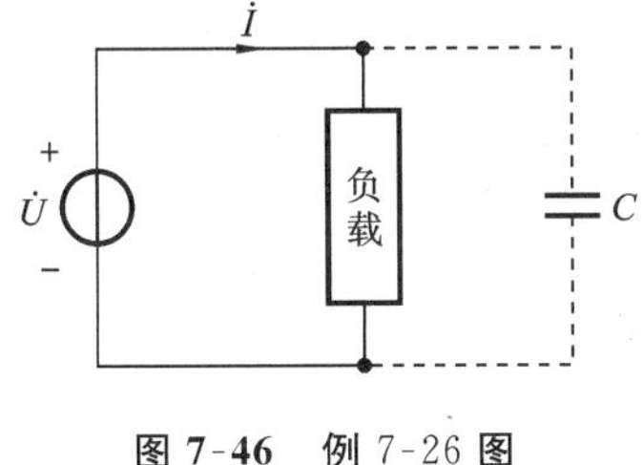

图 7-46　例 7-26 图

解　负载的功率为

$$P = UI\cos\varphi_1 = 120\times10\times0.6 \text{ W} = 720 \text{ W}$$

由并联电容后的功率三角形，得

$$\cos\varphi = P/S = 0.8$$

所以，视在功率为

$$S = P/\cos\varphi = 900 \text{ V}\cdot\text{A}$$

由式(7-40)得

$$C = \frac{P}{\omega U^2}(\tan\varphi_1 - \tan\varphi) = \frac{720}{314\times120^2}(\tan53.1^\circ - \tan36.9^\circ)\ \mu\text{F} = 92.5\ \mu\text{F}$$

思考与练习

7-7-1　有人说："电感吸收无功功率，因而电源在每个瞬间不对电感作功"，这种说法对吗？无功功率的"无功"意义究竟是什么？一个电感线圈直接接在电源上，同与一个电阻串联后接在电源上，其吸收的无功功率是否一样？

7-7-2　说明一个无源单口网络的有功功率、无功功率、视在功率的物理意义，三者之间存在什么关系？什么是功率三角形？说明五个三角形之间的关系。

7-7-3　有人说："某负载的阻抗角就是这个负载的功率因数角，也就是负载电压与电流的相位差。"这种说法对吗？为什么？

7-7-4　功率因数的含义是什么？为什么要提高功率因数？

7-7-5 用串联电容器的方法能否提高电路的功率因数？实际应用中为什么不采用此法？用并联电容器的方法提高功率因数时是否是并联电容器容量愈大，功率因数提高愈多？

7-7-6 用并联电阻的方法能否提高电路的功率因数？

7-7-7 为什么供电部门并不要求把功率因数提高到1？

7-7-8 在含有多个电阻、电感、电容的电路中，各电阻平均功率之和、各电感无功功率之和以及各电容的无功功率之和各代表什么？

7-7-9 已知一个电容元件 $C=8\ \mu F$，流过电流 $i=0.14\cos(314t-45°)$ A，试求电容的电压 u、电容的瞬时功率、平均储能及电容的无功功率，并画出相量图。

7-7-10 试说明正弦交流电路中的有功功率、无功功率、视在功率的意义，三者之间存在什么关系？

7-7-11 某单口网络的输入阻抗为 $Z=40\angle 60°\ \Omega$，外加电压 $\dot{U}=200\angle -30°$ V。求网络的 P、Q、S 和 λ。

7-7-12 已知一个单口网络的端口电压为 $u=75\cos\omega t$ V，端口电流为 $i=10\cos(\omega t+30°)$ A，为关联参考方向，求单口网络的 P、Q、S 和 λ。

7.8 最大功率传输定理

在电子及通信系统中，主要考虑如何能够将最大功率传输到负载。在第4章曾讨论过最大功率传输定理。对于正弦稳态电路，负载阻抗满足什么条件才能从给定电源获得最大功率？

如图7-47(a)所示电路为含源一端口电路N向负载 Z_L（负载是可变的）传输功率。根据戴维南定理，该电路可化为图7-47(b)所示电路。

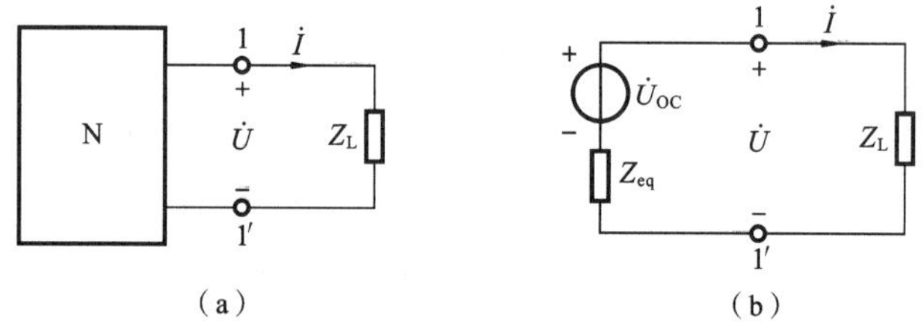

图7-47 最大功率传输电路

戴维南等效电路中，电压 $\dot{U}_{OC}$ 和内阻抗 $Z_{eq}=R_{eq}+jX_{eq}$ 是一定的，设 $Z_L=R_L+jX_L$，并且 R_L 和 X_L 变化时，R_L、X_L 满足什么条件，负载才能获得最大功率？

因为

$$\dot{I}=\frac{\dot{U}_{OC}}{Z_{eq}+Z_L}=\frac{\dot{U}_{OC}}{(R_{eq}+R_L)+j(X_{eq}+X_L)} \tag{7-41}$$

其模值

$$I=\frac{U_{OC}}{\sqrt{(R_{eq}+R_L)^2+(X_{eq}+X_L)^2}} \tag{7-42}$$

负载吸收的功率 P_L 为

$$P_L=\frac{U_{OC}^2 \cdot R_L}{(R_{eq}+R_L)^2+(X_{eq}+X_L)^2} \tag{7-43}$$

由于负载阻抗包括电阻和电抗(或模和幅角)两部分,因而调节不同的参数所获得最大功率的条件也不相同。一般而言,电源电压及等效内阻抗 Z_{eq} 是给定的,不能改变,而 R_L、X_L 是独立变量。因此,要求 P_L 最大就必须求出使 $\partial P_L/\partial R_L$ 和 $\partial P_L/\partial X_L$ 均为 0 的 R_L 和 X_L。由式(7-43)得

$$\frac{\partial P_L}{\partial X_L}=\frac{-2U_{OC}^2 \cdot R_L(X_{eq}+X_L)}{[(R_{eq}+R_L)^2+(X_{eq}+X_L)^2]^2} \tag{7-44}$$

$$\frac{\partial P_L}{\partial R_L}=\frac{U_{OC}^2[(R_{eq}+R_L)^2+(X_{eq}+X_L)^2-2R_L(R_{eq}+R_L)]}{[(R_{eq}+R_L)^2+(X_{eq}+X_L)^2]^3} \tag{7-45}$$

由式(7-44)可知,令 $\partial P_L/\partial X_L=0$ 可得

$$X_L=-X_{eq} \tag{7-46}$$

由式(7-45)可知,令 $\partial P_L/\partial R_L=0$ 可得

$$R_L=\sqrt{R_{eq}^2+(X_{eq}+X_L)^2} \tag{7-47}$$

综合考虑式(7-46)和式(7-47),负载获得最大功率的条件为

$$Z_L=Z_{eq}^* \quad 或 \quad R_L=R_{eq},\quad X_L=-X_{eq} \tag{7-48}$$

这时负载获得的最大功率为

$$P_{Lmax}=\frac{U_{OC}^2}{4R_{eq}} \tag{7-49}$$

这种状态为共轭匹配或最佳匹配,即最大功率传输的条件为:负载阻抗等于戴维南等效阻抗的共轭复数,即 $Z_L=Z_{eq}^*$。

只有当 Z_L 等于 Z_{eq} 的共轭复数时,最大功率才能传输到 Z_L 上,而在有些情况下,这是不可能的。首先,R_L 和 X_L 可能被限制在一定范围内,这时 R_L 和 X_L 的最优值应是调整 X_L 使其尽可能地接近 $-X_{eq}$,同时调整 R_L 使其尽可能地接近 $R_L=\sqrt{R_{eq}^2+(X_{eq}+X_L)^2}$。

在另外一些情况下,负载阻抗的实部和虚部可以以相同的比例增大或减小,这实际上是在保持阻抗角不变的情况下调节阻抗的模。

设负载阻抗为

$$Z_L=R_L+jX_L=|Z_L|\cos\varphi_L+j|Z_L|\sin\varphi_L$$

式中,$|Z_L|$ 为负载阻抗 Z_L 的模,φ_L 为其辐角。将 Z_{eq} 和 Z_L 代入式(7-43),得负载吸收的功率为

$$P_L=\frac{U_{OC}^2|Z_L|\cos\varphi_L}{(R_{eq}+|Z_L|\cos\varphi_L)^2+(X_{eq}+|Z_L|\sin\varphi_L)^2} \tag{7-50}$$

如果 φ_L 保持不变,而调节 Z_L 的模 $|Z_L|$,由式(7-50)求出 $dP_L/d|Z_L|=0$ 时,可得

$$|Z_L|=|Z_{eq}|=\sqrt{R_{eq}^2+X_{eq}^2} \tag{7-51}$$

在这种情况下,负载获得最大功率的条件是:负载阻抗的模应与等效电源内阻抗的模相等(模匹配)。显然,如果负载为纯电阻 R_L,那么负载获得最大功率的条件是

$$R_L=\sqrt{R_{eq}^2+X_{eq}^2} \tag{7-52}$$

即纯电阻负载的最大功率传输的条件为:负载电阻等于戴维南等效阻抗的模。

例 7-27 电路如图 7-48(a)所示，Z_L 的实部、虚部均能变动，若使 Z_L 获得最大功率，Z_L 应为何值，最大功率是多少？

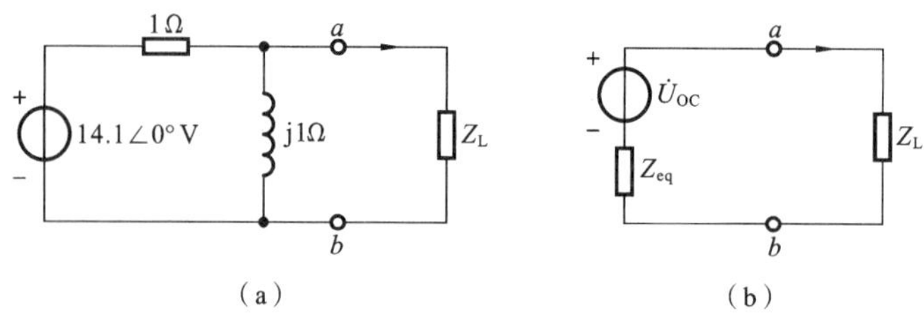

图 7-48 例 7-27 图

解 先用戴维南定理求出从 a-b 端向左看的等效电路，如图 7-48(b)所示。

$$\dot{U}_{OC}=14.1\angle 0^\circ\times\frac{\mathrm{j}}{1+\mathrm{j}}\ \mathrm{V}=10\sqrt{2}\angle 0^\circ\times\frac{1\angle 90^\circ}{\sqrt{2}\angle 45^\circ}\ \mathrm{V}=10\angle 45^\circ\ \mathrm{V}$$

$$Z_{eq}=\frac{1\times\mathrm{j}}{1+\mathrm{j}}\ \Omega=\frac{1}{\sqrt{2}}\angle 45^\circ\ \Omega=(0.5+\mathrm{j}0.5)\ \Omega$$

共轭匹配时，$Z_L=(0.5-\mathrm{j}0.5)\ \Omega$，$Z_L$ 获得的最大功率为

$$P_{L\max}=\frac{10^2}{4\times 0.5}\ \mathrm{W}=50\ \mathrm{W}$$

例 7-28 电路如图 7-49 所示，试求负载功率：(1) 负载为 5 Ω 电阻；(2) 负载为电阻且与电源内阻抗模匹配；(3) 负载与电源内阻抗为共轭匹配。

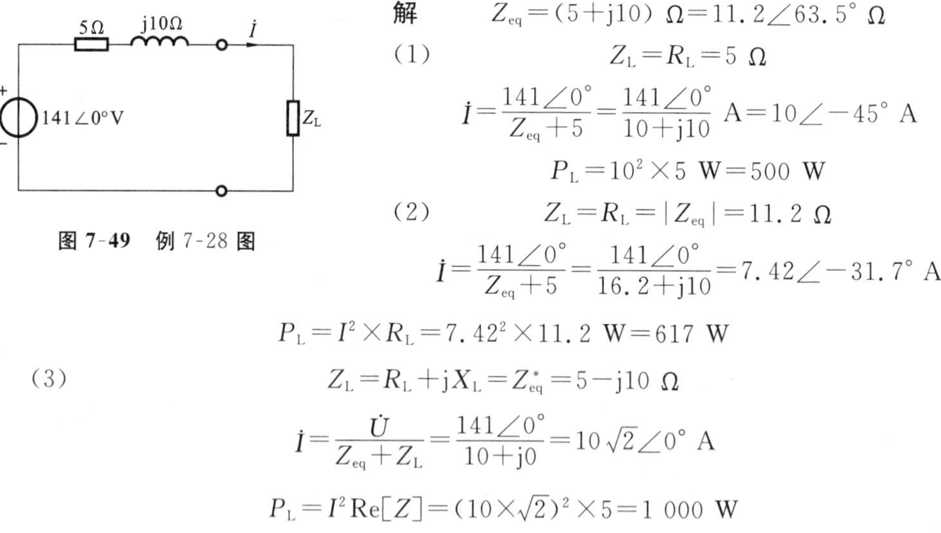

图 7-49 例 7-28 图

解 $Z_{eq}=(5+\mathrm{j}10)\ \Omega=11.2\angle 63.5^\circ\ \Omega$

(1) $Z_L=R_L=5\ \Omega$

$$\dot{I}=\frac{141\angle 0^\circ}{Z_{eq}+5}=\frac{141\angle 0^\circ}{10+\mathrm{j}10}\ \mathrm{A}=10\angle -45^\circ\ \mathrm{A}$$

$$P_L=10^2\times 5\ \mathrm{W}=500\ \mathrm{W}$$

(2) $Z_L=R_L=|Z_{eq}|=11.2\ \Omega$

$$\dot{I}=\frac{141\angle 0^\circ}{Z_{eq}+5}=\frac{141\angle 0^\circ}{16.2+\mathrm{j}10}=7.42\angle -31.7^\circ\ \mathrm{A}$$

$$P_L=I^2\times R_L=7.42^2\times 11.2\ \mathrm{W}=617\ \mathrm{W}$$

(3) $Z_L=R_L+\mathrm{j}X_L=Z_{eq}^*=5-\mathrm{j}10\ \Omega$

$$\dot{I}=\frac{\dot{U}}{Z_{eq}+Z_L}=\frac{141\angle 0^\circ}{10+\mathrm{j}0}=10\sqrt{2}\angle 0^\circ\ \mathrm{A}$$

$$P_L=I^2\mathrm{Re}[Z]=(10\times\sqrt{2})^2\times 5=1\ 000\ \mathrm{W}$$

思考与练习

7-8-1 功率因数提高与最大功率传输各应用在什么场合？为什么？

7-8-2 共轭匹配时，功率的传输效率是多少？

7-8-3 当负载为可变纯电阻时，负载获得最大功率的条件是什么？

7.9 谐振电路

7.9.1 RLC 串联谐振电路

发生在含有电感和电容电路中的一种非常重要的现象称为谐振。谐振现象不仅发生在电气系统中，它还发生在机械系统、液压系统、声学系统和其他系统中。

若无源单口网络的输入阻抗为阻性的，则电路产生谐振。也就是说，当输入电压与输入电流同相时，电路就产生了谐振，电路为阻性。

在无线电、通信等电子设备中，常用谐振电路作为选频电路。RLC 串联谐振电路和 RLC 并联谐振电路是两种最基本的谐振电路。

1. 串联谐振的特点

RLC 串联电路如图 7-50 所示，电路的阻抗为

$$Z(\mathrm{j}\omega)=R+\mathrm{j}\left(\omega L-\frac{1}{\omega C}\right)=R+\mathrm{j}(X_{\mathrm{L}}-X_{\mathrm{C}})=R+\mathrm{j}X \tag{7-53}$$

当阻抗的虚部电抗 $X=0$ 或 $\mathrm{Im}[Z(\mathrm{j}\omega)]=0$ 或 $\arg[Z(\mathrm{j}\omega)]=0$ 时，电路发生谐振，即

$$\omega L=\frac{1}{\omega C}$$

因此，谐振频率为

$$\omega_0=\frac{1}{\sqrt{LC}} \quad 或 \quad f_0=\frac{1}{2\pi\sqrt{LC}} \tag{7-54}$$

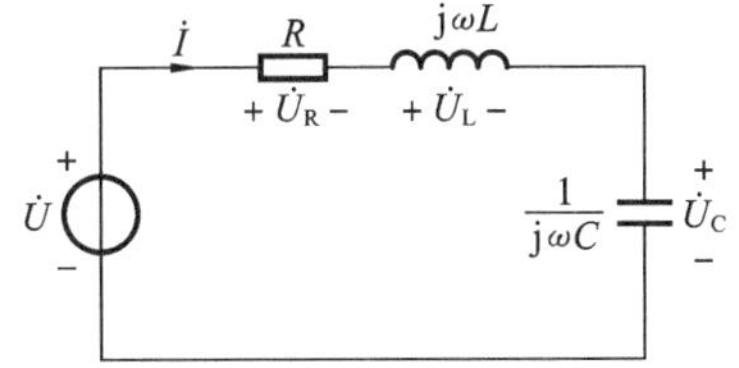

图 7-50 RLC 串联电路

可见，串联谐振频率完全由 L、C 两个参数决定，与 R 无关。因此，为了实现谐振或消去谐振，可以固定电路参数 L 和 C，改变激励频率；也可以固定激励频率，改变电路的参数 L 或 C。例如，调谐式收音机接收广播信号时，就是靠调节电容量大小达到谐振的。

在如图 7-50 所示电路中，电流为

$$\dot{I}=\frac{\dot{U}}{R+\mathrm{j}\left(\omega L-\frac{1}{\omega C}\right)} \tag{7-55}$$

设电源电压 $\dot{U}=U\angle 0^\circ$ V，幅频特性和相频特性为

$$\left.\begin{aligned} I(\omega)&=\frac{U}{\sqrt{R^2+\left(\omega L-\frac{1}{\omega C}\right)^2}}\\ \varphi(\omega)&=-\arctan\frac{\omega L-\frac{1}{\omega C}}{R}\end{aligned}\right\} \tag{7-56}$$

幅频特性和相频特性曲线如图 7-51 所示。

根据以上分析，RLC 串联谐振电路具有以下几个特点。

(1) 谐振时阻抗 Z 最小，电流 I 最大。谐振时的阻抗和电流为

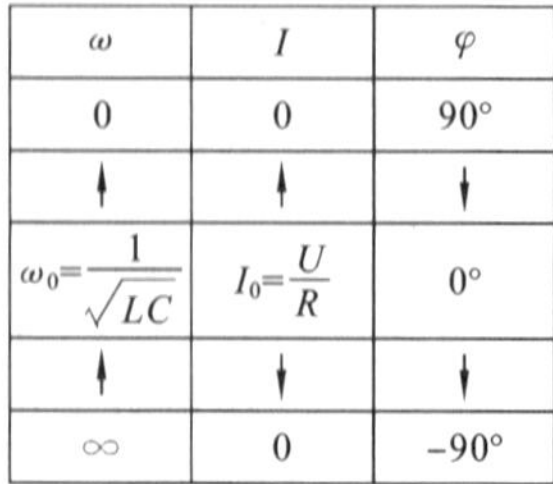

ω	I	φ
0	0	90°
↑	↑	↓
$\omega_0=\dfrac{1}{\sqrt{LC}}$	$I_0=\dfrac{U}{R}$	0°
↑	↓	↓
∞	0	-90°

(a) ω变化时幅值和相位的典型值

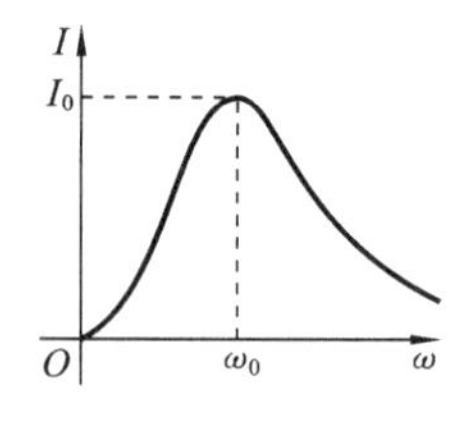

(b) 幅频特性

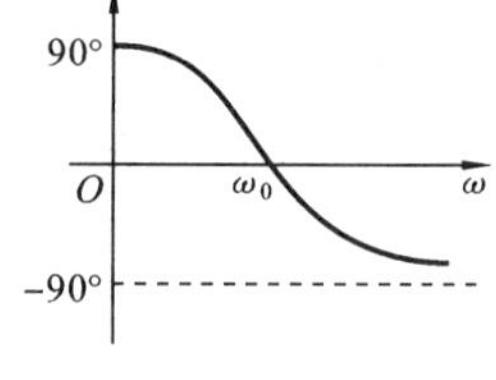

(c) 相频特性

图 7-51　RLC 串联谐振电路的频率响应

$$Z(\mathrm{j}\omega_0)=R+\mathrm{j}\left(\omega_0 L-\frac{1}{\omega_0 C}\right)=R \tag{7-57}$$

$$I_0=\frac{U}{|Z|}=\frac{U}{R} \tag{7-58}$$

若纯电感和纯电容串联，如图 7-52(a)所示，相当于短路。图 7-52(b)是电抗的频率特性，当 $\omega>\omega_0$ 时，电抗 X 为感性；当 $\omega<\omega_0$ 时，电抗 X 为容性；当 $\omega=\omega_0$ 时，$X=0$。

(2) 电路呈阻性，$\dot{U}$与 $\dot{I}$同相，阻抗角 $\varphi_Z=0$。

(3) $\dot{U}_L$ 与 $\dot{U}_C$ 的大小相等、方向相反。谐振时的相量图如图 7-53 所示，电感电压 $\dot{U}_L$ 与电容电压 $\dot{U}_C$ 相差 180°，它们的有效值可能有 $U_L=U_C$，远大于 U。

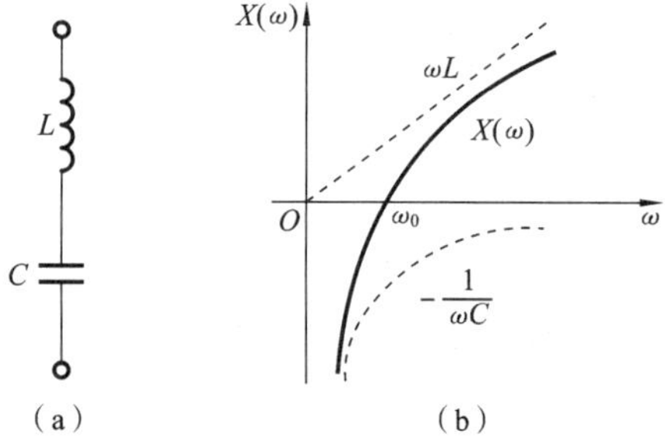

图 7-52　LC 串联及电抗的频率特性

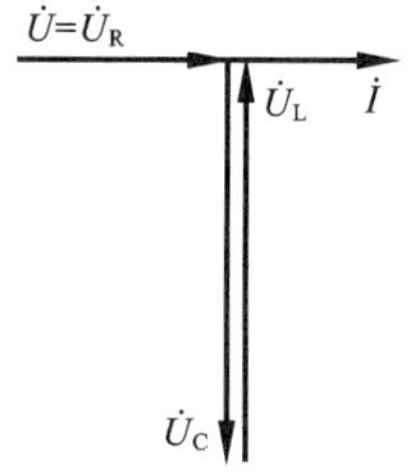

图 7-53　RLC 串联谐振电路的相量图

2. 串联谐振的品质因数

品质因数 Q 是衡量谐振电路性能的重要指标，Q 值的定义为

$$Q\xlongequal{\text{def}}\frac{U_L(\omega_0)}{U}=\frac{U_C(\omega_0)}{U}=\frac{\omega_0 L}{R}=\frac{1}{\omega_0 CR}=\frac{1}{R}\sqrt{\frac{L}{C}}=\frac{\rho}{R} \tag{7-59}$$

其中，$\rho=\omega_0 L=\dfrac{1}{\omega_0 C}=\sqrt{\dfrac{L}{C}}$为谐振时的阻抗，称为特性阻抗。

1) Q 值与电压的关系

谐振时，电感和电容上的电压分别为

$$\dot{U}_L=\mathrm{j}\omega_0 L\dot{I}_0=\mathrm{j}\frac{\omega_0 L}{R}\dot{U}=\mathrm{j}Q\dot{U} \tag{7-60}$$

$$\dot{U}_C=-\mathrm{j}\frac{1}{\omega_0 C}\dot{I}_0=-\mathrm{j}\frac{1}{\omega_0 CR}\dot{U}=-\mathrm{j}Q\dot{U} \tag{7-61}$$

上式表明：谐振时电感电压和电容电压的有效值相同，相位相反，并且是总电压的 Q 倍。所以，串联谐振也称为电压谐振，即

$$U_L = U_C = QU \tag{7-62}$$

谐振电路的这一特点在无线电通信中获得广泛应用。例如，收音机的接收回路就是利用串联谐振的这一特性，把天线中微弱的无线电信号耦合到串联谐振回路中，调节电容使电路发生谐振，从而在电感或电容两端得到一个比输入电压大许多倍的输出电压。与此相反，在电力系统中，由于电源电压本身较高，串联谐振可能产生高电压，可能导致电气设备的击穿损坏，应尽力避免。

2）Q 值与通频带

RLC 串联电路的电流为

$$I = \frac{U}{\sqrt{R^2 + \left(\omega L - \frac{1}{\omega C}\right)^2}}$$

由于谐振时的电流为 $I_0 = U/R$，因此

$$\frac{I}{I_0} = \frac{R}{\sqrt{R^2 + \left(\omega L - \frac{1}{\omega C}\right)^2}} \tag{7-63}$$

由上式画出的幅频特性曲线如图 7-54(a)所示，这种特性称为带通特性。

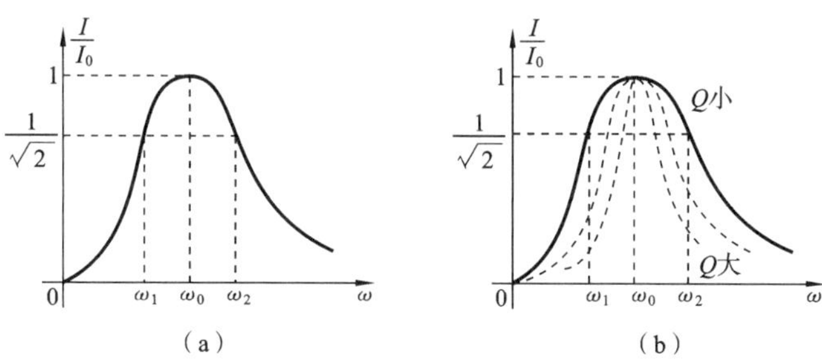

图 7-54 幅频特性与通频带

在图 7-54(a)中，ω_1、ω_2 为半功率点频率，这是因为 RLC 串联电路消耗的功率为

$$P(\omega) = I^2 R \tag{7-64}$$

由于谐振时的电流最大，$I_0 = U/R$，因此

$$P(\omega_0) = U^2/R \tag{7-65}$$

当 $\omega = \omega_1 = \omega_2$ 时，$I = I_0/\sqrt{2}$，因此

$$P(\omega_1) = P(\omega_2) = \frac{U^2}{2R} \tag{7-66}$$

可见，$\omega = \omega_1 = \omega_2$ 时电路消耗的功率是谐振时消耗功率的一半，而称 $B_W = \omega_1 - \omega_2$ 为通频带，也称为电路的带宽。令

$$\frac{I}{I_0} = \frac{R}{\sqrt{R^2 + \left(\omega L - \frac{1}{\omega C}\right)^2}} = \frac{1}{\sqrt{2}} \tag{7-67}$$

可解得
$$\omega_{1,2}=\pm\frac{R}{2L}\pm\sqrt{\left(\frac{R}{2L}\right)^2+\frac{1}{LC}} \tag{7-68}$$

通频带(或带宽)为
$$B_W=\omega_1-\omega_2=R/L \tag{7-69}$$

所以,品质因数 Q 与通频带的关系为
$$Q=\frac{\omega_0 L}{R}=\frac{\omega_0}{B_W} \quad 或 \quad B_W=\frac{\omega_0}{Q} \tag{7-70}$$

Q 值与通频带 B_W 成反比,即 Q 值愈高,通频带 B_W 愈窄,曲线愈尖,选择性愈好。当 Q 值很大时,两峰值的频率向谐振频率接近。

幅频特性曲线如图 7-54 所示。Q 值与 B_W 往往是矛盾的,由于实际信号通常包含一定的频率成分,为了使信号不失真地传输,希望有一定的频带宽度。但从选择性考虑,则希望电路的 Q 值很高。工程应用中应兼顾通频带和选择性两方面的要求。

例 7-29 RLC 串联谐振电路,$U=10$ V,$R=10$ Ω,$L=20$ mH,当 $C=200$ pF 时,$I=1$ A,求 ω、U_L、U_C 和 Q。

解 令 $\dot{U}=10\angle 0°$ V,则
$$\omega=\frac{1}{\sqrt{LC}}=\frac{1}{\sqrt{20\times10^{-3}\times200\times10^{-12}}}\ \text{rad/s}=5\times10^5\ \text{rad/s}$$
$$U_L=U_C=\frac{\omega L}{R}U=5\times10^5\times20\times10^{-3}\times\frac{10}{10}\ \text{V}=10000\ \text{V}$$
$$Q=\frac{U_L}{U}=1000$$

例 7-30 有一 RLC 串联电路,$R=500$ Ω,$L=60$ mH,$C=0.053$ μF,计算电路的谐振频率 f_0,上限和下限频率 f_1、f_2,通频带 $B_W=f_2-f_1$ 以及谐振时的阻抗。

解 串联谐振频率
$$f_0=\frac{1}{2\pi\sqrt{LC}}=\frac{1}{2\pi\sqrt{60\times10^{-3}\times0.053\times10^{-6}}}\ \text{Hz}=2882\ \text{Hz}$$

谐振时的阻抗为
$$Z_0=R=5\ \Omega$$

通频带为
$$B_W=\frac{R}{2\pi L}=\frac{5}{2\pi\times60\times10^{-3}}\ \text{Hz}=13.27\ \text{Hz}$$

因为
$$f_2=f_0+\frac{1}{2}B_W,\quad f_1=f_0-\frac{1}{2}B_W$$

可解得
$$f_1=2875.37\ \text{Hz},\quad f_2=2888.63\ \text{Hz}$$

7.9.2 并联谐振电路

如图 7-55 所示 RLC 并联电路中,电路的导纳为
$$Y=G+\text{j}\left(\omega C-\frac{1}{\omega L}\right)=G+\text{j}B$$

电路谐振时,即导纳的虚部 $B=0$,有

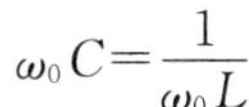

$$\omega_0 C=\frac{1}{\omega_0 L}$$

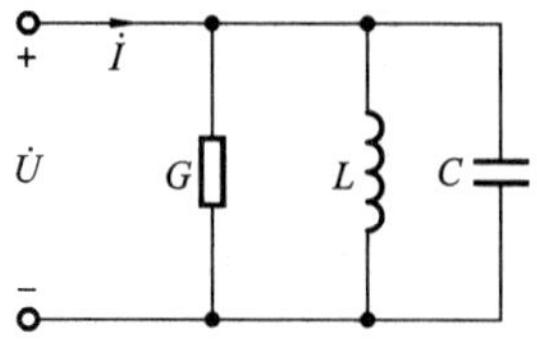

因此，谐振频率为

$$\omega_0=\frac{1}{\sqrt{LC}},\quad f_0=\frac{1}{2\pi\sqrt{LC}}$$

图 7-55 RLC 并联电路

1. 并联谐振电路的特点

RLC 并联谐振电路具有以下几个特点。

(1) 谐振时导纳 Y 最小，阻抗 Z 最大。谐振时的阻抗和电流为

$$Z(\omega_0)=R=1/G,\quad I_0=U/R \tag{7-71}$$

若 $G=0$ 或 $R=\infty$，即纯电感和纯电容并联，如图 7-56(a)所示，则电路相当于开路。图 7-56(b)所示的是电抗 B 的频率特性：当 $\omega<\omega_0$ 时，电纳 B 为感性；当 $\omega>\omega_0$ 时，电纳 B 为容性；当 $\omega=\omega_0$ 时，$B=0$。

(2) 用电流源供电时，电压最大。电路谐振时，由于阻抗最大，因此用电流源作为信号源，并联谐振电路两端将获得高电压。

(3) 电路呈阻性，阻抗角 $\varphi=0$，总电压 $\dot{U}$与电流 $\dot{I}$同相。

(4) $\dot{I}_L$ 与 $\dot{I}_C$ 大小相等，方向相反。谐振时的相量图如图 7-57 所示，电感电流 $\dot{I}_L$ 与电容电流 $\dot{I}_C$ 相差 180°，它们的有效值可能有 $I_L=I_C$，远大于 I。

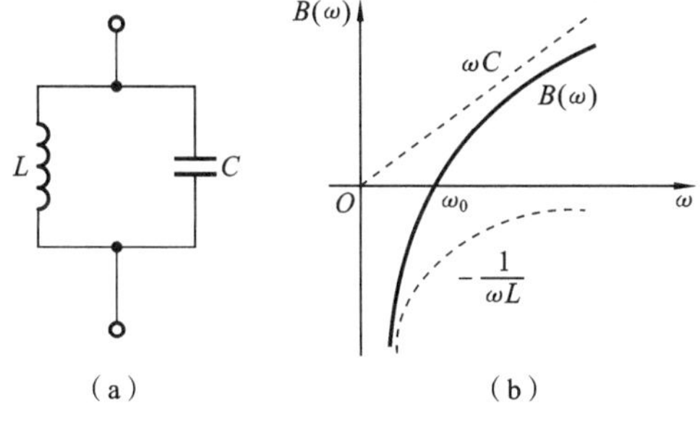

图 7-56 LC 并联及电纳的频率特性

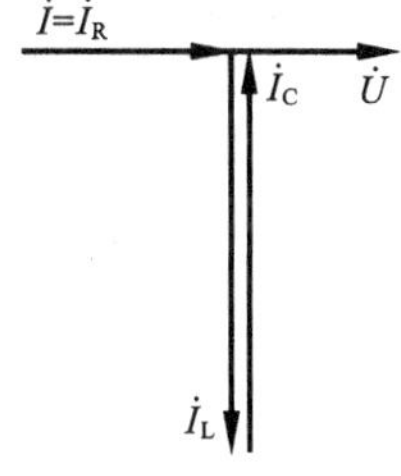

图 7-57 RLC 并联谐振电路的相量图

2. 并联谐振的品质因数

品质因数 Q 是衡量谐振电路性能的重要指标。Q 值的定义为

$$Q=\frac{1}{\omega_0 LG}=\frac{\omega_0 C}{G} \tag{7-72}$$

1) Q 值与电流的关系

$$\dot{I}_C=\mathrm{j}\omega_0 C U=\mathrm{j}\,\frac{\omega_0 C}{G}\dot{I}=\mathrm{j}Q\,\dot{I} \tag{7-73}$$

$$\dot{I}_L=-\mathrm{j}\,\frac{1}{\omega_0 L}\dot{U}=-\mathrm{j}\,\frac{1}{\omega_0 LG}\dot{I}=-\mathrm{j}Q\,\dot{I} \tag{7-74}$$

上式表明：谐振时电感电流和电容电流的有效值相同，相位相反，并且是总电流的 Q 倍。所以，并联谐振也称为电流谐振。

$$I_L=I_C=QI \tag{7-75}$$

2）Q 值与通频带的关系

RLC 并联电路与 RLC 串联电路是对偶的，因此，RLC 并联电路的通频带

$$B_W = \omega_1 - \omega_2 = G/C \tag{7-76}$$

所以，品质因数 Q 与通频带的关系为

$$Q = \frac{\omega_0 C}{G} = \frac{\omega_0}{B_W} \tag{7-77}$$

7.9.3 电感线圈和电容器并联谐振

实际的并联谐振电路由电感线圈与电容器并联组成。电感线圈可等效为电阻与电感串联，电路如图 7-58(a)所示，其阴影部分为线圈。

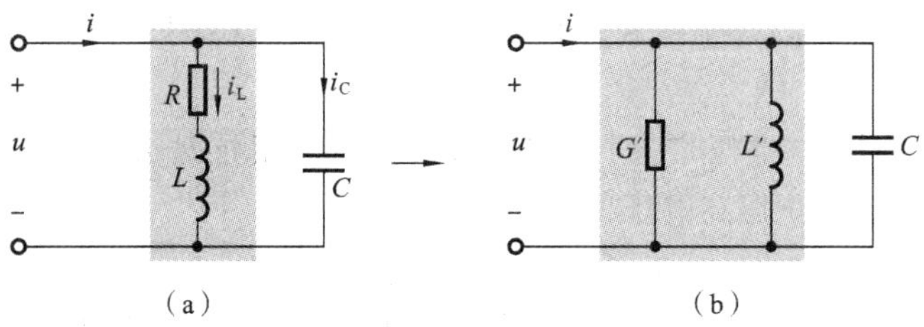

图 7-58　实际并联谐振电路及其等效电路

根据阻抗模型与导纳模型的等效变换，实际并联谐振电路的等效电路如图 7-58(b)所示，其中等效电导和感纳为

$$G' = \frac{R}{R^2 + (\omega L)^2}, \quad \frac{1}{\omega L'} = \frac{\omega L}{R^2 + (\omega L)^2} \tag{7-78}$$

谐振时电纳 $B=0$，即

$$\frac{\omega_0 L}{R^2 + (\omega_0 L)^2} - \omega_0 C = 0 \tag{7-79}$$

可解得

$$\omega_0 = \frac{1}{\sqrt{LC}} \cdot \sqrt{1 - \frac{CR^2}{L}} \tag{7-80}$$

当 $R \ll \sqrt{\frac{L}{C}}$ 时，$\omega_0 \approx \frac{1}{\sqrt{LC}}$，电路的品质因数为

$$Q = \frac{\omega_0 C}{G'} = \frac{R}{\omega_0 L'} \tag{7-81}$$

电路的相量图如图 7-59 所示。显然，电感线圈电流 $\dot{I}_L$、电容电流 $\dot{I}_C$ 与总电流 $\dot{I}$ 构成直角三角形。谐振时由式(7-78)可得阻抗为

$$Z(\omega_0) = \frac{1}{G'} = \frac{R^2 + (\omega_0 L)^2}{R} = \frac{L}{RC}$$

例 7-31　电路如图 7-60 所示，已知：正弦电压的有效值 $U_S = 240$ V，$L = 40$ mH，$C = 1$ μF，求电路谐振时，电流表的读数(电流表内阻忽略不计)。

解　显然电路中的 L 与 C 发生并联谐振，阻抗无穷大，所以电源中电流为 0，两个电阻中的电流也为 0。电流表中的电流与电感中的电流相同。谐振频率为

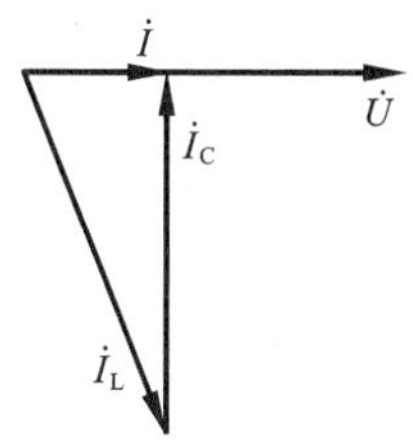

图 7-59 实际并联谐振电路的相量图

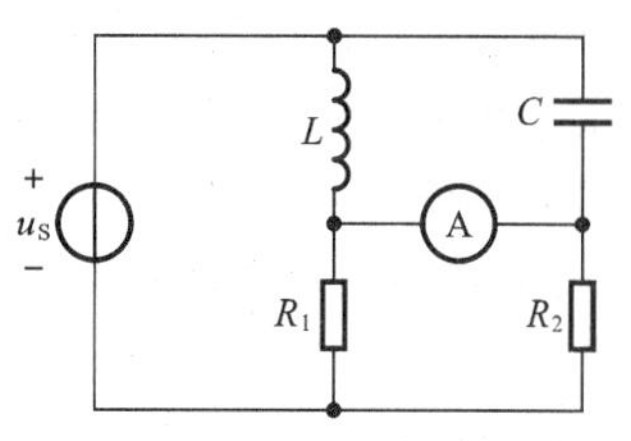

图 7-60 例 7-31 的电路图

$$\omega_0=\frac{1}{\sqrt{LC}}$$

电流表中的电流为

$$I=\frac{U_S}{\omega_0 L}=\frac{U_S}{\sqrt{L/C}}=\frac{240}{\sqrt{40\times10^{-3}/10^{-6}}}\ \text{A}=1.2\ \text{kA}$$

例 7-32 求图 7-61 所示电路的谐振频率。

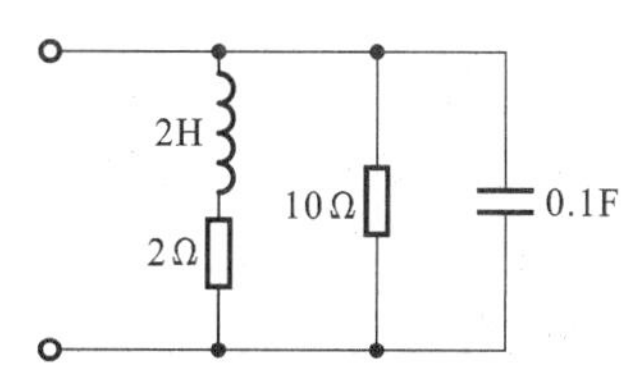

图 7-61 例 7-32 的电路图

解 输入导纳为

$$Y=\frac{1}{2+\text{j}2\omega}+\frac{1}{10}+\text{j}0.1\omega$$

谐振时，$\text{Im}[Y]=0$，即

$$0.1\omega_0-\frac{2\omega_0}{4+4\omega_0^2}=0$$

解得 $\omega_0=2$ rad/s。

思考与练习

7-9-1 什么是串联谐振？串联谐振时电路有何重要特征？说明晶体管收音机中利用调谐回路选择电台的原理以及调谐方法。

7-9-2 串联谐振电路的品质因数 Q 值具有什么意义？说明 Q 值的大小对谐振曲线的影响。

7-9-3 已知 RLC 串联电路谐振角频率为 ω_0，要求维持原谐振角频率不变，将 L 值增大到 10 倍或将 R 值增大到 2 倍，问两种情况下 C 值应如何变化？这时品质因数 Q 如何变化？

7-9-4 什么是并联谐振？电路发生并联谐振时有何特征（阻抗、电流、电压的变化）？

7-9-5 R、L 串联后再与 C 并联的电路，若 $\omega<\omega_0$，电路是感性的还是容性的？若 $\omega>\omega_0$，电路是感性的还是容性的？

7-9-6 当 RLC 串联电路谐振时，电抗为零，电路呈电阻性。此时增大电阻，谐振状态不会改变，但 Q 值变小，通频带加宽。此时增大或减小电感、电容，又会怎样？

本 章 小 结

确定正弦波的三个要素是幅值、频率和相位。正弦波的两个重要概念是相位差和有效值。

复数运算是电类课程中最常用的计算之一，它有两种形式：代数形式和指数形式（极坐标形式)，同时它还可以用矢量表示。因此，复数加减运算可以变成矢量加减运算。

正弦稳态电路的响应频率与正弦电源的频率相同。

相量就是复数或矢量，相量与正弦量是一对变换，从时域正弦波变换到频域的相量称为相量变换，从频域的相量变换到时域正弦波称为反相量变换。

正弦稳态电路采用相量分析法，实际上是将时域电路变换到频域电路进行分析，因为频域分析比时域分析更有优越性。变换的思想是电路、信号与系统分析的重要基础，是科学研究的主要方法。

将时域电路变换到频域电路时，电阻、电感和电容变换成阻抗，电阻的阻抗是电阻，电感的阻抗是 $j\omega L$，电容的阻抗是 $1/j\omega C$。

阻抗定义为电压相量与电流相量之比，这也是欧姆定律的相量形式。阻抗是复数，有实部、虚部、模和辐角，这些量之间的关系用阻抗三角形表示。

导纳是阻抗的倒数，它是复数，有实部、虚部、模和辐角，这些量之间的关系用导纳三角形表示。

阻抗和导纳之间可以互相转换，阻抗用串联模型表示，导纳用并联模型表示。也就是说，阻抗的串联模型与导纳的并联模型可以等效互换。

电阻性电路的分析方法也适用于频域下的正弦稳态电路。这些包括 KVL、KCL、阻抗串-并联、分压与分流、电源变换、网孔分析、节点分析以及若干电路定理等。

RLC 串联电路和 RLC 并联电路是正弦稳态电路的最基本的电路，含有许多概念、计算公式和相量图的知识。掌握好这两个电路的分析方法可为正弦稳态分析打下基础。

正弦稳态电路的工作状态有三种，即感性、容性和阻性。对一般电路的判断方法是用阻抗角，即看总电压和总电流的超前或滞后。把总电压当参考相量：总电流滞后它时电路呈感性；总电流超前它时电路呈容性；总电流与之同相时电路呈阻性。

对简单电路常采用阻抗串-并联的方法分析，经常用到阻抗三角形、导纳三角形、电压三角形和电流三角形。

复杂电路的分析也是采用网孔方程、节点方程、戴维南定理、诺顿定理、叠加定理等，与电阻电路的分析类似。

相量图分析法是指用电路中各电量间的几何关系进行计算的方法，这是本章的难点。掌握画相量图的方法是关键。在画相量图时，选好参考相量是正确的开始，R、L、C 的相量图是重点。

正弦稳态电路的功率有五种，即瞬时功率 $p=ui$，有功功率(平均功率)$P=UI\cos\varphi$，无功功率 $Q=UI\sin\varphi$，视在功率 $S=UI$，复功率 $\tilde{S}=\dot{U}\dot{I}^*$。

正弦稳态单口网络功率关系列表如下。

符　号	名　　称	公　　式	备　　注
p	瞬时功率	$p=ui=\mathrm{Re}[\dot{U}\dot{I}^*]+\mathrm{Re}[\dot{U}\dot{I}^*e^{j2\omega t}]$	
P	平均功率	$P=UI\cos\varphi_Z=I^2\mathrm{Re}[Z]=U^2\mathrm{Re}[Y]=\mathrm{Re}[\dot{U}\dot{I}^*]$	有功功率，$\varphi_Z=\varphi_u-\varphi_i$
Q	无功功率	$Q=UI\sin\varphi_Z=I^2\mathrm{Im}[Z]=-U^2\mathrm{Im}[Y]$ $=\mathrm{Im}[\dot{U}\dot{I}^*]=2\omega(W_L-W_C)$	动态元件瞬时功率最大值 $W_L=\frac{1}{2}LI^2, W_C=\frac{1}{2}CU^2$

续表

符　号	名　　称	公　　式	备　　注
S	视在功率	$S=UI=I^2\|Z\|=U^2\|Y\|=\|\dot{U}\dot{I}^*\|$	瞬时功率交变分量最大值
$\bar{S}$	复功率	$\bar{S}=\dot{U}\dot{I}^*=P+jQ$	
λ	功率因数	$\lambda=\cos\varphi_Z=\dfrac{P}{S}=\dfrac{R}{\|Z\|}=\dfrac{G}{\|Y\|}$	$\varphi_Z>0$，电流滞后

用功率三角形来表示各功率之间的关系十分直观、简洁，并且功率三角形与阻抗三角形和电压三角形是相似的，计算和分析功率时非常有用。

只有电阻才消耗有功功率，储能元件 L 和 C 是不消耗有功功率的。电感元件吸收无功功率，电容元件发出无功功率，而电阻的无功功率为 0。

有功功率是守恒的，无功功率是守恒的，复功率是守恒的，但视在功率不守恒。

功率因数的提高主要应用在电力传输及供电系统中，它不仅可以提高设备的利用率，还可减少线路上的功率损耗，从而提高供电质量。

一般采用并联电容的方法来提高功率因数，这样既不影响原电路的工作状态，也不消耗功率，还减少了总电流。

纯电阻负载的功率因数为 1，纯电抗负载的功率因数为 0。

最大功率传输主要应用在通信系统、电子系统中，负载如何从信号源中获得最大功率是它的主要问题。当满足 $Z_L=Z_{eq}^*$ 时，将出现最大的功率传输。当负载 Z_L 受到限制时，也可以推导出在某种情况下的最大功率传输，但只有在共轭匹配情况下，才有最佳的功率传输，负载获得的功率最大。

习　　题

7-1　求下列正弦电流的幅值、有效值和初相角。

(1) $i(t)=10\sin(\omega t+10°)$ A；　　(2) $i(t)=\cos(2t+60°)$ A。

7-2　已知正弦电压 $u=100\sin(628t-30°)$ V，试求该正弦电压的幅值、有效值、角频率、周期和初相角。

7-3　已知正弦电流 $i(t)=141.4\cos(314t+30°)$ A，试求该正弦电流的幅值、有效值、频率和初相角。

7-4　已知某正弦电流 $i(t)=I_m\cos(\omega t+\pi/3)$ A，当 $t=1/3$ ms 时，电流波形第一次过零点，试求该正弦电流的频率和周期。

7-5　若正弦电压 $u_1=60\sin(\omega t-30°)$ V，$u_2=10\cos\omega t$ V，试判断两者之间的相位关系。

7-6　写出下列正弦量的有效值相量。

(1) $u_1(t)=\sqrt{2}\cos\omega t$；　　(2) $u_2(t)=-\sqrt{2}\sin\omega t$；

(3) $u_3(t)=-\sqrt{2}\cos\omega t$；　　(4) $u_4(t)=\sqrt{2}\sin\omega t$。

7-7　写出下列正弦波的相量，并画出相量图。

(1) $5\sqrt{2}\sin(100t+30°)$；　(2) $10\cos(100t+15°)$；　(3) $-6\sqrt{2}\cos(100t-45°)$。

7-8 利用相量计算下列两正弦电压的和与差：

$$u_1=8\cos\omega t,\quad u_2=6\sin(\omega t+60°)$$

7-9 正弦交流电路的一部分如题图 7-1 所示，已知 $i_1=3\sqrt{2}\cos(\omega t+45°)$ A，$i_2=4\sqrt{2}\cos(\omega t-45°)$A，试求 i_3。

7-10 正弦交流电路如题图 7-2 所示，已知 $\dot{U}_{AD}=\dot{U}_{AB}=-\mathrm{j}10$ V，$\dot{U}_{BC}=10\angle 0°$ V，求 $\dot{U}_{DC}$。

7-11 正弦交流电路如题图 7-3 所示，已知电流有效值分别为 $I=5$ A，$I_R=5$ A，$I_L=3$ A，求 I_C。若 $I=5$ A，$I_R=4$ A，$I_L=3$ A，此时 I_C 又为多少？

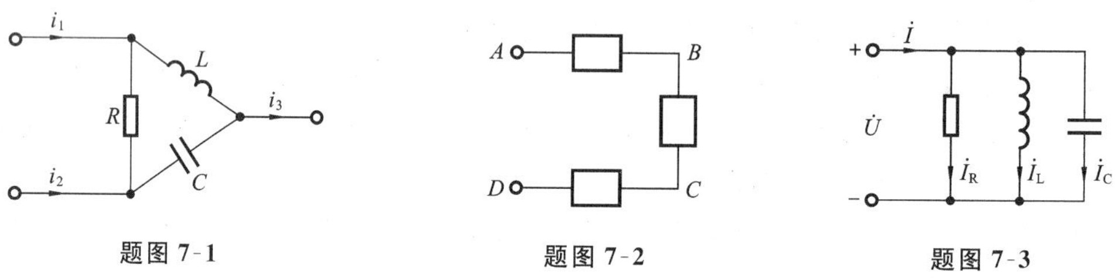

题图 7-1　　题图 7-2　　题图 7-3

7-12 正弦交流电路如题图 7-4 所示，已知 $\dot{U}=12\angle 0°$ V，$\dot{I}=5\angle -36.9°$ A，$R=3$ Ω，求 $\dot{I}_1$ 及 ωL。

7-13 求题图 7-5 所示单口网络的导纳 Y。

7-14 RL 串联电路如题图 7-6 所示，已知 $R=1$ Ω，$L=1$ H，$\omega=1$ rad/s，求该电路的阻抗 Z。

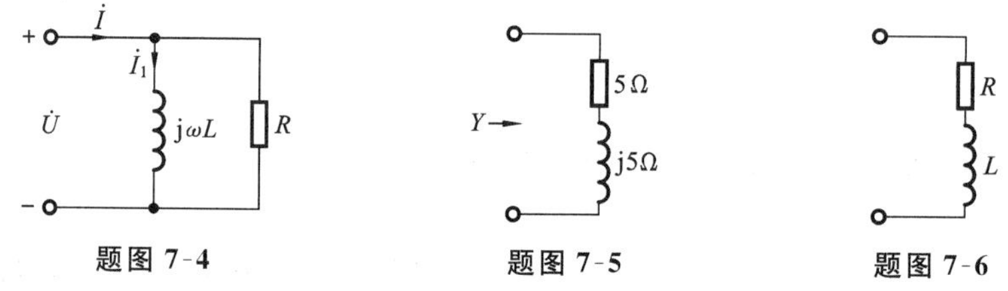

题图 7-4　　题图 7-5　　题图 7-6

7-15 求题图 7-7 所示电路分别在 $\omega=0$ 和 $\omega=\infty$ 时的阻抗 Z_{ab}。

7-16 正弦交流电路如题图 7-8 所示，已知 $\dot{U}=10\angle 53.1°$ V，$\dot{U}_1=6\angle 0°$ V，求 $\dot{I}$、$\dot{U}_2$ 及未知元件的复阻抗 Z_2，并说明该元件是什么元件。

7-17 若在某频率时电阻和电感的串联电路的相量模型的阻抗 $Z=(10+\mathrm{j}5)$ Ω，问在该频率时，等效并联模型如何？

7-18 电路如题图 7-9 所示，$u_S(t)=50\sqrt{2}\sin(10t+60°)$ V，$i(t)=400\sqrt{2}\cos(10t+30°)$ A，问这电路中的两个元件是什么？并标明其欧姆、亨利或法拉值。

7-19 正弦交流电路如题图 7-10 所示，已知 $I=10$ A，$I_2=6$ A，求电流 I_1。

7-20 RLC 串联电路如题图 7-11 所示，已知角频率 $\omega=10^3$ rad/s，电容可调。欲使 u_2 超前 u_1 36.9°，则电容应取何值？

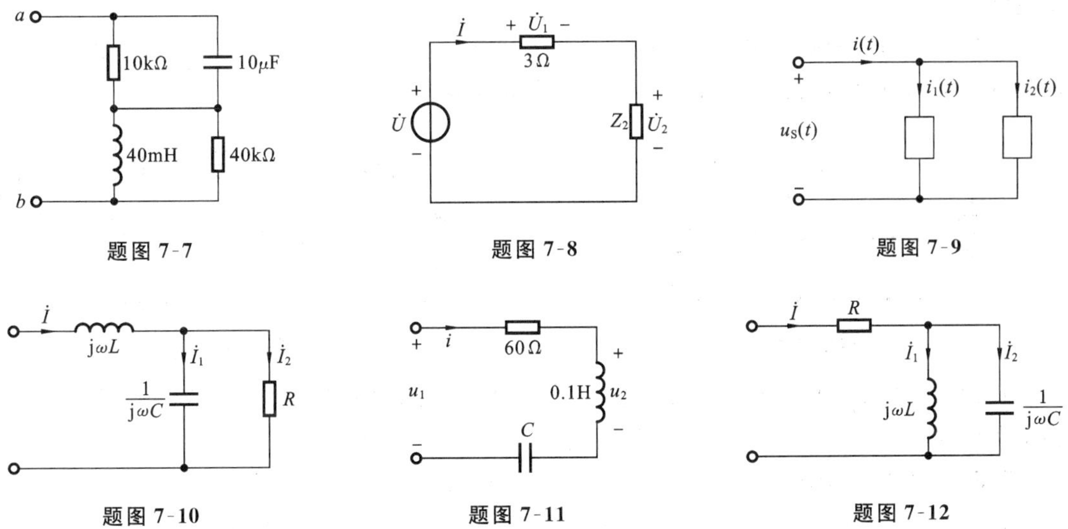

7-21 正弦交流电路如题图 7-12 所示，已知 $I_1=4$ A，$I_2=3$ A，求电流 I。

7-22 计算下列各题，并说明电路的性质。

(1) $\dot{U}=5\angle 60^\circ$ V，$Z=(5+\mathrm{j}5)$ Ω，求 $\dot{I}$。

(2) $\dot{U}=-40\angle 30^\circ$ V，$\dot{I}=5\mathrm{e}^{\mathrm{j}60^\circ}$ A，求 Z。

(3) $\dot{U}=60\angle 15^\circ$ V，$\dot{I}=-3\angle -135^\circ$ A，求 Y。

7-23 正弦交流电路如题图 7-13 所示，求电流 $\dot{I}$。

7-24 正弦交流电路如题图 7-14 所示，已知 $u=30\sqrt{2}\cos(\omega t-30^\circ)$ V，$\omega=10^3$ rad/s，求 i_1、i_2、i_3 和 i。

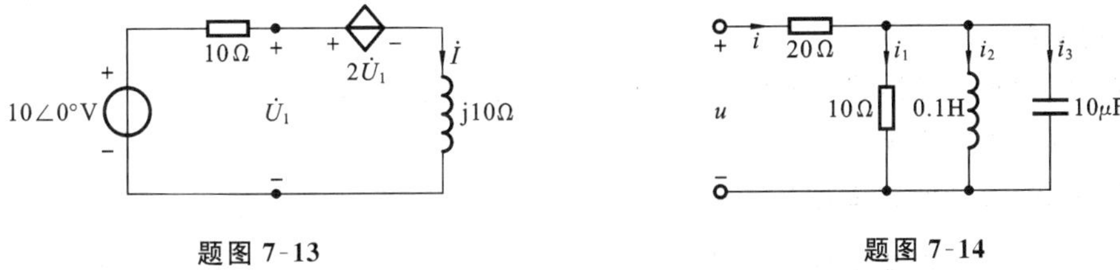

7-25 正弦交流电路如题图 7-15 所示，已知$\dot{U}_1=4\angle 0^\circ$ V，试求$\dot{U}_S$。

7-26 单口网络如题图 7-16 所示($\omega=1$ rad/s)，求其电阻与电感并联的等效电路模型，给出所需的电阻与电感值。

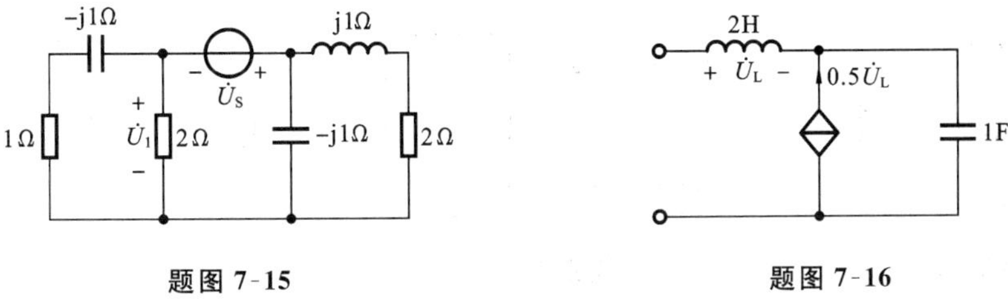

7-27 正弦交流电路如题图 7-17 所示，已知 $\dot{I}_S=10\angle 0^\circ$ A，$\dot{U}_S=\mathrm{j}10$ V，试用叠加定理

求电流 $\dot{I}_C$。

7-28 电路模型如题图 7-18 所示，已知$\dot{U}_1=100\angle 0^\circ$ V，$\dot{U}_2=100\angle 53.1^\circ$ V，试分别用网孔分析法、节点分析法、叠加定理和戴维南定理求解 $\dot{I}_0$。

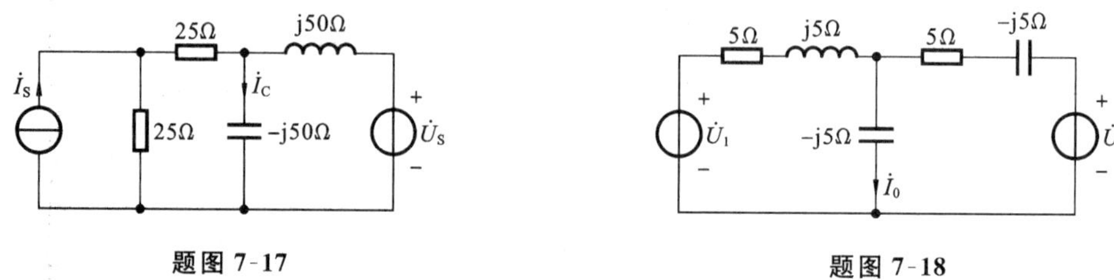

题图 7-17　　题图 7-18

7-29 已知 10 Ω 电阻与 50 μF 电容并联的等效导纳同电阻 R_1 与电容 C_1 串联的等效导纳在角频率 $\omega=10^3$ rad/s 时的值相等，试确定 R_1 和 C_1 的值。

7-30 电路如题图 7-19 所示，各电压表指示有效值，试求电压表 V_2 的读数。

7-31 正弦交流电路如题图 7-20 所示，已知$\dot{U}=2\sqrt{2}\angle 0^\circ$ V，求电路消耗的平均功率。

7-32 正弦交流电路如题图 7-21 所示，求电源供出的平均功率。

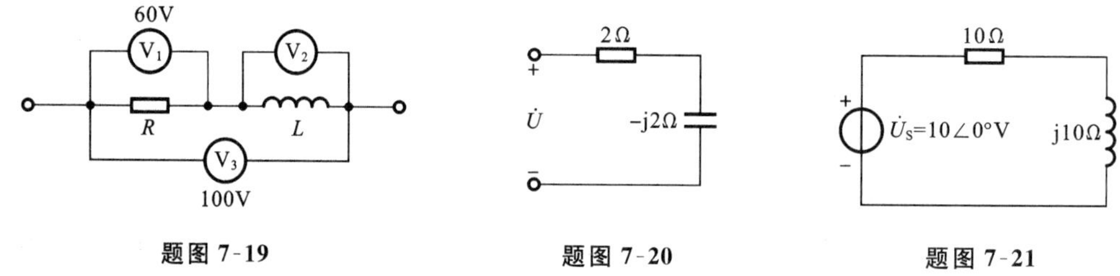

题图 7-19　　题图 7-20　　题图 7-21

7-33 正弦交流电路如题图 7-22 所示，已知 $i_S=5\sqrt{2}\sin(2t)$ A，试求电路的有功功率 P 和无功功率 Q。

7-34 已知某二端网络的输入阻抗 $Z=10\angle 36.9^\circ$ Ω，端口电压$\dot{U}=100\angle 30^\circ$ V，求此二端网络吸收的平均功率 P。

7-35 正弦交流电路如题图 7-23 所示，已知 $u=30\cos(\omega t+30^\circ)$ V，$u_C=20\cos(\omega t-60^\circ)$ V，$\frac{1}{\omega C}=4$ Ω，试求网络 N 的等效阻抗 Z_N 和吸收的有功功率 P_N。

7-36 正弦交流电路如题图 7-24 所示，已知 $R=\omega L=\frac{1}{\omega C}=100$ Ω，$\dot{I}_R=2\angle 0^\circ$ A。求$\dot{U}_S$ 和电源供出的有功功率。

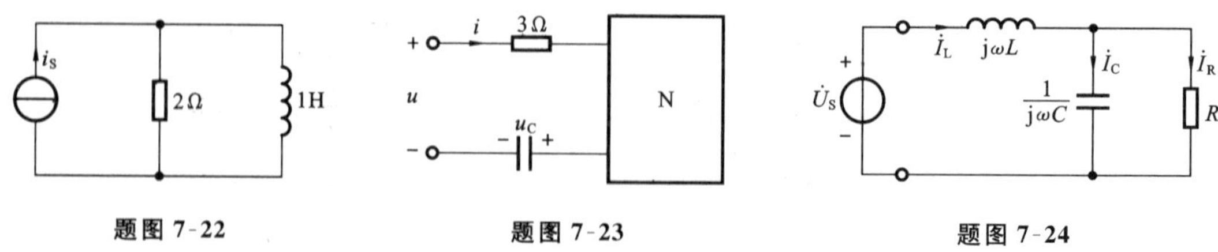

题图 7-22　　题图 7-23　　题图 7-24

7-37 正弦交流电路如题图 7-25 所示，已知电源电压 $u_S=60\sqrt{2}\cos(\omega t-36.9^\circ)$ V，负

载 2 的电压 $u_2=60\sqrt{2}\cos(\omega t-53.1^\circ)$ V，电流 $i=3\sqrt{2}\cos\omega t$ A，求负载 1 吸收的有功功率 P_1、无功功率 Q_1，负载 2 吸收的无功功率 Q_2。

7-38 正弦交流电路如题图 7-26 所示，试求电流 i 和无源元件消耗的功率。

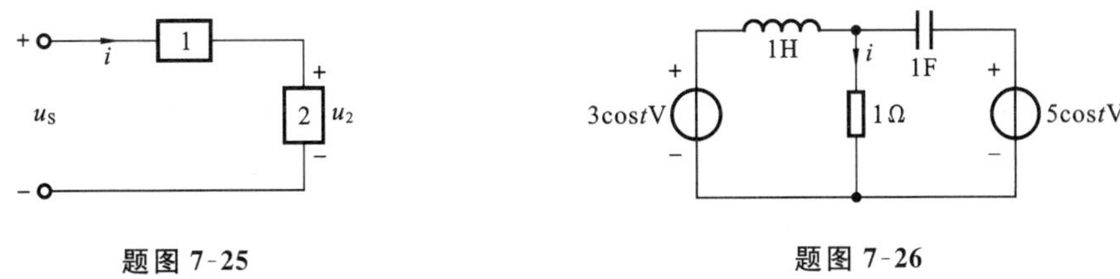

题图 7-25　　题图 7-26

7-39 某单口网络如题图 7-27 所示，若 $R=10\ \Omega$，$\omega L=10\ \Omega$，$\dfrac{1}{\omega C}=20\ \Omega$，求该单口网络的功率因数。

7-40 某单口网络如题图 7-28 所示，已知 $R=8\ \Omega$，$\omega L=12\ \Omega$，$\dfrac{1}{\omega C}=6\ \Omega$，求该单口网络的功率因数。

7-41 电路如题图 7-29 所示，求电阻消耗的平均功率和电感 L 上的平均储能。

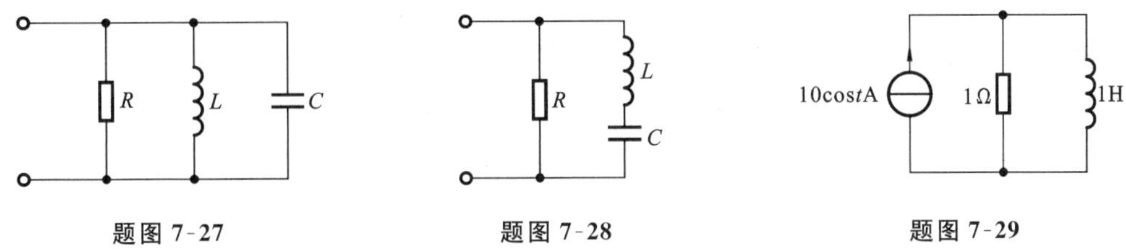

题图 7-27　　题图 7-28　　题图 7-29

7-42 电路如题图 7-30 所示，已知 $R=X_L=X_C=10\ \Omega$，$\dot{U}=28.2\angle 45^\circ$ V，求该电路的平均功率、无功功率、视在功率和功率因数。

7-43 某单口网络如题图 7-31 所示，已知电流有效值 $I_1=I_2=I=10$ A，求该单口网络的复功率 $\widetilde{S}$。

7-44 已知题图 7-32 所示无源单口网络 N 的端口电压 $\dot{U}=100\angle 30^\circ$ V，网络的复功率 $\widetilde{S}=1000\angle 30^\circ$ V·A，求该单口网络的阻抗 Z。

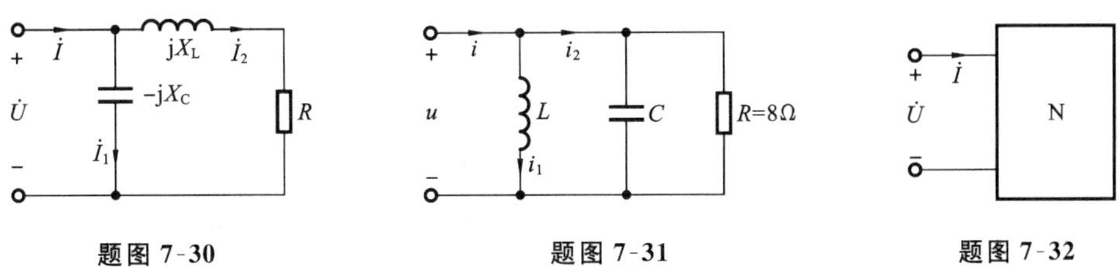

题图 7-30　　题图 7-31　　题图 7-32

7-45 正弦交流电路如题图 7-33 所示，试求负载 Z_L 取何值时可获得最大功率？最大功率是多少？

7-46 电路如题图 7-34 所示，(1) 负载阻抗 Z_L 为何值时可获得最大功率 P_{Lmax}？P_{Lmax} 为多少？(2) 若负载为电阻 R_L，则 R_L 为何值时可获得最大功率 P_{Lm}？P_{Lm} 为多少？

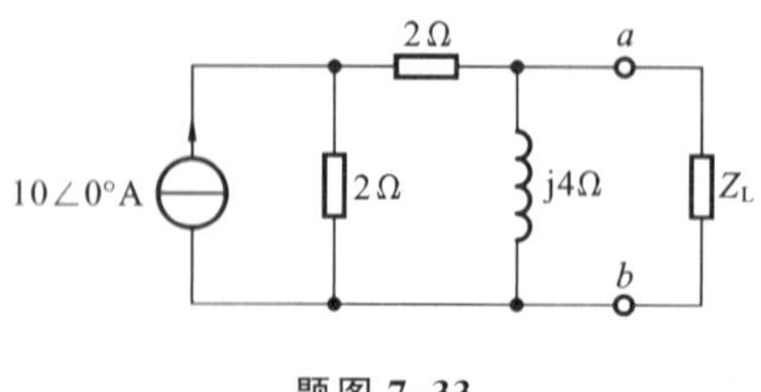

题图 7-33

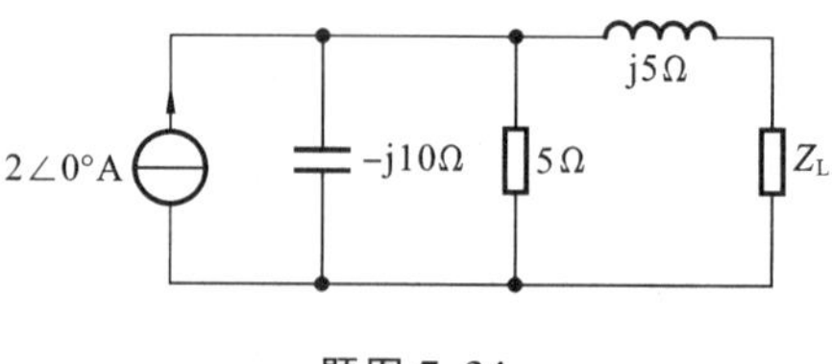

题图 7-34

7-47 求题图 7-35 所示正弦交流电路中负载 Z_L 获得最大功率时的值。若 $\dot{U}_S=\sqrt{2}\angle 45°$ V，试求负载所获得的最大功率。

7-48 某正弦交流电路如题图 7-36 所示，问负载 Z_L 取何值时可获得最大功率？并求此最大功率 P_{max}。

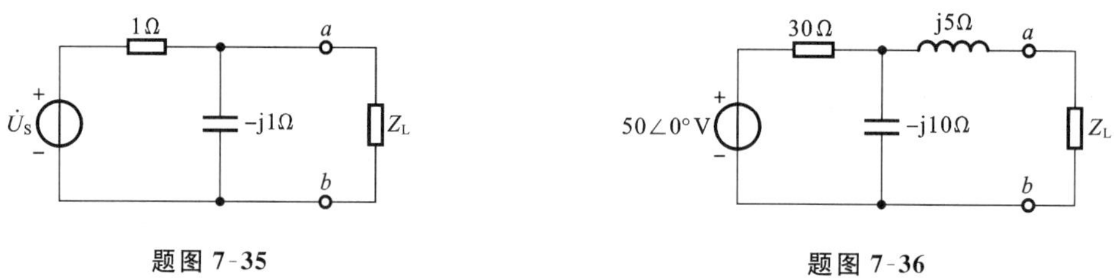

题图 7-35　　题图 7-36

7-49 试求题图 7-37 所示电路中负载 Z_L 获得最大功率的条件及获得的最大功率。

7-50 试用最大功率传输定理证明：当题图 7-38 所示正弦交流电路中负载 A 获得最大功率时，负载可由 R 与 L 并联组成，且 $L=\dfrac{1}{\omega^2 C}$，所获得的最大功率为 $\dfrac{U^2}{4R}$。

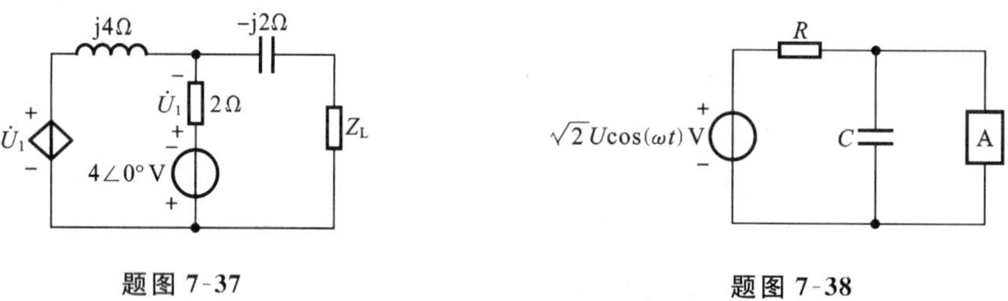

题图 7-37　　题图 7-38

7-51 电路如题图 7-39 所示，当 ω 多大时，a、b 两端等效为一电阻？

7-52 RLC 串联电路如题图 7-40 所示，欲使 u_2 滞后 u_1 90°，试确定 ω 与电路参数之间的关系。

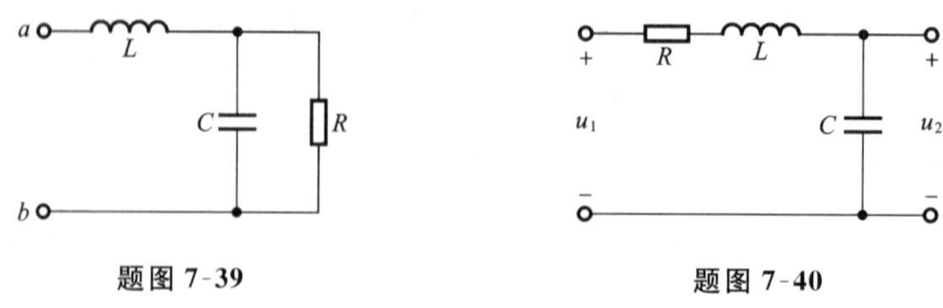

题图 7-39　　题图 7-40

7-53 正弦交流电路如题图 7-41 所示，已知 $\omega=100$ rad/s，$\dot{I}=0$，求 $\dot{I}_{L2}$、$\dot{I}_C$ 和 C 的值。

7-54 电路如题图 7-42 所示，$L=4$ mH，$R=50$ Ω，$C=160$ pF，试求电源频率 f 多大时

电路发生谐振？此时，电路的品质因数 Q 和通频带 Δf 各为多少？

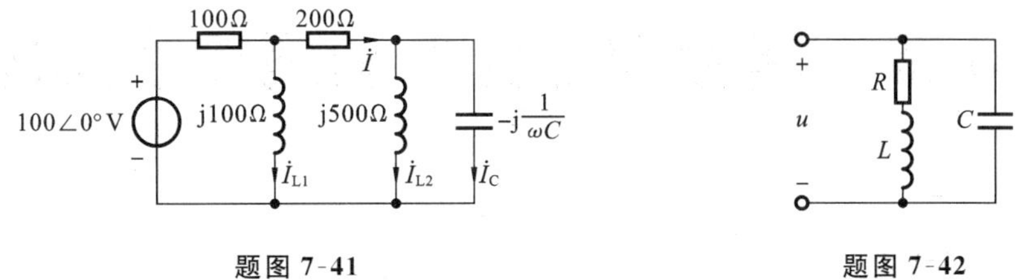

题图 7-41　　题图 7-42

7-55　对题图 7-43 所示四个电路：

(1) 当 $\omega=\omega_1=1/\sqrt{LC_1}$ 时，哪些电路相当于短路，哪些电路相当于开路？

(2) 有人认为在另一频率 ω_2 时，图(c)、(d)所示电路相当于开路，是否可能？如有可能，ω_2 是大于 ω_1 还是小于 ω_1？

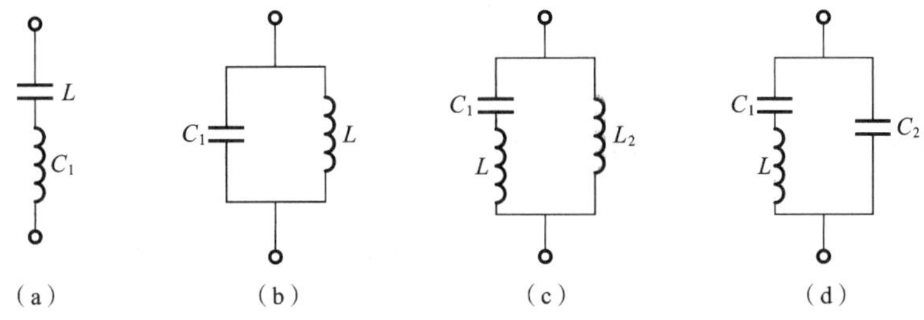

题图 7-43

第 8 章　耦合电感元件和理想变压器

电路中各元件不仅可以通过导线直接相连，还可以通过磁场相互联系，这种现象在变压器和电机中极为常见。本章介绍两种多端元件——耦合电感和理想变压器，它们是构成变压器模型的元件。

8.1　耦合电感元件

载流线圈之间通过磁场相互联系的物理现象称为磁耦合。存在磁耦合的线圈称为耦合线圈或互感线圈。图 8-1(a)所示为两个有耦合的载流线圈（即电感 L_1 和 L_2），载流线圈中的电流 i_1 和 i_2 称为施感电流，线圈的匝数分别为 N_1 和 N_2。根据两个线圈的绕向及施感电流的参考方向，按右手螺旋法则确定施感电流产生的磁通方向和彼此交链的情况。线圈 1 中的电流 i_1 产生的磁通记为 Φ_{11}①，方向如图所示，在交链自身线圈时产生的磁通链记为 Ψ_{11}，此磁通链称为自感磁通链；Φ_{11} 的一部分或全部交链线圈 2 时产生的磁通链记为 Ψ_{21}，称为互感磁通链。同样，施感电流 i_2 也产生自感磁通链 Ψ_{22} 和互感磁通链 Ψ_{12}（图中未画出），这就是彼此耦合的情况。工程上称这对耦合线圈为耦合电感元件。

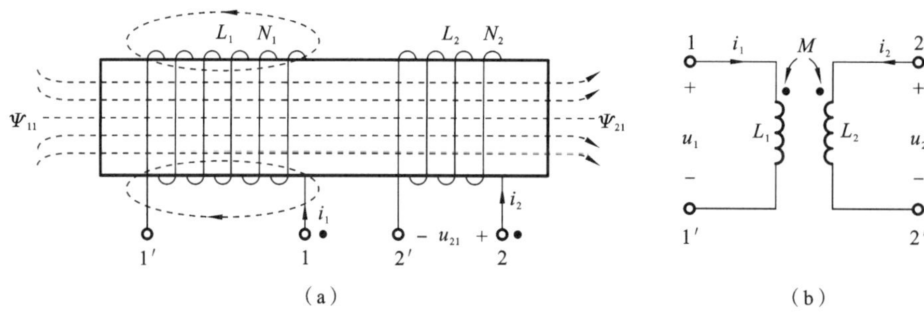

图 8-1　耦合电感

8.1.1　耦合电感元件的电压-电流关系

对于线性电感元件，每一种磁通链都与产生它的电流成正比，即

自感磁通链　　$\Psi_{11}=L_1 i_1$，　$\Psi_{22}=L_2 i_2$

互感磁通链　　$\Psi_{12}=M_{12} i_2$，　$\Psi_{21}=M_{21} i_1$

上式中 M_{12} 和 M_{21} 称为互感系数，简称互感，单位为 H（亨）。可以证明，$M_{12}=M_{21}$，所以当只有两个线圈（电感）有耦合时，可以略去 M 的下标，即可令 $M=M_{12}=M_{21}$。耦合电感中的磁

---

① 磁通和磁通链在此均采用双下标表示，第 1 个下标表示该量所在线圈编号，第 2 个下标表示产生该量的电流的编号。

通链等于自感磁通链和互感磁通链两部分的代数和，如线圈 1 和 2 中的磁通链分别记为 Ψ_1（与 Ψ_{11} 同向）和 Ψ_2（与 Ψ_{22} 同向），则有

$$\begin{cases}\Psi_1=\Psi_{11}\pm\Psi_{12}=L_1i_1\pm Mi_2\\ \Psi_2=\Psi_{22}\pm\Psi_{21}=L_2i_2\pm Mi_1\end{cases}\tag{8-1}$$

式(8-1)表明，耦合线圈中的磁通链与施感电流成线性关系，是各施感电流独立产生的磁通链叠加的结果。M 前的"±"号说明磁耦合中互感作用的两种可能性。"+"号表示互感磁通链与自感磁通链方向一致，自感方向的磁场得到加强(增磁)，称为同向耦合。工程上将同向耦合状态下的一对施感电流(i_1、i_2)的入端(或出端)定义为耦合电感的同名端，并用同一符号标出这对端子，例如图 8-1(a)所示中用"·"号标出的一对端子(1，2)，即为耦合电感的同名端(未标记的端子 1′、2′亦为同名端)。同名端可用实验的方法判断。式(8-1)中"-"号表示施感电流(i_1、i_2)的入端为异名端，互感磁通链总是与自感磁通链的方向相反，总有 $\Psi_1<\Psi_{11}$，$\Psi_2<\Psi_{22}$，称为反向耦合，总是使自感方向的磁场削弱，有可能使耦合电感之一的合成磁场为零，甚至为负值，其绝对值有可能超过原自感磁场。耦合电感的耦合状态将随施感电流方向的变化而变化。引入同名端的概念后，可以用带有互感 M 和同名端标记的电感 L_1 和 L_2 表示耦合电感，如图 8-1(b)所示。其中 M 表示互感。对于图 8-1(b)，有

$$\begin{cases}\Psi_1=L_1i_1+Mi_2\\ \Psi_2=L_2i_2+Mi_1\end{cases}$$

上式中含有 M 的项之前取"+"号，表示同向耦合。耦合电感可以看作是一个具有 4 个端子的二端口电路元件。

当有 2 个以上电感彼此之间存在耦合时，同名端应当一对一对地加以标记，每一对应采用不同符号标记。每一个电感中的磁通链将等于自感磁通链与所有互感磁通链的代数和。同向耦合时互感磁通链求和取"+"号；反向耦合时则取"-"号。

例 8-1 图 8-1(b)所示中 $i_1=1$ A，$i_2=5\sin(10t)$ A，$L_1=2$ H，$L_2=3$ H，$M=1$ H。求耦合电感中的磁通链。

解 各磁通链计算如下：

自感磁通链 $\Psi_{11}=L_1i_1=2$ Wb，$\Psi_{22}=L_2i_2=15\sin(10t)$ Wb

互感磁通链 $\Psi_{12}=Mi_2=5\sin(10t)$ Wb，$\Psi_{21}=Mi_1=1$ Wb

因为施感电流 i_1、i_2 是从同名端流进线圈，为同向耦合，所以总磁通链(按右手螺旋法则指定磁通链的参考方向)分别为

$$\Psi_1=\Psi_{11}+\Psi_{12}=[2+5\sin(10t)]\text{Wb}$$

$$\Psi_2=\Psi_{22}+\Psi_{21}=[1+15\sin(10t)]\text{Wb}$$

由上式可知，在 $\pi+2k\pi<10t<2\pi+2k\pi$ ($k=0,1,\cdots$)区域内，耦合电感实际处于反向耦合状态。

本例中若改变 i_1(或 i_2)的参考方向(仍按右手螺旋法则指定磁通链的参考方向)，对各线圈的磁通链 Ψ_1 和 Ψ_2 有何影响？请读者考虑。

如果耦合电感 L_1 和 L_2 中有变动的电流，耦合电感中的磁通链将跟随电流变动。根据法拉第电磁感应定律，耦合电感的两个端口将产生感应电压。设 L_1 和 L_2 端口的电压和电流分别为 u_1、i_1 和 u_2、i_2，且都取关联参考方向，互感为 M，则式(8-1)微分后有

$$\begin{cases} u_1 = \dfrac{d\Psi_1}{dt} = L_1 \dfrac{di_1}{dt} \pm M \dfrac{di_2}{dt} \\ u_2 = \dfrac{d\Psi_2}{dt} = L_2 \dfrac{di_2}{dt} \pm M \dfrac{di_1}{dt} \end{cases} \tag{8-2}$$

上式即为耦合电感的电压-电流关系式。其中 $L_1 \dfrac{di_1}{dt}$、$L_2 \dfrac{di_2}{dt}$ 分别称为线圈 1 和线圈 2 的自感电压；$M \dfrac{di_1}{dt}$、$M \dfrac{di_2}{dt}$ 称为互感电压，$M \dfrac{di_1}{dt}$ 是变动电流 i_1 在线圈 2 中产生的互感电压，$M \dfrac{di_2}{dt}$ 是变动电流 i_2 在线圈 1 中产生的互感电压。所以，耦合电感的电压是自感电压和互感电压叠加的结果。

互感电压前的"＋"或"－"号的正确取舍是写出耦合电感电压-电流关系式的关键。取舍方法有两种。

(1) 根据耦合电感的耦合状态：当耦合电感同向耦合时，互感电压在 KVL 方程中与自感电压同号；反向耦合时，与自感电压异号。

(2) 约定互感电压的"＋"极性端：总是使施感电流的入端与其互感电压（在另一线圈中）的"＋"极性端为耦合电感的同名端，即当施感电流从同名端的标记端流进线圈时，则其互感电压的"＋"极性端就设在同名端的标记端，反之亦然。图 8-1(b) 所示中 $M \dfrac{di_1}{dt}$ 和 $M \dfrac{di_2}{dt}$ 的"＋"极性端都设在有同名端标记的端子上。然后根据编写 KVL 方程的取号方法确定互感电压在方程中的取号。

例 8-2 求例 8-1 中耦合电感的端电压 u_1、u_2。

解 按图 8-1(b) 和式(8-2)，得

$$u_1 = L_1 \frac{di_1}{dt} + M \frac{di_2}{dt} = 50\cos(10t)\,\text{V}, \quad u_2 = L_2 \frac{di_2}{dt} + M \frac{di_1}{dt} = 150\cos(10t)\,\text{V}$$

电压 u_1 中只含有互感电压 $M \dfrac{di_2}{dt}$，电压 u_2 中只含有自感电压 $L_2 \dfrac{di_2}{dt}$，这说明不变动的电流 i_1（直流）虽产生自感和互感磁通链，但不产生自感电压和互感电压。

当施感电流为同频正弦量时，在正弦稳态情况下，电压-电流方程可用相量形式表示，以图 8-1(b) 所示电路为例，有

$$\dot{U}_1 = j\omega L_1 \dot{I}_1 + j\omega M \dot{I}_2$$
$$\dot{U}_2 = j\omega L_2 \dot{I}_2 + j\omega M \dot{I}_1$$

上式中，ωM 称为互感电抗，简称互感抗，可用 X_M 表示，单位取 Ω（欧姆）。

还可以用电流控制电压源（CCVS）表示互感电压的作用。对图 8-1(b) 所示耦合电感，用 CCVS 表示的等效电路（相量形式）如图 8-2 所示。

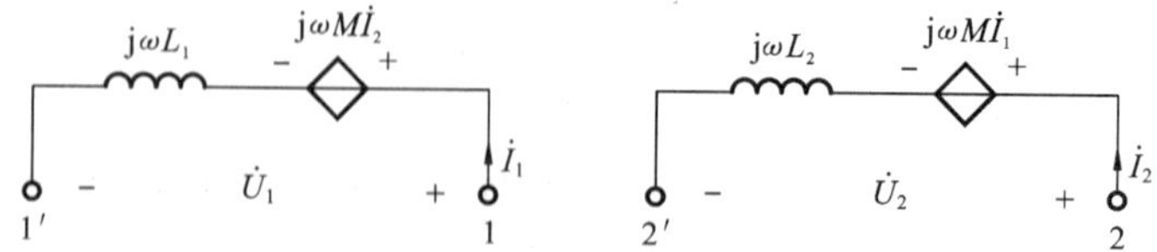

图 8-2 用 CCVS 表示的互感电压

8.1.2 耦合系数

工程上常用耦合系数 k 表示两线圈的耦合松紧程度，定义为

$$k=\frac{M}{\sqrt{L_1L_2}}$$

由互感和自感的定义，有

$$k^2=\frac{M_{12}M_{21}}{L_1L_2}=\frac{\dfrac{\Psi_{12}}{i_2}\cdot\dfrac{\Psi_{21}}{i_1}}{\dfrac{\Psi_{11}}{i_1}\cdot\dfrac{\Psi_{22}}{i_2}}=\frac{\Psi_{12}\Psi_{21}}{\Psi_{11}\Psi_{22}}=\frac{\Phi_{12}\Phi_{21}}{\Phi_{11}\Phi_{22}}$$

因为 $\Phi_{21}\leqslant\Phi_{11}$，$\Phi_{12}\leqslant\Phi_{22}$，所以 $k\leqslant1$。互感磁通越接近自感磁通，k 值越大，表示两个线圈之间耦合越紧密，当 $k\approx1$ 时称为全耦合。

思考与练习

8-1-1 试确定练习图 8-1 所示耦合线圈的同名端。

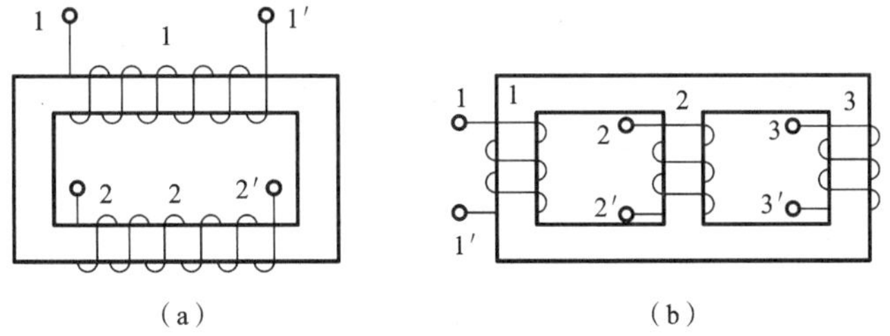

练习图 8-1

8-1-2 对于练习图 8-1(b)所示耦合线圈，现仅将线圈 2 的绕向反过来，其他不变，试重新确定各同名端。

8-1-3 “耦合线圈的同名端只与两线圈的绕向及两线圈的相互位置有关，与线圈中电流的参考方向及电流的数值大小无关”这种观点对吗？为什么？

8-1-4 两个有耦合的电感线圈，若互感磁链与自感磁链对于其中一个线圈是相互加强的，是否对另一个线圈也必然相互加强？

8-1-5 写出练习图 8-2 所示各电路中有问号的电压表达式。

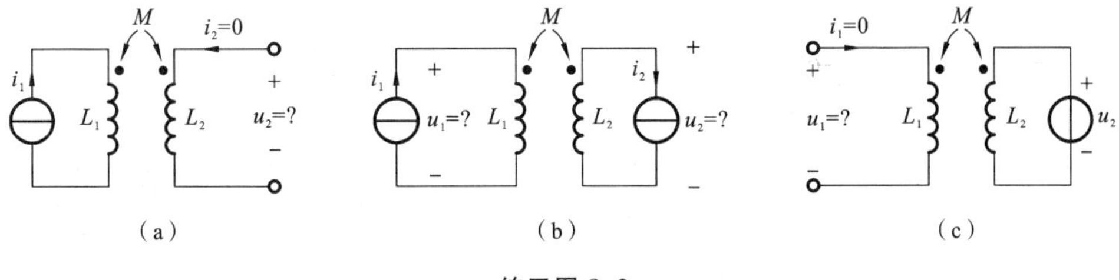

练习图 8-2

8.2 含耦合电感元件电路的分析

对于含耦合电感电路的分析，应注意到耦合电感中同时存在的自感电压和互感电压，在列 KVL 方程时，要正确使用同名端计入互感电压，必要时可用 CCVS 表示互感电压的作用。

8.2.1 含耦合电感元件电路的基本分析方法

例 8-3 试列写图 8-3(a)所示电路的网孔电流方程。

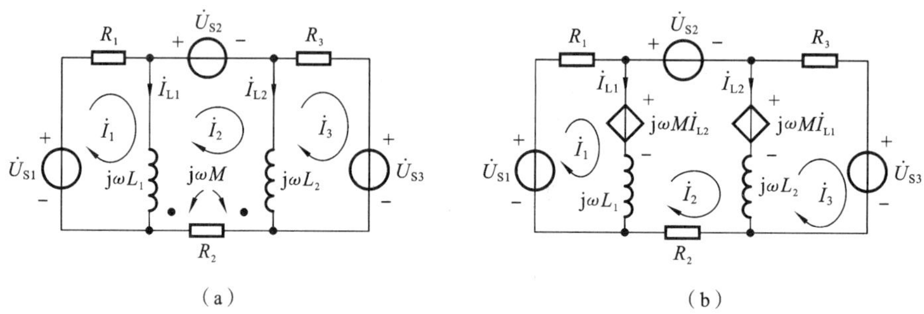

图 8-3 例 8-3 图

解 在图 8-3(a)所示电路中，设定三个网孔电流分别为 $\dot{I}_1$、$\dot{I}_2$、$\dot{I}_3$，耦合电感两条支路电流分别为

$$\begin{cases}\dot{I}_{L1}=\dot{I}_1-\dot{I}_2\\ \dot{I}_{L2}=\dot{I}_2-\dot{I}_3\end{cases}\tag{1}$$

将互感电压用 CCVS 代替，得到图 8-3(b)所示电路，并根据此电路列写网孔电流方程，有

$$\begin{cases}(R_1+j\omega L_1)\dot{I}_1-j\omega L_1\dot{I}_2=\dot{U}_{S1}-j\omega M\dot{I}_{L2}\\ -j\omega L_1\dot{I}_1+(R_2+j\omega L_1+j\omega L_2)\dot{I}_2-j\omega L_2\dot{I}_3=-j\omega M\dot{I}_{L1}+j\omega M\dot{I}_{L2}-\dot{U}_{S2}\\ -j\omega L_2\dot{I}_2+(R_3+j\omega L_2)\dot{I}_3=j\omega M\dot{I}_{L1}-\dot{U}_{S3}\end{cases}\tag{2}$$

将式(1)代入式(2)并整理，得出电路的网孔电流方程为

$$\begin{cases}(R_1+j\omega L_1)\dot{I}_1-(j\omega L_1-j\omega M)\dot{I}_2-j\omega M\dot{I}_3=\dot{U}_{S1}\\ -(j\omega L_1-j\omega M)\dot{I}_1+(R_2+j\omega L_1+j\omega L_2-j2\omega M)\dot{I}_2-(j\omega L_2-j\omega M)\dot{I}_3=-\dot{U}_{S2}\\ -j\omega M\dot{I}_1-(j\omega L_2-j\omega M)\dot{I}_2+(R_3+j\omega L_2)\dot{I}_3=-\dot{U}_{S3}\end{cases}$$

例 8-4 试列出图 8-4(a)所示电路的节点电压方程。其中 $R_1=R_2=R_3=1\ \Omega$，$X_{L1}=5\ \Omega$，$X_{L2}=4\ \Omega$，$X_M=2\ \Omega$，$\dot{U}_S=10\angle 0^\circ$ V，$\dot{I}_S=5\angle 0^\circ$ A。

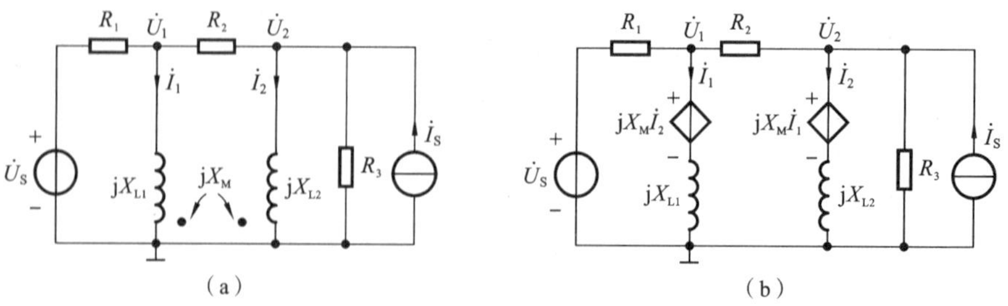

图 8-4 例 8-4 图

解 设图 8-4(a)所示的耦合电感两条支路电流为 $\dot{I}_1$、$\dot{I}_2$，作出用 CCVS 代替互感电压的电路如图 8-4(b)所示，电流 $\dot{I}_1$、$\dot{I}_2$ 与节点电压 $\dot{U}_1$、$\dot{U}_2$ 的关系为

$$\begin{cases} \mathrm{j}X_{L1}\dot{I}_1+\mathrm{j}X_M\dot{I}_2=\dot{U}_1 \\ \mathrm{j}X_{L2}\dot{I}_2+\mathrm{j}X_M\dot{I}_1=\dot{U}_2 \end{cases} \tag{3}$$

按图 8-4(b)写节点电压方程，有

$$\begin{cases} \left(\dfrac{1}{R_1}+\dfrac{1}{R_2}+\dfrac{1}{\mathrm{j}X_{L1}}\right)\dot{U}_1-\dfrac{1}{R_2}\dot{U}_2=\dfrac{\dot{U}_S}{R_1}+\dfrac{\mathrm{j}X_M\dot{I}_2}{\mathrm{j}X_{L1}} \\ -\dfrac{1}{R_2}\dot{U}_1+\left(\dfrac{1}{R_2}+\dfrac{1}{R_3}+\dfrac{1}{\mathrm{j}X_{L2}}\right)\dot{U}_2=\dot{I}_S+\dfrac{\mathrm{j}X_M\dot{I}_1}{\mathrm{j}X_{L2}} \end{cases} \tag{4}$$

由式(3)解出 $\dot{I}_1$、$\dot{I}_2$ 后代入式(4)，代入数据整理后得节点电压方程为

$$\begin{cases} \left(2-\mathrm{j}\,\dfrac{1}{4}\right)\dot{U}_1-\left(1-\mathrm{j}\,\dfrac{1}{8}\right)\dot{U}_2=10 \\ -\left(1-\mathrm{j}\,\dfrac{1}{8}\right)\dot{U}_1+\left(2-\mathrm{j}\,\dfrac{5}{16}\right)\dot{U}_2=5 \end{cases}$$

由上两例可以看出，当电路所含耦合元件仅为耦合电感时，其节点电压方程中的互导纳和网孔电流方程中的互阻抗仍是对称的。

由于必须考虑互感电压，含耦合电感电路的分析计算比一般电路要复杂。对于某些有特殊连接方式的耦合电感，能否用一个无耦合的电路等效代替，从而在形式上可以不再考虑互感电压呢？

8.2.2 去耦等效电路

1. 串联耦合电感的去耦等效电路

有耦合的两个电感串联可以用一个电感与之等效。

1）正串(或顺接)

图 8-5(a)所示电路中，有

$$u=u_1+u_2=\left(L_1\frac{\mathrm{d}i}{\mathrm{d}t}+M\frac{\mathrm{d}i}{\mathrm{d}t}\right)+\left(L_2\frac{\mathrm{d}i}{\mathrm{d}t}+M\frac{\mathrm{d}i}{\mathrm{d}t}\right)=(L_1+L_2+2M)\frac{\mathrm{d}i}{\mathrm{d}t}$$

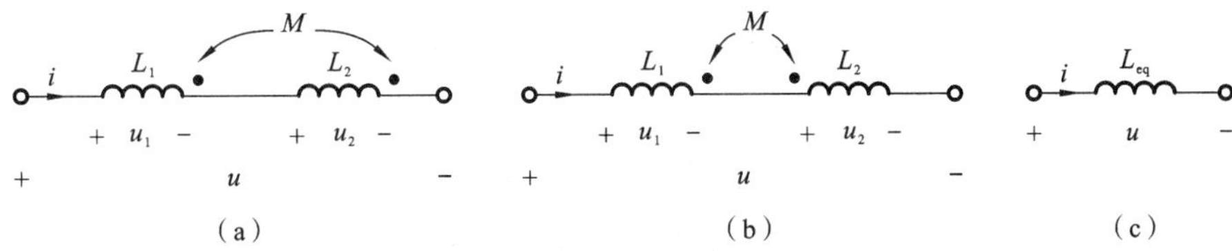

图 8-5 串联耦合电感的去耦等效电路

根据这一关系，可得如图 8-5(c)所示等效电路，L_{eq} 称为等效电感，显然有

$$L_{eq}=L_1+L_2+2M$$

图 8-5(c)所示电路中不含耦合电感，故称为图 8-5(a)所示电路的去耦等效电路。

2）反串(或反接)

图 8-5(b)所示电路为两个耦合电感反串的电路。

与上同理，可求得耦合电感反串时的去耦等效电路仍如图 8-5(c)所示，且

$$L_{eq}=L_1+L_2-2M$$

2. 三支路共一节点，其中两条支路存在互感的去耦等效电路

图 8-6(a)和(b)所示为三支路共一节点，其中两条支路存在互感的电路。其中图(a)所示为异名端共节点的情况，图(b)所示为同名端共节点的情况。

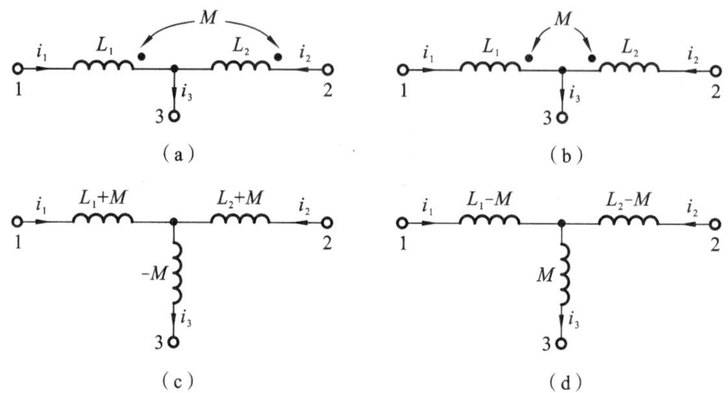

图 8-6　三支路共节点，其中两支路存在互感的去耦等效电路

图 8-6(a)所示中，有

$$u_{13}=L_1\frac{\mathrm{d}i_1}{\mathrm{d}t}-M\frac{\mathrm{d}i_2}{\mathrm{d}t}=L_1\frac{\mathrm{d}i_1}{\mathrm{d}t}-M\frac{\mathrm{d}(i_3-i_1)}{\mathrm{d}t}=(L_1+M)\frac{\mathrm{d}i_1}{\mathrm{d}t}-M\frac{\mathrm{d}i_3}{\mathrm{d}t}$$

$$u_{23}=L_2\frac{\mathrm{d}i_2}{\mathrm{d}t}-M\frac{\mathrm{d}i_1}{\mathrm{d}t}=L_2\frac{\mathrm{d}i_2}{\mathrm{d}t}-M\frac{\mathrm{d}(i_3-i_2)}{\mathrm{d}t}=(L_2+M)\frac{\mathrm{d}i_2}{\mathrm{d}t}-M\frac{\mathrm{d}i_3}{\mathrm{d}t}$$

根据上式，可构造如图 8-6(c)所示去耦等效电路。

同理可得到图 8-6(b)所示电路的去耦等效电路如图 8-6(d)所示。

例 8-5　用去耦等效电路计算图 8-7(a)所示电路中的电流 $\dot{I}_1$、$\dot{I}_2$ 和电压 $\dot{U}_{AB}$。

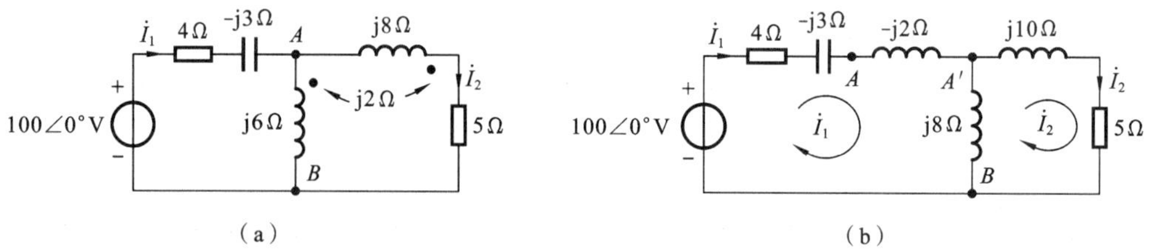

图 8-7　例 8-5 图

解　图 8-7(a)所示电路的去耦等效电路如图 8-7(b)所示，可列网孔电流方程为

$$\begin{cases}(4-\mathrm{j}3-\mathrm{j}2+\mathrm{j}8)\dot{I}_1-\mathrm{j}8\dot{I}_2=100\\-\mathrm{j}8\dot{I}_1+(5+\mathrm{j}8+\mathrm{j}10)\dot{I}_2=0\end{cases}$$

整理后，得

$$\begin{cases}(4+\mathrm{j}3)\dot{I}_1-\mathrm{j}8\dot{I}_2=100\\-\mathrm{j}8\dot{I}_1+(5+\mathrm{j}18)\dot{I}_2=0\end{cases}$$

解方程，得

$$\dot{I}_1=20.3\angle 3.5^\circ\ \mathrm{A},\quad \dot{I}_2=8.7\angle 19^\circ\ \mathrm{A}$$

$$\dot{U}_{AB}=\dot{U}_{AA'}+\dot{U}_{A'B}=-\mathrm{j}2\dot{I}_1+\mathrm{j}8(\dot{I}_1-\dot{I}_2)$$
$$=(15.3+\mathrm{j}55.8)\ \mathrm{V}=57.9\angle 74.7^\circ\ \mathrm{V}$$

图 8-7(b)所示的去耦等效电路中增加了节点 A'。应注意，不要把去耦等效电路中的电压$\dot{U}_{A'B}$误当作所求电压$\dot{U}_{AB}$。

思考与练习

8-2-1 在练习图 8-3 中，$X_{L1}=100\ \Omega$，$X_{L2}=25\ \Omega$，耦合系数 $k=0.8$，$U_S=100$ V，求交流电压表的读数。

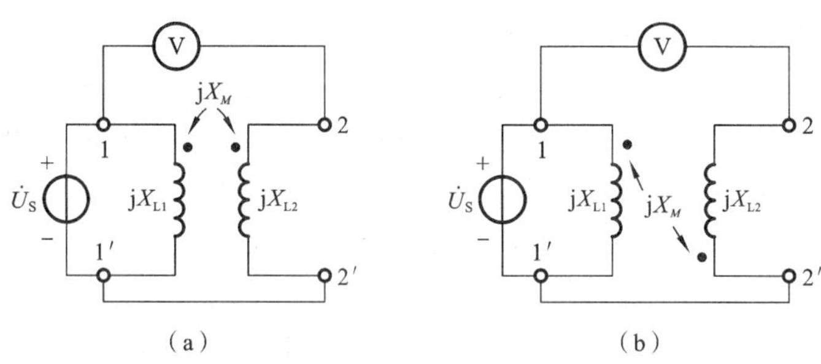

练习图 8-3

8-2-2 “不是所有含耦合电感的电路都有去耦等效电路”这种说法对吗？为什么？

8.3 空芯变压器的等效电路、反映阻抗

变压器是耦合电感工程实际应用的典型例子。它由两个或两个以上具有互感的线圈绕在一个共同的芯子上制成，其中一个线圈接电源，称为初级线圈或原方线圈；另外一个线圈接负载，称为次级线圈或副方线圈。线圈绕在铁芯上，为铁芯变压器，其耦合系数接近 1，属紧耦合；线圈绕在非铁磁材料的芯子上，为空芯变压器，其耦合系数较小，属松耦合。本节将用反映阻抗分析空芯变压器的次级回路。

两线圈空芯变压器的电路模型如图 8-8 所示，其中 R_1、R_2 分别为初、次级线圈的电阻，Z_L 为负载。初、次级回路的 KVL 方程为

$$\begin{cases}(R_1+\mathrm{j}\omega L_1)\dot{I}_1+\mathrm{j}\omega M\dot{I}_2=\dot{U}_S\\ \mathrm{j}\omega M\dot{I}_1+(R_2+\mathrm{j}\omega L_2+Z_L)\dot{I}_2=0\end{cases}\qquad(8\text{-}3)$$

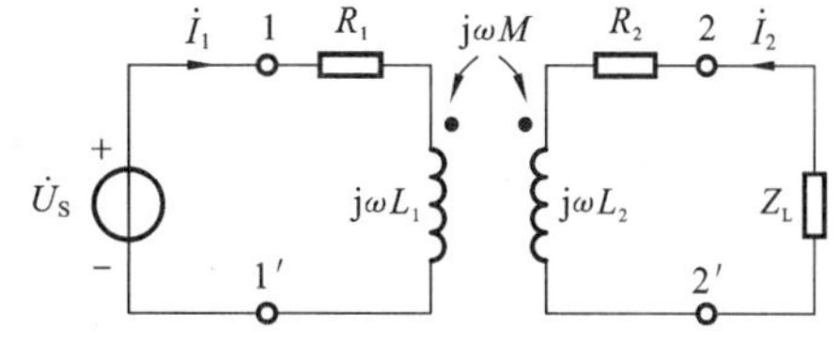

图 8-8 空芯变压器的电路

式(8-3)可简写为

$$\begin{cases}Z_{11}\dot{I}_1+Z_M\dot{I}_2=\dot{U}_S\\ Z_M\dot{I}_1+Z_{22}\dot{I}_2=0\end{cases}\qquad(8\text{-}4)$$

式(8-4)中，$Z_{11}=R_1+\mathrm{j}\omega L_1$，称为初级回路自阻抗。$Z_{22}=R_2+\mathrm{j}\omega L_2+Z_L$，称为次级回路自阻抗。$Z_M=\mathrm{j}\omega M$，称为初、次级回路间的互阻抗。

8.3.1 初级等效电路、反映阻抗 Z_{r12}

由式(8-4)可解得初级回路中的电流为

$$\dot{I}_1=\frac{\dot{U}_1}{Z_{11}-Z_M^2Y_{22}}=\frac{\dot{U}_1}{Z_{11}+(\omega M)^2Y_{22}}=\frac{\dot{U}_1}{Z_i}$$

由图 8-8 可知，Z_i 为由初级端口 1-1′看进去的等效阻抗，且

$$Z_i=\frac{\dot{U}_1}{\dot{I}_1}=Z_{11}+(\omega M)^2Y_{22}=Z_{11}+Z_{r12} \tag{8-5}$$

式(8-5)中，$Z_{r12}=(\omega M)^2Y_{22}=\dfrac{(\omega M)^2}{Z_{22}}$，称为反映阻抗(或引入阻抗)，它是次级回路自阻抗 Z_{22} 通过互感反映到初级回路的等效阻抗。

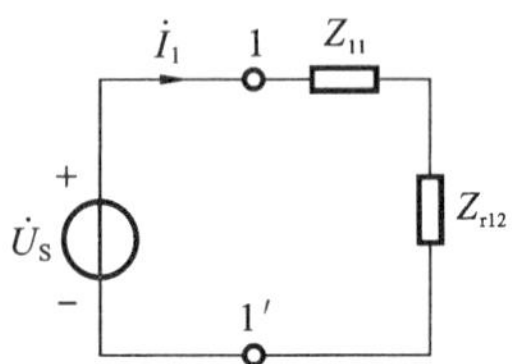

图 8-9　空芯变压器初级等效电路

对于空芯变压器电路，负载所在的次级回路与电源所在的初级回路并没有电的直接联系，负载所获功率是由初级回路通过互感传输到次级回路的，负载的存在给初级回路增加了一个"负担"，这一"负担"相当于在初级回路中增加了一个阻抗——反映阻抗 Z_{r12}。

由式(8-5)可构造出空芯变压器初级回路的等效电路，如图 8-9 所示。显然，当次级开路时，$Z_{22}=\infty$，$Z_{r12}=0$。

在进行空芯变压器电路的分析计算时，可先在初级等效电路中计算得出初级电流 $\dot{I}_1$，再利用式(8-4)计算次级电流 $\dot{I}_2$。

8.3.2 次级等效电路、反映阻抗 Z_{r21}

图 8-8 所示中负载 Z_L 以外的部分可以取得戴维南等效电路，如图 8-10(a)所示。由图 8-10(b)、(c)可分别计算得出$\dot{U}_{OC}$和 Z_{eq}。

$$\dot{U}_{OC}=j\omega M\dot{I}'_1=j\omega M\frac{\dot{U}_S}{R_1+j\omega L_1}=Z_M\frac{\dot{U}_S}{Z_{11}}$$

$$Z_{eq}=R_2+j\omega L_2+\frac{(\omega M)^2}{Z_{11}}=R_2+j\omega L_2+Z_{r21}$$

式中，$Z_{r21}=\dfrac{(\omega M)^2}{Z_{11}}$，是初级回路在次级回路中的反映阻抗。

图 8-10(a)即为空芯变压器次级回路的等效电路图。根据该图，可直接求得次级电流 $\dot{I}_2$ 以及负载的电压、功率。

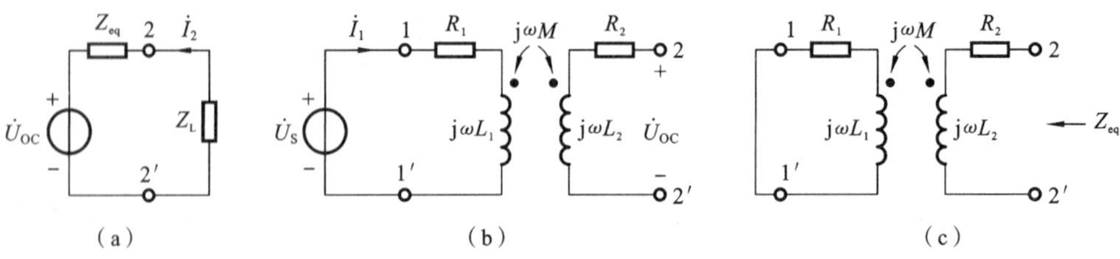

图 8-10　次级戴维南等效电路

应注意，反映阻抗 Z_{r12}、Z_{r21} 与同名端无关，但 $\dot{U}_{OC}$ 的极性与同名端有关。

例 8-6 在图 8-11(a)所示电路中，$R_1=2.5\ \Omega$，$R_2=2\ \Omega$，$X_{L1}=5\ \Omega$，$X_{L2}=4\ \Omega$，$X_M=3\ \Omega$，$Z_L=(1-j)\Omega$，$\dot{U}_S=100\angle 0°\ V$。求电压源发出的功率 P。

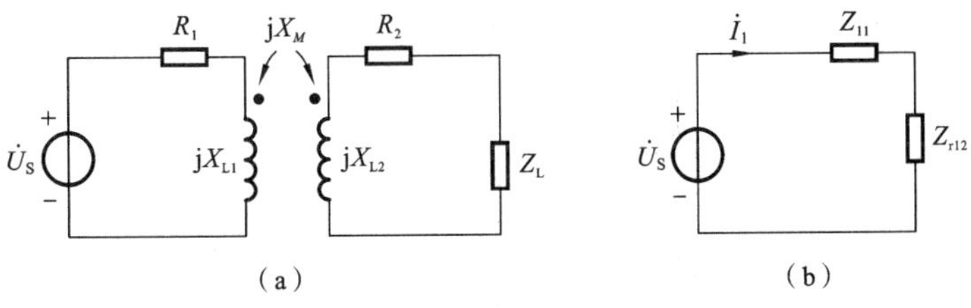

图 8-11 例 8-6 图

解 初级回路自阻抗 $Z_{11}=R_1+jX_{L1}=(2.5+j5)\Omega$

次级回路自阻抗 $Z_{22}=R_2+jX_{L2}+Z_L=(2+j4+1-j)\Omega=(3+j3)\Omega$

次级对初级的反映阻抗 $Z_{r12}=\dfrac{X_M^2}{Z_{22}}=\dfrac{3^2}{3+j3}\ \Omega=(1.5-j1.5)\Omega$

作初级等效电路，如图 8-11(b)所示。由该电路得

$$\dot{I}_1=\frac{\dot{U}_S}{Z_{11}+Z_{r12}}=\frac{100}{2.5+j5+1.5-j1.5}\ A=\frac{100}{4+j3.5}\ A=\frac{100}{5.32\angle 41.19°}\ A=18.8\angle -41.19°\ A$$

电源发出的功率

$$P=U_S I_1\cos 41.19°=100\times 18.8\times 0.75\ W=1410\ W$$

思考与练习

8-3-1 试证明空芯变压器次级回路吸收的功率等于初级等效电路中反映阻抗 Z_{r12} 吸收的功率。

8-3-2 在练习图 8-4 中，$R=500\ \Omega$，$L_1=50\ mH$，$L_2=40\ mH$，$M=10\ mH$，$R_L=5\ \Omega$，$i_S(t)=10\sin(2000t)A$，求电流 i_1、i_2 和 i_R。

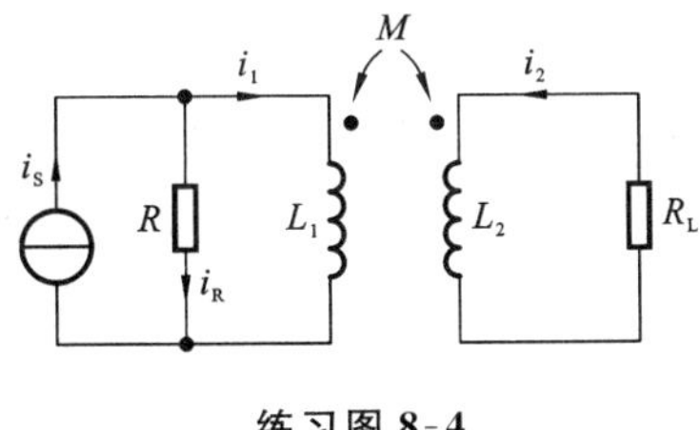

练习图 8-4

8.4 理想变压器

8.4.1 理想变压器的特性方程

理想变压器是铁芯变压器的理想化模型。图 8-12 所示的铁芯变压器，其初、次级匝数

分别为 N_1 和 N_2。所谓的“理想”是指铁芯磁导率极高(即 $\mu\approx\infty$),磁通 Φ 全部集中于铁芯,与初、次级全部匝数交链,此时线圈的互感磁通必等于自感磁通,耦合系数为1;理想变压器不消耗能量。理想变压器的电路符号如图 8-13 所示,其中 n 称为理想变压器的变比。

$$n=\frac{N_1}{N_2} \tag{8-6}$$

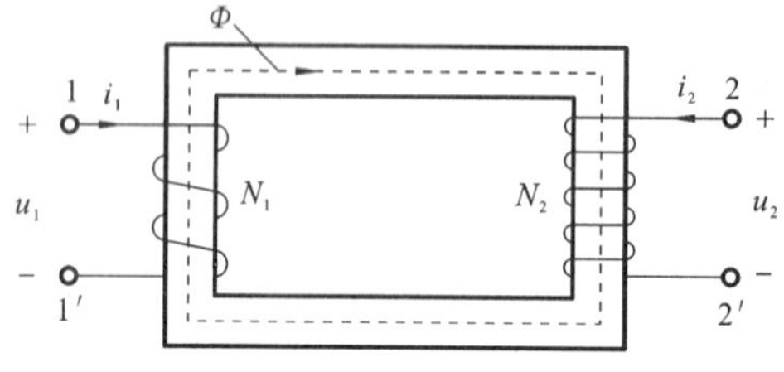

图 8-12　铁芯变压器

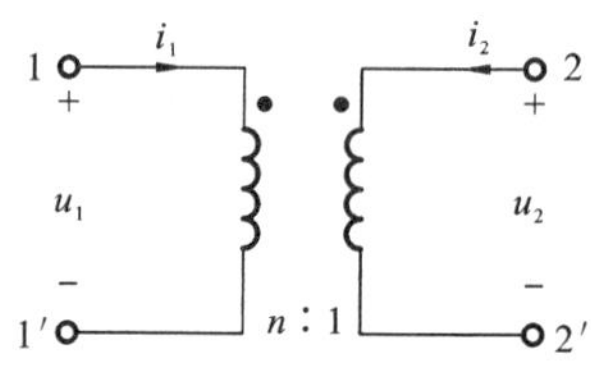

图 8-13　理想变压器

由电磁感应定律,有

$$u_1=\frac{\mathrm{d}\Psi_1}{\mathrm{d}t}=N_1\ \frac{\mathrm{d}\Phi}{\mathrm{d}t},\quad u_2=\frac{\mathrm{d}\Psi_2}{\mathrm{d}t}=N_2\ \frac{\mathrm{d}\Phi}{\mathrm{d}t}$$

即

$$u_1=\frac{N_1}{N_2}u_2=nu_2 \tag{8-7}$$

由安培环路定律,得

$$i_1N_1+i_2N_2=Hl=\frac{B}{\mu}l=\frac{\Phi}{\mu S}l$$

式中,H、B 分别为铁芯中的磁场强度和磁感应强度;S 为铁芯截面积;l 为铁芯中平均磁路长度。由于铁芯 $\mu\approx\infty$,而磁通 Φ 有限,因此 $i_1N_1+i_2N_2=0$,即

$$i_2=-\frac{N_1}{N_2}i_1=-ni_1 \tag{8-8}$$

式(8-7)和式(8-8)是理想变压器的特性方程,在正弦稳态条件下,u_1、u_2、i_1、i_2 可以用相应相量表示。

值得强调如下几点:

(1) 描述理想变压器特性的参数只有一个——变比 n。其特性方程中的正、负号必须根据 u_1、u_2 和 i_1、i_2 参考方向与同名端的关系确定。如果 u_1 和 u_2 在同名端极性相同,则 u_1、u_2 关系式中冠以“+”号,反之冠以“−”号;如果 i_1、i_2 均从同名端流入(或流出),则 i_1、i_2 关系式中冠以“−”号,否则冠以“+”号。例如,根据以上原则,图 8-14(a)、(b)所示理想变压器的特性方程分别为

$$u_1=-nu_2,\quad i_2=ni_1\quad 和\quad u_1=nu_2,\quad i_2=-ni_1$$

(2) 任一时刻,理想变压器吸收的瞬时功率恒等于零。例如,对于图 8-13 所示理想变压器,瞬时功率为

$$p=u_1i_1+u_2i_2=nu_2\left(-\frac{1}{n}i_2\right)+u_2i_2=0$$

(3) 特性方程中的电压和电流都必须是随时间变化而变化的。

可见,和电感以及耦合电感不同,理想变压器不是储能元件和记忆元件;和电阻也不同,

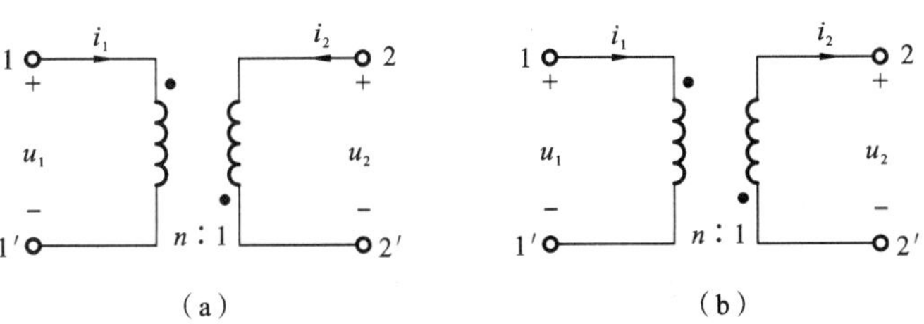

图 8-14　理想变压器的特性方程

理想变压器不是耗能元件。

例 8-7　图 8-15(a)所示理想变压器,其变比为 1∶10,已知$\dot{U}_S=10\angle 0°\ \text{V}$,$R_1=1\ \Omega$,$R_2=100\ \Omega$,求电压$\dot{U}_2$。

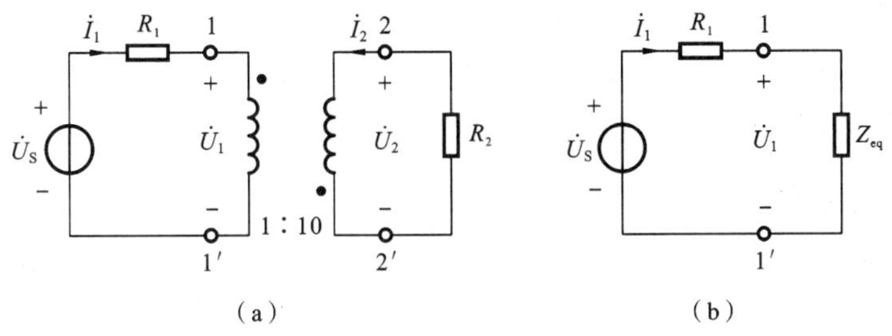

图 8-15　例 8-7 图

解法一　按图 8-15(a)可以列出方程

$$R_1\dot{I}_1+\dot{U}_1=\dot{U}_S,\quad R_2\dot{I}_2+\dot{U}_2=0$$

根据理想变压器的特性方程,有

$$\dot{U}_2=-10\dot{U}_1,\quad \dot{I}_1=10\dot{I}_2$$

代入数据,解得

$$\dot{U}_2=-5\dot{U}_S=-50\angle 0°\ \text{V}$$

解法二　先用初级等效电路求$\dot{U}_1$,再按理想变压器特性方程求$\dot{U}_2$。端子 1-1′右侧电路的输入阻抗

$$Z_{eq}=\frac{\dot{U}_1}{\dot{I}_1}=\frac{-\frac{1}{10}\dot{U}_2}{10\dot{I}_2}=0.1^2\left(-\frac{\dot{U}_2}{\dot{I}_2}\right)=0.1^2R_2=1\ \Omega$$

初级等效电路如图 8-15(b)所示,求得

$$\dot{U}_1=\frac{Z_{eq}}{R_1+Z_{eq}}\dot{U}_S=0.5\dot{U}_S$$

$$\dot{U}_2=-10\dot{U}_1=-5\dot{U}_S=-50\angle 0°\ \text{V}$$

8.4.2　理想变压器的阻抗变换性质

由以上分析可以看出:理想变压器具有改变电压大小、改变电流大小的作用,因此,也具有阻抗变换的作用。在图 8-16(a)所示电路中,设理想变压器次级接负载阻抗 Z_L,则从初级端口 1-1′看进去的等效阻抗为

$$Z_i=\frac{\dot{U}_1}{\dot{I}_1}=\frac{n\dot{U}_1}{\frac{1}{n}\dot{I}_2}=n^2\frac{\dot{U}_2}{\dot{I}_2}=n^2Z_L \tag{8-9}$$

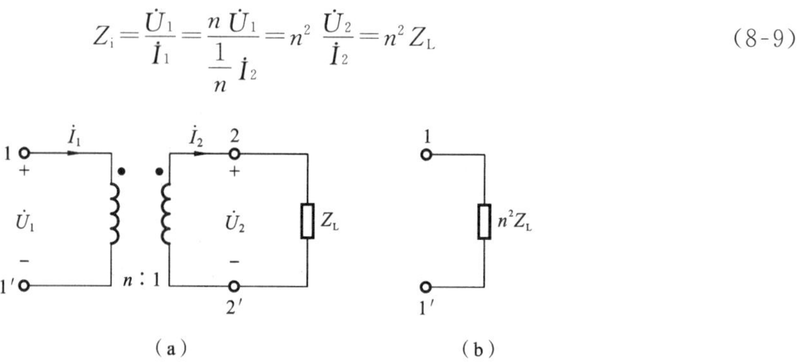

图 8-16　理想变压器的阻抗变换性质

式(8-9)表明，当理想变压器次级接阻抗 Z_L 时，对理想变压器来说，相当于在其初级接一个值为 n^2Z_L 的阻抗(如图 8-16(b)所示)，即理想变压器有变换阻抗的作用。Z_i 又称为变压器次级对初级的折合阻抗，折合阻抗的计算与同名端无关。若变压器次级分别接入 R、L、C，则折合至初级将分别为 n^2R、n^2L、$\frac{1}{n^2}C$，也就是变换了元件的参数。

利用阻抗变换性质，可以简化含理想变压器电路的分析计算。在电子技术中，常利用理想变压器的阻抗变换作用来实现功率匹配。

例 8-8　如图 8-17(a)所示，晶体管末级放大电路的输出阻抗为 800 Ω，扬声器(喇叭)的电阻为 8 Ω，为使扬声器获得最大功率，在放大电路末级与扬声器间应连接一变压器，设此变压器可按理想变压器处理，求该变压器的变比 n。

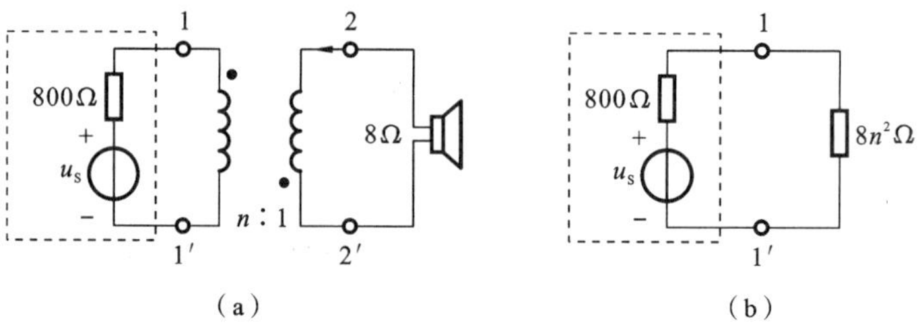

图 8-17　例 8-8 图

解　根据最大功率传输定理，负载获得最大功率的条件是负载电阻与电源内阻匹配(相等)。接入理想变压器后，只要其次级在初级中的折合电阻等于电源内阻 800 Ω，负载(扬声器)就可获得最大功率。由理想变压器阻抗变换性质，可得初级等效电路如图 8-17(b)所示。当 $8n^2=800$ 即 $n=10$ 时，扬声器可获得最大功率。

例 8-9　求图 8-18(a)所示电路中理想变压器次级电流 $\dot{I}_2$ 和负载 Z_L 吸收的功率。

解法一　先计算初级电流 $\dot{I}_1$，再计算次级电流 $\dot{I}_2$ 和负载吸收的功率。

将次级阻抗折合到初级，作出初级等效电路，如图 8-18(b)所示，图中

$$Z'_L=2^2Z_L=4\times(1+j1)\Omega=(4+j4)\Omega$$

初级电流

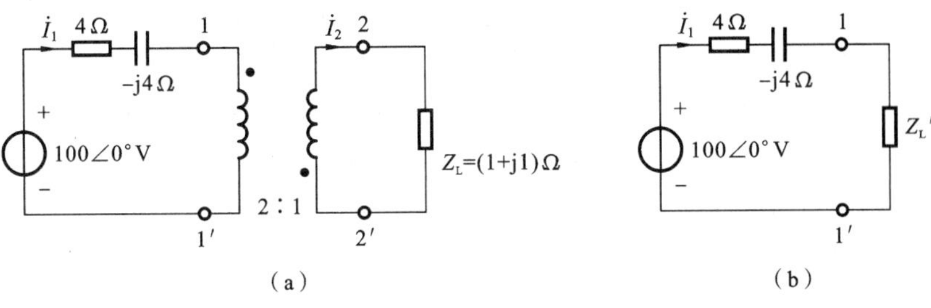

图 8-18 例 8-9 图 1

$$\dot{I}_1=\frac{100\angle 0^\circ}{4-\mathrm{j}4+(4+\mathrm{j}4)}\ \mathrm{A}=12.5\angle 0^\circ\ \mathrm{A}$$

次级电流

$$\dot{I}_2=-2\dot{I}_1=-2\times 12.5\angle 0^\circ\ \mathrm{A}=25\angle 180^\circ\ \mathrm{A}$$

负载吸收的功率

$$P=I_2^2\mathrm{Re}[Z_\mathrm{L}]=25^2\times 1\ \mathrm{W}=625\ \mathrm{W}$$

解法二 用戴维南定理求次级电流 $\dot{I}_2$ 和负载吸收的功率。

在图 8-19(a)所示次级等效电路中,$\dot{U}_\mathrm{OC}$和 Z_eq可分别在图 8-19(b)和(c)中求得。

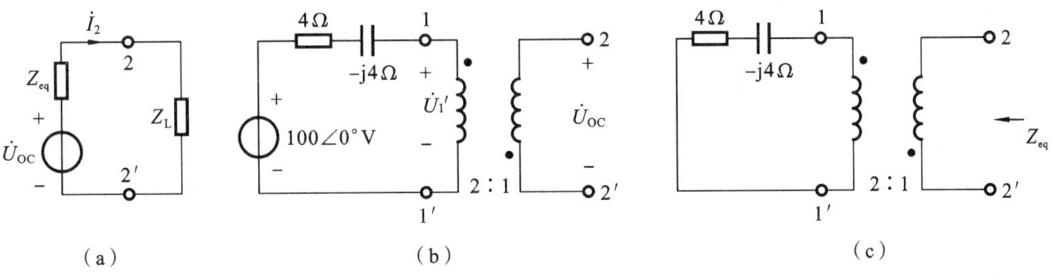

图 8-19 例 8-9 图 2

在图 8-19(b)中,次级开路,次级电流为零,根据理想变压器的特性,初级电流也必为零。故

$$\dot{U}'_1=100\angle 0^\circ\ \mathrm{V},\quad \dot{U}_\mathrm{OC}=-\frac{1}{2}\dot{U}'_1=-\frac{1}{2}\times 100\angle 0^\circ\ \mathrm{V}=50\angle 180^\circ\ \mathrm{V}$$

在图 8-19(c)中,由阻抗变换性质,有

$$Z_\mathrm{eq}=\left(\frac{1}{2}\right)^2\times(4-\mathrm{j}4)\ \Omega=(1-\mathrm{j}1)\ \Omega$$

Z_eq是初级阻抗在次级中的折合值。本例中,变压器变比 $n=2$,而 Z_eq的计算是用 $n=\frac{1}{2}$代入式(8-9)取得的。关于这一点,请读者思考。

思考与练习

8-4-1 若图 8-16 所示中次级的"·"端改在下方,试证明有关折合阻抗的结论仍然成立。

8-4-2 在练习图 8-5 所示中，若负载阻抗 Z_L 的电阻和电抗分量均可调节，试从次级等效电路计算 Z_L 为何值时能获得最大功率，并求此最大功率。

8-4-3 在练习图 8-6 所示中，分别作出求解电流 $\dot{I}_1$ 和 $\dot{I}_2$ 的等效电路。

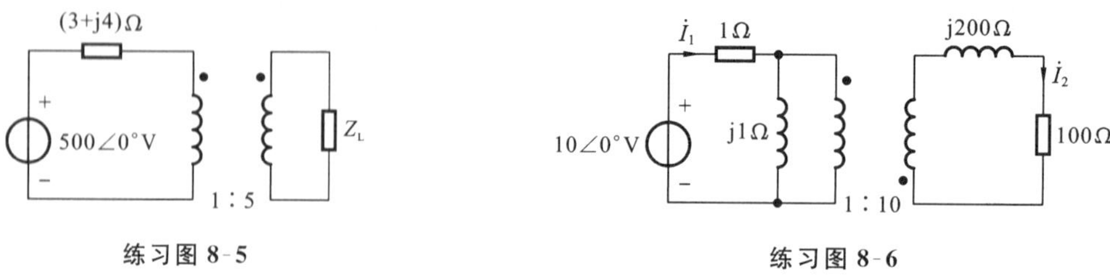

练习图 8-5　　　　练习图 8-6

本 章 小 结

互感描述了一个线圈产生的磁场在另一个线圈两端产生感应电压的大小。互感 M 是一个电路参数，它使一个线圈中所感应的电压与另一个线圈中的时变电流建立联系。因此，每一个线圈的电压由自感电压和互感电压构成。

$$u_1 = L_1 \frac{\mathrm{d}i_1}{\mathrm{d}t} + M \frac{\mathrm{d}i_2}{\mathrm{d}t}, \quad u_2 = L_2 \frac{\mathrm{d}i_2}{\mathrm{d}t} + M \frac{\mathrm{d}i_1}{\mathrm{d}t}$$

同名端的约定有两层含义：若两线圈的电流都从同名端流入，则线圈中的磁场得到加强；确定了互感电压的极性，即当一个线圈的电流从标记端流入时，在另一线圈产生的互感电压在标记端为正。

耦合系数 $k = M/\sqrt{L_1 L_2}$，表示两个线圈耦合的紧密程度，其取值范围为 0～1。

有一端相连的两个耦合电感，可以用 T 形等效电路来替代，有互感的电路就变成了无互感的电路。

空芯变压器也称线性变压器，常用反映阻抗分析其电路，同时也可以用去耦等效电路分析。

理想变压器是实际变压器的理想化模型，其特点是无损耗、全耦合及电感量为无穷大。

理想变压器有三大作用，即变换电压、变换电流和变换阻抗，可用折合阻抗分析法对其加以分析。

空芯变压器的反映阻抗与理想变压器的折合阻抗是不同的。

含理想变压器的电路可以用回路分析法和节点分析法计算。对一般含有耦合电感的电路可用网孔分析法或回路分析法计算。

习　　题

8-1 写出题图 8-1 所示电路中各耦合电感的伏安特性关系式。

8-2 正弦稳态电路如题图 8-2 所示，已知 $L_1 = 5$ mH，$L_2 = 3$ mH，$M = 1$ mH，$i_S(t) = 10\sin(100t)$ A，求 $u_2(t)$。

8-3 正弦稳态电路中如题图 8-3 所示，已知电流源 $i_S(t) = \sqrt{2}\sin(10t)$ A，求开路电压 u_{OC}。

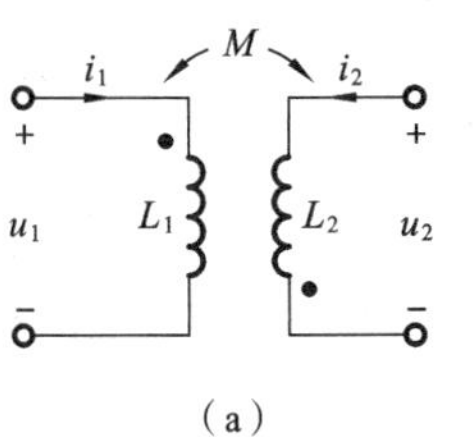

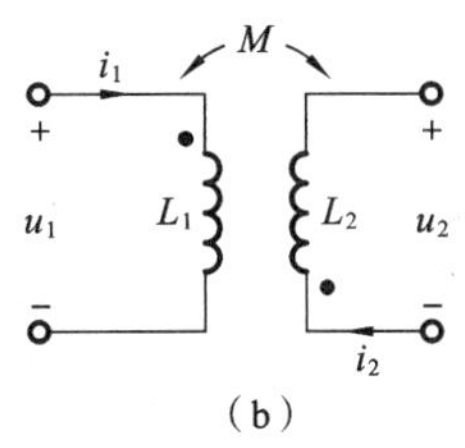

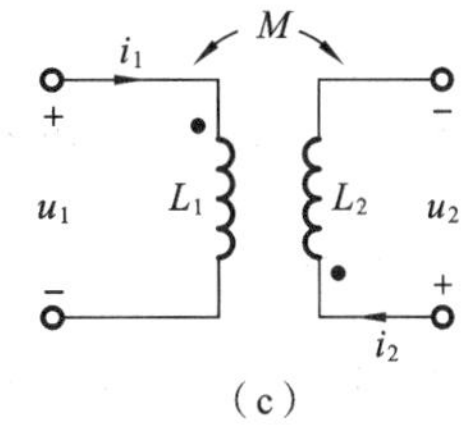

题图 8-1

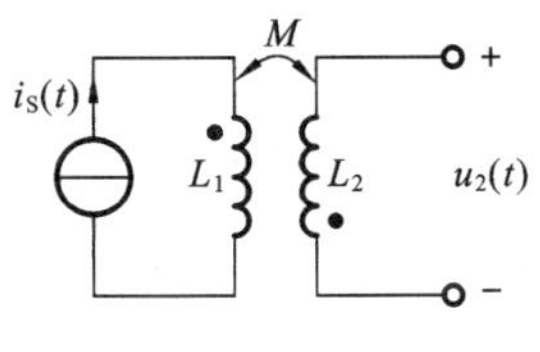

题图 8-2

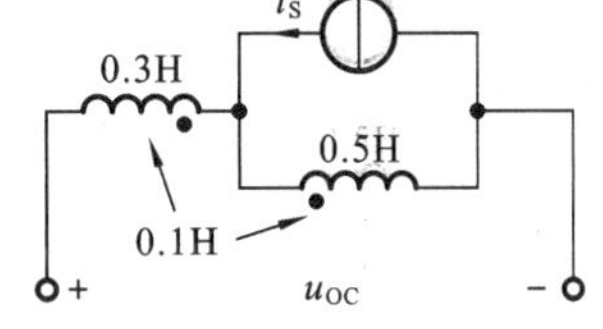

题图 8-3

8-4 电路如题图 8-4(a)所示，一个周期性电流源波形如题图 8-4(b)所示，电压表读数（有效值）为 25 V。

(1) 画出 u_1 和 u_2 的波形图，并计算互感 M；

(2) 如果同名端弄错，对(1)的结果有无影响？

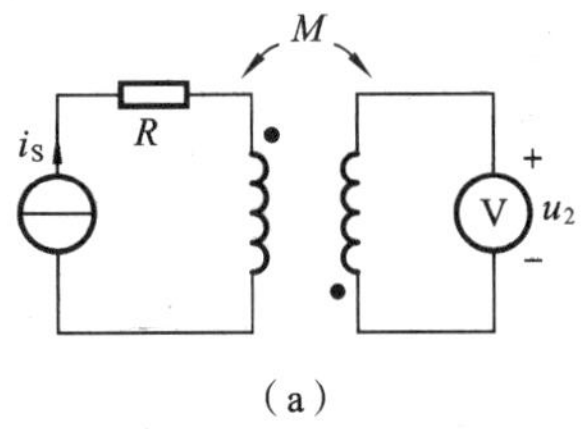

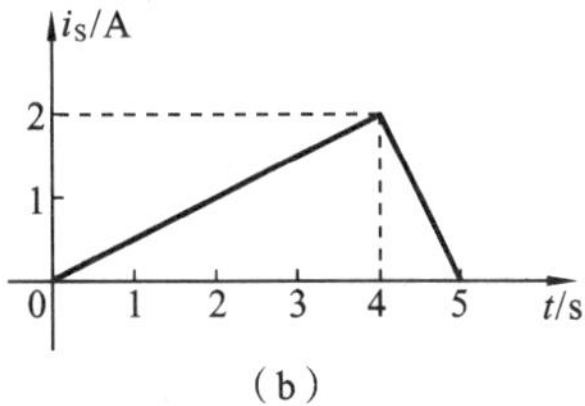

题图 8-4

8-5 电路如题图 8-5 所示，$i_1(t)=3e^{-20t}$ A，$i_2(t)=-18e^{-20t}$ A，求 $u_1(t)$、$u_2(t)$和 $u_S(t)$。

8-6 试求题图 8-6 所示电路的开路电压$\dot{U}_{ab}$。

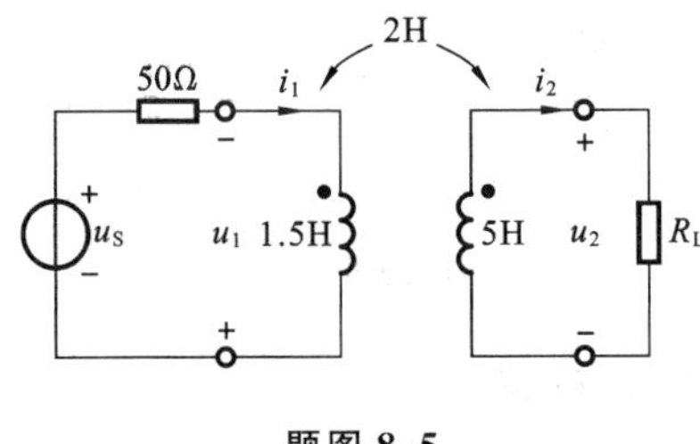

题图 8-5

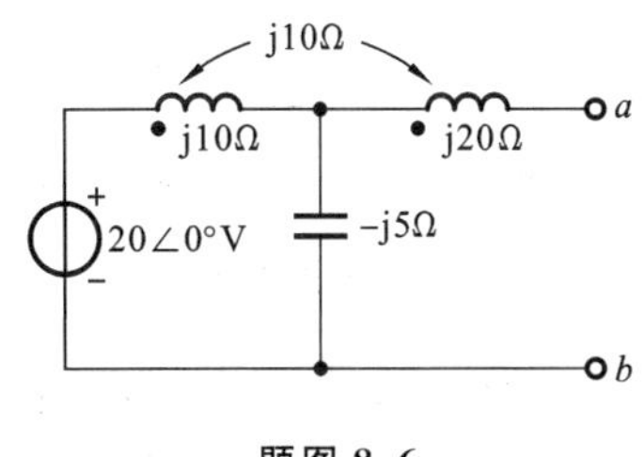

题图 8-6

8-7 电路如题图 8-7 所示，已知 $L_1=6$ H，$L_2=3$ H，$M=4$ H，试求从端子 1-1′看进去的等效电感。

8-8 电路如题图 8-8 所示，求输入阻抗 $Z(\omega=1$ rad/s)。

8-9 电路如题图 8-9 所示，$L_1=10$ mH，$L_2=4$ mH，$M=6$ mH，$\omega=10^3$ rad/s，求 Z_{AB}。

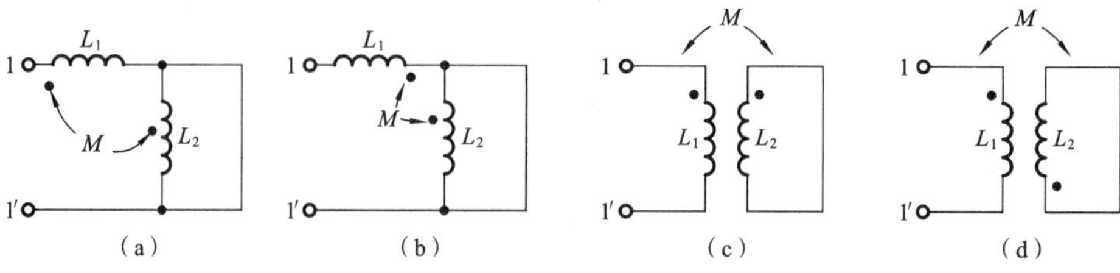

题图 8-7

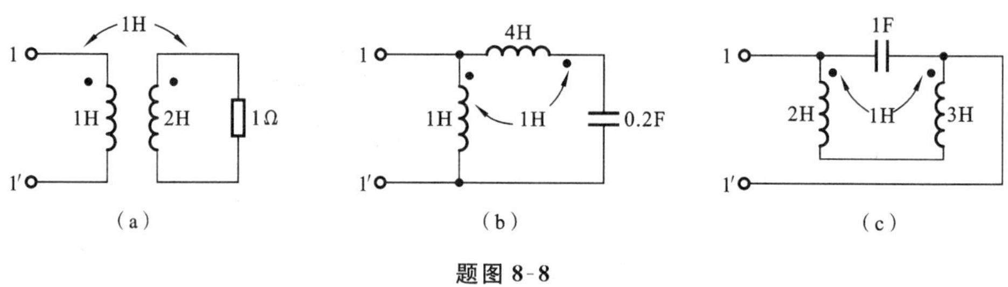

题图 8-8

8-10 电路如题图 8-10 所示，求 AB 间的戴维南等效电路。

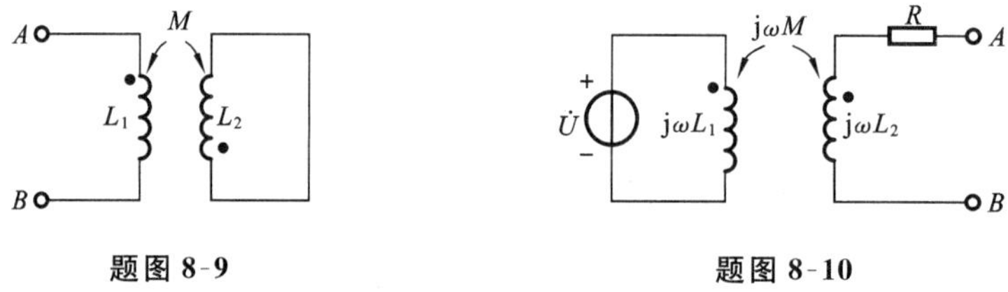

题图 8-9　　题图 8-10

8-11 电路如题图 8-11 所示，$M=0.01$ H，求此串联电路的谐振角频率。

8-12 电路如题图 8-12 所示，$\dot{U}_1=60\angle 0^\circ$ V，试求二端电路的戴维南等效电路。

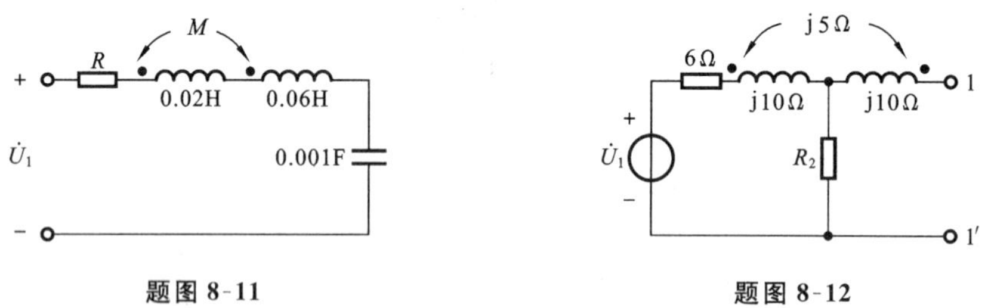

题图 8-11　　题图 8-12

8-13 电路如题图 8-13 所示，求 a、b 端的戴维南等效电路。

8-14 电路如题图 8-14 所示，已知 $L_1=5$ H，$L_2=1.2$ H，$M=1$ H，$R=10$ Ω，$u_S(t)=100\sqrt{2}\sin(10t)$ V，试求电流 i_2。

8-15 电路如题图 8-15 所示，求电流 $\dot{I}_1$ 和电压 $\dot{U}_2$。

8-16 电路如题图 8-16 所示，已知 $\dot{I}_S=5\angle 0^\circ$ A，$\omega=3$ rad/s，$R=4$ Ω，$L_1=4$ H，$L_2=3$ H，$M=2$ H，求$\dot{U}_2$。

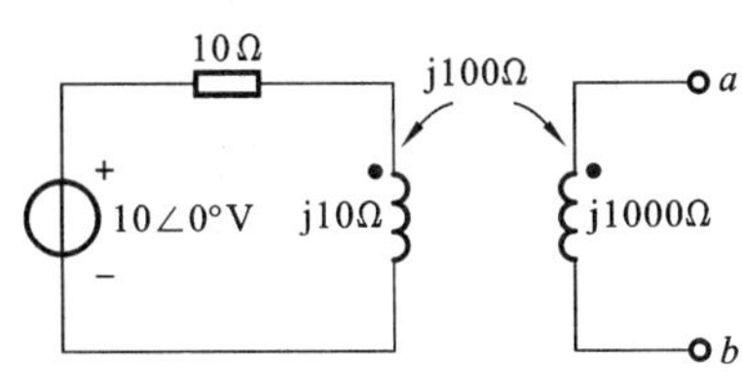

题图 8-13

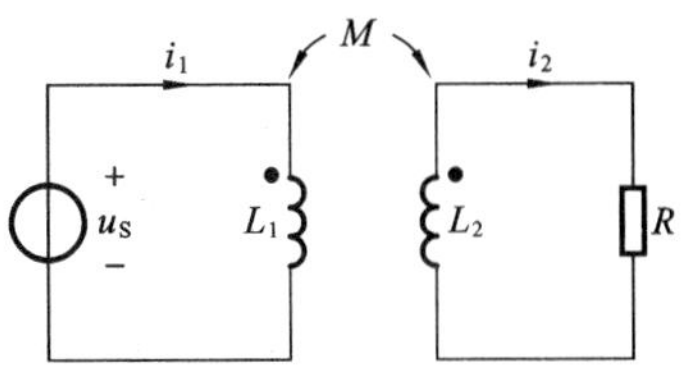

题图 8-14

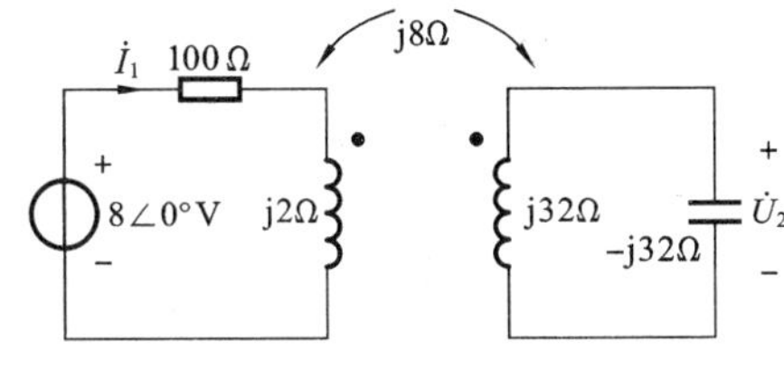

题图 8-15

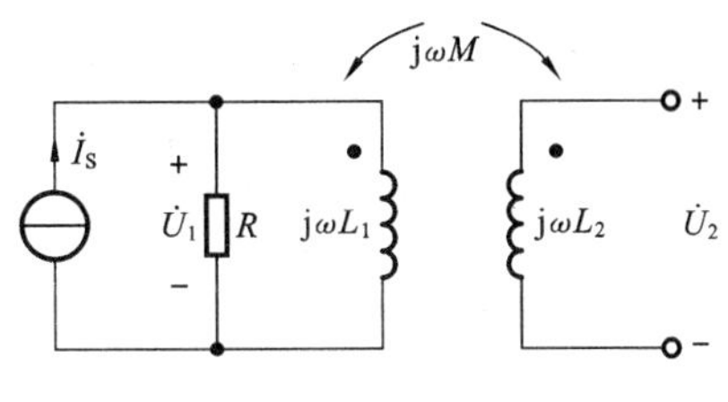

题图 8-16

8-17　电路如题图 8-17 所示，已知 $u_S=8\sqrt{2}\sin(2t+90°)$ V，$i_S=2\sqrt{2}\sin(2t)$ A，试求 $i(t)$。

8-18　试列写题图 8-18 所示电路的网孔电流方程。

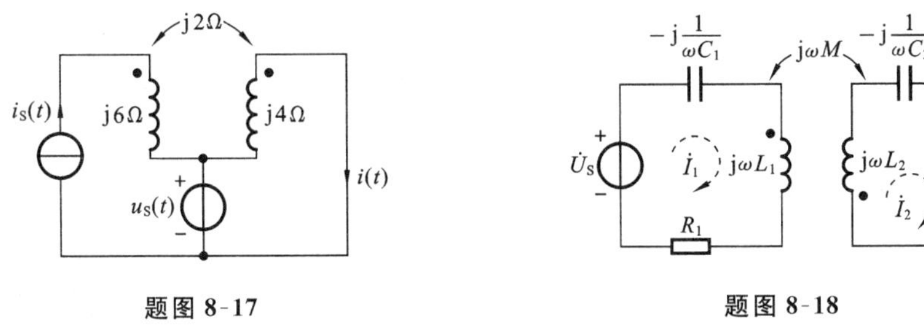

题图 8-17　　　　题图 8-18

8-19　电路如题图 8-19 所示，试问 Z_L 为何值时可获得最大功率？最大功率为多少？

8-20　含理想变压器的电路如题图 8-20 所示，求负载电阻 R_L 获得最大功率时变压器的变比 n。

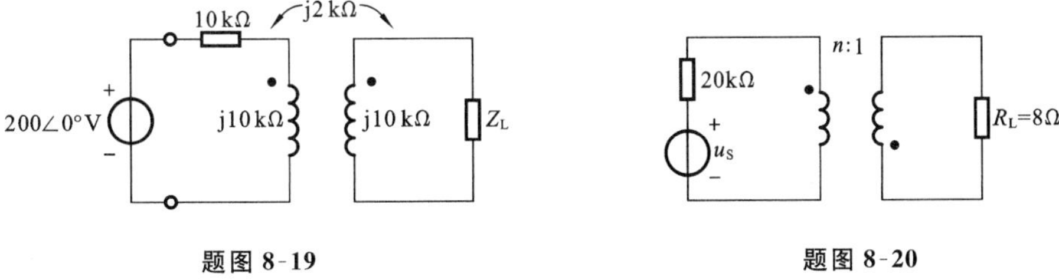

题图 8-19　　　　题图 8-20

8-21　电路如题图 8-21 所示，求电压 $\dot{U}_2$。

8-22　电路如题图 8-22 所示，已知电流表的读数为 10 A，端口电压有效值 $U_S=10$ V，求阻抗 Z。

8-23　电路如题图 8-23 所示，已知 $\dot{U}_S=20\angle0°$ V，试求 $\dot{I}$。

8-24　含理想变压器的电路如题图 8-24 所示，已知 $\dot{U}_o=10\angle0°$ V，试求 $\dot{U}_S$。

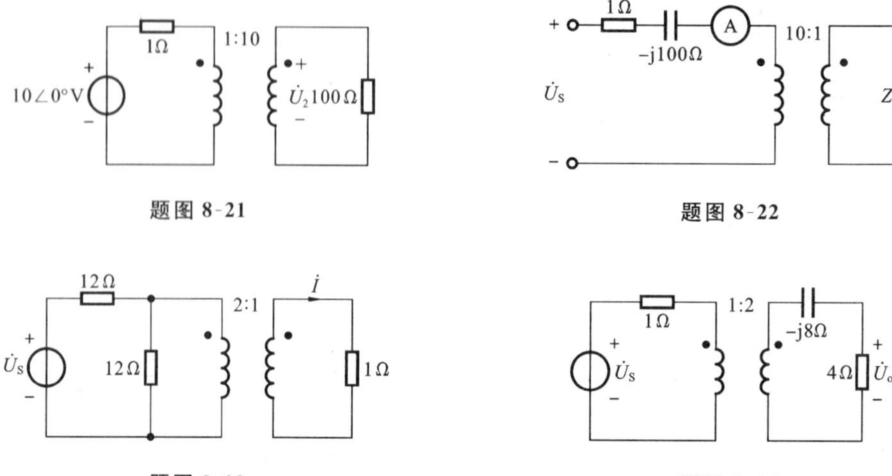

题图 8-21　　题图 8-22

题图 8-23　　题图 8-24

8-25　题图 8-25 所示电路中 $u_S=10\sqrt{2}\sin(\omega t)$ V，$R_1=10\ \Omega$，$L_1=L_2=0.1$ mH，$M=0.02$ mH，$C_1=C_2=0.01\ \mu$F，$\omega=10^6$ rad/s。求 R_2 为何值时可获得最大功率？并求出最大功率。

8-26　题图 8-26 所示电路中 $C_1=10^{-3}$ F，$L_1=0.3$ H，$L_2=0.6$ H，$M=0.2$ H，$R=10\ \Omega$，$u_1=100\sqrt{2}\sin(100t-30°)$ V，C 可变动。试求 C 为何值时，R 可获得最大功率？并求出最大功率。

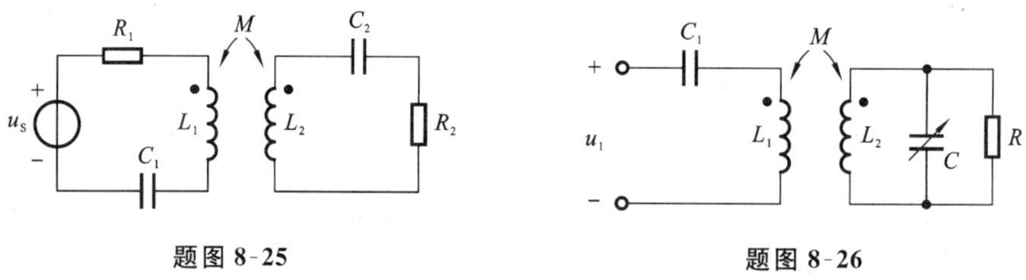

题图 8-25　　题图 8-26

第9章　三相电路

广泛应用的交流电几乎都是由三相发电机产生和用三相输电线输送的。工程上把3个频率相同但初相位不同的正弦电源与3组负载按特定方式连接组成的电路，称为三相电路。其中每个电源称为三相电路的一相电源，每组负载称为三相电路的一相负载。电力系统主要是采用三相制，因为从发电、输电和用电各个方面来说，三相制比单相制具有更多优点。

从电路理论角度看，三相电路不过是复杂的正弦稳态电路，可用第7章所述方法分析计算。但三相电路特别是对称三相电路有它本身的特点，因此，分析上也有其自身的特点。

9.1　三相电路的基本概念

9.1.1　对称三相电源及对称负载

对称三相电源是由3个频率相同、幅值相等、初相依次相差120°的正弦电压源连接成星形(Y)或三角形(△)组成的电源，如图9-1(a)、(b)所示。这三个电源依次称为A相、B相和C相，以A相电压u_A作为参考正弦量，它们的电压瞬时值表达式为

$$u_A=\sqrt{2}U\sin(\omega t) \tag{9-1a}$$

$$u_B=\sqrt{2}U\sin(\omega t-120°) \tag{9-1b}$$

$$u_C=\sqrt{2}U\sin(\omega t-240°)=\sqrt{2}U\sin(\omega t+120°) \tag{9-1c}$$

它们的相量为

$$\dot{U}_A=U\angle 0° \tag{9-2a}$$

$$\dot{U}_B=U\angle -120° \tag{9-2b}$$

$$\dot{U}_C=U\angle 120° \tag{9-2c}$$

对称三相电源各相电压的波形和相量图如图9-1(c)、(d)所示。对称三相电压满足以下条件：

$$u_A+u_B+u_C=0 \quad 或 \quad \dot{U}_A+\dot{U}_B+\dot{U}_C=0 \tag{9-3}$$

图9-1(a)所示为三相电源的星形连接方式，称为星形或Y形电源。从3个电压源正极性端子A、B、C向外引出的导线称为端线(俗称火线)，从中性点N引出的导线称为中性线(俗称零线)。三相电压源依次连接成一个回路，再从端子A、B、C引出端线，如图9-1(b)所示，就成为三相电源的三角形连接，简称三角形或△形电源。三角形电源不能引出中性线。

图9-1(b)所示三相电源回路中，由于$\dot{U}_A+\dot{U}_B+\dot{U}_C=0$，回路中的电流也为零，即在未接

负载情况下，电源回路中不出现电流。但是，如果不慎将一相(例如 C 相)的极性接错，则电源回路中的总电压为$\dot{U}_A+\dot{U}_B-\dot{U}_C=-2\dot{U}_C$。考虑到实际电源的内阻很小，在这样一个数值为各电源电压两倍的电压作用下，电源回路中将产生很大的环流而危及电源的安全。另外，实际上由三相发电机所产生的三相电压只能是近似的正弦波，即使三角形接法正确(如图 9-1(b)所示)，电源回路中也会有环流，这会引起电能损耗，降低电源寿命。所以三相发电机一般不作三角形连接。

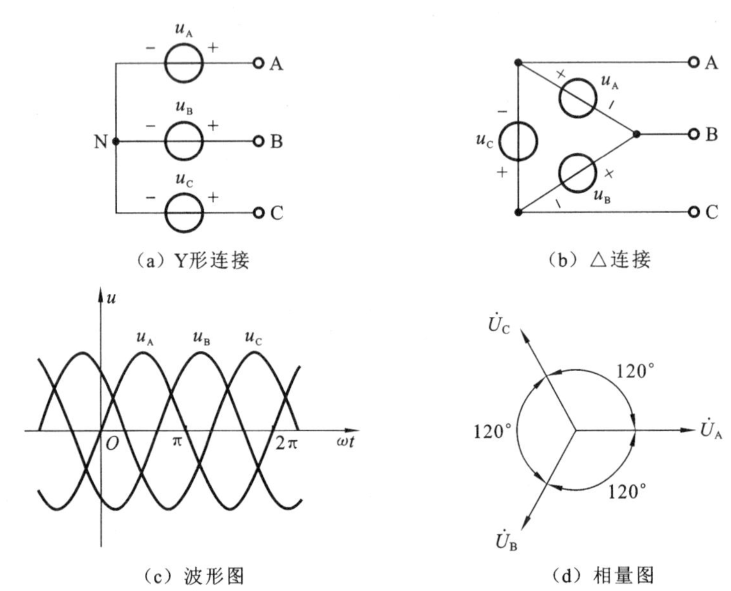

图 9-1　对称三相电源

各相电压达到同一数值(如正最大值)的先后次序称为相序。图 9-1(c)所示中这种次序为 A→B→C→A，称为正序或顺序。与此相反，如 B 相超前 A 相 120°，C 相超前 B 相 120°，这种相序称为负序或逆序。若各相相互间的相位差为零，则称为零序。电力系统一般采用正序。三相电源的相序改变时，将改变供电的三相电动机旋转方向，这种方法常用于控制电动机的转向。本书只讨论正序情况。

在三相电压中，以哪一相作为 A 相是可以任意指定的，由于发电机产生的三相电压的相序不会改变，因此 A 相确定之后，比 A 相滞后 120°的一相就是 B 相，比 A 相超前 120°的一相就是 C 相。实际中通常在交流发电机或三相变压器的引出线以及实验室配电装置的三相母线上，以黄、绿、红三种颜色分别表示 A、B、C 三相[①]。

三相负载的连接方式类似三相电源，也有星形(Y)和三角形(△)两种。当三个负载的阻抗相等时，就称为对称三相负载。如三相电动机是对称三相负载，而三相照明负载一般是不对称的。

① 各个国家的相序表示方法不同，如美国规定为 A 相、B 相、C 相；英国规定为 R 相(红相)、Y 相(黄相)、B 相(蓝相)；我国国标规定为 U 相、V 相和 W 相。

9.1.2 三相电路的连接方式

从三相电源的三个端子引出三条端线，把三相负载连接在端线上就形成了三相电路。若三相电源和三相负载都是对称的，且三条端线具有相同的阻抗，则此三相电路称为对称三相电路。图 9-2(a)、(b)所示为两个对称三相电路的示例。图(a)所示中的三相电源和三相负载均为星形连接，称为 Y-Y 连接方式(实线部分所示)；图(b)所示中三相电源为星形连接，负载为三角形连接，称为 Y-△连接方式。还有△-Y 和△-△连接方式。

在 Y-Y 连接中，如把三相电源的中性点 N 和负载的中性点 N′用一条如图 9-2(a)中虚线所示具有阻抗 Z_N 的中性线连接起来，这种连接方式称为三相四线制。其他连接方式均为三相三线制。

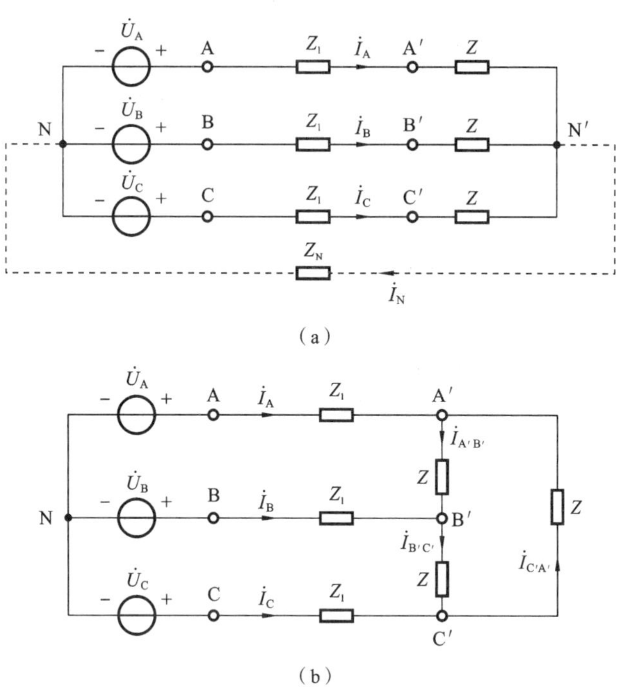

图 9-2 对称三相电路

思考与练习

9-1-1 解释名词：三相电路、对称三相电源、相序、对称三相负载、三相三线制、三相四线制。

9.2 对称三相电路的分析

由上节可知，三相电路实质上是一种结构特殊的复杂正弦交流电路，因此，前面讨论过的正弦稳态电路的分析方法对三相电路也完全适用。由于三相电路结构上的特点，尤其是在对称情况下，分析计算可以简化。

9.2.1 对称三相电路中线值与相值的关系

图 9-2(a)所示三相电路中，任一电源或负载的电压$\dot{U}_A$、$\dot{U}_B$、$\dot{U}_C$ 和$\dot{U}_{A'N'}$、$\dot{U}_{B'N'}$、$\dot{U}_{C'N'}$分别称为电源相电压和负载相电压。流过任一电源或负载的电流分别称为电源和负载的相电流。端线间的电压称为线电压，工程上如无特殊说明，则所谓三相电路的电压均指线电压，习惯以双下标字母次序表示线电压的参考方向，如$\dot{U}_{AB}$、$\dot{U}_{A'B'}$等。流过端线的电流 $\dot{I}_A$、$\dot{I}_B$、$\dot{I}_C$ 称为线电流，习惯规定各线电流的参考方向从电源指向负载。流过中线的电流称为中线电流，用$\dot{I}_N$ 表示，习惯规定它的参考方向由负载指向电源。在电源一侧，考虑到通常情况下电源是输出功率的，故习惯将其相电压和相电流的参考方向选成非关联的；而在负载一侧，通常情况下负载是吸收功率的，故习惯将其相电压和相电流的参考方向选成关联的。三相系统中的线电压和相电压、线电流和相电流之间的关系都与连接方式有关。

如图 9-2(a)所示，对于对称星形三相电源，电源的线电压为$\dot{U}_{AB}$、$\dot{U}_{BC}$、$\dot{U}_{CA}$，相电压为$\dot{U}_A$、$\dot{U}_B$、$\dot{U}_C$，根据 KVL，有

$$\left.\begin{aligned}\dot{U}_{AB}&=\dot{U}_A-\dot{U}_B=\sqrt{3}\dot{U}_A\angle 30^\circ\\ \dot{U}_{BC}&=\dot{U}_B-\dot{U}_C=\sqrt{3}\dot{U}_B\angle 30^\circ\\ \dot{U}_{CA}&=\dot{U}_C-\dot{U}_A=\sqrt{3}\dot{U}_C\angle 30^\circ\end{aligned}\right\}\tag{9-4}$$

对称的星形三相电源的线电压与相电压之间的关系可用电压相量图表示，如图 9-3(a)所示。作图方法是：先画出三个相电压，然后依次取两个相电压之差，就得到三个线电压。从图中看出，相电压对称时，线电压也一定依序对称，而且线电压的有效值是相电压有效值的$\sqrt{3}$倍，即

$$U_l=\sqrt{3}U_p$$

线电压在相位上超前其先行相电压 30°，例如，线电压$\dot{U}_{AB}$是由相电压$\dot{U}_A$ 和$\dot{U}_B$ 作差所得，其中$\dot{U}_A$ 先行于$\dot{U}_B$，线电压$\dot{U}_{AB}$超前它的先行相电压$\dot{U}_A$ 30°。类似地，$\dot{U}_{BC}$超前$\dot{U}_B$ 30°，$\dot{U}_{CA}$超前$\dot{U}_C$ 30°。

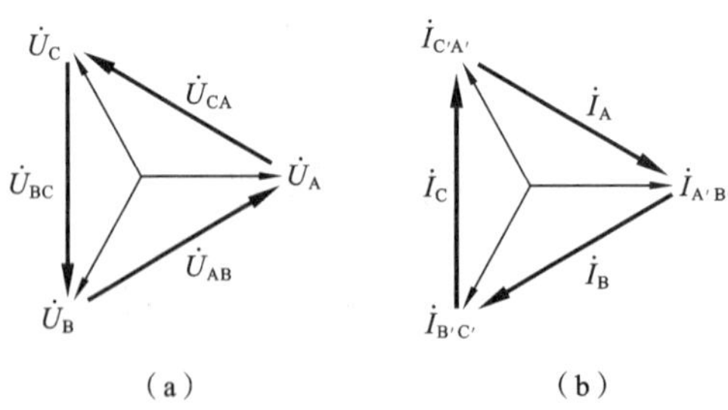

图 9-3 对称三相电路中线值与相值之间的关系

对于如图 9-1(b)所示三角形三相电源，有

$$\dot{U}_{AB}=\dot{U}_A,\quad \dot{U}_{BC}=\dot{U}_B,\quad \dot{U}_{CA}=\dot{U}_C$$

所以线电压等于对应的相电压，相电压对称时，线电压也一定对称。

以上线电压和相电压的关系也适用于对称星形负载端和三角形负载端。

以下讨论对称三相电源和三相负载中的线电流和相电流之间的关系。

对于星形连接，线电流显然等于对应的相电流；对三角形连接则并非如此。以图 9-2(b)所示三角形负载为例，负载的相电流为 $\dot{I}_{A'B'}$、$\dot{I}_{B'C'}$、$\dot{I}_{C'A'}$，三个线电流为 $\dot{I}_A$、$\dot{I}_B$、$\dot{I}_C$，根据 KCL，有

$$\dot{I}_A=\dot{I}_{A'B'}-\dot{I}_{C'A'},\quad \dot{I}_B=\dot{I}_{B'C'}-\dot{I}_{A'B'},\quad \dot{I}_A=\dot{I}_{C'A'}-\dot{I}_{B'C'}$$

图 9-3(b)是对称情况下的电流相量图。显然，如果三个相电流 $\dot{I}_{A'B'}$、$\dot{I}_{B'C'}$、$\dot{I}_{C'A'}$ 对称，则三个线电流也一定对称，线电流的有效值是相电流的$\sqrt{3}$倍，即

$$I_l=\sqrt{3}I_p$$

线电流在相位上滞后于其后续相电流 30°，即

$$\left.\begin{aligned}\dot{I}_A&=\sqrt{3}\,\dot{I}_{A'B'}\angle-30^\circ\\ \dot{I}_B&=\sqrt{3}\,\dot{I}_{B'C'}\angle-30^\circ\\ \dot{I}_C&=\sqrt{3}\,\dot{I}_{C'A'}\angle-30^\circ\end{aligned}\right\}\tag{9-5}$$

这里所谓的“后续相”，以 $\dot{I}_A$ 为例，它等于 $\dot{I}_{A'B'}$ 与 $\dot{I}_{C'A'}$ 的代数和，就 $\dot{I}_{A'B'}$ 与 $\dot{I}_{C'A'}$ 两者而言，$\dot{I}_{A'B'}$ 后续于 $\dot{I}_{C'A'}$，则称 $\dot{I}_{A'B'}$ 是线电流 $\dot{I}_A$ 的后续相电流。类似地，$\dot{I}_{B'C'}$ 是线电流 $\dot{I}_B$ 的后续相电流，$\dot{I}_{C'A'}$ 是线电流 $\dot{I}_C$ 的后续相电流。

最后强调指出，所有关于电压、电流的对称性以及上述对称相值和对称线值之间关系的论述，只能在指定的顺序和参考方向条件下才能以简单有序的形式表达出来，否则将会使问题的表述变得杂乱无序。

9.2.2 对称三相电路的计算

以对称三相四线制电路为例讨论对称三相电路的计算方法。图 9-2(a)所示电路中，Z_l 为线路阻抗，Z_N 为中线阻抗，N 和 N′分别为电源中点和负载中点。对于这种电路，考虑用节点电压法先求出两中点 N 和 N′之间的电压。以 N 为参考点，列节点电压方程

$$\left(\frac{1}{Z_N}+\frac{3}{Z_l+Z}\right)\dot{U}_{N'N}=\frac{1}{Z_l+Z}(\dot{U}_A+\dot{U}_B+\dot{U}_C)$$

由于

$$\dot{U}_A+\dot{U}_B+\dot{U}_C=0$$

所以

$$\dot{U}_{N'N}=0$$

因此可得三个线电流分别为

$$\dot{I}_A=\frac{\dot{U}_A-\dot{U}_{N'N}}{Z_l+Z}=\frac{\dot{U}_A}{Z_l+Z},\quad \dot{I}_B=\frac{\dot{U}_B-\dot{U}_{N'N}}{Z_l+Z}=\frac{\dot{U}_B}{Z_l+Z}=\dot{I}_A\angle-120^\circ$$

$$\dot{I}_C=\frac{\dot{U}_C-\dot{U}_{N'N}}{Z_l+Z}=\frac{\dot{U}_C}{Z_l+Z}=\dot{I}_A\angle 120^\circ$$

可以看出，各线(相)电流相互独立，$\dot{U}_{N'N}=0$ 是各线(相)电流相互独立、彼此无关的充分和必要条件，所以，对称的 Y-Y 三相电路在分析时可分裂为三个独立的单相电路，且线(相)电流构成对称组。因此，只要分析计算三相中的任一相，其他两线(相)的电流就能按照对称关系

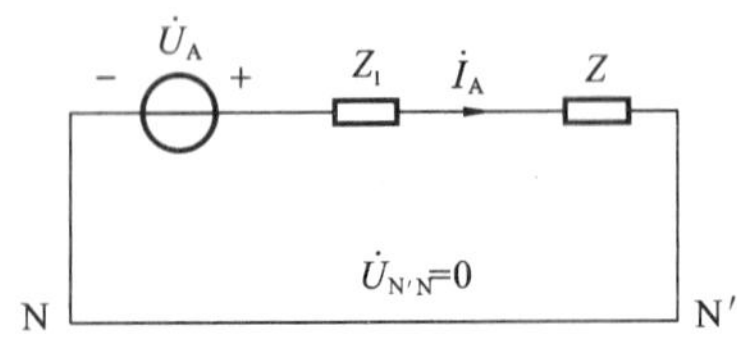

图 9-4 一相计算电路

直接写出。这就是对称的 Y-Y 三相电路归结为一相的计算方法。图 9-4 所示为一相计算电路(A 相)。注意,在一相计算电路中,连接 N 和 N′的短路线是$\dot{U}_{N'N}=0$的等效线,与中线阻抗 Z_N 无关。另外,中线电流为

$$\dot{I}_N=\dot{I}_A+\dot{I}_B+\dot{I}_C=0$$

这表明,对称的 Y-Y 三相电路在理论上不需要中线,可以移除。而在任一时刻,i_A、i_B、i_C 中至少有一个为负值,对应此负值电路的输电线则作为对称电流系统在该时刻的电流回线。

对于其他连接方式的对称三相电路,可以根据星形与三角形连接的等效互换化成对称的 Y-Y 三相电路,然后用一相计算法求解。

例 9-1 对称三相电路如图 9-2(a)所示,已知 $Z_1=(2\sqrt{2}+\mathrm{j}2\sqrt{2})\ \Omega$,$Z=(3\sqrt{2}+\mathrm{j}3\sqrt{2})\ \Omega$,$Z_N=(1+\mathrm{j}1)\ \Omega$,$u_{AB}=100\sqrt{6}\sin(\omega t)$ V。试求负载电流相量。

解 根据式(9-4),有

$$\dot{U}_A=\frac{\dot{U}_{AB}}{\sqrt{3}\angle 30^\circ}=\frac{100\sqrt{3}\angle 0^\circ}{\sqrt{3}\angle 30^\circ}\ \text{V}=100\angle -30^\circ\ \text{V}$$

据此可画出一相(A 相)计算电路,如图 9-4 所示。可得

$$\dot{I}_A=\frac{\dot{U}_A}{Z_1+Z}=\frac{100\angle -30^\circ}{(2\sqrt{2}+\mathrm{j}2\sqrt{2})+(3\sqrt{2}+\mathrm{j}3\sqrt{2})}\text{A}=\frac{100\angle -30^\circ}{5\sqrt{2}+\mathrm{j}5\sqrt{2}}\text{A}=\frac{100\angle -30^\circ}{10\angle 45^\circ}\text{A}=10\angle -75^\circ\ \text{A}$$

根据对称性可写出

$$\dot{I}_B=\dot{I}_A\angle -120^\circ=10\angle -195^\circ\ \text{A}=10\angle 165^\circ\ \text{A},\quad \dot{I}_C=\dot{I}_A\angle 120^\circ=10\angle 45^\circ\ \text{A}$$

例 9-2 对称三相电路如图 9-2(b)所示。已知 $Z=(15+\mathrm{j}18)\ \Omega$,$Z_1=(1+\mathrm{j}2)\ \Omega$,线电压 $U_1=380$ V。试求负载端的电压及电流。

解 该电路可变换为对称的 Y-Y 三相电路,如图 9-5 所示。图中

$$Z'=\frac{Z}{3}=\frac{15+\mathrm{j}18}{3}\Omega=(5+\mathrm{j}6)\ \Omega$$

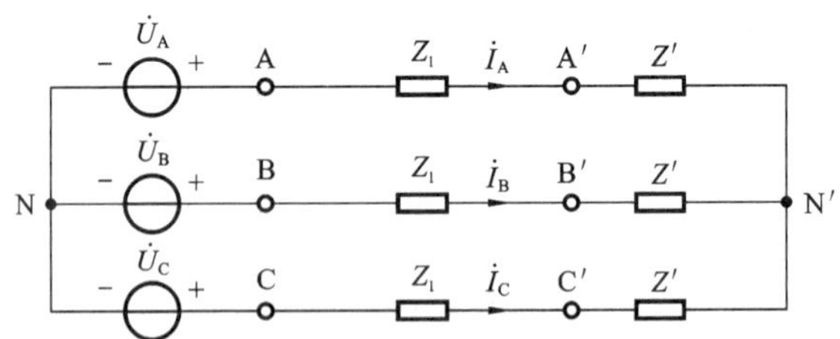

图 9-5 例 9-2 图

令$\dot{U}_A=\frac{U_1}{\sqrt{3}}\angle 0^\circ=\frac{380}{\sqrt{3}}\angle 0^\circ\ \text{V}=220\angle 0^\circ\ \text{V}$,则

$$\dot{I}_A=\frac{\dot{U}_A}{Z_1+Z'}=\frac{220\angle 0^\circ}{(1+\mathrm{j}2)+(5+\mathrm{j}6)}\text{A}=\frac{220\angle 0^\circ}{6+\mathrm{j}8}\text{A}=\frac{220\angle 0^\circ}{10\angle 53.1^\circ}\text{A}=22\angle -53.1^\circ\ \text{A}$$

根据对称性,得

$$\dot{I}_B=\dot{I}_A\angle -120^\circ=22\angle -173.1^\circ\ \text{A},\quad \dot{I}_C=\dot{I}_A\angle 120^\circ=22\angle 66.9^\circ\ \text{A}$$

返回到原电路(见图 9-2(b))中，根据式(9-2)，可得负载相电流

$$\dot{I}_{A'B'}=\frac{\dot{I}_A}{\sqrt{3}\angle -30^\circ}=12.7\angle -23.1^\circ\ \text{A}$$

根据对称性，得

$$\dot{I}_{B'C'}=\dot{I}_{A'B'}\angle -120^\circ=12.7\angle -143.1^\circ\ \text{A}$$

$$\dot{I}_{C'A'}=\dot{I}_{A'B'}\angle 120^\circ=12.7\angle 96.9^\circ\ \text{A}$$

负载端的线(相)电压为

$$\dot{U}_{A'B'}=\dot{I}_{A'B'}Z=12.7\angle -23.1^\circ\times(15+\text{j}18)\ \text{V}=297.5\angle 27.1^\circ\ \text{V}$$

$$\dot{U}_{B'C'}=\dot{U}_{A'B'}\angle -120^\circ=297.5\angle -92.9^\circ\ \text{V}$$

$$\dot{U}_{C'A'}=\dot{U}_{A'B'}\angle 120^\circ=297.5\angle 147.1^\circ\ \text{V}$$

思考与练习

9-2-1 三相四线制供电方式，$f=50$ Hz，相电压 $U_p=220$ V，以 u_A 作为参考相量，试写出线电压 u_{AB}、u_{BC}、u_{CA}的瞬时值表达式。

9-2-2 说明对称三相电路中的相电压、线电压及相电流、线电流之间的关系。

9-2-3 电源和负载都是星形连接的对称三相电路，有无中线有何差别？

9-2-4 为什么在计算对称三相四线制电路时，中线阻抗可以不予考虑，而用短路线连接各中点？

9-2-5 怎样得到对称三相电路的一相计算等效电路？

9-2-6 将对称三相负载分别以星形和三角形接到同一对称三相电源，试比较两种情况下的线电流和功率。

9.3 不对称三相电路的分析

三相电路中只要电源、负载阻抗或线路阻抗之一不满足对称条件，那么该电路就是不对称三相电路。一般三相电源是对称的，而在低压配电线路中，三相负载的不对称情况则是常见的，如各相照明、家用电器负载分配不均匀，特别是当电路发生故障(短路或断路)时不对称情况将更严重。

对于不对称三相电路，一般情况下，不能采用上一节介绍的一相计算法，而要根据电路的具体情况运用恰当的方法。本节只简单介绍由于负载不对称而引起的一些特点。

图 9-6(a)所示的 Y-Y 三相电路中三相电源是对称的，但负载不对称。先讨论开关 S 打开(即不接中线)时的情况。用节点电压法，可以求得节点电压$\dot{U}_{N'N}$为

$$\dot{U}_{N'N}=\frac{\dot{U}_A Y_A+\dot{U}_B Y_B+\dot{U}_C Y_C}{Y_A+Y_B+Y_C}$$

由于负载不对称，一般情况下，$\dot{U}_{N'N}\neq 0$，即中点 N 和 N′电位不同了。从图 9-6(b)所示的相量关系可以清楚看出，N 点和 N′点不重合，这一现象称为中性点位移。在电源对称的情况下，可以根据中性点位移的情况判断负载不对称的程度。当中性点位移较大时，会造成负载

端的电压严重不对称，从而可能使负载的工作不正常。另外，如果负载变动，则由于各相的工作相互关联，因此彼此都有影响。

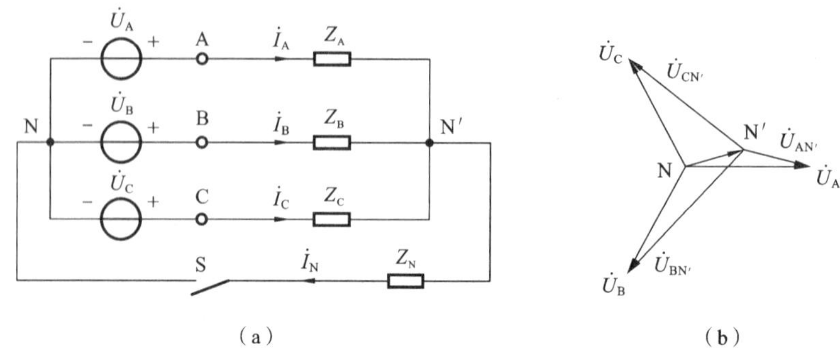

图 9-6　不对称三相电路

合上开关 S(接上中线)，如果 $Z_N \approx 0$，则可强行使$\dot{U}_{N'N}=0$。尽管电路不对称，在此条件下也可强使各相保持独立性，各相的工作互不影响，因而各相可以分别独立计算。能确保各相负载在额定电压下安全工作，这就克服了无中线时引起的缺点。因此，在负载不对称的情况下，中线的存在是非常重要的，它能起到保证安全供电的作用。

由于线(相)电流不对称，故中线电流一般不为零，即

$$\dot{I}_N=\dot{I}_A+\dot{I}_B+\dot{I}_C\neq 0$$

例 9-3　图 9-6(a)所示电路中，若 $Z_A=-\mathrm{j}\dfrac{1}{\omega C}$(电容)，$Z_B=Z_C=R=\dfrac{1}{\omega C}$，则电路是一种测定三相电源相序的仪器，称为相序指示器(图中电阻用两个同规格的白炽灯代替)。试说明在相电压对称的情况下，当 S 打开时，如何根据两个白炽灯的亮度确定电源的相序。

解　图 9-6(a)所示电路的中点之间的电压$\dot{U}_{N'N}$为

$$\dot{U}_{N'N}=\frac{\mathrm{j}\omega C\,\dot{U}_A+G(\dot{U}_B+\dot{U}_C)}{\mathrm{j}\omega C+2G}$$

令$\dot{U}_A=U\angle 0°$ V，代入给定的参数关系后，得

$$\dot{U}_{N'N}=(-0.2+\mathrm{j}0.6)U=0.63U\angle 108.4°$$

B 相白炽灯承受的相电压

$$\dot{U}_{BN'}=\dot{U}_{BN}-\dot{U}_{N'N}=1.5U\angle -101.5°$$

所以

$$U_{BN'}=1.5U$$

而 C 相白炽灯承受的相电压

$$\dot{U}_{CN'}=\dot{U}_{CN}-\dot{U}_{N'N}=0.4U\angle 133.4°$$

所以

$$U_{CN'}=0.4U$$

根据 $U_{CN'}<U_{BN'}$，可以判断：白炽灯较亮的一相是 B 相，较暗的一相是 C 相。

思考与练习

9-3-1　三相四线制三相电路中，中线的作用是什么？为什么中线不允许断路？

9-3-2 什么是中点位移，试画图说明。

9.4 三相电路的功率及其测量

9.4.1 对称三相电路的瞬时功率

三相电路的瞬时功率为各相瞬时功率之和。图 9-2(a)所示的对称三相电路中，若以 A 相电压为参考，功率因数角为 φ，则有

$$\begin{aligned} p_A &= u_A i_A = \sqrt{2}U_p \sin(\omega t) \times \sqrt{2} I_p \sin(\omega t - \varphi) \\ &= U_p I_p [\cos\varphi - \cos(2\omega t - \varphi)] \end{aligned}$$

$$\begin{aligned} p_B &= u_B i_B = \sqrt{2}U_p \sin(\omega t - 120^\circ) \times \sqrt{2} I_p \sin(\omega t - \varphi - 120^\circ) \\ &= U_p I_p [\cos\varphi - \cos(2\omega t - \varphi - 240^\circ)] \end{aligned}$$

$$\begin{aligned} p_C &= u_C i_C = \sqrt{2}U_p \sin(\omega t + 120^\circ) \times \sqrt{2} I_p \sin(\omega t - \varphi + 120^\circ) \\ &= U_p I_p [\cos\varphi - \cos(2\omega t - \varphi + 240^\circ)] \end{aligned}$$

它们的和为

$$p = p_A + p_B + p_C = 3U_p I_p \cos\varphi$$

此式表明，对称三相电路的瞬时功率是一个常量。若负载是三相电动机，那么由于瞬时功率是恒定的，对应的瞬时转矩也是恒定的，因此，其运行情况比单相电动机稳定。这是对称三相电路的一个优越性能，习惯上把这一性能称为瞬时功率平衡。

9.4.2 对称三相电路的有功功率和无功功率

在三相电路中，不论三相负载是何种接法或是否对称，三相电路的有功功率都是指各相负载吸收的有功功率之和，即

$$\begin{aligned} P &= P_A + P_B + P_C \\ &= U_{Ap} I_{Ap} \cos\varphi_A + U_{Bp} I_{Bp} \cos\varphi_B + U_{Cp} I_{Cp} \cos\varphi_C \end{aligned}$$

若电路对称，各相电压、相电流有效值相等，功率因数也相同，则上式可写成

$$P = 3U_p I_p \cos\varphi \tag{9-6}$$

考虑到负载为 Y 接法时，$U_l = \sqrt{3}U_p$，$I_l = I_p$，负载为△接法时，$U_l = U_p$，$I_l = \sqrt{3} I_p$，将这些关系代入式(9-6)，总能得到

$$P = \sqrt{3} U_l I_l \cos\varphi \tag{9-7}$$

工程实际中，式(9-7)比式(9-6)更常用，一方面原因是线电压、线电流易于测量，另一方面原因是电气设备铭牌上标明的额定电压和额定电流都是线电压和线电流。值得注意的是，尽管式(9-7)中的电压、电流都是线值，但 φ 仍为功率因数角，即每相电压与电流的相位差角。

类似地，可以写出对称三相电路的无功功率

$$Q = \sqrt{3} U_l I_l \sin\varphi$$

视在功率

$$S=3U_{p}I_{p}=\sqrt{3}U_{l}I_{l}=\sqrt{P^{2}+Q^{2}}$$

不对称三相电路的有功功率 P、无功功率 Q 只能通过各相分别计算后相加获得。一般不对称三相电路中很少用无功功率、视在功率和功率因数的概念。

9.4.3 三相电路功率的测量

在三相三线制电路中，不论对称与否，都可以使用两个功率表的方法测量三相功率（称为二瓦计法）。两个功率表的一种连接方式如图 9-7 所示。使线电流从 * 端分别流入两个功率表的电流线圈（图示为 $\dot{I}_{A}$、$\dot{I}_{B}$），它们的电压线圈的非 * 端共同接到非电流线圈所在的第 3 条端线上（图示为 C 端线）。可以看出，这种测量方法中的功率表接线只触及端线，与负载和电源的连接方式无关。

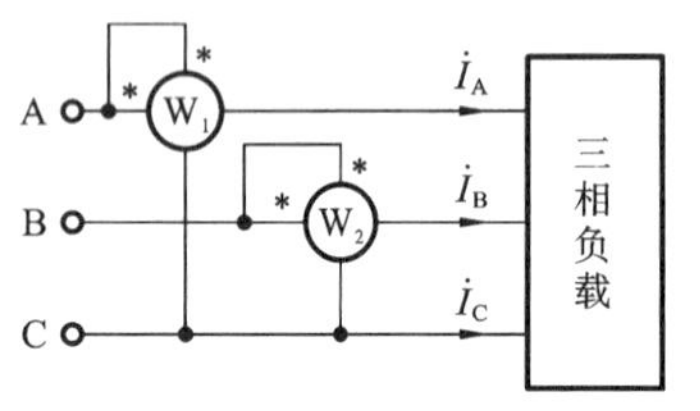

图 9-7 二瓦计法

下面来证明图中两个功率表读数的代数和为三相三线制中右侧电路吸收的有功功率。

设两个功率表的读数分别用 P_{1} 和 P_{2} 表示，根据功率表的工作原理，有

$$P_{1}=\mathrm{Re}[\dot{U}_{AC}\dot{I}_{A}^{*}],\quad P_{2}=\mathrm{Re}[\dot{U}_{BC}\dot{I}_{B}^{*}]$$

因为 $\dot{U}_{AC}=\dot{U}_{A}-\dot{U}_{C}$，$\dot{U}_{BC}=\dot{U}_{B}-\dot{U}_{C}$，$\dot{I}_{A}^{*}+\dot{I}_{B}^{*}=-\dot{I}_{C}^{*}$，则

$$\begin{aligned}P_{1}+P_{2}&=\mathrm{Re}[(\dot{U}_{A}-\dot{U}_{C})\dot{I}_{A}^{*}+(\dot{U}_{B}-\dot{U}_{C})\dot{I}_{B}^{*}]\\&=\mathrm{Re}[\dot{U}_{A}\dot{I}_{A}^{*}+\dot{U}_{B}\dot{I}_{B}^{*}+\dot{U}_{C}(-\dot{I}_{A}^{*}-\dot{I}_{B}^{*})]\\&=\mathrm{Re}[\dot{U}_{A}\dot{I}_{A}^{*}+\dot{U}_{B}\dot{I}_{B}^{*}+\dot{U}_{C}\dot{I}_{C}^{*}]=\mathrm{Re}[\tilde{S}_{A}+\tilde{S}_{B}+\tilde{S}_{C}]=\mathrm{Re}[\tilde{S}]\end{aligned}$$

$\mathrm{Re}[\tilde{S}]$恰恰表示右侧三相负载的有功功率。

在对称三相制中，令 $\dot{U}_{A}=U_{A}\angle 0^{\circ}$，$\dot{I}_{A}=I_{A}\angle-\varphi$，则有

$$P_{1}=\mathrm{Re}[\dot{U}_{AC}\dot{I}_{A}^{*}]=U_{AC}I_{A}\cos(\varphi-30^{\circ})$$

$$P_{2}=\mathrm{Re}[\dot{U}_{BC}\dot{I}_{B}^{*}]=U_{BC}I_{B}\cos(\varphi+30^{\circ})$$

式中，φ 为负载的阻抗角。应当注意，在一定的条件下（例如 $|\varphi|>60^{\circ}$），两个功率表之一的读数可能为负，求代数和时该读数应取负值。一般来讲，单独一个功率表的读数是没有意义的。

不对称三线四线制不能用二瓦计法测量三相功率，这是因为在一般情况下 $\dot{I}_{A}+\dot{I}_{B}+\dot{I}_{C}\neq 0$。

例 9-4 已知对称三相负载吸收的功率为 2.5 kW，功率因数 $\lambda=\cos\varphi=0.866$（感性），线电压为 380 V。利用二瓦计法测量对称三相电路的功率，求图 9-7 所示中两个功率表的读数。

解 要求功率表的读数，就要求出有关的电压、电流相量。

由于 $P=\sqrt{3}U_{l}I_{l}\cos\varphi$，$\varphi=\arccos\lambda=30^{\circ}$（感性），可求得

$$I_{l}=\frac{P}{\sqrt{3}U_{l}\cos\varphi}=4.4\ \mathrm{A}$$

两个功率表读数分别为

$$P_{1}=\mathrm{Re}[\dot{U}_{AC}\dot{I}_{A}^{*}]=U_{AC}I_{A}\cos(\varphi-30^{\circ})=380\times 4.4\cos 0^{\circ}\ \mathrm{W}=1672\ \mathrm{W}$$

$$P_{2}=\mathrm{Re}[\dot{U}_{BC}\dot{I}_{B}^{*}]=U_{BC}I_{B}\cos(\varphi+30^{\circ})=380\times 4.4\cos 60^{\circ}\ \mathrm{W}=836\ \mathrm{W}$$

思考与练习

9-4-1 三相电路的总功率可计算为 $P=\sqrt{3}U_l I_l\cos\varphi$,式中的 φ 表示什么?

9-4-2 二瓦计法测功率是否适用于所有的三相电路?

本 章 小 结

(1) 三相电源可连接成星形或三角形。对称三相电源的三个相电压频率相同、幅值相等、相互之间相差120°。

(2) 类似三相电源,三相负载也有星形和三角形两种接法。对称三相负载的各相负载参数相等。

(3) 对称三相电源作星形连接时,$U_l=\sqrt{3}U_p$,线电压超前其先行相电压 30°。

(4) 对称三相电路中负载作三角形连接时,$I_l=\sqrt{3}I_p$,线电流滞后其后续相电流 30°。

(5) 对称三相四线制三相电路中,电源中点和负载中点之间电压为零,中线上电流为零,因此中线可视为断开。但分析计算时又可将两中点间视为短路,得到一相计算等效电路(如图 9-4 所示)。

(6) 对称三相电路的分析思路:对于 Y-Y 三相电路,画出一相计算等效电路,算出该相的电流、电压,再依据对称性写出其余两相的电流、电压;对于非 Y-Y 三相电路,先将其等效变换成 Y-Y 三相电路,再按照上述方法分析计算。

(7) 实际用电一般采用三相四线制,中线可强行使两中点间电压为零,保证各相工作相互独立,互不影响。

(8) 不对称的三相电路按照一般的正弦稳态电路进行分析计算。

(9) 对称三相电路有瞬时功率平衡的优越性能,即总瞬时功率为一常量 $p=p_A+p_B+p_C=3U_pI_p\cos\varphi$。

(10) 对称三相电路(不论负载作何种接法)的有功功率为 $P=3U_pI_p\cos\varphi=\sqrt{3}U_lI_l\cos\varphi$,无功功率 $Q=3U_pI_p\sin\varphi=\sqrt{3}U_lI_l\sin\varphi$,视在功率 $S=\sqrt{3}U_lI_l$。

(11) 三相三线制电路(无论对称与否)的功率可采用二瓦计法测量。

习 题

9-1 已知某星形连接的对称三相负载,每相电阻为 11 Ω,电流为 20 A,求三相负载端的线电压。

9-2 对称三相电路如题图 9-1 所示,已知负载阻抗 $Z=(30-j40)\,\Omega$,若线电流有效值 $I_l=10.4$ A,求线电压有效值 U_l。

9-3 若题图 9-1 所示中 $\dot{U}_{BC}=380\angle 0°$ V,$\dot{I}_A=17.32\angle 120°$ A,求负载阻抗 Z。

9-4 对称三相电路如题图 9-2 所示,已知线电流 $\dot{I}_A=2\angle 0°$ A,求线电压 $\dot{U}_{BC}$。

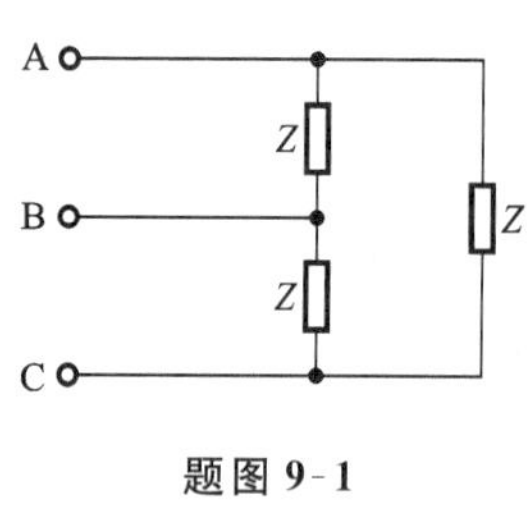

题图 9-1

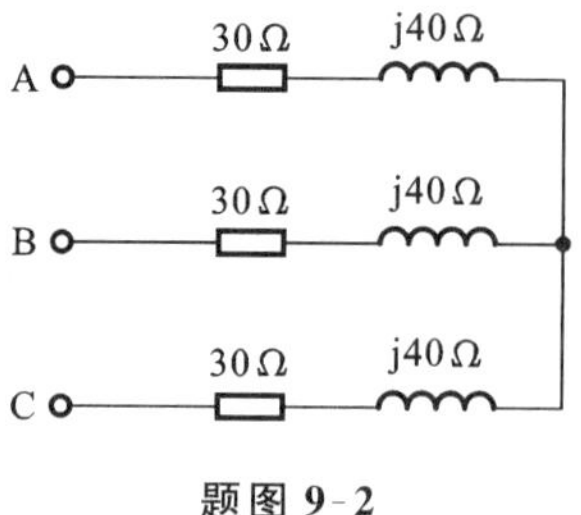

题图 9-2

9-5 已知对称三相电路的星形负载阻抗 $Z=(165+\mathrm{j}84)\Omega$，端线阻抗 $Z_1=(2+\mathrm{j}1)\Omega$，中线阻抗 $Z_N=(1+\mathrm{j}1)\Omega$，线电压 $U_1=380$ V。求负载端的电流和线电压，并作电路的相量图。

9-6 已知对称三相电路的线电压 $U_1=380$ V(电源端)，三角形负载阻抗 $Z=(4.5+\mathrm{j}14)\Omega$，端线阻抗 $Z_1=(1.5+\mathrm{j}2)\Omega$。求线电流和负载的相电流，并作相量图。

9-7 将题 9-5 中负载 Z 改为三角形连接(无中线)。试比较两种连接方式中负载所吸收的复功率。

9-8 电源线电压为 380 V 的对称三相电路如题图 9-3 所示。已知 $|Z_1|=10\ \Omega$，$\cos\varphi_1=0.6(\varphi_1>0)$，$Z_2=-\mathrm{j}50\ \Omega$，$Z_N=(1+\mathrm{j}2)\Omega$，试求负载各相的相电流、线电流及电源端的线电流，并定性画出各电压和电流的相量图。

9-9 在题图 9-4 所示电路中，已知电源线电压 $\dot{U}_{AB}=380\angle 0°$ V，星形连接阻抗 $Z_Y=(12+\mathrm{j}16)\Omega$，三角形连接阻抗 $Z_\triangle=(48+\mathrm{j}36)\Omega$，求各相电流及各线电流。

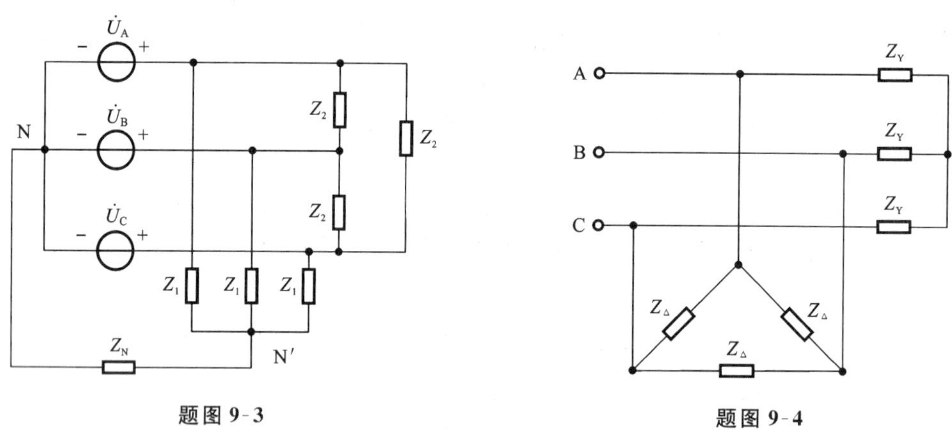

题图 9-3

题图 9-4

9-10 题图 9-5 所示的对称三相变压器绕组以三角形连接，$Z=\mathrm{j}120\ \Omega$，额定电压 $U_N=380$ V，端线阻抗 $Z_1=(1+\mathrm{j}5)\Omega$，为保持空载时变压器电压为额定值，问电源线电压为多大。

9-11 在题图 9-6 所示电路中，电源为三相对称，且 $\dot{U}_{AB}=380\angle 0°$ V，负载阻抗 $Z=(40+\mathrm{j}30)\Omega$，$R=100\ \Omega$，试计算 $\dot{I}_A$、$\dot{I}_B$ 和 $\dot{I}_C$。

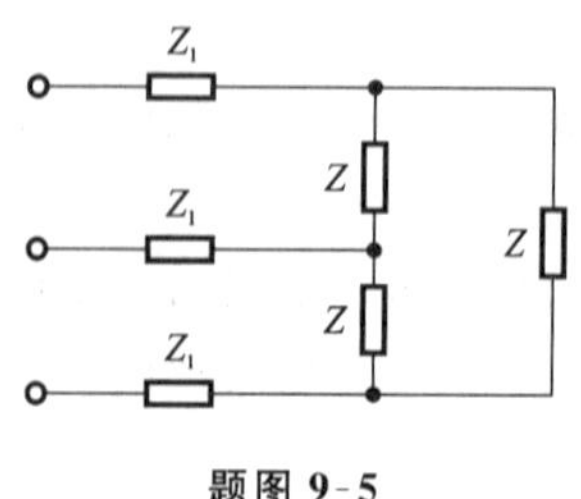

题图 9-5

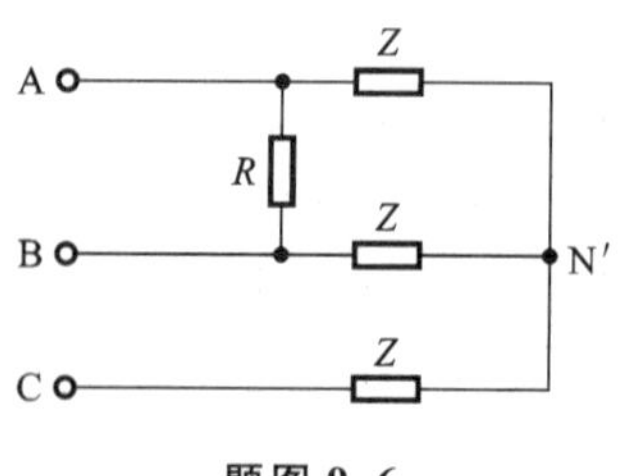

题图 9-6

9-12 三相四线制电路如题图 9-7 所示，线电压 $U_l=380$ V 的对称三相电源给不对称的星形负载供电，求中线电流 $\dot{I}_N$。

9-13 题图 9-8 所示三相电路的电源对称，三个线电流有效值均为 1 A，求中线电流的有效值 I_N。

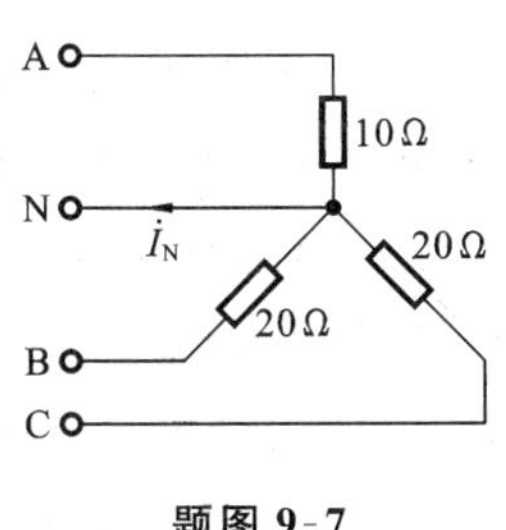

题图 9-7

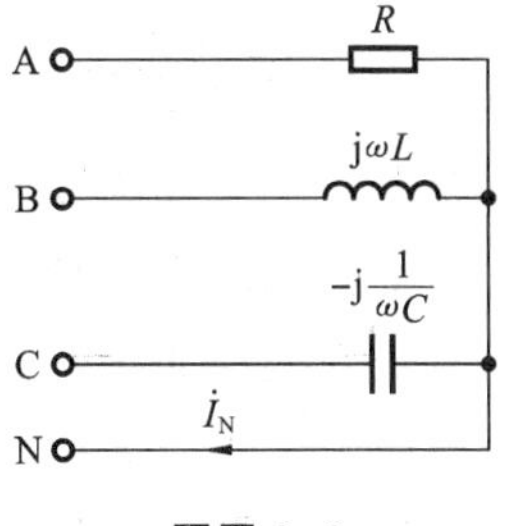

题图 9-8

9-14 对题图 9-8 所示三相电路，欲使中线电流 $I_N=0$，则负载参数之间应满足什么关系？

9-15 对称三相电路如题图 9-9 所示，已知线电流 $I_l=2$ A，三相负载总功率 $P=300$ W，$\cos\varphi=0.5$，求该电路的电源相电压 U_p。

9-16 某 Y-Y 连接对称三相电路的负载阻抗 $Z=(10+j17.32)\Omega$，电源的相电压 $U_p=220$ V，求三相负载的总功率 P。

9-17 已知线电压 $U_l=380$ V 的对称三相电源作用于三角形连接的对称三相负载，每相负载阻抗为 $Z=220\Omega$，求负载相电流、线电流的有效值和三相总功率 P。

9-18 某 Y-△连接对称三相电路的电源线电压 $U_l=380$ V，三相负载总功率 $P=1.65$ kW，功率因数 $\cos\varphi=0.5$(感性)，求负载阻抗 Z。

9-19 题图 9-10 所示对称三相电路的线电压 $\dot{U}_{AB}=380\angle 0°$V，其中一组对称三相感性负载的总功率 $P_1=5.7$ kW，$\cos\varphi_1=0.866$，另一组对称星形负载阻抗 $Z=22\angle-30°\ \Omega$，求线电流 $\dot{I}_A$。

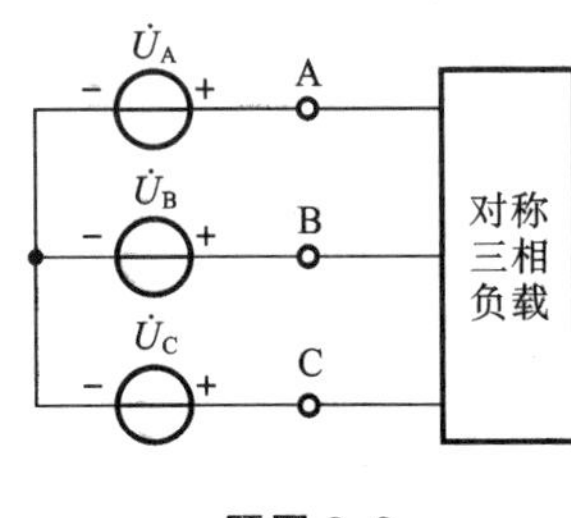

题图 9-9

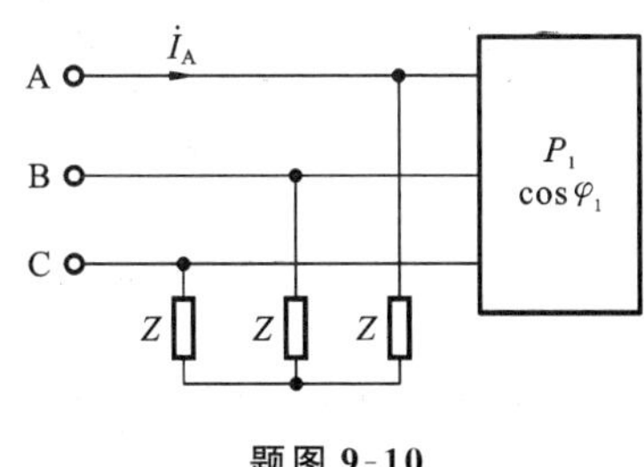

题图 9-10

第 10 章　周期性非正弦稳态电路分析

前面 3 章所讨论的电路都是正弦稳态电路。在正弦稳态电路中，各支路电压和电流都是同频率的正弦波。在工程实际中，还常常会遇到电路中的电压、电流为周期非正弦波的情况，如图 10-1 所示。电路中出现周期性非正弦电压和电流波形的原因是多方面的，例如，电源的电压或电流是周期性非正弦波。交流发电机的电压波形严格地说就不是正弦波。自动控制和计算机电路中采用方波激励，无线电技术中传输的声波信号也不是正弦波。又如，电路中尽管电源信号是正弦波，但由于电路中含有非线性元件，输出的电压或电流就不是正弦波了，整流电路是一个明显的例子。再如，在电子线路中，为使晶体管等电子器件正常工作，要加以一定的直流偏置电源，被放大的信号是交变的，这样在一个电路中有两种或两种以上不同频率的电源作用，也导致电路中的电压和电流为非正弦的。把含有周期性非正弦电压或电流的电路称为周期性非正弦电路。

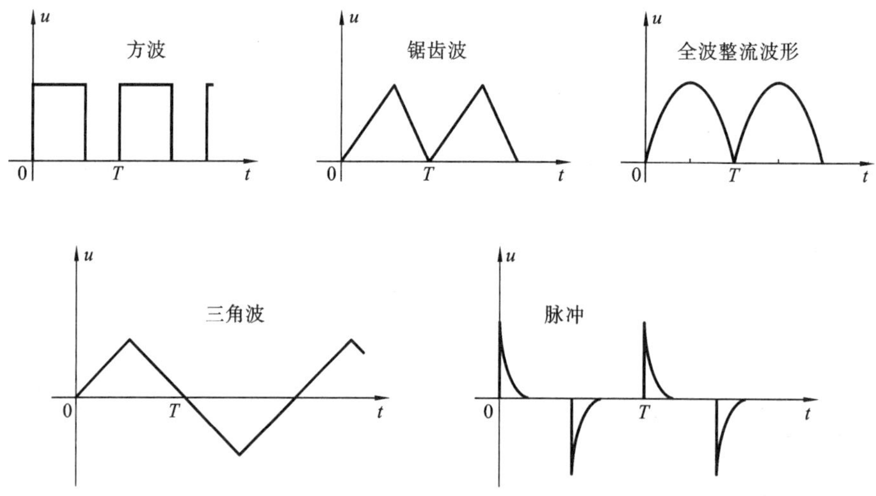

图 10-1　常见的非正弦周期信号

本章主要讨论周期性非正弦稳态电路的分析方法。电工技术中遇到的周期性非正弦电量，一般都可按傅里叶级数展开为一系列频率不同的正弦量之和。对于线性电路，根据叠加定理，其所产生的响应等于各种频率电源单独作用时所产生的响应之和。在稳态情况下，求直流分量单独作用时的响应，属电阻性电路的求解问题。求其他频率的正弦波分量产生的响应，属正弦稳态电路的求解问题。因此，周期性非正弦稳态电路的分析计算实质上可归结为电阻性电路和正弦稳态电路的分析计算。

10.1　周期函数的傅里叶级数

10.1.1　傅里叶级数

若函数满足

$$f(t)=f(t\pm kT)\quad (k=0,1,2,\cdots)$$

则称 $f(t)$为周期函数。式中,T 为周期函数 $f(t)$的周期,其频率 $f=1/T$,角频率 $\omega=2\pi f=\frac{2\pi}{T}$。

如果周期函数 $f(t)$满足狄里赫利条件,即满足:① 在一个周期内连续或只有有限个第一类间断点,② 在一个周期内具有有限个极大值和极小值,则 $f(t)$可展开为如下的傅里叶级数:

$$f(t) = A_0 + \sum_{k=1}^{\infty}[B_{km}\sin(k\omega t)+ C_{km}\cos(k\omega t)] \tag{10-1}$$

式中,A_0、B_{km}、C_{km}称为傅里叶系数。它们分别由下列各式确定:

$$A_0 = \frac{1}{T}\int_0^T f(t)\mathrm{d}t \tag{10-2}$$

$$B_{km} = \frac{2}{T}\int_0^T f(t)\sin(k\omega t)\mathrm{d}t \tag{10-3}$$

$$C_{km} = \frac{2}{T}\int_0^T f(t)\cos(k\omega t)\mathrm{d}t \tag{10-4}$$

若将式(10-1)中具有相同角频率的正弦项和余弦项合并,则 $f(t)$的傅里叶级数还可以写成

$$f(t) = A_0 + \sum_{k=1}^{\infty}A_{km}\sin(k\omega t + \varphi_k) \tag{10-5}$$

式中,

$$A_{km}=\sqrt{B_{km}^2+C_{km}^2} \tag{10-6}$$

$$\varphi_k=\arctan\left(\frac{C_{km}}{B_{km}}\right) \tag{10-7}$$

由式(10-2)可知,A_0 等于函数 $f(t)$在一个周期内的平均值,称为恒定分量或直流分量。在式(10-5)中,当 $k=1$ 时,$A_{1m}\sin(\omega t+\varphi_1)$与 $f(t)$具有相同的频率,称为基波或一次谐波。当 $k=2$ 时,$A_{2m}\sin(\omega t+\varphi_2)$的频率是 $f(t)$频率的两倍,称为二次谐波,其余类推。二次以上的谐波统称为高次谐波。此外,k 为偶数的谐波称为偶次谐波,k 为奇数的谐波称为奇次谐波。

傅里叶级数展开式说明,满足狄里赫利条件的周期函数 $f(t)$为直流分量和一系列谐波分量的叠加,而各谐波的频率均为基波频率的整数倍。工程实际中遇到的周期函数大多满足狄里赫利条件。

例 10-1 周期方波电压如图 10-2 所示。求其傅里叶级数展开式。

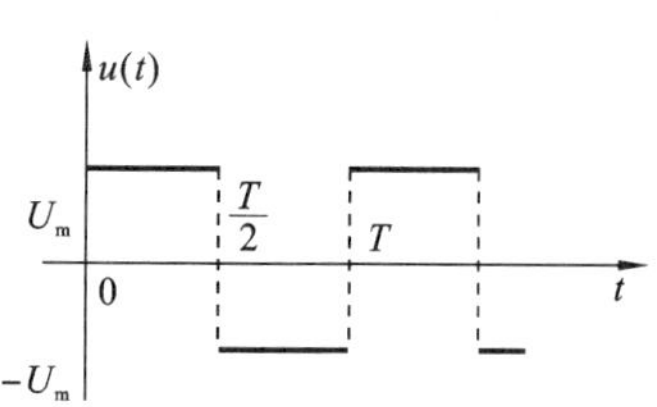

图 10-2 例 10-1 图

解 在一个周期内，$u(t)$可分段表示为

$$\begin{cases} u(t)=U_m & \left(0<t<\dfrac{T}{2}\right) \\ u(t)=-U_m & \left(\dfrac{T}{2}<t<T\right) \end{cases}$$

其傅里叶系数为

$$A_0=\frac{1}{T}\int_0^T u(t)\mathrm{d}t=0$$

$$B_{km}=\frac{2}{T}\int_0^T u(t)\sin(k\omega t)\mathrm{d}(t)=\frac{2}{T}\int_0^{\frac{T}{2}}U_m\sin(k\omega t)\mathrm{d}t+\frac{2}{T}\int_{\frac{T}{2}}^T -U_m\sin(k\omega t)\mathrm{d}t$$
$$=\frac{2U_m[1-\cos(k\pi)]}{k\pi}$$

显然有

$$B_{km}=\begin{cases} 0 & (k\text{ 为偶数时}) \\ \dfrac{4U_m}{k\pi} & (k\text{ 为奇数时}) \end{cases}$$

而
$$C_{km}=\frac{2}{T}\int_0^{\frac{T}{2}}U_m\cos(k\omega t)\mathrm{d}t+\frac{2}{T}\int_{\frac{T}{2}}^T -U_m\cos(k\omega t)\mathrm{d}t=0$$

故
$$u(t)=\frac{4U_m}{\pi}\left[\sin(\omega t)+\frac{1}{3}\sin(3\omega t)+\frac{1}{5}\sin(5\omega t)+\cdots\right]$$

可以看出，方波电压 $u(t)$只含奇次谐波而不含偶次谐波，而且，随着谐波次数的增加，振幅越来越小。

例 10-2 求图 10-3 所示锯齿波的傅里叶级数。

解 $u(t)$在一段周期内的表达式为

$$u(t)=5\times10^3 t,\quad T=10^{-3}\text{ s}$$
$$\omega=2\pi/T=2000\pi$$

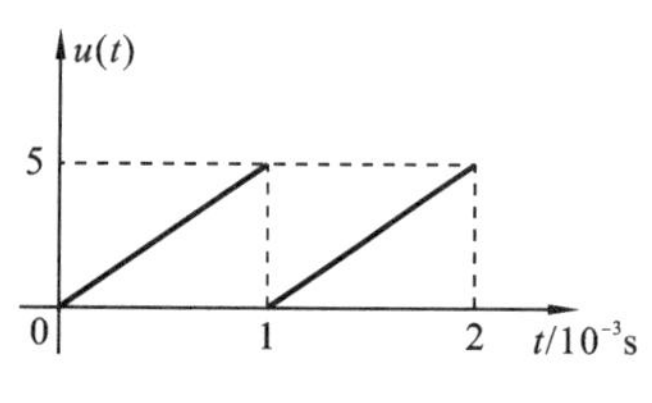

图 10-3 例 10-2 图

各傅里叶系数分别为

$$A_0=\frac{1}{T}\int_0^T 5\times10^3 t\mathrm{d}t=2.5$$

$$B_{km}=\frac{2}{T}\int_0^T 5\times10^3 t\sin(k\omega t)\mathrm{d}t=-\frac{5}{k\pi}$$

$$C_{km}=\frac{2}{T}\int_0^T 5\times10^3 t\cos(k\omega t)\mathrm{d}t=0$$

故 $u(t)$的傅里叶级数展开式为

$$u(t)=2.5-\frac{5}{\pi}\left[\sin(\omega t)+\frac{1}{2}\sin(2\omega t)+\frac{1}{3}\sin(3\omega t)+\cdots\right]$$

几种常见的周期性非正弦波的傅里叶级数展开式列于本章末的表 10-1 中。

傅里叶级数是一个无穷收敛级数，理论上有无穷多项，但由于它的收敛性，随着谐波次数增大，其对应的振幅越来越小，因此，谐波次数较高的项一般可忽略不计。工程实际中，根据精度要求，通常只考虑在前几项中取舍。

*10.1.2 几种对称周期函数的谐波分析

工程实际中常见的周期性非正弦电量往往具有某种对称性，它们在展开为傅里叶级数时，某些项的傅里叶系数可能为零，这从例 10-1 可以看到。因此，根据波形的对称性，对其谐波成分进行定性分析可以简化计算。

1. 偶函数对称

若周期函数 $f(t)$ 满足

$$f(t)=f(-t)$$

则称 $f(t)$ 为偶函数对称或偶函数。图 10-4 所示的波形为偶函数对称。偶函数的波形对称于纵轴。

可以证明，偶函数展开为傅里叶级数时不含正弦函数项，即 $B_{km}=0$。

2. 奇函数对称

若周期函数 $f(t)$ 满足

$$f(t)=-f(-t)$$

则称 $f(t)$ 为奇函数对称或奇函数。奇函数的波形对称于原点，如图 10-5 所示。

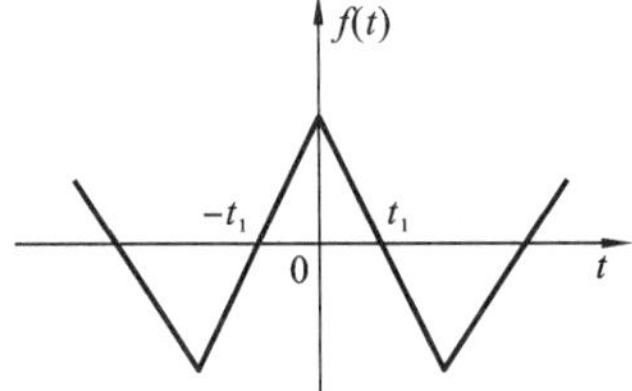

图 10-4 偶函数对称波形示例

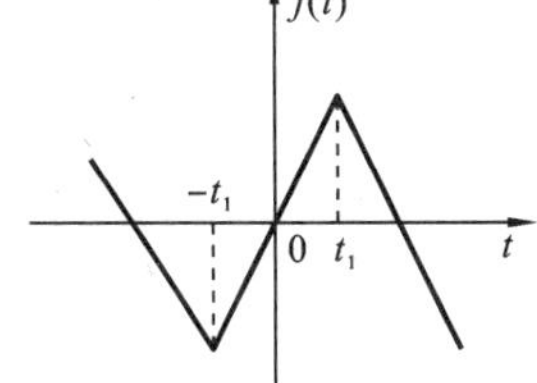

图 10-5 奇函数对称波形示例

奇函数展开为傅里叶级数时，其傅里叶系数 A_0、C_{km} 均为零，即不含恒定分量和余弦函数项。

从图 10-4 和图 10-5 可以看出，两波形具有相同的变化规律，但由于坐标原点选择不同，一个为偶函数，一个为奇函数，因此，一个周期函数是奇函数还是偶函数，不仅与函数的波形有关，而且还与坐标原点的选择有关。

3. 奇半波对称

满足 $f(t)=-f\left(t\pm\dfrac{T}{2}\right)$ 的周期函数称为奇半波对称函数。图 10-6 所示为一奇半波对称函数的波形。奇半波对称函数的波形特点是将前半周的波形后移半周期便和后半周的波形以横轴形成镜像。由于这一特点，奇半波对称函数在一周期内的平均值一定为零，即 $A_0=0$。同时，还可证明奇半波对称函

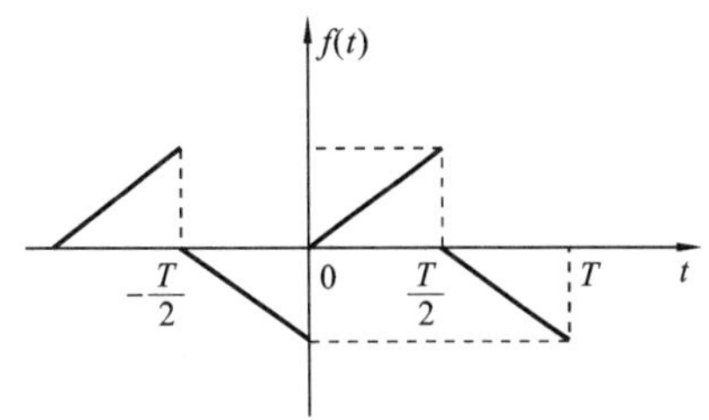

图 10-6 奇半波对称函数波形示例

数的傅里叶级数展开式中不含偶次谐波，即 $B_{km}=C_{km}=0(k=2,4,6,\cdots)$，其傅里叶级数展开式可写成

$$\begin{aligned} f(t) &= \sum_k [B_{km}\sin(k\omega t)+C_{km}\cos(k\omega t)] \\ &= \sum_k [A_{km}\sin(k\omega t+\varphi_k)] \quad (k=1,3,5,\cdots) \end{aligned}$$

需要说明，一个波形是否具有奇半波对称性，与坐标原点的选择是无关的。

4. 偶半波对称

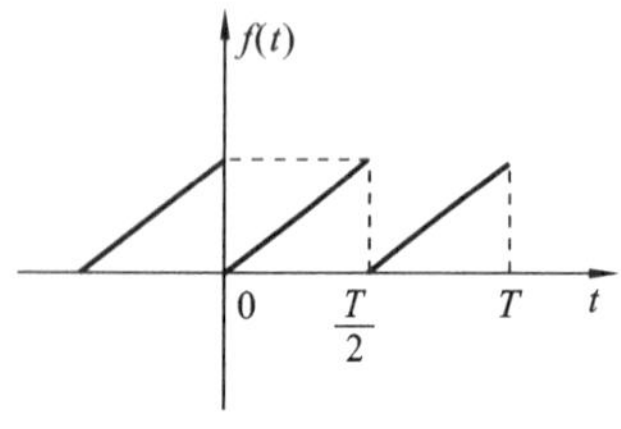

图 10-7　偶半波对称函数波形示例

满足 $f(t)=f\left(t\pm\frac{T}{2}\right)$ 的周期函数，称为偶半波对称函数。图 10-7 所示为一偶半波对称函数的波形。偶半波对称函数的波形特点是，将前半周的波形后移半周期便与后半周的波形重合。容易证明，偶半波对称函数的傅里叶级数展开式中不含奇次谐波。因此

$$\begin{aligned} f(t) &= A_0+\sum_k [B_{km}\sin(k\omega t)+C_{km}\cos(k\omega t)] \\ &= A_0+\sum_k [A_{km}\sin(k\omega t+\varphi_k)] \quad (k=2,4,6,\cdots) \end{aligned}$$

例 10-3　试分析图 10-2 所示方波的谐波成分。

解　由波形图可知，函数 $u(t)$ 满足

$$u(t)=-u(-t)$$

因此，$u(t)$ 为奇函数。其傅里叶级数展开式中不含恒定分量和余弦函数项，即傅里叶系数 $A_0=0$、$C_{km}=0$。

又函数 $u(t)$ 满足

$$u(t)=-u\left(t\pm\frac{T}{2}\right)$$

故 $u(t)$ 为奇半波对称函数，其傅里叶级数展开式中不含偶次谐波。

根据以上分析，图 10-2 所示方波的谐波成分为

$$u(t)=\sum_k [B_{km}\sin(k\omega t)] \quad (k=1,3,5,\cdots)$$

正如例 10-1 中通过计算得到的那样。

思考与练习

10-1-1　下列各函数是否为周期函数，为什么？

(1) $f(t)=10+10\sin t$；

(2) $f(t)=100\sqrt{2}\sin(314t-120°)+50\sqrt{2}\sin(628t)+10\sqrt{2}\sin(942t+120°)$；

(3) $f(t)=\sin(2\pi t)+\sin(3t)$。

10-2-2　定性分析练习图 10-1 所示各波形所含的谐波成分。

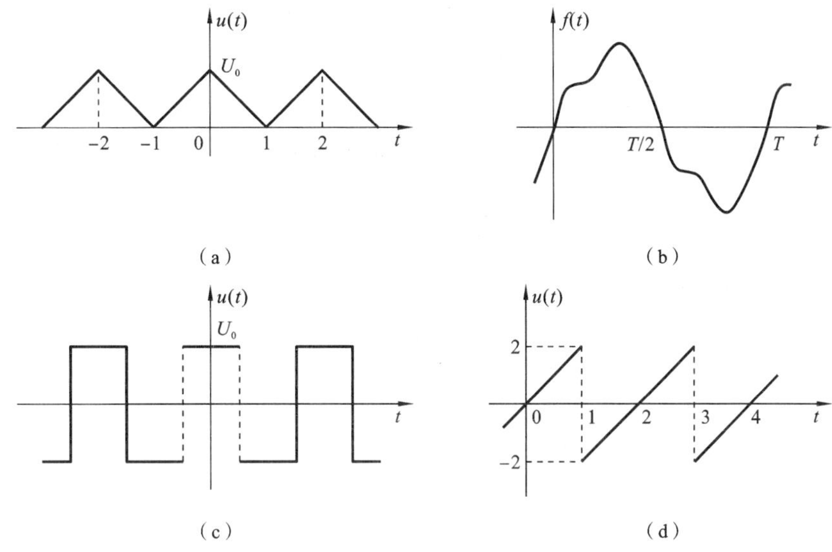

练习图 10-1

10.2 周期性非正弦电流、电压的有效值和平均值及平均功率

10.2.1 有效值

对于任一周期量 $f(t)$，其有效值 F 定义为

$$F=\sqrt{\frac{1}{T}\int_0^T f^2(t)\mathrm{d}t} \tag{10-8}$$

当 $f(t)$ 为周期性非正弦电流时，按式(10-5)所示傅里叶级数展开式，可设电流 $i(t)$ 为

$$\begin{aligned}i(t)=&I_0+I_{1\mathrm{m}}\sin(\omega t+\varphi_1)+I_{2\mathrm{m}}\sin(2\omega t+\varphi_2)+\cdots\\&+I_{k\mathrm{m}}\sin(k\omega t+\varphi_k)+\cdots\end{aligned}$$

将上式代入式(10-8)，并利用三角函数的正交性，可得周期性非正弦电流的有效值 I 为

$$\begin{aligned}I&=\sqrt{I_0^2+\left(\frac{I_{1\mathrm{m}}}{\sqrt{2}}\right)^2+\left(\frac{I_{2\mathrm{m}}}{\sqrt{2}}\right)^2+\cdots}\\&=\sqrt{I_0^2+I_1^2+I_2^2+\cdots}=\sqrt{\sum_{k=0}^{\infty}I_k^2}\end{aligned} \tag{10-9}$$

式中，I_k 为第 k 次谐波电流的有效值。

同理，对周期性非正弦电压 $u(t)$，其有效值 U 为

$$U=\sqrt{U_0^2+U_1^2+U_2^2+\cdots}=\sqrt{\sum_{k=0}^{\infty}U_k^2} \tag{10-10}$$

式中，U_k 为第 k 次谐波电压的有效值。

式(10-9)和式(10-10)说明，周期性非正弦电流、电压的有效值等于它的各次谐波分量有效值平方和的均方根值。

例 10-4 求下列周期性非正弦电流、电压的有效值。

(1) $i(t)=\left[1+2\sqrt{2}\sin(100t)+\sqrt{2}\cos(200t)\right]\text{A}$；

(2) $u(t)=\left[220\sqrt{2}\sin(\omega t-120°)+50\sqrt{2}\sin(3\omega t)+10\sqrt{2}\sin(5\omega t+120°)\right]\text{V}$。

解 (1) 电流 $i(t)$ 各次谐波分量的有效值分别为 $I_0=1\ \text{A}$，$I_1=2\ \text{A}$，$I_2=1\ \text{A}$，按式(10-9)，有

$$I=\sqrt{I_0^2+I_1^2+I_2^2}=\sqrt{1^2+2^2+1^2}\ \text{A}=2.45\ \text{A}$$

(2) 电压 $u(t)$ 各次谐波分量的有效值分别为 $U_1=220\ \text{V}$，$U_3=50\ \text{V}$，$U_5=10\ \text{V}$，按式(10-10)，有

$$U=\sqrt{U_1^2+U_3^2+U_5^2}=\sqrt{220^2+50^2+10^2}\ \text{V}=225.83\ \text{V}$$

10.2.2 平均值与均绝值

任一周期量 $f(t)$ 的平均值 F_{av} 定义为

$$F_{\text{av}}=\frac{1}{T}\int_0^T f(t)\text{d}t \tag{10-11}$$

可见，平均值也就是该周期量的恒定分量。

任一周期量 $f(t)$ 的均绝值 F_{aa} 定义为

$$F_{\text{aa}}=\frac{1}{T}\int_0^T |f(t)|\text{d}t \tag{10-12}$$

对于奇半波对称或偶半波对称的波形，可只取半个周期计算，即

$$F_{\text{aa}}=\frac{2}{T}\int_0^{T/2} |f(t)|\text{d}t \tag{10-13}$$

在整流电路中，整流波的均绝值也就是平均值。电工测量使用的整流式磁电系仪表，其指针的偏转角就与被测量的均绝值成正比。

当电流 $i(t)$ 是正弦波时，按式(10-13)，其均绝值 I_{aa} 为

$$I_{\text{aa}}=\frac{2}{T}\int_0^{T/2}\sqrt{2}I\sin(\omega t)\text{d}t=\frac{2\sqrt{2}I}{\pi}=0.9I$$

上述结果说明，利用整流式磁电系仪表测出正弦波的均绝值 I_{aa} 后，可按照上式换算得到正弦波的有效值 I。

10.2.3 平均功率

图 10-8 所示的一端口网络中，若

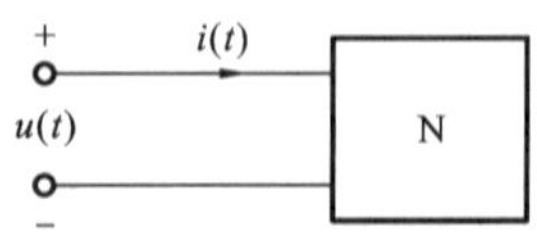

$$u(t)=U_0+\sum_{k=1}^{\infty}\sqrt{2}U_k\sin(k\omega t+\varphi_{uk})$$

$$i(t)=I_0+\sum_{k=1}^{\infty}\sqrt{2}I_k\sin(k\omega t+\varphi_{ik})$$

图 10-8 推导平均功率用的一端口网络

则端口吸收的平均功率为

$$P=\frac{1}{T}\int_0^T u(t)\cdot i(t)\text{d}t$$

将 $u(t)$ 和 $i(t)$ 代入，并利用三角函数的正交性可得

$$\begin{aligned} P &= \frac{1}{T}\int_0^T U_0 I_0 \,\mathrm{d}t + \frac{1}{T}\int_0^T \sum_{k=1}^{\infty} \sqrt{2}U_k \sin(k\omega t + \varphi_{uk})\sqrt{2}I_k \sin(k\omega t + \varphi_{ik})\,\mathrm{d}t \\ &= U_0 I_0 + U_1 I_1 \cos(\varphi_{u1} - \varphi_{i1}) + \cdots + U_k I_k \cos(\varphi_{uk} - \varphi_{ik}) + \cdots \\ &= P_0 + P_1 + P_2 + \cdots \\ &= \sum_{k=0}^{\infty} P_k \end{aligned} \tag{10-14}$$

式中，P_0 为电压和电流的直流分量产生的平均功率；P_k 为电压和电流的 k 次谐波分量产生的平均功率。式(10-14)说明，在周期性非正弦电路中，一端口网络的平均功率等于同次谐波电压和电流分量所产生的平均功率之和。不同次谐波的电压分量和电流分量不产生平均功率。

例 10-5 设图 10-8 所示一端口网络的电压和电流分别为

$$u(t) = \left[100 + 220\sqrt{2}\sin(314t + 30^\circ) + 50\sqrt{2}\sin(942t)\right]\mathrm{V}$$

$$i = \left[1 + 2\sqrt{2}\sin(314t - 30^\circ)\right]\mathrm{A}$$

求该一端口网络吸收的平均功率。

解 按式(10-14)，先分别计算各次谐波分量的功率。

$$P_0 = U_0 I_0 = 100\ \mathrm{W}$$

$$P_1 = U_1 I_1 \cos(\varphi_{u1} - \varphi_{i1}) = 220 \times 2\cos[30^\circ - (-30^\circ)]\mathrm{W} = 220\ \mathrm{W}$$

$$P_3 = U_3 I_3 \cos(\varphi_{u3} - \varphi_{i3}) = 0$$

因此，该一端口网络所吸收的平均功率为

$$P = P_0 + P_1 + P_3 = 320\ \mathrm{W}$$

思考与练习

10-2-1 一周期性非正弦电压的有效值为 100 V，则其最大值为 $100\sqrt{2}$ V，对吗？

10-2-2 一端口网络的电压 $u(t) = [10 + 100\sin(\omega t) + 30\sin(3\omega t + 15^\circ)]\mathrm{V}$，电流 $i(t) = [1 + \sin(3\omega t - 30^\circ)]\mathrm{A}$，分别求电压、电流的有效值及端口的平均功率。

10.3 周期性非正弦稳态电路分析

电路的输入为周期性非正弦波时，按傅里叶级数可将其分解为直流分量与一系列频率不同的正弦波之和，于是，根据叠加定理，周期性非正弦稳态电路的分析计算就转化为直流分量单独作用于电路以及一系列频率不同的正弦波单独作用于电路时的分析计算问题。当直流分量单独作用时，电容相当于开路，电感相当于短路，因此，可归结为电阻性电路的分析计算。当其他各次正弦波分量单独作用时，可用正弦稳态电路的求解方法分析计算；再将各分量所产生的响应叠加，即得周期性非正弦波输入下的稳态响应。下面通过具体例子加以说明。

例 10-6 在图 10-9(a)所示电路中,$R=10\ \Omega$,$L=2\ \text{H}$,$C=\frac{1}{3}\ \text{F}$,$u_S(t)=[10+5\sqrt{2}\sin t+2\sqrt{2}\sin(3t)]\ \text{V}$。求稳态电流 $i(t)$ 和它的有效值,并计算输入端口的功率 P。

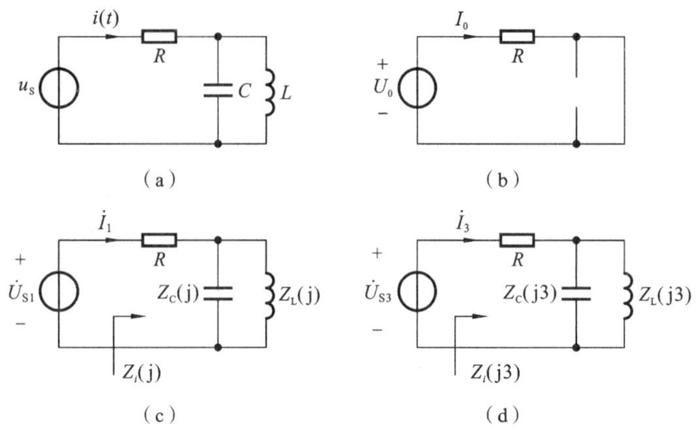

图 10-9 例 10-6 图

解 本例中,输入 $u_S(t)$ 的傅里叶级数已给定,其中 $U_0=10\ \text{V}$,$u_{S1}(t)=5\sqrt{2}\sin t\ \text{V}$,$u_{S3}(t)=2\sqrt{2}\sin(3t)\text{V}$。于是,可直接按叠加定理进行计算。

(1) 直流分量 U_0 单独作用的电路如图 10-9(b)所示。电容相当于开路,电感相当于短路,于是,

$$I_0=\frac{U_0}{R}=\frac{10}{10}\ \text{A}=1\ \text{A}$$

(2) 基波分量 $u_{S1}(t)$ 单独作用时电路的相量模型如图 10-9(c)所示。由于电源的角频率 $\omega=1\ \text{rad/s}$,因此

$$Z_C(\text{j})=-\text{j}\frac{1}{\omega C}=-\text{j}3\ \Omega,\quad Z_L(\text{j})=\text{j}\omega L=\text{j}2\ \Omega$$

且

$$\dot{U}_{S1}=5\angle 0°\ \text{V}$$

$$Z_i(\text{j})=R+\frac{Z_C(\text{j})Z_L(\text{j})}{Z_C(\text{j})+Z_L(\text{j})}$$

代入数值得

$$Z_i(\text{j})=(10+\text{j}6)\Omega=11.66\angle 31°\ \Omega$$

所以

$$\dot{I}_1=\frac{\dot{U}_{S1}}{Z_i(\text{j})}=\frac{5\angle 0°}{11.66\angle 31°}\ \text{A}=0.43\angle -31°\ \text{A}$$

$$i_1(t)=0.43\sqrt{2}\sin(t-31°)\ \text{A}$$

(3) 3 次谐波电压 $u_{S3}(t)$ 单独作用时,电路的相量模型如图 10-9(d)所示,其中

$$\dot{U}_{S3}=2\angle 0°\ \text{V}$$

$$Z_C(\text{j}3)=-\text{j}1\ \Omega$$

$$Z_L(\text{j}3)=\text{j}6\ \Omega$$

$$Z_i(\mathrm{j}3)=R+\frac{Z_C(\mathrm{j}3)Z_L(\mathrm{j}3)}{Z_C(\mathrm{j}3)+Z_L(\mathrm{j}3)}$$

代入数值得

$$Z_i(\mathrm{j}3)=(10-\mathrm{j}1.2)\ \Omega=10.1\angle-6.8^\circ\ \Omega$$

所以

$$\dot{I}_3=\frac{\dot{U}_{S3}}{Z_i(\mathrm{j}3)}=\frac{2\angle0^\circ}{10.1\angle-6.8^\circ}\ \mathrm{A}=0.2\angle6.8^\circ\ \mathrm{A}$$

$$i_3(t)=0.2\sqrt{2}\sin(3t+6.8^\circ)\ \mathrm{A}$$

(4) 将各分量单独作用产生的响应相加,得

$$i(t)=I_0+i_1(t)+i_3(t)=[1+0.43\sqrt{2}\sin(t-31^\circ)+0.2\sqrt{2}\sin(3t+6.8^\circ)]\ \mathrm{A}$$

电流 $i(t)$的有效值为

$$I=\sqrt{I_0^2+I_1^2+I_3^2}=\sqrt{1^2+0.43^2+0.2^2}\ \mathrm{A}=1.11\ \mathrm{A}$$

输入端口的功率为

$$\begin{aligned}P&=P_0+P_1+P_3=U_0I_0+U_{S1}I_1\cos(\varphi_{u1}-\varphi_{i1})+U_{S3}I_3\cos(\varphi_{u3}-\varphi_{i3})\\&=[10\times1+5\times0.43\cos31^\circ+2\times0.2\cos(-6.8^\circ)]\ \mathrm{W}\\&=12.24\ \mathrm{W}\end{aligned}$$

上述计算中,有两点应予以特别注意:

(1) 电容和电感对于不同的谐波呈现出不同的阻抗。

对于直流分量,电容相当于开路,电感相当于短路。对于 k 次谐波分量,有

$$Z_C(\mathrm{j}k\omega)=-\mathrm{j}\,\frac{1}{k\omega C},\quad Z_L(\mathrm{j}k\omega)=\mathrm{j}k\omega L$$

并称 $Z_C(\mathrm{j}k\omega)$、$Z_L(\mathrm{j}k\omega)$为 k 次谐波的谐波阻抗。显然,对于电容元件,谐波次数越高,其谐波阻抗值越小;对于电感元件,则恰恰相反。电容和电感元件的这一特性在滤波器设计中得到广泛应用。

(2) 应用叠加定理求稳态响应 $i(t)$时,只能将各响应分量的时间表达式相加,而不能把各响应分量的相量相加。这是因为,各响应分量的相量分别对应不同的角频率。

例 10-7 电路如图 10-10(a)所示,$u_S(t)$为正弦波经全波整流后的电压,波形如图 10-10(b)所示。已知 $R=\frac{200}{3}\Omega$,$L_1=L_2=1$ H,$C=10^{-4}$ F,$M=0.5$ H。设基波角频率 $\omega=50$ rad/s,求输出端开路电压 $u(t)$。

解 由表 10-1,查得 $u_S(t)$的傅里叶级数展开式为

$$u_S(t)=\frac{4U_m}{\pi}\left[\frac{1}{2}-\frac{1}{3}\cos(2\omega t)-\frac{1}{15}\cos(4\omega t)-\frac{1}{35}\cos(6\omega t)-\cdots\right]\mathrm{V}$$

6 次以上谐波的振幅已经很小,略去后得

$$\begin{aligned}u_S(t)&=\frac{4U_m}{\pi}\left[\frac{1}{2}-\frac{1}{3}\cos(2\omega t)-\frac{1}{15}\cos(4\omega t)\right]\\&=\left[\frac{200\sqrt{2}}{\pi}+\frac{400\sqrt{2}}{3\pi}\sin(2\omega t-90^\circ)+\frac{80\sqrt{2}}{3\pi}\sin(4\omega t-90^\circ)\right]\mathrm{V}\end{aligned}$$

(1) 直流分量 $U_0=200\sqrt{2}/\pi$ 单独作用于电路时,由于电感元件相当于短路,因此,输出端电压

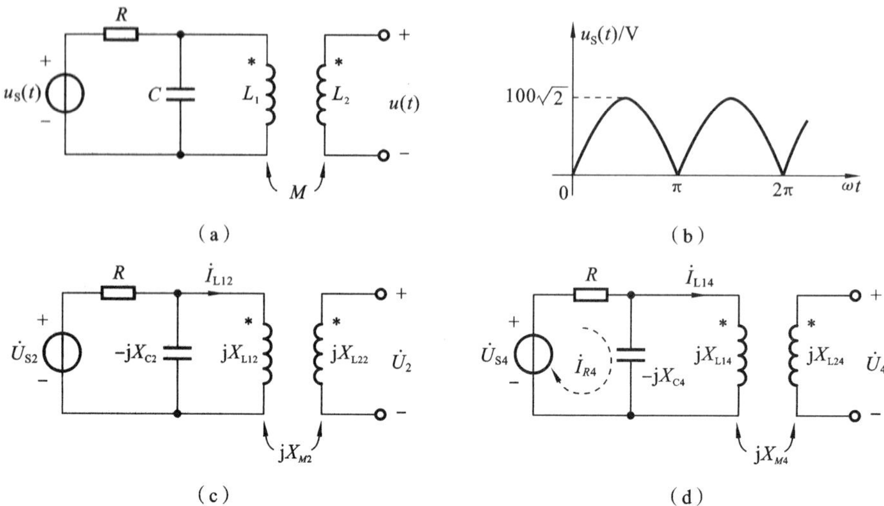

图 10-10　例 10-7 图

$$u_o(t)=0$$

(2) 2 次谐波分量单独作用时，电路的相量模型如图 10-10(c)所示，其中

$$\dot{U}_{S2}=\frac{400}{3\pi}\angle-90^\circ\ \text{V}$$

$$X_{L12}=X_{L22}=2\omega L=100\ \Omega,\quad X_{C2}=\frac{1}{2\omega C}=100\ \Omega$$

$$X_{M2}=2\omega M=50\ \Omega$$

由于输出端开路，且 $X_{L12}=X_{C2}$，L_1 与 C 并联部分发生并联谐振，故

$$\dot{I}_{R2}=0$$

$$\dot{I}_{L12}=\frac{\dot{U}_{S2}}{jX_{L12}}=\frac{4}{3\pi}\angle180^\circ\ \text{A}$$

$$\dot{U}_2=jX_{M2}\dot{I}_{L12}=\frac{200}{3\pi}\angle-90^\circ\ \text{V}$$

$$u_2(t)=\frac{200\sqrt{2}}{3\pi}\sin(2\omega t-90^\circ)\ \text{V}$$

(3) 4 次谐波分量单独作用时，电路的相量模型如图 10-10(d)所示，其中

$$\dot{U}_{S4}=\frac{80}{3\pi}\angle-90^\circ\ \text{V}$$

$$X_{L14}=X_{L24}=4\omega L=200\ \Omega,\quad X_{C4}=\frac{1}{4\omega C}=50\ \Omega$$

$$X_{M4}=4\omega M=100\ \Omega$$

列网孔电流方程，有

$$\begin{cases}(R-jX_{C4})\dot{I}_{R4}-(-jX_{C4})\dot{I}_{L14}=\dot{U}_{S4}\\-(-jX_{C4})\dot{I}_{R4}+(-jX_{C4}+jX_{L14})\dot{I}_{L14}=0\end{cases}$$

代入数值，解得

$$\dot{I}_{L14}=\frac{\sqrt{2}}{15\pi}\angle 135^{\circ}\ \text{A}$$

于是

$$\dot{U}_4=jX_{M4}\dot{I}_{L14}=\frac{20\sqrt{2}}{3\pi}\angle -135^{\circ}\ \text{V}$$

$$u_4(t)=\frac{40}{3\pi}\sin(4\omega t-135^{\circ})\text{V}$$

将各相应分量叠加，得

$$u(t)=u_0(t)+u_2(t)+u_4(t)=\left[\frac{200\sqrt{2}}{3\pi}\sin(2\omega t-90^{\circ})+\frac{40}{3\pi}\sin(4\omega t-135^{\circ})\right]\text{V}$$

思考与练习

10-3-1　例 10-7 中，若输出端电压也用相量表示，写成$\dot{U}=\dot{U}_0+\dot{U}_2+\dot{U}_4$，你认为正确吗？为什么？

10-3-2　在练习图 10-2 所示电路中 $L=0.3$ H，$R=30\ \Omega$，$u_S(t)=100\sqrt{2}\sin(100t)$V，$i_S(t)=3\sqrt{2}\sin(300t+30^{\circ})$A，求：(1) $i_R(t)$；(2) 电流表的读数；(3) 电阻 R 消耗的功率。

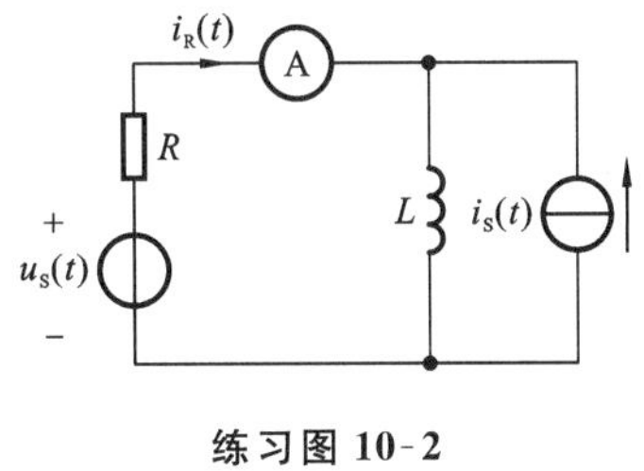

练习图 10-2

10.4　对称三相周期性非正弦电路

10.4.1　对称三相周期性非正弦电源

如果三相周期性非正弦电源的波形相同，仅在时间上依次相差 1/3 个周期，则称其为对称三相周期性非正弦电源。严格地讲，三相交流发电机产生的电压就属此情况。若三相周期性非正弦电源分别用 $u_A(t)$、$u_B(t)$、$u_C(t)$表示，并设

$$u_A(t)=f(t)$$

则按定义

$$u_B(t)=f\left(t-\frac{T}{3}\right)$$

$$u_C(t)=f\left(t-\frac{2T}{3}\right)$$

一般地，对称三相周期性非正弦电源的电压波形具有奇半波对称的特点，因此，将每相电源的电压展开为傅里叶级数时，均不含直流分量和偶次谐波分量，即有

$$u_A(t)=U_{1m}\sin(\omega t+\varphi_1)+U_{3m}\sin(3\omega t+\varphi_3)+U_{5m}\sin(5\omega t+\varphi_5)+\cdots$$

$$\begin{aligned}u_B(t)&=U_{1m}\sin\left[\omega\left(t-\frac{T}{3}\right)+\varphi_1\right]+U_{3m}\sin\left[3\omega\left(t-\frac{T}{3}\right)+\varphi_3\right]\\&\quad+U_{5m}\sin\left[5\omega\left(t-\frac{T}{3}\right)+\varphi_5\right]+\cdots\\&=U_{1m}\sin(\omega t+\varphi_1-120^\circ)+U_{3m}\sin(3\omega t+\varphi_3)\\&\quad+U_{5m}\sin(5\omega t+\varphi_5+120^\circ)+\cdots\end{aligned}$$

$$\begin{aligned}u_C(t)&=U_{1m}\sin\left[\omega\left(t-\frac{2T}{3}\right)+\varphi_1\right]+U_{3m}\sin\left[3\omega\left(t-\frac{2T}{3}\right)+\varphi_3\right]\\&\quad+U_{5m}\sin\left[5\omega\left(t-\frac{2T}{3}\right)+\varphi_5\right]+\cdots\\&=U_{1m}\sin(\omega t+\varphi_1+120^\circ)+U_{3m}\sin(3\omega t+\varphi_3)\\&\quad+U_{5m}\sin(5\omega t+\varphi_5-120^\circ)+\cdots\end{aligned}$$

可以看出，它们的基波分量

$$u_{A1}(t)=U_{1m}\sin(\omega t+\varphi_1)$$
$$u_{B1}(t)=U_{1m}\sin(\omega t+\varphi_1-120^\circ)$$
$$u_{C1}(t)=U_{1m}\sin(\omega t+\varphi_1+120^\circ)$$

构成一组对称的三相正弦电源。由于其相位按 A—B—C 的次序依次相差 120°，故又称之为正序对称三相电源。用相量表示，有

$$\dot{U}_{A1}=U_1\angle\varphi_1,\quad \dot{U}_{B1}=U_1\angle\varphi_1-120^\circ,\quad \dot{U}_{C1}=U_1\angle\varphi_1+120^\circ$$

不难推算，三相周期性非正弦电源中的 7、13……次谐波分量也分别构成一组正序对称三相电源。

3 次谐波分量

$$u_{A3}(t)=U_{3m}\sin(3\omega t+\varphi_3)$$
$$u_{B3}(t)=U_{3m}\sin(3\omega t+\varphi_3)$$
$$u_{C3}(t)=U_{3m}\sin(3\omega t+\varphi_3)$$

也为一组对称三相正弦电源，它们的相位差为零，称该组三相电源为零序对称。用相量表示，有

$$\dot{U}_{A3}=\dot{U}_{B3}=\dot{U}_{C3}=U_3\angle\varphi_3$$

不难推算，9、15……次谐波分量所构成的对称三相电源也符合零序对称。

其 5 次谐波分量

$$u_{A5}(t)=U_{5m}\sin(5\omega t+\varphi_5)$$
$$u_{B5}(t)=U_{5m}\sin(5\omega t+\varphi_5+120^\circ)$$
$$u_{C5}(t)=U_{5m}\sin(5\omega t+\varphi_5-120^\circ)$$

也为一组对称的三相正弦电源。它们的相位是按 A—C—B 的次序依次相差 120°，故称之为负序或逆序对称三相电源。用相量表示，有

$$\dot{U}_{A5}=U_5\angle\varphi_5,\quad \dot{U}_{B5}=U_5\angle\varphi_5+120^\circ,\quad \dot{U}_{C5}=U_5\angle\varphi_5-120^\circ$$

容易推算，11、17……次谐波分量所构成的对称三相电源属负序对称。

上述分析表明，对称三相周期性非正弦电源可分解为正序对称、零序对称和负序对称三

种对称三相电源。

10.4.2　对称三相周期性非正弦电路分析

对称三相周期性非正弦电源与对称三相负载按一定的方式连接就可构成对称三相周期性非正弦电路。将对称三相周期性非正弦电源分解为正序对称、零序对称和负序对称的三相正弦电源后，对称三相周期性非正弦电路的分析计算，按叠加定理可归结为对正序对称、零序对称和负序对称的三相正弦电路的分析计算。正序对称三相电路的分析计算已在第 9 章中进行过详细讨论。负序对称三相电路的分析计算可采用类似的方法进行。应该指出的是，在对称三相周期性非正弦电源作用下，旋转电动机的正序、负序参数是不同的。至于零序对称三相电路，虽然也是正弦稳态电路，但具有与正序、负序对称三相电路不同的特点，因此实用的分析计算方法有所不同。同时对于诸如三芯变压器等用电设备，其零序参数也与正序、负序参数不同。

下面仅以 Y-Y 连接电阻性电路为例，说明分析这种电路的特点。

例 10-8　Y-Y 连接对称三相周期性非正弦稳态电路如图 10-11(a)所示。已知

$$u_{SA}(t)=[100\sqrt{2}\sin(\omega t)+50\sqrt{2}\sin(3\omega t)+20\sqrt{2}\sin(5\omega t)]\text{V}$$

$$u_{SB}(t)=[100\sqrt{2}\sin(\omega t-120^\circ)+50\sqrt{2}\sin(3\omega t)+20\sqrt{2}\sin(5\omega t+120^\circ)]\text{V}$$

$$u_{SC}(t)=[100\sqrt{2}\sin(\omega t+120^\circ)+50\sqrt{2}\sin(3\omega t)+20\sqrt{2}\sin(5\omega t-120^\circ)]\text{V}$$

$$R=100\ \Omega,\quad R_N=20\ \Omega$$

试写出各相电流、中线电流及各线电压的瞬时值表达式，并求它们的有效值。

解　(1) 基波(正序对称)三相电源单独作用于电路时，其相量模型如图 10-11(b)所示。其中

$$\dot{U}_{SA1}=100\angle 0^\circ\ \text{V},\quad \dot{U}_{SB1}=100\angle -120^\circ\ \text{V},\quad \dot{U}_{SC1}=100\angle 120^\circ\ \text{V}$$

按第 9 章介绍的方法，容易解得

$$\dot{I}_{A1}=\frac{\dot{U}_{SA1}}{R}=1\angle 0^\circ\ \text{A},\quad i_{A1}(t)=\sqrt{2}\sin(\omega t)\,\text{A}$$

$$\dot{I}_{B1}=1\angle -120^\circ\ \text{A},\quad i_{B1}(t)=\sqrt{2}\sin(\omega t-120^\circ)\,\text{A}$$

$$\dot{I}_{C1}=1\angle 120^\circ\ \text{A},\quad i_{C1}(t)=\sqrt{2}\sin(\omega t+120^\circ)\,\text{A}$$

$$\dot{U}_{AB1}=100\sqrt{3}\angle 30^\circ\text{V},\quad u_{AB1}(t)=100\sqrt{6}\sin(\omega t+30^\circ)\,\text{V}$$

$$\dot{U}_{BC1}=100\sqrt{3}\angle -90^\circ\text{V},\quad u_{BC1}(t)=100\sqrt{6}\sin(\omega t-90^\circ)\,\text{V}$$

$$\dot{U}_{CA1}=100\sqrt{3}\angle 150^\circ\text{V},\quad u_{CA1}(t)=100\sqrt{6}\sin(\omega t+150^\circ)\,\text{V}$$

中线电流　$\dot{I}_{N1}=0$

(2) 5 次谐波(负序对称)三相电源单独作用于电路。负序对称三相电路与正序对称三相电路的区别只是电源的相序相反，故仿照正序对称三相电路可解得

$$\dot{I}_{A5}=\frac{\dot{U}_{SA5}}{R}=0.2\angle 0^\circ\ \text{A},\quad i_{A5}(t)=0.2\sqrt{2}\sin(5\omega t)\,\text{A}$$

$$\dot{I}_{B5}=0.2\angle 120^\circ\ \text{A},\quad i_{B5}(t)=0.2\sqrt{2}\sin(5\omega t+120^\circ)\,\text{A}$$

$$\dot{I}_{C5}=0.2\angle -120^\circ\ \text{A},\quad i_{C5}(t)=0.2\sqrt{2}\sin(5\omega t-120^\circ)\,\text{A}$$

$$\dot{U}_{AB5}=20\sqrt{3}\angle -30^\circ \text{ V},\quad u_{AB5}(t)=20\sqrt{6}\sin(5\omega t-30^\circ)\text{V}$$

$$\dot{U}_{BC5}=20\sqrt{3}\angle 90^\circ \text{ V},\quad u_{BC5}(t)=20\sqrt{6}\sin(5\omega t+90^\circ)\text{V}$$

$$\dot{U}_{CA5}=20\sqrt{3}\angle -150^\circ \text{ V},\quad u_{CA5}(t)=20\sqrt{6}\sin(5\omega t-150^\circ)\text{V}$$

中线电流
$$\dot{I}_{N5}=0$$

(3) 3 次谐波(零序对称)三相电源单独作用于电路时,其相量模型如图 10-11(c)所示。其中

$$\dot{U}_{SA3}=\dot{U}_{SB3}=\dot{U}_{SC3}=50\angle 0^\circ \text{ V}$$

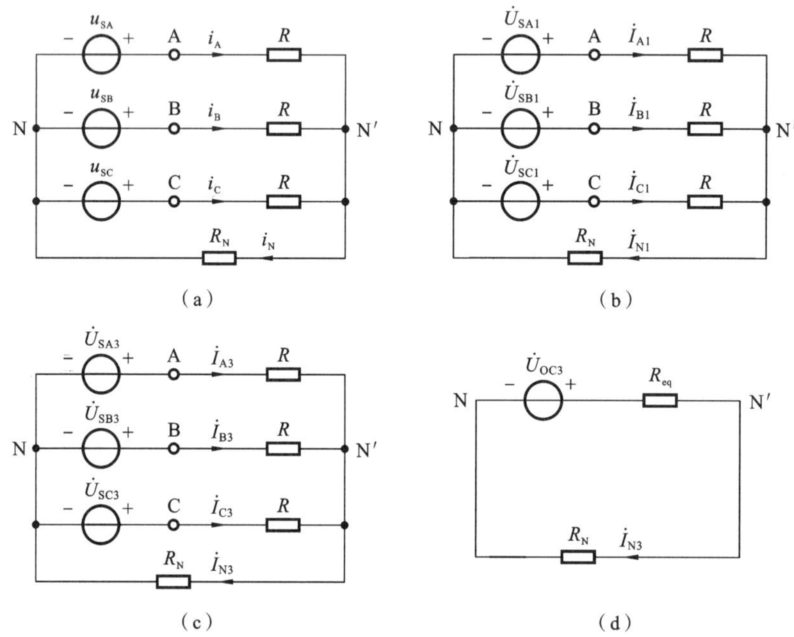

图 10-11　例 10-8 图

利用戴维南定理,将图 10-11(c)所示电路化简成图 10-11(d)所示电路,图中

$$\dot{U}_{OC3}=\dot{U}_{SA3}=50\angle 0^\circ \text{ V},\quad R_{eq}=\frac{R}{3}=\frac{100}{3}\ \Omega$$

解得

$$\dot{I}_{N3}=\frac{\dot{U}_{OC3}}{R_{eq}+R_N}=\frac{15}{16}\angle 0^\circ \text{ A}$$

按照图 10-11(c)所示电路,应有

$$\dot{I}_{A3}=\dot{I}_{B3}=\dot{I}_{C3}=\frac{1}{3}\dot{I}_{N3}=\frac{5}{16}\angle 0^\circ \text{ A}$$

$$\dot{U}_{AB3}=R\dot{I}_{A3}-R\dot{I}_{B3}=0$$

同理
$$\dot{U}_{BC3}=\dot{U}_{CA3}=0$$

各瞬时值表达式为

$$i_{A3}(t)=i_{B3}(t)=i_{C3}(t)=\frac{5}{16}\sqrt{2}\sin(3\omega t)$$

$$u_{AB3}(t)=u_{BC3}(t)=u_{CA3}(t)=0$$

$$i_{N3}(t)=\frac{15}{16}\sqrt{2}\sin(3\omega t)$$

上述计算结果表明了零序对称三相电路的一些特点：① 各相电流为一组零序对称电流；② 中线电流等于相电流的 3 倍，故对于图 10-11(c)所示电路，可用图 10-11(d)所示的单相电路计算中线电流；③ 线电压中不含零序分量。

(4) 按叠加定理写出各稳态响应表达式，有

$$i_A(t)=\sqrt{2}\sin(\omega t)+\frac{5}{16}\sqrt{2}\sin(3\omega t)+0.2\sqrt{2}\sin(5\omega t)$$

$$i_B(t)=\sqrt{2}\sin(\omega t-120°)+\frac{5}{16}\sqrt{2}\sin(3\omega t)+0.2\sqrt{2}\sin(5\omega t+120°)$$

$$i_C(t)=\sqrt{2}\sin(\omega t+120°)+\frac{5}{16}\sqrt{2}\sin(3\omega t)+0.2\sqrt{2}\sin(5\omega t-120°)$$

$$u_{AB}(t)=100\sqrt{6}\sin(\omega t+30°)+20\sqrt{6}\sin(5\omega t-30°)$$

$$u_{BC}(t)=100\sqrt{6}\sin(\omega t-90°)+20\sqrt{6}\sin(5\omega t+90°)$$

$$u_{CA}(t)=100\sqrt{6}\sin(\omega t+150°)+20\sqrt{6}\sin(5\omega t-150°)$$

中线电流
$$i_N(t)=\frac{15}{16}\sqrt{2}\sin(3\omega t)$$

各相电流、线电压及中线电流的有效值分别为

$$I_p=\sqrt{I_{p1}^2+I_{p3}^2+I_{p5}^2}=\sqrt{1^2+\left(\frac{5}{16}\right)^2+0.2^2}\ \text{A}=1.067\ \text{A}$$

$$U_l=\sqrt{U_{l1}^2+U_{l5}^2}=\sqrt{(100\sqrt{3})^2+(20\sqrt{3})^2}\ \text{V}=176.64\ \text{V}$$

$$I_N=\frac{15}{16}\text{A}$$

本例说明，在 Y-Y 连接(有中线)对称三相周期性非正弦电路中，线电压不含零序分量，中线只有零序电流通过。这些结论对于含其他元件(例如电容元件、电感元件)的电路同样适用。

表 10-1 常见非正弦周期函数的傅里叶级数展开式

$f(\omega t)$的波形	$f(\omega t)$的傅里叶级数	A (有效值)	A_{av} (平均值)
A_m, 0, π, 2π, ωt	$f(\omega t)=A_m\sin(\omega t)$	$\frac{A_m}{\sqrt{2}}$	$\frac{2A_m}{\pi}$
A_m, 0, π, 2π, ωt, a	$f(\omega t)=\frac{4A_m}{a\pi}\left[\sin a\sin(\omega t)+\frac{1}{9}\sin(3a)\sin(3\omega t)+\frac{1}{25}\sin(5a)\sin(5\omega t)+\cdots+\frac{1}{k^2}\sin(ka)\sin(k\omega t)+\cdots\right]$	$A_m\sqrt{1-\frac{4a}{3\pi}}$	$A_m\left(1-\frac{a}{\pi}\right)$

续表

$f(\omega t)$的波形	$f(\omega t)$的傅里叶级数	A（有效值）	A_{av}（平均值）
	$f(\omega t)=\frac{8A_m}{\pi^2}\left[\sin(\omega t)-\frac{1}{9}\sin(3\omega t)+\frac{1}{25}\sin(5\omega t)-\cdots+\frac{(-1)^{\frac{k-1}{2}}}{k^2}\sin(k\omega t)+\cdots\right]$	$\frac{A_m}{\sqrt{3}}$	$\frac{A_m}{2}$
	$f(\omega t)=\frac{4A_m}{\pi}\left[\sin(\omega t)+\frac{1}{3}\sin(3\omega t)+\frac{1}{5}\sin(5\omega t)+\cdots+\frac{1}{k}\sin(k\omega t)+\cdots\right]$	A_m	A_m
	$f(\omega t)=\frac{2A_m}{\pi}\left[\frac{1}{2}+\frac{\pi}{4}\sin(\omega t)-\frac{1}{1\times3}\cos(2\omega t)-\frac{1}{3\times5}\cos(4\omega t)-\frac{1}{5\times7}\cos(6\omega t)-\cdots\right]$	$\frac{A_m}{2}$	$\frac{A_m}{\pi}$
	$f(\omega t)=\frac{4A_m}{\pi}\left[\frac{1}{2}-\frac{1}{1\times3}\cos(2\omega t)-\frac{1}{3\times5}\cos(4\omega t)-\frac{1}{5\times7}\cos(6\omega t)-\cdots\right]$	$\frac{A_m}{\sqrt{2}}$	$\frac{2A_m}{\pi}$

思考与练习

10-4-1 例 10-8 中，设 $R_N=0$，重解该题。

10-4-2 例 10-8 中，在求得 U_l 后，利用关系式 $U_p=\frac{U_l}{\sqrt{3}}$ 求相电压有效值是否正确，为什么？

10-4-3 将例 10-8 中的三相周期性非正弦电源接成练习图 10-3 所示的形式时，电压表的读数是多少？从中可得到什么启示？

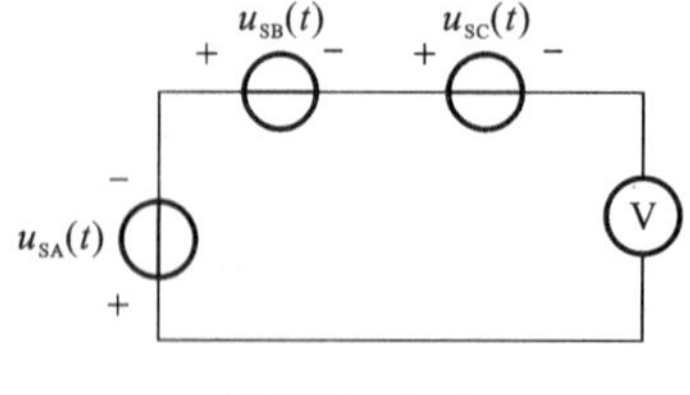

练习图 10-3

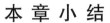

本章小结

本章主要介绍了非正弦周期信号及其有效值、平均值以及非正弦周期稳态电路的平均功率。

非正弦周期信号激励下分析稳态电路的步骤可总结如下。

(1) 将非正弦周期信号分解为一系列正弦分量，即把给定的非正弦周期激励分解为傅里叶级数表达式，成为直流分量和各次谐波分量之和。

(2) 利用叠加定理求出直流分量和各次谐波分量单独作用的响应，直流分量用直流电路分析方法分析，此时电感视为短路，电容视为开路；对于不同频率的正弦分量，采用正弦稳态电路的相量分析方法分析，这时需要注意，电路的阻抗随频率的变化而变化，各分量单独作用时应画出相应的电路图。

(3) 应用叠加定理把属于同一响应的各谐波响应分量相加，得到总的响应值。注意，叠加前应把各谐波分量表达式变成时域瞬时表达式。

习　题

10-1　电压 $u(t)=[10+20\sin(\omega t-75^\circ)+5\sin(3\omega t)]$ V 作用于电容元件两端，已知 $\frac{1}{\omega C}=5\ \Omega$，电流与电压为关联参考方向，求通过电容的电流 $i(t)$。

10-2　电路如题图 10-1 所示，已知 $i_L(t)=[2+8\sin(\omega t)]$ A，$R=10\ \Omega$，$\omega L=5\ \Omega$，$\frac{1}{\omega C}=10\ \Omega$，求 $u(t)$。

10-3　电路如题图 10-2 所示，已知 $u_S=\left(18\sqrt{2}\sin\frac{t}{12}+9\sqrt{2}\sin\frac{t}{6}\right)$ V，求 i_L。

10-4　电路如题图 10-3 所示，已知 $u_S(t)=[100+180\sin(\omega_1 t)+50\cos(2\omega_1 t)]$ V，$\omega_1 L_1=90\ \Omega$，$\omega_2 L_2=30\ \Omega$，$\frac{1}{\omega_1 C}=120\ \Omega$。求 $u_R(t)$、$u(t)$、$i_1(t)$ 和 $i_2(t)$。

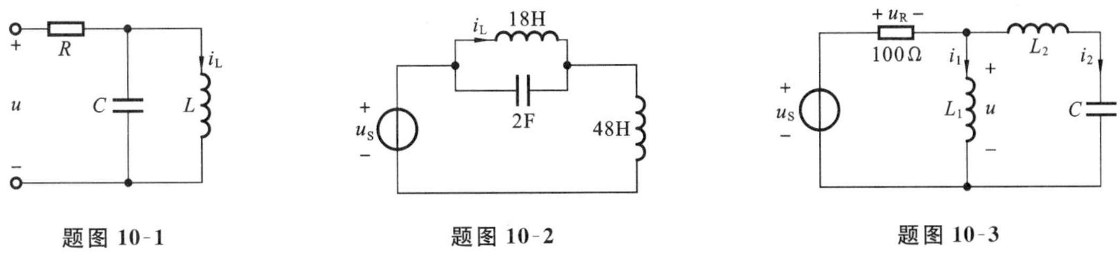

题图 10-1　　题图 10-2　　题图 10-3

10-5　电路如题图 10-4 所示，已知 $u_S(t)=[100\sin(\omega t)+50\sin(3\omega t+30^\circ)]$ V，$i(t)=[10\sin\omega t+\sin(3\omega t-\varphi_3)]$ A，$\omega=100\pi$ rad/s。求 R、L、C 的值和电路消耗的功率。

10-6　对题图 10-4 所示电路，如果 $u_S(t)=[40\sin(2t)+40\sin(4t)]$ V，$i(t)=[10\sin(2t)+8\sin(4t-\varphi)]$ A。求：(1) R、L、C 的值；(2) φ 的值；(3) 电源提供的功率 P。

10-7 电路如题图 10-5 所示，已知 $i_S(t)=[10+2\sin(3\omega_1 t)]$ A，$\omega_1 L=3\ \Omega$，$\frac{1}{\omega_1 C}=27\ \Omega$。求：(1) $u(t)$及其有效值U；(2) 与电源连接的单口网络吸收的平均功率P。

10-8 电路如题图 10-6 所示，已知 $u_{S1}(t)=8\sqrt{2}\sin(50t+30^\circ)$ V，$u_{S2}(t)=6\sqrt{2}\sin(100t)$ V，$L=0.01$ H，$C=0.02$ F，电流表内阻为零。求电流表的读数。

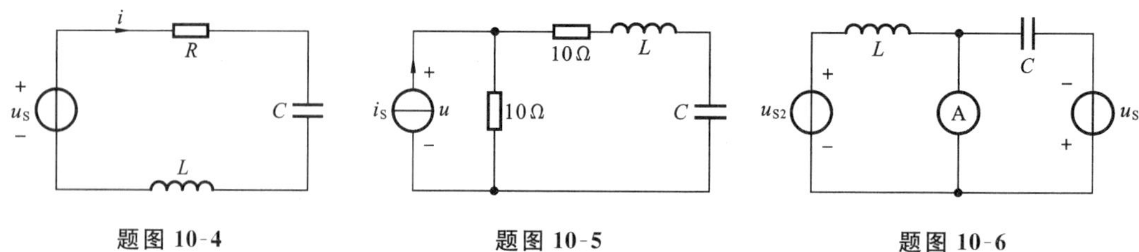

题图 10-4　　题图 10-5　　题图 10-6

10-9 电路如题图 10-7 所示，已知 $i_S(t)=\left[10+5\sin\left(2\omega_1 t+\frac{\pi}{2}\right)\right]$ A，$\omega_1 L=50\ \Omega$，$\frac{1}{\omega_1 C}=200\ \Omega$。求 $u_C(t)$和与电源连接的单口网络吸收的平均功率。

10-10 电路如题图 10-8 所示，已知 $u_S=[200\sqrt{2}\sin(100t)+300\sqrt{2}\sin(200t)]$ V，求电流表的读数。

10-11 电路如题图 10-9 所示，已知 $u=[200+100\sqrt{2}\sin(3\omega t)]$ V，$R=20\ \Omega$，$\omega L=5\ \Omega$，$\frac{1}{\omega C}=45\ \Omega$，则图中电流表和电压表的读数分别是多少？

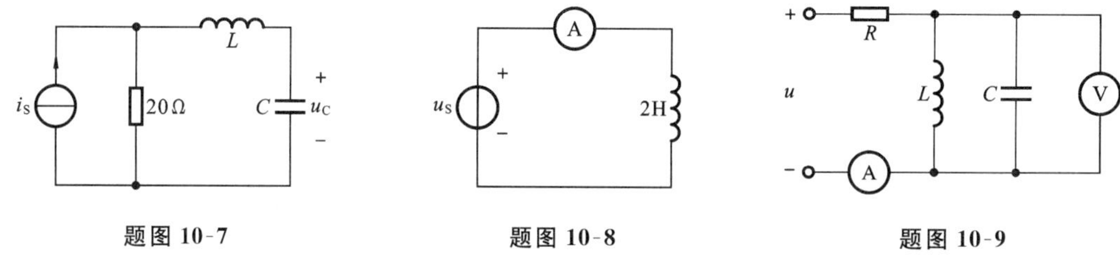

题图 10-7　　题图 10-8　　题图 10-9

10-12 电路如题图 10-10 所示，已知 $i_S=[2+4\sin(10t)]$ A，求 10 Ω 电阻消耗的功率。

10-13 电路如题图 10-11 所示，$u_S(t)$为非正弦周期电压，其中含有 $3\omega_1$ 和 $7\omega_1$ 的谐波分量。如果输出电压 $u(t)$中不含有这两个谐波分量，问 L、C 应为多少？

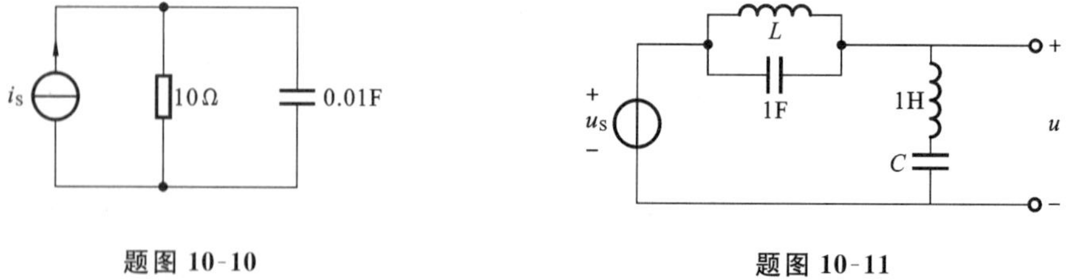

题图 10-10　　题图 10-11

第 11 章　电路暂态过程的时域分析

含有电容元件或电感元件的电路常称为动态电路，描述动态电路的方程是微分方程。第 6 章详细讨论了电容元件和电感元件，它们的 VCR 用微分或积分的形式表示，称为储能元件或动态元件。因此，在线性电路含有电容元件和电感元件时，建立的电路方程是常系数线性微分方程。若实际电路中，只有一个电容元件或一个电感元件的线性时不变电路，用一阶常系数线性微分方程描述，这种电路称为一阶动态电路。若动态电路含一个电容元件和一个电感元件，则用二阶常系数线性微分方程来描述，这种电路称为二阶动态电路。

动态电路的一个特征是，电路发生换路时，可能使电路的工作状态发生改变。从一个稳定的工作状态转变到另一个稳定的工作状态往往需要一个过渡时期，在工程上称为过渡过程，或称暂态过程。

下面通过一个简单实验来观察电感元件、电容元件的 VCR 关系在直流电路中的暂态过程，电路如图 11-1 所示。当开关 S 闭合时，观察电路中 3 个灯泡的变化。

(1) 当开关 S 闭合后，电阻支路的灯泡 H_1 立即发亮，并且亮度不变化。这表明流过灯泡的电流保持不变。因为电阻不是储能元件，这条支路没有过渡过程，立即进入了新的稳定状态。

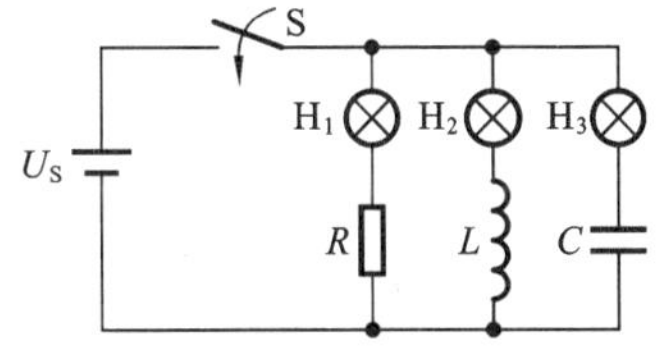

图 11-1　电感、电容的 VCR 关系在直流电源电路中的暂态过程

(2) 当开关 S 闭合后，电感支路中的灯泡 H_2 由暗逐渐变亮，亮度逐渐增强，最后不再变化，进入新的稳态。这表明流过该灯泡的电流由小变大，最后保持不变。这是因为线圈的自感要阻碍通过灯泡 H_2 电流的增加，所以 H_2 的电流是逐渐增加的，最后达到稳定状态。

(3) 当开关 S 闭合后，电容支路中的灯泡 H_3 立即点亮而后逐渐变暗，最后熄灭。这表明流过灯泡的电流由大变小，直至为零。这是因为换路瞬间 $u_C(0)=0$，直流电压加在灯泡 H_3 两端，灯泡立即点亮。随着电容电压的升高，灯泡两端电压降低，灯泡开始变暗，稳定时，电容对稳定直流相当于开路，流过灯泡电流为零，灯泡熄灭。此支路灯泡也经历了从亮逐渐不亮的过渡过程。

电路产生暂态过程的原因是电路中含有储能元件电容和电感。当电路发生换路时，在电路功率为有限值的条件下，能量的储存和释放需要时间，即电容和电感的能量不能跃变。而电容储能 $W_C(t)=\dfrac{1}{2}Cu_C{}^2(t)$，电感储能 $W_L(t)=\dfrac{1}{2}Li_L{}^2(t)$，若规定换路发生在零时刻，则有 $u_C(0_+)=u_C(0_-)$，$i_L(0_+)=i_L(0_-)$。上述关系又称为换路定律。

11.1　一阶电路的零输入响应

本节主要讨论 RC 电路的零输入响应、RL 电路的零输入响应及时间常数(τ)的物理意

义，重点掌握一阶电路的零输入响应的求解方法。

由一阶微分方程描述的电路称为一阶电路。无论含源网络 N_S 如何复杂，只要含有一个电容元件或者一个电感元件，总可以用戴维南定理或诺顿定理等效成图 11-2 所示的电路。

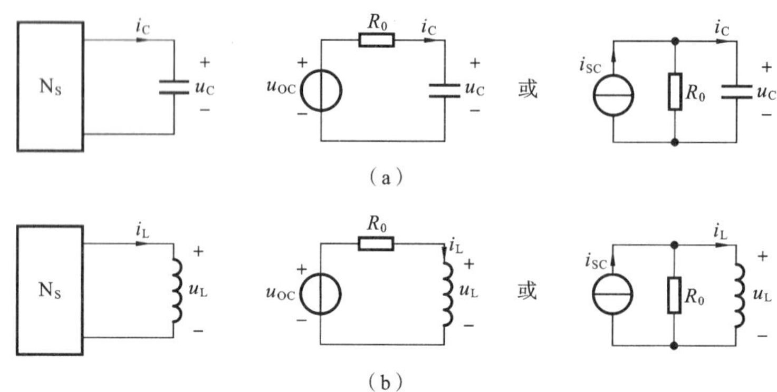

图 11-2　一阶含源网络的等效电路

若输入为零，仅由动态元件的初始储能产生的响应称为零输入响应。下面以直流输入一阶电路为例进行分析。

11.1.1　RC 电路的零输入响应

电路如图 11-3(a) 所示，开关 S 与"1"相接。电路处于稳定状态，由于电容对稳定的直流相当于开路，电流为零，电容电压 u_C 等于电源电压 U_0，储存有能量。

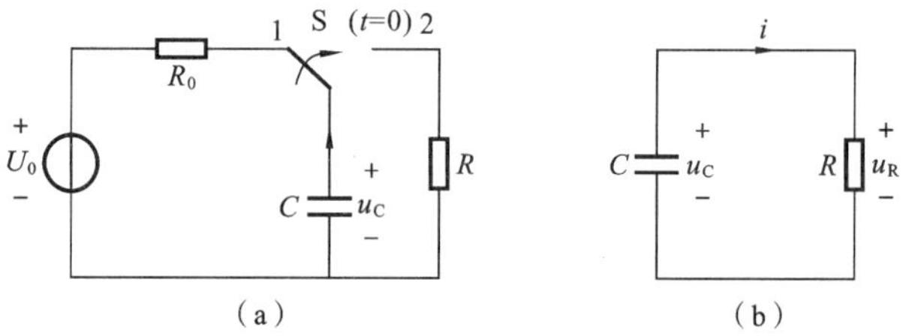

图 11-3　RC 电路的零输入响应

在 $t=0$ 时，开关 S 由"1"转到"2"，如图 11-3(b) 所示。电容电压 u_C 将通过电阻放电，直到放电结束。放电过程产生的电压和电流，称为零输入响应。零输入响应的物理过程是电容储存的能量通过电阻放电。

1. 零输入响应的变化规律

设 $t=0_-$ 时，有　　$u_C(0_-)=U_0$

由换路定律得

$$u_C(0_+)=u_C(0_-)$$

根据 KVL 可得

$$-u_R+u_C=0$$

式中，$u_R=Ri$。$i=-C\dfrac{du_C}{dt}$(注意，i 与 u_C 为非关联参考方向)，代入上式得到电路的一阶常

系数线性齐次微分方程为

$$RC\frac{du_C}{dt}+u_C=0 \tag{11-1}$$

其特征方程为

$$RC\lambda+1=0$$

特征根为 $$\lambda=-\frac{1}{RC}$$

其通解为

$$u_C(t)=Ae^{\lambda t}=Ae^{-\frac{t}{RC}}\quad(t\geqslant0)$$

式中，A 为待定常数，由初始条件 $u_C(0_+)=U_0$ 确定。

$$A=u_C(0_+)=U_0$$

电容放电电压为

$$u_C(t)=u_C(0_+)e^{-\frac{t}{RC}}=U_0e^{-\frac{t}{RC}}\quad(t\geqslant0) \tag{11-2}$$

放电电流为

$$i_C(t)=-C\frac{du_C}{dt}=-C\frac{d}{dt}(U_0e^{-\frac{t}{RC}})$$

$$=-C\left(-\frac{1}{RC}\right)U_0e^{-\frac{t}{RC}}=\frac{U_0}{R}e^{-\frac{t}{RC}}\quad(t>0)$$

$t=0_+$ 时刻，有 $$i_C(t)=\frac{u_0}{R}=\frac{u_C(0_+)}{R}$$

$t=0_-$ 时刻，$i_C(0_-)=0$ ，则有

$$i_C(0_+)\neq i_C(0_-)$$

$$i_C(t)=i_C(0_+)e^{-\frac{t}{RC}}\quad(t>0) \tag{11-3}$$

从以上各式可以看出，u_C 及 i_C 都是按照同一指数规律衰减的，衰减的快慢取决于电路参数。

2. 时间常数(τ)

令 $\tau=RC$，由于电阻的单位为欧姆(Ω)，电容的单位是法拉(F)，RC 的单位为秒(s)，τ 具有时间的量纲，故称为 RC 电路的时间常数。它是反映一阶电路暂态过程长短的一个重要参数，电容电压经过一个 τ 的时间放电只剩下初始值的 36.8% 。

把 $t=2\tau$、$t=3\tau$、$t=4\tau$、$t=5\tau$ 时刻的电容电压值列于表 11-1 中。

表 11-1 电容电压随放电时间的变化

t	0	τ	2τ	3τ	4τ	5τ	∞
u_C	U_0	$0.368U_0$	$0.135U_0$	$0.05U_0$	$0.018U_0$	$0.0067U_0$	0

根据这些值可画出 $u_C(t)$、$i_C(t)$的波形如图 11-4 所示。

从理论上讲，当 $t\to\infty$时，放电才结束，但工程上一般认为经过 $3\tau\sim5\tau$ 时间，放电即告结束。时间常数 τ 大，说明放电慢，暂态过程长；时间常数 τ 小，说明放电快，暂态过程短。

下面再从放电过程中的能量来进行分析。

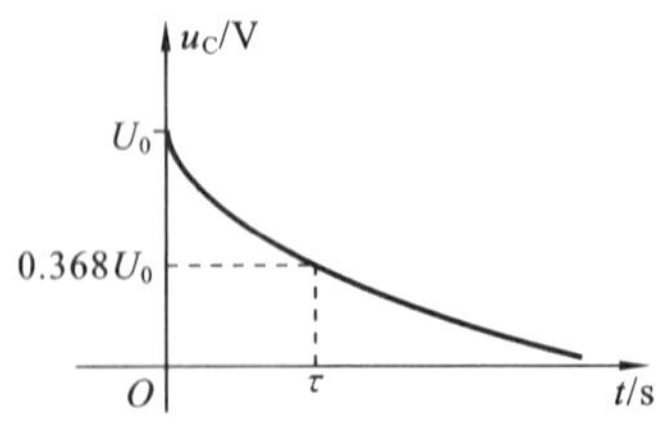

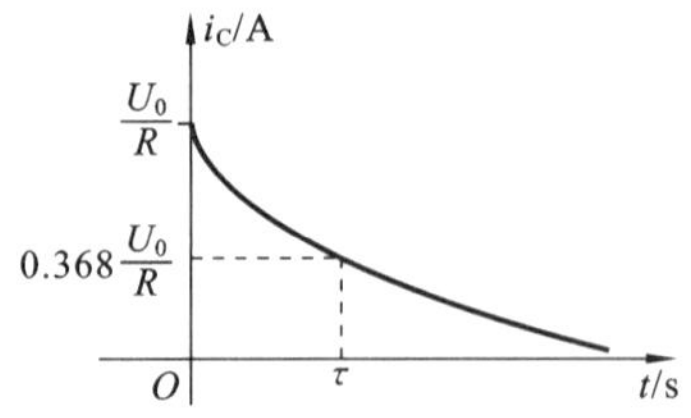

图 11-4　RC 电路的零输入响应的波形

在 $t=0_+$ 时刻，电容的初始储能为

$$w_C=\frac{1}{2}Cu_C^2(0_+)=\frac{1}{2}CU_0^2$$

在放电过程中电阻所消耗的能量为

$$w_R=\int_0^{\infty}i^2(t)R\mathrm{d}t=\int_0^{\infty}\left(\frac{U_0}{R}\mathrm{e}^{-\frac{t}{RC}}\right)R\,\mathrm{d}t=\frac{U_0^2}{R}\int_0^{\infty}\mathrm{e}^{-\frac{2t}{RC}}\mathrm{d}t$$

$$=-\frac{1}{2}CU_0^2(\mathrm{e}^{-\frac{2t}{RC}})\Big|_0^{\infty}=\frac{1}{2}CU_0^2$$

这表明，电容储存的电能在放电过程中全部为电阻消耗而转换为热能。若电容初始电压 $u_C(0_+)$ 一定，增加电容 C 就增加了电容的初始储能，使放电时间加长；若增加电阻 R，电阻电流小，单位时间内消耗能量减少，也使放电时间加长。

例 11-1　电路如图 11-5 所示，已知 $C=10\ \mu\text{F}$，$R=20\ \text{k}\Omega$，$t<0$ 时，电路处于稳态；$t=0$ 时，开关 S 由 1 合向 2。求：(1) 当 $t\geqslant0$ 时的 $u_C(t)$ 及 $i(t)$；(2) 当 $t=600$ ms 时，求 u_C 的值。

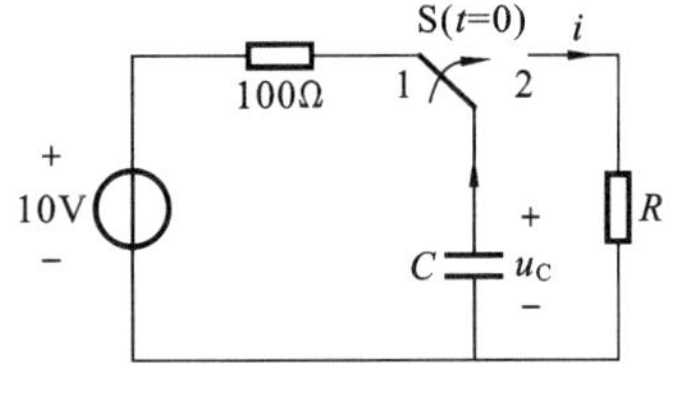

图 11-5　例 11-1 电路图

解　第一步，求初始值。

当 $t<0$ 时，电路处于直流稳态，电容开路处理，得

$$u_C(0_-)=10\ \text{V}$$

故
$$u_C(0_+)=u_C(0_-)=10\ \text{V}$$

第二步，求时间常数 τ。

$$\tau=RC=20\times10^3\times10\times10^{-6}\ \text{ms}=200\ \text{ms}$$

第三步，代入式(11-2)求 $u_C(t)$。

$$u_C(t)=u_C(0_+)\mathrm{e}^{-\frac{t}{\tau}}=10\mathrm{e}^{-5t}\ \text{V}\quad(t\geqslant0)$$

而
$$i(t)=\frac{u_C}{R}=0.5\mathrm{e}^{-5t}\ \text{A}\quad(t>0)$$

或
$$i(t)=-C\frac{\mathrm{d}u_C}{\mathrm{d}t}=0.5\mathrm{e}^{-5t}\ \text{A}\quad(t>0)$$

当 $t=600$ ms 时，有

$$u_C(600\ \text{ms})=10\times\mathrm{e}^{-3}\ \text{V}=0.5\ \text{V}$$

例 11-2　电路如图 11-6 所示，当 $t<0$ 时，电路处于稳态，$t=0$ 时，开关 S 由 1 合向 2。求 $t\geqslant0$ 时的 $u_C(t)$ 及 $i(t)$。

解　第一步，求 $u_C(0_+)$，有

$$u_C(0_-)=10\ \text{V},\quad u_C(0_+)=u_C(0_-)=10\ \text{V}$$

第二步，求时间常数 τ。

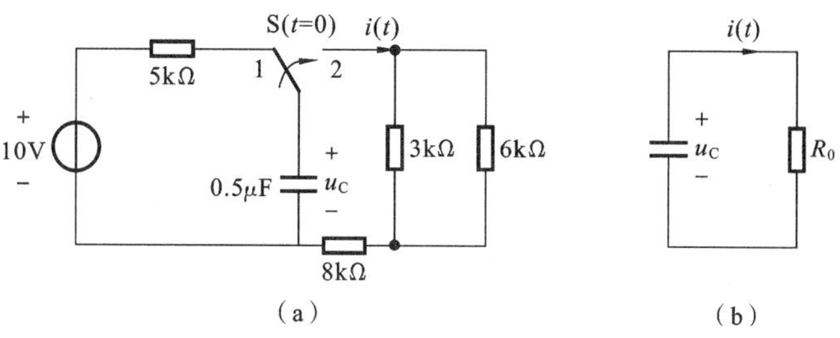

图 11-6　例 11-2 电路图

将电容两端的电阻单口网络等效为一个电阻，如图 11-6(b)所示，有

$$R_0=\left[8\times10^3+\frac{6\times10^3\times3\times10^3}{6\times10^3+3\times10^3}\right]\ \Omega=10\ \text{k}\Omega$$

$$\tau=R_0C=10\times10^3\times0.5\times10^{-6}\ \text{s}=5\times10^{-3}\ \text{s}$$

第三步，根据式(11-2)求 $u_C(t)$，有

$$u_C(t)=10\text{e}^{-200t}\ \text{V}\quad(t\geqslant0)$$

第四步，根据欧姆定律，求得

$$i(t)=\frac{u_C(t)}{R_0}=\text{e}^{-200t}\ \text{mA}\quad(t>0)$$

通过上述分析讨论，归纳如下。

(1) RC 电路零输入响应的物理意义是电容储存的电能通过电阻放电，放电是按负指数规律衰减的。

(2) 放电的快慢取决于时间常数 τ 的大小，$\tau=R_0C$。τ 越大，则放电时间越长。

(3) 放电时所有物理量均按同一指数规律衰减，若用 $y_{Zi}(t)$表示各物理量，则有

$$y_{Zi}(t)=y_{Zi}(0_+)\text{e}^{-\frac{t}{\tau}}\quad(t>0)\tag{11-4}$$

(4) 电容电压 $u_C(t)$满足换路定律 $u_C(0_+)=u_C(0_-)$，但电容电流 $i_C(0_+)\neq i_C(0_-)$。

(5) 计算零输入响应 $y_{Zi}(t)$可按如下步骤进行。

第一步，求电容电压的初始值 $u_C(0_-)$，由换路定律确定 $u_C(0_+)=u_C(0_-)$。

第二步，求时间常数 $\tau=R_0C$，其中 R_0 为等效电阻。

第三步，代入式(11-2)求出 $u_C(t)$，继而求出其他各量，如 $i_C(t)$、$u_R(t)$等。

11.1.2　RL 电路的零输入响应

电路如图 11-7(a)所示。

在 $t\leqslant0$ 之前，开关 S 闭合，电路处于直流稳态，电感相当于短路，电感电流为 $i_L(0_-)=I_0$。当 $t=0$ 时，开关 S 断开，电感开始通过电阻释放能量，直至能量释放完毕为止。

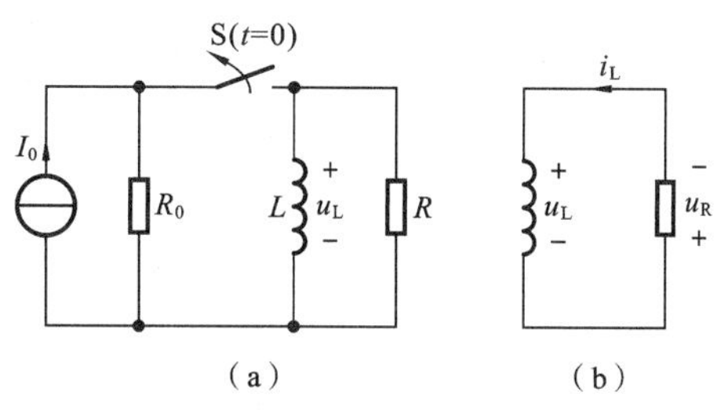

图 11-7　RL 电路的零输入响应

设当 $t=0_-$ 时，$i_L(0_-)=I_0$，由换路定律，得

$$i_L(0_+)=i_L(0_-)=I_0$$

根据 KVL 可得

$$u_L + u_R = 0$$

式中，$u_R = Ri_L$，$u_L = L\frac{di_L}{dt}$。代入上式得到电路的一阶线性常系数齐次微分方程，即

$$L\frac{di_L}{dt} + Ri_L = 0 \tag{11-5}$$

其特征方程为 $$L\lambda + R = 0$$

特征值根为 $$\lambda = -\frac{R}{L}$$

其通解为 $$i_L(t) = Ae^{-\frac{R}{L}t}$$

式中，A 为待定常数。A 由初始电流 $i_L(0_+) = I_0$ 确定。

$$A = i_L(0_+) = I_0$$

令 $\tau = \frac{L}{R}$，且称为 RL 电路的时间常数，则有

$$i_L(t) = i_L(0_+)e^{-\frac{t}{\tau}} = I_0 e^{-\frac{t}{\tau}} \quad (t \geqslant 0) \tag{11-6}$$

而

$$u_L(t) = L\frac{di_L}{dt} = -RI_0 e^{-\frac{t}{\tau}} \quad (t > 0) \tag{11-7}$$

$$u_R(t) = Ri_L = RI_0 e^{-\frac{t}{\tau}} \quad (t > 0) \tag{11-8}$$

其波形图如图 11-8 所示。上述分析表明，RL 电路零输入响应也是按指数规律衰减的，衰减的快慢取决于时间常数 τ。

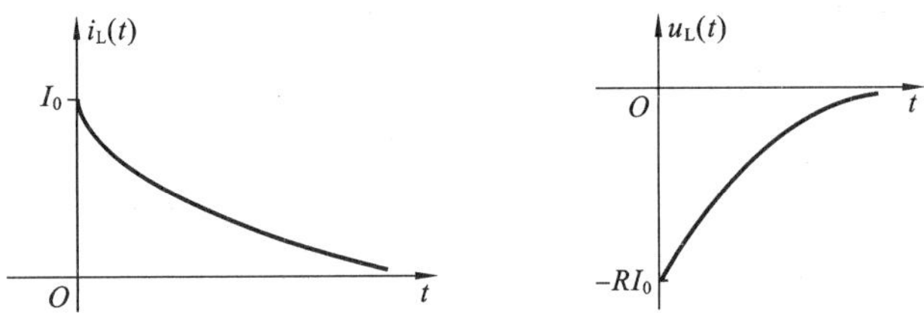

图 11-8　RL 电路的零输入响应

RL 电路的零输入响应的概念与分析方法与 RC 电路相似，下面通过举例说明。

例 11-3　电路如图 11-9 所示，开关 S 动作前，电路处于稳态。当 $t=0$ 时，开关 S 由“1”打到“2”。求 $t \geqslant 0$ 时的电感电流 $i_L(t)$、$u_L(t)$ 和 $i_{R2}(t)$。

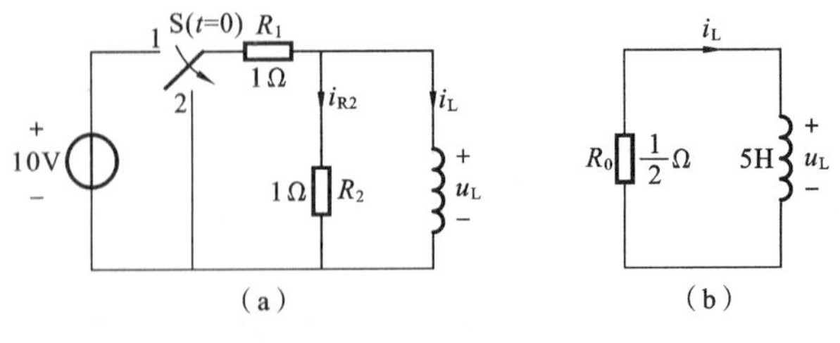

图 11-9　例 11-3 图

解　分析的重点是先求电感电流，然后求其他物理量。$t \geqslant 0$ 时等效电路如图 11-9(b)

所示。

（1）求 $i_L(0_+)$，电感元件对稳定直流相当于短路，故

$$i_L(0_-)=10\ \text{A}$$

由换路定理，有

$$i_L(0_+)=i_L(0_-)=10\ \text{A}$$

（2）求 $\tau=\dfrac{L}{R_0}$。R_0 为断开电感元件，从其两端看进去的等效电阻。

$$R_0=\frac{R_1R_2}{R_1+R_2}=\frac{1}{2}\ \Omega$$

电路时间常数为

$$\tau=\frac{L}{R_0}=10\ \text{s}$$

（3）根据式(11-6)有

$$i_L(t)=i_L(0)e^{-\frac{t}{\tau}}=10e^{-\frac{t}{10}}\text{A}=10e^{-0.1t}\ \text{A}\quad(t\geqslant0)$$

（4）
$$u_L(t)=L\frac{di_L}{dt}=5\times10\times(-0.1)e^{-0.1t}\text{A}=-5e^{-0.1t}\ \text{V}\quad(t>0)$$

（5）
$$i_{R_2}(t)=\frac{u_L}{1}=-5e^{-0.1t}\ \text{A}\quad(t>0)$$

例 11-4　图 11-10 所示的为汽车自动点火装置的电路模型，其中，L—r 为点火线圈的等效电路，R_L 为火花塞等效电阻。若 $R_L=20\ \text{k}\Omega$，$L=4\ \text{H}$，$r=5\ \Omega$，直流电压 $U_S=10\ \text{V}$，$t=0$ 时断开开关 S。求 $t\geqslant0$ 时的 $u_L(t)$。

解　$t<0$ 时，电路直流稳态，电感相当于短路，故

$$i_L(0_-)=\frac{10}{5}=2\ \text{A}$$

由换路定律，有

$$i_L(0_+)=i_L(0_-)=2\ \text{A}$$

而 $r\ll R_L$，等效电阻为

$$R_0=r+R_L=R_L=20\ \text{k}\Omega$$

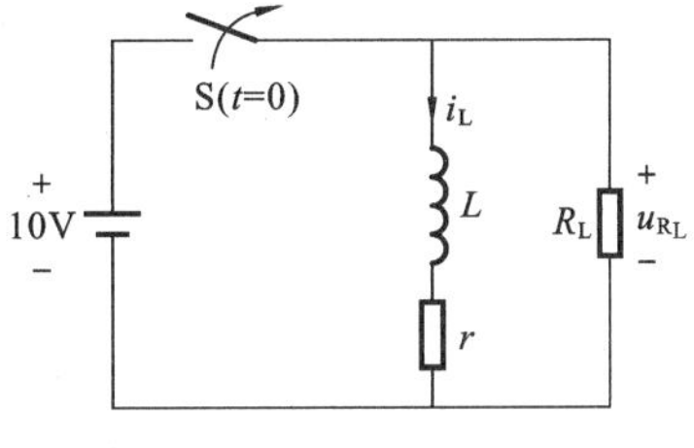

图 11-10　例 11-4 图

时间常数

$$\tau=\frac{L}{R_0}=\frac{4}{20\times10^3}\ \text{s}=2\times10^{-4}\text{s}$$

$$i_L(t)=2e^{-5\times10^3t}\text{A}\quad(t\geqslant0)$$

$$u_{RL}(t)=-R_Li_L(t)=-40e^{-5\times10^3t}\ \text{kV}\quad(t>0)$$

当 $t=0$ 时，$u_{RL}(0_+)=-40\ \text{kV}$。可见，当点火线圈在 $t=0$ 时刻断开时，火花塞上的瞬间电压达到 40 kV，足以使火花塞处产生火花而点燃缸中的燃油，使汽车发动。如果把火花塞换成量程为 50 V、内阻为 20 kΩ 的电压表，断开瞬间产生的高电压会造成电压表损坏。在测量电压时需要注意这个问题，以免损坏仪表。

通过以上对 RC，RL 一阶电路零输入响应的分析和计算，得到如下结论。

（1）电路零输入响应的数学模型都是一阶常系数线性齐次微分方程，即

$$\begin{cases} RC\dfrac{\mathrm{d}u_C}{\mathrm{d}t}+u_C=0 \\ u_C(0)=0 \end{cases} \quad 或 \quad \begin{cases} \dfrac{L}{R}\dfrac{\mathrm{d}i_L}{\mathrm{d}t}+i_L=0 \\ i_L(0)=I_0 \end{cases}$$

(2) 电路中各响应 $y_{Zi}(t)$（可能是电压或电流）均从 $t=0_+$ 时刻的初始值 $y_{Zi}(0_+)$ 按照指数规律衰减到零，表达式为

$$y_{Zi}(t)=y(0_+)\mathrm{e}^{-\frac{t}{\tau}}$$

(3) 一阶电路求解方法步骤如下。

第一步求初始值，应用换路定律求出 $u_L(0_+)$ 或 $i_L(0_-)$；

第二步求时间常数 τ；

第三步代入公式求出零输入响应 $u_C(t)$ 或 $i_L(t)$，可以不必列写微分方程及解微分方程。

(4) 衰减的快慢取决于时间常数 τ

$$\tau=R_0C,\quad \tau_L=\frac{L}{R_0}$$

τ 大，衰减慢，过渡过程长。

(5) 在一阶电路中，重点分析和求解 $u_C(t)$ 或 $i_L(t)$，然后根据电路分析方法求解其他各物理量。$u_C(t)$ 或 $i_L(t)$ 具有特别重要的地位，它们确定了电路储能状态。常把 $u_C(t)$ 和 $i_L(t)$ 称为电路的状态变量，初始值 $u_C(0)$ 或 $i_L(0)$ 称为电路在 $t=0$ 时刻的初始状态。

思考与练习

11-1-1 换路定律指出：$u_C(0_+)=u_C(0_-)$，$i_L(0_+)=i_L(0_-)$（假定换路发生在零时刻）。这两个关系是普遍存在的，对吗？为什么？

11-1-2 鉴于换路定律仅指出 u_C 和 i_L 的连续性，所以换路时的其他响应必定不连续。这种说法对吗？为什么？

11-1-3 设有两个一阶 RC 零输入电路，时间常数不同，电容初始电压也不同。

① 如果 $\tau_1>\tau_2$，那么它们的电压衰减到同一电压值所需的时间必然是 $t_1>t_2$，与初始电压无关，对吗？

② 如果 $\tau_1>\tau_2$，那么它们的电压衰减到各自初始电压同一百分比值（例如，都衰减到各自初始电压的 37%）所需的时间必然是 $t_1>t_2$，对吗？

③ 如果 $\tau_1=\tau_2$，初始电压不同，衰减到同一电压所需的时间必然是 $t_1=t_2$，对吗？

11-1-4 在一阶 RL 电路中，$\tau=\dfrac{L}{R}$。试从能量角度说明为什么 τ 与 L 成正比而与 R 成反比？

11.2 一阶电路的零状态响应

当动态电路的初始储能为零时，仅由输入激励引起的响应称为零状态响应（zero state response）。本节分别讨论直流激励和正弦激励作用下的零状态响应。目的是掌握一阶电路

零状态响应的求解方法，理解零状态响应的线性性质。重点要掌握一阶直流输入零状态响应的求解方法。

11.2.1　直流激励作用下的零状态响应

1. RC 电路的零状态响应

在如图 11-11(a)所示的电路中，令电容初始电压 $u_C(0_-)=0$，开关 S 在 $t=0$ 时闭合，直流电源经过电阻给电容充电，产生的各元件电压和电流称为零状态响应。

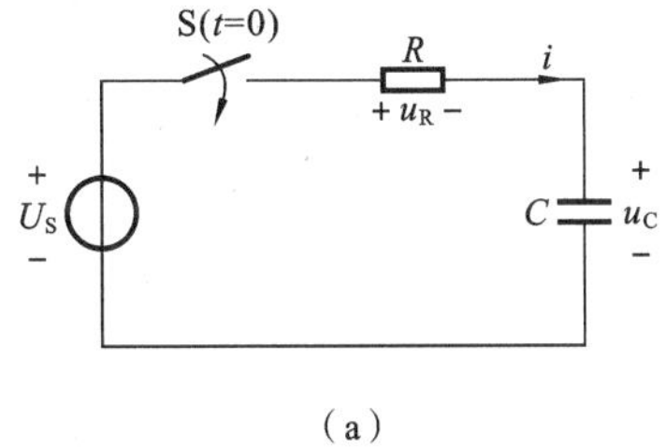

(a)

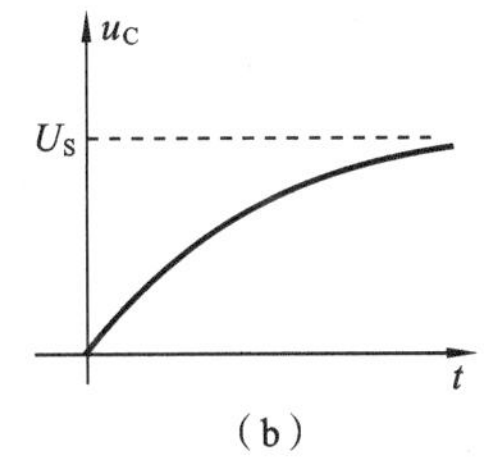

(b)

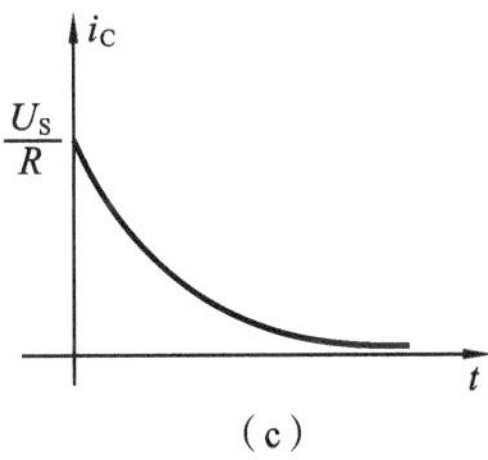

(c)

图 11-11　零状态响应

物理过程：$t=0$ 时，开关 S 闭合，由于 $u_C(0_+)=u_C(0_-)=0$，电容相当于短路，电压源对电容充电的电流为 $i(0_+)=\dfrac{U_S}{R}$；$t>0$ 时，电容电压 $u_C(t)$ 逐渐增大，充电电流 $i(t)=\dfrac{U_S-u_C}{R}$ 随之减小；当 $t\to\infty$ 时，电容电压 $u_C(\infty)=U_S$，充电电流 $i_C(\infty)=0$，充电过程结束，电路进入新的直流稳态。

数学分析：由 KVL 及元件的 VCR 知，电路的方程为

$$u_R+u_C=U_S$$

将 $u_R=Ri$，$i=C\dfrac{du_C}{dt}$ 代入上式得

$$\begin{cases}RC\dfrac{du_C}{dt}+u_C=U_S \quad (t\geqslant 0)\\ u_C(0_+)=0\end{cases} \tag{11-9}$$

此方程为一阶常系数线性非齐次微分方程，其解由此方程的齐次解 $u_{Ch}(t)$ 和特解 $u_{Cp}(t)$ 组成，即

$$u_C(t)=u_{Ch}(t)+u_{Cp}(t)$$

齐次解与式(11-2)相同，有

$$u_{Ch}=Ae^{-\frac{t}{RC}}=Ae^{-\frac{t}{\tau}}$$

式中，A 为待定常数。

特解与激励具有相同的函数形式，当激励为直流（常量）时，其特解为常量 B，即

$$u_{Cp}=B$$

代入微分方程式(11-9)，解得

$$u_{Cp}=B=U_S$$

故

$$u_C(t)=Ae^{-\frac{t}{\tau}}+U_S$$

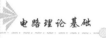

将初始条件 $u_C(0_+)=0$ 代入上式，得

$$u_C(0_+)=A+U_S=0$$

解得

$$A=-U_S$$

因此

$$u_C(t)=U_S(1-e^{-\frac{t}{RC}})\quad(t\geqslant 0)$$

$$i_C(t)=C\frac{du_C}{dt}=\frac{U_S}{R}e^{-\frac{t}{RC}}\quad(t>0)$$

其波形如图 11-11(b)、(c)所示。$u_C(t)$从零开始按指数规律上升，逐渐趋近于稳态值 $u_C(\infty)=U_S$。$i_C(t)$由初始值$\frac{U_S}{R}$开始按指数规律衰减到零。在 $t=0$ 时，电压 $u_C(t)$没有突变，而$i_C(t)$发生了突变，$i_C(0_+)\neq i_C(0_-)$。经过一个时间常数 τ 时，$u_C(\tau)=(1-0.368)U_S=0.632U_S$。工程上认为经过$(3-5)\tau$ 时间，充电过程结束。对于直流激励的一阶电路，电容电压零状态响应的一般式为

$$u_C(t)=u_C(\infty)(1-e^{-\frac{t}{\tau}})\quad(t\geqslant 0)\tag{11-10}$$

只要求得稳态值 $u_C(\infty)$和时间常数 τ，就可以写出 $u_C(t)$的零状态响应表达式，并画出波形图。电路中其他变量可在求得 $u_C(t)$之后根据电路分析方法求得，而不必列写和求解电路的微分方程。

例 11-5 电路如图 11-12 所示，$I_S=2$ A，$t=0$ 时开关 S 断开，求 $t\geqslant 0$ 时的 $u_C(t)$及$i(t)$。

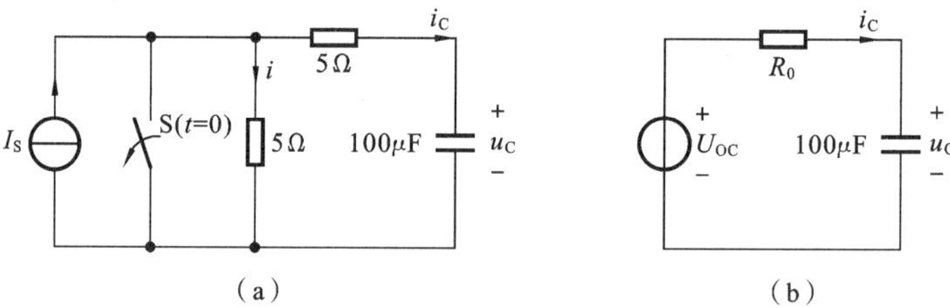

图 11-12 例 11-5 图

解 $t<0$ 时，$u_C(0_-)=0$，因此换路后，$u_C(0_+)=u_C(0_-)=0$，所有的响应均为零状态响应。断开电容可求得戴维南等效电路如图 11-12(b)所示，其两端开路电压 U_{OC} 为

$$U_{OC}=2\times 5\text{ V}=10\text{ V}$$

从动态元件 C 两端看进去的等效电阻为

$$R_0=(5+5)\ \Omega=10\ \Omega$$

时间常数

$$\tau=R_0C=10\times 100\times 10^{-6}\text{ s}=10^{-3}\text{ s}$$

稳态值

$$u_C(\infty)=U_{OC}=10\text{ V}$$

根据式(11-10)，求得电容电压的零状态响应

$$u_C(t)=u_C(\infty)(1-e^{-\frac{t}{\tau}})=10(1-e^{-1\,000t})\text{V}\quad(t\geqslant 0)$$

而

$$i_C=C\frac{du_C}{dt}=100\times 10^{-6}\times 10\times 1\,000e^{-1\,000t}\text{ A}=e^{-1\,000t}\text{ A}\quad(t>0)$$

在原电路中，根据 KCL 有

$$i=I_S-i_C=(2-e^{-1\,000t})\ A\quad (t>0)$$

例 11-6　由 RC 电路组成的延时电路如图 11-13 所示，$t<0$ 时，$u_C(0)=0$；$t=0$ 时，开关 S 闭合，电容电压上升。当 $t=t_d$ 时，$u_C(t_d)=8\ V$，理想二极管 D 导通，继电器 J 的触点开始动作，求延时时间 t_d。

解　因为　$\tau=RC=500\times10\times10^{-6}\ s=5\times10^{-3}\ s,\quad u_C(\infty)=10\ V$

故

$$u_C(t)=10(1-e^{-200t})\ V\quad (t\geqslant0)$$

当 $t=t_d$ 时，有

$$u_C(t_d)=8=10(1-e^{-200t_d}),\quad e^{-200t_d}=1-\frac{8}{10}=\frac{1}{5}$$

延迟时间　$t_d=\frac{1}{200}\ln5\ ms=8.047\ ms$

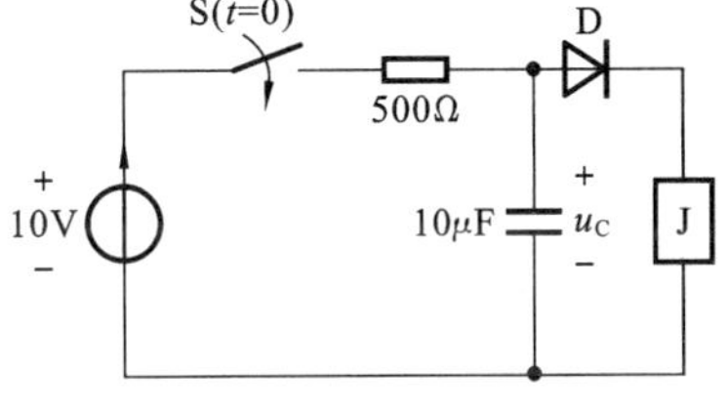

图 11-13　例 11-6 图

由 RC 电路组成最简单的定时器，t_d 即为定时时间。由式(11-10)，可得

$$t_d=-RC\ln\left(\frac{U_S-u_d}{U_S}\right)\qquad(11\text{-}11)$$

式中，u_d 为 $t=t_d$ 时的电容电压值，$u_C(t_d)=u_d$。

2. RL 电路零状态响应

RL 一阶电路的零状态响应与 RC 一阶电路相似。图 11-14 所示为一阶直流激励 RL 电路，换路前电感电流 $i_L(0_-)=0$。$t=0$ 时换路，电感电流初始值 $i_L(0_+)=i_L(0_-)=0$，电感电压由零跃变为 U_S；$t>0$ 时，电感电流 i_L 由零逐渐增大，直到等于稳态值 $i_L(\infty)=\frac{U_S}{R}$。此时电感相当于短路，电路达到新的直流稳定状态。

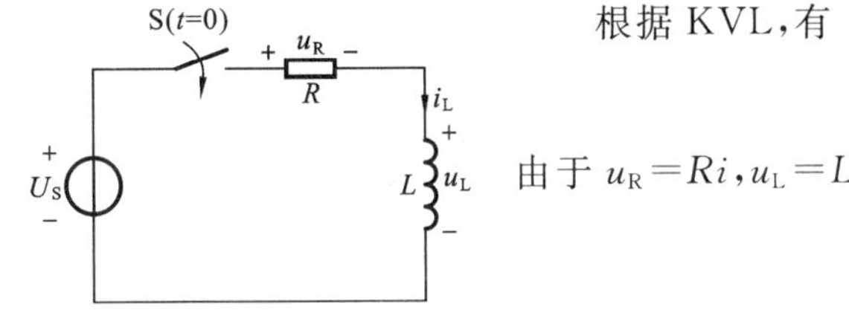

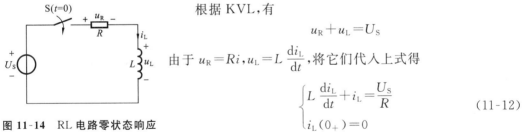

图 11-14　RL 电路零状态响应

根据 KVL，有

$$u_R+u_L=U_S$$

由于 $u_R=Ri,u_L=L\frac{di_L}{dt}$，将它们代入上式得

$$\begin{cases}L\frac{di_L}{dt}+i_L=\frac{U_S}{R}\\ i_L(0_+)=0\end{cases}\qquad(11\text{-}12)$$

此式为常系数线性非齐次一阶微分方程，此式与式(11-9)相似，其解答也相似，即

$$i_L(t)=i_{Lh}(t)+i_{LP}(t)$$

其中，齐次解

$$i_{Lh}(t)=Ae^{-\frac{t}{\tau}}$$

式中，$\tau=\frac{L}{R}$，为时间常数，A 为待定系数。

其中，特解

$$i_{LP}(t)=\frac{U_S}{R}$$

与激励形式相同，均为常量。

$$i_L(t)=Ae^{-\frac{t}{\tau}}+\frac{U_S}{R}$$

由初始条件 $i_L(0_+)=0$ 确定常数 A。

$$i_L(0_+)=A+\frac{U_S}{R}$$

求得
$$A=-\frac{U_S}{R}$$

最后得的一阶电路的零状态响应为

$$\begin{cases} i_L(t)=\frac{U_S}{R}(1-e^{-\frac{t}{\tau}}) \quad (t\geqslant 0) & (11\text{-}13a) \\ u_L(t)=L\frac{di_L}{dt}=U_Se^{-\frac{t}{\tau}} \quad (t\geqslant 0) & (11\text{-}13b) \end{cases}$$

其波形曲线如图 11-15 所示。

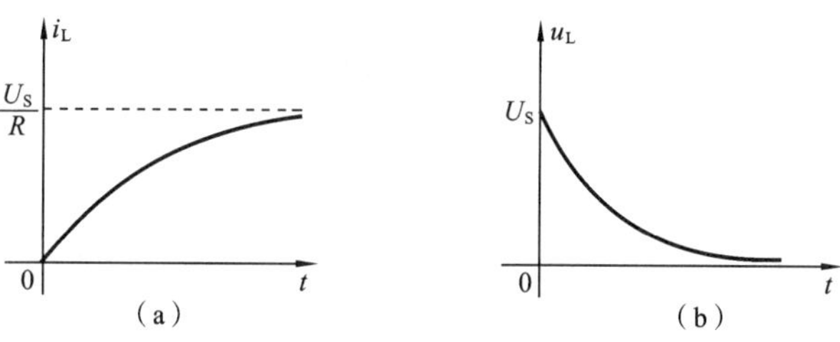

图 11-15 RL 电路的零状态响应曲线

由式(11-13)和图 11-15 可知，$t=0$ 开关闭合后，电感电流按指数规律上升。经过一个时间常数 τ 后，$i_L(t)=\frac{U_S}{R}(1-0.368)=0.63\frac{U_S}{R}$；工程上认为经过(3～5)$\tau$ 时间后，过渡过程结束，电感电流达到稳态时 $i_L(\infty)=\frac{U_S}{R}$，且在任意时刻连续变化，没有发生跃变。电感电压从初始值 $u_L(0_+)=U_S$ 按指数衰减，当达到稳态，$u_L(\infty)=0$。零状态响应变化快慢取决于时间常数 $\tau=\frac{L}{R_0}$，τ 越大，过渡过程越长。

直流激励下的一阶电路电感电流零状态响应的一般式为

$$i_L(t)=i_L(\infty)(1-e^{-\frac{t}{\tau}}) \quad (t\geqslant 0) \tag{11-14}$$

例 11-7 电路如图 11-16 所示，$t=0$ 时，开关 S 闭合，已知 $i_L(0_-)=0$，$R_1=10\ \Omega$，$R_2=10\ \Omega$，$R_3=10\ \Omega$，$L=4$ H，求 $t>0$ 时的 $i_L(t)$、$u_L(t)$ 及 $u_S(t)$。

解 首先求出戴维南等效电路如图 11-16(b)所示，其中

等效电阻
$$R_0=(10+10)\Omega=20\ \Omega$$

开路电压
$$U_{OC}=2\times 10\ \text{V}=20\ \text{V}$$

故

$$\tau=\frac{L}{R_0}=\frac{4}{20}\ \text{s}=0.2\ \text{s},\quad i_L(\infty)=\frac{20}{20}\ \text{A}=1\ \text{A}$$

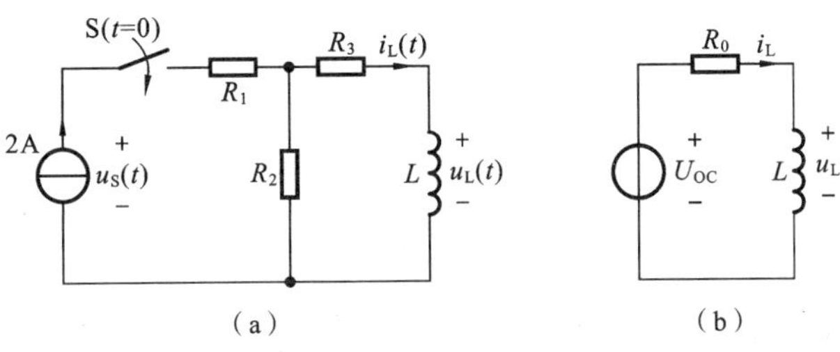

图 11-16 例 11-7 图

由式(11-14)可得

$$i_L(t)=(1-e^{-5t})\ \mathrm{A}$$

而

$$u_L(t)=L\frac{di_L}{dt}=4\times5\times e^{-5t}\ \mathrm{V}=20e^{-5t}\ \mathrm{V}\quad(t>0)$$

由图 11-16(a)可求得

$$\begin{aligned}u_S(t)&=2\times R_1+R_3i_L(t)+u_L(t)=[2\times10+10(1-e^{-5t})+20e^{-5t}]\ \mathrm{V}\\&=(30+10e^{-5t})\ \mathrm{V}\quad(t>0)\end{aligned}$$

综上所述,在直流激励情况下,一阶电路的零状态响应具有以下规律。

(1) 电容电压及电感电流具有相同的形式,即

$$u_C(t)=u_C(\infty)(1-e^{-\frac{t}{\tau}})$$

$$i_L(t)=i_L(\infty)(1-e^{-\frac{t}{\tau}})$$

(2) 电容电流及电感电压具有相同形式,即

$$i_C(t)=i_C(0_+)e^{-\frac{t}{\tau}}$$

$$u_L(t)=u_L(0_+)e^{-\frac{t}{\tau}}$$

(3) 电容电压及电感电流随时间按指数规律增加,而电容电流及电感电压由初始值衰减到零。

(4) 由于 $u_C(\infty)=U_S$,$i_L(\infty)=\frac{U_S}{R}$,所以零状态响应 $u_C(t)$ 及 $i_L(t)$ 与输入激励 U_S 成正比,即输入增大 α 倍,则零状态响应也增大 α 倍,这个性质称为零状态响应的线性性质。

11.2.2 正弦激励作用下的零状态响应

图 11-17 所示电路中,$u_C(0_-)=0$,$u_S=U_{Sm}\sin(\omega t+\theta_u)$,开关 S 在 $t=0$ 时闭合,下面讨论电路的零状态响应。

由 KVL 及元件的 VCR 得电路的微分方程为

$$RC\frac{du_C}{dt}+u_C=u_S=U_{Sm}\sin(\omega t+\theta_u)$$

其解为

$$u_C(t)=u_{Ch}(t)+u_{Cp}(t)$$

其中,齐次解为

$$u_{Ch}(t)=A\mathrm{e}^{-\frac{t}{RC}}$$

由于 $t\to\infty$ 时，$u_{Ch}(t)\to 0$，故称为暂态分量。

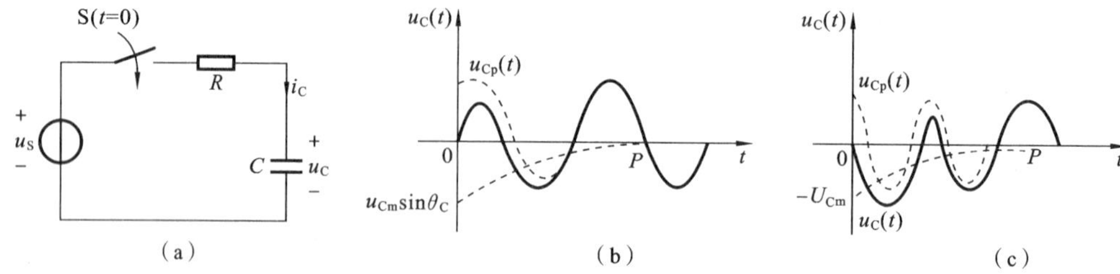

图 11-17　RC 串联电路的零状态响应

根据微分方程的理论，特解 $u_{Cp}(t)$ 与激励 u_S 具有相同的形式，为同频率的正弦量，设

$$u_{Cp}(t)=U_{Cm}\sin(\omega t+\theta_C)$$

当 $t\to\infty$ 时，u_{Cp} 仍然存在，故称为稳态分量，因此可以用相量法求解。设激励 u_S 的最大值相量为

$$U_{Sm}=U_{Sm}\angle\theta_u$$

u_{Cp} 的最大值相量为 $\dot{U}_{Cp}$。上述微分方程可用相量方程描述为

$$R\mathrm{j}\omega C\,\dot{U}_{Cp}+\dot{U}_{Cp}=\dot{U}_{Sm}$$

解得

$$\dot{U}_{Cp}=\frac{1}{1+\mathrm{j}\omega CR}\dot{U}_{Sm}=\frac{U_{Sm}}{\sqrt{1+(\omega CR)^2}}\angle(\theta_u-\arctan\omega CR) \tag{11-15}$$

故

$$u_{Cp}(t)=\frac{U_{Sm}}{\sqrt{1+(\omega CR)^2}}\sin(\omega t+\theta_u-\arctan\omega CR)$$

式(11-15)中，令

$$U_{Cm}=\frac{U_{Sm}}{\sqrt{1+(\omega CR)^2}},\quad \theta_C=\theta_u-\arctan\omega CR$$

电容电压可写成

$$\begin{aligned}u_C(t)&=U_{Cm}\sin(\omega t+\theta_C)+A\mathrm{e}^{-\frac{t}{RC}}\\&=\frac{U_{Sm}}{\sqrt{1+(\omega CR)^2}}\sin(\omega t+\theta_u-\arctan\omega CR)+A\mathrm{e}^{-\frac{t}{RC}}\end{aligned} \tag{11-16}$$

当 $t=0$ 时，

$$u_C(0_+)=u_C(0_-)=0,\quad u_{Cp}(0)=U_{Cm}\sin\theta_C$$

$$u_{Ch}(0)=A$$

求得待定常数

$$A=u_C(0)-U_{Cm}\sin\theta_C=-U_{Cm}\sin\theta_C$$

故

$$u_C(t)=U_{Cm}\sin(\omega t+\theta_C)-U_{Cm}\sin(\theta_C)\mathrm{e}^{-\frac{t}{RC}}\quad(t\geqslant 0) \tag{11-17a}$$

式中，
$$U_{Cm}=\frac{U_{Sm}}{\sqrt{1+(\omega CR)^2}},\quad \theta_C=\theta_u-\arctan\omega CR \tag{11-17b}$$
其波形如图 11-17(b)所示。

从上述分析可知，在正弦激励作用下，RC 串联电路零状态响应，电容电压包含同频率正弦量(强制分量或稳态分量)和指数衰减量(自由分量或暂态分量)两部分。在 $t>0$ 时，暂态分量越来越小，经过$(3\sim5)\tau$ 时间，暂态分量衰减为零，电路进入正弦稳态，响应中只剩下强制分量，这一响应称为正弦稳态响应。当开关 S 闭合时，若 $A=u_C(0)-U_{Cm}\sin(\theta_C)=0$，即稳态分量的初相位 $\theta_C=\pm\pi$ 时，电路中将无暂态分量，换路后立即进入正弦稳定状态。由式(11-17b)可知，正弦激励 $u_S(t)$ 的初相位 θ_u 为
$$\theta_u=\pm\pi+\arctan\omega CR$$
在正弦输入与电路接通的瞬间，其初相位 θ_u 刚好等于这一数值，电路立即进入稳态。

当开关闭合瞬间，稳态分量的初相位 $\theta_C=\pm\frac{\pi}{2}$时，有
$$A=-U_{Cm}\quad 或\quad A=U_{Cm}$$
$$u_C(t)=U_{Cm}\sin(\omega t)-U_{Cm}e^{-\frac{t}{RC}}\quad\left(\theta_C=\frac{\pi}{2}\right)$$
若电路的时间常数很大，则暂态分量衰减得很慢。在这种情况下，接通正弦电源后，大约经过半个周期的时间，将出现过电压现象，亦即电压的最大瞬间值的绝对值将超过稳态电压，如图 11-17(c)所示。可见，RC 串联电路与正弦电源接通后，在初始值一定的条件下，电路的暂态过程与开关动作的时刻有关，即与电源接入电路时正弦电源电压的相位角 θ_u 有关，工程上称 θ_u 为合闸角。RL 串联电路与正弦激励接通，可采用相同的分析方法。请读者自行分析。

思考与练习

11-2-1　一阶 RC 或 RC 电路的零状态响应中，u_C 和 i_L 一定是从零开始按指数规律逼近稳态值，而其他各电压、电流不一定如此。这种说法对吗？

11-2-2　练习图 11-1 中，两电源均在 $t=0$ 时开始作用于电路，已知电容初始电压 $u_C(0)=0$，试求 $t\geqslant0$ 时的电压源电流 $i(t)$。

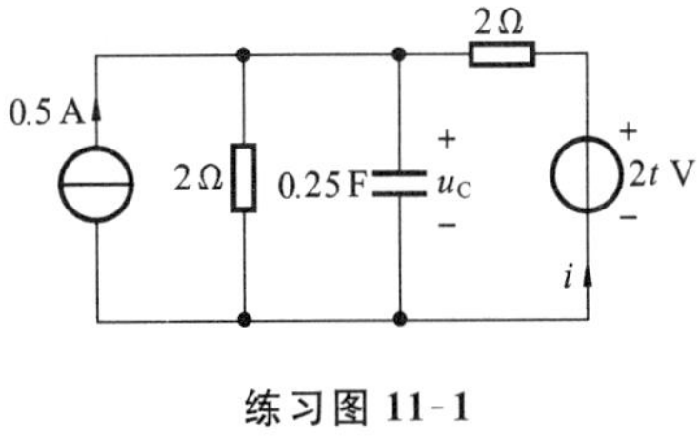

练习图 11-1

11.3　一阶电路的全响应

由独立电源和储能元件的初始储能共同产生的响应，称为全响应。下面以 RC 串联电路为例，讨论在直流激励作用下全响应的两种分解方式，通过讨论理解全响应的两种分解方式的物理意义，掌握全响应的求解方法。

11.3.1 全响应的两种分解方式

如图 11-18 所示的电路，设电容初始电压 $u_C(0_-)=U_0$，$t=0$ 时开关 S 闭合，直流电压源作用电路，$t\geqslant 0$ 时，电路中的响应即为全响应。

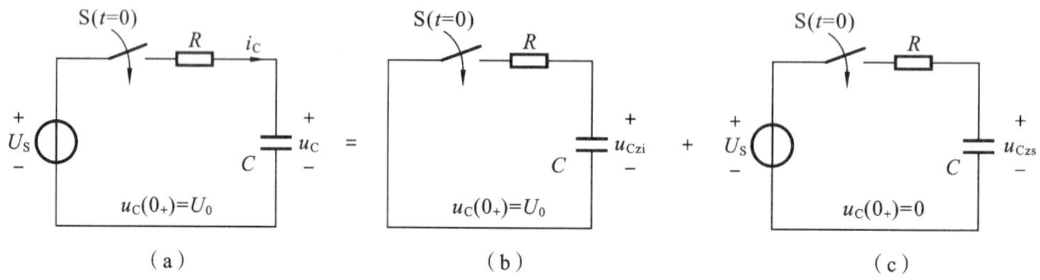

图 11-18　RC 串联电路的全响应

根据叠加原理，图 11-18(a)所示的 RC 电路可视为图 11-18(b)和图 11-18(c)所示电路的叠加。在图 11-18(b)所示电路中，独立电压源为零，由初始电压 $u_C(0_+)=u_C(0_-)=U_0$ 产生的响应称为零输入响应，用 $u_{Czi}(t)$表示，由式(11-2)可求得零输入响应为

$$u_{Czi}(t)=u_C(0_+)e^{-\frac{t}{\tau}}\quad(t\geqslant 0)$$

在图 11-18(c)所示电路中，初始电压 $u_C(0_+)=0$，独立电压源单独作用于电路，产生的响应称为零状态响应，用 $u_{Czs}(t)$表示，由式(11-10)可求得零状态响应为

$$u_{Czs}(t)=u_C(\infty)(1-e^{-\frac{t}{\tau}})=U_S(1-e^{-\frac{t}{\tau}})\quad(t\geqslant 0)$$

当独立电压源和电路的初始储能共同作用时，由叠加定理得电路的全响应为

$$u_C(t)=u_{Czi}(t)+u_{Czs}(t)=U_0e^{-\frac{t}{\tau}}+U_S(1-e^{-\frac{t}{\tau}})\quad(t\geqslant 0)\tag{11-18}$$

式中，$\tau=RC$。上述全响应式可进一步写成

$$u_C(t)=U_S+(U_0-U_S)e^{-\frac{t}{\tau}}\tag{11-19}$$

这样由式(11-18)和式(11-19)得到全响应的两种分解方式。

第一种分解方式为

全响应＝零输入响应＋零状态响应

这种分解方式说明全响应是由零输入响应与零状态响应叠加而成的，且有零输入线性性质和零状态线性性质，是线性电路线性性质的具体体现。这种分解方式便于分析和求解全响应，是电路(或系统)的主要分析方法，称为现代分析法。

第二种分解方式为

全响应＝稳态响应＋暂态响应

式(11-19)中的第一项 U_S 在 $t\to\infty$时仍然存在，$u_C(\infty)=U_S$，该分量称为稳态响应。U_S 也是微分方程的特解，它的形式与输入相同，故也称为强迫响应。式(11-19)中的第二项$(U_0-U_S)e^{-\frac{t}{\tau}}$在 $t\to\infty$时按照指数规律衰减到零，称为暂态响应。暂态响应也是微分方程的齐次解 $u_{Ch}(t)$，其变化的规律取决于电路的结构与参数，与输入无关。其待定常数由初始值和输入共同决定，又称为自由响应。第二种分解方式又可写成

全响应＝强迫响应＋自由响应

第二种分解方式的物理概念清楚，当电路换路时，从一个稳定状态过渡到新的稳定状态，通过暂态响应来调节，电路达到新的稳定状态时的响应由稳态响应来反映；强迫响应反映了激励(或信号)的形式，自由响应则反映了电路的结构与参数。注意，一般情况下强迫响应并不等于稳态响应，只有输入是稳定直流或稳定的正弦激励时，强迫响应在 $t\to\infty$ 时仍然存在，才等于稳态响应。用第二种分解方式求解全响应，一般要通过求解电路的微分方程得到。当电路比较复杂时，微分方程的列写将会很困难，不便于求解全响应，这种求解方法为经典解法。

全响应的两种分解方式的曲线如图 11-19 所示。

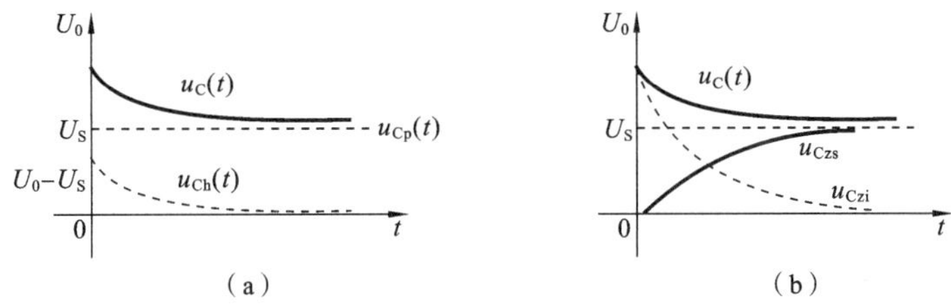

图 11-19 全响应的两种分解方式

例 11-8 电路如图 11-20 所示，$t=0$ 时，开关 S 闭合，电容电压初始值 $u_C(0_-)=2\ \mathrm{V}$，求 $t\geqslant 0$ 时的全响应 $u_C(t)$。

解 由于一阶直流输入时，零输入响应和零状态响应很容易求得，故不必列写微分方程求解全响应。

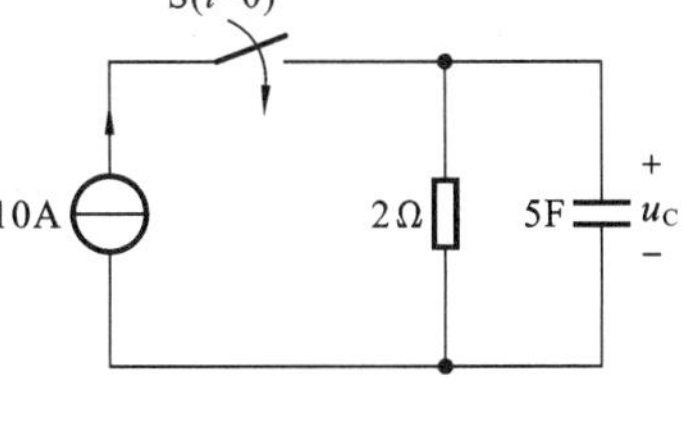

图 11-20 例 11-8 图

时间常数为

$$\tau=2\times 5\ \mathrm{s}=10\ \mathrm{s}$$

由换路定律有

$$u_C(0_+)=u_C(0_-)=2\ \mathrm{V}$$

稳态值为

$$u_C(\infty)=2\times 10\ \mathrm{V}=20\ \mathrm{V}$$

零输入响应为

$$u_{Czi}(t)=u_C(0_+)\mathrm{e}^{-\frac{t}{\tau}}=2\mathrm{e}^{-0.1t}\ \mathrm{V}\quad (t\geqslant 0)$$

零状态响应为

$$u_{Czs}(t)=u_C(\infty)(1-\mathrm{e}^{-\frac{t}{\tau}})=10\times 2(1-\mathrm{e}^{-\frac{t}{\tau}})\ \mathrm{V}$$
$$=20(1-\mathrm{e}^{-0.1t})\ \mathrm{V}\quad (t\geqslant 0)$$

根据叠加原理，全响应为

$$u_C(t)=u_{Czi}(t)+u_{Czs}(t)=[2\mathrm{e}^{-0.1t}+20(1-\mathrm{e}^{-0.1t})]\ \mathrm{V}\quad (t\geqslant 0)$$

或

$$u_C(t)=[20+(2-20)\mathrm{e}^{-0.1t}]\ \mathrm{V}=(20-18\mathrm{e}^{-0.1t})\ \mathrm{V}\quad (t\geqslant 0)$$

上式第一项为稳态响应(强迫响应)，第二项为暂态响应(自由响应)。

例 11-9 电路如图 11-21 所示，$t=0$ 时，开关 S 闭合。已知 $u_C(0_+)=2\ \mathrm{V}$，受控源的控制系数 $r=2\ \Omega$，求 $t\geqslant 0$ 时的 $u_C(t)$。

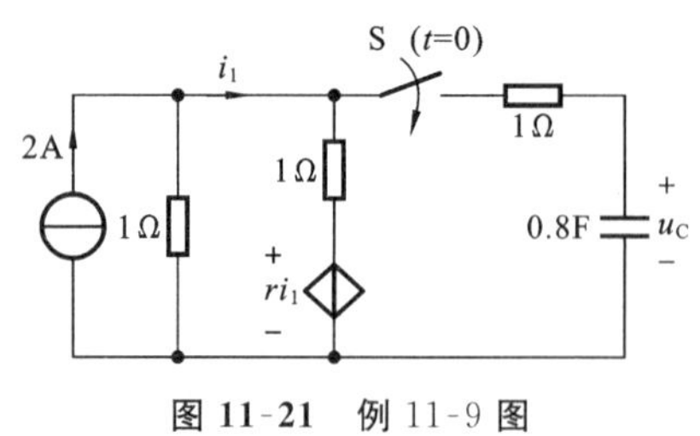

图 11-21　例 11-9 图

解　首先将电路简化，求除电容元件以外的戴维南等效电路。

由图 11-22(a)求开路电压。由 KVL，得

$$u_{OC}(t)=1\times i_1+2\times i_1=3i_1$$

由 KCL，得

$$i_1=2-u_{OC}$$

所以

$$u_{OC}(t)=1.5\ \text{V}$$

由图 11-22(b)，用外加电压法求等效电阻 R_0。因为

$$u=1\times i-1\times i_1=i-i_1$$

由 KVL 列回路方程，有

$$1\times(i+i_1)+2i_1+1\times i_1=0$$

即

$$i_1=-\frac{1}{4}i$$

所以

$$u=i+\frac{i}{4}=\frac{5}{4}i,\quad R_0=\frac{u}{i}=1.25\ \Omega$$

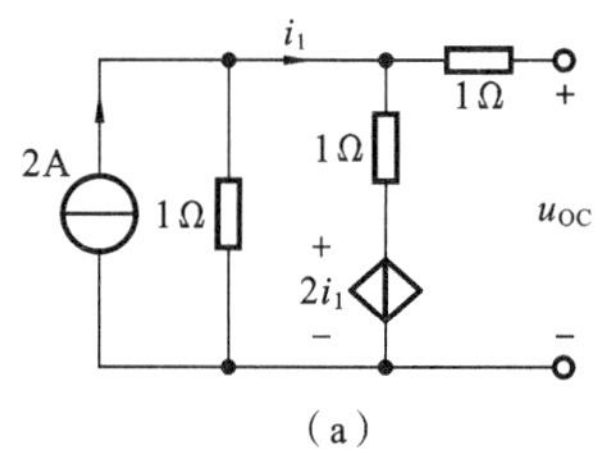

(a)

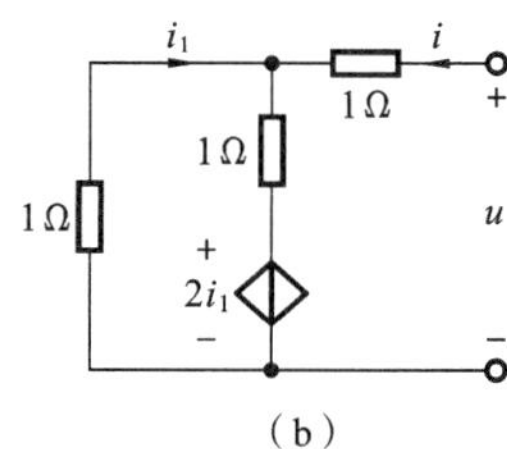

(b)

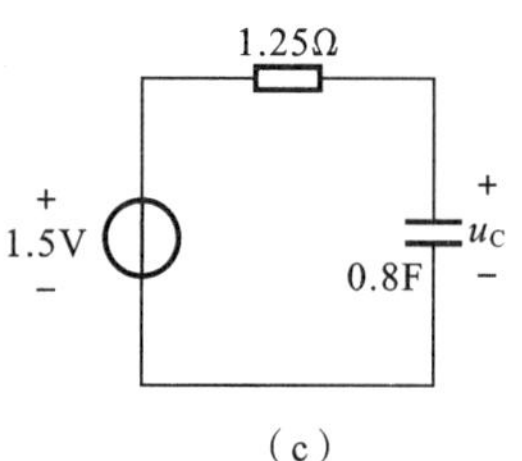

(c)

图 11-22　例 11-9 图

戴维南等效电路如图 11-22(c)所示，时间常数为

$$\tau=R_0C=1.25\times0.8\ \text{s}=1\ \text{s}$$

零输入响应为

$$u_{Czi}(t)=u_C(0_+)e^{-\frac{t}{\tau}}=2e^{-t}\ \text{V}\quad(t\geqslant0)$$

零状态响应稳态值为

$$u_C(\infty)=1.5\ \text{V}$$

零状态响应为

$$u_{Czs}(t)=u_C(\infty)(1-e^{-\frac{t}{\tau}})=1.5(1-e^{-\frac{t}{\tau}})\ \text{V}\quad(t\geqslant0)$$

全响应为

$$u_C(t)=u_{Czi}(t)+u_{Czs}(t)=[2e^{-t}+1.5(1-e^{-\frac{t}{\tau}})]\ \text{V}=(1.5+0.5e^{-t})\ \text{V}$$

式中，第一项 1.5 V 是稳态响应或强迫响应，第二项 $0.5e^{-t}$ 是暂态响应或自由响应。

例 11-10　电路如图 11-23(a)所示，$t<0$ 时电路处于稳态，$t=0$ 时开关 S 闭合，求 $t\geqslant0$ 时的 $u_C(t)$ 及 $i_L(t)$。

解　$t=0$ 时，开关 S 闭合后的电路如图 11-23(b)所示。电路实际分为两个一阶电路，

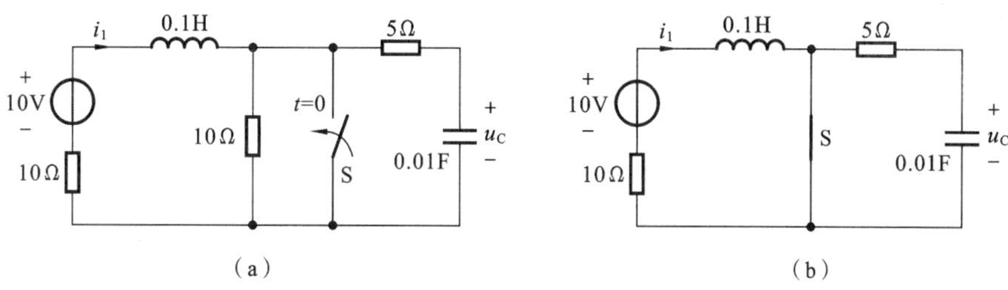

图 11-23　例 11-10 图

可以用一阶电路的分析方法求解。

由图 11-23(a)所示电路求出初始值 $u_C(0_-)$,$i_L(0_-)$,有

$$i_L(0_-)=\frac{10}{10+10}\ \text{A}=0.5\ \text{A},\quad u_C(0_-)=0.5\times10\ \text{V}=5\ \text{V}$$

由换路定律,得

$$u_C(0_+)=u_C(0_-)=5\ \text{V},\quad i_L(0_+)=i_L(0_-)=0.5\ \text{A}$$

$t\geqslant0$ 时,电容通过 5 Ω 放电,为零输入响应

$$u_C(t)=u_C(0_+)e^{-\frac{t}{\tau_C}}\quad(t\geqslant0)$$

式中,$\tau_C=5\times0.01\ \text{s}=0.05\ \text{s}$。

故
$$u_C(t)=5e^{-20t}\ \text{V}\quad(t\geqslant0)$$

$t\geqslant0$,电感电流为全响应。

时间常数为
$$\tau_L=\frac{0.1}{10}\ \text{s}=0.01\ \text{s}$$

零输入响应
$$i_{Lzi}=i_L(0_+)e^{-\frac{t}{\tau_L}}=0.5e^{-100t}\ \text{A}\quad(t\geqslant0)$$

零状态响应
$$i_{Lzs}=i_L(\infty)(1-e^{-100t})\ \text{A}\quad(t\geqslant0)$$

而 $i_L(\infty)=\frac{10}{10}\ \text{A}=1\ \text{A}$,因此

$$i_{Lzs}=(1-e^{-100t})\ \text{A}\quad(t\geqslant0)$$

故全响应
$$i_L=[0.5e^{-100t}+(1-e^{-100t})]\ \text{A}=(1-0.5e^{-100t})\ \text{A}\quad(t\geqslant0)$$

以上例题进一步说明,求解一阶直流输入电路的全响应通常是分别求出零输入响应和零状态响应,然后由叠加定理求得。从全响应中可知稳态响应和暂态响应,不必列写和求解电路的微分方程。当电路比较复杂时,还要借助戴维南定理,将电路等效为典型的一阶电路再进行分析计算。但是,二阶及二阶以上的电路或非直流输入的各阶电路的时域分析还是要根据微分方程分析与计算求得全响应。

11.3.2　求解一阶电路的三要素法

前几节分别讨论了一阶电路的零输入响应和零状态响应及全响应的求解方法。本节专门讨论一阶直流电源作用下,电路全响应的简便求解方法——三要素法。

1. 全响应的一般式

一阶电路的典型电路如图 11-24 所示(参阅图 11-2 电路)。由前几节的分析可求得

$u_C(t)$和 $i_L(t)$的全响应。

$$u_C(t)=u_C(0_+)e^{-\frac{t}{\tau}}+u_C(\infty)(1-e^{-\frac{t}{\tau}})=u_C(\infty)+[u_C(0_+)-u_C(\infty)]e^{-\frac{t}{\tau}}\quad(t\geqslant0)\tag{11-20}$$

式中,时间常数 $\tau=RC$。

$$i_L(t)=i_L(0_+)e^{-\frac{t}{\tau}}+i_L(\infty)(1-e^{-\frac{t}{\tau}})=i_L(\infty)+[i_L(0_+)-i_L(\infty)]e^{-\frac{t}{\tau}}\quad(t\geqslant0)\tag{11-21}$$

式中,时间常数 $\tau=\dfrac{L}{R}$。

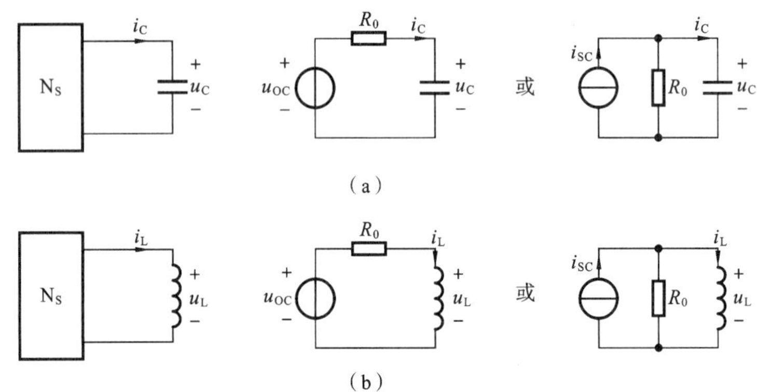

图 11-24　典型一阶电路

$u_C(t)$与 $i_L(t)$的全响应具有相同的形式,若用 $f(t)$来表示激励,用 $y(t)$来表示响应(u_C 或 i_L),则一阶直流输入产生的响应可以写为

$$y(t)=y(\infty)+[y(0_+)-y(\infty)]e^{-\frac{t}{\tau}}\quad(t\geqslant0)\tag{11-22}$$

式中,$\tau=R_0C$ 或 $\tau=\dfrac{L}{R_0}$,R_0 为等效电阻,$y(\infty)$为稳态值与输入有关,$y(0_+)$为初始值与电路的初始储能有关。只要分别计算出这三个要素,就能够确定全响应,并画出波形图,而不必建立和求解微分方程。这种求解一阶直流激励下全响应的方法称为三要素法。

2. 用三要素法求解全响应的具体步骤

第一步,求初始值 $y(0_+)$。由 $t<0$ 的稳态电路求出 $u_C(0_-)$或 $i_L(0_-)$的值,然后根据换路定律求得初始值 $u_C(0_+)=u_C(0_-)$或 $i_L(0_+)=i_L(0_-)$。换路定律表明,在电容电流为有限值、电感电压为有限值的条件下,换路前后瞬间电容电压和电感电流不能跃变。而电路中的其他物理量,如电容电流 i_C、电感电压 u_L、电阻电压 u_R 和电阻电流 i_R 等,在 $t=0_+$ 时刻的值需要由 $u_C(0_+)$或 $i_L(0_+)$的值确定。若电容电流、电感电压不为有限值,换路前后瞬间电容电压和电感电流将发生跃变,可用电荷守恒或磁链守恒定理,即

$$q(0_+)=q(0_-)\quad 或\quad \psi(0_+)=\psi(0_-)$$

确定 $u_C(0_+)$或 $i_L(0_+)$。

第二步,求稳态值 $y(\infty)$。由于 $t=\infty$时电路达到新的直流稳态,需将电感元件短路处理或将电容元件开路处理,得到 $t=\infty$时的等效电路,然后根据直流电阻电路计算出稳态值

$y(\infty)$。

第三步，求时间常数 τ。断开电感元件或电容元件，求出断开处线性电阻单口网络的戴维南等效电阻 R_0，用公式 $\tau=R_0C$ 或 $\tau=\dfrac{L}{R_0}$ 计算。

第四步，将三要素代入式(11-22)求出 $t\geqslant 0$ 时全响应 $u_C(t)$ 或 $i_L(t)$。一旦用三要素法求得 $u_C(t)$ 或 $i_L(t)$ 后，可以用替代定理求出电路中其他物理量的全响应。因此，电路分析时，重点是求解 $u_C(t)$ 或 $i_L(t)$，下面举例说明。

例 11-11 电路如图 11-25(a)所示，换路前电路处于稳态。当 $t=0$ 时，开关 S 接通，求 $t\geqslant 0$ 时的 $u_L(t)$、$i_L(t)$ 及 $i(t)$ 。

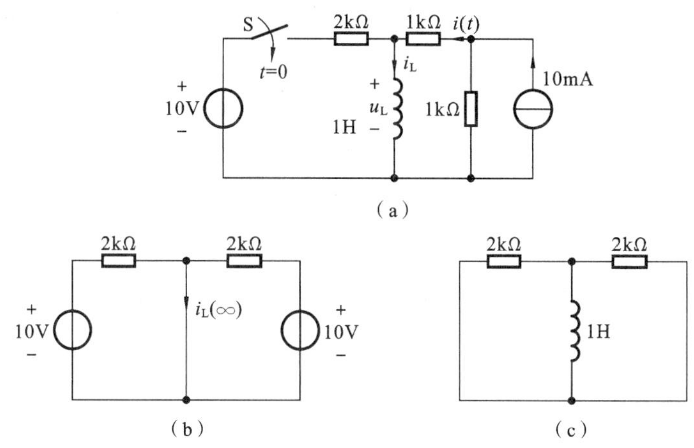

图 11-25 例 11-11 图

解 首先，用三要素法求出 $i_L(t)$；然后，利用电感元件的 VCR 求出 $u_L(t)$；最后，利用 KCL、KVL 求出 $i(t)$。

(1) 求初始值 $i_L(0_+)$。由图 11-25(a)中 $t<0$ 时稳态电感短路处理，根据分流公式有

$$i_L(0_-)=5\ \text{mA}$$

由换路定律得

$$i_L(0_+)=i_L(0_-)=5\ \text{mA}$$

(2) 由图 11-25(b)所示 $t=\infty$ 等效电路，求出 $i_L(\infty)$。

$$i_L(\infty)=\left(\frac{10}{2\times 10^3}+\frac{10}{2\times 10^3}\right)\ \text{mA}=10\ \text{mA}$$

(3) 由图 11-25(c)所示电路求时间常数 τ。断开电感元件，断开处等效电阻为

$$R_0=1\ \text{k}\Omega$$

故

$$\tau=\frac{L}{R_0}=\frac{1}{1\times 10^3}\ \text{ms}=10^{-3}\ \text{ms}$$

(4) 由三要素公式(11-22)求 $i_L(t)$，得

$$i_L(t)=[10+(5-10)\mathrm{e}^{-1\,000t}]\ \text{mA}=(10-5\mathrm{e}^{-1\,000t})\ \text{mA}\quad (t\geqslant 0)$$

(5) 由电感元件的伏安关系有

$$u_L=L\frac{\mathrm{d}i_L}{\mathrm{d}t}=5\mathrm{e}^{-1\,000t}\ \text{V}\quad (t>0)$$

在图 11-25(a)所示电路中,由 KCL 求得

$$i(t)=i_{\mathrm{L}}(t)-\frac{10-u_{\mathrm{L}}(t)}{2\times10^{3}}=(10-5\mathrm{e}^{-1\,000t}-5+2.5\mathrm{e}^{-1\,000t})\ \mathrm{mA}$$

$$=(5-2.5\mathrm{e}^{-1\,000t})\ \mathrm{mA}\quad(t>0)$$

通过以上分析可以看到:各响应具有同一个时间常数 τ。同时,可以看到,在 $t=0_-$ 时,$u_{\mathrm{L}}(0_-)=0$,$i(0_-)=5\ \mathrm{mA}$;在 $t=0_+$ 时,$u_{\mathrm{L}}(0_+)=5\ \mathrm{V}$,$i(0_+)=2.5\ \mathrm{mA}$ 。因此在换路时,$u_{\mathrm{L}}(t)$ 和 $i(t)$均发生了跃变。在 $t=\infty$时,$u_{\mathrm{L}}(\infty)=0$,$i(\infty)=5\ \mathrm{mA}$。如果将 $u_{\mathrm{L}}(0_+)$、$u_{\mathrm{L}}(\infty)$、$i(0_+)$、$i(\infty)$ 及 $\tau=10^{-3}$s代入三要素法的公式(11-22)中,可以得到与上同样的结果。

实际上,在一阶直流激励电路中,电路中所有的响应均可以用三要素法求解。只不过初始值 $y(0_+)$的求解要由 $t=0_+$时刻的等效电路求得。在 $t=0_+$时刻等效电路中,$u_{\mathrm{C}}(0_+)$用电压源替代,$i_{\mathrm{L}}(0_+)$用电流源替代。如果用三要素法只求出 $u_{\mathrm{C}}(t)$或 $i_{\mathrm{L}}(t)$,然后利用元件的伏安关系和基尔霍夫定律求得其他物理量的响应,则可以不求其他响应在 $t=0_+$时刻的初始值。

例 11-12 电路如图 11-26(a)所示,开关 S 闭合前电路处于稳态,试求 $t\geqslant0$ 时的 $u_{\mathrm{C}}(t)$ 和 $u_1(t)$。

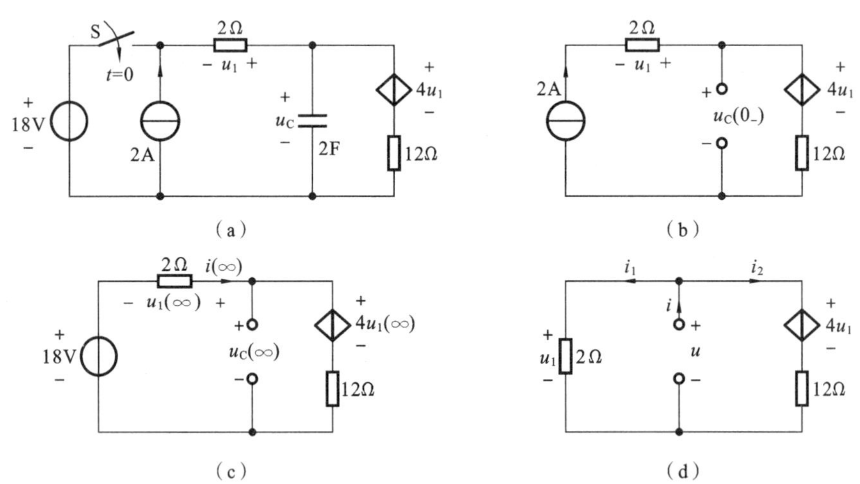

图 11-26 例 11-12 图

解 (1) 因为电容元件对稳定直流相当于开路,可由图 11-26(b)$t=0_+$时的等效电路求 $u_{\mathrm{C}}(0_+)$,有

$$u_1=-4\ \mathrm{V}$$

$$u_{\mathrm{C}}(0_-)=4u_1+12\times2\ \mathrm{V}=8\ \mathrm{V}$$

由换路定律有

$$u_{\mathrm{C}}(0_+)=u_{\mathrm{C}}(0_-)=8\ \mathrm{V}$$

(2) 由图 11-26(c)$t=\infty$时的等效电路求出 $u_{\mathrm{C}}(\infty)$。

由于电压源与电流源并联可等效为电压源,所以 $t=\infty$时的等效电路如图 11-26(c)所示。由 KVL 有

$$18=(12+2)i(\infty)+4u_1(\infty)$$

而
$$i(\infty)=-\frac{u_1(\infty)}{2},\quad u_1(\infty)=-6\ \text{V}$$

故
$$u_C(\infty)=u_1(\infty)+18=12\ \text{V}$$

(3) 将独立源置零得图 11-26(d)所示电路，求时间常数 $\tau=R_0C$。由于电路含有受控源，因此采用外加电压法求 R_0。

由 KCL，有

$$i=i_1+i_2=\frac{u}{2}+\frac{u-4u_1}{12}$$

$$u=u_1$$

$$i=\frac{u}{4}$$

所以
$$R_0=\frac{u}{i}=4\ \Omega$$

故
$$\tau=R_0C=4\times 2\ \text{s}=8\ \text{s}$$

(4) 代入三要素法公式(11-22)，求得

$$u_C(t)=[12+(8-12)\mathrm{e}^{-0.125t}]\ \text{V}=(12-4\mathrm{e}^{-0.125t})\ \text{V}\quad (t\geqslant 0)$$

由 KVL，得

$$u_1(t)=u_C(t)-18\ \text{V}=(-6-4\mathrm{e}^{-0.125t})\ \text{V}\quad (t\geqslant 0)$$

如果用三要素法求 $u_1(t)$，需要求出初始值 $u_1(0_+)$。将 $u_C(0_+)=8$ V 用电压源替代，得到 $t=0_+$ 时刻等效电路，如图 11-27 所示。

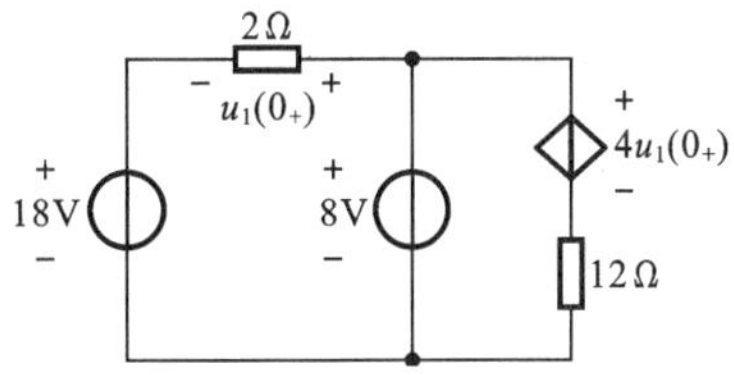

图 11-27　$t=0_+$ 时刻等效电路

$$u_1(0_+)=(8-18)\text{V}=-10\ \text{V}$$

稳态值 $u_1(\infty)$ 由 $t=\infty$ 等效电路图 11-26(c)求得

$$u_1(\infty)=-6\ \text{V}$$

将 $u_1(0_+)$ 和 $u_1(\infty)$ 代入三要素法公式(11-22)，结果如前相同。读者可以比较求解 $u_1(t)$ 的两种方法的不同之处。

通过以上分析，应用三要素法求解电路响应的方法及概念可以归纳如下。

(1) 三要素法只适于直流激励作用下的一阶电路各响应的求解。

(2) 三要素法中初始值 $y(0_+)$ 的求解需要注意，$u_C(0_+)$ 和 $i_L(0_+)$ 的值可由换路定律求得，而其他物理量的初始值则需由 $t=0_+$ 等效电路求出。

(3) 三要素法中时间常数 τ 的求解需要注意，若电路中含有受控源时，R_0 要用戴维南定理求解等效电阻的方法求解。

(4) 一阶电路响应的重点是 $u_C(t)$(或 $i_L(t)$)，可先用三要素法求出 $u_C(t)$ 或 $i_L(t)$，然后用电路分析方法求出其他物理量的响应。

(5) 当电路比较复杂时，可用戴维南定理将电路简化为典型的一阶电路，然后求出 $u_C(t)$ 或 $i_L(t)$；若还需要求解其他物理量，则需要回到原电路求解。

思考与练习

11-3-1 练习图 11-2 中，若 $I_S=1$ A，$u_C(0)=1$ V 时的全响应为 $u_{C1}(t)$，则

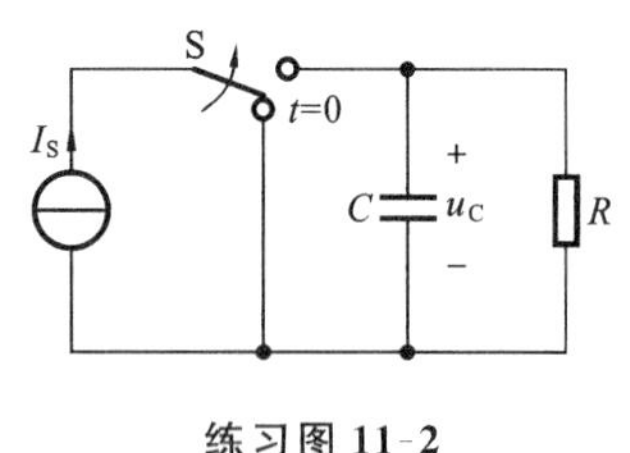

练习图 11-2

① $I_S=2$ A，$u_C(0)=1$ V 时的全响应 $u_{C2}(t)$ 为 $2u_{C1}(t)$，对吗？

② $I_S=2$ A，$u_C(0)=2$ V 时的全响应 $u_{C2}(t)$ 为 $2u_{C2}(t)$，对吗？

11-3-2 在电路暂态过程分析中，电容有时可看成开路，有时却又看成短路，电感也有同样的情况，试自己加以总结，并从物理概念上去理解。

11.4 二阶电路分析

当电路中包含有两个独立的动态元件时，描述电路的方程是二阶常系数线性微分方程。利用储能元件的两个初始值确定微分方程的初始条件，可求得电路的响应。二阶电路如图 11-28 所示。

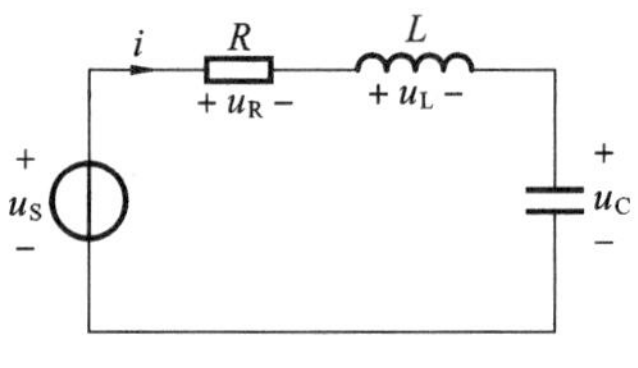

图 11-28 二阶电路

根据 KVL 可列电路方程

$$u_R+u_L+u_C=u_S$$

由于

$$i=i_L=i_C=C\frac{du_C}{dt}$$

故有

$$u_L=L\frac{di}{dt}=LC\frac{d^2u_C}{dt^2}$$

$$u_R=Ri=RC\frac{du_C}{dt}$$

将它们代入方程，并整理为

$$LC\frac{d^2u_C}{dt^2}+RC\frac{du_C}{dt}+u_C=u_S \tag{11-23}$$

上式为常系数线性非齐次二阶微分方程。

求解二阶微分方程需要两个初始值，即 $u_C(0_+)$ 和 $\left.\frac{du_C}{dt}\right|_{t=0_+}$，由电容的 VCR 可得

$$\left.\frac{du_C}{dt}\right|_{t=0^+}=\frac{1}{C}i_C(0_+)=\frac{1}{C}i_L(0_+)$$

本节重点讨论：RLC 串联电路的零输入响应、零状态响应和全响应的求解方法；特征根及电路参数对响应的影响；电路各响应的物理含义等。

11.4.1 RLC 串联电路的零输入响应

当输入 $u_S(t)=0$ 时，电路响应为零输入响应。由式(11-23)得以下二阶齐次微分方程，并设初始值 $u_C(0_+)=U_0$，$i_L(0)=I_0$。

$$\begin{cases} LC\dfrac{\mathrm{d}^2u_C}{\mathrm{d}t^2}+RC\dfrac{\mathrm{d}u_C}{\mathrm{d}t}+u_C=0 \\ u_C(0_+)=U_0 \\ \dfrac{\mathrm{d}u_C}{\mathrm{d}t}\Big|_{t=0_+}=\dfrac{1}{C}i(0_+)=\dfrac{1}{C}I_0 \end{cases} \tag{11-24}$$

其特征方程为

$$LC\lambda^2+RC\lambda+1=0$$

其特征根为

$$\lambda_{1,2}=-\frac{R}{2L}\pm\sqrt{\left(\frac{R}{2L}\right)^2-\frac{1}{LC}} \tag{11-25}$$

上式表明，特征根 λ_1 和 λ_2 仅与电路的结构和参数有关，而与激励和初始条件无关，亦称为电路的固有频率。当 R、L、C 取不同值（设 R、L、C 均为正值）时，特征根可能出现以下三种情况。

(1) 当 $R>2\sqrt{\dfrac{L}{C}}$ 时，λ_1、λ_2 为不相等的负实根。

(2) 当 $R=2\sqrt{\dfrac{L}{C}}$ 时，λ_1、λ_2 为相等的负实根。

(3) 当 $R<2\sqrt{\dfrac{L}{C}}$ 时，λ_1、λ_2 为一对共轭复根，实部为负值。

在上述特征根的三种情况中，$2\sqrt{\dfrac{L}{C}}$ 具有电阻的量纲，称为阻尼电阻。根据串联电阻 R 是大于、等于，还是小于阻尼电阻的情况，分别称电路处于过阻尼、临界阻尼和欠阻尼放电状态。根据微分方程的理论，下面分别讨论这三种情况下的零输入响应形式。

1. $R>2\sqrt{\dfrac{L}{C}}$，过阻尼（非振荡放电过程）

由于 λ_1、λ_2 为两个不相等的负实根，电容电压为

$$u_C(t)=A_1\mathrm{e}^{\lambda_1 t}+A_2\mathrm{e}^{\lambda_2 t}$$

式中，待定常数 A_1、A_2 由初始值 $u_C(0_+)$ 和 $\dfrac{\mathrm{d}u_C}{\mathrm{d}t}\Big|_{t=0_+}$ 的值确定。

例 11-13 如图 11-28 所示的电路中，令激励 $u_S=0$，且 $R=1.5\ \Omega$，$C=1\ \mathrm{F}$，$L=0.5\ \mathrm{H}$，$u_C(0_+)=2\ \mathrm{V}$，$i_L(0_+)=1\ \mathrm{A}$。求 $u_C(t)$ 及 $i_L(t)$。

解 将电路参数值代入式(11-24)中，得二阶齐次微分方程为

$$\frac{\mathrm{d}^2u_C}{\mathrm{d}t^2}+3\frac{\mathrm{d}u_C}{\mathrm{d}t}+2u_C=0$$

特征方程为
$$\lambda^2+3\lambda+2=0$$

特征根
$$\lambda_1=-1,\quad \lambda_2=-2$$

因此，零输入响应

$$u_C(t)=A_1\mathrm{e}^{\lambda_1 t}+A_2\mathrm{e}^{\lambda_2 t}=A_1\mathrm{e}^{-t}+A_2\mathrm{e}^{-2t}$$

将初始值

$$u'_C(t)=-A_1e^{-t}-2A_2e^{-2t},\quad u_C(0_+)=2,\quad \frac{du_C}{dt}\bigg|_{t=0_+}=\frac{i_C(0)}{C}=\frac{i_C(0_+)}{C}=1$$

代入方程得

$$\begin{cases}u_C(0_+)=A_1+A_2=2\\ u'_C(0)=-A_1-2A_2=1\end{cases}$$

求解以上两方程得到 $A_1=5$、$A_2=-3$。将待定常数值代入 $u_C(t)$的表达式,得

$$u_C(t)=(5e^{-t}-3e^{-2t})\ \text{V}\quad (t\geqslant 0)$$

利用电容的 VCR 和 KCL 得到电感电流的零输入响应

$$i_L(t)=i_C(t)=C\frac{du_C}{dt}=(-5e^{-t}+6e^{-2t})\ \text{A}\quad (t\geqslant 0)$$

$u_C(t)$和 $i_L(t)$随时间变化的波形如图 11-29 所示。

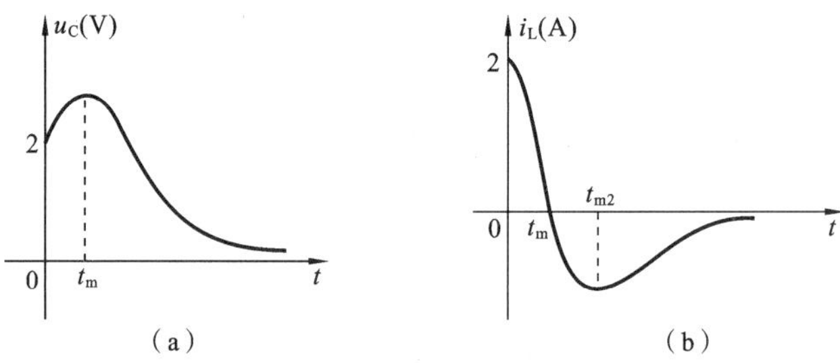

图 11-29　$u_C(t)$和 $i_L(t)$随时间变化的波形图

由图 11-29 可见,当 $R>2\sqrt{\frac{L}{C}}$时,响应是非振荡放电。在 $0<t<t_m$ 期间,$i_L>0$,$u_C>0$ 且电感电流减小,释放储存的初始磁场能量,一部分为电阻消耗掉,另一部分转换为电场能量,电容充电使 u_C 增加。当 $t=t_m$ 时,$i_L=0$,电感释放出全部磁场能量,电容电压 u_C 达到最大值。

在 $t_{m1}<t<t_{m2}$ 期间,电容释放电场能量,u_C 减小,一部分为电阻消耗,另一部分转换为磁场能量。当 $t=t_{m2}$时,电感电流 $i_L(t)$达到负的最大值。$t>t_{m2}$ 以后,由于电阻 R 较大,能量损耗大,电感在释放出全部磁场能量后,电容已不能再度充电,电感和电容均释放能量供给电阻消耗,直到其全部初始储能被电阻消耗完为止。$t\to\infty$,$u_C(t)$、$i_L(t)$均为零,为非振荡放电过程。

2. $R=2\sqrt{\frac{L}{C}}$,临界阻尼(非振荡放电过程)

当 $R=2\sqrt{\frac{L}{C}}$时,特征根 λ_1、λ_2 为两个相同的实根,有

$$\lambda_1=\lambda_2=-\frac{R}{2L}=-\alpha$$

零输入响应为

$$u_C(t)=A_1e^{-\alpha t}+A_2te^{-\alpha t}\tag{11-26}$$

且

$$u'_C(t)=-\alpha A_1e^{-\alpha t}+A_2e^{-\alpha t}-\alpha A_2te^{-\alpha t}$$

式中，待定常数 A_1、A_2 由初始条件 $u_C(0_+)$、$\left.\dfrac{\mathrm{d}u_C}{\mathrm{d}t}\right|_{t=0_+}=\dfrac{1}{C}i_L(0_+)$确定。

$$\begin{cases}u_C(0)=A_1=U_0\\ u_C'(0)=-\alpha A_1+A_2=\dfrac{1}{C}I_0\end{cases}$$

联立求解可以得到 A_1、A_2，将它们代入式(11-26)中得到电容电压的零输入响应，再利用电容的 VCR 和 KCL 方程可以求得电感电流的零输入响应。

例 11-14　电路如图 11-28 所示，令 $u_S=0$，已知 $R_1=1\ \Omega$，$L=1$ H，$C=4$ F，$u_C(0_+)=-1$ V，$i_L(0_+)=0$。求 $t\geqslant0$ 时的 $u_C(t)$ 及 $i_L(t)$ 。

解　将 R、L、C 的值代入式(11-25)中，得特征根为

$$\lambda_{1,2}=-\frac{R}{2L}\pm\sqrt{\left(\frac{R}{2L}\right)^2-\frac{1}{LC}}=-\frac{1}{2}\pm\sqrt{\left(\frac{1}{2}\right)^2-\frac{1}{4}}=-\frac{1}{2}$$

为两个相等的负实根，得电容电压的零输入响应为

$$u_C(t)=(A_1\mathrm{e}^{-\frac{1}{2}t}+A_2t\mathrm{e}^{-\frac{1}{2}t})\ \mathrm{V}\quad(t\geqslant0)$$

由初始值 $u_C(0)=-1$ V，$u_C'(0)=\dfrac{1}{C}i_L=0$ 确定待定常数 A_1、A_2。

$$\begin{cases}u_C(0)=A_1=-1\\ u_C'(0)=-\dfrac{1}{2}A_1+A_2=0\end{cases}$$

求解以上两方程得 $A_1=-1$、$A_2=-\dfrac{1}{2}$，求得电容电压的零输入响应为

$$u_C(t)=\left(-\mathrm{e}^{-\frac{1}{2}t}-\frac{1}{2}t\mathrm{e}^{-\frac{1}{2}t}\right)\ \mathrm{V}\quad(t\geqslant0)$$

而
$$i_L(t)=i_C(t)=C\frac{\mathrm{d}u_C}{\mathrm{d}t}=\left(\frac{1}{2}\mathrm{e}^{-\frac{1}{2}t}-\frac{1}{2}\mathrm{e}^{-\frac{1}{2}t}+\frac{1}{4}t\mathrm{e}^{-\frac{1}{2}t}\right)\mathrm{A}=\frac{1}{4}t\mathrm{e}^{-\frac{1}{2}t}\ \mathrm{A}\quad(t\geqslant0)$$

$u_C(t)$和 $i_L(t)$的波形如图 11-30 所示，响应均为非振荡性放电过程。

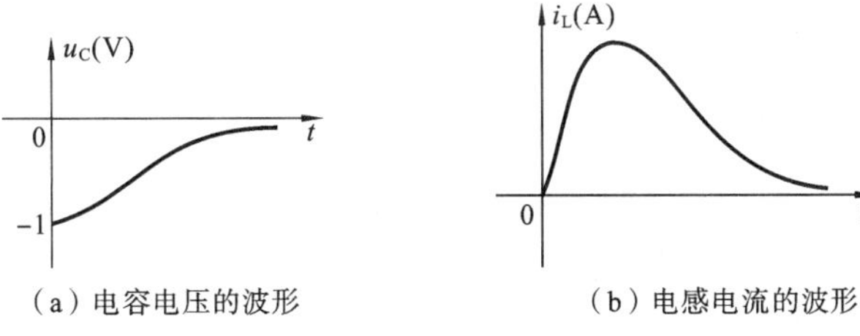

（a）电容电压的波形　　（b）电感电流的波形

图 11-30　临界阻尼情况

3. $R<2\sqrt{\dfrac{L}{C}}$，欠阻尼(振荡放电过程)

当 $R<2\sqrt{\dfrac{L}{C}}$，即$\left(\dfrac{R}{2L}\right)^2<\dfrac{1}{LC}$时，两个特征根为一对实部为负值的共轭复根，若令

$$\alpha=\frac{R}{2L},\quad \omega_d^2=\frac{1}{LC}-\left(\frac{R}{2L}\right)^2$$

则
$$\sqrt{\left(\frac{R}{2L}\right)^2-\frac{1}{LC}}=\sqrt{-\omega_d^2}=j\omega_d$$

特征根 λ_1、λ_2 可表示为
$$\lambda_1=-\alpha+j\omega_d,\quad \lambda_2=-\alpha-j\omega_d$$
式中，α 称为衰减系数，ω_d 称为衰减振荡角频率。

齐次微分方程的解答形式为
$$u_C(t)=e^{-\alpha t}(A_1\cos\omega_d t+A_2\sin\omega_d t)=Ae^{-\alpha t}\sin(\omega_d t+\varphi) \tag{11-27}$$
式中，$A_1=\sqrt{A_1^2+A_2^2}$，$\varphi=\arctan\dfrac{A_1}{A_2}$。

待定常数 A_1、A_2 由初始条件 $u_C(0_+)$、$i_L(0_+)$确定，代入式(11-27)可得到电容电压的零输入响应，再由电容元件的 VCR 和 KCL 求出电感电流的零输入响应。由式(11-27)可见，当 $R<2\sqrt{\dfrac{L}{C}}$时，响应为衰减振荡放电过程，又称为阻尼放电。

例 11-15 电路如图 11-28 所示，令 $u_S(t)=0$，已知 $R=12\ \Omega$，$L=2\ \text{H}$，$C=0.02\ \text{F}$，$u_C(0_+)=1\ \text{V}$，$i_L(0_+)=0.46\ \text{A}$，求 $t\geqslant 0$ 时的 $u_C(t)$及 $i_L(t)$。

解 将 R、L、C 的值代入式(11-25)中，得特征根为
$$\lambda_{1,2}=-\frac{R}{2L}\pm\sqrt{\left(\frac{R}{2L}\right)^2-\frac{1}{LC}}=-3\pm 4j$$
特征根为共轭复根，代入式(11-27)中，得到
$$u_C(t)=e^{-3t}(A_1\cos 4t+A_2\sin 4t)\ \text{V}\quad (t\geqslant 0)$$
由初始值 $u_C(0)=1\ \text{V}$，$i_L(0)=0.46\ \text{A}$，确定 A_1、A_2，有
$$\begin{cases}u_C(0)=A_1=1\\ \left.\dfrac{du_C}{dt}\right|_{t=0_+}=-3A_1+4A_2=\dfrac{i_L(0)}{C}=23\end{cases}$$
求解以上两式得
$$A_1=1,\quad A_2=6$$
因此
$$u_C(t)=e^{-3t}(\cos 4t+6\sin 4t)\ \text{V}=6.08e^{-3t}\cos(4t-8.05)\ \text{V}\quad (t\geqslant 0)$$
由 $i_L(t)=i_C(t)=C\dfrac{du_C}{dt}$可得
$$i_L(t)=0.02(21e^{-3t}\cos 4t-22e^{-3t}\sin 4t)\text{A}=1.45e^{-3t}\cos(4t+46.3°)\ \text{A}\quad (t\geqslant 0)$$
$u_C(t)$和 $i_L(t)$的波形如图 11-31 所示。

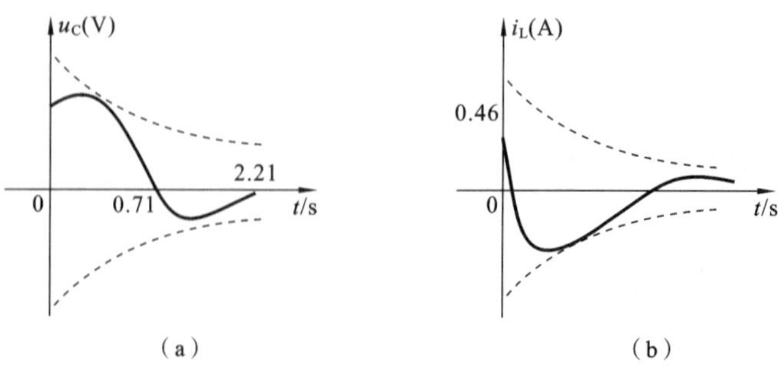

图 11-31 欠阻尼情况

11.4.2 二阶电路的零状态响应

如图 11-32 所示直流激励的 RLC 串联电路，$t<0$ 电路处于稳态，设 $u_C(0_-)=0, i_L(0_-)=0$。当 $t=0$ 时，开关 S 闭合，直流电压源 U_S 作用于电路，由换路定律有 $u_C(0_+)=u_C(0_-)=0, u'_C(0_+)=\frac{1}{C}i_L(0_+)=\frac{1}{C}i_L(0_-)=0$。$t\geqslant 0$ 时，电路的微分方程为

$$\begin{cases}LC\dfrac{d^2u_C}{dt^2}+RC\dfrac{du_C}{dt}+u_C=U_S\\ u_C(0_+)=0,\ u'_C(0_+)=0\end{cases}\tag{11-28}$$

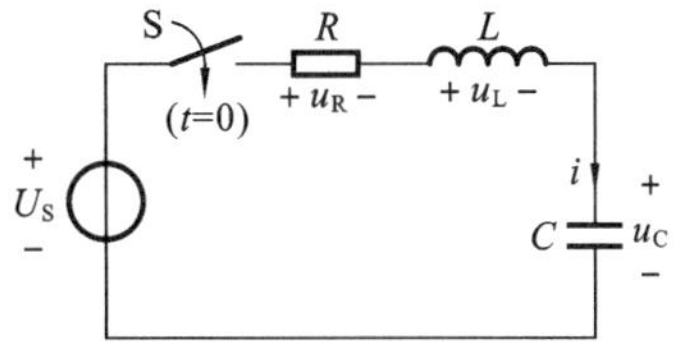

图 11-32 RLC 串联电路的零状态响应

这是一个常系数非齐次二阶微分方程，其解包含齐次解和特解，即

$$u_C(t)=u_{Ch}(t)+u_{Cp}(t)$$

$u_C(t)$ 为二阶电路的零状态响应，微分方程的齐次解 $u_{Ch}(t)$ 与特征根有关，由式(11-25)得微分方程的特征根(或电路的固有频率)为

$$\lambda_{1,2}=-\frac{R}{2L}\pm\sqrt{\left(\frac{R}{2L}\right)^2-\frac{1}{LC}}$$

与讨论二阶电路的零输入响应一样，根据电路参数 R、L、C 值的不同，特征根有三种不同情况，因此齐次解也有三种不同的形式(过阻尼、临界阻尼和欠阻尼)，若 $\lambda_1\neq\lambda_2$，为两个不相等的负实根，则

$$u_{Ch}(t)=A_1e^{\lambda_1 t}+A_2e^{\lambda_2 t}$$

微分方程的特解 $u_{Cp}(t)$ 与激励形式相同，即

$$u_{Cp}(t)=U_S$$

将此解代入微分方程式中，方程式成立。零状态响应为

$$u_{Czs}(t)=u_{Ch}(t)+u_{Cp}(t)=A_1e^{\lambda_1 t}+A_2e^{\lambda_2 t}+U_S$$

根据初始条件 $u_C(0_+)=0, u'_C(0_+)=0$，有

$$\begin{cases}u_C(0)=A_1+A_2+U_S=0\\ u'_C(0_+)=A_1\lambda_1+A_2\lambda_2=0\end{cases}$$

联立求解以上两个代数方程，得到待定常数 A_1、A_2 后，就可得二阶电路直流激励时的零状态响应。再利用 KVL、KCL 和电容元件的 VCR 可以求得电感电流及其他零状态响应。

例 11-16 如图 11-32 所示电路，$L=1$ H，$C=\frac{1}{9}$ F，$R=10$ Ω，$U_S=24$ V，求开关 S 闭合后，电路的零状态响应 $u_C(t)$ 及 $i(t)$。

解 由于 $2\sqrt{\frac{L}{C}}=2\times 3=6$ Ω，$R>2\sqrt{\frac{L}{C}}$，电路为过阻尼情况。特征根为两个不相等的负实根，即

$$\lambda_1=-\frac{R}{2L}+\sqrt{\left(\frac{R}{2L}\right)^2-\frac{1}{LC}}=-1$$

$$\lambda_2=-\frac{R}{2L}-\sqrt{\left(\frac{R}{2L}\right)^2-\frac{1}{LC}}=-9$$

故齐次解为

$$u_{Ch}(t)=(A_1e^{-t}+A_2e^{-9t})\ \mathrm{V}$$

非齐次微分方程特解为

$$u_{Cp}(t)=24\ \mathrm{V}$$

故零状态响应

$$u_C(t)=(A_1e^{-t}+A_2e^{-9t}+24)\ \mathrm{V}$$

且

$$u'_C(t)=(-A_1e^{-t}-9A_2e^{-9t})\ \mathrm{V}$$

根据初始值确定常数 A_1、A_2，有

$$\begin{cases}u_C(0)=A_1+A_2+24=0\\ u'_C(0)=-A_1-9A_2=0\end{cases}$$

联立以上两式解得

$$A_1=-27,\quad A_2=3$$

求得零状态响应为

$$u_C(t)=(-27e^{-t}+3e^{-9t}+24)\ \mathrm{V}\quad (t\geqslant 0)$$

而

$$i(t)=C\frac{\mathrm{d}u_C}{\mathrm{d}t}=\frac{1}{9}(27e^{-t}-27e^{-9t})\ \mathrm{A}=3(e^{-t}-e^{-9t})\ \mathrm{A}\quad (t\geqslant 0)$$

若激励是正弦函数，分析的方法是一样的，只不过是特解形式不同罢了。这里不再举例说明。

11.4.3 RLC 串联电路的全响应

在图 11-34 所示的电路中，如果初始值时 $u_C(0)=U_0$，$i_L(0)=I_0$，$t=0$ 时，开关 S 闭合，直流电压源 u_S 作用于电路，$t\geqslant 0$ 时，电路中的响应为全响应。由前面分析可知，全响应为零输入响应与零状态响应的叠加，即

$$u_C(t)=u_{Czi}(t)+u_{Czs}(t)$$

分别求出零输入响应和零状态响应，即可求出全响应。下面举例说明。

例 11-17 图 11-32 所示电路，$L=1$ H，$R=2$ Ω，$C=0.2$ F，$U_S=6$ V，$u_C(0_-)=4$ V，$i_L(0_-)=0$。求全响应 $u_C(t)$ 及 $i(t)$。

解 (1) 根据叠加定理，分别求解零输入响应和零状态响应，然后叠加求得全响应。先计算零输入响应。由式(11-25)，有

$$\lambda_{1,2}=-\frac{R}{2L}\pm\sqrt{\left(\frac{R}{2L}\right)^2-\frac{1}{LC}}=-\frac{2}{2\times 1}\pm\sqrt{(1)^2-5}=-1\pm 2\mathrm{j}$$

特征根为一对实部为负实数的共轭复根，故

$$u'_{Czi}(t)=e^{-t}(A_1\cos 2t+A_2\sin 2t)$$

且

$$\begin{aligned}u_{Czi}(t)&=-e^{-t}(A_1\cos 2t+A_2\sin 2t)+e^{-t}(-2A_1\sin 2t+2A_2\cos 2t)\\&=-(2A_1+A_2)e^{-t}\sin 2t+(2A_2-A_1)e^{-t}\cos 2t\end{aligned}$$

根据初始值确定 A_1、A_2。

由换路定律 $$u_C(0_+)=u_C(0_-)=4\ \text{V}$$

故

$$u_C(0_+)=A_1=4\ \text{V}$$

$$u'_C(0_+)=2A_2-A_1=0$$

得 $$A_2=\frac{A_1}{2}=2$$

最后得零输入响应为

$$u_{Czi}(t)=e^{-t}(4\cos 2t+2\sin 2t)\ \text{V}\quad(t\geqslant 0)$$

$$i_{zi}(t)=C\frac{du_C}{dt}=-2e^{-t}\sin 2t\ \text{A}\quad(t\geqslant 0)$$

(2) 计算零状态响应。由微分方程式(11-18),得

$$u_{Czs}(t)=u_{Ch}(t)+u_{Cp}(t)=e^{-t}(A_1\cos 2t+A_2\sin 2t)+6$$

且 $$u'_{Czs}(t)=-e^{-t}(A_1\cos 2t+A_2\sin 2t)+e^{-t}(-2A_1\sin 2t+2A_2\cos 2t)$$
$$=-(2A_1+A_2)e^{-t}\sin 2t+(2A_2-A_1)e^{-t}\cos 2t$$

由初始值 $u_C(0)=0$,$u'_C(0)=\dfrac{i_L(0)}{C}=0$,确定 A_1、A_2。

$$\begin{cases}u_C(0)=A_1+6=0\\ u'_C(0)=-A_1+2A_2=\dfrac{i_L(0)}{C}=0\end{cases}$$

得 $$\begin{cases}A_1=-6\\ A_2=-3\end{cases}$$

故零状态响应为

$$u_{Czs}(t)=[6-e^{-t}(3\sin 2t+6\cos 2t)]\ \text{V}\quad(t\geqslant 0)$$

而 $$i_S(t)=C\frac{du_C}{dt}=\frac{1}{5}\times 15e^{-t}\sin 2t=3e^{-t}\sin 2t\ \text{A}\quad(t\geqslant 0)$$

(3) 由叠加原理计算全响应。

$$u_C(t)=u_{Czi}(t)+u_{Czs}(t)=[-e^{-t}(\sin 2t+2\cos 2t)+6]\ \text{V}\quad(t\geqslant 0)$$

$$i(t)=i_{zi}(t)+i_{zs}(t)=e^{-t}\sin 2t\ \text{A}\quad(t\geqslant 0)$$

当然,也可以用全响应=自由响应+强迫响应的分解求解,其方法步骤如下。

① 自由响应由微分方程的齐次解确定。

$$u_{Ch}(t)=e^{-t}(A_1\cos 2t+A_2\sin 2t)\ \text{V}$$

② 强迫响应由微分方程的特解确定。

$$u_{Cp}(t)=6\ \text{V}$$

故全响应

$$u_C(t)=[e^{-t}(A_1\cos 2t+A_2\sin 2t)+6]\ \text{V}$$

且 $$u'_C(t)=[-e^{-t}(2A_1+A_2)\sin 2t+e^{-t}(2A_2-A_1)\cos 2t]\ \text{A}$$

由初始值确定常数 A_1、A_2。

$$\begin{cases} u_C(0)=(A_1+6)\ \text{V}=4\ \text{V} \\ u'_C(0)=2A_2-A_1=0 \end{cases}$$

解得

$$\begin{cases} A_1=-2 \\ A_2=-1 \end{cases}$$

因此,全响应为

$$u_C(t)=[-\mathrm{e}^{-t}(\sin 2t+2\cos 2t)+6]\ \text{V} \quad (t\geqslant 0)$$

$$i(t)=C\frac{\mathrm{d}u_C}{\mathrm{d}t}=\mathrm{e}^{-t}\sin 2t\ \text{A} \quad (t\geqslant 0)$$

要特别注意,这两种确定待定常数方法的不同。零输入响应中常数 A_1、A_2 仅由初始值确定。而齐次解中的待定常数 A_1、A_2 是由初始值和输入共同常数决定的。

思考与练习

11-4-1 切断直流电动机(可认为是一个 RL 串联电路)的电源时,在开关两端产生火花,是什么原因?为什么开关两端并联一个电容就可以消除火花?

本 章 小 结

1. 初始值

电路在换路后的初始状态用储能元件的初始储能反映。

初始值的求解方法如下。

(1) 若电容电流或电感电压为有限值,由换路定律确定:$u_C(0_+)=u_C(0_-)$ 或 $i_L(0_+)=i_L(0_-)$。其中,$u_C(0_-)$ 或 $i_L(0_-)$ 由换路前的稳态电路求出。

(2) 由 $t=0_+$ 等效电路求出其他各量的初始值,如 $i_C(0_+)$、$u_L(0_+)$ 等。$i_L(0_+)$ 等效为电流源,$u_C(0_+)$ 等效为电压源。

2. 一阶电路的零输入响应

输入为零,仅由电容或电感储存的电场能量或磁场能量所产生的响应,称为零输入响应。它与初始值成正比,称零输入线性性质。一般公式为 $y_{zi}=y(0_+)\mathrm{e}^{-\frac{t}{\tau}}$,$t\geqslant 0$。求解方法如下。

(1) 先求出初始值 $y(0_+)$,如 $u_C(0_+)$、$i_L(0_+)$ 等。

(2) 计算时间常数 τ,$\tau=R_0C$ 或 $\tau=\dfrac{L}{R_0}$。

(3) 套用零输入响应公式 $y_{zi}=y(0_+)\mathrm{e}^{-\frac{t}{\tau}}$ 求得。

(4) 当电路比较复杂时,将储能元件以外的电路等效为电阻 R_0,如果含有受控源,可用戴维南定理求 R_0 的方法求解(如外加电压法)。

(5) 一般是先求出 $u_C(t)$ 或 $i_L(t)$ 的零输入响应,然后回到原电路中,用 KCL、KVL 或元件 VCR 求出其他响应。

3. 一阶电路的零状态响应

当电路的初始储能为零,仅由输入产生的响应称为零状态响应。它与激励成正比,称为

零状态线性性质。$u_C(t)$或 $i_L(t)$的一般公式为

$$y_{Zs}(t)=y(\infty)(1-e^{-\frac{t}{\tau}})$$

其中,$y(\infty)$为稳态值,由输入决定;$i_C(t)$或 $u_L(t)$的一般公式为

$$i_C(t)=i_C(0_+)e^{-\frac{t}{\tau}} \quad 或 \quad u_L(t)=u_L(0_+)e^{-\frac{t}{\tau}}$$

求解方法如下。

(1) 先求稳态值 $y(\infty)$,在 $t=\infty$直流等效电路中,电容元件做开路处理,电感元件做短路处理,用 KCL、KVL 和元件 VCR 求得。

(2) 计算时间常数 τ,$\tau=R_0C$ 或 $\tau=\dfrac{L}{R_0}$。当电路复杂,甚至含有受控源时,可用戴维南定理求出等效电路,然后接上动态元件,在等效电路中求出 τ 或 $y(\infty)$,进而求得 $u_C(t)$或$i_L(t)$。

(3) 其他响应,如 $i_C(t)$、$u_L(t)$等,可根据元件 VCR 求得,如 $i_C(t)=C\dfrac{du_C}{dt}$,$u_L(t)=L\dfrac{di_L}{dt}$。也可以回到原电路,由电路分析方法求解。

4. 时间常数 τ

时间常数的物理含义是反映电路过渡过程长短的一个重要参数。τ 越大,表明动态元件储存能量或释放能量时间越长,电路从一个稳态状态过渡到另一个稳定状态时间越长。在一阶电路中,所有响应都具有同一个时间常数 τ。

5. 一阶电路的完全响应

由输入和初始储能共同产生的响应称为完全响应,求解方法如下。

方法一:叠加法。

$$全响应=零输入响应+零状态响应$$

方法二:三要素法。此方法只适合于直流激励。

$$y(t)=y(\infty)+[y(0_+)-y(\infty)]e^{-\frac{t}{\tau}}$$

6. 二阶电路的零输入响应

根据 R、L、C 数值不同,特征根可出现三种不同的情况,零输入响应分为:

(1) $R>2\sqrt{\dfrac{L}{C}}$,非振荡放电;

(2) $R<2\sqrt{\dfrac{L}{C}}$,振荡放电;

(3) $R=2\sqrt{\dfrac{L}{C}}$,临界非振荡放电。

习　　题

11-1 题图 11-1 所示电路,$t<0$ 时,电路处于稳态;$t=0$ 时,开关 S 断开。求 $t\geqslant 0$ 时的 $i(t)$,并画出 $i(t)$的波形图。

11-2 题图 11-2 所示电路,$t<0$ 时,电路处于稳态;$t=0$ 时,开关 S 闭合。求 $t\geqslant 0$ 时的

$u_C(t)$和 $i(t)$，并画出波形图。

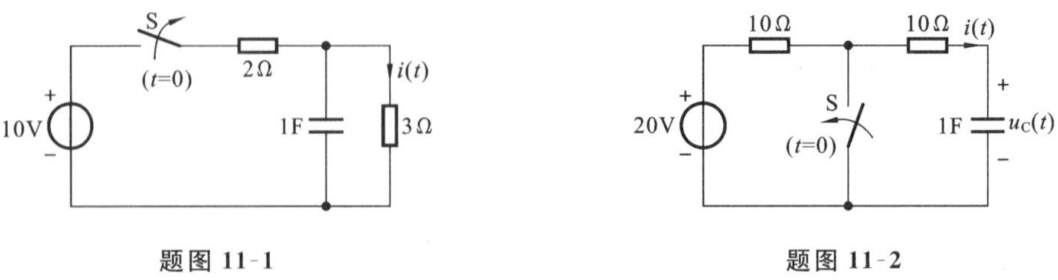

题图 11-1　　题图 11-2

11-3　题图 11-3 所示电路，$t<0$ 时，电路处于稳态。求 $t\geqslant 0$ 时的 $u_{ab}(t)$。

11-4　题图 11-4 所示电路，$t<0$ 时，电路处于稳态；$t=0$ 时，开关 S 断开。求 $t\geqslant 0$ 时的 $i_L(t)$，并画出波形图。

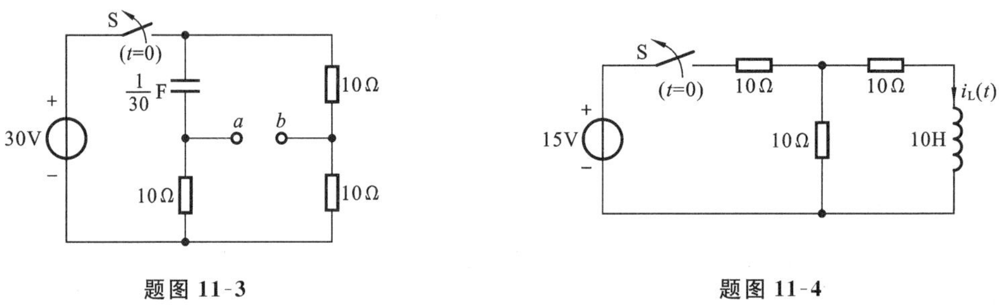

题图 11-3　　题图 11-4

11-5　题图 11-5 所示电路，$t<0$ 时，开关 S 与 1 接触并处于稳态；$t=0$ 时，开关 S 合向 2。求 $t\geqslant 0$ 时的 $u_C(t)$及 $i(t)$。

11-6　题图 11-6 所示电路中，$t=0$ 时，开关 S 打开。求 $t\geqslant 0$ 时的零状态响应 $u_C(t)$。

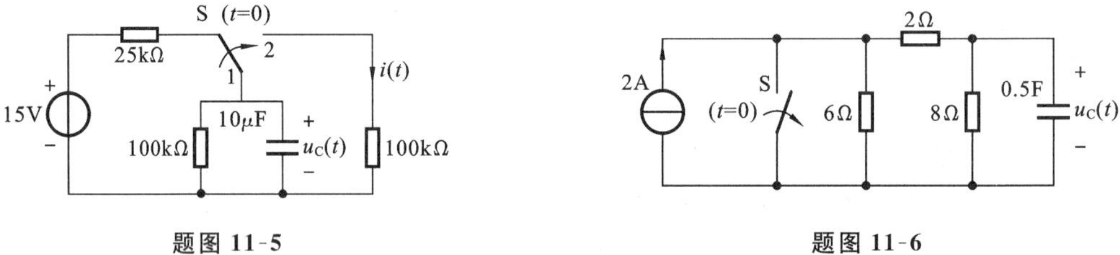

题图 11-5　　题图 11-6

11-7　题图 11-7 所示电路中，$t=0$ 时，开关 S 闭合。求 $t\geqslant 0$ 时的零状态响应 $i_L(t)$。

11-8　题图 11-8 所示电路中，$t=0$ 时，开关 S 闭合。求 $t\geqslant 0$ 时的零状态响应 $u_C(t)$。

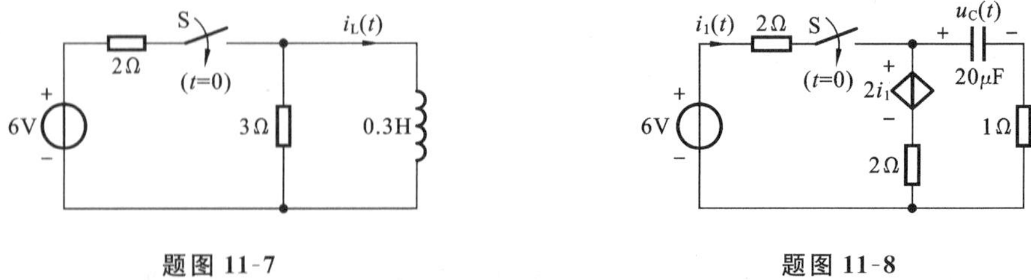

题图 11-7　　题图 11-8

11-9　题图 11-9 所示电路中，$i_L(0_-)=0$，$t=0$ 时，开关 S 闭合。求 $t\geqslant 0$ 时的零状态响应 $i_L(t)$。

11-10 题图 11-10 所示电路中，$u_C(0_-)=0$，$t=0$ 时，开关 S 闭合。求 $t\geqslant 0$ 时的$u_C(t)$。

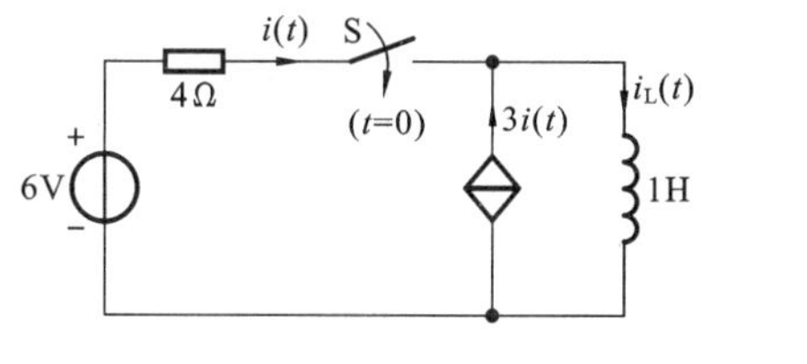

题图 11-9

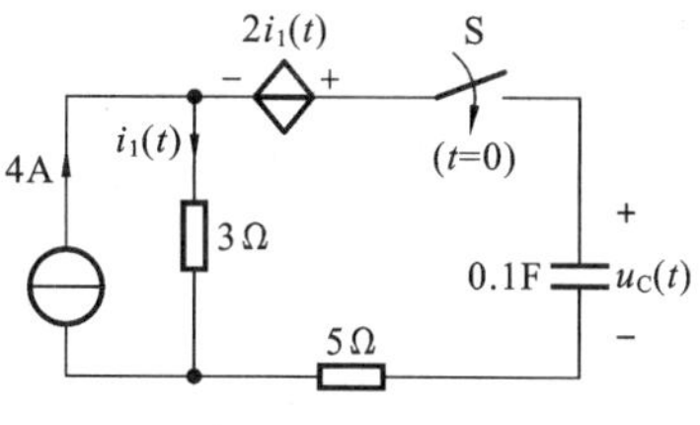

题图 11-10

11-11 题图 11-11 所示电路中，$t<0$ 时，电路处于稳态；$t=0$ 时，开关 S 闭合。求 $t=0_+$ 时的 $u_C(0_+)$及 $i(0_+)$。

11-12 题图 11-12 所示，已知 $U_S=10$ V，$R=10$ Ω，试求下列三种情况下，开关 S 闭合瞬间的 $i(0_+)$、$u_R(0_+)$。

(1) $u_C(0_-)=0$；(2) $u_C(0_-)=15$ V；(3) $u_C(0_-)=-10$ V。

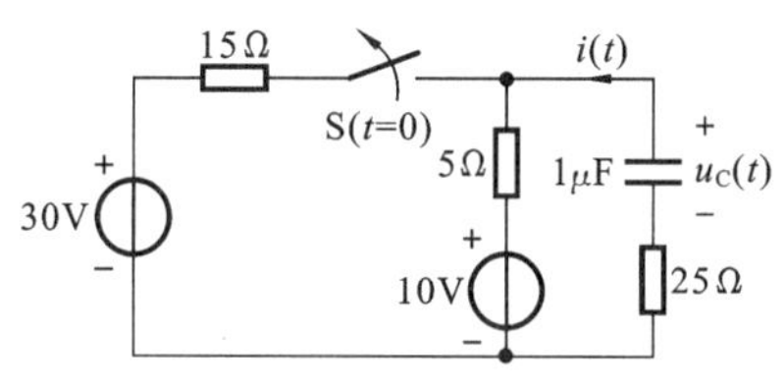

题图 11-11

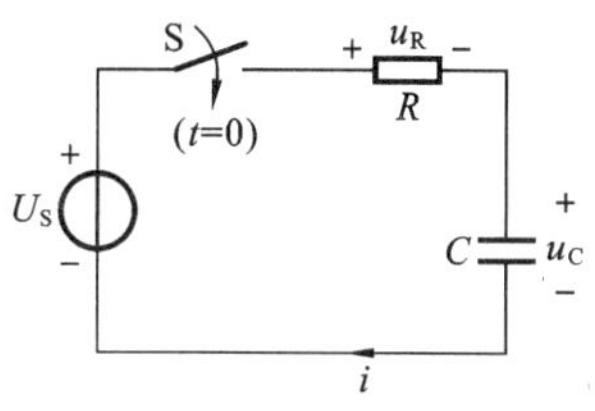

题图 11-12

11-13 题图 11-13 所示，已知 $I_S=1$ A，$R=100$ Ω，$t<0$ 时，电路处于稳态；$t=0$ 时，开关 S 由 1 合到 2。求换路后的 $i_L(0_+)$及 $u_L(0_+)$。

11-14 题图 11-14 所示，$t<0$ 时，电路处于稳态；$t=0$ 时，开关 S 由 1 合到 2。求$i(0_+)$及 $u_C(0_+)$。

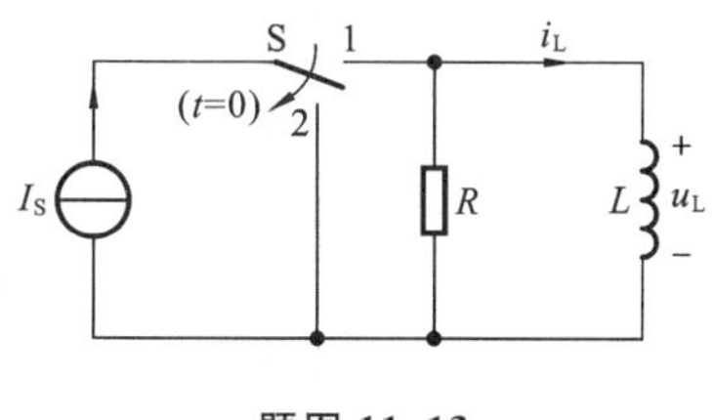

题图 11-13

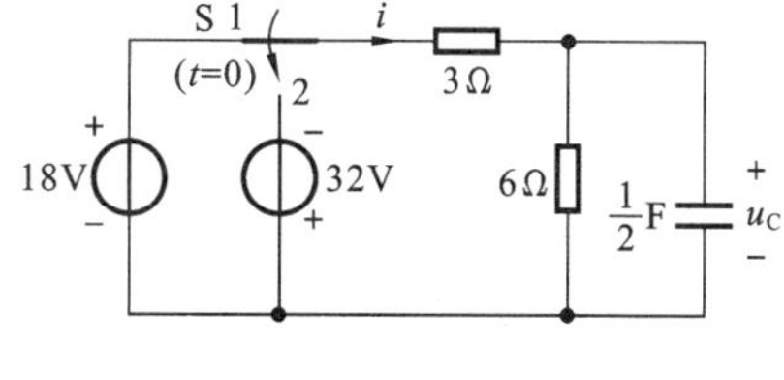

题图 11-14

11-15 题图 11-15 所示电路，在 $t=0$ 时，开关接通。求换路后的时间常数 τ。

11-16 电路如题图 11-16 所示，受控源的转移电导 $g=0.5$ s。求电路的时间常数 τ。

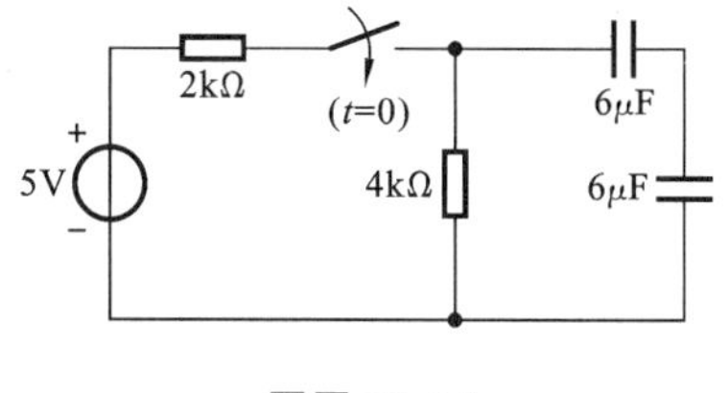

题图 11-15

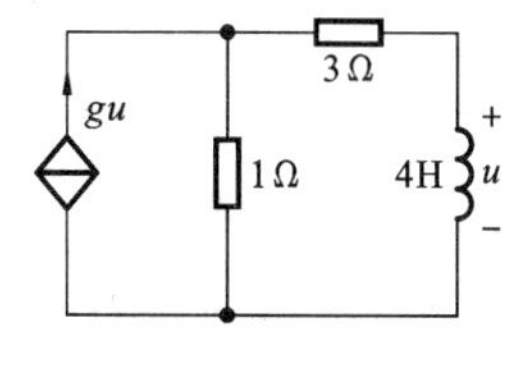

题图 11-16

11-17 题图 11-17 所示电路，换路前处于稳态，$t=0$ 时，开关 S 闭合。用三要素法求 $t\geqslant 0$ 时的 $u_C(t)$。

11-18 题图 11-18 所示电路，换路前处于稳态，$t=0$ 时，开关 S 闭合。求 $t\geqslant 0$ 时的 $i_L(t)$，并求电流 $i_L(t)$ 达到 4.5 A 时所需要的时间。

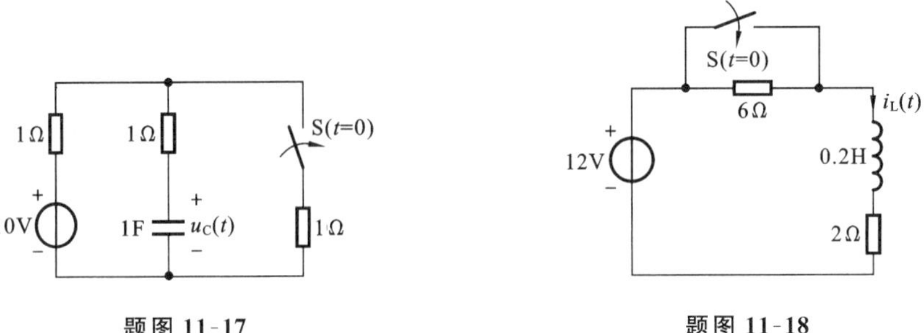

题图 11-17　　题图 11-18

11-19 题图 11-19 所示电路，已知 $R=1\ \Omega$，$C=1\ \text{F}$，$u_C(0_-)=1\ \text{V}$，$t=0$ 时，开关 S_1 与 S_2 闭合，输入 $U_S=10\ \text{V}$，$I_S=1\ \text{A}$ 施加于电路。求 $t\geqslant 0$ 时的全响应 $u_C(t)$。

11-20 题图 11-20 所示电路，已知 $R_1=6\ \Omega$，$R_2=3\ \Omega$，$L=1\ \text{H}$，$U_1=6\ \text{V}$，$U_2=3\ \text{V}$，$t<0$ 时，电路处于稳态；$t=0$ 时，开关 S 闭合。求 $t\geqslant 0$ 时的 $i_L(t)$。

11-21 题图 11-21 所示电路，$t<0$ 时，电路处于稳态；$t=0$ 时，开关断开。求 $t\geqslant 0$ 的 $u(t)$，并绘出波形图。

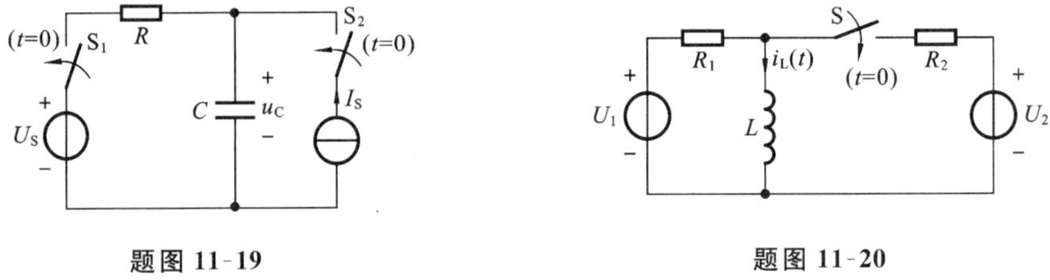

题图 11-19　　题图 11-20

11-22 题图 11-22 所示电路，$t<0$ 时，电路处于稳态；$t=0$ 时，开关接通。求 $t\geqslant 0$ 时的 $u_C(t)$ 及 $u_o(t)$。

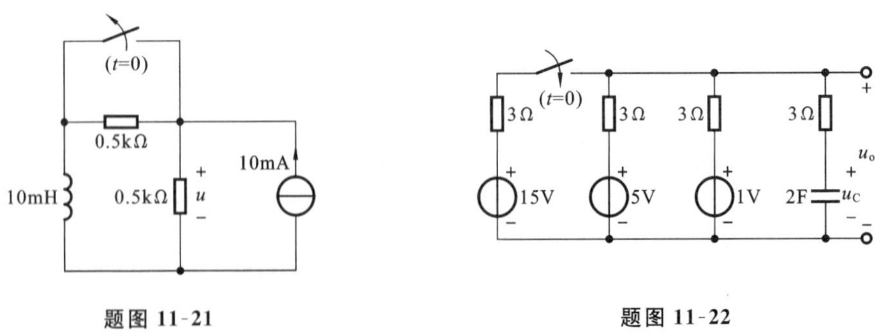

题图 11-21　　题图 11-22

11-23 题图 11-23 所示电路，$t<0$ 时，电路处于稳态；$t=0$ 时，开关 S 闭合。求 $t\geqslant 0$ 时的 $i_L(t)$、$u_C(t)$ 及 $i(t)$。

11-24 题图 11-24 所示电路，$t<0$ 时，电路处于稳态；$t=0$ 时，开关闭合。求 $t\geqslant 0$ 时的 $u(t)$。

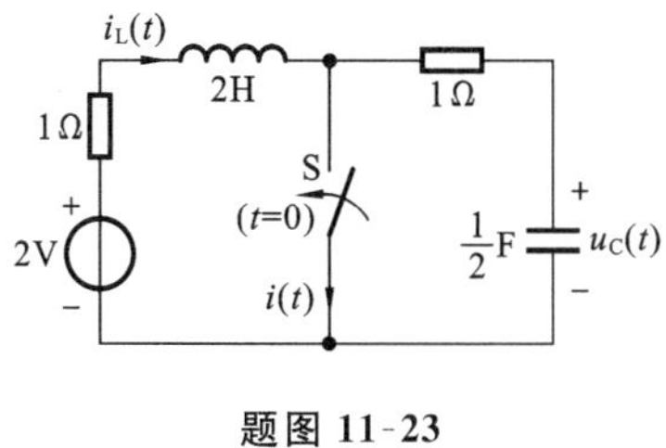

题图 11-23

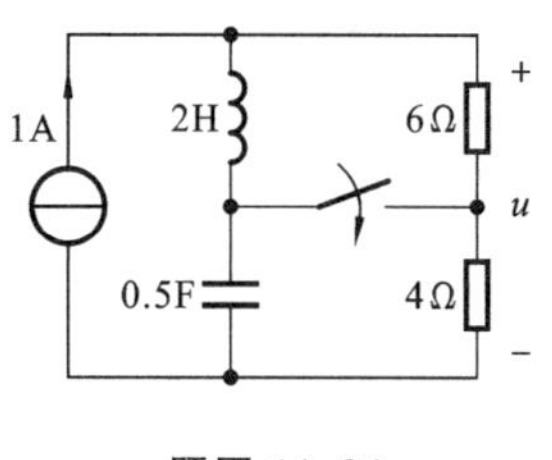

题图 11-24

11-25　题图 11-25 所示电路，$t<0$ 时，电路处于稳态；$t=0$ 时，开关断开。求 $t\geqslant0$ 时的开关两端电压 $u(t)$。

11-26　题图 11-26 所示电路，已知 $i_L(0_-)=2$ A，$t=0$ 时，开关 S 闭合。求 $t\geqslant0$ 时的 $i_L(t)$、$u_L(t)$ 及 $i(t)$。

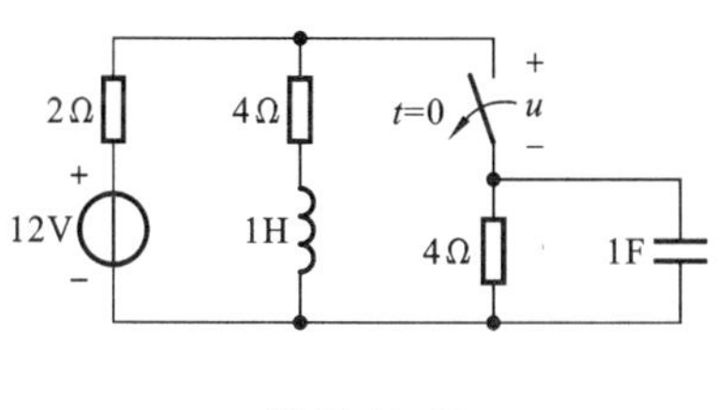

题图 11-25

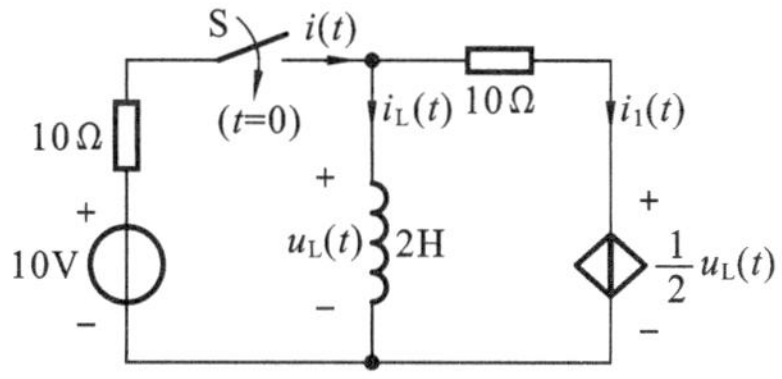

题图 11-26

11-27　题图 11-27 所示电路，已知 $i_L(0_-)=0$，$t=0$ 时，开关 S 闭合。求 $t\geqslant0$ 时的$i_L(t)$ 及 $i_1(t)$。

11-28　题图 11-28 所示电路，已知 $u_C(0_-)=2$ V，$t=0$ 时，开关 S 闭合。求 $t\geqslant0$ 时的 $u_C(t)$及 $i(t)$。

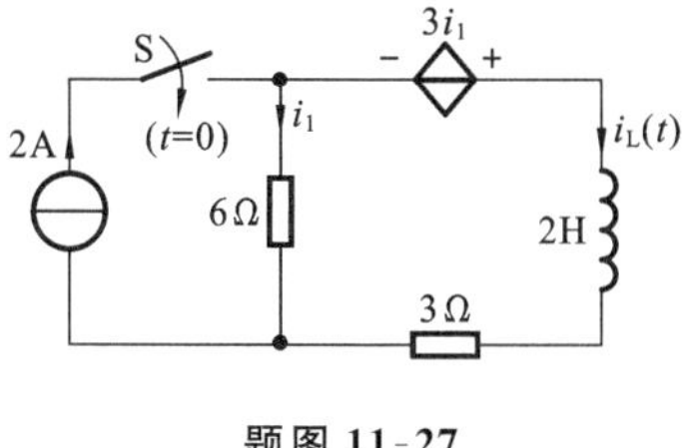

题图 11-27

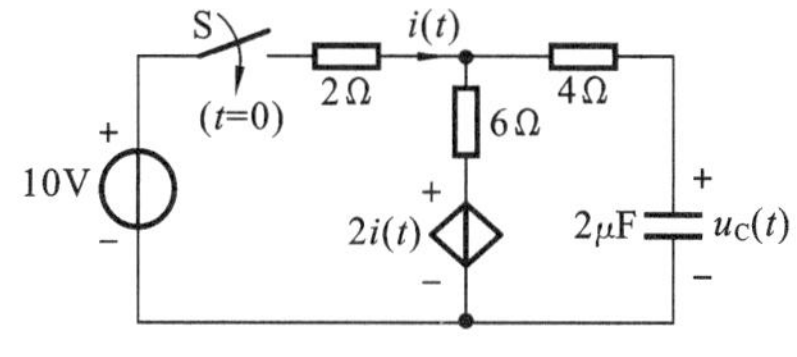

题图 11-28

11-29　题图 11-29 所示二阶电路，已知 $U_S=10$ V，$C=1$ μF，$R=4\,000$ Ω，$L=1$ H，$t=0$ 时，换路，开关 S 由 1 合到 2。求 $t\geqslant0$ 时 $u_C(t)$、$u_R(t)$、$u_L(t)$及 $i(t)$。

11-30　题图 11-30 所示二阶电路，输入激励为零，已知 $i_L(0_-)=0$，$u_C(0_-)=100$ V，$C=1\mu$F，$R=1\,000$ Ω，$L=1$ H，$t=0$ 时，开关 S 闭合。求 $t\geqslant0$ 时 $u_C(t)$、$i(t)$及 $u_L(t)$。

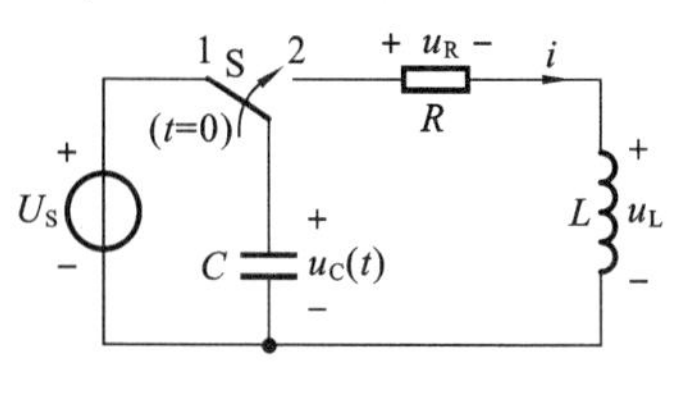
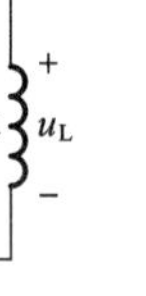

题图 11-29

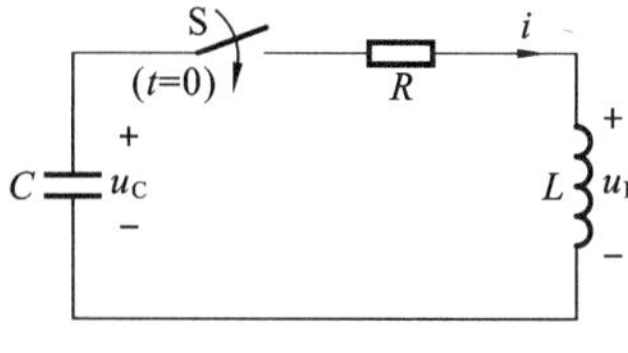

题图 11-30

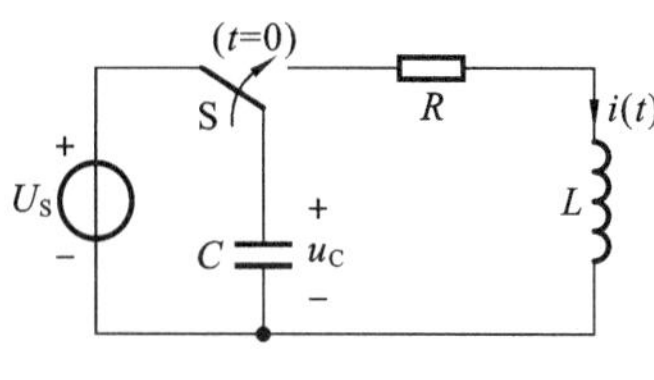

题图 11-31

11-31 题图 11-31 所示二阶放电电路，$t=0$ 时，换路，可以产生强大的脉冲电流，常应用于受控热核研究中产生强大的脉冲磁场。若已知直流电压 $U_0=15$ kV，$C=1\ 700$ μF，$R=6\times10^{-4}$ Ω，$L=6\times10^{-9}$ H，$t=0$ 时，换路。求：(1) $t\geqslant0$ 时的放电电流 $i(t)$；(2) $i(t)$ 在何时到极大值，并求出 $i_{\max}$。

第 12 章　电路暂态过程的复频域分析

线性时不变动态电路的基本分析方法是建立并求解电路的微分方程，从而得到电路的响应。当电路中动态元件较多时，高阶微分方程的建立和求解都将十分困难，根据初始条件确定响应的各阶导数在 $t=0_+$ 时刻的值，工作量也很大。回顾在第 7 章对正弦稳态电路的分析与计算中，可以利用数学工具——复数，把时间函数正弦量用相量表示，将电路的时域模型变换为相量模型；然后利用 KCL、KVL 及电路分析方法进行求解；最后根据响应的相量(复数)形式，求得响应的时域解。本章把正弦稳态相量分析法的变换思想引用到暂态过程的求解方法中，需要的数学工具是拉普拉斯变换。将时域模型变换为复频域相型(称为运算电路)，或把电路微分方程变换为代数方程；再利用电路分析的方法求得响应的拉普拉斯变换式；最后进行拉普拉斯反变换得响应的时域解。这种方法称为复频域分析法，是分析动态电路的常用方法。本章介绍复频域分析法在动态电路中的应用，主要内容包括拉普拉斯变换的定义、拉普拉斯变换的主要性质、拉普拉斯的反变换、运算法及网络函数。重点是运算法、运算电路及网络函数的概念。

12.1　拉普拉斯变换

12.1.1　拉普拉斯变换的定义

一个定义在[0，∞)区间的函数 $f(t)$，它的拉普拉斯变换式用 $F(s)$表示，定义为

$$F(s)=\int_{0_-}^{\infty} f(t)\mathrm{e}^{-st}\mathrm{d}t \tag{12-1}$$

式中，$s=\sigma+\mathrm{j}\omega$ 为复变量，一般称为复频率，实部 σ 为实常数，虚部 ω 为实角频率，e^{-st} 为衰减因子。由于式(12-1)积分下限从 0_- 开始，又称为单边拉普拉斯变换。$F(s)$称为 $f(t)$的象函数，是复频率 s 的函数，$f(t)$是 $F(s)$的原函数。拉普拉斯变换简称为拉氏变换，并记作

$$L[f(t)]=F(s)$$

由式(12-1)可知，时间函数 $f(t)$的拉普拉斯变换存在的条件是积分式必须收敛(或为有限值)，即满足条件

$$\lim_{t\to\infty} f(t)\mathrm{e}^{-\sigma t}=0,\quad \mathrm{Re}[s]=\sigma>\sigma_0 \tag{12-2}$$

式中，σ_0 指出了函数 $f(t)\mathrm{e}^{-\sigma t}$ 的收敛条件。根据 σ_0 的值可将平面(又称复平面)分为两个区域，如图 12-1 所示。

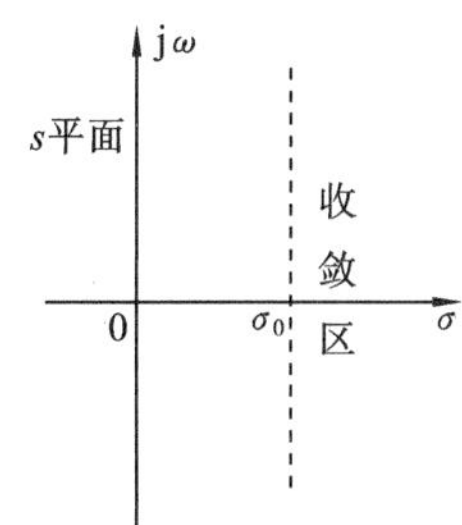

图 12-1　复平面的收敛区域

通过 σ_0 点做垂直于实轴的直线，把 s 平面划分为两区域。这个分界线称为收敛轴，σ_0 称为收敛坐标。收敛轴以右的区域为收敛域，$\mathrm{Re}[s]=\sigma$ 在收敛域内，$f(t)$的拉普拉斯变换 $F(s)$一定存在。线性电路中的函数 $f(t)$一般都满足此条件，其$F(s)$存在。

需要说明一点的是，如果 $f(t)$ 在 $t=0_-$ 时作用于电路，且

$$\int_{0_-}^{0_+} f(t)\mathrm{e}^{-st}\,\mathrm{d}t \neq 0$$

则式(12-1)中的积分下限必须从 0_- 开始。

如果 $F(s)$ 已知，原函数 $f(t)$ 可用下式求取

$$f(t) = \frac{1}{2\pi \mathrm{j}}\int_{\sigma-\mathrm{j}\infty}^{\sigma+\mathrm{j}\infty} F(s)\mathrm{e}^{st}\,\mathrm{d}s \quad (t>0) \tag{12-3}$$

上式称为拉普拉斯反变换，一般简记为

$$f(t)=L^{-1}[F(s)]$$

式(12-1)与式(12-3)构成了拉普拉斯变换对，简记为

$$f(t)\leftrightarrow F(s) \quad 或 \quad F(s)\leftrightarrow f(t)$$

12.1.2 常用函数的拉普拉斯变换

在线性时不变电路中，常用的函数(输入或响应)有常数、幂函数、正弦函数等，而正弦函数可用指数函数表示，例如，

$$\begin{cases} \cos\omega t=\dfrac{1}{2}(\mathrm{e}^{\mathrm{j}\omega t}+\mathrm{e}^{-\mathrm{j}\omega t}) \\ \sin\omega t=\dfrac{1}{2\mathrm{j}}(\mathrm{e}^{\mathrm{j}\omega t}-\mathrm{e}^{-\mathrm{j}\omega t}) \end{cases}$$

因此，重点讨论常数、幂函数和指数函数的拉普拉斯变换式。

1. 单位阶跃函数 $\varepsilon(t)$

在如图 12-2(a)所示的线性时不变动态电路中，$t<0$ 时，开关 S 断开，输入为零；$t\geqslant 0$ 时，开关 S 闭合，直流 1 V 电压源作用于电路。这个物理过程可用单位阶跃函数来表示，如图 12-2(b)所示。

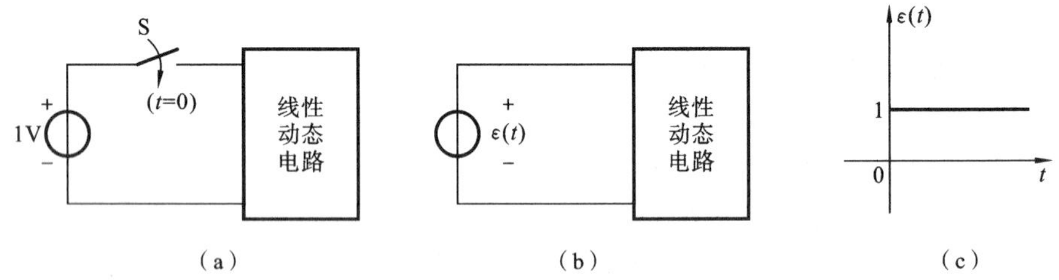

图 12-2 单位阶跃函数的物理含义

(1) 单位阶跃函数的定义

$$\varepsilon(t)=\begin{cases}1 & t\geqslant 0\\ 0 & t<0\end{cases} \tag{12-4}$$

其波形如图 12-2(c)所示。

若开关 S 延时一个时间 t_0 闭合，如图 12-3(a)所示，可用 $\varepsilon(t-t_0)$ 表示，如图 12-3(b)所示，此时有

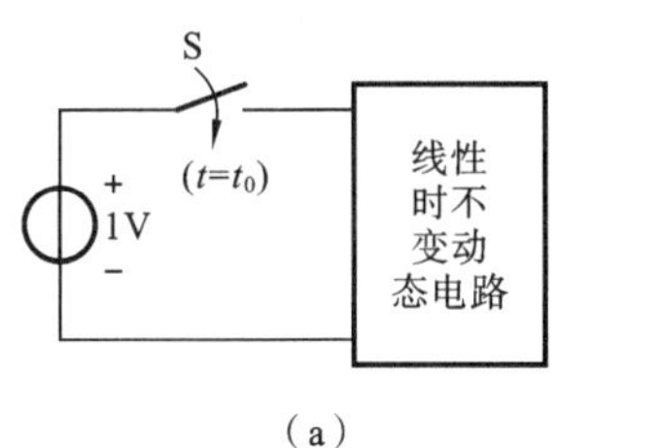

(a)

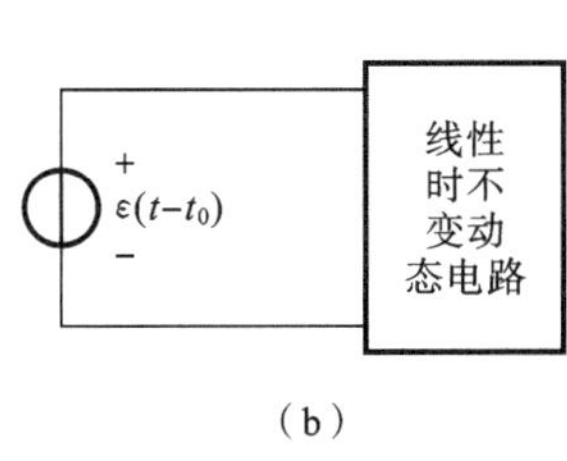

(b)

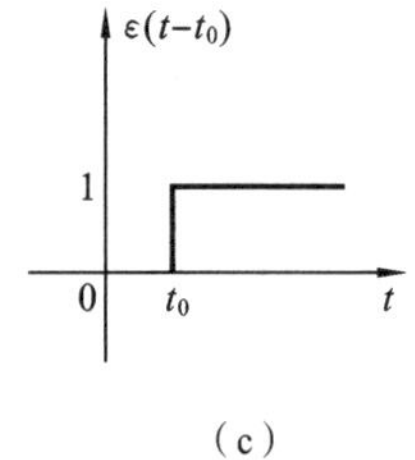

(c)

图 12-3　单位阶跃函数延时

$$\varepsilon(t-t_0)=\begin{cases}1 & t\geqslant t_0\\0 & t<t_0\end{cases}\tag{12-5}$$

其波形如图 12-3(c)所示。

线性电路中常见的脉冲函数可用阶跃函数来表示(或分解),如图 12-4 所示的脉冲函数 $f(t)$可用 $f(t)=\varepsilon(t)-\varepsilon(t-2)$表示。

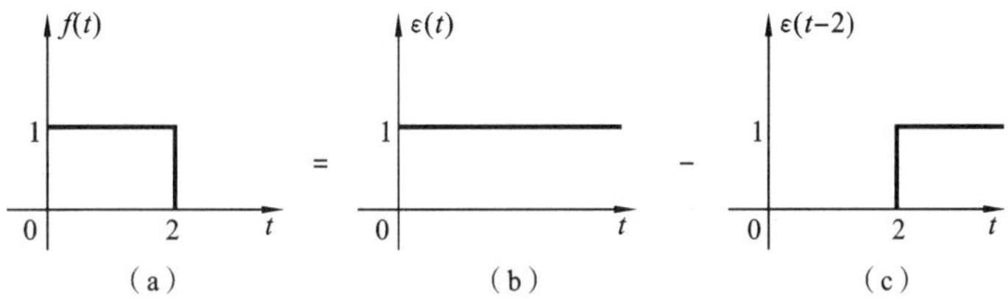

图 12-4　脉冲函数的分解

由于 $\varepsilon(t)$在 $t<0$ 时为零,因此任意一个函数 $f(t)$与 $\varepsilon(t)$相乘的结果是 $t<0$ 时为零,$t>0$ 时为 $f(t)$本身,称之为单边特性。例如,$f_1(t)=\mathrm{e}^{-2t}$和 $f_2(t)=\mathrm{e}^{-2t}\varepsilon(t)$,它们的波形不同,如图 12-5 所示。

(2) 单位阶跃函数的拉普拉斯变换

$$L[\varepsilon(t)]=\int_{0_-}^{\infty}\varepsilon(t)\mathrm{e}^{-st}\mathrm{d}t=\int_{0_+}^{\infty}\mathrm{e}^{-st}\mathrm{d}t=\frac{1}{s}\mathrm{e}^{-st}\Big|_{0_+}^{\infty}=\frac{1}{s}$$

即
$$\varepsilon(t)\leftrightarrow\frac{1}{s}\tag{12-6}$$

而一个实常数 $k\varepsilon(t)$的拉普拉斯变换为

$$L[k\varepsilon(t)]=\int_{0_+}^{\infty}k\mathrm{e}^{-st}\mathrm{d}t=-\frac{k}{s}\mathrm{e}^{-st}\Big|_{0_+}^{\infty}=\frac{k}{s}$$

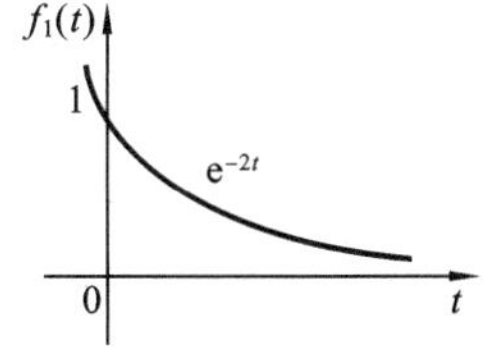

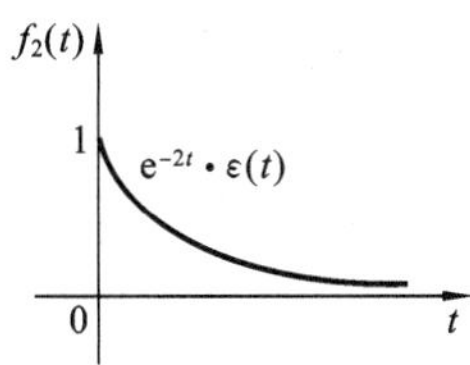

图 12-5　阶跃函数的单边特性

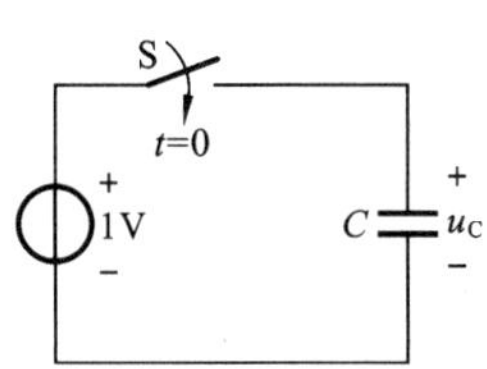

图 12-6　线性时不变动态电路

2. 单位冲激函数

如图 12-6 所示,在线性时不变动态电路中,$t<0$ 时,开关 S 断开,且电容电压初始值

$u_C(0_-)=0$；当 $t=0$ 时，开关闭合，直流 1 V 电压源施加于电容两端，使得电容电压从 0 跳变为 1 V，$u_C(0_+)=1$ ，即

$$u_C(0_+)\neq u_C(0_-)$$

显然不符合换路定律，为了确切描述这个物理过程，需要引用单位冲激函数 $\delta(t)$ 的概念。

(1) 单位冲激函数的定义

$$\begin{cases}\delta(t)=0 \quad t\neq 0\\ \int_{-\infty}^{\infty}\delta(t)\mathrm{d}t=1\end{cases} \tag{12-7}$$

式中，$\int_{-\infty}^{\infty}\delta(t)\mathrm{d}t=1$ 的含义是该函数波形下的面积等于 1，图形如图 12-7(a)所示，图 12-7(b)所示为冲激函数的延迟。图 12-7 中垂直于横轴带箭头的直线表示单位冲激函数，旁边 (1) 表示积分面积，称为冲激强度，而在 $t=0$ 时的数值为无限大。如果单位冲激函数是冲激电流，冲激强度的量纲是安培/秒，即库仑(C)。单位冲激电流不是幅值为 1 A 的脉冲电流，在 $t=0$ 时的幅值趋于无限大。

单位冲激函数 $\delta(t)$ 也可以用单位脉冲函数 $p_n(t)$ 的极限来定义。单位脉冲函数 $p_n(t)$ 如图 12-8 所示，它的幅度为 $n/2$，宽度为 $2/n$，脉冲的面积为 1。当 $n\to\infty$，函数 $p_n(t)$ 的宽度趋于零，而幅度趋于无穷大，但其面积(强度)仍为 1。$p_n(t)(n\to\infty)$ 的极限就定义为单位冲激函数，即

$$\delta(t)=\lim_{n\to\infty}p_n(t)$$

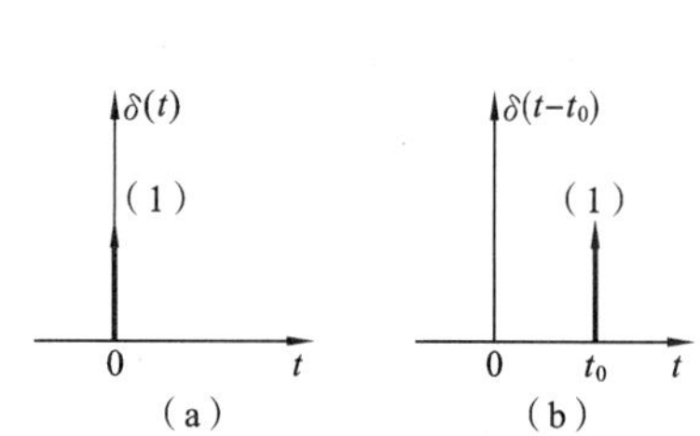

图 12-7 单位冲级函数的图形

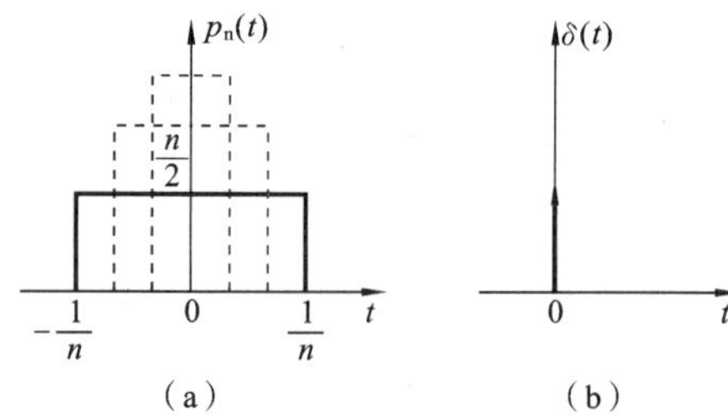

图 12-8 单位脉冲函数的图形

现在解释图 12-6 中电路的物理过程。由于 $u_C(0_-)=0$，$u_C(0_+)=1$，则

$$u_C(0_+)=u_C(0_-)+\frac{1}{C}\int_{0_-}^{0_+}i(t)\mathrm{d}t=1$$

式中，$\int_{0_-}^{0_+}i(t)\mathrm{d}t=C$ ，表明在 $t=0$ 时，开关闭合，充电电流是一个冲激电流，冲激强度为 C，即 $i(t)=C\delta(t)$。冲激电流在 $t=0$ 时给电容提供了数值为 C 库仑的电荷，使得电容电压从 0 跳变为 1 V。当电容的充电电流为冲激电流时，电容电压将发生跳变，不再符合换路定律。

(2) 单位冲激函数的取样性质

如果函数 $f(t)$ 为连续的有界函数，则有

$$f(t)\delta(t)=f(0)\delta(t) \tag{12-8}$$

由于在 $t\neq 0$ 时，$\delta(t)=0$，而 $f(t)$ 为连续的有界函数，故除 $t=0$ 外，其乘积为零。

若对上述乘积进行积分，其结果为

$$\int_{-\infty}^{+\infty} f(t)\delta(t)\mathrm{d}t = \int_{-\infty}^{+\infty} f(0)\delta(t)\mathrm{d}t = f(0)\int_{-\infty}^{+\infty}\delta(t)\mathrm{d}t = f(0) \tag{12-9}$$

上式表明了冲激函数的取样性质，即可筛选出 $f(t)$在 $t=0$ 时的函数值 $f(0)$。

另外，根据单位阶跃函数与单位冲激函数的定义式，可得

$$\begin{cases} \varepsilon(t) = \int_{-\infty}^{t}\delta(\tau)\mathrm{d}\tau \\ \delta(t) = \dfrac{\mathrm{d}\varepsilon(t)}{\mathrm{d}t} \end{cases} \tag{12-10}$$

（3）单位冲激函数的拉普拉斯变换

根据 $\delta(t)$的性质 $f(t)\delta(t)=f(0)\delta(t)$，$\delta(t)\mathrm{e}^{-st}=\delta(t)\mathrm{e}^{0}=\delta(t)$，故

$$L[\delta(t)] = \int_{0_-}^{\infty}\delta(t)\mathrm{e}^{-st}\mathrm{d}t = 1$$

即

$$\delta(t)\leftrightarrow 1 \tag{12-11}$$

3. 单边指数函数 $\mathrm{e}^{\alpha t}\varepsilon(t)$的拉普拉斯变换式

$$L[\mathrm{e}^{\alpha t}\varepsilon(t)] = \int_{0_-}^{\infty}\mathrm{e}^{\alpha t}\varepsilon(t)\mathrm{e}^{-st}\mathrm{d}t = \int_{0_+}^{\infty}\mathrm{e}^{-(s-\alpha)t}\mathrm{d}t = \frac{1}{-(s-\alpha)}\mathrm{e}^{-(s-\alpha)}\Big|_{0_+}^{\infty} = \frac{1}{s-\alpha}$$

即

$$\begin{cases} \mathrm{e}^{\alpha t}\varepsilon(t)\leftrightarrow \dfrac{1}{s-\alpha} & (12\text{-}12\mathrm{a}) \\ \mathrm{e}^{-\alpha t}\varepsilon(t)\leftrightarrow \dfrac{1}{s+\alpha} & (12\text{-}12\mathrm{b}) \end{cases}$$

同理可得

$$\begin{cases} \mathrm{e}^{\mathrm{j}\omega t}\varepsilon(t)\leftrightarrow \dfrac{1}{s-\mathrm{j}\omega} & (12\text{-}13\mathrm{a}) \\ \mathrm{e}^{-\mathrm{j}\omega t}\varepsilon(t)\leftrightarrow \dfrac{1}{s+\mathrm{j}\omega} & (12\text{-}13\mathrm{b}) \end{cases}$$

注意，由于本书讨论的时间常函数都是单边函数，即 $t<0$，$f(t)=0$，其拉普拉斯变换是单边拉普拉斯变换。为简单起见，时间函数中的 $\varepsilon(t)$常略去不写。一些常用函数的拉普拉斯变换见表 12-1 所示。

表 12-1　一些常用函数的拉普拉斯变换

序　　号	$f(t)(t>0)$	$F(s)$
1	$A\varepsilon(t)$	$\dfrac{A}{s}$
2	$\delta(t)$	1
3	$A\mathrm{e}^{-\alpha t}$	$\dfrac{A}{s+\alpha}$
4	t^n（n 为正整数）	$\dfrac{n!}{s^{n+1}}$
5	$\cos\omega t$	$\dfrac{s}{s^2+\omega^2}$
6	$\sin\omega t$	$\dfrac{\omega}{s^2+\omega^2}$

续表

序　号	$f(t)(t>0)$	$F(s)$
7	$e^{-\alpha t}\cos\omega t$	$\dfrac{s+\alpha}{(s+\alpha)^2+\omega^2}$
8	$e^{-\alpha t}\sin\omega t$	$\dfrac{\omega}{(s+\alpha)^2+\omega^2}$
9	$te^{-\alpha t}$	$\dfrac{1}{(s+\alpha)^2}$
10	$t^n e^{-\alpha t}$（n 为正整数）	$\dfrac{n!}{(s+\alpha)^{n+1}}$

12.1.3　拉普拉斯变换的一些主要性质

1. 线性性质

设 $f_1(t)$和 $f_2(t)$是两个任意的时间函数，且它们的拉普拉斯变换存在，分别为 $F_1(s)$和 $F_2(s)$，A_1 和 A_2 是两个任意实常数，则

$$L[A_1f_1(t)+A_2f_2(t)]=A_1L[f_1(t)]+A_2L[f_2(t)]=A_1F_1(s)+A_2F_2(s) \tag{12-14}$$

可由拉普拉斯变换的定义式(12-1)容易证明，这里从略。

例 12-1　求正弦激励 $\sin\beta t$ 和余弦激励 $\cos\beta t$ 的象函数。

解　由于

$$\sin\beta t=\frac{1}{2j}(e^{j\beta t}-e^{-j\beta t})$$

根据线性性质并利用式(12-13)得

$$L[\sin\beta t]=L\left[\frac{1}{2j}(e^{j\beta t}-e^{-j\beta t})\right]=\frac{1}{2j}L[e^{j\beta t}]-\frac{1}{2j}L[e^{-j\beta t}]$$

$$=\frac{1}{2j}\cdot\frac{1}{s-j\beta}-\frac{1}{2j}\cdot\frac{1}{s+j\beta}=\frac{\beta}{s^2+\beta^2}$$

其收敛域为 $\mathrm{Re}[s]>0$。

同理可得

$$L[\cos\beta t]=L\left[\frac{1}{2}(e^{j\beta t}+e^{-j\beta t})\right]=\frac{1}{2}\cdot\frac{1}{s-j\beta}+\frac{1}{2}\cdot\frac{1}{s+j\beta}=\frac{s}{s^2+\beta^2}$$

其收敛域 $\mathrm{Re}[s]>0$。

$$\begin{cases}\sin\beta t\leftrightarrow\dfrac{\beta}{s^2+\beta^2}\\ \cos\beta t\leftrightarrow\dfrac{s}{s^2+\beta^2}\end{cases} \tag{12-15}$$

例 12-2　若 $f(t)=10(1-e^{-2t})$，求其象函数。

解

$$L[f(t)]=L[10]-L[10e^{-2t}]=\frac{10}{s}-\frac{10}{s+2}=\frac{20}{s(s+2)}$$

2. 延时性质

若 $f(t)\leftrightarrow F(s)$，则

$$f(t-t_0)\cdot\varepsilon(t-t_0)\leftrightarrow e^{-st_0}F(s) \tag{12-16}$$

证明 $$L[f(t-t_0)\cdot\varepsilon(t-t_0)]=\int_{0_-}^{\infty}f(t-t_0)\cdot\varepsilon(t-t_0)e^{-st}dt$$

令 $\tau=t-t_0$，则 $t=\tau+t_0$，于是上式可写为

$$L[f(t-t_0)\cdot\varepsilon(t-t_0)]=\int_0^{\infty}f(\tau)\cdot e^{-s\tau}e^{-st_0}d\tau=e^{-st_0}\int_0^{\infty}f(\tau)\cdot e^{-s\tau}d\tau=e^{-st_0}F(s)$$

注意，延时信号 $f(t-t_0)\cdot\varepsilon(t-t_0)$ 是指因果信号 $f(t)\cdot\varepsilon(t)$ 延时 t_0 后的信号，而并非 $f(t-t_0)\cdot\varepsilon(t)$。例如，正弦激励 $\sin[\beta(t-t_0)]\cdot\varepsilon(t-t_0)$ 表示正弦激励 $\sin\beta t$ 延时 t_0 时间，且 $t\geqslant t_0$ 时作用于电路。当 $t<t_0$ 时，$\sin[\beta(t-t_0)]\cdot\varepsilon(t-t_0)=0$。

例 12-3 求 $\varepsilon(t-2)$ 的象函数。

解 因为 $\varepsilon(t)\leftrightarrow\frac{1}{S}$，由延时性质，有

$$\varepsilon(t-2)\leftrightarrow e^{-2s}\frac{1}{S}$$

例 12-4 求 $f(t)=e^{-(t-1)}\varepsilon(t-1)$ 的象函数。

解 因为 $L[e^{-t}\varepsilon(t)]=\frac{1}{s+1}$，由延时性质，有

$$L[e^{-(t-1)}\varepsilon(t-1)]=e^{-s}\frac{1}{s+1}$$

例 12-5 求如图 12-3(a)所示矩形脉冲的象函数。

解 因为 $f(t)=\varepsilon(t)-\varepsilon(t-2)$，由延时性质，有

$$F(s)=\frac{1}{s}-e^{-2s}\frac{1}{s}=\frac{1-e^{-2s}}{s}$$

3. 微分性质

若 $f(t)\leftrightarrow F(s)$，则

$$\frac{df(t)}{dt}\leftrightarrow sF(s)-f(0_-) \tag{12-17}$$

证明 利用分部积分法，有

$$L\left[\frac{df(t)}{dt}\right]=\int_{0_-}^{\infty}\frac{df(t)}{dt}e^{-st}dt=f(t)e^{-st}\Big|_{0_-}^{\infty}+s\int_{0_-}^{\infty}f(t)e^{-st}dt$$
$$=\lim f(t)e^{-st}\Big|_{0_-}^{\infty}-f(0_-)+sF(s)$$

只要 s 的实部 σ 取正值且足够大(电子线路中的函数在收敛域内一般都满足)，$\lim\limits_{t\to\infty}e^{-st}f(t)=0$，所以有

$$L\left[\frac{df(t)}{dt}\right]=sF(s)-f(0_-)$$

如果初始值 $f(0_-)=0$，则

$$L\left[\frac{df(t)}{dt}\right]=sF(s)$$

上式表明，时域内的微分运算相当于复频域内乘以 s 的运算。

例 12-6 已知电容元件中电容电压 $u_C(t)$ 的象函数为 $U_C(s)$，且 $u_C(0_-)=0$，求电容电

流 $i_C(t)$的象函数。

解 因为 $i_C(t)=C\dfrac{du_C}{dt}$,根据微分性质,有

$$I_C(s)=sCU_C(s)$$

上式与正弦稳态电路中的相量表达式 $\dot{I}_C=j\omega C\dot{U}_C$ 相似。

例 12-7 已知电感元件中 $i_L(t)$电流的象函数为 $I_L(s)$,且 $i_L(0_-)=0$,求电感电压$u_L(t)$的象函数。

解 因为 $u_L(t)=L\dfrac{di_L}{dt}$,根据微分性质,有

$$U_L(s)=sLI_L(s)$$

上式与正弦稳态电路中的相量表达式$\dot{U}_L=j\omega L\dot{I}_L$ 相似。

4. 积分性质

若 $f(t)\leftrightarrow F(s)$,则

$$L\left[\int_{0_-}^{t}f(t)dt\right]=\frac{1}{s}F(s) \tag{12-18}$$

上式表明时域内的积分运算相当于在复频域乘以$\dfrac{1}{s}$的运算。

证明:
$$L\left[\int_{0_-}^{t}f(t)dt\right]=\int_{0_-}^{\infty}\left[\int_{0_-}^{t}f(x)dx\right]e^{-st}dt$$

应用分部积分法,令

$$u=\int_{0_-}^{t}f(t)dt,\quad dv=e^{-st}dt$$

则
$$du=f(t)dt,\quad v=-\frac{1}{s}e^{-st}$$

可得
$$L\left[\int_{0_-}^{t}f(t)dt\right]=-\frac{e^{-st}}{s}\int_{0_-}^{t}f(t)dt\bigg|_{0_-}^{\infty}+\frac{1}{s}\int_{0_-}^{\infty}f(t)e^{-st}dt$$

只要 s 的实部σ 为正值且足够大,当 $t\to\infty$和 $t=0_-$ 时,上式第一项都为零(线性电路中的函数,在收敛域内一般都满足此条件),所以有

$$L\left[\int_{0_-}^{t}f(t)dt\right]=\frac{1}{s}F(s)$$

例 12-8 已知电容元件的电流 i_C 的象函数为 $I_C(s)$,求电容电压 $u_C(t)$的象函数。

解 因为 $u_C(t)=\dfrac{1}{C}\int_{\infty}^{t}i_C(x)dx=u_C(0_-)+\int_{0_-}^{t}i_C(x)dx$,根据积分性质,有

$$L[u_C(t)]=L\left[u_C(0_-)+\frac{1}{C}\int_{0_-}^{t}i_C(x)dx\right]=\frac{u_C(0_-)}{s}+\frac{1}{sC}I_C(s)$$

若初始值 $u_C(0_-)=0$,则

$$L[u_C(t)]=U_C(s)=\frac{1}{sC}I_C(s)$$

上式与正弦稳态电路中的相量表达式 $\dot{U}_C=\dfrac{1}{j\omega C}\dot{I}_C$ 相似。

例 12-9 已知电感元件的电感电压 $u_L(t)$的象函数为 $u_L(s)$,求电感电流 $i_L(t)$的象

函数。

解　因为 $i_L(t)=\frac{1}{L}\int_{-\infty}^{t}u_L(t)\mathrm{d}t=i_L(0_-)+\frac{1}{L}\int_{0_-}^{t}u_L(t)\mathrm{d}t$，根据积分性质，有

$$L[i_L(t)]=L\left[i_L(0_-)+\frac{1}{L}\int_0^t u_L(t)\mathrm{d}t\right]=\frac{i_L(0_-)}{s}+\frac{1}{sL}U_L(s)$$

若初始值 $i_L(0_-)=0$，则

$$I_L(s)=L[i_L(t)]=\frac{1}{sL}U_L(s)$$

上式与正弦稳态电路的相量表达式 $\dot{I}_L=\frac{1}{\mathrm{j}\omega L}\dot{U}_L$ 相似。

思考与练习

12-1-1　若 $L[f_1(t)]=F_1(s)$，$L[f_2(t)]=F_2(s)$，那么是否有 $L[f_1(t)f_2(t)]=F_1(s)F_2(s)$？

12.2　拉普拉斯反变换——部分分式法

应用复频域分析法求解线性电路的时域响应时，需要把响应的拉普拉斯变换式经过拉普拉斯反变换为时间函数。拉普拉斯反变换可用定义式(12-3)求得，它涉及一个复函数的积分，求解比较困难。如果象函数比较简单，可直接从拉普拉斯变换表12-1中查出其原函数；如果函数式比较复杂时，可以用部分分式法把象函数分解为若干简单项，再利用熟悉的拉普拉斯变换式求得原函数。下面介绍这种方法。

在线性时不变电路中遇到的函数，其拉普拉斯变换式 $F(s)$ 一般是 s 的有理真分式，它可写为

$$F(s)=\frac{B(s)}{A(s)}=\frac{b_m s^m+b_{m-1}s^{m-1}+\cdots+b_1 s^1+b_0}{s^n+a_{n-1}s^{n-1}+\cdots+a_1 s^1+a_0} \tag{12-19}$$

为将 $F(s)$ 展开为部分分式，需先对分母多项式 $A(s)$ 作因式分解，求出 $A(s)=0$ 的根，它的根称为 $F(s)$ 的固有频率(或自然频率)。$A(s)=0$ 的根，可能是单实根、重实根或共轭复根。

12.2.1　$A(s)=0$ 的根为单实根

令 $A(s)=0$ 的几个单实根为 $p_1,p_2,\cdots,p_n$。根据代数理论，$F(s)$ 可展开为如下的部分分式

$$F(s)=\frac{K_1}{s-p_1}+\frac{K_2}{s-p_2}+\cdots+\frac{K_i}{s-p_i}+\cdots+\frac{K_n}{s-p_n}=\sum_{i=1}^{n}\frac{K_i}{s-p_i} \tag{12-20}$$

式中，待定系数 K_i，可用如下方法求得，将式(12-20)等号两端同乘以 $s-p_i$，得

$$(s-p_i)F(s)=\frac{(s-p_i)B(s)}{A(s)}=\frac{(s-p_i)K_1}{s-p_1}+\cdots+\frac{(s-p_i)K_n}{s-p_n}$$

当 $s=p_i$ 时，由于各根均不相等，故等号右端除 K_i 一项外均变为零，于是得

$$K_i=(s-p_i)F(s)\big|_{s=p_i}=\lim_{s\to p_i}\left[(s-p_i)\cdot\frac{B(s)}{A(s)}\right]\quad(i=1,2,\cdots,n) \tag{12-21}$$

系数 K_i 可用另一方法确定。

由于 p_i 是 $A(s)=0$ 的根，故有 $A(p_i)=0$。这样上式可改写

$$K_i=\lim_{s\to p_i}\frac{B(s)}{\dfrac{A(s)-A(p_i)}{s-p_i}}$$

根据导数的定义，当 $s\to p_i$ 时，上式的分母为

$$\lim_{s\to p_i}\frac{A(s)-A(p_i)}{s-p_i}=\frac{\mathrm{d}A(s)}{\mathrm{d}s}\Big|_{s=p_i}=A'(p_i)$$

所以

$$K_i=\frac{B(p_i)}{A'(p_i)} \tag{12-22}$$

由于 $L^{-1}\left[\dfrac{1}{s-p_i}\right]=\mathrm{e}^{p_i t}$，并利用线性性质，可得式(12-20)的原函数为

$$f(t)=L^{-1}[F(s)]=\sum_{i=1}^{n}K_i\mathrm{e}^{p_i t}\varepsilon(t) \tag{12-23}$$

例 12-10 求 $F(s)=\dfrac{s+4}{2s^2+5s+3}$ 的原函数 $f(t)$。

解 因为

$$A(s)=2s^2+5s+3=2(s+1)\left(s+\frac{3}{2}\right)$$

$$F(s)=\frac{K_1}{s+1}+\frac{K_2}{s+\dfrac{3}{2}}$$

其中

$$K_1=(s+1)F(s)\big|_{s=-1}=\frac{s+4}{2\left(s+\dfrac{3}{2}\right)}\Bigg|_{s=-1}=3$$

$$K_2=\left(s+\frac{3}{2}\right)F(s)\big|_{s=-\frac{3}{2}}=\frac{s+4}{2(s+1)}\Bigg|_{s=-\frac{3}{2}}=-\frac{5}{2}$$

所以，有

$$F(s)=\frac{3}{s+1}+\frac{-\dfrac{5}{2}}{s+\dfrac{3}{2}}$$

根据常用函数的拉普拉斯变换公式 $L[\mathrm{e}^{\alpha t}]=\dfrac{1}{s-\alpha}$，可得

$$f(t)=L^{-1}[F(s)]=3\mathrm{e}^{-3t}-\frac{5}{2}\mathrm{e}^{-\frac{3}{2}t}\quad(t\geqslant 0)$$

例 12-11 求 $F(s)=\dfrac{2s^2+3s+3}{s^3+6s^2+11s+6}$ 的原函数 $f(t)$。

解 因为

$$A(s)=s^3+6s^2+11s+6=(s+1)(s+2)(s+3)$$

$$F(s)=\frac{K_1}{s+1}+\frac{K_2}{s+2}+\frac{K_3}{s+3}$$

其中

$$K_1=(s+1)F(s)\big|_{s=-1}=\frac{2s^2+3s+3}{(s+2)(s+3)}\Bigg|_{s=-1}=1$$

$$K_2=(s+2)F(s)\big|_{s=-2}=\frac{2s^2+3s+3}{(s+1)(s+3)}\Bigg|_{s=-2}=-5$$

$$K_3=(s+3)F(s)\big|_{s=-3}=\frac{2s^2+3s+3}{(s+1)(s+2)}\Bigg|_{s=-3}=-6$$

所以，有
$$F(s)=\frac{1}{s+1}+\frac{5}{s+2}+\frac{6}{s+3}$$
$$f(t)=L^{-1}[F(s)]=e^{-t}-5e^{-2t}-6e^{-3t}\quad(t\geqslant0)$$

12.2.2 $A(s)=0$ 的根为共轭复根

$F(s)$的分母 $A(s)=0$ 若有复数根（或虚根），则必定是共轭成对，即
$$p_1=\alpha+j\omega,\quad p_2=\alpha-j\omega$$

则
$$\begin{cases}K_1=[(s-\alpha-j\omega)F(s)]|_{s=\sigma+j\omega}=\dfrac{B(s)}{A'(s)}\Big|_{s=\sigma+j\omega}\\ K_2=[(s-\alpha+j\omega)F(s)]|_{s=\sigma-j\omega}=\dfrac{B(s)}{A'(s)}\Big|_{s=\sigma-j\omega}\end{cases}\tag{12-24}$$

例如，$F(s)=\dfrac{s+2}{s^2+2s+2}$，其分母 $A(s)=s^3+2s+2=(s+1-j)(s+1+j)$。

方程 $A(s)=0$ 有一对共轭复根 $p_{1,2}=-1\pm j$，用式(12-24)可求得各系数，为
$$K_1=\frac{B(s)}{A'(s)}=\frac{s+2}{2s+2}\Big|_{s=-1+j}=\frac{1+j}{2j}=\frac{\sqrt{2}}{2}e^{-\frac{\pi}{4}j}$$
$$K_2=\frac{B(s)}{A'(s)}=\frac{s+2}{2s+2}\Big|_{s=-1-j}=\frac{1-j}{-2j}=\frac{\sqrt{2}}{2}e^{\frac{\pi}{4}j}$$

可见，K_1、K_2 也互为共轭复数，这样只要求出一个系数，另一个系数即可求得，$K_2=K_1^*$。若 $F(s)=\dfrac{B(s)}{A(s)}$的 $A(s)$为一对共轭复根，令
$$K_1=\frac{B(p_1)}{A'(p_1)}=|K_1|e^{j\theta}$$
$$K_2=\frac{B(p_2)}{A'(p_2)}=|K_1|e^{-j\theta}$$

式中，$p_1=-\alpha+j\beta$，$p_2=p_1^*$，$F(s)$可写为
$$F(s)=\frac{|k_1|e^{j\theta}}{s+\alpha-j\beta}+\frac{|k_1|e^{-j\theta}}{s+\alpha+j\beta}$$

$F(s)$的逆变换为
$$\begin{aligned}f(t)&=K_1e^{(\alpha+j\beta)t}+K_2e^{(\alpha-j\beta)t}=|K_1|e^{j\theta}e^{(\alpha+j\beta)t}+|K_1|e^{-j\theta}e^{(\alpha+j\beta)t}\\&=|K_1|e^{\alpha t}[e^{(\theta+\beta t)j}+e^{-(\theta+\beta t)j}]=2|K_1|e^{-\alpha t}\cos(\theta+\beta t)\quad(t\geqslant0)\end{aligned}\tag{12-25}$$

则只需要求得一个系数 K_1 就可求出 $F(s)$的逆交换 $f(t)$。这里用到公式 $\cos\omega t=\dfrac{1}{2}(e^{j\omega t}+e^{-j\omega t})$。

例 12-12 求 $F(s)=\dfrac{s+2}{s^2+2s+5}$的原函数 $f(t)$。

解
$$A(s)=s^2+2s+5=(s+1-2j)(s+1+2j)$$

其共轭复根
$$p_{1,2}=-1\pm2j$$
$$K_1=\frac{B(s)}{A'(s)}=\frac{s+2}{2s+2}\Big|_{s=-1+2j}=\frac{1}{2}+4j=\frac{\sqrt{5}}{4}\angle26.56^\circ$$

根据式(12-25)有

$$f(t)=2\times\frac{\sqrt{5}}{4}\mathrm{e}^{-t}\cos(2t+25.56°)=\frac{\sqrt{5}}{2}\mathrm{e}^{-t}\cos(2t+25.56°)\quad(t\geqslant0)$$

例 12-13 求 $F(s)=\dfrac{s+2}{s^2+2s+2}$的原函数 $f(t)$。

解 由拉普拉斯变换表 12-1 可知

$$\mathrm{e}^{-\alpha t}\sin\omega t\leftrightarrow\frac{\omega}{(s+\alpha)^2+\omega^2},\quad \mathrm{e}^{-\alpha t}\cos\omega t\leftrightarrow\frac{s+\alpha}{(s+\alpha)^2+\omega^2}$$

采用配方法求 $F(s)$的逆变换，有

$$F(s)=\frac{s+2}{s^2+2s+1+1}=\frac{s+2}{(s+1)^2+1}+\frac{1}{(s+1)^2+1}$$

$$f(t)=L^{-1}[F(s)]=\mathrm{e}^{-t}\cos t+\mathrm{e}^{-t}\sin t=\sqrt{2}\mathrm{e}^{-t}\cos\left(t-\frac{\pi}{4}\right)t$$

12.2.3 $A(s)=0$ 的根为重实根

设 $F(s)=\dfrac{s+1}{(s+2)^2}$，其中 $A(s)=(s+2)^2=0$ 的根 $p_{1,2}=-2$ 为重实根，可将 $F(s)$展开如下

$$F(s)=\frac{K_{11}}{(s+2)^2}+\frac{K_{12}}{(s+2)}$$

式中，系数 K_{11}仍按式(12-21)或式(12-22)求得，即

$$K_{11}=(s+2)^2F(s)|_{s=-2}=s+1|_{s=-2}=-1$$

系数 K_{12}需先对$(s+2)^2\cdot F(s)$求导数后再令 $s=-2$ 求得，即

$$K_{12}=\frac{\mathrm{d}}{\mathrm{d}s}[(s+2)^2F(s)]|_{s=-2}=\frac{\mathrm{d}}{\mathrm{d}s}(s+1)|_{s=-2}=1$$

这样

$$F(s)=\frac{-1}{(s+1)^2}+\frac{1}{s+1}$$

$$f(t)=L^{-1}[F(s)]=-t\mathrm{e}^{-t}+\mathrm{e}^{-t}\quad(t\geqslant0)$$

式中，第一项用到常用式 $t\mathrm{e}^{-t}\leftrightarrow\dfrac{1}{(s+1)^2}$(或查表 12-1)。

一般来说，$A(s)=0$ 具有几阶重重根，其余为单根，$F(s)$的展开式为

$$F(s)=\frac{K_{11}}{(s-p_1)^n}+\frac{K_{12}}{(s-p_1)^{n-1}}+\cdots+\frac{K_{1n}}{s-p_1}+\left(\frac{K_2}{s-p_2}+\frac{K_3}{s-p_3}+\cdots\right)$$

式中，系数 K_2、K_3 按式(12-21)或式(12-22)求得，而重实根的系数按下式求得

$$\begin{cases}K_{11}=[(s-p_1)^nF(s)]|_{s=p_1}\\[2ex] K_{12}=\dfrac{\mathrm{d}}{\mathrm{d}s}[(s-p_1)^nF(s)]|_{s=-p_1}\\[2ex] K_{13}=\dfrac{1}{2}\dfrac{\mathrm{d}^2}{\mathrm{d}s^2}[(s-p_1)^nF(s)]|_{s=-p_1}\\ \quad\vdots\\ K_{1n}=\dfrac{1}{(n-1)!}\dfrac{\mathrm{d}^{n-1}}{\mathrm{d}s^{n-1}}[(s-p_1)^nF(s)]|_{s=-p_1}\end{cases}$$

利用拉普拉斯变换表 12-1 第 10 项，求逆变换 $f(t)$，有

$$\frac{1}{(s+\alpha)^{n+1}} \leftrightarrow \frac{t^n}{n!}\mathrm{e}^{-\alpha t}$$

式中，$n=1,2,3,\cdots$，α 为实数或复数。

例 12-14 求 $F(s)=\dfrac{s+3}{(s+1)^3(s+2)}$ 的原函数 $f(t)$。

解 $A(s)=0$ 有三重实根 $p_{1、2、3}=-1$，单实根 $p_4=-2$，故 $F(s)$ 可展开为

$$F(s)=\frac{K_{11}}{(s+1)^3}+\frac{K_{12}}{(s+1)^2}+\frac{K_{13}}{s+1}+\frac{K_4}{s+2}$$

式中

$$K_{11}=[(s+1)^3F(s)]|_{s=-1}=\left.\frac{s+3}{s+2}\right|_{s=-1}=2$$

$$K_{12}=\frac{\mathrm{d}}{\mathrm{d}s}[(s+1)^3F(s)]|_{s=-1}=\left.\frac{\mathrm{d}}{\mathrm{d}s}\left[\frac{s+3}{s+2}\right]\right|_{s=-1}=\left.\frac{-(s+2)}{(s+2)^2}\right|_{s=-1}=-1$$

$$K_{13}=\frac{1}{2!}\frac{\mathrm{d}^2}{\mathrm{d}s^2}[(s+1)^3F(s)]|_{s=-1}=\left.\frac{1}{2}\frac{\mathrm{d}^2}{\mathrm{d}s^2}\left[\frac{s+3}{s+2}\right]\right|_{s=-1}=1$$

$$K_4=[(s+2)F(s)]|_{s=-2}=\left.\left[\frac{s+3}{(s+1)^3}\right]\right|_{s=-2}=-1$$

所以

$$F(s)=\frac{2}{(s+1)^3}-\frac{1}{(s+1)^2}+\frac{1}{s+1}-\frac{1}{s+2}$$

$$f(t)=(t^2-t+1)\mathrm{e}^{-t}-\mathrm{e}^{-2t} \quad (t\geqslant 0)$$

12.3 复频域分析——运算法

用拉普拉斯变换分析线性电路的主要步骤：第一步，根据各元件的 VCR 确定其复频域模型；第二步，画出电路的复频域模型，即运算电路；第三步，根据 KCL、KVL 的复频域形式和电路分析的方法求出响应的象函数，如 $U(s)$；第四步，根据部分分式法或查表求出响应的时域解，如 $u(t)=L^{-1}[U(s)]$。

12.3.1 KCL、KVL 方程的运算形式

1. KCL 的运算形式

对于时域电路中的任一节点，在任一时刻，各电流满足 KCL 方程

$$\sum i(t)=0$$

若各电流 $i_\mathrm{p}(t)$ 的象函数 $I_\mathrm{p}(s)$ 存在(称其为象电流)则由线性性质，有

$$\sum I(s)=0 \tag{12-26}$$

上式表明，对任一节点，在任一时刻流入(或流出)该节点的象电流的代数和恒等于零，称式(12-26)为 KCL 的运算形式。

2. KVL 的运算形式

对于时域电路中的任一回路，在任一时刻各电压满足 KVL 方程

$$\sum u=0$$

若各电压 $u_p(t)$ 的象函数 $U_p(s)$ 存在(称其为象电压)，则由线性性质，有

$$\sum U(s)=0 \tag{12-27}$$

上式表明，对任一回路，在任一时刻各象电压的代数和恒等于零，称式(12-27)为 KVL 的运算形式。

12.3.2 基本电路元件的运算模型

线性时不变电路三大基本元件 R、L、C，若规定其端电压 $u(t)$ 与电流 $i(t)$ 为关联参考方向，其相应的象函数分别为 $U(s)$ 和 $I(s)$，由拉普拉斯变换的线性性质及微分性质，积分性质可得到它们的运算模型。

1. 电阻元件 R

由图 12-9(a)所示电阻元件时域模型，有

$$u(t)=Ri(t)$$

上式两边取拉普拉斯变换有

$$U(s)=kI(s) \tag{12-28}$$

或

$$I(s)=\frac{U(s)}{R}$$

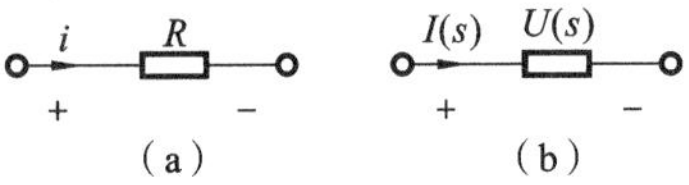

图 12-9　电阻元件的运算模型

其运算模型如图 12-9(b)所示。

2. 电感元件 L

由图 12-10(a)所示的电感元件 L，若初始值 $i_L(0_-)\neq 0$，其时域的 VCR 为

$$u_L=L\frac{\mathrm{d}i}{\mathrm{d}t}$$

上式两边取拉普拉斯变换，根据时域微分性质有

$$U(s)=sLI(s)-Li_L(0_-) \tag{12-29a}$$

上式表明电感元件的象电压 $U(s)$ 等于两项之差，第一项是象电流 $I(s)$ 与 sL 的乘积，sL 称为电感的运算感抗(简称感抗)，第二项 $Li_L(0_-)$ 为一个附加电压源的象函数，若把式(12-29a)改写为

$$I(s)=\frac{1}{sL}U(s)+\frac{i_L(0_-)}{s} \tag{12-29b}$$

式中，$\frac{1}{sL}$ 称为运算感纳(简称感纳)，$\frac{i_L(0_-)}{s}$ 为一附加电流源的象函数。

根据式(12-29a)和式(12-29b)就可以得到图 12-10(b)、图 12-10(c)所示的运算模型。

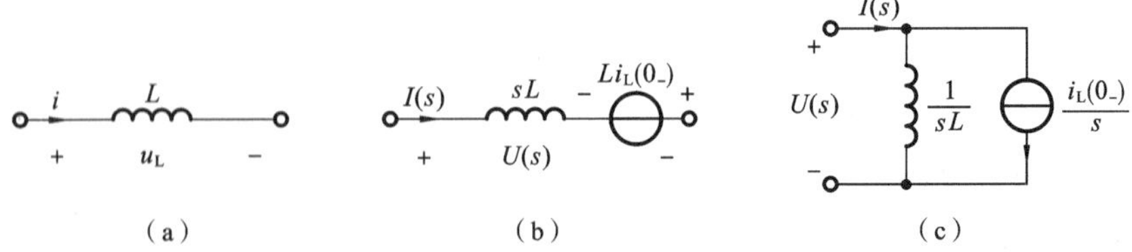

图 12-10　电感元件的运算模型

若 $i_L(0_-)=0$，则

$$\begin{cases}U(s)=sLI(s)\\ I(s)=\dfrac{U(s)}{sL}\end{cases}$$

上式与正弦稳态电路的相量式 $\dot{U}=\mathrm{j}\omega L\ \dot{I}$，$\dot{I}=\dfrac{\dot{U}}{\mathrm{j}\omega L}$ 相似。

3. 电容元件 C

对图 12-11(a)所示电容元件 C，若初始值 $u(0_-)\neq 0$，其时域的 VCR 为

$$u(t)=u(0_-)+\frac{1}{C}\int_{0_-}^{t}i(x)\mathrm{d}x$$

对上式两边取拉普拉斯变换，根据积分性质得

$$U(s)=\frac{u(0_-)}{s}+\frac{1}{sC}I(s) \tag{12-30a}$$

或

$$I(s)=sCU(s)-Cu(0_-) \tag{12-30b}$$

式中，$\dfrac{1}{sC}$ 称运算容抗（简称容抗），$\dfrac{u(0_-)}{s}$ 为一附加电压源的象函数，sc 称为运算容纳（简称容纳），$Cu(0_-)$ 为一附加电流源的象函数。

根据式(12-30a)和式(12-30b)就可以得到图 12-11(b)、图 12-11(c)所示的运算模型。

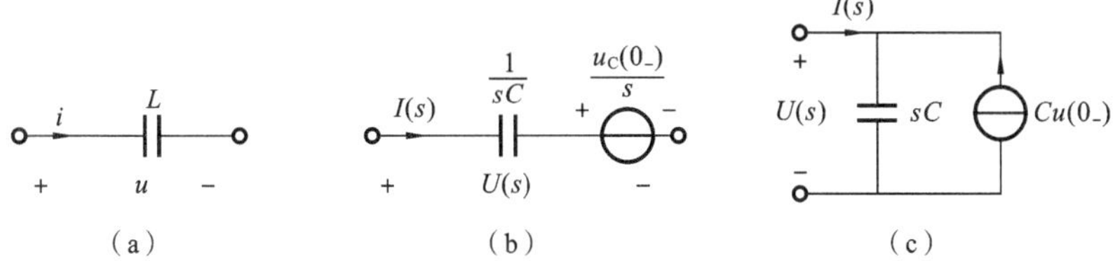

图 12-11　电容元件的运算模型

若初始值 $u(0_-)=0$，则

$$\begin{cases}U(s)=\dfrac{1}{sC}I(s)\\ I(s)=sCU(s)\end{cases}$$

上式与正弦稳态电路的相量式 $\dot{U}=\dfrac{1}{\mathrm{j}\omega C}\dot{I}$，$\dot{I}=\mathrm{j}\omega C\ \dot{U}$ 相似。

12.3.3　运算法举例

根据 KCL、KVL 的运算形式及基本元件的运算模型，可以对线性时不变电路进行分析和计算。

如图 12-12(a)所示 RLC 串联电路，若电感元件的初始电流 $i_L(0_-)\neq 0$，电容元件的初始电压 $u_C(0_-)\neq 0$，利用元件的运算模型，可以得到运算电路模型如图 12-12(b)所示。

按 $\sum U(s)=0$，可得方程

$$RI(s)+sLI(s)-Li_L(0_-)+\frac{1}{sC}I(s)+\frac{u_C(0_-)}{s}=U(s)$$

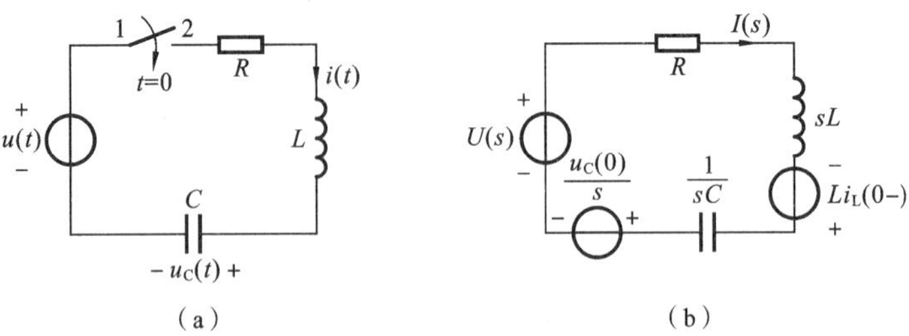

图 12-12 RLC **串联电路**

或

$$\left(R+sL+\frac{1}{sC}\right)I(s)=U(s)+Li_{L}(0_{-})-\frac{u_{C}(0_{-})}{s}$$

令

$$Z(s)=R+sL+\frac{1}{sC}$$

称 $Z(s)$ 为 RLC 串联电路的运算阻抗，则有

$$Z(s)I(s)=U(s)+Li_{L}(0_{-})-\frac{u_{C}(0_{-})}{s}$$

或

$$I(s)=\frac{U(s)}{Z(s)}+\frac{Li_{L}(0_{-})-\dfrac{u_{C}(0_{-})}{s}}{Z(s)}$$

若电路处于零状态，即 $i_{L}(0_{-})=0$ 和 $i_{C}(0_{-})=0$，则有

$$I(s)=\frac{U(s)}{Z(s)} \tag{12-31}$$

上式表明响应只与激励 $U(s)$ 有关，为零状态响应的运算形式，求拉普拉斯反变换可得零状态响应，即

$$i_{Zs}(t)=L^{-1}\left[\frac{U(s)}{Z(s)}\right]$$

若电路激励的象函数 $U(s)=0$，则

$$I(s)=\frac{Li_{L}(0_{-})-\dfrac{u_{C}(0_{-})}{s}}{Z(s)} \tag{12-32}$$

上式表明响应只与电路的初始值有关，为零输入响应的运算形式，求拉普拉斯反变换可得零输入响应，即

$$i_{Zi}(t)=L^{-1}\left[\frac{Li_{L}(0_{-})-\dfrac{u_{C}(0_{-})}{s}}{Z(s)}\right]$$

由式(12-31)可知，对于电路的零状态，运算法与正弦稳态电路的相量法具有完全相似的形式。若将相量模型中的频率变量 jω 替换为复频率变量 s，即可得到同一电路的运算模型，相量法中的各种分析方法和定理完全可以应用于运算法。由式(12-32)可知，如果将初始值等

效为电路的激励，则仍可用相量法中的各种方法求解零输入响应的运算形式。

例 12-15 电路如图 12-13 所示。已知 $u(t)=2\mathrm{e}^{-3t}\varepsilon(t)$ V，$R=3\ \Omega$，$L=1$ H，$C=\frac{1}{2}$ F，$i_L(0_-)=4$ A，$u_C(0_-)=8$ V。求 $t\geqslant0$ 时的 $i(t)$。

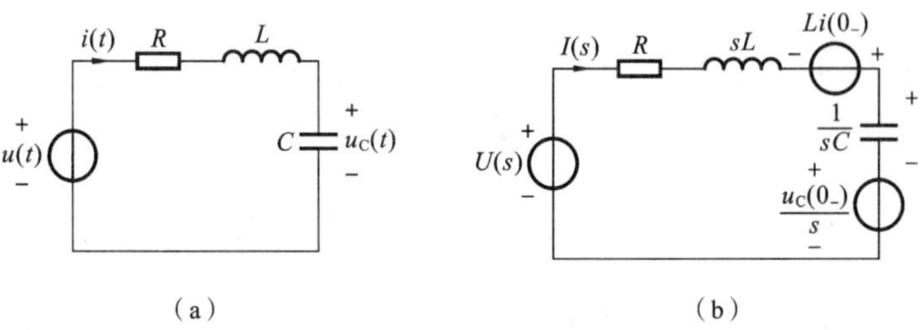

图 12-13 例 12-15 图

解 将电路图 12-13(a)变换为运算电路，如图 12-13(b)所示。

运算阻抗为

$$Z(s)=R+sL+\frac{1}{sC}=3+s+\frac{2}{s}$$

由 KVL，得

$$Z(s)I(s)=U(s)+Li_L(0_-)-\frac{u_C(0_-)}{s}$$

或

$$I(s)=\frac{U(s)}{Z(s)}+\frac{Li_L(0_-)-\frac{u_C(0_-)}{s}}{Z(s)}=I_{Zs}(s)+I_{Zi}(s)$$

式中

$$I_{Zs}(s)=\frac{U(s)}{Z(s)}\quad \text{——零状态响应的象函数}$$

$$I_{Zi}(s)=\frac{Li_L(0_-)-\frac{u_C(0_-)}{s}}{Z(s)}\quad \text{——零输入响应的象函数}$$

由于 $U(s)=L[u(t)]=L[2\mathrm{e}^{-3t}]=\frac{2}{s+3}$，所以

$$I_{Zs}(s)=\frac{\frac{2}{s+3}}{3+s+\frac{2}{s}}=\frac{2s}{(s+3)(s^2+3s+2)}=\frac{2s}{(s+1)(s+2)(s+3)}=\frac{-1}{s+1}+\frac{4}{s+2}+\frac{-3}{s+3}$$

零状态响应的时域解为

$$i_{Zs}(t)=L^{-1}[I_{Zs}(s)]=(-\mathrm{e}^{-t}+4\mathrm{e}^{-2t}-3\mathrm{e}^{-3t})\quad (t\geqslant0)$$

将元件参数初始值代入，得

$$I_{Zi}(s)=\frac{4-\frac{8}{s}}{Z(s)}=\frac{4-\frac{8}{s}}{3+s+\frac{2}{s}}=\frac{4s-8}{(s+1)(s+2)}=\frac{-12}{s+1}+\frac{16}{s+2}$$

零输入响应的时域解为

$$i_{Zi}(t)=L^{-1}[I_{Zi}(s)]=(-12e^{-t}+16e^{-2t})\ \text{A}\quad (t\geqslant 0)$$

完全响应为

$$\begin{aligned}i(t)&=i_{Zi}(t)+i_{Zs}(t)=(-12e^{-t}+16e^{-2t}-e^{-t}+4e^{-2t}-3e^{-3t})\ \text{A}\\&=(-13e^{-t}+20e^{-2t}-3e^{-3t})\ \text{A}\quad (t\geqslant 0)\end{aligned}$$

例 12-16 电路如图 12-14(a)所示，已知 $R=1\ \Omega$，$L=0.2\ \text{H}$，$C=0.5\ \text{F}$，$u(t)=10\varepsilon(t)$ V，$i_L(0_-)=10$ A，$u_C(0_-)=0$。求 $t\geqslant 0$ 时的 $i(t)$。

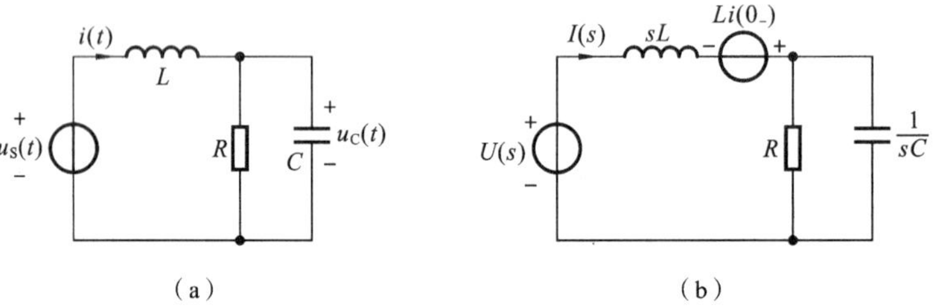

图 12-14 例 12-16 电路图

解 (1) 画出运算电路如图 12-14(b)所示，输入激励的象函数

$$U(s)=L[10\varepsilon(t)]=\frac{10}{s}$$

(2) 求等效运算阻抗，为

$$Z=sL+\frac{R\cdot\dfrac{1}{sC}}{R+\dfrac{1}{sC}}$$

(3) 求电流的象函数，为

$$I(s)=\frac{\dfrac{10}{s}+Li_L(0_-)}{Z(s)}$$

代入已知条件，并整理为

$$I(s)=\frac{\dfrac{10}{s}+2}{Z(s)}=\frac{\dfrac{10}{s}+2}{\dfrac{0.1s^2+0.2s+1}{0.5s}}=\frac{10s^2+70s+100}{s(s^2+2s+10)}$$

将上式按部分分式法展开，有

$$I(s)=\frac{A}{s}+\frac{Bs+C}{(s^2+1)^2+3^2}$$

用比较系数法求解系数，将方程两边同乘以 $I(s)$ 的分母，即

$$10s^2+70s+100=A(s^2+2s+10)+(Bs+C)s=(A+B)s^2+(2A+C)s+10A$$

并比较方程两边同类项的系数，确定系数 $A=10$、$B=0$、$C=50$，故

$$I(s)=\frac{10}{s}+\frac{50}{(s^2+1)+3^2}=\frac{10}{s}+\frac{50}{3}\cdot\frac{3}{(s^2+1)+3^2}$$

(4) 由常用公式求拉普拉斯反变换，得响应时间函数

$$i(t)=\left(10+\frac{50}{3}e^{-t}\sin 3t\right)\text{A}\quad (t\geqslant 0)$$

例 12-17　电路如图 12-15(a)所示，已知 $u(t)=200\varepsilon(t)$ V，$u_C(0_-)=100$ V，$i_L(t)=5$ A，$R_1=30\ \Omega$，$R_2=10\ \Omega$，$L=0.1$ H，$C=1\ 000\ \mu$F。求 $t\geqslant 0$ 时的 $i_L(t)$。

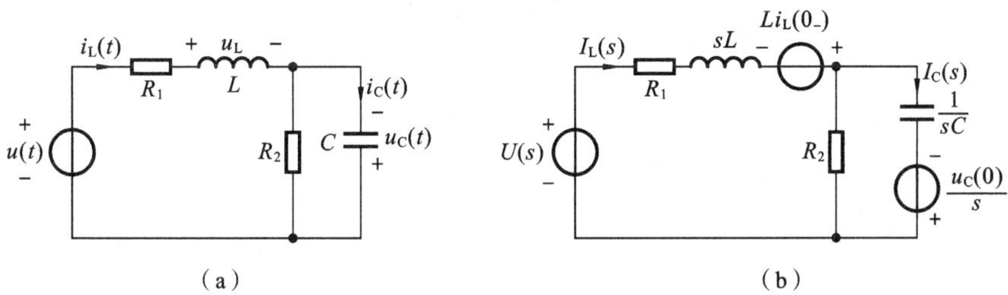

图 12-15　例 12-17 电路图

解　(1) 首先画出运算电路如图 12-15(b)所示，得

$$U(s)=L[200\varepsilon(t)]=\frac{200}{s}$$

附加电压源为

$$Li_L(0)=0.1\times 5\ \text{V}=0.5\ \text{V}$$

$$\frac{u_C(0)}{s}=\frac{100}{s}$$

(2) 将 $I_L(s)$ 和 $I_C(s)$ 设为网孔电流，如图 12-15(b)所示。网孔电流方程为

$$(R_1+R_2+sL)I_L(s)-R_2I_C(s)=\frac{200}{s}+0.5$$

$$-R_2I_L(s)+\left(R_2+\frac{1}{sC}\right)I_C(s)=\frac{100}{s}$$

代入数值得

$$(40+0.1s)I_L(s)-10I_C(s)=\frac{200}{s}+0.5$$

$$-10I_L(s)+\left(10+\frac{1\ 000}{s}\right)I_C(s)=\frac{100}{s}$$

解方程得

$$I_L(s)=\frac{5(s^2+700s+40\ 000)}{s(s+200)^2}$$

将上式按部分分式展开有

$$I_L(s)=\frac{A}{s}+\frac{Bs+C}{(s+200)^2}$$

用比较系数法确定待定系数 A、B、C 后，得

$$I_L(s)=\frac{5}{s}+\frac{1\ 500}{(s+200)^2}$$

(3) 由常用公式求拉普拉斯反变换，得

$$i_L(t)=(5+1\ 500te^{-200t})\ \text{A}\quad (t\geqslant 0)$$

此例题表明，当运算电路比较复杂时，可用相量分析法中的一些方法或定理求解，避免了列写电路微分方程的困难。本例题也可以用节点法求解，留给读者自己完成。需要注意的是，运算法只适用于线性时不变动态电路。

思考与练习

12-3-1 若 $i(t)$ 和 $u(t)$ 的单位分布为 A 和 V，则它们的像函数 $I(s)$ 和 $U(s)$ 的单位分别是什么？运算阻抗 $Z(s)$ 和运算导纳 $Y(s)$ 分别具有什么量纲？

12-3-2 用运算法求练习图 12-1 中的零状态响应 $i(t)$。

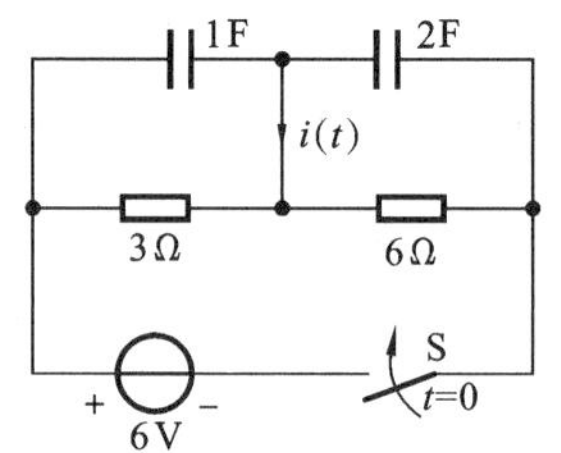

练习图 12-1

12.4 网络函数

12.4.1 网络函数的定义与分类

网络函数在线性时不变动态电路的复频域分析中具有十分重要的地位。在单一输入作用下，电路零状态响应的象函数 $R(s)$ 与输入的象函数 $E(s)$ 之比定义网络函数，用 $H(s)$ 表示，即

$$H(s)=\frac{R(s)}{E(s)} \tag{12-33}$$

网络函数一旦确定，就可以求得电路对于任意输入产生的零状态响应，即

$$R(s)=H(s)E(s) \tag{12-34}$$

如果输入激励为单位冲激函数 $\delta(t)$，则

$$E(s)=L[\delta(t)]=1$$

$$R(s)=H(s)$$

$R(s)$ 为冲激响应 $h(t)$ 的象函数。故

$$\begin{cases}H(s)=L[h(t)]\\h(t)=L^{-1}[H(s)]\end{cases} \tag{12-35}$$

它表明，若已知电路的冲激响应 $h(t)$，将 $h(t)$ 取拉普拉斯变换，即可求得对应的网络函数 $H(s)$。若网络函数 $H(s)$ 已知，那么可以通过求其拉普拉斯变换得到冲激响应 $h(t)$。

如果输入激励为单位阶跃函数 $\varepsilon(t)$，则

$$E(s)=L[\varepsilon(t)]=\frac{1}{s}$$

$$\begin{cases}G(s)=H(s)\cdot\dfrac{1}{s}\\ g(t)=L^{-1}\left[H(s)\cdot\dfrac{1}{s}\right]\end{cases}\tag{12-36}$$

式中,$G(s)$为阶跃响应 $g(t)$的象函数。

在具体问题中,$R(s)$与 $E(s)$可以是电压象函数 $U(s)$或电流象函数 $I(s)$,因此,网络函数可以分为 6 种类型。激励与响应在同一端口处的称为策动点函数,激励与响应在不同端口处的称为转移函数,如图 12-16 所示。

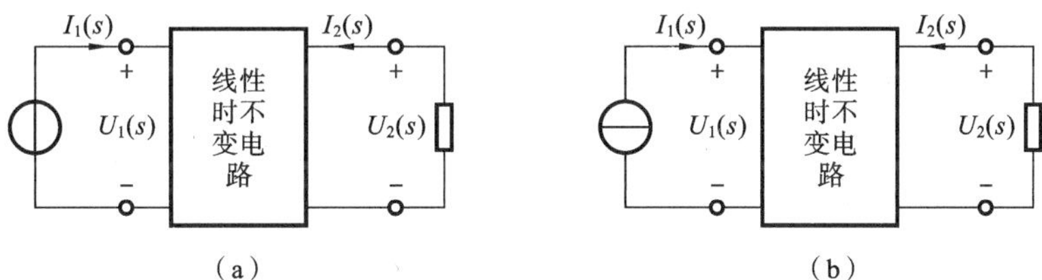

图 12-16　网络函数的分类

策动点阻抗　$Z_{11}(s)=\dfrac{U_1(s)}{I_1(s)}$

策动点导纳　$Y_{11}(s)=\dfrac{I_1(s)}{U_1(s)}$

转移阻抗　$Z_{21}(s)=\dfrac{U_2(s)}{I_1(s)}$

转移导纳　$Y_{21}(s)=\dfrac{I_2(s)}{U_1(s)}$

转移电压比　$H_u(s)=\dfrac{U_2(s)}{U_1(s)}$

转移电流比　$H_i(s)=\dfrac{I_2(s)}{I_1(s)}$

12.4.2　网络函数的求取

在线性时不变动态电路中,根据具体情况,求取网络函数的方法略有不同。如果给定电路的微分方程,可以对方程两边取拉普拉斯变换,根据定义求得 $H(s)$。当然,若已知冲激响应 $h(t)$,可对其取拉普拉斯变换求得 $H(s)$。如果给定电路的结构和参数,可以通过运算电路,用电路分析的方法求得 $H(s)$。下面通过举例介绍这些方法。

例 12-18　已知二阶电路的微分方程如下,求电路的网络函数 $H(s)$。

$$\frac{d^2u_C(t)}{dt^2}+6\frac{du_C(t)}{dt}+8u_C(t)=2u(t)$$

解　电路为零状态,令 $u_C(0_+)=u'_C(0_-)=0$,对方程两边取拉普拉斯变换,并考虑微分性质,得

$$s^2U_C(s)+6sU_C(s)+8U_C(s)=2U(s)$$

整理为
$$(s^2+6s+8)U_C(s)=2U(s)$$

故
$$H(s)=\frac{U_C(s)}{U(s)}=\frac{2}{s^2+6s+8}$$

而
$$U_C(s)=H(s)U(s)$$

当任一输入 $U(s)$ 已知时，即可由上式求出响应的象函数 $U_C(s)$。这里网络函数 $H(s)$ 为转移电压比。特别要注意 $H(s)$ 的分母，若令

$$s^2+6s+8=(s+2)(s+4)=0$$

可得两个单实根

$$s_1=-2,\quad s_2=-4$$

网络函数的这两个根就是电路微分方程的两个特征根 P_1、P_2。根据特征根和已知的初始值，可以求得电路的零输入响应。

例 12-19 图 12-17(a)所示电路中，$C=1\ \text{F}$，$L=1/2\ \text{H}$，$R_1=0.2\ \Omega$，$R_2=1\ \Omega$，激励是 $u(t)$，响应是 $i(t)$。求网络函数 $H(s)$。

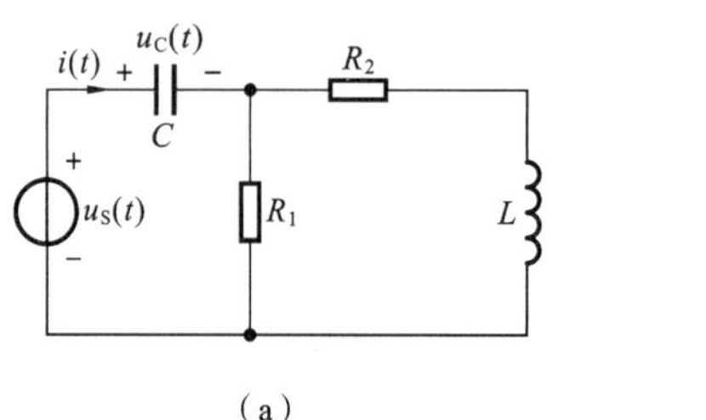

(a)

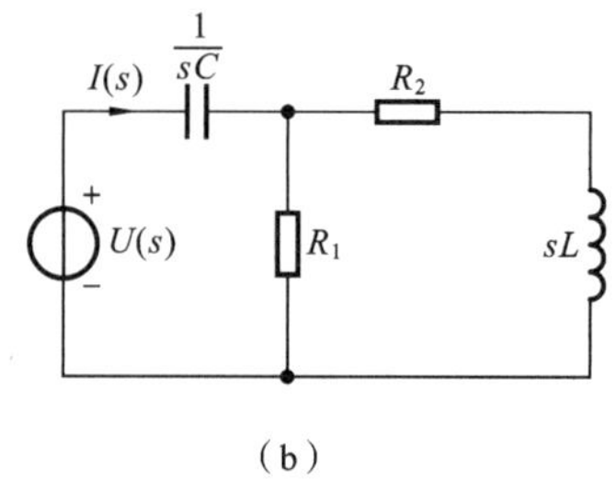

(b)

图 12-17　例 12-19 电路图

解　由于电路的结构与参数已知，可画出运算电路如图 12-17(b)所示。根据 $H(s)=\frac{I(s)}{U(s)}$ 可知，网络函数实质是运算导纳 $Y(s)$，即

$$Y(s)=\frac{1}{Z(s)}$$

式中，运算阻抗为
$$Z(s)=\frac{1}{sC}+\frac{R_1(R_2+sL)}{R_1+R_2+sL}$$

将参数代入上式并整理，得
$$Z(s)=\frac{s^2+7s+12}{5s^2+12s}$$

故
$$H(s)=\frac{1}{Z(s)}=\frac{5s^2+12s}{s^2+7s+12}$$

此例说明，由于电路的结构与参数已知，可画出运算电路，用求运算阻抗、运算导纳的方法求网络函数，而不必列写电路的微分方程求解。

例 12-20 图 12-18(a)所示为一低通滤波电路，激励是 $u_s(t)$，求响应分别是 $i_1(t)$ 和 $u_R(t)$ 的网络函数。

解　画出运算电路如图 12-18(b)所示，用网孔电流法求出 $I_1(s)$、$I_2(s)$，网孔方程为

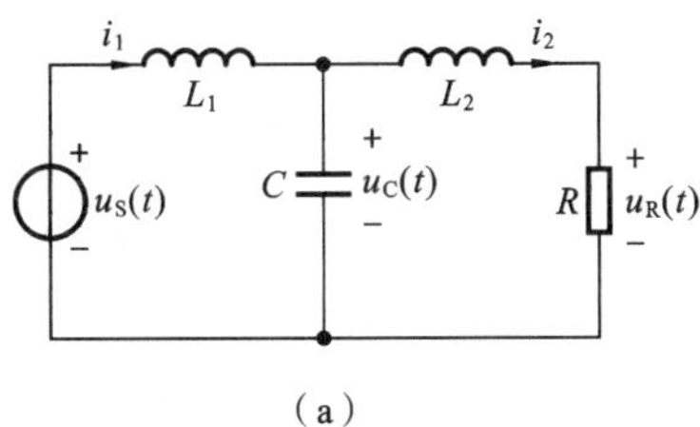

(a)

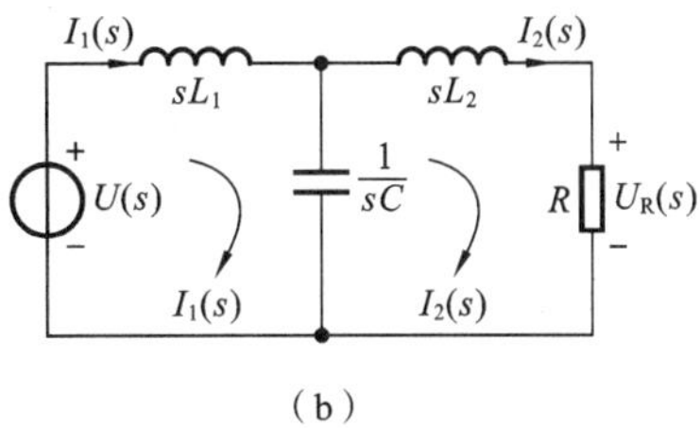

(b)

图 12-18 例 12-20 电路图

$$\begin{cases}\left(sL_1+\dfrac{1}{sC}\right)I_1(s)-\dfrac{1}{sC}I_2(s)=U_S(s)\\-\dfrac{1}{sC}I_1(s)+\left(sL_2+\dfrac{1}{sC}+R\right)I_2(s)=0\end{cases}$$

解方程，得

$$\begin{cases}I_1(s)=\dfrac{L_2Cs^2+RCs+1}{D(s)}\cdot U_S(s)\\I_2(s)=\dfrac{1}{D(s)}\cdot U_S(s)\end{cases}$$

而
$$U_R(s)=RI_2(s)=\frac{R}{D(s)}\cdot U_S(s)$$

式中
$$D(s)=L_1L_2Cs^2+RL_1Cs^2+(L_1+L_2)s+R$$

所对应的网络函数为

$$H_1(s)=\frac{I_1(s)}{U_S(s)}=\frac{L_2Cs^2+RCs+1}{D(s)}$$

$$H_2(s)=\frac{U_R(s)}{U_S(s)}=\frac{R}{D(s)}$$

$H_1(s)$实质是运算导纳(或称策动点导纳)，$H_2(s)$实质是转移电压比。此例说明，对于同一电路，在同一激励作用下，所选取的响应不同，网络函数形式不同。虽然网络函数$H_1(s)$与 $H_2(s)$的形式虽然不同，但是它们具有相同的分母 $D(s)$，且分母 $D(s)$一定是复频 s 的实系数有理多项式。

例 12-21 电路如图 12-17 所示，$u(t)$为激励，$i(t)$为响应，求阶跃响应和冲激响应。

解 由例 12-19 求得网络函数为

$$H(s)=\frac{5s^2+12s}{s^2+7s+12}$$

上式为假分式，化为真分式并部分分式展开，得

$$H(s)=5-\frac{23s+60}{s^2+7s+12}=5-\frac{23s+60}{(s+3)(s+4)}=5+\frac{9}{s+3}-\frac{32}{s+4}$$

其冲激响应为

$$h(t)=L^{-1}[H(s)]=5\delta(t)+[9\mathrm{e}^{-3}-32\mathrm{e}^{-4t}]\varepsilon(t)$$

其阶跃响应象函数为

$$G(s)=H(s)\cdot\frac{1}{s}=\frac{5s+12}{(s+3)(s+4)}=\frac{-3}{s+3}+\frac{8}{s+4}$$

其阶跃响应的时域函数为

$$g(t)=L^{-1}\left[H(s)\cdot\frac{1}{s}\right]=8e^{-4t}-3e^{-3t}\quad(t\geqslant 0)$$

例 12-22 已知电路的冲激响应为 $h(t)=(2e^{-t}-e^{-2t})\varepsilon(t)$。求网络函数 $H(s)$。

解 根据冲激响应与网络函数 $H(s)$ 的关系，有

$$H(s)=L[h(t)]=\frac{2}{s+1}+\frac{-1}{s+2}=\frac{s+3}{s^2+3s+2}$$

若输入激励为单位阶跃函数 $u(t)=\varepsilon(t)$，则

$$U(s)=\frac{1}{s}$$

单位阶跃响应象函数为

$$G(s)=H(s)U(s)=\frac{s+3}{s^2+3s+2}\cdot\frac{1}{s}=\frac{\frac{3}{2}}{s}+\frac{-2}{s+1}+\frac{\frac{1}{2}}{s+2}$$

阶跃响应的时域解为

$$g(t)=\left(\frac{3}{2}-2e^{-t}+\frac{1}{2}e^{-2t}\right)\varepsilon(t)$$

12.4.3 网络函数与频率响应

考虑如图 12-19(a)所示的 RLC 串联电路，设输入为正弦电压 $u_1=\sqrt{2}U_1\cos\omega t$，电路响应为电阻 R 上的电压 $u_2(t)$。根据响应与激励的关系，网络函数 $H(s)$ 为转移电压比，其分压公式可由图 12-19(b)运算电路求得

$$H(s)=\frac{U_2(s)}{U_1(s)}=\frac{R}{R+sL+\frac{1}{sC}}=\frac{\frac{R}{L}s}{s^2+\frac{R}{L}s+\frac{1}{LC}}$$

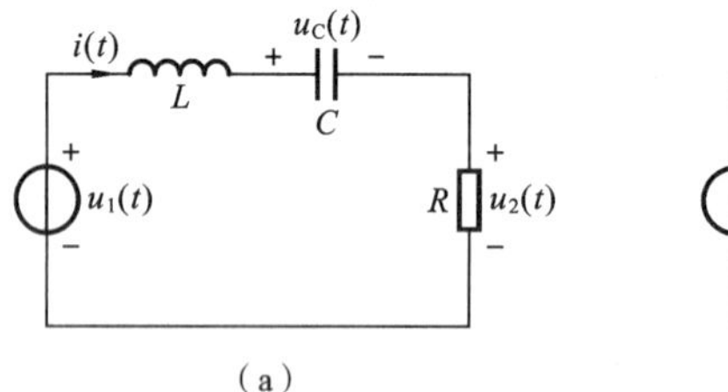

(a)

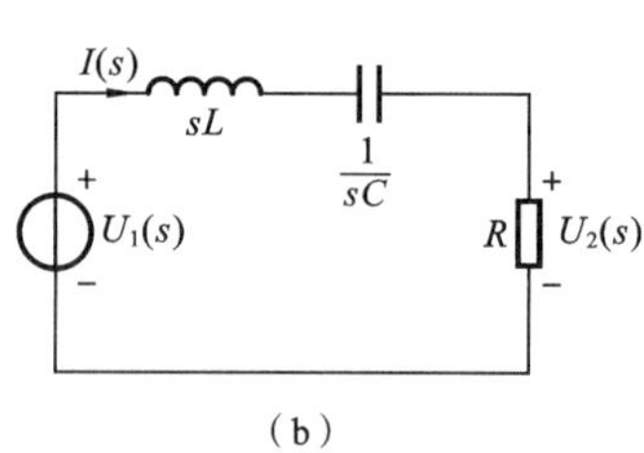

(b)

图 12-19 RLC **串联电路**

如果用相量法来求正弦稳态情况下的电压相量比，则有

$$H(j\omega)=\frac{\dot{U}_2}{\dot{U}_1}=\frac{R}{R+j\omega L+\frac{1}{j\omega C}}=\frac{\left(\frac{R}{L}\right)j\omega}{(j\omega)^2+\frac{R}{L}j\omega+\frac{1}{LC}}$$

$H(j\omega)$称为正弦网络函数。

比较上述两式可知，对于正弦稳态电路，在网络函数 $H(s)$ 中用 $j\omega$ 代替 s，则可得正弦网

络函数 $H(\mathrm{j}\omega)=\dfrac{\dot{U}_2}{\dot{U}_1}$。它给出了角频率为 ω 的正弦稳态输入情况下，响应相量与激励相量之比，这个结论在一般情况下也成立。因为 $H(\mathrm{j}\omega)$ 是 $s=\mathrm{j}\omega$ 时的网络函数，$H(\mathrm{j}\omega)$ 随角频率 ω 变化而变化，反映了正弦稳态响应相量随 ω 变化的特性。正弦稳态网络函数通常是一个复数，即

$$H(\mathrm{j}\omega)=|H(\mathrm{j}\omega)|\mathrm{e}^{\mathrm{j}\theta(\omega)} \tag{12-39}$$

式中，幅值 $|H(\mathrm{j}\omega)|$ 是角频率 ω 的响应与激励幅值之比，称为幅频特性（或幅频响应）；$\theta(\omega)$ 是响应与激励的相位差，即 $\theta(\omega)=\theta_2-\theta_1$，称为相频特性（或相频响应）。它们统称为频率响应。

例 12-23 在如图 12-19 所示的电路中，已知 $R=1\ \Omega$，$C=1$ F，$L=\dfrac{1}{2}$ H，求：(1) 网络函数；(2) 若激励为 $u_1(t)=\sqrt{2}\sin(2t+45°)$ V，求正弦稳态响应 $u_2(t)$。

解 (1)

$$H(s)=\frac{U_2(s)}{U_1(s)}=\frac{R}{R+sL+\dfrac{1}{sC}}=\frac{\dfrac{R}{L}s}{s^2+\dfrac{R}{L}s+\dfrac{1}{LC}}$$

代入已知参数，得

$$H(s)=\frac{2s}{s^2+2s+2}$$

正弦网络函数为

$$H(\mathrm{j}\omega)=H(s)|_{s=\mathrm{j}\omega}=\frac{\mathrm{j}2\omega}{(\mathrm{j}\omega)^2+2\mathrm{j}\omega+2}$$

(2) 若正弦激励为 $u_1(t)=\sqrt{2}\cos(2t+45°)$，$\omega=2$ rad/s，则

$$H(\mathrm{j}2)=\frac{U_2(\mathrm{j}2)}{U_1(\mathrm{j}2)}=\frac{\mathrm{j}4}{-4+\mathrm{j}4+2}=\frac{2}{\sqrt{5}}\angle-26.57°$$

由幅频特性 $\dfrac{U_2}{U_1}=\dfrac{2}{\sqrt{5}}$，得

$$U_2=\frac{2}{\sqrt{5}}\times\sqrt{2}\ \mathrm{V}=1.265\ \mathrm{V}$$

由相频特性 $\theta(2)=\theta_2-\theta_1=-26.57°$，得

$$\theta_2=-26.57°+45°=18.43°$$

电阻电压的 $u_2(t)$ 正弦稳态响应为

$$u_2(t)=1.265\sin(2t+18.43°)\ \mathrm{V}$$

注意，采用 $U_2(s)=H(s)U_1(s)$ 求解正弦稳态响应，一方面求解拉普拉斯反变换比较烦琐，另一方面求得响应并不是正弦稳态响应的全部，只是 $t\geqslant0$ 的零状态响应。

本章小结

1. 常用函数的拉普拉斯变换及反变换

常用函数的拉普拉斯变换参阅表 12-1，并结合拉普拉斯变换的性质进行求解。

通过拉普拉斯反变换可以求得原函数,方法如下:

(1) 查表法;

(2) 真分式可用部分分式,结合常用公式和性质求解;

(3) 比较系数法。

2. 通过运算电路,利用电路分析方法求解响应的象函数,然后求拉普拉斯反变换得到时域解

方法如下:

(1) 根据初始值 $i_L(0_-)$、$u_C(0_-)$确定附加电源,然后把 $L\rightarrow sL$,$C\rightarrow\dfrac{1}{sC}$,画出运算电路;

(2) 简单电路用分压公式或分流公式求解响应的象函数,复杂电路可采用支路电流法、网孔电流法、节点电位法及各种定理求解;

(3) 用查表法或部分分式法求出时域响应形式。

3. 网络函数是很重要的概念

定义式为

$$H(s)=\frac{R(s)}{E(s)}$$

任一输入所产生的响应象函数可由 $R(s)=H(s)E(s)$求得。根据网络函数 $H(s)$分析求解电路响应方法是:

(1) 在运算电路中,用电路分析的方法求出网络函数 $H(s)$;

(2) 求出激励的象函数 $E(s)$;

(3) 求出响应的象函数 $R(s)=H(s)E(s)$;

(4) 将 $R(s)$部分分式展开并求拉普拉斯反变换得时域解。

注意,网络函数 $H(s)$是分析和计算的核心。

4. 网络函数 $H(s)$的求解方法

(1) 若电路微分方程已知,方程两边取拉普拉斯变换,根据定义求 $H(s)$。

(2) 若电路结构及参数已知,由运算电路用电路分析方法求解。根据响应 $R(s)$与激励 $E(s)$的关系,$H(s)$有阻抗、导纳、分压比及分流比几种类型。

(3) 若已知电路冲激响应,网络函数 $H(s)$可根据冲激响应求得,即

$$H(s)=L[h(t)]$$

5. 正弦网络函数 $H(\mathrm{j}\omega)$与 $H(s)$的关系

$$H(\mathrm{j}\omega)=H(s)\big|_{s=\mathrm{j}\omega}=\frac{\dot{R}}{\dot{E}}$$

$H(\mathrm{j}\omega)$一般是复数,模 $H(\omega)=\dfrac{R}{E}$表示响应与激励幅值的比值关系,称为幅频特征;幅角 $\varphi(\omega)=\psi_n-\psi_m$ 表示响应与激励的相位差,称为相频特性。根据正弦输入函数和 $H(\mathrm{j}\omega)$,就可以求得电路的正弦稳态响应。

6. 冲激响应与阶跃响应的求解

$$h(t)=L^{-1}[H(s)]\quad 或\quad h(t)\leftrightarrow H(s)$$

$$g(t)=L^{-1}\left[H(s)\cdot\frac{1}{s}\right]$$

习　题

12-1　求下列各函数的拉普拉斯变换。

(1) $3\delta(t)+3\delta(t-1)+3\delta(t-2)$；　(2) $10\varepsilon(t)+15\varepsilon(t-1)+5\varepsilon(t-2)$；

(3) $(e^{-2t}-e^{-2t})\varepsilon(t)$；　(4) $(t-1)e^{-5t}\varepsilon(t)$；

(5) $\sin 20t\cdot\varepsilon(t)$；　(6) $e^{-3t}\cos 20t\cdot\varepsilon(t)$；

(7) $2\varepsilon(t)-2\varepsilon(t-1)$；　(8) $e^{-2t}[\varepsilon(t)-\varepsilon(t-1)]$；

(9) $t\varepsilon(t)$；　(10) $t\varepsilon(t-1)$。

12-2　求下列象函数 $F(s)$ 的原函数 $f(t)$。

(1) $\dfrac{3}{s+3}$；　(2) $\dfrac{5}{(s+4)^2}$；　(3) $\dfrac{20}{s^2+10}$；　(4) $\dfrac{40}{(s+2)^2+100}$；

(5) $\dfrac{3}{s^2+6s+9}$；　(6) $\dfrac{3s}{s^2+3}$；　(7) $\dfrac{s}{(s+4)^2+4}$；　(8) $\dfrac{3(s+1)}{s^2+2s+10}$。

12-3　用部分分式法求 $F(s)$ 的原函数 $f(t)$。

(1) $\dfrac{s^2+3s+5}{(s+1)(s+2)(s+3)}$；　(2) $\dfrac{(s+1)(s+4)}{s(s+2)(s+3)}$；　(3) $\dfrac{s^2+3s+5}{(s+1)^2(s+2)}$；

(4) $\dfrac{1}{s^2(s+1)}$；　(5) $\dfrac{s+1}{s^2+2s}$；　(6) $\dfrac{8}{s^2(s^2+4)}$；

(7) $\dfrac{s(s^2+2)}{(s^2+1)(s^2+3)}$；　(8) $\dfrac{s^3+1}{s^2+2s+2}$。

12-4　求下列象函数 $F(s)$ 的原函数 $f(t)$。

(1) $\dfrac{e^{-2s}}{4s(s^2+1)}$；　(2) $\dfrac{1-e^{-2s}}{s^2+1}$；　(3) $\dfrac{se^{-3s}}{s^2+5s+6}$；　(4) $\dfrac{1+2e^{-s}}{(s+1)(s+2)}$。

12-5　某线性时不变电路的微分方程为

$$\frac{dy(t)}{dt}+2y(t)=f(t)$$

已知 $f(t)=\sin 2t\cdot\varepsilon(t)$，$y(0_-)=0$，求电路的输出 $y(t)$。

12-6　如题图 12-1 所示电路，已知初始状态为 $i_L(0_-)=1$ A，$u_C(0_-)=2$ V，求 $t\geqslant 0$ 时的零输入响应 $u_C(t)$。

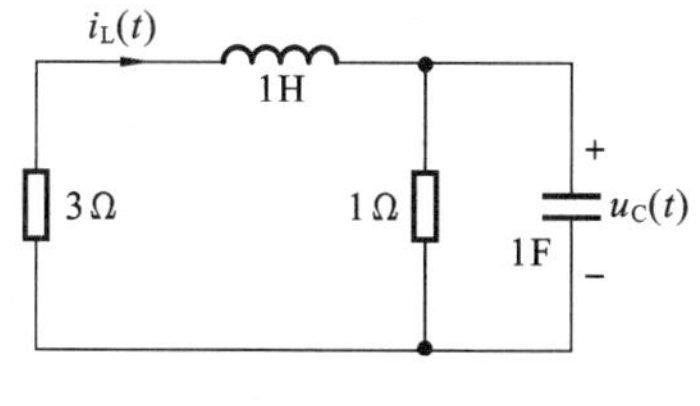

题图 12-1

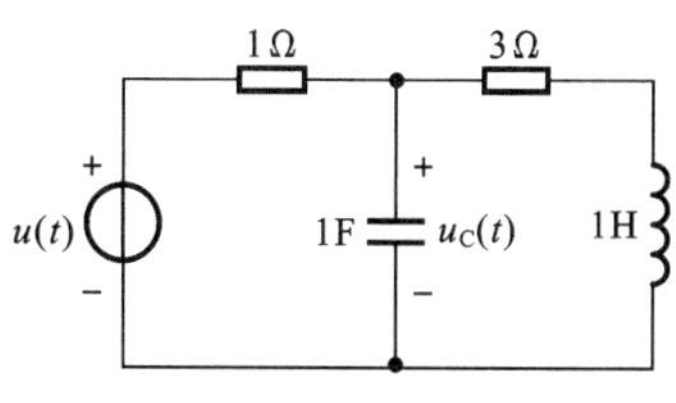

题图 12-2

12-7　如题图 12-2 所示电路，已知 $u(t)=(4-4e^{-3t})\varepsilon(t)$ V，求 $t\geqslant 0$ 时的零状态响应 $u_{Czs}(t)$。

12-8　如题图 12-3 所示电路，$u(t)=6\varepsilon(t)$ V，$u_C(0)=5$ V，$i_L(0)=1$ A，$R=7\ \Omega$，$C=\dfrac{1}{12}$

F，求 $t\geqslant 0$ 时的 $i_L(t)$。

12-9 如题图 12-4 所示电路，已知 $u(t)=\varepsilon(t)$ V，$i_L(0_-)=1$ A，$u_C(0)=1$ V，$R_1=R_2=1\ \Omega$，$L=1$ H，$C=1$ F，求 $t\geqslant 0$ 时的 $u_C(t)$。

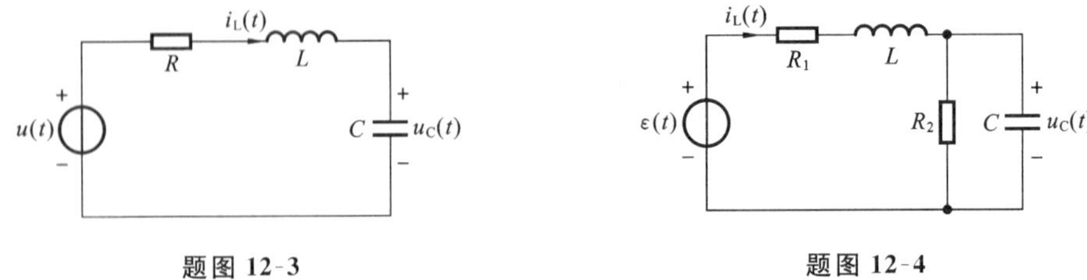

题图 12-3　　题图 12-4

12-10 如题图 12-5 所示电路，设初始状态为零，输入 $u(t)=e^{-2t}\varepsilon(t)$ V，求 $t\geqslant 0$ 时的 $u_L(t)$。

12-11 如题图 12-6 所示电路，已知 $i_L(0_-)=2$ A，$u_C(0_-)=6$ V，$R_1=R_2=R_3=2\ \Omega$，$R_+=1\ \Omega$，$L=2$ H，$C=1$ F，$u(t)=10\varepsilon(t)$ V。求 $t\geqslant 0$ 时的 $i_L(t)$。

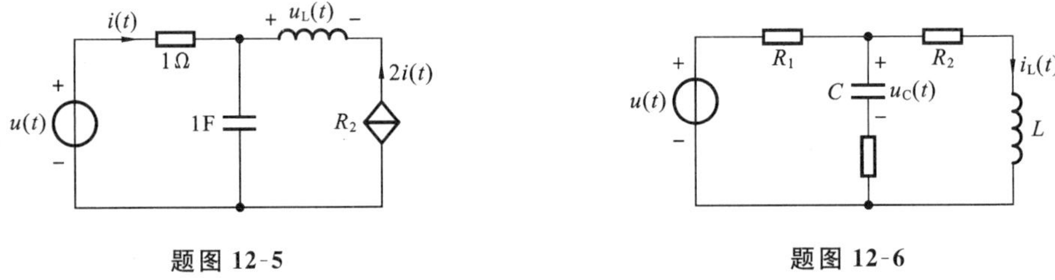

题图 12-5　　题图 12-6

12-12 如题图 12-7 所示电路，输入 $u(t)=3\varepsilon(t)$ V，求 $t\geqslant 0$ 时的 $u_L(t)$。

12-13 已知某一线性时不变电路的网络函数 $H(s)$ 为 $H(s)=\dfrac{1}{s^2+3s+2}$，求激励为 $f_1(t)=e^{-3t}\varepsilon(t)$ 或 $f_2(t)=e^{-t}\varepsilon(t)$ 时的零状态响应 $y_{Zs1}(t)$ 和 $y_{Zs2}(t)$。

12-14 已知某一线性时不变电路的网络函数为 $H(s)=\dfrac{s+1}{s^2+2s}$，求单位冲激响应 $h(t)$ 和单位阶跃响应 $y(t)$。

12-15 如题图 12-8 所示运算电路中，求(1) $H(s)=\dfrac{U_2(s)}{U_1(s)}$，(2) 冲激响应 $h(t)$。

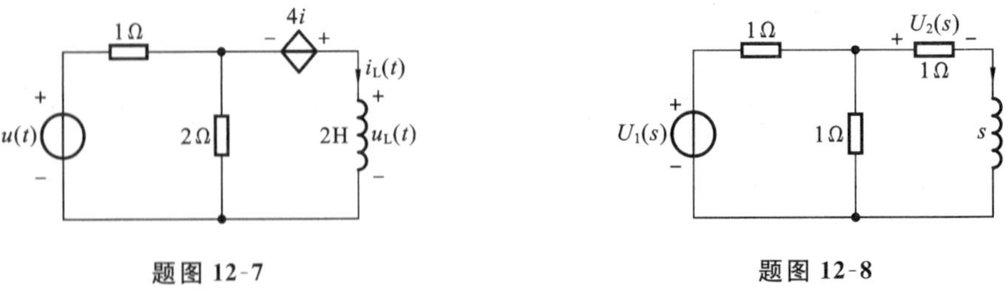

题图 12-7　　题图 12-8

12-16 如题图 12-9 所示运算电路中，求网络函数 $H(s)=\dfrac{U(s)}{I(s)}$。

12-17 如题图 12-10 所示电路，已知 $L_1=3$ H，$L_2=6$ H，$R=9\ \Omega$，若以 $i_s(t)$ 为输入，

$u(t)$为输出，求其冲激响应 $h(t)$和阶跃响应 $y(t)$。

12-18 如题图 12-11 所示电路，输入 $u(t)=\varepsilon(t)$ V，求阶跃响应 $u_C(t)$。

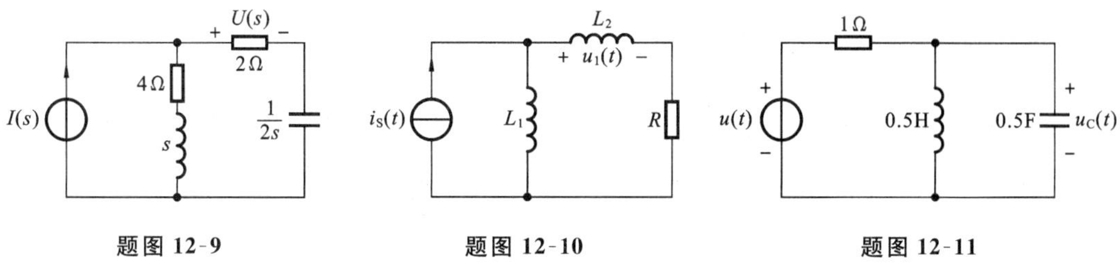

题图 12-9　　题图 12-10　　题图 12-11

12-19 如题图 12-12 所示电路，已知 $R_1=R_2=1\ \Omega$，$C=2$ F，以 $u_1(t)$为输入，$u_2(t)$为输出，求冲激响应 $h(t)$。

12-20 如题图 12-13 所示电路，已知 $L_1=0.5$ H，$C=1$ F，$R=\dfrac{1}{3}\ \Omega$，$u(t)=\varepsilon(t)$ V，求阶跃响应 $u_C(t)$。

12-21 如题图 12-14 所示的 RC 带通滤波电路，求其电压比函数 $H(s)=\dfrac{U_2(s)}{U_1(s)}$。

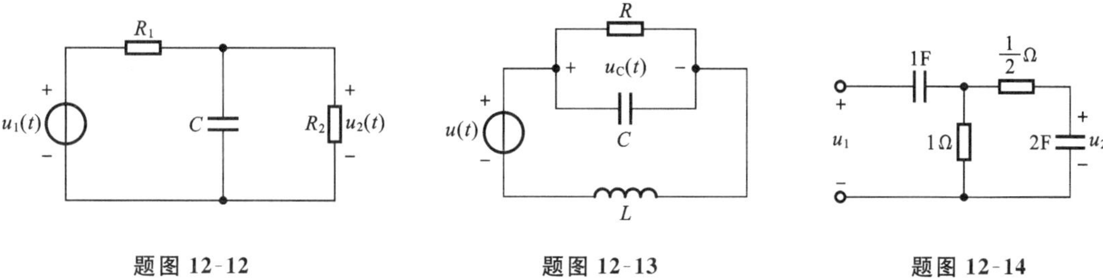

题图 12-12　　题图 12-13　　题图 12-14

12-22 如题图 12-15 所示的电路为二阶低通滤波器，它接于电源(含内阻 R_0)与负载电阻 R_L 之间，求电压比 $H(s)=\dfrac{U_2(s)}{U_1(s)}$。

12-23 如题图 12-16 所示电路为巴特沃恩(Butterworth)型三阶低通滤波器，它接于电源(含内阻 R_0)与负载电阻 R_L 之间，已知 $L=1$ H，$C=2$ F，$R_0=R_L=1\ \Omega$，求电压比函数 $H(s)=\dfrac{U_2(s)}{U_1(s)}$。

12-24 如题图 12-17 所示的带通滤波电路，求其电压比函数 $H(s)=\dfrac{U_2(s)}{U_1(s)}$。

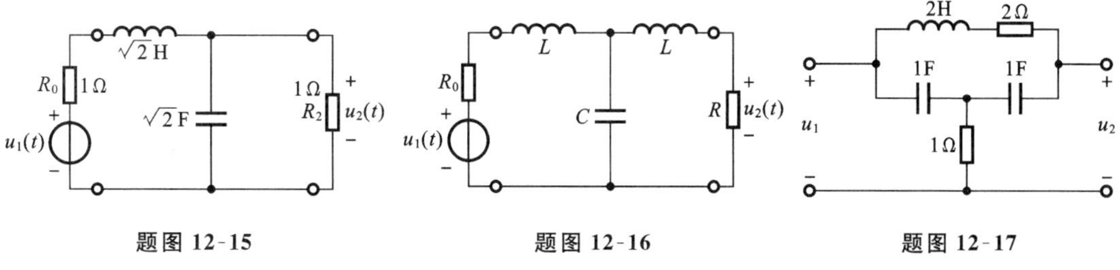

题图 12-15　　题图 12-16　　题图 12-17

12-25 如题图 12-18 所示电路。(1) 若 $u_{C1}(0_-)=u_{C2}(0_-)=1$V，求零输入响应 $u_{C1}(t)$

和 $u_{C2}(t)$；(2) 若 $u_1(t)=\varepsilon(t)$，$u_2(t)=\delta(t)$，试求阶跃响应 $u_{C1}(t)$ 和冲激响应 $u_{C2}(t)$。

12-26 如题图 12-19 所示电路。(1) 求网络函数 $H(s)=\dfrac{U_C(s)}{I_S(s)}$，(2) 若 $i_S(t)=[3\delta(t)+6e^{-3t}\varepsilon(t)]$ A，求 $t\geqslant 0$ 时的零状态响应 $u_C(t)$。

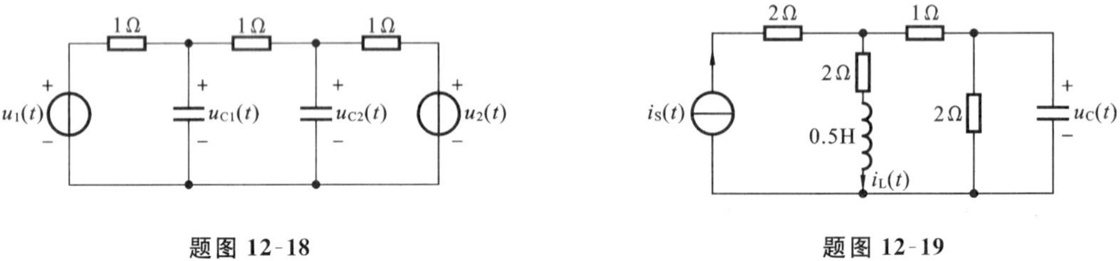

题图 12-18　　　　题图 12-19

12-27 如题图 12-20 所示电路，已知 $L_1=1$ H，$L_2=4$ H，$M=2$ H，$R_1=R_2=1$ Ω，$U_S=1$ V，电感元件初始值为零，$t=0$，开关 S 闭合。求 $t\geqslant 0$ 时的 $i_1(t)$ 和 $i_2(t)$。

12-28 如题图 12-21 所示的互感耦合电路，求电压 $u_S(t)$ 的单位冲激响应和单位阶跃响应。

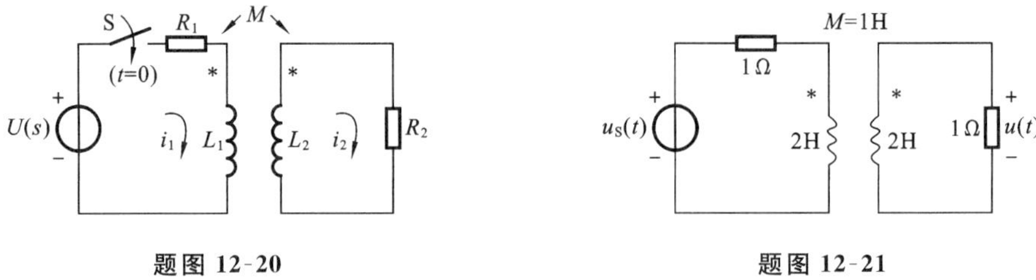

题图 12-20　　　　题图 12-21

第 13 章 二端口网络

在许多工程实际应用中，常常要研究一个网络对外部电路的作用呈现的特性，这种情况下，人们对网络内部的电路并不感兴趣，所关心的只是网络的输入端口与输出端口之间的电压、电流关系，那只关心网络的外部特性。本章从端口的角度对二端口网络进行分析和研究，用一些参数来描述网络的外部特性，而这些参数只取决于网络本身的元件及相互之间的连接方式。一旦掌握了这些描述网络特性的参数，就可以比较容易地获得网络在任意输入情况下的输出。本章只讨论内部不含独立电源，且无初始储能的线性二端口网络即所谓松弛二端口网络的特性参数及其分析方法。

13.1 二端口网络的概念

一个网络如果只通过两个端钮与电路的其他部分相连接，这样的网络称为二端网络，如图 13-1 所示。显然，根据 KCL，任一时刻从一个端钮流入二端网络的电流都必然等于从另一个端钮流出的电流，这样的两个端钮被称为一对端钮，或称为一个端口。所以，二端网络也称为一端口网络或单口网络。如果关心的只是端口处的电压和电流，那么对于线性时不变的一端口网络，总可以通过等效变换获得它的戴维南等效电路或诺顿等效电路。例如，在正弦稳态情况下，一端口网络可化简为如图 13-2 所示的戴维南等效电路。端口处的电压、电流关系为

$$\dot{U}=\dot{U}_{OC}+Z_{eq}\dot{I}$$

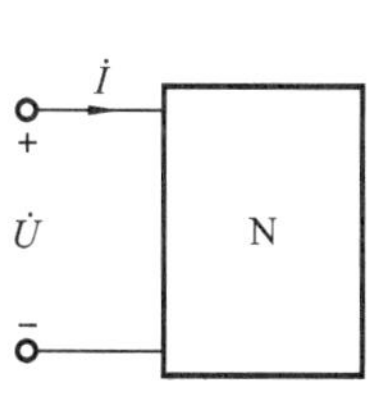

图 13-1 二端网络

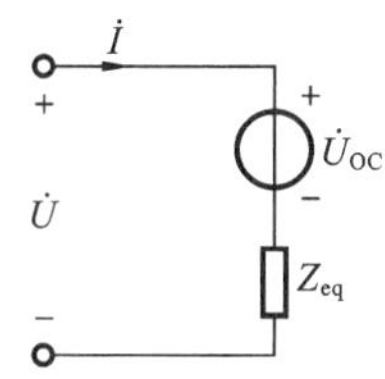

图 13-2 二端网络的戴维南等效电路

倘若一端口网络内部不含独立电源，则端口处的电压与电流关系就更为简单，即

$$\dot{U}=Z_{eq}\dot{I}$$

可见，描述一端口网络的端口电压和端口电流之间的关系仅需要一个方程。

一个网络如果通过 3 个或 3 个以上端钮与电路的其余部分连接，就称这样的网络为多端网络。实际电路中常见的比较简单的多端网络是四端网络，如图 13-3 所示。根据 KCL，有

$$i_1-i_2+i_3-i_4=0$$

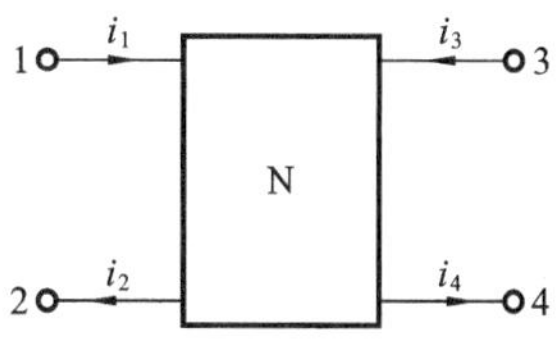

图 13-3 二端口网络的概念

如果在任一时刻还满足

$$i_1 = i_2 \quad 和 \quad i_3 = i_4$$

则端钮 1 与 2、3 与 4 分别形成一个端口，这样的四端网络也称为二端口网络或双口网络。显然，二端口网络是四端网络的特例，而具有 4 个端钮的网络并不一定是二端口网络。图 13-4 所示为几个简单的二端口网络。

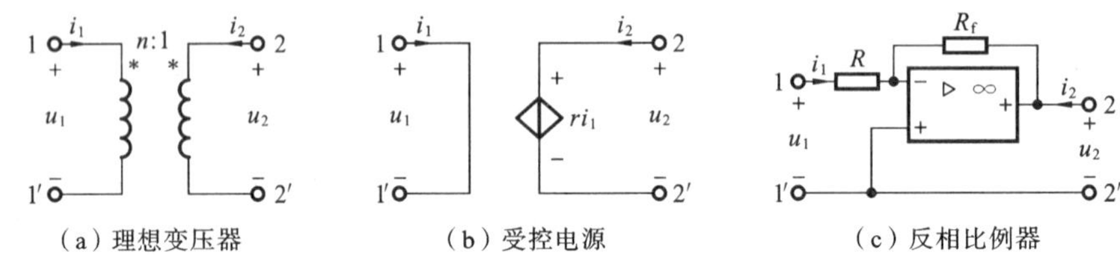

(a) 理想变压器
(b) 受控电源
(c) 反相比例器

图 13-4　二端口网络的例子

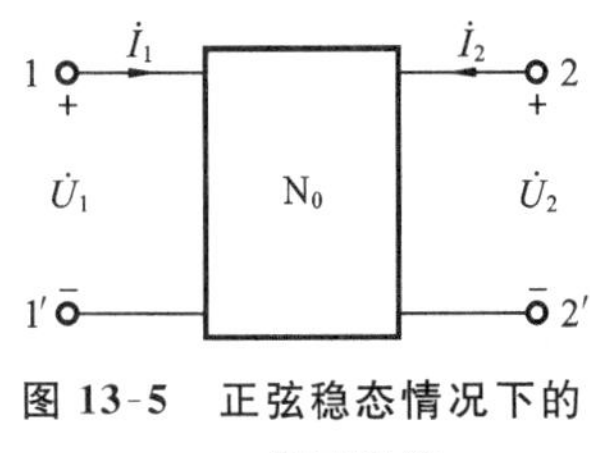

图 13-5　正弦稳态情况下的二端口网络

本章只讨论不含独立电源的线性时不变二端口网络，并且都假定二端口网络处于正弦稳态情况下，如图 13-5 所示。通常，端口 1-1′接电源，称为输入端口；端口 2-2′接负载，称为输出端口。$\dot{U}_1$ 和 $\dot{U}_2$、$\dot{I}_1$ 和 $\dot{I}_2$ 分别称为端口电压和端口电流。为便于讨论，本章中对二端口网络的端口电压和端口电流的参考方向都指定为图 13-5 所示的方向。

思考与练习

13-1-1　判断练习图 13-1 所示是否为二端口网络。

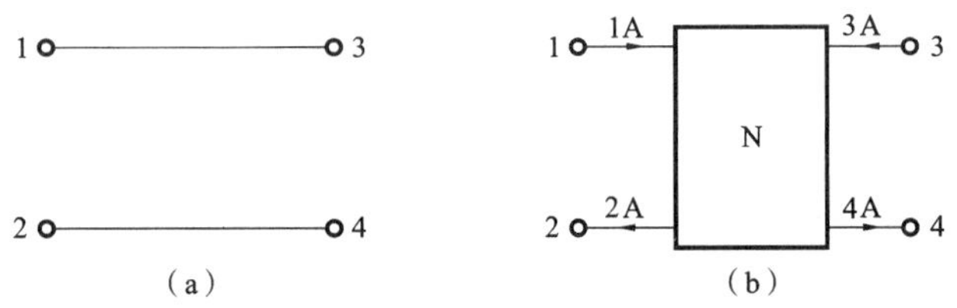

练习图 13-1

13.2　二端口网络的 Z、Y、H、T 参数方程

与处理一端口网络的情况类似，对于二端口网络通常所关心的同样是其外部特性，即两个端口处的电压、电流之间的关系。一个二端口网络有 4 个端口变量：$\dot{U}_1$、$\dot{U}_2$、$\dot{I}_1$ 和 $\dot{I}_2$。要研究这 4 个端口变量之间的关系，可以任选其中两个端口变量作为自变量，则余下的两个端口变量为因变量。在 4 个端口变量中，选取两个作为自变量的方法共有 6 种，所以描述二端口网络的特性方程也就有 6 种形式。以下将着重介绍其中常用的 4 种形式，即 Z、Y、H、T 参数方程。

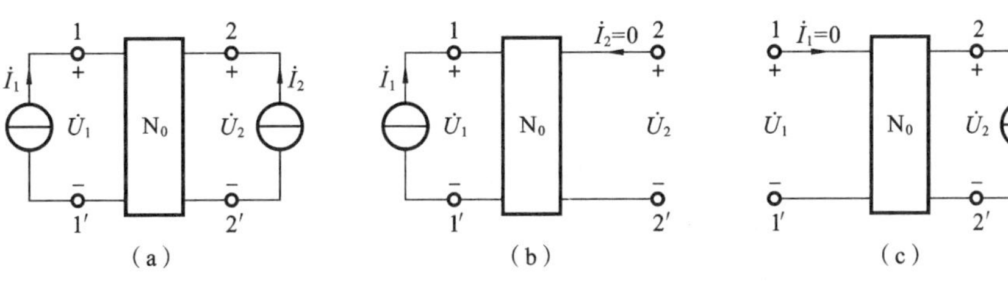

图 13-6 二端口网络的 Z 参数

13.2.1 二端口网络的 Z 参数方程

把如图 13-5 所示的二端口网络的端口电流 $\dot{I}_1$ 和 $\dot{I}_2$ 作为独立变量，端口电压 $\dot{U}_1$ 和 $\dot{U}_2$ 作为待求量，根据替代定理，二端口网络的外部电路总可以用电流源代替，如图 13-6(a)所示。替代后的整个电路是线性的，按照叠加定理，端口电压 $\dot{U}_1$ 和 $\dot{U}_2$ 可以看做是电流源 $\dot{I}_1$ 和 $\dot{I}_2$ 单独作用时所产生的电压之代数和，即

$$\begin{cases}\dot{U}_1=Z_{11}\dot{I}_1+Z_{12}\dot{I}_2\\ \dot{U}_2=Z_{21}\dot{I}_1+Z_{22}\dot{I}_2\end{cases} \tag{13-1}$$

式(13-1)称为二端口网络的 Z 参数方程，式中 Z_{11}、Z_{12}、Z_{21}、Z_{22} 称为 Z 参数(Z Parameter)。Z 参数可按以下方法计算或实验测量求得：设端口 2-2′开路，即 $\dot{I}_2=0$，只在端口 1-1′施加一个电流源 $\dot{I}_1$，如图 13-6(b)所示。由式(13-1)可得

$$Z_{11}=\frac{\dot{U}_1}{\dot{I}_1}\bigg|_{\dot{I}_2=0},\quad Z_{21}=\frac{\dot{U}_2}{\dot{I}_1}\bigg|_{\dot{I}_2=0} \tag{13-2}$$

可见，Z_{11}是输出端口开路时输入端口的输入阻抗；Z_{21}是输出端口开路时输出端对输入端口的转移阻抗。同理，将端口 1-1′开路，即 $\dot{I}_1=0$，并在端口 2-2′施加一个电流源 $\dot{I}_2$，如图 13-6(c)所示。由式(13-1)可得

$$Z_{12}=\frac{\dot{U}_1}{\dot{I}_2}\bigg|_{\dot{I}_1=0},\quad Z_{22}=\frac{\dot{U}_2}{\dot{I}_2}\bigg|_{\dot{I}_1=0} \tag{13-3}$$

即 Z_{12}是输入端口开路时输入端口对输出端口的转移阻抗；Z_{22}是输入端口开路时输出端口的输入阻抗。

由于这 4 个 Z 参数都与某一个端口开路相联系，且都是电压相量与电流相量之比，即都具有阻抗的量纲，单位为欧姆(Ω)。所以，Z 参数又称为开路阻抗参数(Impedance Parameter)。式(13-2)和式(13-3)反映了 Z 参数的物理含义，也是计算二端口网络 Z 参数的常用关系式，学习时应注意。Z 参数的物理含义可直接从 Z 参数方程得出，不必死记。另外，必须指出，虽然 Z 参数可以通过式(13-2)和式(13-3)求得，但是各 Z 参数仅由二端口网络内部结构和元件参数决定，而与端口电压、端口电流无关。这正如一个 2 Ω 的电阻元件，其阻值并不受其两端的电压和流经它的电流大小的影响，但总可以通过求取其电压、电流之比来确定其电阻值。

把式(13-1)改写成矩阵形式为

$$\begin{bmatrix}\dot{U}_1\\ \dot{U}_2\end{bmatrix}=\begin{bmatrix}Z_{11} & Z_{12}\\ Z_{21} & Z_{22}\end{bmatrix}\begin{bmatrix}\dot{I}_1\\ \dot{I}_2\end{bmatrix}=Z\begin{bmatrix}\dot{I}_1\\ \dot{I}_2\end{bmatrix} \tag{13-4}$$

式中

$$\boldsymbol{Z} \xlongequal{\text{def}} \begin{bmatrix} Z_{11} & Z_{12} \\ Z_{21} & Z_{22} \end{bmatrix} \tag{13-5}$$

称为二端口网络的 Z 参数矩阵，也称开路阻抗矩阵。

二端口网络的 Z 参数，可以根据参数的物理含义来求，也可以通过直接列写电路方程的方法来求。下面举例说明这两种求法。

例 13-1 求如图 13-7 所示的二端口网络的 Z 参数。

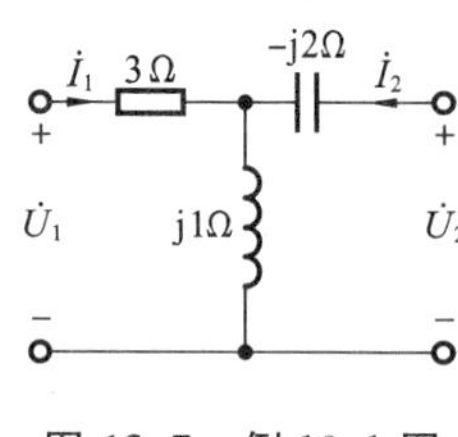

图 13-7 例 13-1 图

解 解法一 根据 Z 参数的物理含义求解。

令输出端开路，即 $\dot{I}_2=0$，有

$$Z_{11}=\frac{\dot{U}_1}{\dot{I}_1}\bigg|_{\dot{I}_2=0}=\frac{(3+\text{j}1)\dot{I}_1}{\dot{I}_1}=(3+\text{j}1)\Omega$$

$$Z_{21}=\frac{\dot{U}_2}{\dot{I}_1}\bigg|_{\dot{I}_2=0}=\frac{\text{j}1\ \dot{I}_1}{\dot{I}_1}=\text{j}1\Omega$$

令输入端开路，即 $\dot{I}_1=0$，有

$$Z_{12}=\frac{\dot{U}_1}{\dot{I}_2}\bigg|_{\dot{I}_1=0}=\frac{\text{j}1\ \dot{I}_2}{\dot{I}_2}=\text{j}1\Omega$$

$$Z_{22}=\frac{\dot{U}_2}{\dot{I}_2}\bigg|_{\dot{I}_1=0}=\frac{(-\text{j}2+\text{j}1)\dot{I}_2}{\dot{I}_2}=-\text{j}1\Omega$$

解法二 直接列电路方程求 Z 参数。将 $\dot{I}_1$ 和 $\dot{I}_2$ 分别看做左右两个网孔的网孔电流，把 $\dot{U}_1$ 和 $\dot{U}_2$ 看做电压源，列写网孔电流方程为

$$(3+\text{j}1)\dot{I}_1+\text{j}1\ \dot{I}_2=\dot{U}_1$$

$$\text{j}1\ \dot{I}_1+(-\text{j}2+\text{j}1)\dot{I}_2=\dot{U}_2$$

将这两个方程与式(13-1)的 Z 参数方程进行比较，可得到各参数，结果同方法一。

在这个例子中，$Z_{12}=Z_{21}$，此结果虽然是根据这个特例得到的，但不是偶然现象。根据互易定理，对于由线性 R、L、C、耦合电感及理想变压器元件构成的二端口网络（称为互易二端口网络），总满足 $Z_{12}=Z_{21}$。所以，对于互易二端口网络，只要 3 个参数就足以表征其特性。对于关于中分面对称的二端口网络，则还有 $Z_{11}=Z_{22}$。若二端口内部含有受控电源，则一般 $Z_{11}\neq Z_{22}$。下面的例子将予以说明。

例 13-2 求图 13-8 所示的二端口网络的 Z 参数方程。

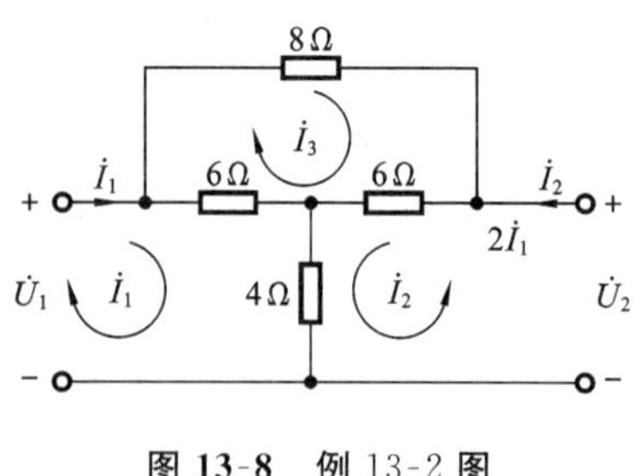

图 13-8 例 13-2 图

解 对图 13-8 所示中的三个网孔分别列写网孔电流方程为

$$(6+4)\dot{I}_1+4\ \dot{I}_2-6\ \dot{I}_3=\dot{U}_1$$

$$4\ \dot{I}_1+(6+4)\dot{I}_2+6\ \dot{I}_3=\dot{U}_2$$

$$-6\ \dot{I}_1+6\ \dot{I}_2+(8+6+6)\dot{I}_3=0$$

由第三个方程求得

$$\dot{I}_3=0.3(\dot{I}_1-\dot{I}_2)$$

将 $\dot{I}_3$ 代入第一、二个方程，整理后得到 Z 参数方程为

$$\dot{U}_1 = 8.2\ \dot{I}_1 + 5.8\ \dot{I}_2$$
$$\dot{U}_2 = 5.8\ \dot{I}_1 + 8.2\ \dot{I}_2$$

该例所讨论的是对称的互易二端口网络，所以 $Z_{12}=Z_{21}$，$Z_{11}=Z_{22}$，即只需求得 2 个参数就可以掌握该二端口网络的特性。

本例也可以按照 Z 参数的物理含义求解，请读者完成。

例 13-3 求图 13-9 所示二端口网络的 Z 参数矩阵。

解 直接对回路 l_1 和 l_2 列写 KVL 方程，有

$$\dot{U}_1 = 2\ \dot{I}_1 - \mathrm{j}\,\frac{10^3}{\omega}(\dot{I}_1 + \dot{I}_2 + 2\ \dot{I}_1)$$

$$\dot{U}_2 = -\mathrm{j}\,\frac{10^3}{\omega}(\dot{I}_1 + \dot{I}_2 + 2\ \dot{I}_1)$$

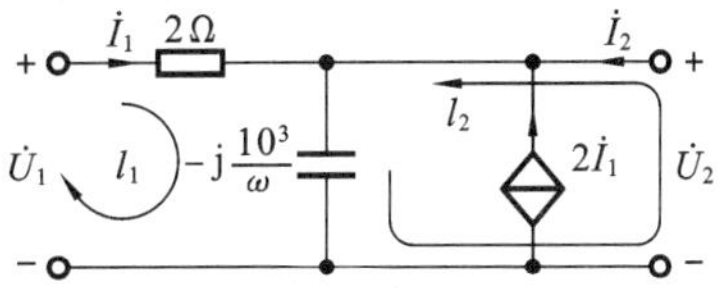

图 13-9 例 13-3 图

将以上方程整理成 Z 参数方程的形式为

$$\dot{U}_1 = \left(2 - \mathrm{j}\,\frac{3\times 10^3}{\omega}\right)\dot{I}_1 - \mathrm{j}\,\frac{10^3}{\omega}\dot{I}_2$$

$$\dot{U}_2 = -\mathrm{j}\,\frac{3\times 10^3}{\omega}\dot{I}_1 - \mathrm{j}\,\frac{10^3}{\omega}\dot{I}_2$$

所以，二端口网络的 Z 参数矩阵为

$$\boldsymbol{Z} = \begin{bmatrix} 2 - \mathrm{j}\,\dfrac{3\times 10^3}{\omega} & -\mathrm{j}\,\dfrac{10^3}{\omega} \\ -\mathrm{j}\,\dfrac{3\times 10^3}{\omega} & -\mathrm{j}\,\dfrac{10^3}{\omega} \end{bmatrix}\Omega$$

此例中，$Z_{12}\neq Z_{21}$。这是因为，含有受控电源的二端口网络一般不满足互易条件。

由以上例题可见，直接针对二端口网络列写电路方程，经整理后与形如式(13-1)的 Z 参数方程对比确定参数的方法有一气呵成之妙，但这种方法仅在二端口网络含独立回数不大于 3 时才是可取的。

13.2.2 二端口网络的 Y 参数方程

在图 13-5 中，若以二端口网络的端口电压 $\dot{U}_1$ 和 $\dot{U}_2$ 作为独立变量，端口电流 $\dot{I}_1$ 和 $\dot{I}_2$ 作为待求量，则分析方法与 13.2.1 节类似。根据替代定理，二端口网络的外部电路总可以用电压源代替(如图 13-10(a)所示)，替代后的整个电路是线性的，按照叠加定理，端口电流 $\dot{I}_1$ 和 $\dot{I}_2$ 可以看做是电压源 $\dot{U}_1$ 和 $\dot{U}_2$ 单独作用时所产生的电流之代数和，即

$$\begin{cases} \dot{I}_1 = Y_{11}\dot{U}_1 + Y_{12}\dot{U}_2 \\ \dot{I}_2 = Y_{21}\dot{U}_1 + Y_{22}\dot{U}_2 \end{cases} \tag{13-6}$$

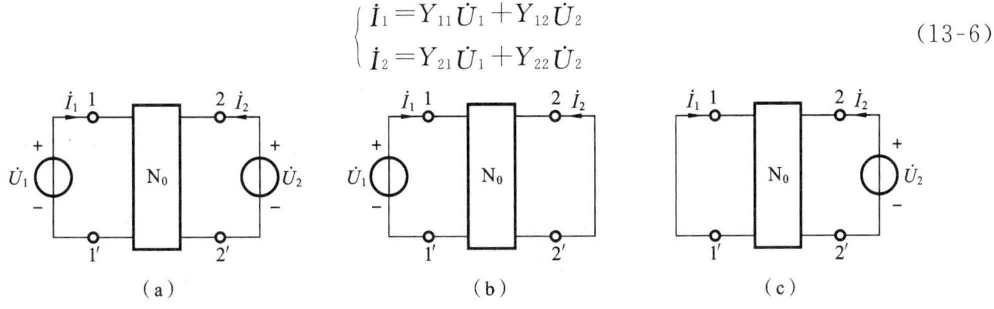

图 13-10 二端口网络的 Y 参数

式(13-6)称为二端口网络的 Y 参数方程。式中，Y_{11}、Y_{12}、Y_{21}、Y_{22} 称为 Y 参数(Y Parameter)。Y 参数可按以下方法计算或试验测量求得：设端口 2-2′短路，即 $\dot{U}_2=0$，只在端口 1-1′施加一个电压源 $\dot{U}_1$，如图 13-10(b)所示。由式(13-6)可得

$$Y_{11}=\frac{\dot{I}_1}{\dot{U}_1}\bigg|_{\dot{U}_2=0},\quad Y_{21}=\frac{\dot{I}_2}{\dot{U}_1}\bigg|_{\dot{U}_2=0} \tag{13-7}$$

可见，Y_{11} 是输出端口短路时输入端口的输入导纳；Y_{21} 是输出端口短路时输出端口对输入端口的转移导纳。同理，将端口 1-1′短路，即 $\dot{U}_1=0$，并在端口 2-2′施加一个电压源 $\dot{U}_2$，如图 13-10(c)所示。由式(13-6)可得

$$Y_{12}=\frac{\dot{I}_1}{\dot{U}_2}\bigg|_{\dot{U}_1=0},\quad Y_{22}=\frac{\dot{I}_2}{\dot{U}_2}\bigg|_{\dot{U}_1=0} \tag{13-8}$$

即 Y_{12} 是输入端口短路时输入端口对输出端口的转移导纳；Y_{22} 是输入端口短路时输出端口的输入导纳。

由于这 4 个 Y 参数都与某一个端口短路相联系，且都是电流相量与电压相量之比，具有导纳的量纲，单位为西门子(S)。所以，Y 参数又称为短路导纳参数(Admittance Parameter)。与 Z 参数相同，Y 参数同样仅由二端口网络的结构和参数决定，与外部电路无关。

对于互易二端口网络，$Y_{12}=Y_{21}$；若二端口网络关于中分面对称，则还有 $Y_{11}=Y_{22}$。

把式(13-6)改写成矩阵形式为

$$\begin{bmatrix}\dot{I}_1\\ \dot{I}_2\end{bmatrix}=\begin{bmatrix}Y_{11} & Y_{12}\\ Y_{21} & Y_{22}\end{bmatrix}\begin{bmatrix}\dot{U}_1\\ \dot{U}_2\end{bmatrix}=\boldsymbol{Y}\begin{bmatrix}\dot{U}_1\\ \dot{U}_2\end{bmatrix} \tag{13-9}$$

式中

$$\boldsymbol{Y}\overset{\text{def}}{=\!=}\begin{bmatrix}Y_{11} & Y_{12}\\ Y_{21} & Y_{22}\end{bmatrix} \tag{13-10}$$

称为二端口网络的 Y 参数矩阵，也称短路导纳矩阵。

二端口网络 Y 参数的求法与 Z 参数的求法相似，可以由参数的物理含义或直接通过列写电路方程来求。

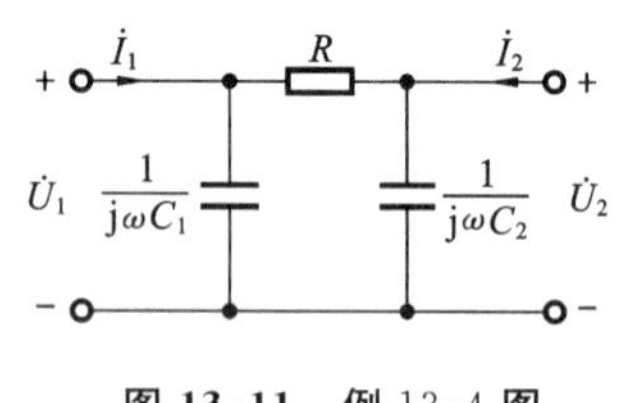

图 13-11　例 13-4 图

例 13-4　求图 13-11 所示的二端口网络的 Y 参数。

解　解法一　根据 Y 参数的物理含义求解。

令输出端短路，即 $\dot{U}_2=0$，有

$$Y_{11}=\frac{\dot{I}_1}{\dot{U}_1}\bigg|_{\dot{U}_2=0}=\mathrm{j}\omega C_1+\frac{1}{R},\quad Y_{21}=\frac{\dot{I}_2}{\dot{U}_1}\bigg|_{\dot{U}_2=0}=\frac{\dot{I}_2}{-R\ \dot{I}_2}=-\frac{1}{R}$$

令输入端短路，即 $\dot{U}_1=0$，有

$$Y_{12}=\frac{\dot{I}_1}{\dot{U}_2}\bigg|_{\dot{U}_1=0}=\frac{\dot{I}_1}{-R\ \dot{I}_1}=-\frac{1}{R},\quad Y_{22}=\frac{\dot{I}_2}{\dot{U}_2}\bigg|_{\dot{U}_1=0}=\mathrm{j}\omega C_2+\frac{1}{R}$$

由于是互易二端口网络，所以 $Y_{12}=Y_{21}$；若还满足 $C_1=C_2$，即二端口网络是对称的，则 $Y_{11}=Y_{22}$。

解法二　直接列电路方程。观察式(13-6)后不难看出，二端口网络的 Y 参数方程在形式上与节点电压方程相似，因此可以考虑直接对二端口网络列写节点电压方程，写方程时将端口电流 $\dot{I}_1$ 和 $\dot{I}_2$ 看作电流源。

$$\left(\frac{1}{R}+\mathrm{j}\omega C_1\right)\dot{U}_1-\frac{1}{R}\dot{U}_2=\dot{I}_1$$

$$-\frac{1}{R}\dot{U}_1+\left(\frac{1}{R}+\mathrm{j}\omega C_2\right)\dot{U}_2=\dot{I}_2$$

将以上方程与 Y 参数方程比较，可得

$$\boldsymbol{Y}=\begin{bmatrix}\frac{1}{R}+\mathrm{j}\omega C_1 & -\frac{1}{R}\\ -\frac{1}{R} & \frac{1}{R}+\mathrm{j}\omega C_2\end{bmatrix}$$

例 13-5 求图 13-12 所示二端口网络的 $\boldsymbol{Y}$ 参数矩阵。

解 直接列写节点电压方程，有

$$(Y_a+Y_b)\dot{U}_1-Y_b\dot{U}_2=\dot{I}_1$$

$$-Y_b\dot{U}_1+(Y_b+Y_c)\dot{U}_2=\dot{I}_2+g\dot{U}_1$$

与式(13-6)比较，可得

$$\boldsymbol{Y}=\begin{bmatrix}Y_a+Y_b & -Y_b\\ -Y_b-g & Y_b+Y_c\end{bmatrix}$$

由于网络内部含有受控电源，所以 $Y_{12}\neq Y_{21}$。

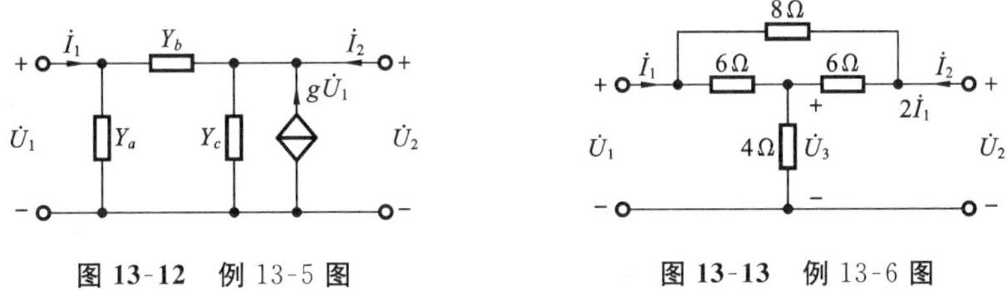

图 13-12 例 13-5 图　　　图 13-13 例 13-6 图

例 13-6 求图 13-13 所示二端口网络的 $\boldsymbol{Y}$ 参数矩阵。

解 列节点电压方程，有

$$\left(\frac{1}{6}+\frac{1}{8}\right)\dot{U}_1-\frac{1}{8}\dot{U}_2-\frac{1}{6}\dot{U}_3=\dot{I}_1$$

$$-\frac{1}{8}\dot{U}_1+\left(\frac{1}{6}+\frac{1}{8}\right)\dot{U}_2-\frac{1}{6}\dot{U}_3=\dot{I}_2$$

$$-\frac{1}{6}\dot{U}_1-\frac{1}{6}\dot{U}_2+\left(\frac{1}{6}+\frac{1}{6}+\frac{1}{4}\right)\dot{U}_3=0$$

由第三个方程解得

$$\dot{U}_3=\frac{2}{7}(\dot{U}_1+\dot{U}_2)$$

将 $\dot{U}_3$ 的表达式代入第一、二个方程，整理得

$$\frac{41}{168}\dot{U}_1-\frac{29}{168}\dot{U}_2=\dot{I}_1$$

$$-\frac{29}{168}\dot{U}_1+\frac{41}{168}\dot{U}_2=\dot{I}_2$$

所以，二端口网络的 Y 参数矩阵为

$$\boldsymbol{Y}=\begin{bmatrix}\dfrac{41}{168} & -\dfrac{29}{168}\\ -\dfrac{29}{168} & \dfrac{41}{168}\end{bmatrix}\mathrm{S}$$

结合例 13-2 和例 13-6 可以看到，对于同一个二端口网络的端口特性，既可以用 Z 参数描述，也可以用 Y 参数描述，因此，这两种参数之间有着内在联系。将式(13-9)左乘 $\boldsymbol{Y}$ 的逆矩阵 $\boldsymbol{Y}^{-1}$，即

$$\boldsymbol{Y}^{-1}\begin{bmatrix}\dot{I}_1\\ \dot{I}_2\end{bmatrix}=\boldsymbol{Y}^{-1}\boldsymbol{Y}\begin{bmatrix}\dot{U}_1\\ \dot{U}_2\end{bmatrix}$$

得到

$$\begin{bmatrix}\dot{U}_1\\ \dot{U}_2\end{bmatrix}=\boldsymbol{Y}^{-1}\begin{bmatrix}\dot{I}_1\\ \dot{I}_2\end{bmatrix}$$

将上式与式(13-4)进行比较，得

$$\boldsymbol{Z}=\boldsymbol{Y}^{-1}$$

这就表明，一个二端口网络的 $\boldsymbol{Z}$ 和 $\boldsymbol{Y}$ 互为逆矩阵，两者之间可相互转换，但前提条件是 $|\boldsymbol{Z}|\neq 0$ 或 $|\boldsymbol{Y}|\neq 0$，即两者必须可逆。进一步可知，一个二端口网络并不总是同时存在 Z 参数和 Y 参数，甚至两者都不存在。

13.2.3 二端口网络的 H 参数方程

在图 13-5 中，若以 $\dot{I}_1$ 和 $\dot{U}_2$ 作为独立变量，把 $\dot{U}_1$ 和 $\dot{I}_2$ 作为待求量，则二端口网络的特性方程为

$$\begin{aligned}\dot{U}_1&=H_{11}\dot{I}_1+H_{12}\dot{U}_2\\ \dot{I}_2&=H_{21}\dot{I}_1+H_{22}\dot{U}_2\end{aligned}\tag{13-11}$$

式(13-11)称为二端口网络的 H 参数方程。式中，H_{11}、H_{12}、H_{21}、H_{22} 称为 H 参数(H Parameter)。由式(13-11)可得出各参数的物理含义如下。

$H_{11}=\left.\dfrac{\dot{U}_1}{\dot{I}_1}\right|_{\dot{U}_2=0}$ (输出端口短路时，输入端口的输入阻抗。)

$H_{12}=\left.\dfrac{\dot{U}_1}{\dot{U}_2}\right|_{\dot{I}_1=0}$ (输入端口开路时，输入端口电压与输出端口电压之比。)

$H_{21}=\left.\dfrac{\dot{I}_2}{\dot{I}_1}\right|_{\dot{U}_2=0}$ (输出端口短路时，输出端口电流与输入端口电流之比。)

$H_{22}=\left.\dfrac{\dot{I}_2}{\dot{U}_2}\right|_{\dot{I}_1=0}$ (输入端口开路时，输出端口的输入导纳。)

H_{11} 的单位是欧姆(Ω)，H_{22} 的单位是西门子(S)，而 H_{12} 和 H_{21} 无单位。由于以上各参数的单位不全相同，且有的与一个端口开路相联系，有的与一个端口短路相联系，因此，这组参数称为混合参数(Hybrid Parameter)。H 参数同样仅由二端口网络的结构和参数决定，与外部电路无关。

把式(13-11)改写成矩阵形式为

$$\begin{bmatrix}\dot{U}_1\\ \dot{I}_2\end{bmatrix}=\begin{bmatrix}H_{11} & H_{12}\\ H_{21} & H_{22}\end{bmatrix}\begin{bmatrix}\dot{I}_1\\ \dot{U}_2\end{bmatrix}=\boldsymbol{H}\begin{bmatrix}\dot{I}_1\\ \dot{U}_2\end{bmatrix}\tag{13-12}$$

式中

$$\boldsymbol{H} \stackrel{\text{def}}{=\!=} \begin{bmatrix} H_{11} & H_{12} \\ H_{21} & H_{22} \end{bmatrix} \tag{13-13}$$

称为二端口网络的 H 参数矩阵，也称混合参数矩阵。

将式(13-6)整理成

$$\begin{cases} \dot{U}_1 = \dfrac{1}{Y_{11}}\dot{I}_1 - \dfrac{Y_{12}}{Y_{11}}\dot{U}_2 \\ \dot{I}_2 = \dfrac{Y_{21}}{Y_{11}}\dot{I}_1 + \dfrac{Y_{11}Y_{22} - Y_{12}Y_{21}}{Y_{11}}\dot{U}_2 \end{cases} \tag{13-14}$$

比较式(13-14)与式(13-11)可知，对于互易二端口网络，必有 $H_{12} = -H_{21}$。如果二端口网络是关于中分面对称的，即 $Y_{11} = Y_{22}$，则有 $H_{11}H_{22} - H_{12}H_{21} = 1$。

在图 13-5 中，若以 $\dot{U}_1$ 和 $\dot{I}_2$ 作为独立变量，把 $\dot{I}_1$ 和 $\dot{U}_2$ 作为待求量，则可得另一种形式的混合参数方程

$$\begin{aligned} \dot{I}_1 &= G_{11}\dot{U}_1 + G_{12}\dot{I}_2 \\ \dot{U}_2 &= G_{21}\dot{U}_1 + G_{22}\dot{I}_2 \end{aligned} \tag{13-15}$$

或写成矩阵形式

$$\begin{bmatrix} \dot{I}_1 \\ \dot{U}_2 \end{bmatrix} = \begin{bmatrix} G_{11} & G_{12} \\ G_{21} & G_{22} \end{bmatrix} \begin{bmatrix} \dot{U}_1 \\ \dot{I}_2 \end{bmatrix} = G \begin{bmatrix} \dot{U}_1 \\ \dot{I}_2 \end{bmatrix} \tag{13-16}$$

其中

$$G \stackrel{\text{def}}{=\!=} \begin{bmatrix} G_{11} & G_{12} \\ G_{21} & G_{22} \end{bmatrix} \tag{13-17}$$

称为二端口网络的 G 参数矩阵。

式(13-15)或式(13-16)称为二端口网络的 G 参数方程，G_{11}、G_{12}、G_{21} 和 G_{22} 称为 G 参数，其物理含义可由以上方程得出，在此不再赘述。

比较式(13-12)和式(13-16)，不难得出，当 $|H| \neq 0$ 或 $|G| \neq 0$ 时，有

$$G = H^{-1}$$

二端口网络的 H 参数同样可以由参数的物理含义或直接通过列写电路方程的方法来求。

例 13-7 图 13-14 所示为晶体管在小信号条件下的简化等效电路，求此二端口网络的 H 参数。

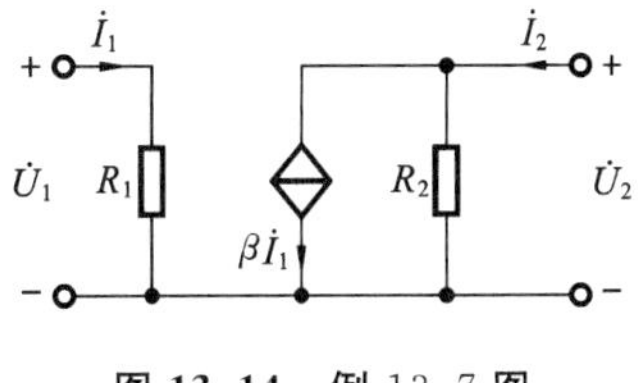

图 13-14 例 13-7 图

解 解法一 根据 H 参数的物理含义求解。

令输出端口短路，即 $\dot{U}_2 = 0$，有

$$H_{11} = \frac{\dot{U}_1}{\dot{I}_1}\bigg|_{\dot{U}_2=0} = R_1, \quad H_{21} = \frac{\dot{I}_2}{\dot{I}_1}\bigg|_{\dot{U}_2=0} = \beta$$

令输入端口开路，即 $\dot{I}_1 = 0$，有

$$H_{12} = \frac{\dot{U}_1}{\dot{U}_2}\bigg|_{\dot{I}_1=0} = 0, \quad H_{22} = \frac{\dot{I}_2}{\dot{U}_2}\bigg|_{\dot{I}_1=0} = \frac{1}{R_2}$$

解法二 直接列电路方程，有

$$\dot{U}_1=R_1\dot{I}_1,\quad \dot{I}_2=\beta\dot{I}_1+\frac{\dot{U}_2}{R_2}$$

将以上方程与 H 参数方程进行比较，可得

$$H_{11}=R_1,\quad H_{12}=0,\quad H_{21}=\beta,\quad H_{22}=\frac{1}{R_2}$$

例 13-8 求图 13-15(a)所示二端口网络的 H 参数。

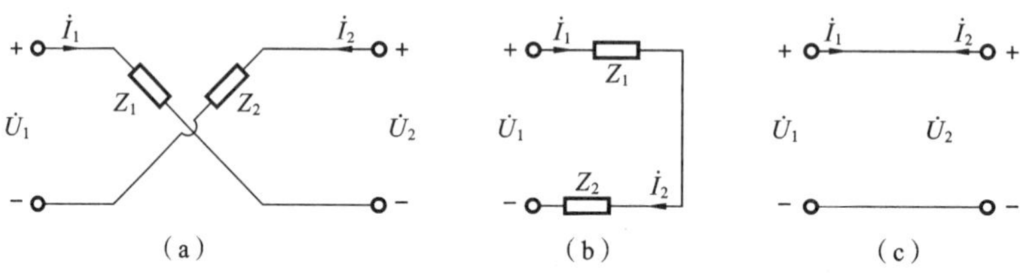

图 13-15 例 13-8 **图**

解 令$\dot{U}_2=0$，求 H_{11}、H_{21}的电路图如图 13-15(b)所示，有

$$H_{11}=\frac{\dot{U}_1}{\dot{I}_1}\bigg|_{\dot{U}_2=0}=Z_1+Z_2,\quad H_{21}=\frac{\dot{I}_2}{\dot{I}_1}\bigg|_{\dot{U}_2=0}=1$$

令 $\dot{I}_1=0$，同时注意到 $\dot{I}_2=0$，求 H_{12}、H_{22}的电路图如图 13-15(c)所示，有

$$H_{12}=\frac{\dot{U}_1}{\dot{U}_2}\bigg|_{\dot{I}_1=0}=-1,\quad H_{22}=\frac{\dot{I}_2}{\dot{U}_2}\bigg|_{\dot{I}_1=0}=0$$

由于本例所示为互易二端口网络，所以必有 $H_{12}=-H_{21}$。

此题也可用列电路方程的方法，留给读者完成。

例 13-9 求如图 13-16 所示的理想变压器的 Z 参数、Y 参数和 H 参数。(如果存在的话。)

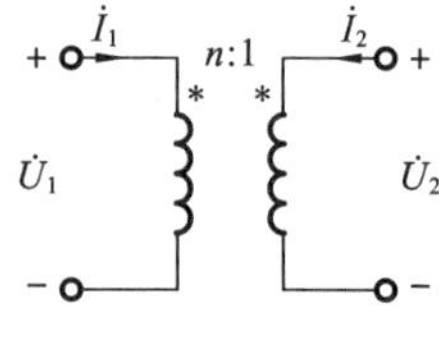

图 13-16 例 13-9 **图**

解 理想变压器的端口电压与电流之间没有直接关系，因此理想变压器不存在 Z 参数和 Y 参数，但是存在 H 参数。

理想变压器的电压比方程和电流比方程如下

$$\dot{U}_1=n\dot{U}_2$$

$$\dot{I}_2=-n\dot{I}_1$$

将上式与 H 参数方程进行比较，可得

$$H_{11}=0,\quad H_{12}=n,\quad H_{21}=-n,\quad H_{22}=0$$

13.2.4 二端口网络的 T 参数方程

在许多工程实际问题中，往往需要得到输入端口与输出端口之间的电压、电流的直接关系。在图 13-5 中，若以$\dot{U}_2$ 和$-\dot{I}_2$ 作为独立变量，把$\dot{U}_1$ 和 $\dot{I}_1$ 作为待求量，则二端口网络的特性方程为

$$\begin{cases}\dot{U}_1=A\dot{U}_2+B(-\dot{I}_2)\\ \dot{I}_1=C\dot{U}_2+D(-\dot{I}_2)\end{cases}\tag{13-18}$$

以$-\dot{I}_2$ 作为独立变量是考虑到用这种方程描述二端口网络时，习惯的输出端口电流参考方向与图 13-5 中规定是相反的，以便于表示端口变量间的传输关系，如图 13-17 所示。

式(13-18)建立起了输入端口的电压、电流与输出端口的电压、电流之间的关系，称为二端口网络的 T 参数矩阵方程或传输参数方程，式中 A、B、C、D 称为 T 参数(T Parameter)或传输参数(Transmission Parameter)。由式(13-18)可得各参数的 T 物理含义如下。

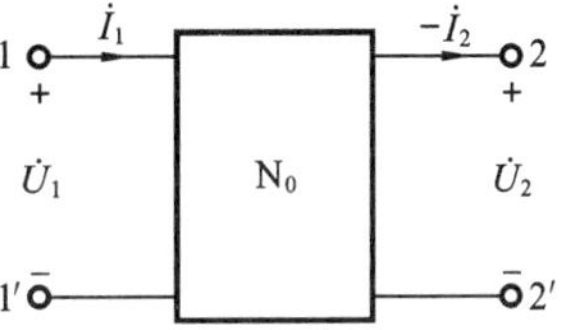

图 13-17　表示传输关系的端口变量参考方向

$A=\left.\dfrac{\dot{U}_1}{\dot{U}_2}\right|_{\dot{I}_2=0}$ (输出端口开路时，输入端口对输出端口的转移电压比。)

$B=\left.\dfrac{\dot{U}_1}{-\dot{I}_2}\right|_{\dot{U}_2=0}$ (输出端口短路时，输入端口对输出端口的转移阻抗。)

$C=\left.\dfrac{\dot{I}_1}{\dot{U}_2}\right|_{\dot{I}_2=0}$ (输出端口开路时，输入端口对输出端口的转移导纳。)

$D=\left.\dfrac{\dot{I}_1}{-\dot{I}_2}\right|_{\dot{U}_2=0}$ (输出端口短路时，输入端口对输出端口的转移电流比。)

A 和 D 均无单位，B 的单位是欧姆(Ω)，C 的单位是西门子(S)。A、B、C、D 都具有转移参数性质。T 参数仅由二端口网络的结构和参数决定，与外部电路无关。

把式(13-11)改写成矩阵形式为

$$\begin{bmatrix}\dot{U}_1\\ \dot{I}_1\end{bmatrix}=\begin{bmatrix}A & B\\ C & D\end{bmatrix}\begin{bmatrix}\dot{U}_2\\ -\dot{I}_2\end{bmatrix}=T\begin{bmatrix}\dot{U}_2\\ -\dot{I}_2\end{bmatrix} \tag{13-19}$$

式中

$$\boldsymbol{T}\overset{\text{def}}{=\!=}\begin{bmatrix}A & B\\ C & D\end{bmatrix} \tag{13-20}$$

称为二端口网络的 T 参数矩阵或传输参数矩阵。

将式(13-6)整理成

$$\begin{cases}\dot{U}_1=-\dfrac{Y_{22}}{Y_{21}}\dot{U}_2-\dfrac{1}{Y_{21}}(-\dot{I}_2)\\ \dot{I}_1=\left(Y_{12}-\dfrac{Y_{11}Y_{22}}{Y_{21}}\right)\dot{U}_2-\dfrac{Y_{11}}{Y_{21}}(-\dot{I}_2)\end{cases} \tag{13-21}$$

比较式(13-21)与式(13-18)可见，对于关于中分面对称的二端口网络，必有 $A=D$；对于互易二端口网络，由于 $Y_{12}=Y_{21}$，则有

$$AD-BC=\frac{Y_{11}Y_{22}}{Y_{21}^2}+\frac{1}{Y_{21}}\frac{Y_{12}Y_{21}-Y_{11}Y_{22}}{Y_{21}}=\frac{Y_{12}}{Y_{21}}=1$$

T 参数也称为二端口网络的正向传输参数，在图 13-5 所示中，若以 $\dot{U}_1$ 和 $\dot{I}_1$ 作为独立变量，把 $\dot{U}_2$ 和 $-\dot{I}_2$ 作为待求量，则可得二端口网络的反向传输参数方程

$$\begin{aligned}\dot{U}_2&=A'\dot{U}_1+B'\dot{I}_1\\ -\dot{I}_2&=C'\dot{U}_1+D'-\dot{I}_1\end{aligned} \tag{13-22}$$

或写成矩阵形式

$$\begin{bmatrix}\dot{U}_2\\ -\dot{I}_2\end{bmatrix}=\begin{bmatrix}A' & B'\\ C' & D'\end{bmatrix}\begin{bmatrix}\dot{U}_1\\ \dot{I}_1\end{bmatrix}=T'\begin{bmatrix}\dot{U}_1\\ \dot{I}_1\end{bmatrix} \tag{13-23}$$

其中

$$T' \overset{\text{def}}{=\!=} \begin{bmatrix} A' & B' \\ C' & D' \end{bmatrix} \tag{13-24}$$

称为二端口网络的 T'参数矩阵或反向传输参数矩阵。A'、B'、C'和 D'称为 T'参数，其物理含义可由式(13-22)得出，不再详述。

二端口网络的 T 参数同样可以由参数的物理含义或直接通过列写电路方程的方法来求。

例 13-10 求图 13-18(a)所示二端口网络的 T 参数。

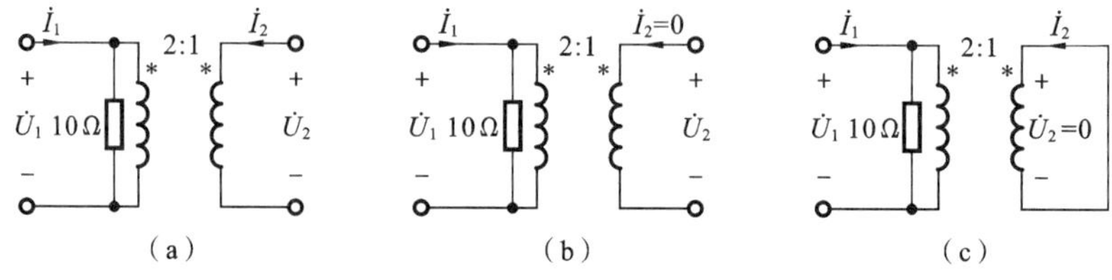

图 13-18 例 13-10 **图**

解 解法一 由 T 参数的物理含义，令输出端口开路，即 $\dot{I}_2=0$，求 A、C 的电路如图 13-18(b)所示，注意此时理想变压器原边电流为零。所以

$$\dot{U}_1=10\ \dot{I}_1,\quad A=\frac{\dot{U}_1}{\dot{U}_2}\bigg|_{\dot{I}_2=0}=\frac{2\ \dot{U}_2}{\dot{U}_2}=2,\quad C=\frac{\dot{I}_1}{\dot{U}_2}\bigg|_{\dot{I}_2=0}=\frac{\dot{U}_1/10}{\dot{U}_2}=0.2$$

令输出端口短路，即$\dot{U}_2=0$，所以$\dot{U}_1=2\ \dot{U}_2=0$，求 B、D 的电路如图 13-18(c)所示。

$$B=\frac{\dot{U}_1}{-\dot{I}_2}\bigg|_{\dot{U}_2=0}=\frac{0}{-\dot{I}_2}=0,\quad D=\frac{\dot{I}_1}{-\dot{I}_2}\bigg|_{\dot{U}_2=0}=\frac{-0.5\ \dot{I}_2}{-\dot{I}_2}=0.5$$

本例为互易二端口网络，所以必有 $AD-BC=1$。

解法二 直接对图 13-18(a)列电路方程。由理想变压器的电压比方程，得

$$\dot{U}_1=2\ \dot{U}_2$$

对 10 Ω 电阻的上端节点列 KCL 方程，得

$$\dot{I}_1=\frac{\dot{U}_1}{10}+\left(-\frac{\dot{I}_2}{2}\right)$$

将$\dot{U}_1=2\ \dot{U}_2$ 代入上式，得

$$\dot{I}_1=\frac{\dot{U}_2}{5}+\left(-\frac{\dot{I}_2}{2}\right)$$

所以二端口网络的 T 参数方程为

$$\dot{U}_1=2\ \dot{U}_2+0(-\dot{I}_2)$$
$$\dot{I}_1=0.2\ \dot{U}_2+0.5(-\dot{I}_2)$$

各 T 参数为 $A=2$、$B=0$、$C=0.2$、$D=0.5$。

例 13-11 求图 13-19 所示二端口网络的 T 参数矩阵。

解 对图 13-19 中虚线框定的闭合面列 KCL 方程，得

$$\dot{I}_1=\frac{1}{60}\dot{U}_2+\frac{1}{30}\dot{U}_2-\dot{I}_2=\frac{1}{20}\dot{U}_2+(-\dot{I}_2)$$

由 KCL 有　　　$\dot{I}_3=\frac{1}{30}\dot{U}_2-\dot{I}_2$

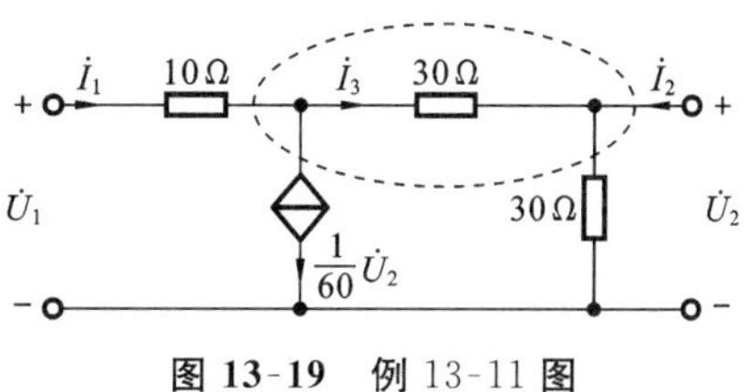

图 13-19　例 13-11 图

对包含输入端口和输出端口的回路列 KVL 方程，得

$$\begin{aligned}\dot{U}_1&=10\dot{I}_1+30\dot{I}_3+\dot{U}_2\\&=10\left(\frac{1}{20}\dot{U}_2-\dot{I}_2\right)+30\left(\frac{1}{30}\dot{U}_2-\dot{I}_2\right)+\dot{U}_2\\&=2.5\dot{U}_2-40\dot{I}_2\end{aligned}$$

故二端口网络的 T 参数方程为

$$\dot{U}_1=2.5\dot{U}_2+40(-\dot{I}_2)$$
$$\dot{I}_1=0.05\dot{U}_2+(-\dot{I}_2)$$

所以，T 参数矩阵为

$$\boldsymbol{T}=\begin{bmatrix}2.5 & 40\\0.05 & 1\end{bmatrix}$$

二端口网络的 6 种参数从不同侧面描述了二端口网络的端口特性，表 13-1 列出了其中 4 种参数的相互关系。

表 13-1　二端口网络 4 种参数的转换表

	Z	Y	H	T
Z	$\begin{matrix}Z_{11} & Z_{12}\\Z_{21} & Z_{22}\end{matrix}$	$\begin{matrix}\frac{Y_{22}}{\triangle_Y} & -\frac{Y_{12}}{\triangle_Y}\\-\frac{Y_{21}}{\triangle_Y} & \frac{Y_{11}}{\triangle_Y}\end{matrix}$	$\begin{matrix}\frac{\triangle_H}{H_{22}} & \frac{H_{12}}{H_{22}}\\-\frac{H_{21}}{H_{22}} & \frac{1}{H_{22}}\end{matrix}$	$\begin{matrix}\frac{A}{C} & \frac{\triangle_T}{C}\\\frac{1}{C} & \frac{D}{C}\end{matrix}$
Y	$\begin{matrix}\frac{Z_{22}}{\triangle_Z} & -\frac{Z_{12}}{\triangle_Z}\\-\frac{Z_{21}}{\triangle_Z} & \frac{Z_{11}}{\triangle_Z}\end{matrix}$	$\begin{matrix}Y_{11} & Y_{12}\\Y_{21} & Y_{22}\end{matrix}$	$\begin{matrix}\frac{1}{H_{11}} & -\frac{H_{12}}{H_{11}}\\\frac{H_{21}}{H_{11}} & \frac{\triangle_H}{H_{11}}\end{matrix}$	$\begin{matrix}\frac{D}{B} & -\frac{\triangle_T}{B}\\-\frac{1}{B} & \frac{A}{B}\end{matrix}$
H	$\begin{matrix}\frac{\triangle_Z}{Z_{22}} & \frac{Z_{12}}{Z_{22}}\\-\frac{Z_{21}}{Z_{22}} & \frac{1}{Z_{22}}\end{matrix}$	$\begin{matrix}\frac{1}{Y_{11}} & -\frac{Y_{12}}{Y_{11}}\\-\frac{Y_{21}}{Y_{11}} & \frac{\triangle_Y}{Y_{11}}\end{matrix}$	$\begin{matrix}H_{11} & H_{12}\\H_{21} & H_{22}\end{matrix}$	$\begin{matrix}\frac{B}{D} & -\frac{\upsilon_T}{D}\\-\frac{1}{D} & \frac{C}{D}\end{matrix}$
T	$\begin{matrix}\frac{Z_{11}}{Z_{21}} & \frac{\triangle_Z}{Z_{21}}\\\frac{1}{Z_{21}} & \frac{Z_{22}}{Z_{21}}\end{matrix}$	$\begin{matrix}-\frac{Y_{22}}{Y_{21}} & -\frac{1}{Y_{21}}\\-\frac{\triangle_Y}{Y_{21}} & -\frac{Y_{11}}{Y_{21}}\end{matrix}$	$\begin{matrix}\frac{\triangle_H}{H_{21}} & -\frac{H_{11}}{H_{21}}\\-\frac{H_{22}}{H_{21}} & -\frac{1}{H_{21}}\end{matrix}$	$\begin{matrix}A & B\\C & D\end{matrix}$

表中，

$$\triangle_Z=\begin{vmatrix}Z_{11} & Z_{12}\\Z_{21} & Z_{22}\end{vmatrix}=Z_{11}Z_{22}-Z_{12}Z_{21},\quad \triangle_Y=\begin{vmatrix}Y_{11} & Y_{12}\\Y_{21} & Y_{22}\end{vmatrix}=Y_{11}Y_{22}-Y_{12}Y_{21}$$

$$\triangle_H=\begin{vmatrix}H_{11} & H_{12}\\H_{21} & H_{22}\end{vmatrix}=H_{11}H_{22}-H_{12}H_{21},\quad \triangle_T=\begin{vmatrix}A & B\\C & D\end{vmatrix}=AD-BC$$

对某一特定的二端口网络，理论上可以选择任意一种存在的参数来描述其外部特性，但某一种参数的获得（测量或计算）可能比较容易，而对该二端口网络进行分析时又需要用到其他的参数。

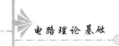

13.3 二端口网络的等效电路

任何复杂的一端口网络可以用一个参数表征其外部特性，其等效电路可以只用一个阻抗表示。同理，既然由线性 R、L、C、耦合电感及理想变压器元件构成的任何二端口网络(即互易二端口网络)的外部特性可以用 3 个参数确定，那么只要找到一个由具有 3 个阻抗(或导纳)组成的简单二端口网络，如果这个二端口网络与给定的二端口网络具有完全相同的参数，则这两个二端口网络的外部特性也就完全相同，即它们是相互等效的。由 3 个阻抗(或导纳)构成的二端口网络只有两种形式，即 T 形电路和 π 形电路，分别如图 13-20(a)、(b)所示。

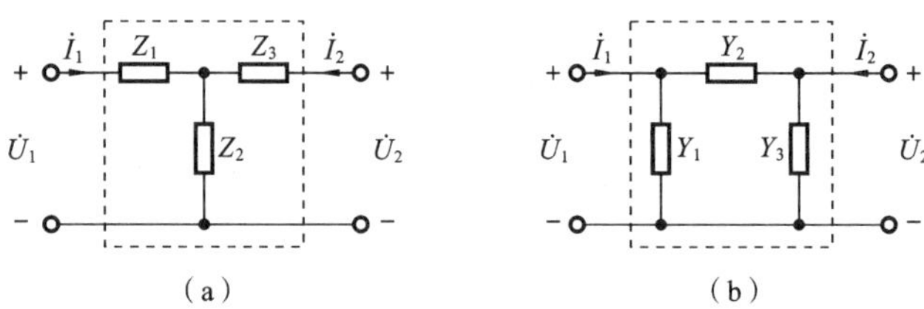

图 13-20 二端口网络的等效电路

13.3.1 Z 参数表示的等效电路

如果已知互易二端口网络的 Z 参数 Z_{11}、$Z_{12}=Z_{21}$、Z_{22}，宜先求图 13-20(a)所示的等效 T 形电路。要确定等效电路中 Z_1、Z_2、Z_3 的值，可先采用回路电流法写出此 T 形电路的 Z 参数方程为

$$\begin{cases}\dot{U}_1=(Z_1+Z_2)\dot{I}_1+Z_2\dot{I}_2\\ \dot{U}_2=Z_2\dot{I}_1+(Z_2+Z_3)\dot{I}_2\end{cases} \tag{13-25}$$

由已知的 Z 参数可以写出 Z 参数方程为

$$\begin{cases}\dot{U}_1=Z_{11}\dot{I}_1+Z_{12}\dot{I}_2\\ \dot{U}_2=Z_{12}\dot{I}_1+Z_{22}\dot{I}_2\end{cases} \tag{13-26}$$

比较式(13-25)与式(13-26)，得

$$Z_1=Z_{11}-Z_{12},\quad Z_2=Z_{12},\quad Z_3=Z_{22}-Z_{12} \tag{13-27}$$

如果二端口网络内部含有受控电源，那么二端口网络的 4 个参数相互独立，可由已知的 Z 参数写出 Z 参数方程

$$\begin{cases}\dot{U}_1=Z_{11}\dot{I}_1+Z_{12}\dot{I}_2\\ \dot{U}_2=Z_{12}\dot{I}_1+Z_{22}\dot{I}_2+(Z_{21}-Z_{12})\dot{I}_1\end{cases}$$

第二个方程右边的最后一项与一个 CCVS 对应，其等效电路如图 13-21(a)所示。或者将 Z 参数方程写成

$$\begin{cases}\dot{U}_1=Z_{11}\dot{I}_1+Z_{21}\dot{I}_2+(Z_{12}-Z_{21})\dot{I}_2\\ \dot{U}_2=Z_{21}\dot{I}_1+Z_{22}\dot{I}_2\end{cases}$$

则第一个方程右边的最后一项同样与一个 CCVS 对应，其等效电路如图 13-21(b)所示。

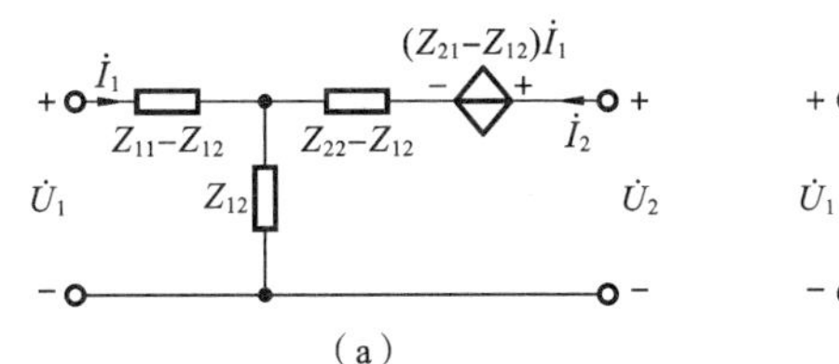

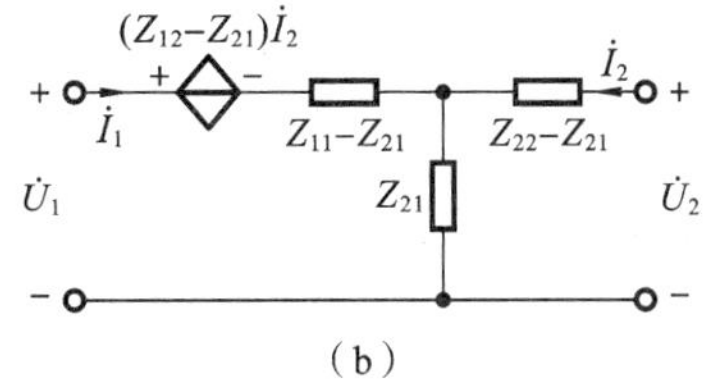

图 13-21　Z 参数表示的等效电路

当然，已知二端口网络的 Z 参数时，还可以求得其他形式的等效电路，例如等效 π 形电路，具体方法见下节。

13.3.2　Y 参数表示的等效电路

如果已知的是互易二端口网络的 Y 参数 Y_{11}、$Y_{12}=Y_{21}$、Y_{22}，宜先求图 13-20(b)所示的等效 π 形电路，要确定等效电路中 Y_1、Y_2、Y_3 的值，可先运用节点电压法写出此 π 形电路的 Y 参数方程

$$\begin{cases}\dot{I}_1=(Y_1+Y_2)\dot{U}_1-Y_2\dot{U}_2\\ \dot{I}_2=-Y_2\dot{U}_1+(Y_2+Y_3)\dot{U}_2\end{cases}\tag{13-28}$$

而由已知的 Y 参数可以写出 Y 参数方程

$$\begin{cases}\dot{I}_1=Y_{11}\dot{U}_1+Y_{12}\dot{U}_2\\ \dot{I}_2=Y_{12}\dot{U}_1+Y_{22}\dot{U}_2\end{cases}\tag{13-29}$$

比较式(13-28)与式(13-29)，得

$$Y_1=Y_{11}+Y_{12},\quad Y_2=-Y_{12},\quad Y_3=Y_{22}+Y_{12}\tag{13-30}$$

如果二端口网络内部含有受控电源，那么二端口网络的 4 个参数相互独立，可由已知的 Y 参数写出 Y 参数方程

$$\dot{I}_1=Y_{11}\dot{U}_1+Y_{12}\dot{U}_2$$
$$\dot{I}_2=Y_{12}\dot{U}_1+Y_{22}\dot{U}_2+(Y_{21}-Y_{12})\dot{U}_1$$

第二个方程右边的最后一项与一个 VCCS 对应，其等效电路如图 13-22(a)所示。或者将 Y 参数方程写成

$$\dot{I}_1=Y_{11}\dot{U}_1+Y_{21}\dot{U}_2+(Y_{12}-Y_{21})\dot{U}_2$$
$$\dot{I}_2=Y_{21}\dot{U}_1+Y_{22}\dot{U}_2$$

则第一个方程右边的最后一项同样与一个 VCCS 对应，其等效电路如图 13-22(b)所示。

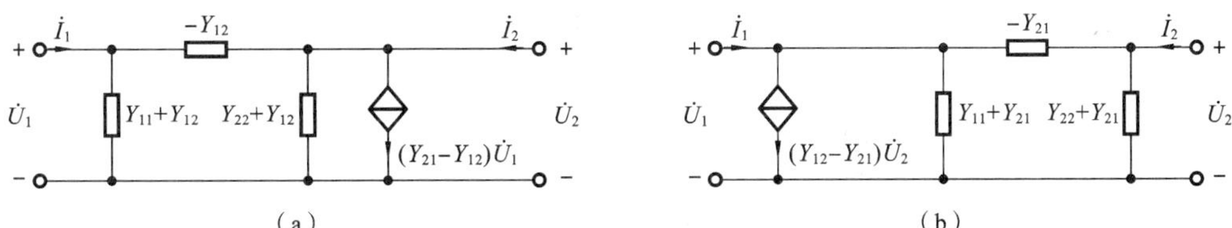

图 13-22　Y 参数表示的等效电路

如果要得到二端口网络用 Y 参数表示的等效 T 形电路，则可根据表 13-1，将 Y 参数转换成 Z 参数(如果存在)后构建其等效 T 形电路。反之，如果要由已知的 Z 参数得到等效 π

形电路,则可先将 Z 参数转换成 Y 参数(如果存在)后再得到其等效 π 形电路。

13.3.3 H 参数表示的等效电路

二端口网络的 H 参数方程为

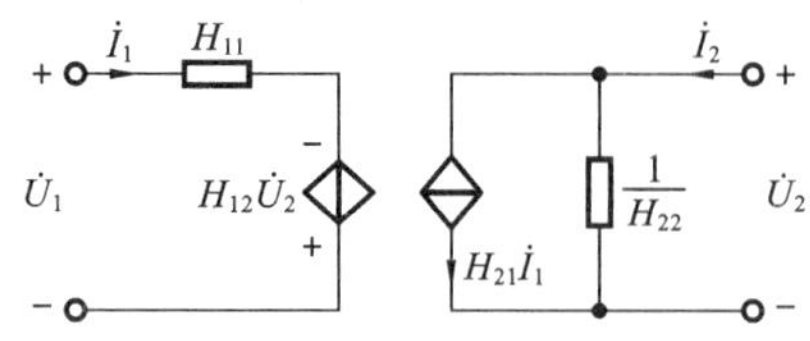

图 13-23　H 参数表示的等效电路

$$\dot{U}_1 = H_{11}\dot{I}_1 + H_{12}\dot{U}_2$$
$$\dot{I}_2 = H_{21}\dot{I}_1 + H_{22}\dot{U}_2$$

第一个方程为 KVL 方程,第二个方程为 KCL 方程,如果已知二端口网络的 H 参数,可以构造一个如图 13-23 所示的 H 参数等效电路。

当然,如果二端口网络存在 Z 参数或 Y 参数,则还可以查表 13-1,将 H 参数转换成 Z 参数或 Y 参数,然后得到等效 T 形电路或等效 π 形电路。

13.4　二端口网络的级联

把一个复杂的二端口网络看成是若干个简单的二端口网络按某种方式连接而成,这将使电路分析得到简化。另一方面,在设计和实现一个复杂的二端口网络时,也可以用简单的二端口网络作为"积木块",将它们按一定方式连接成具有所需特性的二端口网络。一般来说,分析(或设计)简单的部分电路并加以连接比直接分析(或设计)一个复杂的整体电路容易些,因此讨论二端口网络的连接问题具有重要意义。

二端口网络的相互连接方式主要有级联(链形连接)、串联和并联,本书只讨论级联,它是一种最简单也是应用最广泛的二端口网络连接方式,如图 13-24 所示。

两个二端口网络 N_1 和 N_2 级联构成一个新的复合二端口网络,鉴于 N_1 的输出端口恰好是 N_2 的输入端口,采用 T 参数讨论 N_1、N_2 和复合二端口网络三者间的的端口特性关系较为方便。设二端口网络 N_1 和 N_2 的 T 参数矩阵分别为 $\boldsymbol{T}_1$ 和 $\boldsymbol{T}_2$,有

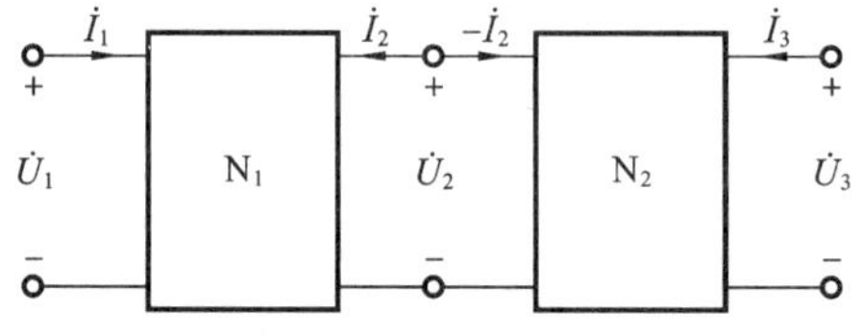

图 13-24　二端口网络的级联

$$\boldsymbol{T}_1=\begin{bmatrix} A_1 & B_1 \\ C_1 & D_1 \end{bmatrix},\quad \boldsymbol{T}_2=\begin{bmatrix} A_2 & B_2 \\ C_2 & D_2 \end{bmatrix}$$

则对于 N_1 和 N_2 两个二端口网络分别有

$$\begin{bmatrix} \dot{U}_1 \\ \dot{I}_1 \end{bmatrix}=\begin{bmatrix} A_1 & B_1 \\ C_1 & D_1 \end{bmatrix}\begin{bmatrix} \dot{U}_2 \\ -\dot{I}_2 \end{bmatrix},\quad \begin{bmatrix} \dot{U}_2 \\ -\dot{I}_2 \end{bmatrix}=\begin{bmatrix} A_2 & B_2 \\ C_2 & D_2 \end{bmatrix}\begin{bmatrix} \dot{U}_3 \\ -\dot{I}_3 \end{bmatrix}$$

联立以上两个矩阵方程,可得

$$\begin{bmatrix} \dot{U}_1 \\ \dot{I}_1 \end{bmatrix}=\begin{bmatrix} A_1 & B_1 \\ C_1 & D_1 \end{bmatrix}\begin{bmatrix} A_2 & B_2 \\ C_2 & D_2 \end{bmatrix}\begin{bmatrix} \dot{U}_3 \\ -\dot{I}_3 \end{bmatrix}=\boldsymbol{T}_1\boldsymbol{T}_2\begin{bmatrix} \dot{U}_3 \\ -\dot{I}_3 \end{bmatrix}$$

所以复合二端口网络的 T 参数矩阵为

$$\boldsymbol{T}=\boldsymbol{T}_1\boldsymbol{T}_2=\begin{bmatrix} A_1A_2+B_1C_2 & A_1B_2+B_1D_2 \\ C_1A_2+D_1C_2 & C_1B_2+D_1D_2 \end{bmatrix} \tag{13-31}$$

即两个二端口网络级联后构成的复合二端口网络的 T 参数矩阵等于原来两个二端口网络的 T 参数矩阵 $\boldsymbol{T}_1$ 和 $\boldsymbol{T}_2$ 的乘积。运算时要注意矩阵相乘的顺序。

例 13-12 求如图 13-25(a)所示的二端口网络的 T 参数矩阵。

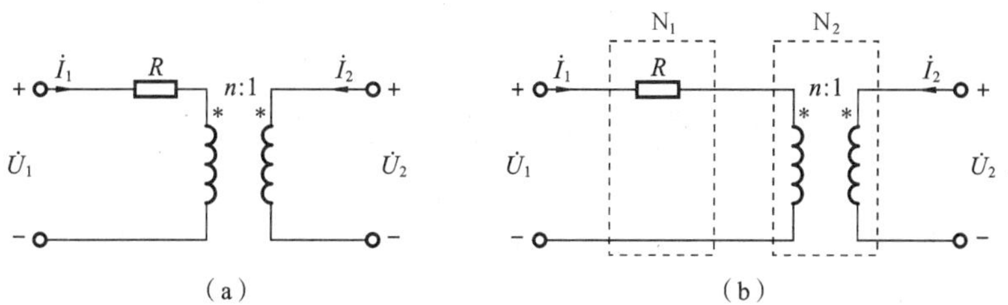

图 13-25 例 13-12 图

解 把图 13-25(a)所示二端口看成两个二端口网络 N_1 和 N_2 的级联，如图 13-25(b)所示。设二端口网络 N_1 和 N_2 的 T 参数矩阵分别为 $\boldsymbol{T}_1$ 和 $\boldsymbol{T}_2$，可得

$$\boldsymbol{T}_1=\begin{bmatrix}1 & R\\0 & 1\end{bmatrix},\quad \boldsymbol{T}_2=\begin{bmatrix}n & 0\\n & \dfrac{1}{n}\end{bmatrix}$$

则，N_1 和 N_2 级联而成的二端口网络的 T 参数矩阵为

$$\boldsymbol{T}=\boldsymbol{T}_1\boldsymbol{T}_2=\begin{bmatrix}1 & R\\0 & 1\end{bmatrix}\begin{bmatrix}n & 0\\n & \dfrac{1}{n}\end{bmatrix}=\begin{bmatrix}n & \dfrac{R}{n}\\0 & \dfrac{1}{n}\end{bmatrix}$$

例 13-13 求图 13-26(a)所示二端口网络的 T 参数。若输出端口开路时流过右边 1 Ω 电阻元件的电流为 1 A，求此时输入端口的 U_1 和 I_1。

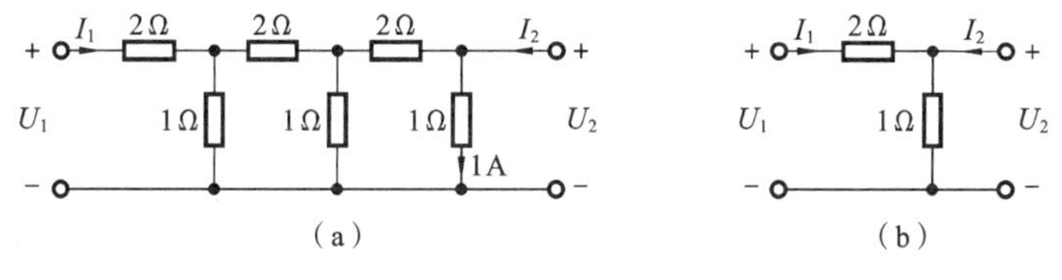

图 13-26 例 13-13 图

解 将图 13-26(a)所示网络看成 3 个如图 13-26(b)所示二端口网络的级联，并设图 13-26(b)所示二端口网络的 T 参数矩阵为 $\boldsymbol{T}_1$，则图 13-26(a)所示网络的 T 参数矩阵为

$$\boldsymbol{T}=\boldsymbol{T}_1\cdot\boldsymbol{T}_1\cdot\boldsymbol{T}_1=\boldsymbol{T}_1^3$$

而图 13-26(b)所示二端口网络的 T 参数方程为

$$I_1=\frac{U_2}{1}-I_2=U_2+(-I_2)$$

$$U_1=2I_1+U_2=2(U_2-I_2)+U_2=3U_2+2(-I_2)$$

则有 $\boldsymbol{T}_1=\begin{bmatrix}3 & 2\\1 & 1\end{bmatrix}$，而 $\boldsymbol{T}=\boldsymbol{T}_1^3=\begin{bmatrix}3 & 2\\1 & 1\end{bmatrix}^3=\begin{bmatrix}41 & 30\\15 & 11\end{bmatrix}$

所以图 13-26(a)所示二端口网络的 T 参数方程为

$$U_1=41U_2-30I_2$$

$$I_1=15U_2-11I_2$$

由题意知 $I_2=0$ 时，$U_2=1\times1\ \text{V}=1\ \text{V}$，将此条件代入以上 T 参数方程，得

$$U_2=41\ \text{V},\quad I_1=15\ \text{A}$$

13.5 有端接二端口网络的分析

在工程中，大多数二端口网络，例如放大器、滤波器等都是在其输入端口连接信号源(一般用一阻抗 Z_S 和电压源 $\dot{U}_S$ 串联表示)，在其输出端口连接负载 Z_L，即处于有端接的工作状态，如图 13-27 所示。本节讨论有端接二端口网络的几个问题。

13.5.1 端口电压、电流的计算

分析图 13-27 所示有端接的二端口网络的端口电压、电流不涉及二端口网络内部的讨论，只需利用二端口网络的端口特性方程，以及输入端口与输出端口分别连接的外部端口的伏安特性，具体步骤如下。

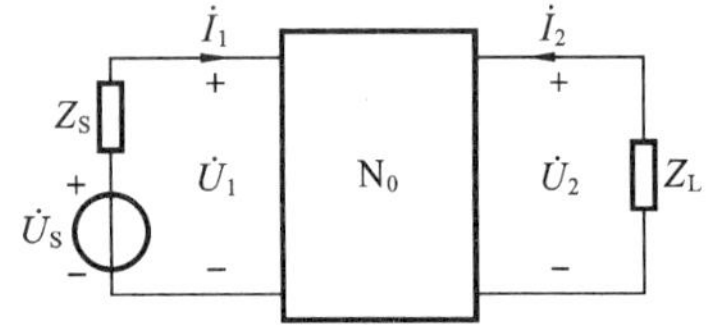

图 13-27 有端接的二端口网络

(1) 列出二端口网络的某一种参数方程。

(2) 列出输入、输出端口外部电路的伏安特性方程，即

$$\dot{U}_1=\dot{U}_S-\dot{I}_1Z_S \quad 和 \quad \dot{U}_2=-\dot{I}_2Z_L$$

(3) 联立以上 4 个方程，根据要求求解。

例 13-14 已知图 13-28(a)所示电路中，二端口网络 N 的 T 参数矩阵为

$$\boldsymbol{T}=\begin{bmatrix}2 & 0\\ 2/3 & 1/2\end{bmatrix}$$

试问负载 R_L 等于多少时可以获得最大功率，并求此最大功率。

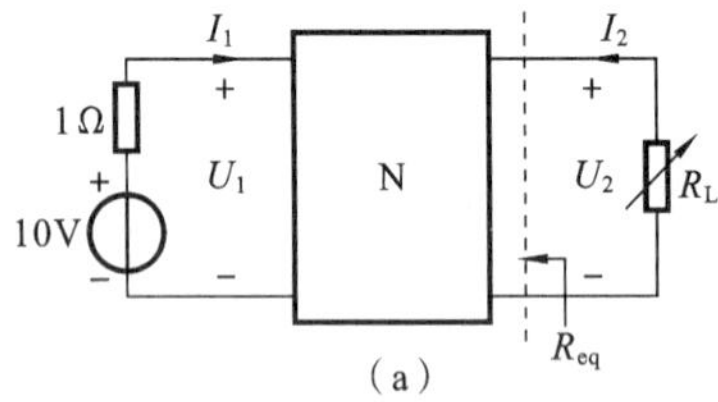

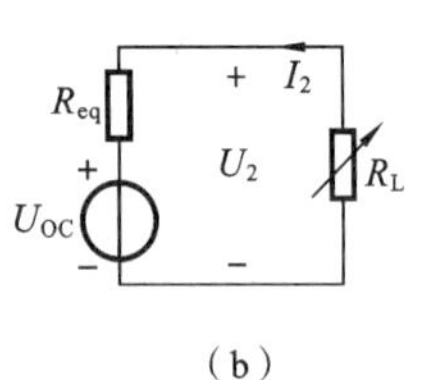

图 13-28 例 13-14 图

解 解法一 列出二端口网络 N 的 T 参数方程

$$U_1=3U_2$$

$$I_1=\frac{2}{3}U_2-\frac{1}{2}I_2$$

列出端接电源的伏安关系

$$U_1=10-I_1$$

要计算 R_L 能获得的最大功率，应该求出图 13-28(a)中虚线左侧二端电路的戴维南等

效电路，即确定其开路电压 U_{OC} 和等效电阻 R_{eq}，如图 13-28(b)所示。

显然，当 $I_2=0$ 时，U_2 就是开路电压 U_{OC}。将 $I_2=0$ 与以上三个方程联立，可得

$$U_{OC}=U_2=\frac{15}{4}\ \text{V}$$

由于二端口 N 内部情况不详，所以考虑用开路电压、短路电流和等效电阻三者间的关系来确定 R_{eq}。显然，当 $U_2=0$ 时，I_2 就是短路电流 I_{SC}。同样，将 $U_2=0$ 与 3 个特性方程联立，得

$$I_{SC}=I_2=-20\ \text{A}$$

所以，等效电阻为
$$R_{eq}=-\frac{U_{OC}}{I_{SC}}=-\frac{\frac{15}{4}}{-20}\ \Omega=\frac{3}{16}\ \Omega$$

根据最大功率传输定理可得，当 $R_L=R_{eq}=\frac{3}{16}\ \Omega$ 时，R_L 可以获得最大功率。

最大功率为
$$P_{max}=\frac{U_{OC}^2}{4R_{eq}}=\frac{\left(\frac{15}{4}\right)^2}{4\times\frac{3}{16}}\ \text{W}=18.75\ \text{W}$$

当然，此题还可以考虑根据二端口网络的 T 参数得到其等效电路后，再对负载 R_L 以外的网络求取戴维南等效电路，下面用这种方法求解此题。

解法二　将二端口网络 N 的 T 参数矩阵转换为 Z 参数矩阵。

$$\boldsymbol{Z}=\begin{bmatrix}\frac{A}{C} & \frac{\Delta_T}{C}\\ \frac{1}{C} & \frac{D}{C}\end{bmatrix}=\begin{bmatrix}3 & \frac{3}{2}\\ \frac{3}{2} & \frac{3}{4}\end{bmatrix}\ \Omega$$

可见，N 是一个互易二端口网络，图 13-28(a)虚线左侧可等效成图 13-29(a)。

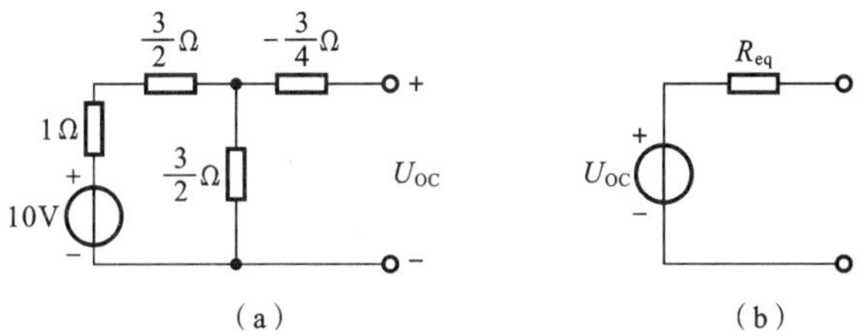

图 13-29　例 13-14 解法二

进一步求出图 13-29(a)的戴维南等效电路，如图 13-29(b)所示，其中

$$U_{OC}=\frac{\frac{3}{2}}{\frac{3}{2}+\frac{3}{2}+1}\times 10\ \text{V}=\frac{15}{4}\ \text{V}$$

$$R_{eq}=\left[\left(1+\frac{3}{2}\right)\parallel\frac{3}{2}+\left(-\frac{3}{4}\right)\right]\Omega=\frac{3}{16}\ \Omega$$

最后，根据最大功率传输定理求 R_L 的最大功率，不再重复。

例 13-15　图 13-30 中 N_0 为互易二端口网络，R_L 可调，当 $R_L=\infty$ 时，$U_2=24$ V，$I_1=2.4$

A；当 $R_L=0$ 时，$I_2=-1.6$ A。求：(1) N_0 的 T 参数；(2) 当 $R_L=5\ \Omega$ 时，I_1 和 I_2 各为多少？

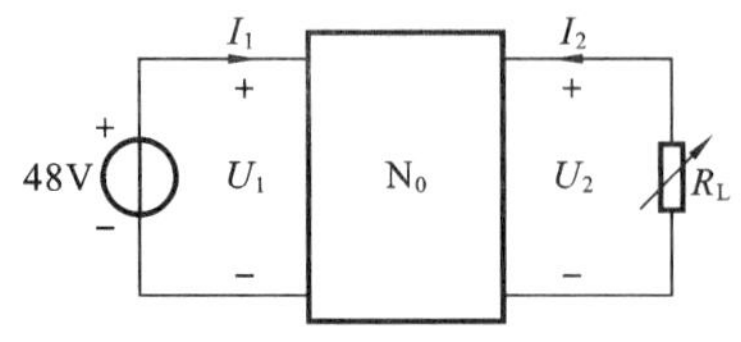

图 13-30 例 13-15 图

解 写出 N_0 的 T 参数方程为

$$U_1=AU_2-BI_2$$

$$I_1=CU_2-DI_2$$

由端接部分的伏安特性，可得

$$U_1=48\ \text{V}$$

$$U_2=-R_L I_2$$

联立以上方程，将已知条件分别代入。当 $R_L=\infty$ 时，$I_2=0$，$U_2=24$ V，$I_1=2.4$ A，有

$$48=24A-B\times 0$$

$$2.4=24C-D\times 0$$

求得

$$A=2,\quad C=0.1\ \text{S}$$

又当 $R_L=0$ 时，$U_2=0$，$I_2=-1.6$ A，有

$$48=A\times 0+1.6B$$

所以

$$B=30\ \Omega$$

因为 N_0 为互易二端口网络，所以 $AD-BC=1$，所以

$$D=\frac{1+BC}{A}=\frac{1+30\times 0.1}{2}=2$$

所以 N_0 的 T 参数矩阵为

$$\boldsymbol{T}=\begin{bmatrix}2 & 30\\ 0.1 & 2\end{bmatrix}$$

当 $R_L=5\ \Omega$ 时，将端接关系代入 N_0 的 T 参数方程，得

$$48=-10I_2-30I_2$$

$$I_1=-0.5I_2-2I_2$$

解得

$$I_2=-1.2\ \text{A},\quad I_1=3\ \text{A}$$

13.5.2 二端口网络的输入阻抗和输出阻抗

图 13-27 中，二端口网络接于电源和负载之间，对于电源来说，二端口网络的输入端口相当于负载，从输入端口向二端口网络看进去的等效阻抗（称为输入阻抗）对电源的输出有直接影响；对负载而言，二端口网络的输出端口相当于电源，从输出端口向二端口网络看进去的等效阻抗（称为输出阻抗）决定着其带负载能力。因此，输入阻抗和输出阻抗从另一方面体现着二端口网络的性能，是工程实际中的重要参数。

二端口网络的输入阻抗定义为：在输出端口连接负载的情况下，从输入端口向网络内部看进去的等效阻抗，如图 13-31 所示。即

$$Z_i=\frac{\dot{U}_1}{\dot{I}_1}=\frac{A\dot{U}_2-B\dot{I}_2}{C\dot{U}_2-D\dot{I}_2}$$

由于

$$\dot{U}_2=-Z_L\dot{I}_2$$

所以

$$Z_i=\frac{AZ_L+B}{CZ_L+D} \tag{13-32}$$

输入阻抗还可以采用其他参数表示，对于图 13-31，写出 N_0 的 Z 参数方程为

$$\dot{U}_1 = Z_{11}\dot{I}_1 + Z_{12}\dot{I}_2$$
$$\dot{U}_2 = Z_{21}\dot{I}_1 + Z_{22}\dot{I}_2$$

再将$\dot{U}_2 = -Z_L \dot{I}_2$ 代入以上方程，可得输入阻抗

$$Z_i = \frac{\dot{U}_1}{\dot{I}_1} = Z_{11} - \frac{Z_{12}Z_{21}}{Z_{22}+Z_L} \tag{13-33}$$

由式(13-32)和式(13-33)可见，二端口网络的输入阻抗不仅与二端口网络的参数有关，而且与负载 Z_L 有关。这就是说，二端口网络有变换阻抗的作用。

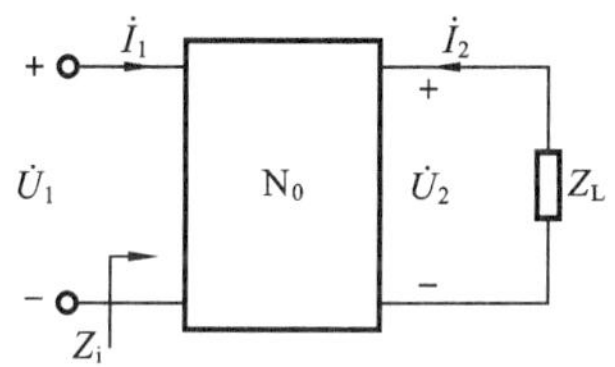

图 13-31　二端口网络的输入阻抗

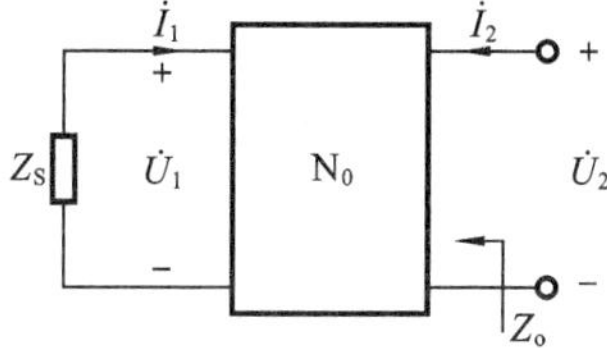

图 13-32　二端口网络的输出阻抗

二端口网络的输出阻抗定义为：将电压源$\dot{U}_S$ 置零，输出端口未连接负载的情况下，从输出端口向网络内部看进去的等效阻抗，如图 13-32 所示。即

$$Z_o = \frac{\dot{U}_2}{\dot{I}_2} = \frac{A'\dot{U}_1 + B'\dot{I}_1}{-C'\dot{U}_1 - D'\dot{I}_1}$$

由于
$$\dot{U}_1 = -Z_S \dot{I}_1$$

所以
$$Z_o = \frac{-A'Z_S + B'}{C'Z_S - D'} \tag{13-34}$$

式(13-34)是用反向传输参数表示输出阻抗，若用正向传输参数表示，则有

$$Z_o = \frac{DZ_S + B}{CZ_S + A} \tag{13-35}$$

若用阻抗参数表示输出阻抗，则有

$$Z_o = Z_{22} - \frac{Z_{12}Z_{21}}{Z_{11}+Z_S} \tag{13-36}$$

式(13-27)和式(13-28)的推导过程请读者自己完成。

由上可见，二端口网络的输出阻抗不仅与二端口网络的参数有关，而且与接于输入端口的电源内阻抗 Z_S 有关。

本 章 小 结

(1) Z、Y、H、T 参数是分析二端口网络时常用的 4 种参数矩阵，它们反映了二端口网络的外部特性。各参数的含义应与相应的端口特性方程相联系，不必死记。

(2) Z、Y、H、T 参数均取决于构成二端口网络本身的元件及其连接方式，与外部电路无关。

(3) 对于一般的二端口网络，各种参数矩阵中的 4 个元素是相互独立的，但是对于互易二端口网络而言，4 个元素中只有 3 个相互独立，即有 $Z_{12}=Z_{21}$、$Y_{12}=Y_{21}$、$H_{12}=-H_{21}$、$AD-BC=1$；对于对称二端口网络，则有 $Z_{11}=Z_{22}$、$Y_{11}=Y_{22}$、$H_{11}H_{22}-H_{12}H_{21}=1$、$A=D$。

(4) Z、Y、H、T 参数都是从二端口网络的端口特性方程得到的，它们之间彼此联系，可相互转换，但要注意二端口不一定同时存在 Z、Y、H、T 参数。

(5) Z、Y、H、T 参数既可以按照各参数的物理含义求解，也可以对二端口网络列写电路方程并整理成 Z、Y、H、T 参数方程的形式来确定。

(6) 级联是二端口网络之间相互连接的常见形式，常采用 T 参数来分析。两个二端口网络 N_1（T 参数矩阵为 $\boldsymbol{T}_1$）和 N_2（T 参数矩阵为 $\boldsymbol{T}_2$）级联构成复合二端口网络 N，它的 T 参数矩阵为

$$\boldsymbol{T}=\boldsymbol{T}_1\boldsymbol{T}_2$$

运算时要注意 $\boldsymbol{T}_1$ 与 $\boldsymbol{T}_2$ 的顺序与二端口网络间级联顺序的关系。

(7) 有端接二端口网络是实际中常见的情况，其输入阻抗和输出阻抗是衡量二端口性能的重要指标，在电子技术中非常重要。对于有端接二端口网络的分析计算，一般步骤如下：

① 列出二端口网络的某一种参数方程；

② 列出端接电路的伏安特性方程；

③ 联立以上 4 个方程，根据要求求解。

习　　题

13-1　求题图 13-1 所示各二端口网络的 Z 参数。

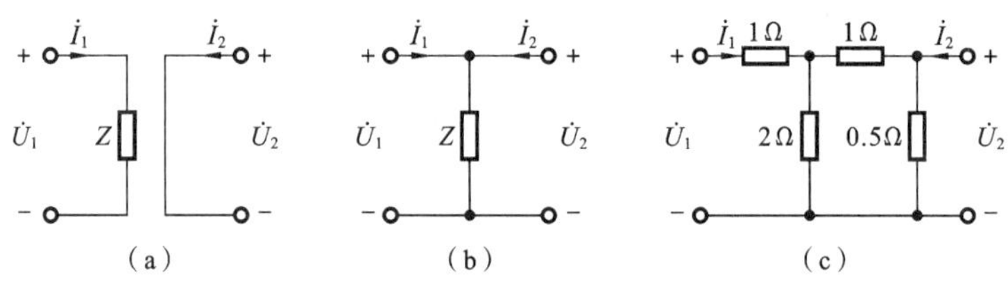

题图 13-1

13-2　求题图 13-2 所示各二端口网络的 Z 参数。

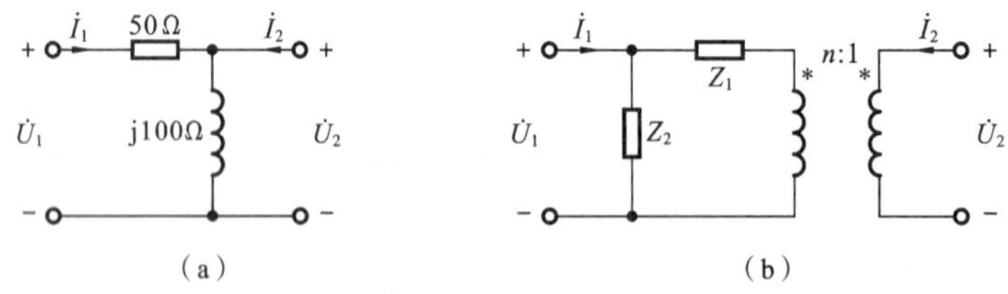

题图 13-2

13-3　求题图 13-3 所示各二端口网络的 Z 参数。

13-4　求题图 13-4 所示各二端口网络的 Y 参数。

13-5　求题图 13-2 所示各二端口网络的 Y 参数。

13-6　求题图 13-5 所示各二端口网络的 Y 参数。

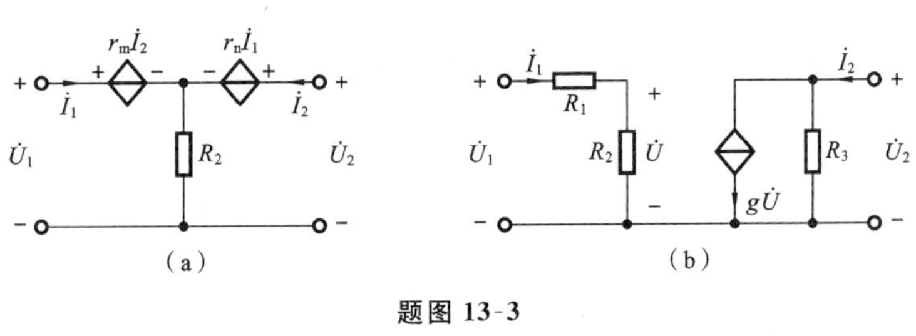

题图 13-3

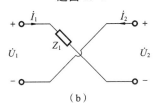

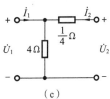

题图 13-4

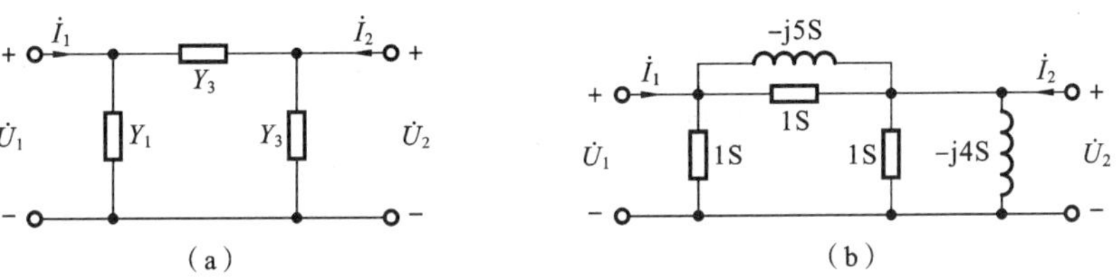

题图 13-5

13-7 求题图 13-6 所示各二端口网络的 Y 参数。

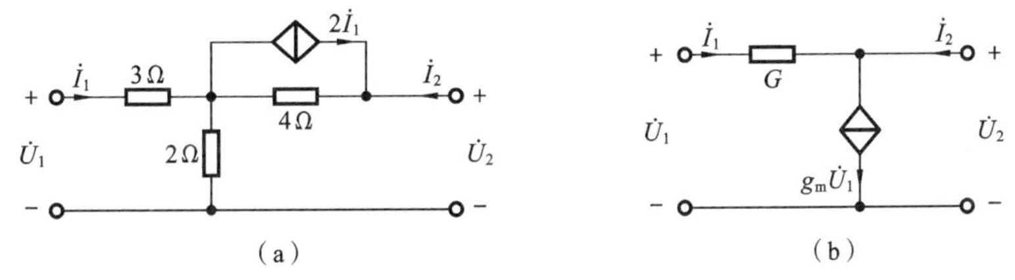

题图 13-6

13-8 求题图 13-7 所示各二端口网络的 H 参数。

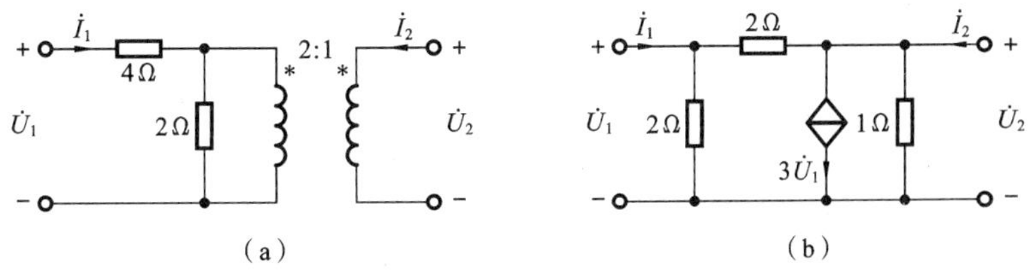

题图 13-7

13-9 求题图 13-8 所示各二端口网络的 T 参数。

13-10 已知二端口网络的 Y 参数矩阵为

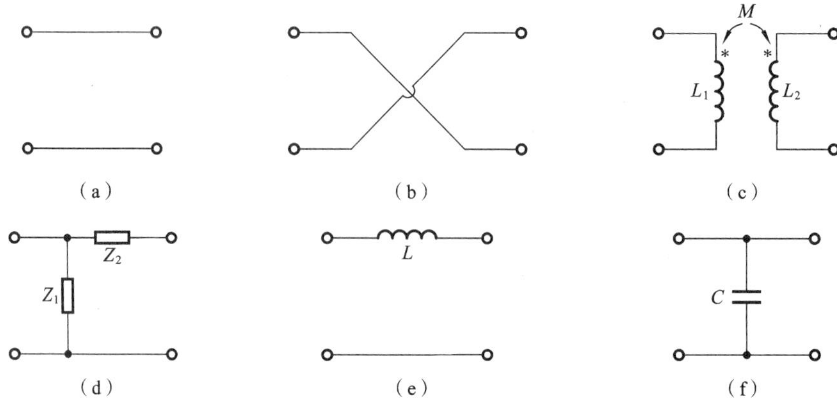

题图 13-8

$$\boldsymbol{Y}=\begin{bmatrix}1.5 & -1.2\\ -0.1 & 1.8\end{bmatrix}\text{S}$$

求 $\boldsymbol{H}$ 参数矩阵，并说明该二端口网络中是否有受控电源。

13-11 已知二端口网络的参数矩阵为

$$\text{(a) }\boldsymbol{Z}=\begin{bmatrix}\dfrac{60}{9} & \dfrac{40}{9}\\ \dfrac{40}{9} & \dfrac{100}{9}\end{bmatrix}\Omega,\quad \text{(b) }\boldsymbol{Y}=\begin{bmatrix}5 & -2\\ 0 & 3\end{bmatrix}\text{S}$$

试问各二端口网络中是否有受控电源，并求它们的等效 π 形电路。

13-12 已知题图 13-9 所示二端口网络的 Z 参数矩阵

$$\boldsymbol{Z}=\begin{bmatrix}10 & 8\\ 5 & 10\end{bmatrix}\Omega$$

求 R_1、R_2、R_3 和 r 的值。

13-13 求题图 13-10 所示二端口网络的 T 参数矩阵。

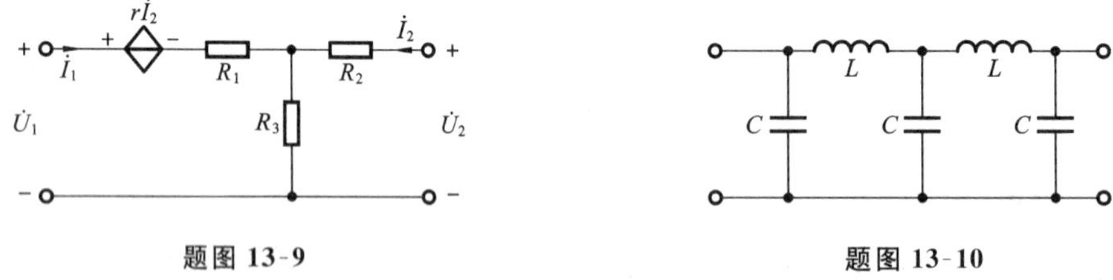

题图 13-9　　　　题图 13-10

13-14 求题图 13-11 所示各二端口网络的 T 参数矩阵，设内部二端口 N_1 的 T 参数矩阵为

$$\boldsymbol{T}_1=\begin{bmatrix}A & B\\ C & D\end{bmatrix}$$

13-15 已知题图 13-12 中 N 为一互易二端口网络，其 Z 参数矩阵为

$$\boldsymbol{Z}=\begin{bmatrix}5 & 3\\ 3 & 7\end{bmatrix}\Omega$$

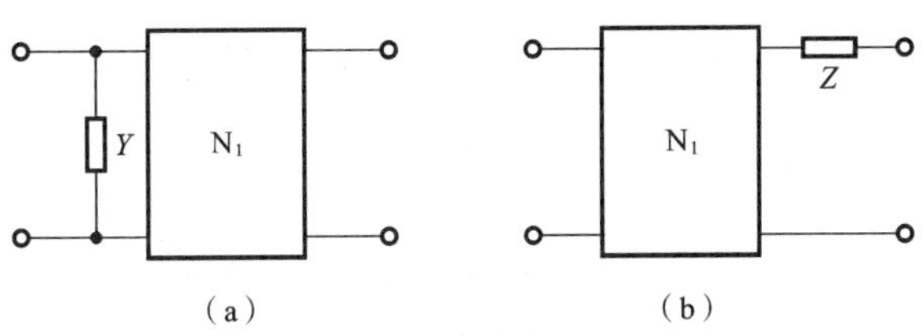

题图 13-11

求电路的输入阻抗 Z_i。

13-16 题图 13-13 所示中二端口网络 N 的 Z 参数矩阵 $\boldsymbol{Z}=\begin{bmatrix} j3 & 6 \\ 6 & j6 \end{bmatrix}\ \Omega$，求 U_2。

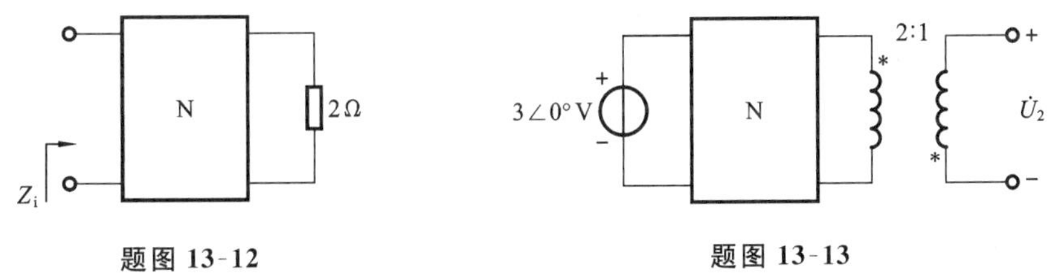

题图 13-12　　题图 13-13

13-17 题图 13-14 中二端口网络 N 的 T 参数矩阵 $\boldsymbol{T}=\begin{bmatrix} 3 & 8 \\ 0.25 & 1 \end{bmatrix}$，$R_2=4\ \Omega$ 时，$U_2=2\ \text{V}$。求 $R_2=6\ \Omega$ 时的 I_1 和 U_2 的值。

13-18 题图 13-15 中 N_1 的 Z 参数矩阵 $\boldsymbol{Z}=\begin{bmatrix} 6 & 2 \\ 2 & 8 \end{bmatrix}\ \Omega$，$N_2$ 的 T 参数矩阵 $\boldsymbol{T}=\begin{bmatrix} 1.5 & 5 \\ 0.25 & 1.5 \end{bmatrix}$。端口 3-3′处开路，求(1) N_1 的等效 T 形电路和 N_2 的输入电阻 R_1；(2) 电压 U_2 和 U_3。

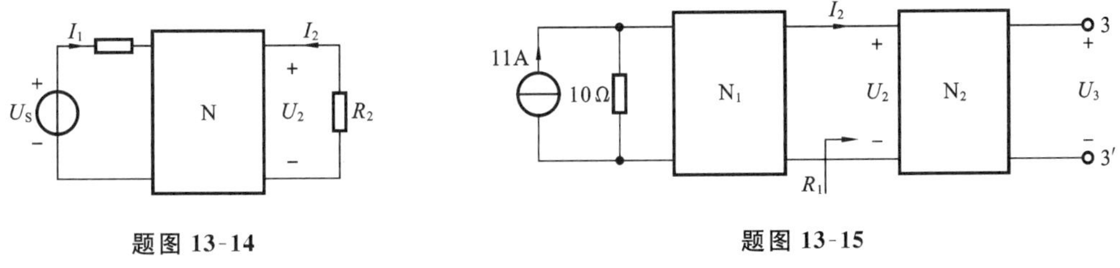

题图 13-14　　题图 13-15

13-19 如题图 13-16 所示的级联二端口网络，其中，N_a 的 T 参数矩阵 $\boldsymbol{T}_a=\begin{bmatrix} \frac{4}{3} & 2 \\ \frac{1}{6} & 1 \end{bmatrix}$，$N_b$ 为电阻性对称二端口网络。当 3-3′端短路时，$I_1=5.5\ \text{A}$，$I_3=-1\ \text{A}$。则(1) 求 N_b 的传输参数矩阵 $\boldsymbol{T}_b$；(2) 若 3-3′端接一电阻 R，问 R 为多少时它可获得最大功率？并求此最大功率 P_{max}。

13-20 已知题 13-17 所示二端口网络 N 的 Z 参数矩阵 $\boldsymbol{Z}=\begin{bmatrix} 12 & 5 \\ 8 & 10 \end{bmatrix}\ \Omega$。求从 a-b 端向左看进去的戴维南等效电路及 a-b 端能向外输出的最大功率。

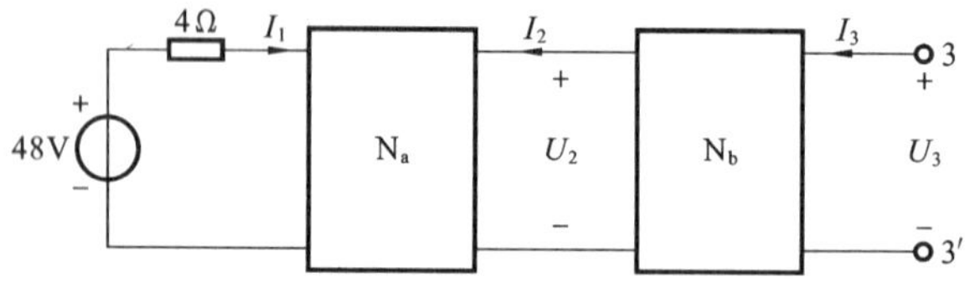

题图 13-16

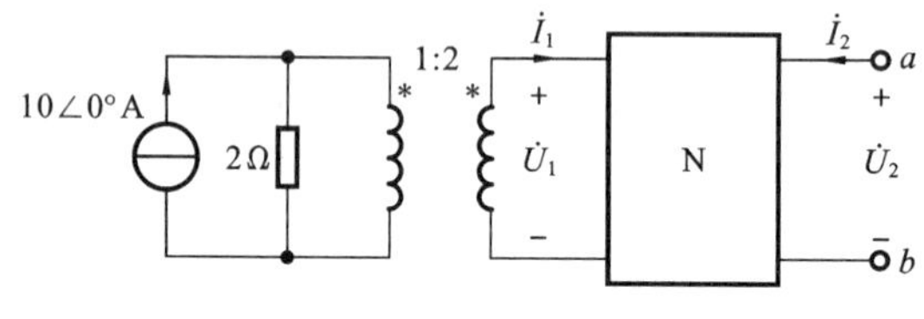

题图 13-17

习题参考答案

第 1 章

1-1 与参考方向相同；与参考方向相反
与参考方向相同；与参考方向相反

1-2 -2 A；2 A

1-3 8 W(吸收)；8 W(发出)；8 W(发出)；8 W(吸收)

1-4 $I_2=-2$ A，$I_5=-3$ A，$I_6=1$ A，$I_8=-3$ A
$I_9=-2$ A；$U_1=4$ V，$U_3=2$ V，$U_4=4$ V
$U_7=4$ V，$U_{10}=4$ V

1-6 -30 V

1-8 20 V，0.2 A

1-9 -14 V，-60 V，-74 V

1-10 30 W(吸收)，75 W(发出)，45 W(吸收)

1-11 $I=\dfrac{U_S+U}{R}$，$I=\dfrac{U_S-U}{R}$，$I=\dfrac{-U_S+U}{R}$
$I=\dfrac{-U_S-U}{R}$

1-12 10 W，12 W

1-13 4 A

1-14 -25 V，125 W

1-15 -1 A，-1 A，0 A(均与电压取关联参考方向)

第 2 章

2-1 4 Ω

2-2 8 A，5 A，-7 A，2 A，-3 A

2-3 13 Ω

2-4 800 W

2-5 50 Ω，80 V，40 V，20 V，10 V，5 V，2.5 V

2-6 0 A，1 A

2-7 10 W

2-8 4 A，1 A，0 A，3 A，2 A，0.2 A，0.8 A

2-9 -50 V，-8.33 A

2-10 4 Ω，0.5 A

2-12 15 V

2-13 0.5 A，由右向左

第 3 章

3-1 3 V

3-2 -2.2 V

3-3 $I_2=\dfrac{R_2+R_3}{R_1R_3}U_1$

3-4 $-\dfrac{R_2R_4}{R_1R_2+R_2R_3+R_3R_1}$

3-5 $\dfrac{RR_1}{R-R_1}$

3-6 5.5 V

3-7 $u_o=\dfrac{2R_F}{R_1}u_i$

3-8 $-\dfrac{R_2R_3(R_4+R_5)}{R_1(R_2R_4+R_2R_5+R_3R_4)}$

3-9 5.5 V

3-10 $u_S=32$ V，$u_1=8$ V，$i_1=4$ A

3-11 负载，$\dfrac{1}{8}$ Ω

3-13 $U=17$ V，$I_1=3$ mA

3-14 6 A

3-15 0.25

3-16 (a) 15 V，12.5 Ω； (b) 6 V，1.5 Ω

3-17 5 Ω，0 Ω，-5 Ω

3-19 (a) 4 Ω； (b) 0； (c) 6 Ω； (d) -2 Ω

3-20 (a) $\dfrac{1}{1+\mu}$； (b) $\dfrac{1}{1+\mu}$； (c) $\dfrac{8}{6-\beta}$

3-21 0.4 Ω

第 4 章

4-2 248 W,128 W

4-3 2 A,2 A,4 A

4-5 0,70 W

4-6 7 A,5 A,2 A,4 A

4-7 4.67 V

4-8 均为 2 A

4-10 −1 V,2 V,16 W

4-12 $\frac{2e_1-e_2-e_3}{R_1+3R_2}$,$\frac{-e_1+2e_2-e_3}{R_1+3R_2}$,$\frac{-e_1-e_2+2e_3}{R_1+3R_2}$

4-14 1 A,0,1.5 A,1 A,0.5 A,1.5 A,4 W,7.5 W

4-15 0.35 A

4-16 3.5 W

4-17 −10 V,−12 V,60 W,26.4 W,0

4-18 6 A,4 A,2 A,1 A,5 A

4-19 3 A

4-20 500 W,125 W,0

4-21 0

4-23 2.5 W

4-24 −6 V,2 A

4-25 3.2 A

4-26 150 W,592 W,−140 W,280 W

4-27 $\frac{R_1R_3}{R_2}$

第 5 章

5-1 $I=-1$ A

5-2 $I=3$ A

5-3 $I=4$ A

5-4 $I=-\frac{2}{13}$ A

5-5 $u_3=19.6$ V

5-6 $i=-5$ A

5-7 $R=\frac{8}{3}\ \Omega$

5-8 $i=-1$ A

5-9 $i_S=6$ A

5-10 98 W

5-11 $i_1=4$ A,$i_2=6$ A,$i_3=10$ A

5-12 $R_o=5\ \Omega$,$U_{OC}=6$ V,$I=\frac{3}{4}$ A

5-13 $R_o=7\ \Omega$,$U_{OC}=10$ V,$I=\frac{1}{2}$ A

5-14 $R_o=100\ \mathrm{k}\Omega$,$U_{OC}=90$ V

5-15 $R_o=10\ \Omega$,$u_{OC}=2$ V

5-16 $R_o=6.67\ \mathrm{k}\Omega$,$u_{OC}=26.7$ V
二极管导通 $I=2.3$ mA,触点闭合

5-17 $I=-\frac{1}{2}$ A

5-18 $R_o=2\ \mathrm{k}\Omega$,$u_{OC}=-10^4$ V,$i=-2$ A

5-19 $u_{OC}=-416.7\ u_S$,$R_o=1.04\times10^4\ \Omega$

5-20 $R_o=\frac{1}{2}\ \Omega$,$U_{OC}=\frac{1}{2}U_1$

5-21 $U_{OC}=5$ V,$R_0=\frac{10}{3}\ \Omega$,$I=\frac{1}{2}$ A

5-22 $R_L=2\ \Omega$,$P_{max}=12.5$ W

5-23 $R_o=8\ \Omega$,$u_{OC}=12$ V,$P_{max}=4.5$ W

5-24 $R_o=3\ \Omega$,$u_{OC}=120$ V,$P_{max}=1200$ W

5-25 $R_o=6\ \Omega$,$u_{OC}=12$ V,$P_{max}=6$ W

5-26 $U_{OC}=4$ V,$R_0=1\ \Omega$,$P_{max}=4$ W

5-27 $\hat{U}_2=4$ V

5-28 −10 W,−22 W,$\frac{5}{6}$ A,11 V

5-29 $U'_1=6$ V

5-30 $i_1=9$ A

5-31 $I'_1=\frac{15}{11}$ A,$I'_2=\frac{12}{11}$ A

5-32 $I_1=4$ A,$I_2=2$ A

5-33 $I=0.4$ A,$R_0=140\ \Omega$,$P_{max}=35$ W

第 6 章

6-1 0~1 ms 时,0.1 A;1~3 ms 时,−0.1 A

6-2 $(2+5t^2)$ V

6-3 (1) $C=2\ \mu$F; (2) $2t\times10^{-3}$ C; (3) 0; (4) 4×10^{-6} J

6-4 $0\leqslant t<200\ \mu s$ 时，$5\times10^3 t$ V，$50t$ W，$25t^2$ J；

$200\ \mu s\leqslant t<500\ \mu s$ 时，$(3-10^4 t)$V，$(2\times10^2 t-6\times10^{-2})$ W，$(10^2 t^2-6\times10^{-2} t+9\times10^{-6})$J；

$t\geqslant500\ \mu s$ 时，-2 V，0，4×10^{-6} J

6-5 $0\leqslant t<1$ s 时，1 V

$1\ s\leqslant t\leqslant2$ s 时，-1 V

$2\ s<t\leqslant3$ s 时，1 V

$3\ s<t\leqslant4$ s 时，-1 V

6-6 2.5 A，5 A，5 A，3.75 A

6-7 $u_L(t)=L\dfrac{di(t)}{dt}=15\cos(50t)$ V

$p=ui=Li\dfrac{di(t)}{dt}=75\sin(100t)$ W

$W_L(t)=\int_{-\infty}^{t}p(\xi)d\xi=w_L(0)+\int_{0}^{t}p(\xi)d\xi$

$=0.75(1-\cos100t)$J

6-8 $0\leqslant t<2\ \mu s$ 时，15 V，$2.25\times10^4 t$ W，4.5×10^{-10} J

$2\ \mu s\leqslant t<3\ \mu s$ 时，-30 V，$(-2.70\times10^{-1}+9\times10^4 t)$ W，$(4.5\times10^4 t^2-2.7\times10^{-1}t+4.05\times10^{-7})$J；

$t\geqslant3\ \mu s$ 时，$u_L=0$，$p=0$，$W=0$

6-9 5 V$(t\geqslant0)$

6-10 $(2-e^{-3t}+2e^{-t})$V

6-11 $(1+2e^{-\frac{t}{2}})$A

6-12 $(2-6e^{-2t})$A

6-13 2 V，-4 V/s

第 7 章

7-1 (1) 10 A，7.07 A，10°；

(2) 1 A，0.707 A，150°

7-2 100 V，70.7 V，628 rad/s，0.01 s，$-30°$

7-3 141.4 A，100 A，50 Hz，120°

7-4 100 Hz，1 ms

7-5 u_2 超前 u_1 120°

7-6 (1) $1\angle90°$； (2) $1\angle180°$； (3) $1\angle-90°$

(4) $1\angle0°$

7-7 (1) $5\angle30°$； (2) $5\sqrt{2}\angle105°$

(3) $6\angle-135°$

7-8 和：$13.5\sin(\omega t-77.2°)$ V

差：$4.1\sin(\omega t+137°)$ V

7-9 $5\sqrt{2}\sin(\omega t-8.1°)$ A

7-10 $10\angle0°$ V

7-11 3 A，6 A

7-12 $3\angle-90°$ A，4 Ω

7-13 (0.1−j0.1) s

7-14 $\sqrt{2}\angle45°$ Ω

7-15 10 kΩ，40 kΩ

7-16 $2\angle0°$ A，$8\angle90°$ V，j4 Ω，电感

7-17 $Y=(0.08-j0.04)$ S，电阻和电感并联

7-18 $R=0.25$ Ω，$C=0.693$ F

7-19 8 A

7-20 50 μF

7-21 1 A

7-22 (1) $\dfrac{1}{\sqrt{2}}\angle15°$ A，感性

(2) $8\angle-30°$ Ω，容性

(3) $0.05\angle30°$ S，容性

7-23 $0.5\times\sqrt{2}\angle45°$ A

7-24 $i_1=\sqrt{2}\sin(\omega t-30°)$ A

$i_2=0.1\sqrt{2}\sin(\omega t-120°)$ A

$i_3=0.1\sqrt{2}\sin(\omega t+60°)$ A，$i=i_1$

7-25 (−8+j3) V

7-26 2 Ω，2 H

7-27 $5.2\angle90°$ A

7-28 (2+j6) A

7-29 8 Ω，250 μF

7-30 80 V

7-31 2 W

7-32 5 W

7-33 25 W，25 var

7-34 800 W

7-35 (3+j4) Ω，37.5 W

7-36 $200\angle90°$ V，400 W

7-37 36 W，36 var，−144 var

7-38 $2\sin(t+90°)$ A，2 W

7-39 0.894

7-40 0.6

7-41 25 W，12.5 J

7-42 40 W，−40 var，56.6 V·A，0.707

7-43 $(600+\text{j}200\sqrt{3})$ V·A

7-44 $10\angle 30^\circ\ \Omega$

7-45 $(2-\text{j}2)\ \Omega$，25 W

7-46 (1) $(4-\text{j}3)\ \Omega$，5 W；(2) 5 Ω，4 W

7-47 $(0.5+\text{j}0.5)\ \Omega$，0.5 W

7-48 $(3+\text{j}4)\ \Omega$，20.8 W

7-49 $(1+\text{j})\ \Omega$，2.5 W

7-51 $\dfrac{1}{\sqrt{LC}}\sqrt{1-\dfrac{L}{R^2C}}$

7-52 $\dfrac{1}{\sqrt{LC}}$

7-53 $0.1414\angle -45^\circ$ A，$0.1414\angle 135^\circ$ A，20 μF

7-54 199 kHz，100，1.99 kHz

7-55 (1) (a)，(b)，(c)相当于短路，(b)相当于开路

(2) 有可能，(c)图中 $\omega_2<\omega_1$，(d)图中 $\omega_2>\omega_1$

第 8 章

8-1 (a) $u_1=L_1\dfrac{\text{d}i_1}{\text{d}t}-M\dfrac{\text{d}i_2}{\text{d}t}$

$u_2=L_2\dfrac{\text{d}i_2}{\text{d}t}-M\dfrac{\text{d}i_1}{\text{d}t}$

(b) $u_1=L_1\dfrac{\text{d}i_1}{\text{d}t}+M\dfrac{\text{d}i_2}{\text{d}t}$

$u_2=-L_2\dfrac{\text{d}i_2}{\text{d}t}-M\dfrac{\text{d}i_1}{\text{d}t}$

(c) $u_1=L_1\dfrac{\text{d}i_1}{\text{d}t}+M\dfrac{\text{d}i_2}{\text{d}t}$

$u_2=L_2\dfrac{\text{d}i_2}{\text{d}t}+M\dfrac{\text{d}i_1}{\text{d}t}$

8-2 $-\cos 100t$ V

8-3 $4\sqrt{2}\cos(10t)$ V

8-4 (1) 25 H

(2) 如果同名端弄错，对互感无影响，但 u_2 的方向相反

8-5 810e^{-20t} V，-1920e^{-20t} V，-660e^{-20t} V

8-6 $60\angle 180^\circ$ V

8-7 均为 2/3 H

8-8 (a) $(0.2+\text{j}0.6)\ \Omega$

(b) $-\text{j}1\ \Omega$；(c) $-\text{j}1.5\ \Omega$

8-9 j1 Ω

8-10 $\dot{U}_{\text{OC}}=\dfrac{M}{L_1}\dot{U}$，$Z_{\text{eq}}=R+\text{j}\omega\left(L_2-\dfrac{M^2}{L_1}\right)$

8-11 $\omega_0=100$ rad/s

8-12 $\dot{U}_{\text{OC}}=30$ V，$Z_{\text{eq}}=(3+\text{j}7.5)\ \Omega$

8-13 $50\sqrt{2}\angle 45^\circ$ V，$500\sqrt{2}\angle 45^\circ\ \Omega$

8-14 $2\sin(10t-45^\circ)$ A

8-15 0，$32\angle 0^\circ$ V

8-16 $(9+\text{j}3)$ V

8-17 $3\sqrt{2}\sin(2t)$ A

8-18 $\begin{cases}\left(R_1+\text{j}\omega L_1+\dfrac{1}{\text{j}\omega C_1}\right)\dot{I}_1+\text{j}\omega M\ \dot{I}_2=\dot{U}_{\text{S}}\\ \text{j}\omega M\ \dot{I}_1+\left(R_2+\text{j}\ \omega L_2+\dfrac{1}{\text{j}\omega C_2}\right)\dot{I}_2=0\end{cases}$

8-19 $(0.2-\text{j}9.8)$ kΩ，1 W

8-20 50

8-21 $50\angle 0^\circ$ V

8-22 j1 Ω

8-23 $2\angle 0^\circ$ A

8-24 $10\sqrt{2}\angle -45^\circ$ V

8-25 $R_2=40\ \Omega$，$P_{\max}=2.5$ W

8-26 $C=250\ \mu\text{F}$，$P_{\max}=62.5$ W

第 9 章

9-1 381 V

9-2 300 V

9-3 $Z=38\angle -30^\circ\ \Omega$

9-4 $100\sqrt{3}\angle -36.9^\circ$ V

9-5 $I_{\text{ph}}=1.174$ A，$U_{A'B'}=376.5$ V

9-6 $I_{\text{ph}}=17.4$ A，$I_1=30.1$ A

9-7 星形连接时，$\widetilde{S}_{\text{Y}}=(682.3+\text{j}347.3)$ VA，三角形连接时：$\widetilde{S}_{\triangle}=(1952.6+\text{j}994.03)$ VA，$\widetilde{S}_{\triangle}=3\widetilde{S}_{\text{Y}}$

9-8 $-13.9\angle -18.4^\circ$ A，$13.9\angle -138.4^\circ$ A，$13.9\angle 101.6^\circ$ A，$7.6\angle 120^\circ$ A，$7.6\angle 0^\circ$ A，$7.6\angle -120^\circ$ A

9-9 $11\angle-83.1^\circ$ A, $6.3\angle-36.9^\circ$ A, $10.96\angle-66.9^\circ$ A, $21.8\angle-75^\circ$ A

9-10 $428.2\angle28.7^\circ$ A

9-11 $6.85\angle-36.24^\circ$ A, $8.17\angle176^\circ$ A, $4.4\angle53.1^\circ$ A

9-12 $11\angle0^\circ$ A

9-13 0.732 A

9-14 $\omega L=\frac{1}{\omega C}=\sqrt{3}R$

9-15 100 V

9-16 3630 W

9-17 1.732 A, 3 A, 1980 W

9-18 $44\angle60^\circ$ Ω

9-19 $10\sqrt{3}\angle-30^\circ$ A

第 10 章

10-1 $[4\sin(\omega t+15^\circ)+3\sin(3\omega t+90^\circ)]$ A

10-2 $[20+40\sqrt{2}\sin(\omega t+45^\circ)]$ V

10-3 $\left[4\sqrt{2}\sin\left(\frac{t}{12}-90^\circ\right)+3\sqrt{2}\sin\left(\frac{t}{6}-90^\circ\right)\right]$ A

10-4 $[100+50\sin(2\omega_1 t)]$ V, $180\sin(\omega_1 t)$ V

$[1-2\sin(\omega_1 t)]$ A, $[2\sin(\omega_1 t)+0.5\sin2(\omega_1 t)]$ A

10-5 10 Ω, 0.0585 H, 173 μF, 505 W

10-6 4 Ω, 1 H, 0.25 F, 36.9°, 328 W

10-7 (1) $[100+10\sin(3\omega_1 t)]$ V, 100.25 V

(2) 1010 W

10-8 10 A

10-9 $[200+500\sin(2\omega_1 t)]$ V, 2000 W

10-10 2.5 A

10-11 10 A, 100 V

10-12 80 W

10-13 $L=\frac{1}{9\omega^2}, C=\frac{1}{49\omega^2}$ 或 $C=\frac{1}{9\omega^2}, L=\frac{1}{49\omega^2}$

第 11 章

11-1 $2e^{-\frac{t}{3}}$ A

11-2 1 A, −100 V

11-3 $20e^{-\frac{t}{10}}$ V, $-2e^{-\frac{t}{10}}$ A

11-4 $0.5e^{-2t}$ A

11-5 $12e^{-2t}$ V, $0.12e^{-2t}$ mA, 500 ms

11-6 $6(1-e^{-\frac{t}{2}})$ V

11-7 $(3-3e^{-4t})$ A

11-8 $(4-4e^{-3\times10^4 t})$ V

11-9 $(6-6e^{-t})$ A

11-10 $(20-20e^{-t})$ V

11-11 15 V, $\frac{1}{6}$ A

11-12 (1) 1 A, 10 V

(2) −0.5 A, −5 V

(3) 2 A, 20 V

11-13 1 A, −100 V

11-14 $-\frac{44}{3}$ A, 12 V

11-15 4 ms

11-16 0.5 s

11-17 $(5+5e^{-\frac{2}{3}t})$ V

11-18 $(6-4.5e^{-10t})$ A, $t=0.1099$ s

11-19 $(11-10e^{-t})$ V

11-20 $(2-e^{-2t})$ A

11-21 $(2.5-2.5e^{-10^3 t})$ V

11-22 $(7-4e^{-\frac{t}{8}})$ V, $(7-e^{-\frac{1}{8}t})$ V

11-23 $(2-2e^{-0.5t})$ A, $2e^{-2t}$ V

$(2-2e^{-0.5t}+e^{-2t})$ A

11-24 $(4+6e^{-3t}+e^{-0.5t})$ V

11-25 $(8+e^{-6t}-6e^{-\frac{t}{4}})$ V

11-26 $(1+e^{-\frac{10}{3}t})$ A, $-\frac{20}{3}e^{-\frac{10}{3}t}$ V

$\left(1+\frac{2}{3}e^{-\frac{10}{3}t}\right)$ A $(t\geqslant0)$

11-27 $\left(\frac{3}{2}-\frac{3}{2}e^{-\frac{t}{\tau}}\right)$ A

$\left(\frac{1}{2}+\frac{3}{2}e^{-\frac{t}{\tau}}\right)$ A, $\tau=\frac{1}{6}$ s

11-28 $(8-6e^{-\frac{t}{\tau}})$ V, $(1+e^{-\frac{t}{\tau}})$ A

$\tau=10.4\times10^{-6}$ s

11-29 $(10.77e^{-268t}-10.77e^{-3732t})$ V

$(2.89e^{-268t}-2.89e^{-3732t})$ mA

$(11.56e^{-268t}-11.56e^{-3732t})$ V

$(10.77e^{-3732t}-0.773e^{-268t})$ V

11-30 $(115e^{-500t}\sin(866t+60^\circ))$ V

$115e^{-500t}\sin(866t)$ mA，$-115e^{-500t}\sin(866t-60°)$ V

11-31 $8.2\times10^6 e^{-5\times10^4 t}\sin(3.05\times10^5 t)$ A
$i_{max}=6.42\times10^6$ A，$t=4.62\times10^{-6}$ s

第 12 章

12-1 (1) $3+3e^{-s}+3e^{-2s}=3(1+e^{-s}+e^{-2s})$

(2) $\frac{10}{s}-\frac{15}{s}e^{-s}+\frac{5}{s}e^{-2s}$

(3) $\frac{1}{s+2}-\frac{1}{s+3}=\frac{1}{s^2+2s+6}$

(4) $-\frac{s+4}{(s+5)^2}$； (5) $-\frac{20}{s^2+400}$

(6) $-\frac{s+3}{(s+3)^2+400}$； (7) $\frac{2}{s}-\frac{2}{s}e^{-s}$

(8) $\frac{1}{s+2}[1-e^{-(2+s)}]$； (9) $\frac{1}{s^2}$

(10) $\frac{s+1}{s^2}e^{-s}$

12-2 (1) $3e^{-3t}\varepsilon(t)$； (2) $5te^{-4t}\varepsilon(t)$

(3) $2\sqrt{10}\sin(\sqrt{10}t)\cdot\varepsilon(t)$

(4) $4e^{-2t}\sin(10t)\cdot\varepsilon(t)$

(5) $3te^{-3t}\cdot\varepsilon(t)$； (6) $3\cos(\sqrt{3}t)\cdot\varepsilon(t)$

(7) $[e^{-4t}\cos(2t)-2e^{-4t}\sin(2t)]\varepsilon(t)$

(8) $3e^{-t}\cos(3t)\cdot\varepsilon(t)$

12-3 (1) $1.5e^{-t}+3e^{-2t}+2.5e^{-3t}\quad(t\geqslant0)$

(2) $\frac{2}{3}+e^{-2t}-\frac{2}{3}e^{-3t}\quad(t\geqslant0)$

(3) $3te^{-t}-2e^{-t}+3e^{-2t}\quad(t\geqslant0)$

(4) $(t-1+e^{-t})\varepsilon(t)$

(5) $\frac{1}{2}(1+e^{-2t})\varepsilon(t)$

(6) $[2t-\sin(2t)]\varepsilon(t)$

(7) $\frac{1}{2}\cos t+\frac{1}{2}\cos(\sqrt{3}t)\quad(t\geqslant0)$

(8) $\delta'(t)-2\delta(t)+3.6e^{-t}\cos(t-56.3°)$
$(t\geqslant0)$

12-4 (1) $\frac{1}{4}[1-\cos(t-2)]\varepsilon(t-2)$

(2) $\sin t\cdot\varepsilon(t)-\sin(t-2)\cdot\varepsilon(t-2)$

(3) $[3e^{-3(t-3)}-2e^{-2(t-3)}]\varepsilon(t-3)$

(4) $(e^{-t}-e^{-2t})\varepsilon(t)$
$+2[e^{-(t-1)}-e^{-2(t-1)}]\varepsilon(t-1)$

12-5 $\left[\frac{\sqrt{2}}{4}\sin\left(2t-\frac{\pi}{4}\right)+\frac{1}{4}e^{-2t}\right]\varepsilon(t)$

12-6 $u_C(t)=2e^{-2t}+3te^{-2t}\quad(t\geqslant0)$

12-7 $u_C(t)=3(1-e^{-2t})-6te^{-2t}\quad(t\geqslant0)$

12-8 $(3e^{-4t}-2e^{-3t})\varepsilon(t)$

12-9 $\left[\left(\frac{1}{2}+\frac{1}{\sqrt{2}}\right)e^{-t}\sin\left(t+\frac{\pi}{4}\right)\right]\varepsilon(t)$

12-10 $-4\delta(t)+(36e^{-3t}-16e^{-2t})\varepsilon(t)$

12-11 $4e^{-0.5t}-\frac{16}{3}e^{-\frac{3}{4}t}+\frac{10}{3}\quad(t\geqslant0)$

12-12 $6\delta(t)-6e^{-t}\varepsilon(t)$

12-13 $\left(\frac{1}{2}e^{-t}-e^{-2t}+\frac{1}{2}e^{-3t}\right)\varepsilon(t)$
$(e^{-2t}-te^{-t}-e^{-t})\varepsilon(t)$

12-14 $h(t)=\frac{1}{2}(1+e^{-2t})\varepsilon(t)$

$y(t)=\left(\frac{t}{2}+\frac{1}{4}-\frac{1}{4}e^{-2t}\right)\varepsilon(t)$

12-15 $H(s)=\frac{1}{2s+3}$，$h(t)=\frac{1}{2}e^{-1.5t}\varepsilon(t)$

12-16 $H(s)=\frac{4s(s+4)}{2s^2+12s+1}$

12-17 $h(t)=2\delta'(t)-2\delta(t)+2e^{-t}\varepsilon(t)$
$y(t)=2\delta(t)-2e^{-t}\varepsilon(t)$

12-19 $h(t)=0.5e^{-t}\varepsilon(t)$

12-20 $u_C(t)=(1-e^{-t}+e^{-2t})\varepsilon(t)$

12-21 $H(s)=\frac{s}{s^2+4s+1}$

12-22 $H(s)=\frac{1}{2(s^2+\sqrt{2}s+1)}$

12-23 $H(s)=\frac{1}{2(s+1)(s^2+s+1)}$

12-24 $H(s)=\frac{s^2+1}{s^2+s+1}$

12-25 e^{-t} V，$\frac{2}{3}(1+2e^{-3t})\varepsilon(t)$，$\frac{1}{3}(1+2e^{-3t})\varepsilon(t)$

12-26 $\frac{2s+8}{s^2+7s+10}$，$12e^{-t}-6e^{-3t}\quad(t\geqslant0)$

12-28 $u(t)=\left[\frac{1}{2}e^{-t}-\frac{1}{6}e^{-\frac{1}{3}t}\right]\varepsilon(t)$

$u(t)=\left[-\frac{1}{2}e^{-t}+\frac{1}{2}e^{-\frac{1}{3}t}\right]\varepsilon(t)$

第 13 章

13-1 (a) $Z,0,0,0$； (b) Z,Z,Z,Z

(c) $\frac{13}{7},\frac{2}{7},\frac{2}{7},\frac{3}{7}$

13-2 (a) $50+j100,j100,j100,j100$

(b) $Z_2,\frac{Z_2}{n},\frac{Z_2}{n},\frac{Z_1+Z_2}{n^2}$

13-3 (a) $R,R+r_m,R+r_n,R$

(b) $R_1+R_2,0,-gR_2R_3,R_3$

13-4 (a) $\frac{1}{Z},-\frac{1}{Z},-\frac{1}{Z},\frac{1}{Z}$

(b) $\frac{1}{Z},\frac{1}{Z},\frac{1}{Z},\frac{1}{Z}$

(c) $4.25,-4,-4,4$

13-5 (a) $0.02,-0.02,-0.02,0.02-j0.01$；

(b) $\frac{1}{Z_1}+\frac{1}{Z_2},-\frac{n}{Z_1},-\frac{n}{Z_1},\frac{n^2}{Z_1}$

13-6 (a) $Y_1+Y_3,-Y_3-Y_3,2Y_3$

(b) $2-j5,-1+j5,-1+j5,2-j9$

13-7 (a) $0.6,-0.2,-1,0.5$

(b) $G,-G,g_m-G,G$

13-8 (a) $4,2,-2,2$； (b) $1,0.5,2.5,2$

13-9 (a) $1,0,0,1$； (b) $-1,0,0,-1$

(c) $\frac{L_1}{M},j\omega\left(\frac{L_1L_2}{M}-M\right),\frac{1}{j\omega M},\frac{L_2}{M}$

(d) $1,Z_2,\frac{1}{Z_1},\frac{Z_1+Z_2}{Z_1}$

(e) $1,j\omega L,0,1$； (f) $1,0,j\omega C,1$

13-10 $0.667,0.8,-0.8,0.84$

13-12 $R_1=5\ \Omega,R_2=5\ \Omega,R_3=5\ \Omega,r=3\ \Omega$

13-13 $T_{11}=1-2\omega^2CL-\omega^2C^2+\omega^4C^3L$

$T_{12}=j2\omega L-j\omega^3C^2L$

$T_{21}=j3\omega C-j2\omega^3C^2L-j\omega^3C^3+j\omega^5C^4L$

$T_{22}=1-3\omega^2LC+\omega^4C^3L$

13-14 (a) $A,B,C+AY,D+BY$

(b) $A,AZ+B,C,CZ+D$

13-15 $4\ \Omega$

13-16 $3\ V$

13-17 $I_1=\frac{30}{31}\ A,U_2=\frac{72}{31}\ V$

13-18 (1) $R_1=6\ \Omega$； (2) $U_2=6\ V,U_3=4\ V$

13-19 (1) $1.5,7.5,\frac{1}{6},1.5$

(2) $R=R_1=6\ \Omega,P_{max}=6\ W$

13-20 $U_{OC}=16\ V,R=8\ \Omega,P_{max}=8\ W$

参考文献

[1] 邱关源.电路[M].5版.北京:高等教育出版社,2006.

[2] 黄冠斌.电路基础[M].2版.武汉:华中科技大学出版社,2000.

[3] 李瀚荪.电路分析基础[M].4版.北京:高等教育出版社,2006.

[4] 李瀚荪.简明电路分析基础[M].北京:高等教育出版社,2004.

[5] 俎云霄等.电路分析基础[M].北京:电子工业出版社,2009.

[6] 金波等.电路分析基础[M].西安:西安电子科技大学出版社,2008.